PRODROME

DE LA

FLORE CORSE

COMPRENANT LES RÉSULTATS BOTANIQUES
DE SEPT VOYAGES EXÉCUTÉS EN CORSE SOUS LES AUSPICES DE

M. ÉMILE BURNAT

PAR

JOHN BRIQUET

Docteur ès sciences naturelles
Directeur du Conservatoire et du Jardin botaniques de Genève

Tome II

Partie 1

Catalogue critique des plantes vasculaires de la Corse :
Papaveraceae — Leguminosae

AVEC 13 VIGNETTES

GEORG & C⁰, LIBRAIRES-ÉDITEURS
Juin 1913

PRODROME

DE LA

FLORE CORSE

L'impression du présent volume, commencée en février 1911,
a été achevée en juin 1913.

GENÈVE - IMPRIMERIE REGGIANI ET RENAUD

PRODROME

DE LA

FLORE CORSE

COMPRENANT LES RÉSULTATS BOTANIQUES
DE SEPT VOYAGES EXÉCUTÉS EN CORSE SOUS LES AUSPICES DE

M. ÉMILE BURNAT

PAR

JOHN BRIQUET

Docteur ès sciences naturelles
Directeur du Conservatoire et du Jardin botaniques de Genève

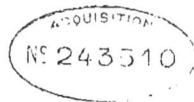

Tome II

Partie 1

Catalogue critique des plantes vasculaires de la Corse :
Papaveraceae — Leguminosae

AVEC 13 VIGNETTES

GENÈVE, BALE, LYON
GEORG & Cᵒ, LIBRAIRES-ÉDITEURS
Juin 1913

AVANT-PROPOS

Le désir nous ayant été exprimé de divers côtés de voir la suite du *Prodrome de la Flore corse* paraître par demi-volumes, afin de ne pas faire attendre trop longtemps les botanistes qui s'intéressent à la végétation de l'île, nous remettons dès maintenant entre les mains de nos confrères le tome II, première partie.

Nous avons tenu compte, dans les pages qui suivent, non seulement des matériaux provenant des voyages faits jusqu'à 1910, mais encore — à partir des Crucifères — de ceux réunis au cours d'une nouvelle exploration dans le sud de la Corse exécutée en 1911 sous les auspices de M. Emile Burnat. Le lecteur trouvera ci-après l'itinéraire de ce dernier voyage. D'autre part, nous avons pu profiter de divers documents fournis par quelques nouveaux collaborateurs, dont les noms viennent s'ajouter à ceux énumérés dans la Préface du tome premier. — M. le Dr Pœverlein (Ludwigshafen) nous a envoyé pour étude toutes les récoltes faites par lui en Corse au printemps de 1909. M. Petry (Thionville), dont nous avons eu à déplorer la mort récente, a herborisé dans le centre de la Corse en 1910 et 1911 et nous a communiqué une liste des plantes les plus intéressantes observées par lui. MM. E. Ellman et Emile Jahandiez (Carqueiranne, Var) nous ont envoyé la liste de leurs récoltes faites en Corse en mai et juin 1911. Nous avons aussi eu en main quelques documents provenant des herborisations corses faites en 1912 par M. P. Cousturier (St-Raphael, Var).

Notre excellent ami, M. le Commandant A. Saint-Yves a fait en mai 1911 une excursion aux environs de Calvi et nous a soumis toutes ses récoltes [1]. M. le Dr Albert Thellung a fait en Corse au printemps de 1909 et 1911 deux voyages et nous a obligeamment fait parvenir les listes des plantes observées par lui, ainsi que des échantillons de nombreuses espèces intéressantes. M. H. Duval (Lyon) nous a aidé par plusieurs communications bibliographiques. Enfin, nous devons à l'inépuisable obligeance de M. Rotgès, inspecteur des Eaux et Forêts à Sartène, d'avoir pu visiter les stations sauvages du Laurier dans le sud de la Corse ; c'est à lui aussi que nous devons d'avoir pu utiliser aux environs de Sotta et de Zonza les services précieux de l'administration des Eaux et Forêts. A tous ces collaborateurs nous adressons l'expression de notre très vive reconnaissance.

Comme pour la première partie déjà parue de ce *Prodrome,* nous avons continué à bénéficier du secours que nous a constamment fourni M. Emile Burnat et son dévoué conservateur M. François Cavillier : ils savent combien l'auteur leur est attaché par les liens de l'affection et de la reconnaissance.

Tous ces documents, ainsi que des communications isolées portant sur des points particuliers, faites par d'obligeants confrères, fourniraient dès maintenant matière à un important supplément au tome premier. Réflexion faite, nous avons préféré grouper toutes les additions et corrections dans un supplément final incorporé au tome III [2]. L'expérience nous a en effet montré que les articles supplémentaires disséminés en plusieurs endroits d'un même ouvrage sont d'une consultation difficile, malgré les

---

[1] Nous avons été accompagné en Corse en 1911 par M. Jean Lascaud, préparateur de M. le Commandant Saint-Yves, dont la collaboration nous a été précieuse. M. Saint-Yves s'est encore acquis de cette manière de nouveaux titres à notre gratitude.

[2] Une exception à cette règle figure en appendice de cet avant-propos.

index, et qu'elles échappent facilement à l'attention. Le renvoi à la fin de l'ouvrage présente évidemment certains inconvénients, parmi lesquels celui de voir les corrections ou additions faites entre temps par d'autres auteurs, mais les avantages pratiques sont de telle nature qu'ils balancent selon nous largement les inconvénients, et cela d'autant plus que l'élaboration de ces suppléments aurait encore retardé la publication des tomes II et III.

Genève, 1er Juin 1913.

ITINÉRAIRE DU 7ᵐᵉ VOYAGE EN CORSE

du 28 juin au 14 juillet 1911, par J. Briquet, accompagné de Jean Lascaud.

De Bastia à Ghisonaccia. — Environs de Ghisonaccia; excursion à l'étang d'Urbino. — De Ghisonaccia à Solenzara; de Solenzara à Sari-di-Portovecchio; ascension du Monte Santo (601 m.); descente sur la Marine de Cala d'Oro. — De Solenzara par Porto-Vecchio à Sotta. — Etude des forêts de chênes-liège des environs de Sotta; exploration de la montagne de Cagna: des bergeries de Cagna par la Pointe de Campolelli (1377 m.) au col de Fontanella. — De Sotta par Figari et Pianottoli à Sartène; excursion aux bains de Caldane et à la Punta di Canale (814 m.) à la recherche du *Laurus nobilis*, sous la conduite de M. Rotgès. — De Sartène par Santa Lucia-di-Tallano, Levie et S. Gavino-di-Carbini à Zonza. — De Zonza par le col de Belas à la Forêt de l'Ospedale; ascension de la Punta della Vacca Morta (1315 m.). — De Zonza au Monte Calva (1378 et 1383 m.), au col de Castelluccio et à la Punta Quercitella (1466 m.). — Exploration des cimes et arêtes de la Calancha Murata (1450 m.) en partant du col de Bavella. — Exploration des Aiguilles de Bavella (1596 m.). — De Zonza par le col de Bavella à Solenzara et à Ghisonaccia. — Retour à Bastia.

CORRECTION

T. I, p. 156. **Festuca varia** Haenke subsp. **sardoa** Hack. — Une interversion malheureuse des mots « premier » et « second » dans la note consacrée à cette sous-espèce si caractéristique pour les montagnes de Corse, risque d'induire en erreur sur ses caractères. La phrase doit être rétablie comme suit :

« ...diffère du premier (subsp. *eu-varia* var. *genuina* subvar. *acuminata* Hack.) par les feuilles finement sétacées, uninerviées du côté intérieur, et du second (subsp. *pumila* var. *rigidior* Hack.) par les épillets oblongs, à glumes fertiles, atténuées à partir du milieu, à carènes de la glumelle supérieure non ciliolées ».

PAPAVERACEAE

HYPECOUM L.

723. **H. procumbens** L. *Sp.* ed. 1, 124 (1753) ; Rouy et Fouc. *Fl. Fr.* I, 168 ; Coste *Fl. Fr.* I, 64.

En Corse les deux sous-espèces suivantes :

I. Subsp. **eu-procumbens** Briq. = *H. procumbens* L., sensu stricto ; Gr. et Godr. *Fl. Fr.* I, 62 ; Fedde *Pap. Hyp. et Pap.* 87 (Engler *Pflanzenreich* IV, 104) = *H. procumbens* var. *procumbens* Coss. *Comp. fl. atl.* II, 72 (1883-87). — Exsicc. Kralik n. 465 ! ; Mab. n. 103 !

Hab. — Champs, friches, garigues sableuses, sables littoraux ; ne pénètre guère dans l'intérieur. Avril-mai. ④. Bastia (Mab. ex Mars. *Cat.* 16) ; Sᵗ-Florent (Mab. exsicc. cit. et ap. Mars. l. c.) ; Algajola (Soleirol ex Bert. *Fl. it.* II, 219 ; Saint-Yves !) ; Calvi (Fouc. et Sim. *Trois sem. herb. Corse* 127) ; Vignola (Boullu in *Bull. soc. bot. Fr.* XXVI, 82) ; Ajaccio (Guss. ex Bert. l. c. ; Mars. l. c. ; Boullu in *Bull. soc. bot. Fr.* XXIV, sess. extr. XCVIII et in *Ann. soc. bot. Lyon* XXIV, 66 ; etc.) ; Aleria (Salis in *Flora* XVII, Beibl. II, 82) ; embouchure du Fiumorbo (Salis l. c.) ; Porto-Vecchio (Revel. ex Mars. l. c.) ; Croce d'Arbitro (Bubani ex Bert. l. c.) ; Tizzano (Kralik ex Rouy et Fouc. l. c.) ; Bonifacio (Req. ex Gr. et Godr. l. c. ; Mars. l. c. ; Fouc. et Sim. l. c. ; et autres observateurs) ; et localités ci-dessous.

1907. — Dunes d'Ostriconi, 20 avril fl. fr. (subvar. *glaucescens*).

Tiges couchées-ascendantes, peu rameuses, pauciflores, à feuilles basilaires ± étalées. Fleurs médiocres. Sépales ovés, mucronés au sommet. Pétales extérieurs ovés ou obcunéiformes, généralement trilobés, longs de 5-8 mm., les intérieurs plus petits généralement trifides. Fruits à articles promptement caducs. — On peut distinguer deux sous-variétés (peut-être serait-il plus exact de dire *formes*) :

α¹ subvar. **normale** Briq. = *P. procumbens* var. *normale* f. *minor* O. Kuntze in *Act. hort. petrop.* X, 1, 150 (1887). — Feuilles relat. grandes, à divisions linéaires-allongées, virescentes.

α² subvar. **glaucescens** Coss. *Comp. fl. atl.* II, 73 (1883-87) = *H. glaucescens* Guss. *Pl. rar.* 79, t. 15 (1826) ; Bert. *Fl. it.* II, 219 ; de Rey-Pailh.

1

in *Bull. soc. bot. Fr.* LII, 377 = *H. procumbens* var. *glaucescens* Moris *Fl. sard.* I, 85 (1837); O. Kuntze in *Act. hort. petrop.* X, 1, 151 ; Rouy et Fouc. *Fl. Fr.* I, 168 ; Fedde *Pap. Hyp. et Pap.* 89 (Engler *Pflanzenreich* IV, 104). — Feuilles plus petites, à divisions linéaires ou linéaires-lancéolées très courtes, fortement glaucescentes. — C'est là une forme halophile, tandis que la sous-var. α' est moins liée au voisinage immédiat de la mer. On trouve d'ailleurs tous les passages entre les deux états extrêmes.

†† II. Subsp. **g r a n d i f l o r u m** Briq. = *H. grandiflorum* Benth. *Cat. Pyr.* 91 (1826); Gr. et Godr. *Fl. Fr.* I, 63 ; Boiss. *Fl. or.* I, 125; Fedde *Pap. Hyp. et Pap.* 91 (Engler *Pflanzenreich* IV, 104) = *H. procumbens* var. *grandiflorum* Coss. *Comp. fl. atl.* II, 73 (1883-87)) p. p. = *H. procumbens* var. *normale* f. *grandiflorum* O. Kuntze in *Act. hort. petrop.* X, 1, 150 (1887) = *H. procumbens* var. *macranthum* Rouy et Fouc. *Fl. Fr.* I, 168 et *H. procumbens* subsp. *aequilobum* Rouy et Fouc. l. c. 169 (1893); non *H. acquilobum* Viv. (1824) = *H. procumbens* var. *aequilobum* de Rey-Pailh. in *Bull. soc. bot. Fr.* LII, 384 (1905) ; non *H. acquilobum* Viv.

Hab. — Indiqué à St-Florent (Bras ex Rouy et Fouc. *Fl. Fr.* II, 323) et à Bonifacio (Kralik ex Rouy et Fouc. op. cit. I, 168).

Tiges ascendantes, rameuses, multiflores, à feuilles basilaires érectiuscules ou érigées. Fleurs grandes. Sépales lancéolés ou ovés-lancéolés, acuminés. Pétales extérieurs largement obovés ou obcunéiformes et trilobés, longs de 7-12 mm., les intérieurs plus courts, en général trifides. Fruit à articles tardivement caducs.

Les échant. de l'Europe orientale, auxquels MM. Rouy et Foucaud assimilent la plante corse, ont été distingués sous le nom de *H. pseudograndiflorum* Petrov. [*Add. fl. nyss.* 24 (1885) et in Magnier *Scrinia* V, 99 (1886) = *H. procumbens* var. *macranthum* Rouy et Fouc. l. c. (1893) = *H. grandiflorum* var. *pseudograndiflorum* Fedde in *Bull. herb. Boiss.* V, 166 (1905); Fedde *Pap. Hyp. et Pap.* 92] à laquelle on attribue des sépales et des pétales extérieurs plus larges que dans l'*H. grandiflorum* type. M. Fritsch (in *Verh. zool.-bot. Ges. Wien* XLIV, 302 et 303 et XLIX, 461 et 462) a contesté le bien-fondé de cette distinction en affirmant qu'il est impossible de distinguer tels échant. espagnols, français ou italiens de ceux de Serbie, et ajoutant que l'on peut retrouver sur un seul et même échantillon les différentes formes de sépales et de pétales qui ont servi à séparer l'*H. pseudograndiflorum* de l'*H. grandiflorum*. L'examen minutieux d'une vaste série d'échant. de toute l'aire de l'espèce nous permet de confirmer pleinement cette manière de voir. L'*H. pseudograndiflorum* est une construction artificielle et purement géographique. Nous ne pensons pas que l'hypothèse émise par M. Fedde (l. c.), d'après laquelle l'*H. pseudograndiflorum* représenterait une hybride des *H. procumbens* et *H. grandiflorum*, vaille la peine d'être discutée. Les cas douteux entre les *H. procumbens* et *grandiflorum* (voy. aussi Burnat *Fl. Alp. mar.* I, 62) et les caractères distinctifs assez faibles de ces deux groupes

ne permettent pas de leur donner une valeur systématique supérieure
à celle de sous-espèces d'un même groupe spécifique.

Quant à l'*H. aequilobum* Viv. [*Fl. lyb. spec.* 7, tab. 3, fig. 3 (1824);
Fritsch in *Verh. zool.-bot. Ges. Wien* XLIV, 303 ; Fedde in *Bull. herb. Boiss.*
2me sér., V, 167 ; Fedde *Pap. Hyp. et Pap.* 93 ; Durand et Barr. *Fl. lyb.
prodr.* 7], identifié à tort par Cosson et par MM. Rouy et Foucaud avec
l'*H. grandiflorum* Benth., c'est une espèce spéciale à la Cyrénaïque et à
la Marmarique (voy. Schweinfurth et Ascherson in *Bull. herb. Boiss.* 1re
sér., I, 593), différant de l'*H. grandiflorum* par les sépales ovés-aigus, les
pétales extérieurs longuement et étroitement onguiculés, le fruit étroit,
presque cylindrique, à articles très caducs, etc. — Nous ne pouvons conserver pour notre sous-espèce le nom subspécifique qui lui a été donné
par MM. Rouy et Foucaud, puisqu'il ne s'agit pas de l'*H. aequilobum* Viv.
(*Règl. nomencl.* 51, 4°).

La plante de St-Florent rapportée par MM. Rouy et Foucaud à leur
H. procumbens γ *macranthum* avait primitivement été signalée par Bras
(in *Bull. soc. bot. Fr.* XXIV, sess. extr. LXXII) sous le nom d'*H. littorale*
Wulf. Selon M. Fedde (*Pap. Hyp. et Pap.* 88), l'*H. littorale* Wulf. [in Jacq.
Coll. II, 205 (1788)] est un simple synonyme de l'*H. procumbens* type.

ESCHSCHOLTZIA Cham.

E. californica Cham. in Nees *Horae phys. berol.* ann. 1820, 74, t. 15 et in
Linnaea 1, 554 ; Fedde *Pap. Hyp. et Pap.* 144 (Engler *Pflanzenreich* IV, 104).

Espèce de Californie, subspontanée sur les talus de la route d'Ajaccio
à la Parata (Sagorski in *Mitt. thür. bot. Ver.*, neue Folge, XXVII, 46).

CHELIDONIUM L. emend.

724. **C. majus** L. *Sp.* ed. 1, 505 (1753) ; Gr. et Godr. *Fl. Fr.* I, 62;
Rouy et Fouc. *Fl. Fr.* I, 166 ; Coste *Fl. Fr.* I, 63 ; Fedde *Pap. Hyp. et
Pap.* 212 (Engler *Pflanzenreich* IV, 104).

Hab. — Murs, rochers, rocailles des étages inférieur et montagnard.
Rare ou peu observé. Mars-mai. ♃. Bastia, rare (Salis in *Flora* XVII,
Beibl. II, 82 ; Mab. ex Mars. *Cat.* 16) ; Olmi-Capella, sur les murs des
jardins au-dessous du village (Mars. l. c.) ; Vico, le long du ravin entre le
bourg et le couvent (Mars. l. c.) ; Ghisoni (Rotgès) ; Sartène, route allant
au Rizzanèse, vers le ruisseau (Fliche in *Bull. soc. bot. Fr.* XXXVI, 358).

GLAUCIUM Adams

725. **G. flavum** Crantz *Stirp. austr.* ed. 1, II, 133 (1763) ; Rouy et
Fouc. *Fl. Fr.* I, 163 ; Coste *Fl. Fr.* I, 62 ; Fedde *Pap. Hyp. et Pap.* 232

(Engler *Pflanzenreich* IV,104) = *Chelidonium Glaucium* L. *Sp.* ed. 1,506 (1753) = *G. luteum* Scop. *Fl. carn.* ed. 2, I, 369 (1772) ; Gr. et Godr. *Fl. Fr.* I, 61 = *Glaucium Glaucium* Karst. *Deutschl. Fl.* ed. 1, 649 (1880-83).

Hab. — Sables littoraux, d'où il remonte çà et là le long des cours d'eau jusque dans l'intérieur, par ex. à Ponte alla Leccia (Rotgès in litt.). Fl. presque toute l'année, mais surtout en juin-juill. ②-♃. Répandu et abondant.

1911. — Marine de Cala d'Oro, sables maritimes, 2 juill. fl. fr.!

Les feuilles inférieures sont toujours ± poilues, les supérieures en général glabrescentes ou glabres, plus rarement les inférieures tendent aussi à devenir glabres. Ces variations, sur lesquelles ont été basées les var. *vestitum* Willk. et Lange [*Prodr. fl. hisp.* III, 874 (1880) ; Rouy et Fouc. *Fl. Fr.* I, 164] et var. *glabratum* Willk. et Lange (l. c.; Rouy et Fouc. l. c.) nous paraissent être en rapport avec le milieu et n'avoir qu'une valeur individuelle.

PAPAVER L.

726. **P. somniferum** L. *Sp.* ed. 1, 506 (1753) ; Rouy et Fouc. *Fl. Fr.* I, 152 ; Coste *Fl. Fr.* I, 60.

A l'état spontané la sous-espèce suivante :

Subsp. **setigerum** Briq. = *P. somniferum* var. *nigrum* DC. *Fl. fr.* IV, 633 (1805) = *P. setigerum* DC. *Fl. fr.* V, 585 (1815) ; Gr. et Godr. *Fl. Fr.* I, 58 ; Fedde *Pap. Hyp. et Pap.* 342 (Engler *Pflanzenreich* IV, 104) = *P. somniferum* var. *setigerum* Webb *Phyt. canar.* I, 58 (1836) ; Coss. *Comp. fl. atl.* I, 62 ; Burn. *Fl. Alp. mar.* I, 58 = *P. somniferum* forme *P. setigerum* Rouy et Fouc. *Fl. Fr.* I, 152 (1893). — Exsicc. Thomas sub : *P. setigerum* ! ; Sieber sub : *P. setigerum* ! ; Req. sub : *P. setigerum* ! ; Kralik sub : *P. setigerum* ! ; Debeaux ann. 1868 et 1869 sub : *P. setigerum* !

Hab. — Cultures, moissons, friches, talus rocailleux des étages inférieur et montagnard. Avril-juin. ①. Répandue. Bastia (Sieber exsicc. cit. ; Salis in *Flora* XVII, Beibl. II, 82 ; Deb. exsicc. cit. et *Not.* 58) ; Calvi (Solairol ap. Bert. *Fl. it.* V, 327 ; Fouc. et Sim. *Trois sem. herb. Corse* 126) ; Prunelli (Salis l. c.) ; Novella (Fouc. et Sim. l. c.) ; Corté (Fouc. et Sim. l. c.) ; vallée de la Restonica (Fouc. et Sim. l. c.) ; env. d'Ajaccio (Req. exsicc. cit. ; Mars. *Cat.* 15 ; Boullu in *Bull. soc. bot. Fr.* XXIV, sess. extr. XCVI ; Coste ibid. XLVIII, sess. extr. CIV et CVIII) ;

Pozzo di Borgo (Coste ibid. CXI) ; Ghisoni (Rotgès in litt.) ; Solenzara (Fouc. et Sim. l. c.) ; Bonifacio (Kralik exsicc. cit.) ; et localités ci-dessous.

1907. — Cap Corse : moissons entre Luri et la Marine de Luri, 30 m., 27 avril fl. fr.! — Solenzara, pré sec, 5 m., 3 mai fl. fr.!

Nervures foliaires, pédoncules et sépales pourvus de sétules ; divisions foliaires plus nombreuses et plus profondes que dans la sous-esp. *eu-somniferum*, à dents au moins en partie sétigères, rayons stigmatiques généralement réduits à 7-8. — Dans la sous-espèce **eu-somniferum** Briq. (= *P. somniferum* L. sensu stricto ; Fedde *Pap. Hyp. et Pap.* 338), le nombre des rayons stigmatiques s'élève généralement à 8-12. Il existe d'ailleurs des formes douteuses entre les deux sous-espèces, tant dans les cultures qu'à l'état spontané.

727. P. Rhoeas L. *Sp.* ed. 1, 507 (1753) ; Gr. et Godr. *Fl. Fr.* I, 58 ; Rouy et Fouc. *Fl. Fr.* I, 153 ; Coste *Fl. Fr.* I, 60.

Hab. — Cultures, friches, moissons, points sablonneux des étages inférieur et montagnard. Avril-juin. ①. — En Corse, les races suivantes :

†† α. Var. **agrivagum** Beck *Fl. Nieder-Öst.* 433 (1890) = *P. agrivagum* Jord. *Diagn.* 96 (1864) = *P. caudatifolium* Timb. in *Bull. soc. hist. nat. Toul.* IV, 163 (1870) = *P. Rhoeas* forme *P. caudatifolium* (cum var. *agrivagum* et *serratifolium*) Rouy et Fouc. *Fl. Fr.* I, 155 (1893) = *P. Rhoeas* var. *caudatifolium* Fedde *Pap. Hyp. et Pap.* 297 [Engler *Pflanzenreich* IV, 104 (1909)].

Hab. — Jusqu'ici seulement les localités ci-dessous.

1907. — Cap Corse : moissons entre Luri et la Marine de Luri, 30 m., 27 avril fl. et jeunes fr.! — Montagne de Pedana, moissons, calc., 14 mai fl. fr.!

Feuilles à lobes latéraux peu nombreux, le terminal beaucoup plus grand que les autres, allongé, oblong-linéaire, ± crénelé-denté ou incisé. Poils du pédoncule étalés. Capsule atteignant 1,4 × 0,9 cm. en section longitudinale.

β. Var. **genuinum** Elk. *Tent. mon. gen. Pap.* 25 (1837) ; Fedde *Pap. Hyp. et Pap.* 296 (Engler *Pflanzenreich* IV, 104) ; *P. Rhoeas* var. *typicum* Beck *Fl. Nieder-Öst.* 433 (1890) = *P. Rhoeas* forme *P. Rhoeas* Rouy et Fouc. *Fl. Fr.* I, 154 (1893).

Hab. — De beaucoup la race la plus étendue.

Feuilles à lobes latéraux nombreux, souvent incisés ou découpés, le terminal non ou seulement un peu plus grand que les latéraux. Poils du pédoncule étalés. Capsules mesurant 1-1,4 × 0,6-0,9 cm. en section longitudinale.

† γ. Var. **Roubiaei** Salis in *Flora* XVII, Beibl. II, 82 (1834) = *P. Roubiaei* Vig. *Hist. Pav.* 39 (1814, texte! vix fig.!) ; Fedde *Pap. Hyp. et Pap.* 306 (Engler *Pflanzenreich* IV, 104) = *P. Rhoeas* var. *vestitum* Gr. et Godr. *Fl. Fr.* I, 58 (1847) = *P. Rhoeas* forme *P. Roubiaei* Rouy et Fouc. *Fl. Fr.* I, 156 (1893).

Hab. — Sables maritimes. Bastia (Salis in *Flora* XVII, Beibl. II, 82); Ajaccio (Mars. *Cat.* 15 in nota) ; Propriano (Lit. *Voy.* I, 24) ; et localité ci-dessous.

1910. — Cap de la Revellata près Calvi, sables maritimes, 18 juill. fl. fr.!

Feuilles à lobes latéraux nombreux, souvent très incisés ou découpés, le terminal médiocre. Poils des pédoncules très nombreux, généralement très étalés, parfois subappliqués. Capsule mesurant env. 5-8 × 4-6 mm. en section longitudinale.

Viguier (l. c.) semble avoir confondu sous le nom de *P. Roubiaei* des formes réduites des *P. Rhoeas* et *P. dubium*. Le caractère « Capsula subrotunda... » s'applique au *P. Rhoeas*. Mais la fig. 1 se rapporte certainement, d'après la forme du fruit, à une forme du *P. dubium* voisine, sinon identique avec le *P. erosulum* Jord. Les échant. de Roubieu et Viguier, conservés dans divers herbiers, paraissent confirmer cette manière de voir [conf. Loret in *Bull. soc. bot. Fr.* XXXI, 92 (1884) et in *Bull. soc. dauph.* ann. 1884 sub n. 4024]. — Quant à la valeur systématique du *P. Rhoeas* var. *Roubiaei*, nous restons encore quelque peu hésitant. L'opinion de M. Fedde (l. c.), suivant laquelle le *P. Roubiaei* constituerait une espèce distincte, endémique aux environs de Montpellier, est pour nous inadmissible. Le fait que certains pédoncules présentent des poils ± appliqués se retrouve chez bien d'autres formes du *P. Rhoeas*. La seule question qui nous paraisse réellement discutable est de savoir si le *P. Roubiaei* constitue une véritable race ou seulement un état résultant du milieu littoral psammique ? C'est là un point qui méritera des études ultérieures soit dans la nature, soit au moyen de cultures appropriées.

†† δ. Var. **strigosum** Bœnn. *Prodr. fl. mon.* 157 (1824) = *P. rusticum* Jord. *Diagn.* 99 (1864) = *P. strigosum* Schur in *Verh. naturf. Ver. Brünn* XV, 11, 66 (1866) = *P. Rhoeas* forme *P. strigosum* Rouy et Fouc. *Fl. Fr.* I, 155 (1893) = *P. strigosum* var. *genuinum* Fedde *Pap. Hyp. et Pap.* 308 [Engler *Pflanzenreich* IV, 104 (1909)].

Hab. — Probablement répandue. Cardo (Gillot in *Bull. soc. bot. Fr.* XXIV, sess. extr. LVI) ; de Rogliano à St-Florent (Gysperger in Rouy *Rev. bot. syst.* II, 111) ; Ile Rousse (Lit. in *Bull. acad. géogr. bot.* XVIII, 119); St-Julien près Bonifacio (Pœverlein!); et localités ci-dessous.

1907. — Cap Corse : montagne des Stretti, balmes, 100 m., calc., 25 avril fl. fr. (f. *subscaposum*). — Ile Rousse : garigues, 20 avril fl. ! (échant. un peu douteux, vu l'absence de fruits).

Feuilles et capsules comme dans la var. *genuinum*, mais pédoncules à indument apprimé, à poils dirigés en avant.

La plupart des formes du *P. Rhoeas* à indument étalé présentent des races parallèles à indument appliqué, avec états intermédiaires. Aussi ne pouvons-nous pas suivre M. Fedde qui fait de la direction des poils la clé de voûte de sa systématique des pavots – systématique dont le caractère est à notre sens hautement artificiel — et qui place le *P. strigosum* à une grande distance du *P. Rhoeas* et dans une autre division.— Dans les stations arides, la var. *setosum* présente des variations naines, à pédondules subscapiformes (f. *subscaposum*) qui se rapprochent comme port de la variété précédente, et dont ils sont parfois très difficiles à distinguer.

† 728. **P. pinnatifidum** Moris *Fl. sard.* l, 74 (1837) ; Guss. *Syn. fl. sic.* II, 1, 7 ; Rouy *Suites fl. Fr.* II, 1 ; Burn. *Fl. Alp. mar.* l, 59 ; Rouy et Fouc. *Fl. Fr.* I, 157 ; Coste *Fl. Fr.* I, 61 = *P. dubium* Salis in *Flora* XVII, Beibl. II, 82 (1834) = *P. dubium* β Bert. *Fl. it.* V, 322 (1842) = *P. dubium* b Guss. *Suppl. fl. sic. prodr.* 172 (1843).

Hab. — Moissons, cultures, friches, pentes rocailleuses des garigues des étages inférieur et montagnard. Avril-mai. ①.

Espèce voisine du *P. dubium*, mais assez facile à distinguer aux caractères suivants : Feuilles inférieures pinnatipartites ou pinnatifides à lobes ovés, les supérieures pinnatifides ou pinnatilobées, subembrassantes à la base, à lobes larges, ovés ou triangulaires. Etamines à filets d'un violet foncé et à anthères d'un blanc jaunâtre, peut-être parfois légèrement violacées (violettes dans le *P. dubium*). Capsule étroitement obconique, insensiblement et longuement atténuée vers la base ; rayons stigmatiques 5-8 n'atteignant pas le bord du disque ; disque à lobes se touchant ou se recouvrant par les bords. — Deux variétés :

† α. Var. **genuinum** Briq. = *P. pinnatifidum* Moris l. c., sensu stricto ; Fedde *Pap. Hyp. et Pap.* 320 (Engler *Pflanzenreich* IV, 104).

Hab. — Erbalunga (Fouc. et Sim. *Trois sem. herb. Corse* 126) ; Biguglia (Fouc. et Sim. l. c.) ; Calvi (Soleirol ex Bert. *Fl. it.* V, 323) ; Caporalino (Fouc. et Sim. l. c.).

Lobes des feuilles supérieures triangulaires ou subtriangulaires, ± aigus.

†† β. Var. **Simoni** Fedde *Pap. Hyp. et Pap.* 321 in syn. [Engler *Pflanzenreich* IV, 104 (1909)] = *P. Simoni* Fouc. in *Bull. soc. rochel.* XVIII, 23

(1896); Fouc. et Sim. *Trois sem. herb. Corse* 126, tab. 1; Briq. *Spic. cors.* 25; Fedde l. c. = *P. pinnatifidum* subsp. *P. Simoni* Rouy *Fl. Fr.* VIII, 376 (1903). — Exsicc. Soc. rochel. n. 3856!; Burn. ann. 1904, n. 20!

Hab. — Paraît plus répandue que la précédente. Novella (Fouc. et Sim. *Trois sem. herb. Corse* 126); Belgodère (Fouc. et Sim. l. c.); Ile Rousse (Fouc. et Sim. l. c.); Calvi (Fouc. et Sim. l. c. et exsicc. cit.); rochers de Caporalino (Briq. *Spic.* 25 et Burn. exsicc. cit.); Ajaccio (Fouc. et Sim. l. c.; Coste in *Bull. soc. bot. Fr.* XLVIII, sess. extr. CVI); Aspretto (Fouc. et Sim. l. c.); et localités ci-dessous.

1907. — Cap Corse : moissons entre la Marine de Luri et Luri, 27 avril fl. fr.!; Mt S. Angelo près St-Florent, garigues, calc., 250 m., 24 avril fr.! — Vallon de Canalli, balmes, calc., 40 m., 6 mai fr.!

Lobes des feuilles supérieures ovés-obtus, séparés par des sinus moins profonds, surmontés d'un apex très aigu et sétigère.

Nous avions reproduit jadis (Briq. l. c., ann. 1905), en l'absence d'étamines sur nos échantillons, l'indication de Foucaud relative à la couleur des anthères « violacées ». Les observations faites en 1907 nous ont révélé, chez le *P. Simoni*, des anthères d'un blanc jaunâtre qui tranche vivement sur la teinte violet foncé des filets; elles se distinguent en tout cas fort bien des anthères franchement violettes du *P. dubium*. En présence de l'inconstance de la couleur des anthères, et les autres caractères qui séparent les *P. pinnatifidum* et *Simoni* n'étant que secondaires, nous ne pouvons accorder à ce dernier que la valeur d'une race.

729. P. dubium L. *Sp.* ed. 1, 1196 (1753); Gr. et Godr. *Fl. Fr.* I, 59; Rouy et Fouc. *Fl. Fr.* I, 157; Coste *Fl. Fr.* I, 61.

Hab. — Moissons, friches, cultures, garigues des étages inférieur et montagnard. Avril-juill. ④. — Espèce très répandue et fort polymorphe présentant en Corse les races suivantes :

α. Var. **Lamottei** Cariot *Etude fl.* éd. 6, II, 30 (1884) = *P. Lamottei* Bor. *Fl. Centre* éd. 3, II, 30 (1857) = *P. collinum* var. *Lamottei* Greml. *Exkursionsfl. Schweiz* ed. 3, 63 (1878) = *P. Rhoeas* var. *dubium* subvar. *subpinnatifidum* O. Kuntze in *Act. hort. petrop.* X, 160 (1887) = *P. dubium* forme *P. Lamottei* Rouy et Fouc. *Fl. Fr.* I, 157 (1893) = *P. dubium* var. *subpinnatifidum* Fedde *Pap. Hyp. et Pap.* 316 [Engler *Pflanzenreich* IV, 104 (1909)]. — Exsicc. Soleirol n. 318 a !

Hab. — Calvi (Soleirol exsicc. cit.). Probablement répandue.

Feuilles en général très découpées, à lobes oblongs-lancéolés, incisés et aigus, peu velues. Capsule longuement obconique, insensiblement atténuée du sommet vers la base, ressemblant à celle du *P. pinnatifidum* Mor. ; rayons stigmatiques 8-12, n'atteignant pas le bord du disque ; disque à lobes peu marqués, ne se recouvrant pas par les bords.

†† β. Var: **collinum** Ducommun *Taschenb. schw. Bot.* 32 (1869) ; Bouv. *Fl. Suisse et Sav.* 30 ; Baguet in *Bull. soc. bot. Belg.* XXII, 55 ; Cariot *Etude fl.* éd. 6, II, 30 ; Fedde *Pap. Hyp. et Pap.* 315 (Engler *Pflanzenreich* IV, 104) = *P. collinum* Bogenh. in Bischoff *Delect. sem. hort. Heidelb.* ann. 1849, 4 ; Bor. *Fl. Centre* éd. 3, II, 29 (1857) ; Lamotte *Prodr. fl. plat. centr.* 63 ; Jord. et Fourr. *Ic.* tab. 68, fig. 111 = *P. dubium* forme *P. collinum* Rouy et Fouc. *Fl. Fr.* I, 158 (1893).

Hab. — Probablement répandue.

Feuilles plus poilues, à lobes incisés et aigus. Capsule obconique-obovée, rétrécie dans la moitié inférieure ; rayons stigmatiques 5-9 n'atteignant pas le bord du disque ; disque à lobes peu marqués, ne se recouvrant pas par les bords.

Foucaud a rapporté des échantillons provenant de Calvi, de Corté et de la Solenzara (*Trois sem. herb. Corse* 127) au *P. dubium* forme *P. collinum* β *errabundum* Rouy et Fouc. [*Fl. Fr.* I, 158 (1893) = *P. errabundum* Jord. *Diagn.* 93 et *Ic.* t. 10, f. 25]. M. Fedde rattache le *P. errabundum* au *P. Lamottei* Bor., arrangement qui nous paraît plus naturel. Nous n'avons pas vu les échant. de Foucaud. — Peut-être faut-il rapporter ici le *P. corsicum* Thouin [ap. Schrank in *Syll. soc. ratisb.* 1, 219 (1824)] ? Les deux lignes de diagnose insuffisante consacrées par l'auteur à sa plante rendent toute identification de cette dernière impossible.

†† γ. Var. **modestum** Cariot *Etude fl.* éd. 6, II, 30 (1884) = *P. modestum* Jord. *Pug.* 4 (1852) et *Ic.* tab. 6, fig. 1 ; Bor. *Fl. Centre* éd. 3, II, 30 ; Fedde *Pap. Hyp. et Pap.* 322 (Engler *Pflanzenreich* IV, 104) = *P. dubium* forme *P. modestum* Rouy et Fouc. *Fl. Fr.* I, 159 (1893).

Hab. — Corté (Fouc. et Sim. *Trois sem. herb. Corse* 127) ; entre Bonifacio et Santa Manza (Pœverlein !)

Diffère de la variété précédente par les pétales plus étroits, à peine contigus, les pédoncules très allongés par rapport aux entrenœuds ± raccourcis et le disque presque conique (presque plan dans les autres variétés). — Le *P. depressum* Jord. et Fourr. [*Brev.* I, 4 (1886) et *Ic.* t. 67, f. 110 = *P. dubium* forme *P. modestum* γ *depressum* Rouy et Fouc. *Fl. Fr.* I, 159 (1893)], indiqué à Corté (voy. ci-dessus) paraît être seulement une modification à capsule plus courte à laquelle les auteurs attribuent un disque un peu déprimé au centre (constamment ?). — Le *P. erosulum* Jord. [*Diagn.* I, 88 (1864) = *P. dubium* forme *P. modestum* β *erosulum* Rouy et Fouc. l. c. (1893)] est la forme à pédoncules très scapiformes de

cette variété, telle qu'on la trouve dans les terrains arides et sablonneux
des bords de la mer. M. Fedde s'est livré à une exagération évidente
lorsqu'il a considéré cet état [*Pap. Hyp. et Pap.* 322 (1909)] comme une
espèce distincte. C'est dans des échant. de cette forme que Loret [in
Bull. soc. bot. Fr. XXXI, 92 (1884) et in *Bull. soc. dauph.* ann. 1884 sub
n. 4024] a cru retrouver le *P. Roubiaei* Vig., d'où la dénomination de *P. dubium* var. *Roubiaei* Loret (l. c.), identification contestée par MM. Rouy et
Foucaud et par M. Fedde (ll. cc.). On a vu plus haut que Viguier paraît
avoir confondu des échant. subscapiformes des *P. Rhoeas* et *dubium* sous
le nom de *P. Roubiaei*, les échant. de ce dernier nom conservés dans divers
herbiers paraissant confirmer cette confusion. Le *P. Roubiaei* original,
cadrant avec la description, appartient au *P. Rhoeas* (voy. ci-dessus p. 6).

†† *δ*. Var. **Lecoqii** Ducomm. *Taschenb. schw. Bot.* 32 (1869); Bouv.
Fl. Suisse et Sav. 30 (1878); Cariot *Etude fl.* éd. 6, II, 30 (1884); Fedde
Pap. Hyp. et Pap. 317 (Engler *Pflanzenreich* IV, 104) = *P. Lecoqii* La-
motte in *Ann. d'Auvergne* ann. 1851, 429; Bor. *Fl. Centre* éd. 3, II, 30;
Lamotte *Prodr. fl. plat. centr.* 63; Jord. *Ic.* tab. 7, fig. 22 = *P. confine*
Jord. *Diagn.* 89 (1864) = *P. corsicum* Jord. et Fourr. *Brev.* I, 4 (1866)
= *P. dubium* forme *P. Lecoqii* (cum var. *confine*) Rouy et Fouc. *Fl. Fr.*
I, 158 (1893).

Hab. — Calvi (Fouc. et Sim. *Trois sem. herb. Corse* 127); Ajaccio
(Petit in *Bot. Tidsskr.* XIV, 244); Porto-Vecchio (Jord. et Fourr. *Brev.*
I, 4); et localité ci-dessous.

1906. — Rocailles au col de S. Colombano, calc., 650 m., 10 juill. fr. !

Feuilles poilues, les inférieures souvent à lobes ovés-oblongs, les supérieures à lobes aigus. Capsule obconique-obovée, atténuée dans sa partie
inférieure, puis assez brusquement rétrécie au-dessus de la base ; rayons
stigmatiques 5-9, atteignant presque le bord du disque ou le dépassant
même parfois un peu (sur le frais) ; disque à lobes ± marqués et alors
contigus, mais ne se recouvrant pas par les bords. — Lamotte attribue
en outre à cette race un suc d'abord aqueux verdâtre, puis jaune laiteux
(d'abord aqueux, puis blanc laiteux dans les autres variétés). Reuter [*Cat.
pl. vasc. Genève* 8 (1861)] donne des indications exactement inverses pour
les var. *collinum* et *Lecoqii*. Rapin [*Guide bot. Canton de Vaud* 29 (1862)]
confirme Lamotte et se base sur ce caractère pour identifier le *P. Lecoqii*
Reut. avec le *P. collinum* Bogenh. et le *P. collinum* Reut. avec le *P. Lecoqii* Lamotte, procédé qui a été suivi par Ducommun (*Taschenb. schw.
Bot.* 32)! Mais les autres caractères minutieusement relevés par Reuter
s'opposent à cette synonymie qui serait très malheureuse.

ε. Var **obtusifolium** Elk. *Mon. Pap.* 25 (1839); Batt. et Trab. *Fl. Alg.*
I, 1, 21 ; Murb. *Contr. fl. nord-ouest Afr.* I, 5 = *P. obtusifolium* Desf. *Fl.
atl.* I, 407 (1798) et sp. auth. in h. Deless.! ; Moris *Fl. sard.* I, 76 ; Bor.

Not. pl. Corse I, 4 ; Rouy et Fouc. *Fl. Fr.* I, 156 ; Coste *Fl. Fr.* I, 61 = *P. dubium* var. *Lecoqii* Briq. *Spic. cors.* 26 (1905) p. p. — Exsicc. Burn. ann. 1904, n. 21 !

Hab. — Vignes à Rogliano (Revel. in Bor. *Not.* I, 4) ; et localités ci-dessous.

1906. — Cap Corse : Couvent de la Tour de Sénèque, talus arides, 450 m., 8 juill. fl. fr. ! ; rochers entre Morsiglia et Pino, 7 juill. fr. ! — Rocailles près de Vizzavona, 900 m., 14 juill. fl. fr. !

1907. — Cap Corse : moissons entre Luri et la Marine de Luri, 30 m., 27 avril fl. !

Feuilles bipinnatiséquées, les inférieures à lobes souvent obtus ou arrondis (caractère très variable!), les supérieures à lobes plus aigus ou acuminés. Pétales d'un rouge purpurin, grands. Capsule oblongue-claviforme, arrondie-atténuée ou atténuée à la base, mesurant environ $2 \times 0,8\text{-}1$ cm. en section longitudinale. Rayons stigmatiques 5-9. Disque lobé, à lobes se recouvrant nettement par les bords. — On a encore attribué au *P. obtusifolium* Desf. des anthères jaunâtres (Rouy et Fouc. l. c., reproduits par M. Coste l. c.), mais nous ne voyons pas ce caractère se vérifier dans nos échant. corses et algériens du *P. obtusifolium*. Les anthères sont violettes, le connectif est plus pâle, les fentes de déhiscence sont jaunâtres. Ni Desfontaines, ni les botanistes qui, après lui, ont écrit sur la flore de l'Algérie n'ont d'ailleurs parlé d'une différence dans la couleur des anthères chez les *P. dubium* et *obtusifolium*.

Le *P. obtusifolium* Desf. est une plante très critique, dont la valeur systématique a varié selon l'importance que l'on accorde aux caractères tirés des lobes du disque distincts ou indistincts, se recouvrant ou ne se recouvrant pas. Cosson (*Comp. fl. atl.* II, 63), pour lequel ces caractères variaient à l'intérieur d'une seule et même espèce, a considéré le *P. obtusifolium* Desf. comme un simple synonyme du *P. dubium*. Cette solution extrême a été suivie par M. Fedde (*Pap. Hyp. et Pap.* 314). Les auteurs qui comme Boissier (*Fl. or.* I, 111 et 114) emploient ces caractères pour des subdivisions à l'intérieur du genre, seront naturellement amenés à séparer spécifiquement le *P. obtusifolium* (ainsi Rouy et Foucaud *Fl. Fr.* l. c.). — L'examen d'une série étendue d'échant. du *P. dubium* d'Europe et du bassin méditerranéen nous amène à une opinion rapprochée de celle de Cosson. Nous avons sous les yeux des pavots français et italiens appartenant incontestablement au *P. dubium* par l'organisation du fruit et dont les lobes du disque se recouvrent. Nous ne croyons pas prudent, vu ces formes de passage avec la var. *Lecoqii*, de donner au *P. obtusifolium* une valeur supérieure à celle d'une race du *P. dubium*, opinion qui est celle de M. Murbeck (l. c.). Une forme très voisine du *P. obtusifolium* a été décrite par M. Beck sous le nom de *P. inexpertum* Beck [*Fl. Nieder-Öst.* 434 (1892)], et envisagée par lui comme une hybride de la formule *P. Rhoeas* $\times$ *dubium*. Mais cette interprétation nous paraît provenir surtout de l'importance très grande que l'auteur donne (à la suite de

Boissier) à l'imbrication des lobes du disque. Plusieurs de nos pavots corses ont été récoltés en l'absence du *P. Rhoeas* et d'autres formes du *P. dubium* dans le voisinage, de sorte que nous ne croyons pas devoir nous arrêter pour eux à l'hypothèse d'une origine hybride.

† 730. **P. Argemone** L. *Sp.* ed. 1, 506 (1753) ; Gr. et Godr. *Fl. Fr.* 1, 59 ; Ròuy et Fouc. *Fl. Fr* 1, 159 ; Coste *Fl. Fr.* 1, 60 ; Fedde *Pap. Hyp. et Pap.* 328 (Engler *Pflanzenreich* IV, 104). — Exsicc. Soleirol sub : *P. Argemone* !

Hab. — Friches, cultures, moissons, garigues rocailleuses de l'étage inférieur. Mai-juin. ①. Rare ou peu observé. Calvi (Soleirol exsicc. cit. et ap. Bert. *Fl. it.* V, 319 ; Fouc. et Sim. *Trois sem. herb. Corse* 127) ; env. de Corté (Burnouf in *Bull. soc. bot. Fr.* XXIV, sess. extr. XXX) ; env. d'Ajaccio (Boullu in *Bull. soc. bot. Fr.* XXIV, sess. extr. XCVI ; Coste ibid. XLVIII, sess. extr. CVIII).

Les échant. corses appartiennent à la race la plus fréquente à fruits sétigères.

731. **P. hybridum** L. *Sp.* ed. 1, 506 (1753) ; Gr. et Godr. *Fl. Fr.* 1, 161 ; Fedde *Pap. Hyp. et Pap.* 332 (Engler *Pflanzenreich* IV, 104) = *P. hispidum* Lamk *Fl. fr.* III, 174 (1778) ; Rouy et Fouc. *Fl. Fr.* I, 161 (incl. var. *ambiguum* Rouy et Fouc.) ; Coste *Fl. Fr.* I, 60.

Hab. — Moissons, friches, cultures, garigues rocailleuses des étages inférieur et montagnard. Avril-juill. ①. Assez répandu. De Rogliano à Sᵗ-Florent (Gysperger in Rouy *Rev. bot. syst.* II, 111) ; Erbalunga (Gillot in *Bull. soc. bot. Fr.* XXIV, sess. extr. LI ; Sargnon in *Ann. soc. bot. Lyon* VI, 60) ; env. de Bastia (Salis in *Flora* XVII, Beibl. II, 82) ; Calvi (Soleirol ex Bert. *Fl. it.* V, 317 ; Fouc. et Sim. *Trois sem. herb. Corse* 127) ; Ajaccio (Mars. *Cat.* 15 ; Boullu in *Bull. soc. bot. Fr.* XXIV, sess. extr. XCVI ; Coste ibid. XLVIII, sess. extr. CIV et CVIII ; Ghisoni (Rotgès in litt.) ; Porto-Vecchio (Fliche in *Bull. soc. bot. Fr.* XXXVI, 357) ; Bonifacio (Boy. *Fl. Sud Corse* 57) ; et localités ci-dessous.

1906. — Rocailles au col de S. Colombano, 650 m., 10 juill. fr. !

1907. — Cap Corse : moissons entre Luri et la Marine de Luri, 30 m., 27 avril fl. fr. ! ; Mᵗ S. Angelo de Sᵗ-Florent, 250 m., garigues, calc., 24 avril fr. ! — Ile Rousse, moissons, 20 avril fr. !

1911. — Sotta, moissons, 80 m., 4 juill. fr. !

CORYDALIS Medik.[1]

732. **C. pumila** Reichb. *Fl. germ. exc.* 698 (1832) et *Ic. fl. germ. et helv.* III, fig. 4461 ; Koch *Syn.* ed. 2, 34 = *Fumaria pumila* Host *Fl. austr.* II, 304 (1831) = *C. solida* Salis in *Flora* XVII, Beibl. II, 82 (1834) ; non Mill. = *C. fabacea* var. *digitata* Mert. et Koch *Deutschl. Fl.* V, 59 (1839) ; Gr. et Godr. *Fl. Fr.* I, 64 (1847) ; Coste *Fl. Fr.* 1, 66 = *C. fabacea* Fliche in *Bull. soc. bot. Fr.* XXXVI, 358 (1889) ; non Pers. = *C. fabacea* forme *C. pumila* Rouy et Fouc. *Fl. Fr.* I, 185 (1893) = *Capnites integriloba* Jord. *Ic.* III, 7, t. CCCLXXVII (1903) et *Capnites corsica* Jord. l. c. — Exsicc. Reverch. ann. 1885, n. 422 ! ; Soc. rochel. n. 3015 et bis !

Hab. — Rocailles, balmes, creux de rochers, vernaies surtout des étages subalpin et alpin. 600-2000 m. Avril-mai. ⁄. Disséminé. Monte Fosco [Gillot in *Bull. soc. bot. Fr.* XXIV, sess. extr. LXII) ; Monte S. Pietro (Gillot ibid. LXXX) ; Monte Cinto au-dessus des bergeries de Cesta (Lit. in *Bull. acad. géogr. bot.* XVIII, 119) ; au-dessus de la forêt de Valdoniello vers les bergeries de Custole (Fliche in *Bull. soc. bot. Fr.* XXX, 358) ; col de Vergio (Lutz in *Bull. soc. bot. Fr.* XLVIII, sess. extr. CXXX) ; montagne de Nino (Reverch. exsicc. cit. et ap. Le Grand in *Bull. soc. bot. Fr.* XXXVII, 19) ; montagne de Caporalino (Jord. *Ic.* III, 7) ; montagnes de Corté (Salis in *Flora* XVII, Beibl. II, 82 ; Jord. l. c.) ; Monte Rotondo (Burnouf in *Bull. soc. bot. Fr.* XXIV, sess. extr. XX et LXXXVI ; Sargnon in *Ann. soc. bot. Lyon* VI, 80 ; Lard. in *Bull. trim. soc. bot. Lyon* XI, 59) ; Monte d'Oro (Lutz in *Bull. soc. bot. Fr.* XLVIII, sess. extr. CXXXVII ; N. Roux ex Rouy *Fl. Fr.* VIII, 377) ; col de Vizzavona (Revel. in Bor. *Not.* III, 2 et ap. Mars. *Cat.* 16 ; Lutz in *Bull. soc. bot. Fr.* XLVIII, sess. extr. CXXVI ; Saint-Yves !) ; Ghisoni au hameau de Remuscetto, 850 m. (Rotgès in litt.) ; Coscione (R. Maire in Rouy *Rev. bot. syst.* II, 23 et 24) ; et localités ci-dessous.

1907. — Rocailles du Mt Grima Seta et du Monte Asto, 1500 m., 15 mai fl. fr.! ; Cime de la Chapelle de S. Angelo, replats herbeux de la falaise N., 1100 m., 13 mai fr.!

Le *C. pumila* Reichb. est une espèce intermédiaire entre le *C. solida* Sw. (*Fumaria solida* Mill.) et le *C. intermedia* Gaud. [(1829) non Mérat 1821) = *Fumaria intermedia* Ehrh. (1791) = *Fumaria fabacea* Retz. (1795)

[1] Nomen utique conservandum. (*Règl. nom. bot.* art. 20 et p. 80).

= *C. fabacea* Pers. (1807)]. — Elle se rapproche du *C. intermedia* Gaud.
par la présence d'une écaille à la base de la feuille caulinaire inférieure;
par les grappes courtes, pauciflores, ± nutantes après l'anthèse; les
pédicelles très courts, les fleurs petites (1,5 cm.) à éperon horizontal;
l'ovaire passant insensiblement au style, sans génouillure basilaire
pendant l'anthèse. Elle en diffère par les bractées toutes palmées-
incisées, les fleurs lavées de jaune dans les parties non purpurines,
l'éperon légèrement courbé au sommet un peu concrescent avec l'appendice nectarifère et par l'organisation des pétales intérieurs en capu-
chon [voy. sur la morphologie assez compliquée de la fleur des Cory-
dales : Hildebrandt in *Pringsheim's Jahrb. für wiss. Bot.* VII, 439-450, tab.
XXX (1869-70)]. Dans le *C. intermedia*, l'aile carénale interne se prolonge
au-delà du sommet du pétale en un petit appendice obtus ou acutius-
cule. Au contraire, dans le *C. pumila*, l'aile carénale s'atténue en s'ar-
rondissant pour rejoindre le sommet du pétale *sans le dépasser*. En
outre, ce sommet est placé dans une échancrure qui sépare nettement
deux lobules latéraux, tandis que dans le *C. intermedia* l'échancrure est
à peine ou n'est pas marquée et les lobules latéraux sont à peine différenciés. — Les caractères des bractées et l'organisation des pétales
internes rapprochent le *C. pumila* du *C. solida*, mais ce dernier en diffère par la présence de 1-3 écailles sous la base de la feuille inférieure,
la grappe allongée, multiflore, les pédicelles allongés, la corolle bien
plus grande (2 cm.) à éperon redressé et la présence d'un style séparé
de l'ovaire par une genouillure vers la fin de l'anthèse. — Si l'on pèse
l'ensemble de ces caractères, il faut reconnaître que le *C. pumila* est
une espèce bien caractérisée et que l'on ne peut facilement subordonner
ni au *C. intermedia*, ni au *C. solida*.

Selon Jordan (*Ic.* III, 7) le *C. pumila* Reichb. (*Capnites pumila* Jord.)
serait caractérisé par des feuilles à lobes découpées en lobules étroits
ou profondément incisés et une inflorescence relativement multiflore. Au
contraire les *Capnites integriloba* et *corsica* seraient pauciflores, à
lobes foliaires larges, entiers ou émarginés dans le *C. integriloba*, créne-
lés dans le *C. corsica*. Mais un coup d'œil sur un matériel d'herbier un
peu étendu provenant de l'aire continentale du *C. pumila* montre que
les individus à lobes foliaires profondément incisés croissent pêle-mêle
avec ceux à lobes entiers ou subentiers, avec toutes les transitions
possibles. Le même phénomène peut être constaté en Corse. Il n'y a là
que des états individuels et non pas des races.

La présence en Corse du *C. pumila* est d'ailleurs très intéressante, car
il s'agit d'une espèce propre au nord de l'Europe et aux Alpes orientales, d'où elle s'étend jusqu'aux Balkans. Elle manque aux Apennins et
aux Alpes occidentales.

FUMARIA L. emend.

733. **F. capreolata** L. *Sp.* ed. 1, 701 (1753); Gr. et Godr. *Fl. Fr.*
, 70; Hammar *Mon. Fum.* 24; Hausskn. in *Flora* LVI, 539; Rouy et

Fouc. *Fl. Fr.* I, 70 ; Coste *Fl. Fr.* I, 68. — Exsicc. Mab. n. 337 ! ; Deb.
n. 15 ! ; Reverch. ann. 1878 et ann. 1885, n. 53 ! ; Burn. ann. 1904,
n. 22 et 23 !

Hab. — Cultures, friches, vignes, murs et rocailles des étages inférieur et montagnard. Janv.-juill. ④. Répandu et abondant dans l'ile
entière.

1906. — Rocailles entre les bains de Guitera et Zicavo, 700 m., 17 juill..
fl. fr. (f. *albiflora*) !

1907. — Entre Bastia et Biguglia, 16 avril fl. fr. (f. *albiflora*) ! — Solenzara, talus rocheux, 5 m., 31 mai fl. fr. (f. *albiflora*) !

On peut distinguer d'après la couleur des fleurs les sous-variétés suivantes :

α^1 subvar. **albiflora** Briq. = *F. pallidiflora* Jord. in Billot *Arch. Fl.* 305
(1854) ; Bor. *Fl.Centre* éd. 3, 11, 34 = *F. capreolata* var. *albiflora* Hamm.
Mon. Fum. 25 (1857) ; Rouy et Fouc. *Fl.Fr.* 1, 171. — Corolle blanche avec
une tache foncée au sommet des pétales.

α^2 subvar. **speciosa** Briq. = *F. speciosa* Jord. in *Cat. Grenoble* ann. 1849,
15 = *F. capreolata* var. *speciosa* (incl. subvar. *humilis* et *microcarpa*),
provincialis et *atrosanguinea* Rouy et Fouc. *Fl. Fr.* 1, 171 et 172 (1893). —
Corolle ± rose, avec une tache plus foncée au sommet des pétales, à
couleur d'intensité variable. La sous-var. α^1 est plus fréquente que celle α^2.

S'il est vrai, comme l'affirme Haussknecht (op. cit. 542), que le *F. speciosa* Jord. donne par semis le *F. pallidiflora* Jord., nous aurions à voir
dans ce dernier une mutation, ou (en cas d'inconstance) une simple
forme non héréditaire et sans intérêt systématique. Franchet (*Fl. Loir-
et-Cher* 29) assure avoir effectué une expérience de transmutation analogue, mais en sens inverse, du *F. pallidiflora* en *F. speciosa*.

† 734. **F. agraria** Lag. *Elench. matr.* 21 (1816) ; Parl. *Mon. Fum.*
72 ; Gr. et Godr. *Fl. Fr.* 1, 67 ; Hamm. *Mon. Fum.* 37, 1. 4 ; Rouy et Fouc.
Fl. Fr. 1, 175 ; Coste *Fl. Fr.* 1, 68.

Fleurs grandes, généralement rosées ou purpurines, en grappes assez
lâches, à pédicelles ± dressés. Sépales ovés-lancéolés ou lancéolés,
acuminés, plus étroits que l'étui corollin, atteignant du quart au tiers
de la longueur des pétales. Fruits volumineux, globuleux, ± rugueux,
arrondis-mucronés ou mucronés. — En Corse seulement la race suivante :

†† Var. **major** Hamm. *Mon.Fum.* 38 (1857) ; Burn. *Fl. Alp. mar.* 1, 71
= *F. major* Bad. in Moretti *Bot. ital.* 10 (1826) ; Hausskn. in *Flora* LVI,
552 = *F. agraria* forme *F. major* Rouy et Fouc. *Fl. Fr.* 1, 176 (1893). —
Exsicc. Req. sub : *F. agraria* !

Hab. — Cultures, friches, murs, rochers de l'étage inférieur. Janv.-
mai. ④. Rare ou peu observée. Calvi (Soleirol ex Bert. *Fl. it.* VII, 305);
Ajaccio (Req. exsicc. cit.; Boullu in *Bull. soc. bot. Fr.* XXIV, sess. extr.
XCVIII).

Sépales fortement dentés, à nervure médiane peu carénée, égalant
env. le quart de la corolle. Pétales longs (éperon compris) de 1,2-1,5 cm.
Fruit arrondi-mucroné, haut d'env. 2 mm.

F. rupestris Boiss. et Reut. *Pug.* 4 (1852); Hamm. *Mon. Fum.* 40, t. 6;
Hausskn. in *Flora* LVI, 556; Batt. et Trab. *Fl. Alg.* Dic. 27.

Espèce d'Algérie, subspontanée jadis autour de l'usine de la Toga près
Bastia (Deb. *Not.* 59), d'où elle parait avoir disparu. Le *F. rupestris* —
envisagé peut-être avec raison comme une race du *F. agraria* par Cosson
(*Comp. fl. atl.* II, 90) — se distingue du *F. agraria* var. *major* surtout
par les sépales lancéolés-allongés et persistants, ainsi que par les fruits
mûrs mutiques.

735. **F. media** Bast. *Suppl. fl. Maine-et-Loire* 33 (1812), sensu ampl.;
Hamm. *Mon. Fum.* 284 (1857); Willk. et Lange *Prodr. fl. hisp.* III, 881 =
F. muralis Sond. ap. Koch *Syn.* ed. 2, 1017 (1843) ampl. Rouy et Fouc.
Fl. Fr. I, 172; Coste *Fl. Fr.* I, 68 = *F. Loiseleurii* Clavaud *Fl. Gironde*
48 (1882); Burn. *Fl. Alp. mar.* 1, 68.

Hab. — Cultures, friches, murs, rochers et rocailles des étages inférieur et montagnard. Janv.-mai. ④. Répandu.

Fleurs plus petites que dans l'espèce précédente, rosées ou purpurines. Sépales, en grappes lâches, ovées, aussi larges ou plus larges que
l'étui corollin et atteignant env. le tiers de la longueur des pétales. Fruit
plus petit que dans l'espèce précédente, un peu plus long que large,
rugueux (dans les formes corses), arrondi ou mucroné.
Le *F. media* Lois. [*Not.* 101 (1810)] comprenait probablement cette
espèce, mais parait s'appliquer surtout à une forme du *F. officinalis*, et
tombe dans la synonymie. Le nom le plus ancien et dépourvu d'ambiguïté qui ait été appliqué à une race de ce groupe est celui de Bastard
et ce nom doit être conservé (*Règles de nomencl.* art. 41 et 44). — En
Corse, les variétés suivantes :

α. Var. **vagans** Briq. = *F. vagans* Jord. in *Cat. Grenoble* ann. 1849, 2 et
in Walp. *Ann.* II, 28 = *F. muralis* forme *F. vagans* Rouy et Fouc. *Fl. Fr.*
I, 174 (1893). — Exsicc. Kralik n. 466! (sub : *F. Bastardi* Bor.); Reverch.
ann. 1878 sub : *F. muralis* !; F. Schultz Herb. norm. nov. ser. n. 708 !

Hab. — Rogliano (Revel. in Bor. *Not.* I, 4); Bastia (Salis in *Flora* XVII,
Beibl. II, 82); Ajaccio (Kralik exsicc. cit. et ap. F. Schultz exsicc. cit.;

Boullu in *Bull. soc. bot. Fr.* XXIV, sess. extr. XCVIII ; Coste ibid. XLVIII, sess. extr. CVI ; Petit in *Bot. Tidsskr.* XIV, 244) ; Bastelica (Reverch. exsicc. cit.) ; Porto-Vecchio (Revel. in Bor. *Not.* II, 3) ; Bonifacio (Kralik ex Rouy et Fouc. l. c.) ; et localité ci-dessous.

1907. — Cap Corse : Bastia, garigues à l'W. de Cardo, 17 avril fl. fr. !

Fleurs d'un rose assez foncé, relat. grandes. Corolle longue (éperon compris) d'env. 10-12 mm. Fruit arrondi, haut de 1,5 mm.

Le *F. apiculata* Lange [*Ind. sem. hort. hann.* ann. 1854, 23 ; Hamm. *Mon. Fum.* 31, t. 4 = *F. media* f. *apiculata* Willk. et Lange *Prodr. fl. hisp.* III, 882 (1880)] est décrit avec des « floribus minoribus », et des fruits apiculés, ce qui nous laisse dans le doute. La var. *leronensis* [= *F. Loiseleurii* var. *leronensis* Burn. *Fl. Alp. mar.* I, 69 (1892)] s'en écarte par ses fruits globuleux-ellipsoïdes, subaigus, et les sépales plus étroits que la corolle.

β. Var. **confusa** Hamm. *Mon. Fum.* 28 (1857) = *F. confusa* Jord. *Cat. Dijon* ann. 1848, 18 et *Pug.* 5 et sp. auth. ! = *F. Gussonii* Boiss. *Diagn. pl. or.* ser. 1, VIII, 13 (1849), et sp. auth. ! ; Jord. *Pug.* 6 ; Hausskn. in *Flora* LVI, 513-520 = *F. serotina* Guss. *Enum. pl. Inar.* 13, t. 3 (1854) = *F. Bastardi* Bor. *Fl. Centre* éd. 2, II, 34 (1857) = *F. media* f. *Gussonii* Willk. et Lange *Prodr. fl. hisp.* III, 882 (1880) = *F. Loiseleurii* var. *confusa* Burn. *Fl. Alp. mar.* I, 68 (1892) = *F. muralis* formes *F. Gussonii* et *F. confusa* Rouy et Fouc. *Fl. Fr.* I, 175 (1893). — Exsicc. Kralik n. 466 a [1] ; Billot n. 1109 ! ; Mab. n. 338 !

Hab. — Bastia (Bernard ex Gr. et Godr. l. c. et ex Rouy et Fouc. l. c. ; Mab. exsicc. cit. ; Fouc. et Mand. in *Bull. soc. bot. Fr.* XLVII, 85) ; d'Ile Rousse à « Montcillo » (Jayet ex Rouy et Fouc. l. c.) ; Calvi (Fouc. et Sim. *Trois sem. herb. Corse* 127 ; Saint-Yves !) ; de Porto à Cargèse et de Cargèse à Ajaccio (Gysperger in Rouy *Rev. bot. syst.* II, 114) ; Ajaccio (Req. in Billot exsicc. cit. ; Fouc. et Sim. l. c. ; Coste in *Bull. soc. bot. Fr.* XLVIII, sess. extr. CIV) ; Porto-Vecchio (Revel. in Bor. *Not.* III, 2) ; Bonifacio (Kralik exsicc. cit.) ; et localité ci-dessous.

1907. — Cap Corse : talus entre Bastia et Biguglia, 16 avril fl. fr. !

Fleurs plus petites, sommet d'un rose moins vif. Corolle longue (éperon compris) d'env. 8-10 mm. Fruit arrondi atteignant à peine 1,5 mm.

Ces deux variétés sont à peine distinctes l'une de l'autre ; il est douteux qu'elles représentent deux races.

---

[1] Kralik a distribué dans ses Plantes corses deux n°° 466 a différents : celui dont il est question ci-dessus, provenant de Bonifacio, et un autre provenant de Marseille ! Ce dernier appartient au *F. Kraliki* Jord. (1848) = *F. anatolica* Boiss. (1849), espèce orientale subspontanée sur quelques points du littoral provençal.

736. **F. densiflora** DC. *Cat. Montp.* 113 (1813) ; Gr. et Godr. *Fl. Fr.* I, 68 ; Aschers. in *Verh. bot. Ver. Brandenb.* ann. 1863, 223 ; Hausskn. in *Flora* LVI, 507 ; Coss. *Comp. fl. atl.* 11, 85 ; Burn. *Fl. Alp. mar.* I, 68 = *F. micrantha* Lag. *Elench. matr.* 21 (1816) ; Parl. *Mon. Fum.* 60 ; Hamm. *Mon. Fum.* 21 ; Rouy et Fouc. *Fl. Fr.* I, 179 ; Coste *Fl. Fr.* I, 69.

Hab. — Vignes, friches, cultures, murs, rocailles de l'étage inférieur. Avril-mai. ④. Rare ou peu observé. Bastia (Mab. in Mars. *Cat.* 16) ; de Bastia à Ste-Lucie (Poeverlein !) ; Biguglia (Boullu in *Bull. soc. bot. Fr.* XXIV, sess. extr. LXVII) ; Ajaccio (Petit in *Bot. Tidsskr.* 244) ; Bonifacio (Revel. in Bor. *Not.* I, 4).

Fleurs très petites, purpurines ou blanchâtres, en grappes serrées pendant l'anthèse, à bractées égalant les pédicelles. Sépales dentelés, largement ovés, beaucoup plus larges que le tube corollin, et égalant (ou égalant presque) la moitié de la longueur des pétales. Fruit subglobuleux, faiblement apiculé à la maturité, un peu rugueux. — Ressemble au *F. parviflora*, mais facile à distinguer par le calice.

737. **F. parviflora** Lamk *Encycl. méth.* II, 567 (1786) ; Parl. *Mon. Fum.* 64 ; Hamm. *Mon. Fum.* 16, t. 2 ; Gr. et Godr. *Fl. Fr.* I, 69 ; Hausskn. in *Flora* LVI, 456 ; Coste *Fl. Fr.* I, 69 = *F. leucantha* Viv. *Fl. cors. diagn.* 12 (1824) = *F. parviflora* (cum var. *umbrosa* Willk. et Lange et var. *glauca* Rouy et Fouc.) Rouy et Fouc. *Fl. Fr.* I, 182 (1893). — Exsicc. Kralik sub : *F. parviflora* !

Hab. — Comme l'espèce précédente ; paraît plus répandu. Rogliano (Revel. ex Mars. *Cat.* 16) ; vallon du Fango (Petit in *Bot. Tidsskr.* XIV, 244) ; Bastia (Salis in *Flora* XVII, Beibl. II, 82) ; Calvi (Soleirol ex Bert. *Fl. it.* VII, 311 ; Saint-Yves !) ; Propriano (N. Roux in *Bull. soc. bot. Fr.* XLVIII, sess. extr. CXLIV) ; Bonifacio (Seraf. ex Viv. l. c. et ap. Bert. l. c. ; Kralik exsicc. cit.) ; et localités ci-dessous.

1907. — Cap Corse : Biguglia, champs, 16 avril fl. fr. ! — Vallon de Canelli, moissons, calc., 40 m., 6 mai fl. fr. !

Fleurs petites, rosées ou blanches avec une tache purpurine au sommet, en grappes courtes, denses au début, puis plus lâches, à bractées égalant env. les pédicelles. Sépales ovés, denticulés ou incisés, plus étroits que le tube corollin et 5-6 fois plus courts que les pétales. Fruit globuleux, arrondi ou ogivo-conique au sommet, apiculé, rugueux.

†† 738. **F. Vaillantii** Lois. *Not.* 102 (1810) ; Parl. *Mon. Fum.* 68 ; Gr. et Godr. *Fl. Fr.* I, 69 ; Hamm. *Mon. Fum.* 14 ; Hausskn. in *Flora*

LVI, 441 ; Burn. *Fl. Alp. mar.* I, 66 ; Rouy et Fouc. *Fl. Fr.* I, 180 ; Coste *Fl. Fr.* I, 69.

Hab. — Comme l'espèce précédente, mais très rare ou peu observé. Calvi (Fouc. et Sim. *Trois sem. herb. Corse* 127) ; champs secs en allant de Sagone à l'embouchure du Liamone (N. Roux in *Bull. soc. bot. Fr.* XLVIII, sess. extr. CXXXV).

Fleurs petites, rosées, en grappes courtes et ± lâches, à bractées plus courtes que le pédicelle. Sépales lancéolés, très petits, bien plus étroits que le tube corollin et 8-10 fois plus courts que les pétales. Fruit globuleux, apiculé, ruguleux. — Diffère en outre des *F. densiflora* et *parviflora* (qui ont des feuilles à segments linéaires) par les segments foliaires plus plans et moins étroits, très glaucescents.

739. **F. officinalis** L. *Sp.* ed. 1, 700 (1753) ; Parl. *Mon. Fum.* 53 ; Gr. et Godr. *Fl. Fr.* I, 68 ; Hamm. *Mon. Fum.* 53 ; Hausskn. in *Flora* LVI, 404 ; Burn. *Fl. Alp. mar.* I, 66 ; Rouy et Fouc. *Fl. Fr.* I, 177 ; Coste *Fl. Fr.* I, 68.

Hab. — Comme les espèces précédentes ; répandu dans l'île entière.

Fleurs médiocres, purpurines, en grappes lâches ou serrées, à bractées généralement plus courtes que les pédicelles. Sépales ovés-lancéolés, dentés, plus étroits que le tube corollin et égalant env. le tiers de la longueur des pétales. Fruit plus large que long, tronqué-émarginé au sommet, faiblement ruguleux.

†† α. Var. **tenuiflora** Fries *Nov. fl. suec.* 221 (1828) ; non Garcke, nec Hamm. = *F. tenuiflora* Fries *Mant.* III, 220 (1842) et in *Bot. Not.* ann. 1857, 51 = *F. Wirtgeni* Koch *Syn.* ed. 2, 1018 (1845) ; Wirtg. *Fl. preuss. Rheinpr.* 28 = *F. officinalis* var. *Wirtgeni* Hausskn. in *Flora* LVI, 409 et 420 (1873) ; Burn. *Fl. Alp. mar.* I, 66 ; Rouy et Fouc. *Fl. Fr.* I, 178. — Exsicc. Burn. ann. 1904, n. 24.

Hab. — Ghisoni (Burn. et Cavillier exsicc. cit.).

Port du *F. Vaillantii* ; grappes pauciflores, courtes et lâches ; fleurs plus petites et moins foncées, à bractées courtes ; sépales relativement plus petits ; fruits parfois plus globuleux et moins déprimés au sommet que dans les var. β et γ.

β. Var. **genuina** Briq. = *F. officinalis* var. α Burn. *Fl. Alp. mar.* I, 66 = *F. officinalis* Rouy et Fouc. l. c. sensu stricto.

Hab. — Probablement répandue. Rogliano (Revel. in Bor. *Not.* I, 4) ; Bastia (Mab. ex Mars. *Cat.* 16) ; Biguglia (Boullu in *Bull. soc. bot. Fr.*

XXIV, sess. extr. LXVII); Algajola (Saint-Yves!); Ajaccio (Req. ex Bert. *Fl. it.* X, 509); Chiavari (Petit in *Bot. Tidsskr.* XIV, 244); et localités ci-dessous.

1907. — Berges du Golo à Francardo, 260 m., 14 mai fl. fr.!; moissons à Aleria, 30-40 m., 1 mai fl. fr.!

Plante généralement diffuse et à pétioles parfois tortiles, à segments foliaires relat. amples, à grappes florifères lâches; à fleurs médiocres, plus grandes que dans la var. α, à bractées courtes.

†† γ. var. **densiflora** Parl. *Mon. Fum.* 55 (1844); Hausskn. in *Flora* LVI, 421 = *F. densiflora* DC. *Syst.* II, 137 (1821) p. p.; non DC. *Cat. Montp.* (1813) = *F. officinalis* var. *floribunda* Koch *Syn.* ed. 2, 1018 (1845); Hamm. *Mon. Fum.* 9 = *F. officinalis* var. *pycnantha* Loret *Fl. Montp.* I, 32 (1876); Burn. *Fl. Alp. mar.* I, 66; Rouy et Fouc. *Fl. Fr.* I, 177.

Hab. — La Toga près Bastia (Lit. *Voy.* II, 3); Ghisoni (Rotgès in litt.); et localités ci-dessous. Probablement répandue.

1907. — Cap Corse: champs près Bastia, 17 avril fl. fr.! — Garigues entre Novella et le col de S. Colombano, 500-600 m., 19 avril fl. fr.!

Plante généralement plus ferme, moins diffuse, à pétioles jamais tortiles, à segments foliaires plus courts et plus étroits, à grappes florifères denses; fleurs vivement colorées, à bractées plus développées, égalant parfois en longueur le pédicelle fructifère.

PLATYCAPNOS Bernh.

Le genre *Platycapnos* se distingue admirablement des *Fumaria*, sensu stricto, par le fruit comprimé, à péricarpe entouré d'une marge épaissie, déhiscent en deux valves, à exocarpe induré se détachant à la fin de l'endocarpe membraneux. Il n'y a pas de raison plausible pour réunir génériquement les deux groupes.

P. spicatus Bernh. in *Linnaea* VIII, 471 (1833); Parl. *Mon. Fum.* 90; Willk et Lange *Prodr. fl. hisp.* III, 885; Coss. *Comp. fl. atl.* II, 78; Rouy et Fouc. *Fl. Fr.* I, 183 = *Fumaria spicata* L. *Sp.* ed. 1, 700 (1753); Gr. et Godr. *Fl. Fr.* I, 69; Coste *Fl. Fr.* I, 65.

Cette espèce a été signalée sans commentaire par M. Boyer (*Fl. Sud Corse* 57) aux env. de Bonifacio. Elle est répandue dans la Provence, fort rare en Ligurie, reparaît sur le littoral du Napolitain et en Sicile. En revanche, elle manque complètement dans l'archipel toscan et en Sardaigne. Nous n'osons pas l'admettre au rang des espèces corses avant confirmation des vagues renseignements de M. Boyer.

CAPPARIDACEAE

CAPPARIS L.

740. **C. spinosa** L. *Sp.* ed. 1, 503 (1753) ; Gr. et Godr. *Fl. Fr.* I,
159 ; Rouy et Fouc. *Fl. Fr.* II, 237 ; Coste *Fl. Fr.* 1, 142.

Hab. — Rochers, vieux murs de l'étage inférieur, 1-200 m. Juin-
juill. ♃. Cap Corse (Mab. ex Mars. *Cat.* 23); Morsiglia (Salis in *Flora*
XVII, Beibl. II, 75) ; env. de Bastia, en particulier dans le vallon de
Ficaiola (Mab. ex Mars. l. c.); env. de Bonifacio (Boy. *Fl. Sud Corse* 57).

1906. — Cap Corse : rochers à Morsiglia, 200 m., 7 juill. fl. !

Les échantillons corses appartiennent à la var. **genuina** Boiss. [*Fl. or.* I,
420 (1867)], grandiflore, épineuse, à feuilles grandes, suborbiculaires et
glabres.

CRUCIFERAE [1]

SISYMBRIUM L. emend.

741. **S. Sophia** L. *Sp.* ed. 1, 659 (1753) ; Gr. et Godr. *Fl. Fr.* I, 96 ;
Fourn. *Rech. Sisymbr.* 60 ; Rouy et Fouc. *Fl. Fr.* II, 11 ; Coste *Fl. Fr.* 1,
93 = *Descurainia Sophia* Webb ex Prantl in Engler *Nat. Pflanzenfam.*
III, 1, 2, 192 (1891).

Hab. — Rocailles, décombres, murs dans l'étage montagnard, 600-
1000 m. Mai-juill. ①. Rare. Olmi-Capella (Mars. *Cat.* 18); Morosaglia
(Lit. in *Bull. acad. géogr. bot.* XVIII, 120) ; et localité ci-dessous.

1908. — Vallée de Tartagine, rocailles près de la maison forestière,
730 m., 5 juill. fr. !

---

[1] La classification des Crucifères que Prantl [in Engler et Prantl *Nat. Pflanzenfam.* III,
1, 2, p. 145-206 (1891)] a donnée nous paraît à divers points de vue très artificielle. Voy. à ce
sujet les remarques fort judicieuses de M. le comte de Solms [*Cruciferenstudien* III (*Bot.
Zeitung* LXI, 72, ann. 1903)]. Sans nous faire illusion sur les points faibles du système développé récemment par M. de Hayek [*Entwurf eines Cruciferen-Systems auf phylogenetischer
Grundlage* (*Beibl. bot. Centralbl.* XXVII, I, 127-335, ann. 1911)], nous l'avons cependant suivi,
parce qu'il est basé sur une revue d'ensemble de tous les éléments de la famille et parce qu'il
constitue au total un progrès sensible. Nous divergeons d'ailleurs de M. de Hayek en réunis-
sant souvent des genres envisagés par lui comme distincts.

†† 742. **S. Irio** L. *Sp.* ed. 1, 659 (1753) ; Gr. et Godr. *Fl. Fr.* I, 12; Fourn. *Rech. Sisymbr.* 73 ; Rouy et Fouc. *Fl. Fr.* II, 12 ; Coste *Fl. Fr.* I, 94. — Exsicc. Debeaux ann. 1869 sub : *S. erysimoides* !

Hab. — Rocailles, balmes, vieux murs, décombres de l'étage inférieur. Avril-juin. ① et ②. Toga près Bastia (Debeaux exsicc. cit.) ; citadelle de Calvi (Fouc. et Sim. *Trois sem. herb. Corse* 128) ; et localités ci-dessous.

1907. — Cap Corse : montagne des Stretti, balmes, calc., 100 m., 25 avril fl. fr.! Mont S. Angelo de S¹-Florent, rochers et balmes, calc., 250 m., 24 avril fl. fr.!

L'échant. de Debeaux, récolté dans une localité très artificielle, est très glabrescent (var. *hygrophilum* Fourn. *Rech. Sisymbr.* 74 ; Rouy et Fouc. l. c. II, 13), ceux de Foucaud et Simon ainsi que les nôtres sont plus ou moins pubescents (var. *xerophilum* Fourn. l. c.; Rouy et Fouc. l. c.). Ces variations sont en rapport avec la sécheresse plus ou moins accentuée du milieu, et ne présentent qu'un intérêt écologique.

743. **S. officinale** Scop. *Fl. carn.* ed. 2, II, 16 (1772) ; Gr. et Godr. *Fl. Fr.* I, 93 ; Fourn. *Rech. Sisymbr.* 83 ; Rouy et Fouc. *Fl. Fr.* II, 19 ; Coste *Fl. Fr.* I, 92 = *Erysimum officinale* L. *Sp.* ed. 1, 660 (1753).

Hab. — Rocailles, cultures, friches, décombres des étages inférieur et montagnard. Mai-sept. ①. — On peut distinguer les deux variétés suivantes :

α. Var. **genuinum** Briq. = *S. officinale* Gr. et Godr. l. c. — Exsicc. Reverch. ann. 1878, n. 137 !

Hab. — Répandue et abondante dans l'île entière.

1906. — Cap Corse : talus arides au Couvent de la Tour de Sénèque, 450 m., 8 juill. fr.!

1907. — Montagne de Pedana, balmes, calc., 500 m., 14 mai fl. fr.!

Siliques brièvement et densément velues, grisâtres.

†† β. Var. **leiocarpum** DC. *Syst.* II, 460 (1821) ; Fourn. *Rech. Sisymbr.* 85 ; Rouy et Fouc. *Fl. Fr.* II, 20.

Hab. — Entre Ajaccio et le ravin de Castelluccio (Coste in *Bull. soc. bot. Fr.* XLVIII, sess. extr. CIX).

Siliques glabres, vertes, ± luisantes.

744. **S. polyceratium** L. *Sp.* ed. 1, 658 (1753) ; Gr. et Godr. *Fl.*

Fr. I, 93 ; Fourn. *Rech. Sisymbr.* 86 ; Rouy et Fouc. *Fl. Fr.* II, 14 ; Coste *Fl. Fr.* I, 92. — Exsicc. Soleirol n. 445 ! ; Kralik. n. 468 ! ; Mab. n. 340 !

Hab. — Rocailles, cultures, friches, décombres des étages inférieur et montagnard. Mai-août. ①. Assez répandu. Cap Corse (Soleirol exsicc. cit. et ap. Bert. *Fl. it.* VII, 53 ; Revel. in Mars. *Cat.* 18) ; env. de Bastia (Salis in *Flora* XVII, Beibl. II, 80 ; Kralik exsicc. cit. ; et nombreux autres observateurs) ; Lozzi, 1045 m. (Soulié ex Coste in *Bull. soc. bot. Fr.* XLVIII, sess. extr. CXVIII ; Lit. in *Bull. acad. géogr. bot.* XVIII, 120) ; Corté (Mars. *Cat.* 18 ; Reymond in herb. Deless. ; Fouc. et Sim. *Trois sem. herb. Corse* 128) ; vallée de la Restonica (Fouc. et Sim. l. c.) ; Ghisoni (Rotgès in litt.) ; Ajaccio (Boullu in *Bull. soc. bot. Fr.* XXIV, sess. extr. XCII) ; Bastelica (Revel. ex Mars. l. c.) ; Bonifacio (Lutz in *Bull. soc. bot. Fr.* XLVIII, sess. extr. CXXXIX ; Boy. *Fl. Sud Corse* 57) ; et localités ci-dessous.

1906. — Cap Corse : plages de la Marine de Luri, 6 juill. fl. ! — Santa Lucia di Mercurio, bords des chemins, 600 m., 30 juill. fr. !

S. runcinatum Lag. ex DC. *Syst.* II, 478 (1821); Fourn. *Rech. Sisymbr.* 87 ; Rouy et Fouc. *Fl. Fr.* II, 14 ; Coste *Fl. Fr.* I, 92.

Espèce des parties méridionales du domaine méditerranéen, débordant de la péninsule ibérique dans le département des Pyrénées-Orientales, adventice en Corse à Toga près Bastia (Debeaux *Not.* 61) et à Morosaglia (Lit. *Voy.* I, 10). Selon Debeaux (l. c.), la plante bastiaise appartient à la var. *glabrum* Coss. [*Not. pl. crit.* 95 (1851) ; Rouy et Fouc. *Fl. Fr.* II, 15], à appareil végétatif et siliques glabres.

745. S. Columnae Jacq. *Fl. austr.* IV, 12, tab. 323 (1776); Gr. et Godr. *Fl. Fr.* I, 94 ; Fourn. *Rech. Sisymbr.* 88 ; Rouy et Fouc. *Fl. Fr.* II, 21 ; Coste *Fl. Fr.* I, 94.

Hab. — Rocailles, friches, décombres de l'étage inférieur. Mai-juill. ②. Rare. Rogliano (Revel. in Bor. *Not.* I, 4) ; env. de Bastia, à la citadelle (Rotgès in litt.), à Grijone (Gillot in *Bull. soc. bot. Fr.* XXIV, sess. extr. XLV) et à Toga (Debeaux *Not.* 60) ; Sartène (Rotgès in litt.).

BARBARAEA Beckm.

† 746. **B. vulgaris** R. Br. ap. Ait. *Hort. kew.* ed. 2, III, 109 (1811); Coss. *Comp. fl. all.* II, 115; Rouy et Fouc. *Fl. Fr.* I, 197; Coste *Fl. Fr.* I, 89 = *Erysimum Barbarea* L. *Sp.* ed. 1, 660 (1753).

Hab. — Prairies maritimes, vernaies, points humides de l'étage inférieur. Avril-mai. ② - ♃ . — Se présente sous les trois races suivantes :

╫ α. Var. **rivularis** Tourlet *Cat. Indre-et-Loire* 37 (1909) = *B. stricta* Bor. *Fl. Centre* éd. 3, II, 89 (1857) ; non Andrz. = *B. rivularis* Martr.-Don. *Fl. Tarn* 44 (1864) = *B. vulgaris* var. *stricta* Coss. *Comp. fl. atl.* II, 116 (1883-87) p. p. = *B. vulgaris* forme *B. rivularis* Rouy et Fouc. *Fl. Fr.* I, 198 (1893).

Hab. — Jusqu'ici seulement dans la localité suivante :

1907.—Entre le col d'Aresia et Porto-Vecchio, prairies, 50 m., 6 mai fl. fr.!·

Feuilles basilaires (souvent détruites pendant l'anthèse) à lobe terminal moins grand que dans les variétés suivantes, souvent plus long que large. Fleurs à peine hautes de 5 mm. Siliques grêles, rapprochées, serrées, dressées, à bec allongé, long de 2,5-3 mm., très mince. — Cette race est voisine de la var. **stricta** Neilr. [*Fl. Nieder-Österr.* 730 (1858) = *B. stricta* Andrz. ap. Bess. *Enum. pl. Volh.* 72 (1822) = *B. parviflora* Fries *Nov. fl. suec.* ed. 2, 207 (1828) = *B. vulgaris* var. *stricta* Coss. *Comp. fl. atl.* II, 116 (1883-87) p. p.] laquelle s'en écarte surtout par les siliques à bec plus court (1-2 mm.) et très épais, graduellement épaissi vers le stigmate.

† β. Var. **silvestris** Fries *Nov. fl. suec.* ed. 2, 205 (1828) = *B. vulgaris* Gr. et Godr. *Fl. Fr.* I, 90 = *B. silvestris* Jord. *Diagn.* 100 (1864) = *B. vulgaris* var. *vulgaris* Coss. *Comp. fl. atl.* II, 115 (1883-87) = *B. vulgaris* forme *B. vulgaris* Rouy et Fouc. *Fl. Fr.* I, 197 (1893). — Exsicc. Mab. n. 339 !

Hab. — De Bastia (Salis in *Flora* XVII, Beibl. II, 75) à Biguglia (Petit in *Bot. Tidsskr.* XIV, 244 ; Pœverlein !) ; Campo di Loro près de l'embouchure de la Gravona (Pœverlein !) ; Porto-Vecchio, bords du Stabiaccio (Mab. exsicc. cit.) ; et localité ci-dessous.

1908. — Pietralba, fossés humides, 450 m., 30 juin fr.!

Feuilles basilaires à lobe terminal beaucoup plus grand que les latéraux, généralement aussi large que long. Fleurs hautes de plus de 5 mm. Siliques moins grêles que dans la var. α, d'abord dressées, puis étalées-ascendantes à la maturité, moins nombreuses et moins serrées, à bec allongé, long de 2-3 mm.

╫ γ. Var. **arcuata** Fries *Nov. fl. suec.* ed. 205 (1828) ; Coss. *Comp. fl. atl.* II, 115 = *Cheiranthus ibericus* Willd. *Enum. hort. berol.* 681 (1809) = *Erysimum arcuatum* Opiz ap. Presl *Fl. čech.* 138 (1819) = *B. iberica* DC. *Syst.* II, 208 (1821) = *B. arcuata* Reichb. in *Flora* V, 296

(1822) ; Gr. et Godr. *Fl. Fr.* I, 91 = *B. vulgaris* var. *iberica* Asch. *Fl. Brand.* I, 36 (1864). — Exsicc. Reverch. ann. 1878, n. 22 !

Hab. — Bastelica (Reverch. exsicc. cit.) ; et localité ci-après.

1907. — Ghisonaccia, vernaies du Fiumorbo, 8 m., 8 mai fl., jeunes fr.!

Fleurs et feuilles comme dans la var. β, à lobe terminal ové-rhomboïdal. Siliques assez fortes, écartées, d'abord ascendantes, puis ascendantes-étalées, à bec comme dans la var. β.

B. sicula C. et J. Presl *Del. prag.* 17 (1822) ; Guss. *Fl. sic. prodr.* II, 256 ; Salis in *Flora* XVII, Beibl. II, 75 ; Bert. *Fl. it.* VII, 78 ; Rouy et Fouc. *Fl. Fr.* I, 199 ; Coste *Fl. Fr.* I, 89 ; non Gr. et Godr.

Espèce du midi de l'Italie, de la Sicile, de la Grèce et de l'Asie Mineure, indiquée en Corse anx environs de Porto-Vecchio par Boreau (*Not.* II, 3) d'après des échant. de Revelière, puis à Appieto et Calcatoggio par Marsilly (*Cat.* 18). Mais ces indications proviennent évidemment d'une confusion avec le *B. verna* (= *B. praecox*) que Marsilly ne mentionne pas dans son catalogue. Mabille a distribué (n. 339), sous le nom de *B. sicula*, le *B. vulgaris* ; et sous le même nom, Reverchon a distribué le *B. praecox*. Quant au *B. sicula* indiqué par Lardière (in *Bull. trim. soc. bot. Lyon* XI, 59) dans les montagnes de Corté, il s'agit du *B. rupicola* Moris.

†† 747. **B. intermedia** Bor. *Fl. Centre* éd. 1, II, 48 (1840) ; Gr. et Godr. *Fl. Fr.* I, 91 ; Burn. *Fl. Alp. mar.* I, 89 ; Rouy et Fouc. *Fl. Fr.* I, 200 ; Coste *Fl. Fr.* I, 89 = *B. augustana* Boiss. *Diagn. pl. or.* ser. 1, I, 69 (1842) et *Descr. Crucif. Piém.* t. I = *B. sicula* Gr. et Godr. *Fl. Fr.* I, 92 ; non Presl.

Hab. — Prairies maritimes, berges sablonneuses, points humidès de l'étage inférieur. Avril-mai. ②. Jusqu'ici seulement près du moulin du Prunelli (env. d'Ajaccio ; Petit in *Bot. Tidsskr.* XIV, 244). A rechercher.

† 748. **B. verna** Asch. *Fl. Brand.* I, 36 (1864) ; Rendle et Britten *List brit. seed-pl.* 3 ; Schinz et Kell. *Fl. Schw.* ed. 3, 240 = *Erysimum vernum* Mill. *Gardn. dict.* ed. 8, n. 3 (1768) = *B. praecox* R. Br. ap. Ait. *Hort. kew.* ed. 2, IV, 109 (1811) ; Salis in *Flora* XVII, Beibl. II, 75 ; Rouy et Fouc. *Fl. Fr.* II, 202 ; Coste *Fl. Fr.* I, 90 = *B. patula* Fries *Mant.* III, 76 (1842) ; Gr. et Godr. *Fl. Fr.* I, 92 = *B. sicula* Bor. *Not.* II, 3 et Mars. *Cat.* 18 ; non Presl. — Exsicc. Reverch. ann. 1878, n. 23 ; ann. 1879, n. 23 et ann. 1885, n. 408 ! (sub : *B. sicula*).

Hab. — Prairies maritimes, vignes, friches, points humides des étages inférieur et montagnard. Avril-juin. ②. Assez répandu. Env. de Bastia

(Salis in *Flora* XVII, Beibl. II, 75; Rotgès!); Calvi (Soleirol ex Bert. *Fl. it.* VII, 80; Fouc. et Sim. *Trois sem. herb. Corse* 128); env. d'Evisa (Reverch. exsicc. cit. 1885); env. de Corté (Burnouf in *Bull. soc. bot. Fr.* XXIV, sess. extr. XXX); env. de Vico (Coste in *Bull. soc. bot. Fr.* XLVIII, sess. extr. CXIV); d'Ajaccio à Pozzo di Borgo (Boullu in *Bull. soc. bot. Fr.* XXIV, sess. extr. XCVII; Coste ibid. XLVIII, sess. extr. CIX); Appieto et Calcatoggio (Mars. *Cat.* 18); Bastelica (Reverch. exsicc. cit. 1878); Serra di Scopamène (Reverch. exsicc. cit. 1879); Porto-Vecchio (Revel. ex Mars. l. c.); et localités ci-dessous.

1907. — Cap Corse : lieux frais au-dessus de la Chapelle Monserato, 360 m., 17 avril fl.! — Châtaigneraies en montant de Pietralba au col de Tende, 900 m., 15 avril fl. fr.!; Cima al Cucco, rocailles, 1100 m., 13 mai fl. fr.!

Espèce facile à distinguer du *B. vulgaris* par les feuilles toutes pinnatipartites. Les *B. intermedia* Bor. et *B. sicula* Presl qui lui ressemblent s'en écartent par les pédicelles beaucoup plus grêles que la silique (épaissis et presque du calibre de la silique dans le *B. verna*). Le *B. sicula* est en outre remarquable par ses siliques très courtes, seulement 2-3 fois plus longues que les pédoncules (5-7 fois plus longues dans le *B. verna*). — Les *B. praecox* var. *brevistyla, australis, vicina* et *longisiliqua* Rouy et Fouc. [*Fl. Fr.* 1, 202 et 203 (1893) = *B. brevistyla* Jord., *B. australis* Jord., *B. vicina* Martr.-Don., *B. longisiliqua* Jord.] ne représentent pour nous que des variations individuelles infimes dont le nombre, par le moyen d'une analyse méticuleuse, pourrait être presque indéfiniment augmenté.

749. **B. rupicola** Moris *Stirp. sard. elench.* 1, 55 (1827) et *Fl. sard.* 1, 154, t. 10; Bert. *Fl. it.* VII, 80; Gr. et Godr. *Fl. Fr.* I, 91; Rouy et Fouc. *Fl. Fr.* I, 201; Coste *Fl. Fr.* I, 89. — Exsicc. Soleirol n. 436 et 436 b!; Mab. n. 208!; Reverch. ann. 1878, 1879 et 1885, n. 24!; Burn. ann. 1900, n. 66 et 204!; ann. 1904, n. 44-49!

Hab. — Rochers humides, principalement des étages montagnard et subalpin, s'élevant parfois dans l'étage alpin, fixé sur quelques points de l'étage inférieur, et entraîné parfois par les eaux jusqu'au niveau de la mer, (1-) 300-2000 m. Mai-juill. suivant l'altitude. ♃. Répandu et abondant (cependant non encore signalé dans plusieurs régions). Hautes cimes du Cap Corse depuis le Monte Stello jusqu'au vallon du Bevinco (Salis in *Flora* XVII, Beibl. II, 76); Monte S. Leonardo (Chabert in *Bull. soc. bot. Fr.* XXIX, sess. extr. LII). Pas signalé dans le massif de Tende. Rare dans le massif du S. Pietro (voy. ci-dessous : herb. de 1907). Monte Grosso (de Calvi) (Soleirol exsicc. cit. et ap. Gr.

et Godr. l. c.) ; vallon de Bonifatto (Mab. exsicc. cit.) ; col de Palmarella entre Calvi et Galeria, 300 m. (R. Maire in Rouy *Rev. bot. syst.* II, 66 ; Rotgès in litt. ; Ellman et Jahandiez in litt.) ; défilé de Santa Regina (Briq. *Rech. Corse* 5 et Burn. exsicc. cit. ann. 1900, n. 66) ; Lozzi (Lit. *Voy.* II, 7) ; forêt de Valdoniello (Gysp. in Rouy *Rev. bot. syst.* II, 113 Lit. in *Bull. acad. géogr. bot.* XVIII, 119) ; col de Vergio (Briq. *Spic.* 27[i] et Burn. exsicc. cit. ann. 1904, n. 44, 45 et 46 ; Lit. *Voy.* II, 11 et 16) ; forêt d'Aitone (Lutz in *Bull. soc. bot. Fr.* XLVIII, sess. extr. CXXXIX) ; env. d'Evisa (Reverch. exsicc. cit. ann. 1885) ; calanches de Piana [Lutz in *Bull. soc. bot. Fr.* XLVIII, sess. extr. CXXXI ; Briq. *Spic.* 28 et Burn. exsicc. cit. n. 49 (attribué par erreur au *B. arcuata*) ; Ellman et Jahandiez in litt.] ; entre Corté et Vico (ex Gr. et Godr. l. c.) ; vallée de la Restonica (Burnouf in *Bull. soc. bot. Fr.* XXIV, sess. extr. LXXXV Briq. *Rech. Corse* 18 et Burn. exsicc. cit. 1900, n. 204) ; Monte Rotondo (ex Gr. et Godr. l. c. ; Doùmet in *Ann. Hér.* V, 181 ; Kralik ex Rouy et Fouc. l. c.) ; Venaco (Fouc. et Sim. *Trois sem. herb. Corse* 128) ; env. de Vivario (Doùmet in *Ann. Hér.* V, 183 ; Bernouilli !) ; Monte d'Oro (Lutz in *Bull. soc. bot. Fr.* XLVIII, sess. extr. CXXVII ; Briq. *Spic.* 28 et Burn. exsicc. cit. 1904, n. 48) ; col de Vizzavona (Lit. *Voy.* I, 12 ; Ellman et Jahandiez in litt.) ; Pointe de Grado (N. Roux in *Bull. soc. bot. Fr.* XLVIII, sess. extr. CXXVIII) ; Monte Renoso (Jord. ex Rouy et Fouc. l. c.) ; env. de Ghisoni (Rotgès in litt.) ; défilé de l'Inzecca (Briq. *Spic.* 27 et Burn. exsicc. cit. 1904, n. 407) ; env. de Bastelica (Revel. in Bor. *Not.* III, 2 ; Reverch. exsicc. cit. 1878) ; entre le plateau des Pozzi et le plateau d'Ese (Req. ex Rouy et Fouc. l. c.) ; Coscione (Soleirol exsicc. cit. et ap. Gr. et Godr. l. c.; Jord. *Diagn.* 104 ; Reverch. exsicc. cit. 1879 ; Gysp. in Rouy *Rev. bot. syst.* II, 119 ; R. Maire ibid. 24 et 27 ; Lit. *Voy.* I, 17) ; et localités ci-dessous.

1906. — Rochers en montant de Bonifatto à la bergerie de Spasimata, 600-1000 m., 11 et 12 juill. fr. ! ; rochers humides sur le versant E. du Monte d'Oro, 1500-1700 m., 9 août fl. fr. ! ; pentes du Monte d'Oro près de Vizzavona, graviers des torrents, 1100 m., 15 juill. fr. !

1907. — Cime de la Chapelle de S. Angelo, rochers du versant N., 900 m., 13 mai fl. ! ; rochers entre le col de Morello et la Fontaine de Padula, 500-700 m., 13 mai fl. fr. ! ; gorges de l'Inzecca, rochers, 500-600 m., 8 mai fl. ! ; aulnaies à l'embouchure de la Solenzara, amené par les eaux, 7 mai fl. fr. !

1908. — Rochers humides près de la scierie du Tavignano, 1300 m., 28 juin fr. ! : col de Ciarnente, versant S., 1400 m., 27 juin fl. fr. !

1910. — Rocailles sur le versant S. du Mont Incudine, 1900-2000 m., 25 juill. fl. fr.!

1911. — Fourches de Bavella, versant S., berges rocheuses d'un torrent, 1400 m., 13 juill. fr.!; Punta Quercitella, rochers à l'ubac, 1200 m., 10 juill. fr.!

La forme la plus fréquente de cette espèce possède des tiges à entrenœuds raccourcis, à grappe parfois même presque acaule : c'est cet état qui a été appelé par Jordan *B. brevicaulis* Jord. [*Diagn.* 104 (1864)], dont MM. Rouy et Foucaud ont fait leur *B. rupicola* forme *B. brevicaulis* Rouy et Fouc. [*Fl. Fr.* I, 202 (1893)]. Accidentellement, surtout dans les endroits ombragés aux altitudes inférieures, les entrenœuds s'allongent et la tige peut dépasser 30 cm., mais ils est facile de récolter, parfois en un seul et même endroit, tous les passages entre ces deux extrêmes. La grandeur des fleurs (hautes de 7-10 mm.) et des siliques (5-9 cm.) est sans rapport avec la dimension des échantillons. La racine est pivotante la première année, puis remplacée par une souche vivace dans toutes les formes. Les variations qui précèdent sont purement individuelles et ne constituent pas des races.

Le *B. rupicola* est une espèce de premier ordre, endémique en Corse et en Sardaigne, très distincte des espèces annuelles ou bisannuelles par son mode de végétation et dont les affinités doivent être recherchées auprès des espèces vivaces du bassin oriental de la Méditerranée (*B. integrifolia* DC., *B. minor* C. Koch, etc.), dont elle s'écarte par le développement des siliques, les feuilles basilaires à limbe terminal ové-cordé, etc.

RORIPPA [1] Scop.

Le plus ancien nom générique valable pour ce genre est celui de Scopoli [*Fl. carn.* ed. 1, 520 (1760)], lequel doit remplacer les noms de *Roripa* Adans. [*Fam. pl.* II, 417 (1763)], *Brachiolobos* All. [*Fl. ped.* I, 278 (1785)], *Caroli-Gmelina* Gaertn. Mey. et Scherb. (*Fl. Wett.* II, 419 (1800)] et *Nasturtium* R. Br. [in Ait. *Hort. kew.* ed. 2, IV, 110 (1812) ; non Adans., nec alior.]. Récemment, MM. Druce (in *Ann. scott. nat. hist.* ann. 1906, 219), Rendle et Britten [*List brit. seed-pl.* 3 (1897)] et Schinz et Thellung (in *Bull. herb. Boiss.* 2me série, VII, 405 (1907)] ont cru devoir reprendre le nom plus ancien de *Radicula* Hill (*Brit. herb.*, ann. 1756). Mais ce nom tombe sous le coup des *Règles de la nomenclature*, art. 54, 1°, parce qu'il coïncide avec un nom d'organe couramment employé et n'a pas été introduit avec des noms d'espèces, ce que MM. Schinz et Thellung ont

---

[1] Graphie originale de Scopoli, qu'il n'y a pas lieu de changer, les noms génériques pouvant être absolument arbitraires (*Règles nomencl. bot.* art. 24 et 50). Scopoli a modifié plus tard la graphie en *Roripa* [*Fl. carn.* ed. 2, II, 24-25 (1772)], mais cette seconde manière ne peut être acceptée. MM. Schinz et Thellung [in *Vierteljahrsschr. naturf. Ges. Zürich* LIII, 537, note 1 (1909)] attribuent la graphie de 1760 à un *lapsus calami*, mais sans faire la preuve de leur assertion. Scopoli a dit : « Nomen Genericum Gesnerianum est. » Nous avons cherché sans succès le passage de Gesner auquel il est fait allusion.

reconnu dans la suite [in *Vierteljahrsschr. naturf. Ges. Zürich* LIII, 537 (1909)]. — D'autre part, nous ne pouvons pas suivre M. de Hayek [*Entw. Crucif.* 195 et 197 (1911)] dans la séparation du genre *Nasturtium* R. Br., sensu stricto, basé sur le *N. officinale* R. Br. (*Rorippa Nasturtium-aquaticum*), séparation motivée uniquement par l'absence des glandes nectarifères médianes dans cette espèce.

† 750. **R. amphibia** Bess. *Enum. pl. Volh.* 27 (1822) ; Gr. et Godr. *Fl. Fr.* I, 126 ; Rouy et Fouc. *Fl. Fr.* I, 194 = *Sisymbrium amphibium* L. *Sp.* ed. 1, 657 (1753) p. p. = *Nasturtium amphibium* R. Br. in Ait. *Hort. kew.* ed. 2, IV, 110 (1812); Bert. *Fl. it.* VII, 43 ; Coste *Fl. Fr.* I, 96.

Hab. — Fossés aquatiques et marécages de l'étage inférieur. ♃ . Mai-juill. Très rare ou négligé. Corse (Jaussin ex Burm. *Fl. Cors.* 247) ; env. de Bastia (Soleirol ex Bert. *Fl. it.* VII, 43).

751. **R. Nasturtium-aquaticum** Schinz et Thell. in *Vierteljahrsschr. naturf. Ges. Zürich* LIII, 538 (1909) ; Schinz et Kell. *Fl. Schw.* ed. 3, 240 = *Sisymbrium Nasturtium-aquaticum* L. *Sp.* ed. 1, 657 (1753) = *Cardamine fontana* Lamk *Encycl. méth.* II, 185 (1786) = *Nasturtium officinale* R. Br. in Ait. *Hort. kew.* ed. 2, IV, 110 (1812); Gr. et Godr. *Fl. Fr.* I, 98 ; Rouy et Fouc. *Fl. Fr.* II, 204 ; Coste *Fl. Fr.* I, 95 = *R. Nasturtium* Beck *Fl. Nieder-Österr.* 463 (1892).

Hab. — Points humides, fossés aquatiques, marécages, ruisseaux des étages inférieur et montagnard. Avril-juill. ♃ . Répandu et abondant dans l'île entière.

1906. — Source au col de San Colombano, 650 m., 10 juill. fl. fr.!

1907. — Ostriconi, fossés humides, 20 avril fl. fr.! ; défilé de l'Inzecca, 300-500 m., 8 mai fl. !

1908. — Vallée inf. du Tavignano, bord des eaux, 5-700 m., 26 juin fr.!

Les variétés énumérées par MM. Rouy et Foucaud (*Fl. Fr.* II, 204) sous les noms de *Nasturtium officinale genuinum* Gr. et Godr., *asarifolium* Kralik, *intermedium* Gren., *siifolium* Steud., *grandifolium* Rouy et Fouc., *microphyllum* Bœnn., *parvifolium* Peterm. représentent de simples états individuels en relation avec le milieu et ne constituent pas de véritables variétés dans le sens de races.

CARDAMINE L. emend.

752. **C. impatiens** L. *Sp.* ed. 1, 655 (1753) ; Gr. et Godr. *Fl. Fr.* I,

109 ; Rouy et Fouc. *Fl. Fr.* I, 237 ; O. E. Schulz *Mon. Cardam.*[1] 455 ;. Coste *Fl. Fr.* I, 106. — Exsicc. Burn. ann. 1904, n. 35 !

Hab. — Points ombragés humides des étages inférieur et monta- gnard. Mars-mai. ①. Rare. Vallée du Fiumalto près d'Orezza (Gillot. in *Bull. soc. bot. Fr.* XXIV, sess. extr. LXXV) ; vallée du Fiumorbo (Salis. in *Flora* XVII, Beibl. II, 76); de Vivario à Ghisoni (Mars. *Cat.* 19); Boco- gnano (Revel. ex Mars. l. c.); maquis au bord de la Gravona près de Tavera (Briq. *Spic.* 27 et Burn. exsicc. cit.).

753. **C. hirsuta** L. *Sp.* ed. 1, 655 (1753); Rouy et Fouc. *Fl. Fr.* I, 238.

I. Subsp. **eu-hirsuta** Briq. = *C. hirsuta* L., sensu stricto; Gr. et. Godr. *Fl. Fr.* I, 109; Coste *Fl. Fr.* I, 106 ; O. E. Schulz *Mon. Cardam.* 464 = *C. hirsuta* var. *tetrandra* Stokes *Bot. mat. med.* III, 445 (1812) = *C. hirsuta* var. *minor* Ten. *Fl. nap.* II, 83 (1820). = *C. tetrandra* Heg. ap. Sut. *Fl. helv.* ed. 2, II, 69 (1822) = *C. hirsuta* var. *campestris* Fries. *Nov. fl. suec.* ed. 2, 201 (1828) = *C. hirsuta* var. *sabulosa* Wimm. et Grab. *Fl. sil.* II, 267 (1829) = *C. hirsuta* var. *micrantha* Gaud. *Fl. helv.* IV, 296 (1829) = *C. hirsuta* var. *vulgaris* Coss. et Germ. *Fl. Paris* éd. 2, 108 (1861). — Exsicc. Kralik sub : *C. hirsuta* ! ; Reverch. ann. 1878 et 1879 sub : *C. hirsuta* !

Hab. — Cultures, friches, garigues, rocailles. Févr.-mai. ①. Répandue. et abondante dans l'île entière.

1907. — Cap Corse : cluse des Stretti près St-Florent, balmes, calc., 30 m., 23 avril fl. fr.! — Garigues entre Novella et le col de S. Colombano, 500-600 m., 19 avril fr.!

Feuilles caulinaires moins nombreuses et plus réduites que dans la sous-esp. II. Pédicelles florifères longs de 1,5-2 mm., épais. Etamines souvent 4. Siliques ± redressées contre le rachis.

Les échant. corses appartiennent à la var. **typica** Beck [*Fl. Nieder-Öst.* 454 (1892)] à pédicelles fructifères ne dépassant pas 1 cm., à siliques glabres.

II. Subsp. **silvatica** Rouy et Fouc. *Fl. Fr.* I, 239 (1893) = *C. flexuosa* With. *Arr. brit. pl.* ed. 3, III, 578 (1796) ; O. E. Schulz *Mon. Cardam.* 473 = *C. silvatica* Link in Hoffm. *Phytogr. Blätt.* I, 50 (1803) ; Gr. et Godr. *Fl. Fr.* I, 109; Coste *Fl. Fr.* I, 106 = *C. hirsuta* var. *hexan-*

---

[1] In Engler's *Bot. Jahrb.* XXXII, ann. 1903.

dra Stokes *Bot. mat. med.* III, 445 (1812) = *C. hirsuta* var. *major* Ten.
Fl. nap. II, 83 (1820) = *C. hirsuta* var. *silvestris* Fries *Nov. fl. suec.* ed. 2,.
201 (1828) = *C. hirsuta* var. *silvatica* Gaud. *Fl. helv.* IV, 295 (1828);.
Coss. et Germ. *Fl. Paris* éd. 2, 108 (1861). — Exsicc. Reverch. ann. 1878,
n. 31 ! ; Burn. ann. 1904, n. 36 !

Hab. — Hêtraies, sapinaies, points ombragés ou humides des étages-
montagnard et subalpin. Mai-juill. ④. Disséminée. Non signalée dans le
nord de l'île. Env. de Venaco (Fouc. et Sim. *Trois sem. herb. Corse* 128) ;
Vivario, route de Vezzani (Bor. *Not.* III, 2 et Mars. *Cat.* 19) ; col de Vizzavona (Lutz in *Bull. soc. bot. Fr.* XLVIII, sess. extr. CXXV; Briq. *Spic.*
27 et Burn. exsicc. cit. ; Lit. *Voy.* I, 12) ; Bastelica (Reverch. exsicc. cit.
et ap. O. E. Schulz l. c.) ; vallée du Fiumorbo (Salis in *Flora* XVII, Beibl.
II, 76) ; hêtraies du Coscione (R. Maire in Rouy *Rev. bot. syst.* II, 27) ; et
localités ci-dessous.

1906. — Haut vallon de Marmano, berges du torrent, 1350 m., 21 juill.,
fr.! ; hêtraies du versant N. de l'Incudine, descendant jusqu'aux pozzines-
près des bergeries d'Aluccia, 1500 m., 18 juill., fl. fr.!

1907. — Berges des ruisseaux en montant de Ghisoni au col de Sorba,.
900 m., 10 mai fl.!

1910. — Col de Verde, tourbière, 1340 m., 29 juill. fr.! ; Monte S. Pietro
de Petreto-Bicchisano, sources dans la forêt de chênes-verts, 500 m.,
27 juill. fr.!

1911. — Monte Calva, berges ombragées d'un torrent, 1000 m., 10 juill.
fr.! ; montagne de Cagna : sapinaie dominant le col de Fontanella, 1200 m.,
5 juill. fr.!

Feuilles caulinaires plus nombreuses et plus développées. Pédicelles-
florifères plus grèles, longs de 2-4 mm. Etamines généralement 6. Siliques
plus écartées de l'axe. — Il est évidemment exagéré de voir dans le
C. flexuosa une espèce distincte, ainsi que l'a fait encore récemment
M. O. E. Schulz ; les exceptions portant tantôt sur un caractère, tantôt
sur un autre, et les formes douteuses nous paraissent probantes à cet
égard. Le procédé inverse, qui fait du *C. flexuosa* une simple variété du
C. hirsuta, ne tient pas suffisamment compte des habitudes biologiques
différentes et du faciès particulier que donne l'ensemble des caractères.
MM. Rouy et Foucaud nous paraissent avoir bien jugé la valeur systématique du *C. flexuosa* en en faisant une sous-espèce. L'art. 49 des
Règles de la nomencl. bot. oblige à conserver le nom subspécifique
choisi par ces derniers auteurs.

Quant aux « variétés » *rigida* Rouy et Fouc. (l. c.) et *umbrosa* Gr. et
Godr. [*Fl. Fr.* 1, 110 (1847) ; Rouy et Fouc. l. c.], ce sont de simples états
individuels en rapport avec le milieu ± sec exposé à la lumière, ou ±

humide et ombragé. M. O. E. Schulz les a mentionnées avec raison comme
f. *umbrosa* et f. *rigida*.

† 754. **C. amara** L. *Sp.* ed. 1, 656 (1753) ; Gr. et Godr. *Fl. Fr.* I,
108 ; Rouy et Fouc. *Fl. Fr.* I, 235 ; Coste *Fl. Fr.* I, 104 ; O. E. Schulz
Mon. Cardam. 495.

Hab. — Fossés aquatiques, berges des ruisseaux de l'étage inférieur.
Avril-mai. ♃. Jusqu'ici seulement dans la localité suivante :

1907. — Berges marécageuses des maquis entre Alistro et Bravone,
10 m., 3 avril fl. fr. !

Cette espèce avait déja été indiquée en Corse par Burmann (*Fl. Cors.*
216), d'après Valle, source de renseignement bien douteuse. Les échantillons en fleurs ressemblent beaucoup au *Rorippa Nasturtium-aquaticum*,
dont ils se distinguent facilement par les étamines à anthères violettes
et les pétales du double plus grands. Le *C. amara* possède des siliques
linéaires grêles, droites, longues de 20-40 mm., redressées sur les pédoncules étalés, tandis que le *Rorippa* a des siliques étalées sur le prolongement des pédoncules, largement linéaires, ± arquées, longues de
10-18 mm.

†† 755. **C. pratensis** L. *Sp.* ed. 1, 656 (1753) ; Gr. et Godr. *Fl. Fr.*
I, 108 ; Rouy et Fouc. *Fl. Fr.* I, 231 ; Coste *Fl. Fr.* I, 105 ; O. E. Schulz
Mon. Cardam. 523.

Hab. — Points ombragés humides de l'étage montagnard. Mai-juin.
♃. Très rare. Forêt de Vizzavona (Ellman et Jahandiez, 25 mai 1911 fl.!).

Les auteurs de l'intéressante découverte du *C. pratensis* en Corse rapportent leurs échantillons — dont un nous a été gracieusement communiqué par M. Jahandiez — au *C. pratensis* var. *praticola* Rouy et Fouc.
[*Fl. Fr.* I, 232 (1893) = *C. praticola* Jord. *Diagn.* 1, 128 (1864)]. Cette détermination nous parait tout à fait exacte. Pour M. O. E. Schulz (l. c. 537), le
C. praticola Jord. est un simple *C. pratensis* f. *praticola* à feuilles du
rhizome et caulinaires inférieures paucisegmentées, le segment apical
très grand. Nous pensons que les variations de cet ordre dans le *C. pratensis* var. **typica** Maxim. [in *Bull. acad. St-Pét.*
XVIII, 278 (1873)] n'ont qu'une mince valeur systématique, souvent même
une valeur individuelle.

756. **C. Plumieri** Vill. *Prosp.* 38 (1779) et *Hist. pl. Dauph.* III, 359 ;
Gr. et Godr. *Fl. Fr.* I, 107 ; O. E. Schulz *Mon. Cardam.* 563 ; Coste *Fl. Fr.*
I, 104 = *C. thalictroides* All. *Fl. ped.* I, 261 (1785), descr. emend. ; Bert.
Fl. it. VII, 16 = *C. hederacea* DC. *Syst.* II, 264 (1821) = *C. Bocconi* Viv.
App. fl. cors. prodr. 4 (1825) et *App. alt.* 7 ; Salis in *Flora* XVII, Beibl.

II, 76; Jord. *Diagn.* I, 130; Mab. *Rech.* I, 9; Mars. *Cat.* 19 = *C. corsica*
Sieb. ap. Turcz. in *Bull. soc. imp. nat. Moscou* XXVII, 2, 293 (1854) =
C. Plumieri et *C. Plumieri* forme *C. hederacea* Rouy et Fouc. *Fl. Fr.* I,
229 et 230 (1893). — Exsicc. Soleirol n. 14!; Mab. n. 6!; Debeaux ann.
1868 sub : *C. Bocconi*!

Hab. — Creux des rochers à l'ubac, rocailles humides au bord des
torrents, principalement des étages montagnard et subalpin, entraîné
parfois par les eaux jusque dans l'étage inférieur, (20-)500-1900 m.
Mars-août suivant l'altitude. ♃. Répandu. Monte Alticcione (Chabert in
Bull. soc. bot. Fr. XXIX, sess. extr. LII) et les cimes du Cap Corse situées
plus au sud (Chabert l. c.); Monte Fosco (Gillot in *Bull. soc. bot. Fr.*
XXIV, sess. extr. LX et LXI); au-dessus de Mandriale et de Nonza (Salis
in *Flora* XVII, Beibl. II, 77); Serra di Pigno (Mab. *Rech.* I, 10 et exsicc.
cit.; Debeaux exsicc. cit.; Sargnon in *Ann. soc. bot. Lyon* VI, 68; Billiet
in *Bull. soc. bot. Fr.* XXIV, sess. extr. LXIX; et nombreux autres observateurs), descendant jusque dans le vallon du Fango près Bastia (Gr. et
Godr. l. c.; Mab. l. c.; Debeaux exsicc. cit.); montagnes au-dessus de
Borgo (Mab. l. c.); Monte Grosso de Calvi (Soleirol ex Bert. *Fl. it.* VII,
17 et exsicc. cit.; Lit. in *Bull. acad. géogr. bot.* XVIII, 120); Monte
S. Pietro (Gillot in *Bull. soc. bot. Fr.* XXIV, sess. extr. LXXIX); torrent
de Brignoli au pied du Paglia Orba (Lit. in *Bull. acad. géogr. bot.* XVIII,
120); vallée de la Restonica (Revel. ex Mars. *Cat.* 19; Ellman et Jahan-
diez in litt.); Monte Rotondo (Sieber ex Turcz. et O. E. Schulz ll. cc.;
Mab. l.c.); Monte d'Oro vers les bergeries de Tortetto [Gr. et Godr. l.c.;
Jord. *Diagn.* I, 130; Kralik ex Rouy et Fouc. l. c. (« Tortele »); Gillot
Souv. 6]; et localités ci-dessous.

1906. — Rochers au bord du torrent près de la maison forestière de
Bonifatto, 550 m., 11 juill. fr.!; berges du torrent dans le vallon de Tassi-
netto près des bergeries de Violine, 1200 m., 27 juill. fr.!; fissures des
rochers sur le versant W. du Monte d'Oro, 1800-1900 m., 12 août fl. fr.!

1907. — Rocailles fraîches près de la Fontaine de Padula, entre Vivario et Vezzani, 700 m., 13 mai fl.!

1908. — Vallée da la Melaja, pineraies, 1000 m., 5 juill. fl. fr.!

1910. — Cap Corse : Monte Stello, fissures des rochers à l'ubac, 1300 m.,
16 juill. fr.!; col de Bocca Rezza sur Mandriale, rocailles, 900-1000 m.,
16 juill. fr.!

1911. — Fourches de Bavella, creux des rochers à l'ubac, 1500-1550 m.,
13 juill fr.!

3

La découverte de cette espèce en Corse remonte à Boccone (*Nasturtium montanum, nanum, rotundo Thalictri folio, cyrnaeum* Bocc. *Mus.* 171, t. 116), ainsi que l'a montré Viviani (*App. fl. cors. prodr.* 4). Malgré la bonne figure donnée par le vieil auteur italien, Linné a cité la plante de Boccone comme synonyme de son *C. graeca*. Labillardière, qui paraît avoir été le premier après Boccone à retrouver le *C. Plumieri*, en a communiqué des échantillons à A. P. de Candolle sans indication de localité, ce qui a eu pour résultat que le *C. hederacea* DC, basé sur des échantillons de Labillardière, a été signalé en Syrie par l'auteur du *Systema* (autres exemples : *Lepidium oxyotum* DC., *Hutchinsia brevistyla* DC.!). La distinction que de Candolle et Viviani — suivis par Jordan (*Diagn.* 1, 130), Mabille (l. c.), Marsilly (l. c.) et Rouy et Fouc. (l. c.) — ont cherché à établir entre le *C. Plumieri* du Dauphiné et le *C. hederacea* DC. = *C. Bocconi* Viv. de la Corse, ne résiste pas à l'examen d'une série étendue d'échantillons. Les caractères indiqués pour le *C. hederacea* (forme des feuilles, pédoncules une fois plus longs, style moitié plus long et épaissi, tiges plus fragiles, à rameaux très inégaux) sont purement individuels : ils peuvent être constatés sur divers échantillons dauphinois et piémontais ou corses, et vice-versa. M. Schulz a donc eu raison, selon nous, lorsqu'il a envisagé le *C. Bocconi* comme un synonyme pur et simple du *C. Plumieri*, opinion qui était déjà celle de Willdenow [*Sp. pl.* III, 1, 484 (1801)]. L'aire du *C. Plumieri* comprend, outre les Alpes occidentales, le versant S. des Alpes jusqu'au Mont-Rose et le nord des Apennins. Selon M. Schulz (op. cit. 565), l'espèce reparaîtrait en Albanie et dans le sud de la Serbie.

757. C. resedifolia L. *Sp.* ed. 1, 656 (1753) ; Gr. et Godr. *Fl. Fr.* I, 111 ; Rouy et Fouc. *Fl. Fr.* I, 240 ; Coste *Fl. Fr.* I, 105 ; O. E. Schulz *Mon. Cardam.* 565. — Exsicc. Soleirol n. 358 ! ; Kralik n. 473 ! ; Reverch. ann. 1878 sub : *C. Bocconi* ! ; Burn. ann. 1900, n. 155, 284, 312 et 377 ! ; Burn. ann. 1904, n. 37 et 57 !

Hab. — Hêtraies, rocailles et rochers des étages subalpin et alpin, 1100-2700 m. Calcifuge. Juin-août suivant l'alt. ♃. Répandu dans les grands massifs du centre. Monte Grosso de Calvi (Soleirol exsicc. cit. et ap. Gr. et Godr. l. c.) ; Monte Cinto (Briq. *Rech. Corse* 82 et Burn. exsicc. ann. 1900, n. 155 ; Lit. in *Bull. acad. géogr. bot.* XVIII, 120) ; col de Vergio (Fliche in *Bull. soc. bot. Fr.* XXXVI, 358 ; Briq. *Spic.* 27 et Burn. exsicc. ann. 1904, n. 57) ; Paglia Orba (Lit. l. c.) ; près du lac de Nino (Salis in *Flora* XVII, Beibl. II, 76 ; Lit. l. c.) ; vallon de Spiscie (Kralik et Burnouf ex Rouy et Fouc. l. c.) ; Monte Rotondo (Salis l. c. ; Mars. *Cat.* 19 ; Doûmet in *Ann. Hér.* V, 197 ; Burnouf in *Bull. soc. bot. Fr.* XXIV, sess. extr. LXXXVI ; Briq. *Rech. Corse* 82 et Burn. exsicc. ann. 1900, n. 284 et 312 ; Soulié ex Coste in *Bull. soc. bot. Fr.* XLVIII, sess. extr.

CXVIII; Lit. l. c.); Monte d'Oro (Salis l. c.; Mars. l. c.; Kralik ex Rouy et Fouc. l. c.; Briq. *Spic.* 27 et Burn. exsicc. ann. 1904, n. 37), et crête conduisant à la Pointe Muratello (Lit. l. c.); forêt de Vizzavona (Lit. *Voy.* 1, 11); Monte Renoso (Kralik ex Rouy et Fouc. l. c.; Reverch. exsicc. cit.; Rotgès, Mand. et Fouc. in *Bull. soc. bot. Fr.* XLVII, 86; Briq. *Rech. Corse* 26 et Burn. exsicc. ann. 1900, n. 377); col de la Cagnone (Kralik ex Rouy et Fouc. l. c.); sommet de l'Incudine (Kralik exsicc. cit.; R. Maire in Rouy *Rev. bot. syst.* II, 49 et in *Bull. soc. bot. Fr.* XLVIII, sess. extr. CXLVI); et localités ci-dessous.

1906. — Rochers humides de la Cime di Mufrella, 2000 m., 12 juill. fl. (f. *typica*)!; couloirs humides entre le Capo Ladroncello et le col d'Avartoli, 2000 m., 27 juill. fl. fr. (f. *platyphylla*)!; arêtes du Monte Cinto, 2500-2700 m., 29 juill. fl. fr. (f. *nana*)!; rocailles au sommet du Paglia Orba, 2525 m., 9 août fr. (f. *nana*)!; rochers du Capo al Chiostro, 2000 m., 3 août fl. fr. (f. *platyphylla*)!; rochers en montant des bergeries de Grotello au lac Melo, 1700 m., 4 août fl. (f. *typica*)!; rocailles sur le versant E. du Monte d'Oro, 2000 m., 9 août fl. fr. (f. *typica*)!; rocailles au col de la Cagnone, 1960 m., 21 juill. fl. fr. (f. *platyphylla* et f. *nana*)!; rochers de la Pointe Bocca d'Oro, 1950 m., 20 juill. fl. fr. (f. *platyphylla*)!; hêtraies en montant d'Aluccia au col du Mt Incudine, 1600 m., 18 juill. fr. (f. *typica*)!

1908. — Forêt de Campotile, hêtraies, 27 juin fl. fr.!

1910. — Crête de Li Tarmini, rochers du versant E., 1900 m., 30 juill. fr.!; Punta della Capella (d'Isolaccio), antres des rochers à l'ubac, 1950-2044 m., 30 juill., fr.!; Mt Incudine, rocailles du versant S., 1900-2000 m., 25 juill. fr.!

On peut distinguer dans cette espèce, en Corse, les sous-variétés et formes suivantes :

α' subvar. **genuina** Briq. = *C. resedifolia* O. E. Schulz l. c., sensu stricto. Feuilles caulinaires pinnatifides, à segments ovés ou oblongs, le terminal plus grand.

a. f. *platyphylla* O. E. Schulz *Mon. Cardam.* 568 (1903) = *C. resedifolia* var. *platyphylla* Rouy et Fouc. *Fl. Fr.* 1, 241 (1893). — Plante relat. élevée, lâche, à feuilles grandes, les basilaires à segment terminal très ample, les caulinaires à segments allongés, écartés.

b. f. *typica* Briq. — Plante moins élevée, à segments foliaires moins larges, tenant le milieu entre les formes a et b.

c. f. *nana* O. E. Schulz l. c. = *C. resedifolia* var. *gelida* Rouy et Fouc. *Fl. Fr.* 1, 241 (1893), non O. E. Schulz (1903), nec *C. gelida* Schott (1855). — Plante naine, en touffes denses, à segments foliaires densément rapprochés.

α² subvar. **integrifolia** Briq. = *C. resedifolia* var. *integrifolia* DC. *Prodr.* 1, 150 (1824); O. E. Schulz *Mon. Cardam.* 567 = *C. hamulosa* Bert. *Mant. fl. Alp. Apuan.* 43 (1832) et *Fl. it.* VII, 14 = *C. resedifolia* var. *subintegrifolia*

Car. ap. *Arc. Comp. fl. it.* ed. 2, 37 (1882) = *C. resedifolia* var. *hamulosa* Ces.
Pass. et Gib. *Comp. fl. it.* 847 (1886) = *C. resedifolia* var. *integrifolia* et
forme *C. insularis* Rouy et Fouc. *Fl. Fr.* I, 241 (1893) = *C. resedifolia* var.
rotundifolia Glaab in *Deutsch. bot. Monatsschr.* XI, 77 (1893).

Feuilles basilaires suborbiculaires ou obovées, atténuées à la base,
longuement pétiolées, les caulinaires plus étroites, toutes indivises ou
indistinctement et superficiellement sinuées-denticulées.

On ne peut envisager les groupes α^1 et α^2 comme de véritables variétés, dans le sens de races, car on voit apparaître des individus à feuilles
indivises isolément parmi ceux à feuilles divisées, avec tous les passages
entre les deux extrêmes. Nulle part, les formes à feuilles indivises ne
forment de colonies pures ou $\pm$ pures. — D'autre part, les trois formes
distinguées dans le groupe α^1 (et que l'on pourrait aussi distinguer dans
le groupe α^2) ne sont que de simples états en rapport avec le milieu et
l'altitude. La forme *nana* est évidemment synonyme de la var. *gelida*
Rouy et Fouc. En revanche, le *C. resedifolia* var. *gelida* O. E. Schulz (l. c.
567) est une plante des Alpes orientales et de Transsilvanie assez différente, à laquelle se rapportent les *C. gelida* Schott et *C. resedifolia* var.
dacica Heuff. C'est ce dernier nom que doit porter le *C. resedifolia* var.
gelida O. E. Schulz (non Rouy et Fouc.) par droit de priorité.

758. C. graeca L. *Sp.* ed. 1, 655 (1753); Rouy et Fouc. *Fl. Fr.* I,
242; Fritsch in *Verh. zool.-bot. Ges. Wien* XLIV, 323 (1895); Coste *Fl.
Fr.* I, 104; O. E. Schulz *Mon. Cardam.* 574 = *Pteroneurum graecum* DC.
Syst. II, 270 (1821). — En Corse seulement la race suivante :

Var. **eriocarpa** Fritsch in *Verh. zool.-bot. Ges. Wien* XLIV, 325 (1895)
= *Pteroneurum graecum* var. *eriocarpum* DC. *Syst.* II, 270 (1821) =
Pteroneurum graecum var. *trichocarpum* Reichb. *Pl. crit.* IV, tab. 397,
fig. 582 (1826) = *Pteroneurum Rochelianum* Reichb. *Deutschl. Fl.* Kreuzbl.
I, 69 (1837-38) ex Fritsch l. c. = *Pteroneurum graecum* var. *lasiocarpum*
Boiss. et Heldr. in Boiss. *Diagn. pl. or.* ser. 1, II, 20 (1842) = *Ptero-
neurum corsicum, trichocarpum* et *creticum* Jord. *Diagn.* I, 131, 132 et 133
(1864) = *C. graeca* var. *lasiocarpa* Boiss. *Fl. or.* I, 164 (1867) = *C.
Rocheliana* Borb. in *Math. Termész. Közl.* XV, 168 (1868) = *C. graeca*
var. *corsica* et *cretica* Rouy et Fouc. *Fl. Fr.* I, 243 (1893).

Hab. — Points ombragés humides de l'étage montagnard, entraînée
par les cours d'eaux jusque dans les aulnaies du littoral. Mai. ⚥. Localisée dans la région de Ghisoni-Vivario et le long des cours d'eaux qui
en descendent vers la mer tyrrhénienne. Vivario, route de Vezzani et
rochers au-dessus du Vecchio (Revel. in Bor. *Not.* III, 2 et ex Rouy et
Fouc. op. cit. 243); entre le col de Sorba et Ghisoni (Mars. *Cat.* 20);

ravin de Gialcone dans la forêt de Marmano près Ghisoni (Rotgès in *Bull. soc. bot. Fr.* XLVII, 86) ; et localités ci-dessous.

1907. — Rochers frais entre le col de Morello et la fontaine de Padula, 700-800 m. (route de Vivario à Vezzani), 13 mai fl. fr. ! ; montée de Ghisoni au col de Sorba, berges du torrent, 900 m., 10 mai fl. fr. ! ; berges du Fiumorbo près de Ghisonaccia, 10 m., 2 mai fl. fr. ! ; vernaies à l'embouchure de la Solenzara, 7 mai fr. !

Siliques à valves couvertes de longs poils mous, denses au début, plus clairsemés à la maturité. — Nous renvoyons le lecteur au travail consciencieux de M. Fritsch (l. c.) lequel contient des détails circonstanciés sur cette race dont l'aire embrasse la Corse, la Sicile, l'Italie méridionale et la Crète, et qui reparaît dans le Banat et en Serbie. Ainsi que l'a montré Viviani [*App. fl. Cors. prodr.* 4 (1825)] et que l'a répété Boreau [*Not.* III, 2 (1859)], cette espèce a été décrite de Sicile par Boccone [*Pl. sic.* p. 83 et 84, tab. 44, fig. 2) sous le nom de *Sio minimo affinis siliquis latis*, et confondue par Linné avec le *C. Plumieri*. De Candolle (*Syst.* II, 270) et Duby (*Bot. gall.* 32) n'ont indiqué le *C. graeca* en Corse que par suite de cette confusion. La première découverte authentique est due à Revelière et remonte au 2 juin 1858.

† 759. **C. Chelidonia** L. *Sp.* ed. 1, 655 (1753) ; Coss. *Notes pl. crit.* 50 ; Rouy *Suites fl. Fr.* II, 2 ; Rouy et Fouc. *Fl. Fr.* 1, 236 ; Coste *Fl. Fr.* I, 104 ; O. E. Schulz *Mon. Cardam.* 582. — Exsicc. Kralik n. 472 !.

Hab. — Rochers et rocailles de l'étage montagnard. Mai-juin. ♃ . Très rare et localisé au Pigno, à la glacière de Bastia, où il a été découvert par Kralik en 1849 (exsicc. cit. et ap. Coss. l. c.).

Espèce spéciale à la Corse, l'Italie moyenne et méridionale et la Croatie.

ARABIDOPSIS Heynh.

Ainsi que l'ont montré MM. Schinz et Thellung [in *Vierteljahrsschr. naturf. Ges. Zürich* LIII, 589 (1909)], la priorité pour le nom à donner à ce genre revient à Heynhe [in Holl et Heynh. *Fl. Sachs.* I, 538 (1842)]. Le nom de *Stenophragma* Celak. [*Kvet. ok. prazsken.* 75 (1870)] est beaucoup plus récent.

760. **A. Thaliana** Schur *Enum. pl. Transs.* 55 (1866) ; Schinz et Thell. in *Vierteljahrsschr. naturf. Ges. Zürich* LIII, 589 = *Arabis Thaliana* L. *Sp.* ed. 1, 665 (1753) ; Gr. et Godr. *Fl. Fr.* I, 103 = *Sisymbrium Thalianum* Gay in *Ann. sc. nat.* sér. 1, VII, 399 (1826) ; Coste *Fl. Fr.* I, 91 = *Stenophragma Thalianum* Celak. in *Kvet. ok. prazsken.* 75 (1870).

et *Prodr. Fl. Böhm.* 445 ; Rouy et Fouc. *Fl. Fr.* II, 24 = *Erysimum Thalianum* Beck *Fl. Nieder-Österr.* 480 (1892).

Hab. — Cultures, friches, sables, garigues, hêtraies, 1-1800 m. Janv.-juill. suivant l'altitude. ①. — En Corse les deux variétés suivantes :

α. Var. **genuina** Briq. = *Stenophragma Thalianum* Celak. l.c., sensu stricto. — Exsicc. Soleirol n. 374 ! ; Req. sub : *Arabis Thaliana* ! ; Burn. ann. 1904, n. 51 !

Hab. — Répandue et abondante dans les étages inférieur et montagnard de l'île entière.

1907. — Garigues entre Novella et le col de S. Colombano, 500-600 m., 19 avril fl. fr. !

Tige et axe de l'inflorescence plus épais que les pédicelles, ± droits à la fin. Fleurs relativement grandes, hautes de 4-5 mm. Siliques longues d'env. 2 cm., très nombreuses, disposées en grappes allongées. — D'apparence très variable : atteignant jusqu'à 40 cm. ou au contraire naine [f. *pusilla* = *Arabis Thaliana* var. *pusilla* Petit in *Bot. Tidsskr.* XIV, 245 (1884-85) = *S. Thalianum* var. *pusillum* Rouy et Fouc. *Fl. Fr.* II, 25 (1895)]' presque glabre (f. *glabrescens*) ou ± hispide (f. *hispida* = *Arabis Thaliana* var. *hispida* (Petit l. c.) ; ces formes individuelles croissent souvent pêle-mêle.

++ β. Var. **Burnatii** Briq. = *Stenophragma Thalianum* var. *Burnatii* Briq. *Spic. cors.* 27 (1905) = *Arabis Thaliana* var. *Burnatii* Lit. *Voy.* II, 16 (1908). — Exsicc. Burn. ann. 1904, n. 56 !

Hab. — Rocailles et hêtraies des étages subalpin et alpin, 1400-2050 m. Col de Vergio (Lit. *Voy.* II, 16) ; Pointe de Grado (Briq. l. c. et Burn. exsicc. cit.) ; et localités ci-dessous.

1906. — Hêtraies entre les bergeries d'Aluccia et le col du Mt Incudine, 1600 m., 18 juill. fr. !

1908. — Forêt de Campotile, hêtraie, 1600-1700 m., 28 juin fr.! ; rocailles sur le versant S. du col de Ciarnente, 1500 m., 27 juin fl. fr. !

1910. — Punta della Capella (d'Isolaccio), antres des rochers, 2000-2046 m., 30 juill. fl. fr. !

Tige très grêle ; axe de l'inflorescence à entrenœuds disposés en zig-zag à la maturité, presque aussi capillaires que les pédicelles. Fleurs très petites, longues d'env. 2 mm. Siliques longues de 1-1,5 cm., très peu nombreuses. Port de l'*Arabis serpyllifolia* Vill.

TURRITIS Linn. emend.

T. glabra L. *Sp.* ed.1, 666 (1753) = *Arabis perfoliata* Lamk *Encycl. méth.*
1, 219 (1783); Gr. et Godr. *Fl. Fr.* I, 103; Rouy et Fouc. *Fl. Fr.* I, 210;
Coste *Fl. Fr.* I, 100 = *Arabis glabra* Bernh. *Syst. Verz. Erf.* 195 (1800);
Burn. *Fl. Alp. mar.* I, 101.

Cette espèce figure dans la liste, donnée par Salis (in *Flora* XVII, Beibl.
II, 82), des Crucifères signalées en Corse, mais qu'il n'a pas observées lui-
même. Nous ne sachions pas que le *T. glabra* L. ait jamais été authentiquement récolté en Corse.

ARABIS Linn. emend.

761. **A. verna** R. Br. ap. Ait. *Hort. kew.* ed. 2, IV, 105 (1812); Gr.
et Godr. *Fl. Fr.* I, 100; Rouy et Fouc. *Fl. Fr.* I, 110; Coste *Fl. Fr.* I,
99 = *Hesperis verna* L. *Sp.* ed. 1, 664 (1753).
Hab. — Rochers et rocailles des étages inférieur et montagnard.
Mars-juill. suivant l'altitude. ①.

α. Var. **genuina** Briq. = *A. verna* R. Br. l. c., sensu stricto. — Exsicc.
Sieber sub : *Arabis verna*!; Soleirol n. 499!; Kralik n. 471!; Bourgeau
n. 29!; Mab. n. 14!; Reverch. ann. 1879, n. 216!; Burn. ann. 1904, n. 43!
Hab. — Répandue comme suit : Cap Corse (Mab. *Rech.* I, 9); de Bastia
et Pietrabugno jusque sur les cimes du Monte Stello (Sieber exsicc. cit.;
Salis in *Flora* XVII, Beibl. II, 76; Mab. l. c.; et nombreux autres observateurs); Serra di Pigno (Mab. l. c.); col de Teghime (Thellung in litt.;
Pœverlein!); Patrimonio (Bras in *Bull. soc. bot. Fr.* XXIV, sess. extr.
LXXII); St-Florent (Mab. l. c.); Furiani (Thellung in litt.); Biguglia
(Fouc. et Sim. *Trois sem. herb. Corse* 128); Cervione (Salis l. c.); env.
d'Orezza (Gillot in *Bull. soc. bot. Fr.* XXIV, sess. extr. LXXV); Calenzana (Soleirol exsicc. cit. et ap. Bert. *Fl. it.* VII, 118); Calvi (Mab. l. c.);
montagne de Caporalino (Briq. *Spic.* 27 et Burn. exsicc. cit.); env. de
Corté (Req. ex Parl. *Fl. it.* IX, 878; Mab. l. c.; Sargnon in *Ann. soc. bot.
Lyon* VI, 76; et autres observateurs); Ghisoni (Rotgès in litt.); Vizzavona (N. Roux in *Bull. soc. bot. Fr.* XLVIII, sess. extr. CXXVIII); forêt
de Teti (Mars. *Cat.* 19); vallée de Lava (Mars. l. c.); env. d'Ajaccio (Bourgeau exsicc. cit.; Mars. l. c.; Boullu in *Bull. soc. bot. Fr.* XXIV, sess. extr.
XCVI; et nombreux autres observateurs); Serra di Scopamène (Reverch.

exsicc. cit.); Sartène (ex Gr. et Godr. l. c.); Bonifacio (Kralik exsicc. cit. et ap. Parl. l. c.); et localités ci-dessous.

1906. — Cap Corse : lieux arides près du Couvent de la Tour de Sénèque, au-dessus de Luri, 450 m., 8 juill. fr.! — Rochers calcaires au col de San Colombano, 650 m., 10 juill. fr.!; rochers calcaires de la cime de S. Angelo, 1100 m., 15 juill. fr.!

1907. — Cap Corse : Pointe de Golfidoni, rocailles, 500 m., 27 avril fl. fr.!; Ste-Lucie sur Bastia, 16 avril fl.!; rochers sur le versant E. du col de Teghime, 400 m., 23 avril fl. fr.!; montagne des Stretti, rochers, calc., 100 m., 25 avril fl.fr.! — Garigues entre Novella et le col de S. Colombano, 500-600 m., 19 avril fl. fr.!; garigues sur Palasca, 600 m., 19 avril fl.!; rocailles sous forêt entre Vezzani et la fontaine de Padula, 600-700 m., 13 mai fl. fr.!; Pointe de l'Aquella, rochers ombragés, 250-370 m., calc., 4 mai fr.!

Siliques glabres. — Peu de Crucifères ont une apparence plus variable que celle-ci. Les dimensions oscillent entre 3 et 50 centimètres !; la tige est nue et subscapiforme ou feuillée ; les feuilles sont très petites et subentières ou très grandes, grossièrement sinuées dentées ou embrassantes [= *A. auriculata* Salis in *Flora* XVII, Beibl. ll, 76 (1834); non Lamk]. On trouve ces diverses modifications pêle-mêle avec tous les passages possibles, elles n'ont qu'une valeur individuelle.

╫ β. Var. **dasycarpa** Godr. ex Rouy et Fouc. *Fl. Fr.* 1, 211 (1893).

Hab. — Belgodère (Fouc. et Sim. *Trois sem. herb. Corse* 128); Corté (Bernard ex Rouy et Fouc. l. c.).

« Siliques pubérulentes ou hispides » (Rouy et Fouc. l. c.).

A. auriculata Lamk *Encycl. méth.* I, 219 (1783) ; Gr. et Godr. *Fl. Fr.* 1, 100 ; Rouy et Fouc. *Fl. Fr.* 1, 212 ; Coste *Fl. Fr.* I, 101.

Espèce indiquée dubitativement à Cervione par Salis (in *Flora* XVII, Beibl. ll, 76) par confusion avec des échantillons géants de l'*A. verna* R. Br. L'*A. auriculata* n'a pas jusqu'à présent été authentiquement observé en Corse.

762. **A. hirsuta** Scop. *Fl. carn.* ed. 2, II, 30 (1772) ; Gren. *Fl. ch. jurass.* 52 ; Burn. *Fl. Alp. mar.* I, 98 ; Beck *Fl. Nieder-Öst.* 458 ; Rouy et Fouc. *Fl. Fr.* I, 215 ; Coste *Fl. Fr.* I, 100 = *Turritis hirsuta* L. *Sp.* ed. 1, 666 (1753) = *A. contracta* Spenn. *Fl. frib.* 925 (1829); Celak. *Prodr. Fl. Böhm.* 453.

Hab. — Rocailles et rochers des étages inférieur et montagnard. Mars-juill. suivant l'altitude et l'exposition. ♃.

Un examen attentif de la presque totalité des espèces jordaniennes de ce groupe, d'après les originaux de l'herbier Burnat, nous a convaincu que leur valeur systématique est à peu près nulle. On peut comparer l'importance de leurs caractères (comme dans le *Draba verna*) à ceux qui permettent de distinguer — pour nous servir d'une image un peu familière — les représentants de la famille des Bourbon de ceux de la famille des Bonaparte ! C'est dire que le nombre de ces formes pourrait être presque indéfiniment multiplié sans que le nombre des combinaisons de caractères possibles soit épuisé. Les trois races ci-dessous ont été parfaitement élucidées par M. Burnat (l. c.), dont nous adoptons l'arrangement.

†† α. Var. **ovata** Wallr. *Sched. crit.* 356 (1822) = *A. hirsuta* Scop. l. c., sensu stricto ; Koch *Syn.* ed. 2, 42 = *A. hirsuta* subsp. *sessilifolia* Gaud. *Fl. helv.* IV, 313 (1829) = *A. hirsuta* var. *genuina* Dœll *Rhein. Fl.* 578 (1843) = *A. contracta* var. *a* Celak. l. c. = *A. hirsuta* var. α Burn. *Fl. Alp. mar.* I, 98 (1892) = *A. hirsuta* var. *typica* Beck *Fl. Nieder-Öst.* 458 (1892) p. p. = *A. hirsuta* subsp. *hirsuta* Rouy et Fouc. *Fl. Fr.* I, 215 (1893).

Hab. — Serra di Pigno (Billiet in *Bull. soc. bot. Fr.* XXIV, sess. extr. CXIX) ; col de Teghime (Pœverlein !) ; env. de Bonifacio (Lutz in *Bull. soc. bot. Fr.* XLVIII, sess. extr. CXXXIX) ; et localités ci-dessous.

1906. — Cime de la Chapelle de S. Angelo, buxaie, 1180 m., 15 juill. fr. !

1907. — Cap Corse : col de Santa Lucia entre Piano et Luri, clairières des pineraies, 400 m., 26 avril fl. ! ; montagne des Stretti, rocailles, calc., 500 m., 25 avril fl. fr. ! ; mont S. Angelo près St-Florent, rochers, calc., 200 m., 24 avril fl. ! — Vallée inf. de la Solenzara, rocailles ombragées, calc., 250-370 m., 4 mai fl. fr. !

Poils de la partie inférieure des tiges ± étalés, la plupart simples ; feuilles caulinaires embrassantes, subarrondies, tronquées, subcordées ou obtusément auriculées à la base ; valves de la silique à nervure médiane en général bien marquée et visible jusque près du style à la maturité.

β. Var. **sagittata** Wallr. *Sched. crit.* 356 (1822), excl. syn. Bertol. et Pers.; Garcke *Fl. Deutschl.* ed. 13, 27 (1878) ; Burn. *Fl. Alp. mar.* I, 98 ; non Dœll (1843) = *A. sagittata* DC. *Fl. fr.* V, 592 (1815) ; Koch *Syn.* ed. 2, 42 ; Gr. et Godr. *Fl. Fr.* I, 102 ; Coss. *Comp. fl. atl.* II, 119 = *A. sagittata* var. *Gerardiana* DC. *Syst.* II, 222 (1821) p. p. = *A. hirsuta* subsp. *sagittata* Gaud. *Fl. helv.* IV, 315 (1829), excl. syn. Bert. et Pers.; Rouy et Fouc. *Fl. Fr.* I, 217 = *A. hirsuta* var. *sagittifolia* Moris *Fl. sard.* I, 151 (1837) = *A. contracta* var. *b* Celak. l. c. — Exsicc. Kralik sub : *A. hirsuta* ! ; Burn. ann. 1904, n. 42 !

Hab. — Erbalunga (Gillot in *Bull. soc. bot. Fr.* XXIV, sess. extr. XLIX) ;

Griggione (Petit in *Bot. Tidsskr.* XIV, 245); de Bastia jusque sur les sommets du Cap Corse (Salis in *Flora* XVII, Beibl. II, 76 ; Mab. ex Mars. *Cat.* 19) et au col de Teghime (Pœverlein! ; Thellung in litt.); env. d'Orezza (Gillot in *Bull. soc. bot. Fr.* XXIV, sess. extr. LXXV); Belgodère (Fouc. et Sim. *Trois sem. herb. Corse* 128) ; Calvi (Fouc. et Sim. l. c.); montagne de Caporalino (Briq. *Spic.* 27 et exsicc. cit.); Ghisoni (Rotgès in litt.); Bonifacio (Kralik exsicc. cit.; Req. ex Mars. l.c.; Fliche in *Bull. soc. bot. Fr.* XXXVI, 358 ; Thellung in litt.) ; et localités ci-dessous.

1907. — Montagne de Pedana, balmes, calc., 580 m., 14 mai fl. fr.! ; Santa Manza, oliveraies, calc., 30 m., 6 mai fl. fr.!

Indument caulinaire de la var. α, mais feuilles caulinaires ± sagittées, à oreillettes bien développées ; siliques mûres à nervure médiane disparaissant vers le milieu des valves. — Race reliée à la précédente par des transitions multiples et qui ne saurait, selon nous, avoir une valeur subspécifique.

†† γ. Var. **Gerardiana** Briq. = *A. nemorensis* Wolf in Hofm. *Deutschl. Fl.* ed. 2, II, 58 (1800) = *Turritis sagittata* Bert. *Pl. gen.* 79 (1804) = *Turritis hirsuta* subsp. *planisiliqua* Pers. [1] *Syn.* II, 205 (1807) = *Turritis Gerardi* Bess. *Prim. fl. Gal.* II, 87 (1809) = *A. sagittata* var. *Gerardiana* DC. *Syst.* II, 222 (1821), excl. syn. nonn. = *A. sagittata* Wimm. et Grab. *Fl. Sil.* I, 269 (1829) = *A. Gerardi* Bess. in Koch *Röhlings Deutschl. Fl.* IV, 618 (1833); Koch *Syn.* ed. 1, 38 ; Gr. et Godr. *Fl. Fr.* I, 102 = *A. hirsuta* var. *sagittata* Dœll *Rhein. Fl.* 578 (1843), non alior. = *A. hirsuta* var. *Gerardi* O. Kuntze *Taschen-Fl. Leipz.* 176 (1867); Burn. *Fl. Alp. mar.* I, 99 = *A. contracta* var. c Celak. l. c. = *A. rigidula, A. virescens, A. permixta* et *A. Kochii* Jord. *Diagn.* I, 109-112 (1864) = *A. hirsuta* var. *Kochii* et *A. hirsuta* forme *A. rigidula* (incl. var. α-γ) Rouy et Fouc. *Fl. Fl.* I, 218 (1893).

Hab. — Bastia, Cardo (Gysperger in Rouy *Rev. bot. syst.* II, 112); Calvi (Fouc. et Sim. *Trois sem. herb. Corse* 128) ; Bonifacio (Kralik ex Rouy et Fouc. *Fl. Fr.* I, 219 ; Pœverlein !) ; et localité ci-dessous.

1907. — Montagne de Caporalino, rochers, calc., 450-650 m., 11 mai fl. fr.!

Poils de la partie inférieure des tiges appliqués, la plupart rameux ou en navette ; feuilles caulinaires ± auriculées-sagittées ; siliques mûres à nervure médiane prolongée au-delà du milieu des valves. — Cette race

[1] Persoon (op. cit.) distinguait les sous-espèces au moyen d'un astérisque et faisait précéder les sous-variétés d'un chiffre grec.

à indument très caractéristique dans ses formes typiques est cependant reliée avec les var. α et β par des formes intermédiaires.

763. A. muralis Bert. *Rar. pl. Lig.* II, 37 (1806) et *Fl. it.* VII, 135; Gr. et Godr. *Fl. Fr.* I, 102; Rouy et Fouc. *Fl. Fr.* I, 220; Coste *Fl. Fr.* I, 100.

Hab. — Rochers, 30-1900 m. Calcicole très préférent, mais non exclusif. Avril-juill. suivant l'altitude et l'exposition. ♃. Assez répandu. Monte Fosco (Gillot in *Bull. soc. bot. Fr.* XXIV, sess. extr. LX et LXII) et en général sur les cimes du Cap Corse, du Monte Stello au ravin du Bevinco (Salis in *Flora* XVII, Beibl, II, 76); env. de Bastia (Mab. ex Mars. *Cat.* 19); col de Teghime, versant E. (Pœverlein!) ; Monte S. Pietro (Gillot in *Bull. soc. bot. Fr.* XXIV, sess. extr. LXXIX ; Lit. *Voy.* I, 8); Monte Grosso, 1900 m. (Lit. in *Bull. acad. géogr. bot.* XVIII, 119); Monte d'Oro (Lutz in *Bull. soc. bot. Fr.* XLVIII, sess. extr. CXXVII); env. de Bonifacio (Mars. l. c.); et localités ci-dessous.

1906. — Rochers calcaires au col de San Colombano, 600 m., 10 juill. fr. !; rochers calcaires de la Cime de la Chapelle de S. Angelo, 1180 m., 15 juill. fr. ! ; vieux murs du fort gênois au col de Vizzavona, 1100 m., 15 juill. fr. !

1907. — Cap Corse : rochers du col de Teghime, versant E., 400 m., 23 avril fl. !; cluse des Stretti de St-Florent, balmes, calc., 30 m., 23 avril fl. !; rocailles du Mt S. Angelo près St-Florent, 200 m., 24 avril fl. fr. ! — Montagne de Pedana, rocailles, calc., 500 m., 14 mai fl. fr. !; rochers de la montagne de Caporalino, 400-650 m., calc., 11 mai fl. fr. !; partie inférieure du vallon du Rio Stretto près Francardo, 300 m., calc., 14 mai fl. fr. !; cime de la Chapelle de S. Angelo, rochers, 1150 m., calc., 13 mai fl. !; rochers entre Vezzani et la Fontaine de Padula, 600-700 m., 13 mai fl. !; gorges de l'Inzecca, 300-600 m., rochers porphyriens, 8 mai fr. !; vallée inf. de la Solenzara, rochers des fours à chaux, calc., 150-200 m., 3 mai fl. !; Pointe de l'Aquella, rochers, calc., 250-370 m., 4 mai fl. fr. !

1910. — Punta del Fornello, rochers, calc., 1900 m., 25 juill. fr. !

1911. — Monte Santo, rochers, calc., 600 m., 2 juill. fr. !; Calancha Murata, rochers granitiques du versant E., 1450 m., 11 juill. fr. !

La corolle est le plus souvent blanche en Corse, mais en certains endroits (cime de la Chapelle de S. Angelo et fours à chaux de la Solenzara !) elle varie rose ou blanche d'un échantillon à l'autre. Les *A. muricola* Jord., *rosella* Jord. et *saxigena* Jord. [*Diagn.* 1, 125-127 (1864)] devenus les *A. muralis* var. *genuina, rosella* et *saxigena* Rouy et Fouc. *Fl. Fr.* I, 220 (1893) représentent des formes individuelles ou locales, dont le nombre pourrait être sans peine multiplié, la couleur des pétales variant indépendamment de la grandeur de la corolle, de l'ampleur et du degré de dentelure des feuilles, ainsi que de l'indument.

764. A. alpina L. *Sp.* ed. 1, 664 (1753); Gr. et Godr. *Fl. Fr.* I, 104;. Rouy et Fouc. *Fl. Fr.* I, 222 ; Coste *Fl. Fr.* I, 98.

Espèce polymorphe. — On peut distinguer en Corse les subdivisions suivantes :

1. Subsp. **eu-alpina** Briq. = *A. alpina* L., sensu stricto ; Wettst. *Beitr. Fl. Alb.* 17 ; Hayek *Fl. Steierm.* I, 474.

Hab. — Rochers et rocailles des étages subalpin et alpin, descendant rarement dans l'étage montagnard, 1000-2600 m. Mai-août suivant l'altitude et l'exposition. ♃.

Rejets stériles généralement peu nombreux. Feuilles des axes florifères vertes ou virescentes. Fleurs relativement petites. Pétales cunéiformes, graduellement atténués en onglet, longs de 7-10 mm., larges de 2,5-3,5 mm. Silique atteignant jusqu'à 6 cm. Semences à ailes relativement larges. — Deux races :

┼┼ α. Var. **typica** Beck *Fl. Nieder-Öst.* 457 (1892) = *A. alpina* subsp. *Linnaeana* Wettst. *Beitr. Fl. Alb.* 18 (1892) ; Hayek *Fl. Steierm.* I, 474 = *A. alpina* var. *genuina, crispata, saxeticola, Clusiana* (excl. syn. *A. monticolae* Jord.), *Verloti* et *declinata* Rouy et Fouc. *Fl. Fr.* I, 223 et 224 (1893). — Exsicc. Reverch. ann. 1878 sub : *A. alpina* !; Burn. ann. 1900, n. 298! et ann. 1904, n. 40 et 41 !

Hab. — Etage alpin des grands massifs du centre ; exceptionnellement dans les forêts de l'étage montagnard. Capo al Berdato (Lit. in *Bull. acad. géogr. bot.* XVIII, 120); Punta Artica (Lit. l. c.); Monte Piano (Burnouf ex Rouy et Fouc. *Fl. Fr.* I, 224) ; Monte Rotondo (Mab. ex Mars. *Cat.* 19 ; Burnouf in *Bull. soc. bot. Fr.* XXIV, sess. extr. LXXXVI; Kralik ex Rouy et Fouc. l. c. ; Briq. *Rech. Corse* 21 et Burn. exsicc. n. 298 ; Lit. l. c.); Monte d'Oro (Kralik ex Rouy et Fouc. l. c.; Briq. *Spic.* 26 et Burn. exsicc. n. 40); col muletier entre Vizzavona et Ghisoni (Briq. *Spic.* 26 et Burn. exsicc. n. 41!) ; Monte Renoso (Rev. in Mars. *Cat.* 19; Reverch. exsicc. cit. ; Kralik ex Rouy et Fouc. l. c. ; Rotgès ap. Fouc. in *Bull. soc. bot. Fr.* XLVII, 86 ; Lit. l. c.), descendant jusque dans la forêt de Marmano (Rotgès ap. Fouc. l. c.); et localités ci-dessous.

1906. — Rocailles du Monte Rotondo, 2600 m., 6 août fl. !

1908. — Rochers du Monte Padro, 2100 m., 4 juill., fl. fr. ! ; rochers ombragés à l'ubac dans la vallée de Tavignano, 1000 m., 28 juin fr. ! (descendu des hauteurs).

Poils hérissés peu denses sur tout l'appareil végétatif, donnant à la plante une apparence verte. Corolle en général plus petite que dans la variété suivante. — Race extrêmement variable sous l'action du milieu. Ainsi que l'a fait observer M. de Wettstein (l. c.), les extrèmes sont représentés par la var. *Clusiana* DC. [*Syst.* II, 217 (1821) ; Rouy et Fouc. *Fl. Fr.* I, 223 = *A. Clusiana* Schrank *Fl. mon.* II, 125 (1812)] à feuilles très grandes, minces, glabrescentes et à rejets très allongés, et la var. *nana* Baumg. [*Enum. fl. Transs.* II, 268 (1816) = var. *Verloti* Rouy et Fouc. *Fl. Fr.* I, 223 (1893)], réduite, à feuilles épaisses, petites et à rejets courts. Ce sont là des variations d'intérêt écologique et non pas des variétés dans le sens de races. L'*A. saxeticola* Jord. [*Diagn.* I, 106 (1864) = *A. alpina* subsp. *saxeticola* Wettst. l. c. (1892) = *A. alpina* var. *saxeticola* Rouy et Fouc. *Fl. Fr.* I, 223 (1893)] du Bugey, dont nous avons sous les yeux des originaux, doit être caractérisé par des feuilles plus étroites, des fleurs assez petites et des siliques relativement étroites. Mais ces caractères sont individuels ; il est facile de *sélectionner* dans les localités classiques du Bugey, que nous avons souvent explorées, des *individus* répondant à ce type au milieu d'autres qui ne le représentent pas. Schur [*Enum. pl. Transs.* 42 (1866)] mentionne sans le décrire un *A. alpina* var. *declinata* auquel il donne en synonyme l'*A. declinata* Tausch. MM. Rouy et Fouc. (op. cit. 224) renvoient pour cette espèce au « *Flora* 1832 » ; nous n'avons pas su la retrouver dans le tome XV (ann. 1832) de ce périodique. Si Tausch a réellement décrit en 1832 un *A. declinata* basé sur une forme d'*A. alpina*, il ne faudrait pas le confondre avec l'*A. declinata* Schrad. [*Index sem. hort. gœtt.* ann. 1831 et 1832 et in *Linnaea* VIII, Litt.-Ber. 22 (1833)], simple forme de l'*A. Hollboelli* Hornem. [*Fl. dan.* II, tab. 1879 (1827)] de l'Amérique du Nord. Quoi qu'il en soit, la variété des auteurs français, basée sur des individus à feuilles caulinaires peu et légèrement dentées ou subentières, n'a pas pour nous une valeur supérieure à celle des formes discutées ci-dessus.

† β. Var. **crispata** Koch *Syn.* ed. 1, 38 (1837) p. p.; Cariot *Et. fl.* éd. 3, 33 = *A. crispata* Willd. *Enum. hort. berol.* 684 (1809) = *A. undulata* Link *Enum. hort. berol.* II, 161 (1833) = *A. canescens* Brocchi in Moretti *Bibl. ital.* XXIX, 90 = *A. monticola* Jord. *Diagn.* I, 106 (1864) = *A. alpina* subsp. *crispata* Wettst. *Beitr. Fl. Alb.* 18 (1892); Hayek *Fl. Steierm.* I, 474 = *A. alpina* var. *corsica* Rouy et Fouc. *Fl. Fr.* II, 224 (1893). — Exsicc. Burn. 1900, n. 134, 208 et 331 !

Hab. — Bien plus répandue que la variété précédente, s'élevant rarement aussi haut et descendant plus bas, distribuée depuis le massif de Tende jusqu'à la montagne de Cagna. Monte S. Pietro (Gillot in *Bull. soc. bot. Fr.* XXIV, sess. extr. LXXX ; Lit. *Voy.* I, 8); Monte Grosso di Calvi (Req. ex Caruel *Fl. it.* IX, 864) ; Monte Cinto (Briq. *Rech. Corse* 12 et Burn. exsicc. n. 134); Niolo [Kralik ex Rouy et Fouc. l. c. (« Piolo »)]; Monte Piano près Corté (Burnouf ex Rouy et Fouc. l. c.); Monte Rotondo

près des bergeries de Timozzo (Briq. op. cit. 19 et Burn. exsicc. n. 208) ;
Vizzavona (Lutz in *Bull. soc. bot. Fr.* XLVIII, sess. CXXV) ; Pointe de Grado
(Lutz ibid. CXXVIII)) ; col de Sorba (Mars. *Cat.* 19 ; Burn. exsicc. n. 331 ;
Rouy *Fl. Fr.* XI, 395) ; Monte Renoso (Jord. *Diagn.* I, 108) ; Mt Incudine
(R. Maire in Rouy *Rev. bot. syst.* II, 49) ; Coscione (Rev. ex Mars. l. c. ;
R. Maire in Rouy *Rev.* cit. 25) ; entre le plateau d'Ese et le vallon des
Pozzi (Req. ex Caruel l. c.) ; montagne de Cagna (Rev. ex Mars. l. c.) ;
et localités ci-dessous.

1906. — Creux des rochers de la Cima della Statoja, 2300 m., 26 juill.
fr.! ; couloirs humides des arètes entre le Capo Ladroncello et le col
d'Avartoli, 2000 m., 27 juill. fr.! ; col de Bocca Valle Bonna, versant N.,
rochers 1900 m., 31 juill. fr.! ; rochers du Capo Bianco, versant d'Urcula,
2300 m., et au sommet à 2500 m., 7 août fr.! ; rochers sur le versant N.
du Capo al Berdato, 2550 m., 7 août fr.! ; rocailles du Capo al Chiostro,
2290 m., 3 août fr.! ; rochers au bord du lac Melo, 1800 m., 4 août fr.! ;
rochers herbeux en allant de Marmano à Vizzavona par le sentier muletier de la forêt de Ghisoni, 1100-1200 m., 21 juill. fr.! ; rochers au col de
Cagnone, 1950 m., 21 juill., fr.! ; antres des rochers entre les pointes de
Monte et de Bocca d'Oro, 1800-1950 m., 20 juill. fl. fr.!

1907. — Monte Grima Seta et Monte Asto, rochers, 1500 m., 15 mai fl.! ;
rochers de la forêt de Vezzani près de Padula, 13 mai fl.! ; montée de Ghisoni au col de Sorba, berges des torrents, 900 m., 10 mai fl. et jeunes fr.!

1910. — Monte Grosso de Bastelica, rochers, 1800 m., 30 juill. fr.! ;
Punta della Capella (d'Isolaccio), antres des rochers à l'ubac, 1900-2046 m.,
30 juill. fr.! ; Monte Incudine, cheminées des rochers du sommet versant
N. et rochers ombragés du versant S., 1900-2000 m., 25 juill. fr.! ; Punta
del Fornello, rochers, calc., 1900 m., 25 juill. fr.!

1911. — Fourches de Bavella, rochers et rocailles à l'ubac, 1400-1550 m.,
13 juill. fr.! ; Calancha Murata, versant E., cheminées des rochers à l'ubac,
1400-1450 m., 11 juill. fr.! ; Punta Quercitella, versant E., creux de rochers,
1200-1400 m., 10 juill. fr.!

Caractères de la variété précédente, mais rosettes et rejets à feuilles
très velues, grises-cendrées ; tiges florifères plus velues. — Passe à la
variété précédente par de multiples transitions.

L'*A. crispata* Willd. a été généralement méconnu. Cette méconnais-
sance remonte à Koch [*Röhling's Deutschl. Fl.* IV, 616 (1833)] qui a déclaré, d'après les échant. originaux, ne voir dans l'espèce de Willdenow
qu'une forme de l'*A. alpina* à marges foliaires un peu ondulées entre les
dents plus marquées, détail effectivement sans importance, qui se
retrouve çà et là sur des échantillons de diverses formes d'ailleurs différentes de l'*A. alpina.* Aussi était-il à peine nécessaire de créer un nom
nouveau pour les échantillons de l'*A. alpina* var. *typica* porteurs de cette
particularité [*A. alpina* f. *pseudocrispata* Dalla Torr. et Sarnth. *Fl. Tir.
und Vorarlb.* VI, 396 (1909)]. Ce qui rend explicable que Koch se soit atta-

ché à ce minuscule détail, c'est non seulement le nom spécifique choisi par Willdenow, mais encore le fait que les descriptions données par Willdenow (op. cit. 683 et 684) pour les *A. alpina* et *crispata* n'insistent pas assez clairement sur les caractères essentiels des deux groupes. Il n'y a cependant pas de doutes sur l'interprétation de l'*A. crispata*, car pour l'*A. alpina* l'auteur ne fait aucune mention de l'indument, tandis que pour l'*A. crispata* il dit expressément : « foliis.... cauleque pubescentibus » et « Pili 2 s. 3-furcati in tota planta ». L'aire citée (Carniole) rentre dans celle qui est actuellement connue pour la var. *crispata* telle que nous l'entendons. Nous ne voyons guère que Cariot (op. cit. et éditions suivantes) qui ait bien compris l'espèce de Willdenow. Plus tard enfin, M. de Wettstein (op. cit.) a achevé de préciser l'*A. crispata*, signalé par lui avec raison comme caractéristique pour la Corse, le versant sud des Alpes, l'Italie supérieure et le nord de la péninsule balkanique. Il convient d'ajouter, qu'à l'ouest, cette variété s'étend jusqu'en Espagne et que, dans les Alpes occidentales, elle remonte au nord jusque dans le Jura méridional. — L'*A. monticola* Jord., tant d'après la description [comme l'a déjà dit M. de Wettstein (l. c.)] que d'après les originaux de l'auteur (in herb. Burnat), est exactement synonyme de l'*A. crispata* tel que Cariot, M. de Wettstein et nous l'entendons. C'est à tort que MM. Rouy et Foucaud (*Fl. Fr.* I, 223) l'ont rattaché à l'*A. Clusiana* Schk. — M. de Hayek attribue à l'*A. crispata* un axe d'inflorescence et des pédicelles glabres. Cette particularité, en contradiction avec la diagnose de Willdenow et dont M. de Wettstein n'avait pas parlé, est très inconstante et ne caractérise pas l'*A. crispata* en Corse. — La valeur subspécifique donnée à l'*A. crispata* par MM. de Wettstein et de Hayek nous paraît exagérée ; les multiples transitions qui relient les var. α et β dans les parties méridionales de l'aire de l'*A. alpina* nous empêchent de voir dans l'*A. crispata* autre chose qu'une simple race encore incomplètement différenciée.

†† γ. Var. **pseudo-sicula** Briq., var. nov.

Hab. — Rochers calcaires de l'étage montagnard. Jusqu'ici seulement dans la localité suivante :

1906. — Cime de la Chapelle de S. Angelo, falaise N., calc., 1100 m., 15 juill. fr.!

1907. — Ibidem, 13 mai fl.!

Praecedenti affinis, sed robustior, foliis basilaribus ample obovatis, regulariter profunde crenatis, crassis, dense tomentoso-cinereis, nunc purpurascenti-cinereis, caulinaribus amplis valide serratis. Corolla majuscula, sepalis 4-5 mm. longis, petalis fere 10 mm. altis. Siliqua robusta antecedentium. — Habitus *A. caucasicae* Willd. a qua corolla multo minore differt.

Peut-être n'est-ce là qu'une forme extrême de la variété précédente ? Son faciès particulier et les rapports évidents qu'elle présente avec la forme sicilienne de la sous-espèce suivante nous engagent à la présenter, au moins provisoirement, comme une race distincte.

II. Subsp. **caucasica** Briq. = *A. caucasica* Willd. *Enum. hort. terol.* 45 (1809) ; Wettst. *Beitr. Fl. Alb.* 18 = *A. albida* Stev. *Cat. hort. Gorenk.* 51 (1812) ; Boiss. *Fl. or.* I, 174 = *A. sicula* Stev. in *Bull. nat. Mosc.* XIX, I, 300 (1856) = *A. alpina* Griseb. *Spic. fl. rumel.* I, 246 (1843) = *A. alpina* var. *grandiflora* Car. *Fl. it.* IX, 863 (1893).

Rejets stériles généralement nombreux. Feuilles des axes florifères généralement plus densément poilues que dans la sous-esp. I. Fleurs relativement grandes. Pétales obovés, ± brusquement contractés en onglet, longs de 12-18 mm., larges de 3,5-8 mm. Siliques généralement un peu plus courtes. Semences à ailes relativement étroites.

Les variations ambiguës (*A. alpina* var. *pseudosicula* Briq., *A. alpina* var. *flavescens* Griseb., etc.) qui relient l'*A. caucasica* à l'*A. alpina* proprement dit, ne permettent pas de donner au premier de ces groupes une valeur supérieure à celle d'une sous-espèce, que nous mentionnons ici pour permettre une comparaison avec les races corses de l'*A. alpina*. L'aire de la sous-esp. *caucasica* est franchement méditerranéenne : elle s'étend des îles Canaries au Caucase en touchant aux montagnes d'Algérie, de Sicile, de Calabre, de Grèce, de Turquie, de Syrie et d'Asie mineure.

‡‡ 765. **A. turrita** L. *Sp.* ed. 1, 665 (1753) ; Gr. et Godr. *Fl. Fr.* I, 106 ; Rouy et Fouc. *Fl. Fr.* I, 224 ; Coste *Fl. Fr.* I, 99.

Hab. — Rochers ombragés des étages inférieur et montagnard, 450-800 m. Avril-mai. ♃. Rare. Env. de Corté (Burnouf in *Bull. soc. bot. Fr.* XXIV, sess. extr. XXX) ; env. de Ghisoni (Le Grand in *Bull. ass. fr. bot.* II, 63 ; Rotgès in litt.) ; et localité ci-dessous.

1907. — Montagne de Caporalino, rochers et rocailles calc., 450-650 m., 11 mai fl. fr. !

Nos échantillons appartiennent à la var. *leiocarpa* Rouy et Fouc. (l. c.) à siliques glabres.

ALLIARIA Adans.

766. **A. officinalis** Andrz. in Marsch.-Bieb. *Fl. taur.-cauc.* III, 445 (1819) ; Rouy et Fouc. *Fl. Fr.* II, 26 = *Erysimum Alliaria* L. *Sp.* ed. 1, 660 (1753) = *Sisymbrium Alliaria* Scop. *Fl. carn.* ed. 2, II, 26 (1772) ; Gr. et Godr. *Fl. Fr.* I, 95 ; Coste *Fl. Fr.* I, 91. — Exsicc. Reverch. ann. 1885 sub : *Sisymbrium Alliaria* !

Hab. — Oliveraies, points ombragés des étages inférieur et montagnard, 5-1000 m. Avril-mai. ♃. Disséminé. Oliveraies au bord du ruisseau de la Mandriale à Miomo et à Griggione (Deb. *Not.* 60) ; env. de Bastia (Salis in *Flora* XVII, Beibl. II, 80) ; Patrimonio (Rotgès in litt.) ;

Poggio d'Oletta (Rotgès in litt.) ; Evisa (Reverch. exsicc. cit.) ; Vico (Mars. *Cat.* 18) ; Vizzavona (Lutz in *Bull. soc. bot. Fr.* XLVIII, sess. extr. CXXV) ; Bastelica (Req. ex Caruel *Fl. it.* IX, 935) ; Sartène, bord de la route allant au Rizzanèse (Fliche in *Bull. soc. bot. Fr.* XXXVI, 358) ; et localités ci-dessous.

1907. — Cap Corse : oliveraies à Pino, 150 m., 26 avril fl.! — Montagne de Caporalino, gorges rocailleuses du versant N., calc., 450-650 m., 11 mai fl.! ; Cime de la Chapelle de S. Angelo, rocailles sous les chênes-verts, 900 m., calc., 13 mai fl.!

ISATIS L. emend.

767. **I. tinctoria** L. *Sp.* ed. 1, 670 (1753) ; Gr. et Godr. *Fl. Fr.* I, 133 ; Rouy et Fouc. *Fl. Fr.* II, 99 ; Coste *Fl. Fr.* I, 124.

Hab. — Garigues, rocailles, friches des étages inférieur et monta-gnard. Mai-juill. ②-♃. Répandu sous les trois variétés suivantes :

α. Var. **sativa** DC. *Syst.* II, 570 (1821) ; Gr. et Godr. *Fl. Fr.* I, 133 = *I. tinctoria* formes *I. tinctoria* et *I. campestris* (p. p.) Rouy et Fouc. *Fl. Fr.* II, 100 (1895).

Hab. — Cap Corse (Mars. *Cat.* 21) ; env. de Bastia (Salis in *Flora* XVII, Beibl. II, 80 ; Doûmet in *Ann. Hér.* V, 211 ; Gillot in *Bull. soc. bot. Fr.* XXIV, sess. extr. XLIII ; Fouc. et Sim. *Trois sem. herb. Corse* 129 ; et autres observateurs) ; Biguglia (Sargnon in *Ann. soc. bot. Lyon* VI, 64) ; Ile Rousse (Fouc. et Sim. l. c.) ; entre Ile Rousse et Corbara (Fliche in *Bull. soc. bot. Fr.* XXXVI, 358) et en général dans la Balagne (Soleirol ex Bert. *Fl. it.* VI, 513) ; Corté (Doûmet op. cit. 201 ; Gillot *Souv.* 2) et de Corté à Bastia (Mars. l. c. ; Thellung in litt.).

Tiges et feuilles glabres, glaucescentes. Silicules glabres, mesurant 10-18 × 2,5-5 mm. de surface.

✝✝ β. Var. **hirsuta** DC. *Syst.* II, 570 (1821) ; Gr. et Godr. *Fl. Fr.* I, 133 = *I. tinctoria* forme *I. campestris* var. *hirsuta* Rouy et Fouc. op. cit. 100 (1893). — Exsicc. Debeaux ann. 1868 et 1869 sub : *I. tinctoria* var.!

Hab. — Env. de Bastia (Debeaux exsicc. cit. ; Kesselmeyer in herb. Deless.! ; Gillot in *Bull. soc. bot. Fr.* XXIV, sess. extr. XLIII ; Lit. *Voy.* II, 2) ; Ponte alla Leccia (Lit. *Voy.* I, 3) ; Belgodère (Fouc. et Sim. *Trois sem. herb. Corse* 129) ; et localités ci-dessous.

4

1906. — Talus arides à Omessa, 250 m., 14 juill. fl. fr.!; rocailles de la vallée du Tavignano au-dessus de Corté, 600 m., 26 juill. fl. fr.!

Tiges et feuilles hérissées, ces dernières souvent plus serrées et plus étroites. Silicules glabres comme dans la var. α. — Race méridionale probablement très répandue en Corse, mais confondue avec la précédente.

† γ. Var. **canescens** Gr. et Godr. *Fl. Fr.* I, 134 (1847) = *I. canescens* DC. *Fl. fr.* V, 598 (1815) = *I. lusitanica* Moris *Fl. sard.* I, 114 (1837); non alior. = *I. tinctoria* forme *I. canescens* Rouy et Fouc. *Fl. Fr.* II, 100 (1895).

Hab. — Env. de Bastia (Shuttl. *Enum.* 6; Bernard ex Rouy et Fouc. *Fl. Fr.* II, 101).

Tiges et feuilles ± pubescentes. Silicules brièvement et densément pubescentes ou subtomenteuses, plus grandes que dans les variétés précédentes, mesurant 15-25 × 5-6 mm. de surface.

BUNIAS L.

768. **B. Erucago** L. *Sp.* ed. 1, 670 (1753); Gr. et Godr. *Fl. Fr.* I, 133; Rouy et Fouc. *Fl. Fr.* II, 165; Coste *Fl. Fr.* I, 123 = *Erucago campestris* Desv. in *Journ. de Bot.* III, 168 (1813). — Exsicc. Soleirol n. 472!; Kralik n. 474 a!; Mab. n. 343!; Debeaux n. 34!; Reverch. ann. 1878 sub : *B. Erucago*!; Burn. ann. 1904, n. 52 !

Hab. — Moissons, cultures, friches, garigues sableuses des étages inférieur et montagnard. Mars–juillet. ①. Répandu et abondant dans l'île entière.

1907. — Pietralba, friches, 450 m., 14 mai fr.!; garigues à Ostriconi, 20 avril fl.!; Ile Rousse, moissons, 20 avril fl. !

1911. — Sotta, moissons, 80 m., 4 juill. fr.!

Les échant. corses que nous avons vus en fruits mûrs appartiennent à la var. **macroptera** Ducomm. [*Taschenb. schw. Bot.* 81 (1869); Rouy et Fouc. *Fl. Fr.* II, 166 = *B. macroptera* Reichb. *Fl. germ. exc.* 654 (1833); Jord. *Diagn.* 1, 344] à siliques pourvues de crêtes ± membraneuses, très développées, généralement incisées-dentées, plus rarement aiguës ou presque indivises. Les feuilles basilaires sont roncinées. — M. Rotgès nous signale en plusieurs endroits (Pietranera, Ghisoni, Zicavo) la var. **genuina** Ducomm. [*Taschenb. schw. Bot.* 80 (1869) = *B. brachyptera* Jord. *Diagn.* I, 343 (1864) = *B. Erucago* var. *brachyptera* Rouy et Fouc. *Fl. Fr.* II, 166 (1895)] à crêtes plus courtes, ne dépassant pas en longueur le diamètre du fruit. — Mais lorsqu'on envisage un matériel de comparaison étendu, on constate dans la longueur absolue des crêtes des variations individuelles notables. Nous ne croyons donc pas que les formes distinguées d'après ces caractères aient une valeur supérieure à celle de simples formes ou sous-variétés.

CHEIRANTHUS L. emend.

C. Cheiri L. *Sp.* ed. 1, 661 (1753); Gr. et Godr. *Fl. Fr.* 1, 86 ; Rouy et Fouc. *Fl. Fr.* 1, 196 ; Coste *Fl. Fr.* 1, 85.

Espèce d'Orient souvent cultivée, çà et là subspontanée sur les vieux murs, et naturalisée à Bonifacio à la base des rochers de la citadelle (Lutz in *Bull. soc. bot. Fr.* XXVIII, sess. extr. CXL ; Boy. *Fl. Sud Corse* 57).

HESPERIS L. emend.

H. matronalis L. *Sp.* ed. 1, 663 (1753); Gr. et Godr. *Fl. Fr.* 1, 82 ; Rouy et Fouc. *Fl. Fr.* 11, 2 ; Coste *Fl. Fr.* I, 82.

Espèce signalée en Corse par Burmann (*Fl. Cors.* 229) d'après Jaussin : elle n'y est que cultivée dans les jardins, rarement subspontanée au voisinage immédiat de ceux-ci.

MALCOLMIA [1] R. Br.

769. **M. ramosissima** Thell. *Fl. adv. Montp.* 285 (1912) = *Hesperis ramosissima* Desf. *Fl. att.* II, 91, t. 161 (1799); Biv. *Sic. pl. cent.* II, 29 (1806); Viv. *Fl. cors. diagn.* 11 ; Lois. *Fl. gall.* II, 77, tab. 11 ; Batt. et Trab. *Fl. Alg.* 1, 69, note = *Hesperis parviflora* DC. *Fl. fr.* IV, 654 (1805) = *Hesperis pumila* Poir. *Encycl. Suppl.* III, 194 (1813) = *M. parviflora* DC. *Syst.* II, 442 (1821); Gr. et Godr. *Fl. Fr.* 1, 83 ; Rouy et Fouc. *Fl. Fr.* II, 6 ; Coste *Fl. Fr.* I, 83. — Exsicc. Soleirol n. 494 ! ; Req. sub : *M. parviflora* ! ; Kralik sub : *M. parviflora* ! ; Mab. n. 104 ! ; Debeaux ann. 1869 sub : *M. parviflora* !

Hab. — Sables maritimes. Mars-juillet. ①. Halophile. Répandu et abondant sur les deux côtes du Cap Corse à Bonifacio.

1910. — Pont de Fautea entre Solenzara et Ste-Lucie, sables maritimes, 20 juill. fl. fr. !

†† 770. **M. nana** Boiss. *Fl. or.* 1, 222 (1867), ampl. = *Sisymbrium nanum* DC. *Syst.* II, 486 (1821) : Coss. in *Bull. soc. bot. Fr.* X, 397 (1867)

---

[1] Nomen utique conservandum : *Régl. nom. bot.* art. 20 et p. 80. — R. Brown a écrit *Malcomia* par suite d'une erreur typographique. Le genre a été dédié à William Malcolm.

et *Comp. fl. atl.* II, 137 = *Sisymbrium binerve* C. A. Mey. *Enum. Cauc.* 189 (1831) = *M. binervis* Boiss. in *Ann. sc. nat.*, sér. 2, XVII, 71 (1842) ; Rouy et Fouc. *Fl. Fr.* II, 7 ; Coste *Fl. Fr.* I, 84 = *Maresia binervis* Pom. *Nouv. mat. fl. atl.* 228 (1874) = *Maresia nana* Batt. et Trab. *Fl. Alg.* 68 (1888).

Diffère du *M. parviflora* DC., auquel il ressemble beaucoup, pendant l'anthèse : par le style à stigmate capité, tronqué-bilobé, à lobes courts et arrondis (et non pas à lobes stigmatiques connivents en un stigmate ogivo-conique) ; à la maturité : par la cloison de la silique à nervures réunies en un ruban opaque, ondulé, laissant de chaque côté une partie transparente assez large (cloison entièrement subopaque dans le *M. parviflora*, à espace transparent marginal irrégulier et très étroit). — Représenté par la variété suivante :

╫ Var. **confusa** Briq. = *M. confusa* Boiss. *Fl. or.* I, 221 (1867) = *M. parviflora* var. *confusa* Rouy *Suites fl. Fr.* I, 36 (1887) = *M. binervis* forme *M. confusa* Rouy et Fouc. *Fl. Fr.* II, 7 (1895).

Hab. — Sables maritimes. Mars-mai. ☉. Halophile. Jusqu'ici seulement dans la localité suivante, mais probablement plus répandue.

1907. — Ostriconi, dunes, 20 avril fl. !

Feuilles oblongues ou oblongues-linéaires (les inférieures pinnatifides dans la var. **genuina** Briq. = *M. nana* Boiss., sensu stricto). Style très court.

M. africana R. Br. in Ait. *Hort. kew.* ed. 2, IV, 121 (1812) ; Gr. et Godr. *Fl. Fr.* I, 83 ; Rouy et Fouc. *Fl. Fr.* II, 8 ; Coste *Fl. Fr.* I, 83 = *Hesperis africana* L. *Sp.* ed. 1, 663 (1753).

Cette espèce a été importée en Corse, avec des minerais, au voisinage de l'usine de Toga près Bastia (Deb. *Not.* 59) ; elle ne paraît pas s'y être maintenue.

╫ 771. **M. maritima** R. Br. in Ait. *Hort. kew.* ed. 2, IV, 121 (1812) ; Gr. et Godr. *Fl. Fr.* I, 84 ; Rouy et Fouc. *Fl. Fr.* II, 8 ; Coste *Fl. Fr.* I, 83 = *Cheiranthus maritimus* L. *Amoen. acad.* IV, 280 (1755) et *Sp.* ed. 2, 925 = *Hesperis maritima* Lamk *Encycl. méth.* III, 324 (1789).

Hab. — Sables et rochers maritimes. Mars-mai. ☉. Signalé seulement aux env. de Bastia (Petit in *Bot. Tidsskr.* XIV, 244). A rechercher.

Cette espèce est si souvent cultivée et subspontanée qu'il n'est pas aisé d'affirmer sa parfaite spontanéité. Néanmoins sa présence sur les côtes voisines d'Italie rend l'indigénat corse plausible.

MATTHIOLA [1] R. Br.

772. **M. incana** R. Br. in Ait. *Hort. kew.* ed. 2, IV, 119 (1812);
Gr. et Godr. *Fl. Fr.* I, 85; Rouy et Fouc. *Fl. Fr.* II, 192; Conti in *Bull.
herb. Boiss.* 1re sér., V, 319 et in *Mém. herb. Boiss.* XVII, 37; Coste *Fl.
Fr.* 84 = *Cheiranthus incanus* L. *Sp.* ed. 1, 662 (1753) = *M. annua*
Shuttl. *Enum.* 5.

Hab. — Rochers et garigues maritimes, d'où il passe souvent sur
les toits et les murs. ♃. Mai-juin. — En Corse, les deux variétés suivantes :

α. Var. **genuina** Briq. = *M. incana* Gr. et Godr. l. c. sensu stricto. —
Exsicc. Kralik n. 469 !

Hab. — Abondante par places, mais disséminée. Bastia (Salis in *Flora*
XVII, Beibl. II, 75; Gysperger in Rouy *Rev. bot. syst.* II, 112; Rolgès
in litt.) ; îles Sanguinaires (Soleirol ex Bert. *Fl. it.* VII, 199; Mars. *Cat.*
18); de la Parata à Ajaccio (Mars. l. c.; Boullu in *Bull. soc. bot. Fr.* XXIV,
sess. extr. LXXXVIII) ; Bonifacio (Kralik exsicc. cit.; Mars. *Cat.* 18; Boy.
Fl. Sud Corse 58; Lutz in *Bull. soc. bot. Fr.* XLVIII, sess. extr. CXXXIX
et CL; et autres observateurs) ; et localité ci-dessous.

1907. — Citadelle de Bonifacio, 50 m., 5 mai fl. !

Feuilles brièvement tomenteuses, ± incanes, non sinuées-dentées. —
Dans les garigues très arides, telles que celles sur laquelle s'élève la
citadelle de Bonifacio, les entrenœuds sont très raccourcis. Cette modification (qui est très inégalement marquée d'un échant. à l'autre) a servi
à établir la var. *fruticosa* Rouy et Fouc. (*Fl. Fr.* II, 192).

† β. Var. **glabrata** Coss. et Kral. *Not. pl. crit.* 50 (1850) = *M. incana*
var. *glabra* Boiss. *Fl. or.* I, 188 (1867); Caruel *Fl. it.* IX, 795 = *Cheiranthus glaber* Mill. *Gard. dict.* ed. 8, n. 9 (1768) = *Cheiranthus glaberrimus* Colla *Antol. bot.* V, 861 (1813-14) = *M. græca* Sweet *Hort. suburb.*
147 (1818) = *M. glabra* et *M. græca* DC. *Syst.* II, 165 et 166 (1821) =
M. glabrata DC. *Prodr.* I, 133 (1824) = *M. incana* subsp. *glabra* Rouy
et Fouc. *Fl. Fr.* I, 192 (1893) = *M. incana* var. *græca* Halacs. *Consp. fl.
græc.* I, 60 (1900).

Hab. — Bonifacio (Kralik ex Coss. et Kral. l. c.).

---

[1] R. Brown a écrit *Mathiola* par suite d'une erreur orthographique. Le genre a été dédié
à Pietro Andrea Matthiolus.

Tige et feuilles glabres, celles-ci vertes, entières. — Cette curieuse variété a été aussi indiquée dans l'île de Porquerolles (Bourgeau ex Coss. et Kral. l. c.) et en Grèce (selon Jussieu ap. DC. l. c.). Nous l'avons aussi vue de Roumélie (Frivaldsky in herb. Burnat!).

773. M. sinuata R. Br. in Ait. *Hort. kew.* ed. 2, IV, 120 (1812); Gr. et Godr. *Fl. Fr.* I, 85 ; Rouy et Fouc. *Fl. Fr.* I, 193 ; Conti in *Bull. herb. Boiss.* 1re sér, V, 316 et in *Mém. herb. Boiss.* XVIII, 32; Coste *Fl. Fr.* I, 85 = *Cheiranthus sinuatus* L. *Sp.* ed. 2, 926 (1763). — Exsicc. Sieber sub : *M. sinuata* ! ; Soleirol n. 419 !

Hab. — Sables maritimes. Mai-juin. ♃. Répandu. Env. de Bastia (Salis in *Flora* XVII, Beibl. II, 75); Furiani (Thellung in litt.); Biguglia (Sargnon in *Ann. soc. bot. Lyon* VI, 66; Boullu in *Bull. soc. bot. Fr.* XXIV, sess. extr. LXVI; Gysperger in Rouy *Rev. bot. syst.* II, 110); Saint-Florent (Soleirol ex Caruel *Fl. it.* IX, 799) ; Ostriconi (Soleirol exsicc. cit. et ap. Bert. *Fl. it.* VII, 101); îles Sanguinaires (Sieber exsicc. cit.); de la Parata à Ajaccio (Mars. *Cat.* 18 ; Boullu in *Bull. soc. bot. Fr.* XXIV, sess. extr. LXXXVIII; Coste ibid. XLVIII, sess. extr. CVI ; et autres observateurs); Campo di Loro (Fouc. et Sim. *Trois sem. herb. Corse* 128 ; Thellung in litt.); Solenzara (Rotgès in litt.); Porto-Vecchio (Revel. ex Mars. l. c.; Gysperger in Rouy *Rev. cit.* 120 ; Stefani !); Santa-Manza (Rikli *Bot. Reisestud. Korsika* 59); Bonifacio (Boy. *Fl. Sud Corse* 57); et localité ci-dessous.

1907. — Santa Manza, sables maritimes, 6 mai fl. !

Le *M. sinuata* est décrit à tort dans diverses flores comme étant bisannuel : nous le trouvons pourvu d'une souche pérennante dans tous nos échant. développés d'Espagne, de Provence, d'Italie et de Grèce. Conti (l. c.) est arrivé au même résultat. De Marsilly (*Cat.* 15) avait déjà affirmé ce fait en ce qui concerne la plante corse : « Ses racines profondes et charnues périssent près de la surface à la fin de l'été, se divisent et donnent, au retour de la saison humide, des rejets qui forment des pieds séparés, qu'on peut trouver implantés sur d'anciens tronçons. C'est une observation que j'ai répétée plusieurs fois en déracinant de jeunes pieds pendant l'hiver. » La var. *numidica* Coss. que Cosson (*Comp. fl atl.* II, 101) a distinguée d'après ses souches vivaces ne peut par conséquent pas être séparée à ce point de vue des autres formes de l'espèce. Le *M. sinuata* forme *M. australis* Rouy et Fouc. (*Fl. Fr.* I, 193), auquel les auteurs rattachent le *M. sinuata* var. *numidica* Coss. comme synonyme, n'est que le *M. sinuata*, caractérisé par la pérennance. Les échant. corses rentrent dans la var. *pubescens* Conti [in *Bull. herb. Boiss.* 1re sér., V, 316 (1897) et in *Mém. herb. Boiss.* XVIII, 34], tomenteuse-blanchâtre jusque dans l'inflorescence.

774. **M. tricuspidata** R. Br. in Ait. *Hort. kew.* ed. 2, IV, 120 (1812) ; Gr. et Godr. *Fl. Fr.* I, 84 ; Rouy et Fouc. *Fl. Fr.* 195 ; Conti in *Mém. herb. Boiss.* XVIII, 75 ; Coste *Fl. Fr.* I, 85 = *Cheiranthus tricuspidatus* L. *Sp.* ed. 1, 663 (1753). — Exsicc. Soleirol n. 420 ! ; Kralik n. 470 ; Burn. ann. 1900, n. 172 ! et ann. 1904, n. 39 !

Hab. — Sables maritimes, garigues littorales sableuses. Mai-juill. ①. Répandu et abondant. Cap Corse (Mab. ex Mars. *Cat.* 18), mais manque aux env. de Bastia selon Salis (in *Flora* XVII, Beibl. II, 75) ; Ile Rousse (N. Roux in *Bull. soc. bot. Fr.* XLVIII, sess. extr. CXLV) ; Cargèse (Mars. l. c. ; Ellman et Jahandiez in litt.) ; embouchure du Liamone (Mars. l. c. ; Coste in *Bull. soc. bot. Fr.* XLVIII, sess. extr. CXV) ; îles Sanguinaires (Soleirol exsicc. cit. et ex Bert. *Fl. it.* VII, 102 ; Mars. l. c.) ; la Parata (Mars. l. c. ; Burn. exsicc. cit. et Briq. *Spic.* 26 ; Lit. in *Bull. acad. géogr. bot.* XVIII, 119 ; et autres observateurs) ; Chapelle des Grecs (Boullu in *Bull. soc. bot. Fr.* XXIV, sess. extr. LXXXVIII) ; Ajaccio (Bubani et Requien ex Caruel *Fl. it.* IX, 802) ; Porto-Vecchio (Revel. ex Mars. l. c.) ; îles Lavezzi (Mars. l. c.) ; Bonifacio (Kralik exsicc. cit. ; Revel. ex Mars. l. c. ; et nombreux autres observateurs).

Les siliques sont droites, flexueuses ou arquées, soit au cours de leur développement, soit à la maturité. Ces caractères variant sur un seul et même individu, nous ne pouvons donner de valeur systématique à la var. *arcuata* Lojac. ex Rouy et Fouc. (*Fl. Fr.* I, 195), basée sur la particularité de présenter des siliques arquées.

LUNARIA L.

L. annua L. *Sp.* ed. 1, 653 (1753) ; DC. *Fl. fr.* IV, 688 = *L. inodora* Lamk *Fl. fr.* II, 457 (1778) = *L. biennis* Mœnch *Meth.* 126 (1794) ; Gr. et Godr. *Fl. Fr.* I, 113 ; Rouy et Fouc. *Fl. Fr.* II, 170 ; Coste *Fl. Fr.* I, 108.

Espèce fréquemment cultivée dans les jardins comme plante d'ornement et parfois subspontanée, par exemple au Cap Corse : talus à Marinca, 26 avril fl. !

ALYSSUM L.

775. **A. Robertianum** Bernard ap. Gr. et Godr. *Fl. Fr.* I, 117 (1847) ; Barb. *Fl. sard. comp.* 216 ; Rouy et Fouc. *Fl. Fr.* II, 177 ; Coste *Fl. Fr.* I, 112 = *A. alpestre* Moris *Stirp. sard. elench.* II, 1 (1828) et *Fl. sard.* I, 142 ; Salis in *Flora* XVII, Beibl. II, 77 ; Bert. *Fl. it.* VI, 491

(quoad pl. cors.) ; non L. = *A. nebrodense* Bert. *Fl. it.* VI, 492 (1844), quoad pl. sard. = *A. corsicum* Robert ex Gr. et Godr. l. c. ; non Duby = *A. alpestre* var. *Robertianum* Arc. *Comp. fl. it.* ed. 2, 53 (1882). — Exsicc. Soleirol n. 1 !

Hab. — Rochers et rocailles des étages montagnard et subalpin, 900-1500 m. Mai-juill. ♃. Abondant au Cap Corse depuis le Monte Alticcione jusqu'au Monte S. Leonardo, occupant toute la série des cimes : Merizzatodio, Stello, Capra, Fosco, etc. (Salis in *Flora* XVII, Beibl. 11, 78 ; Gillot in *Bull. soc. bot. Fr.* XXIV, sess. extr. LXI ; Chabert ibid. XXIX, sess. extr. LII) ; Monte S. Pietro (Salis l. c. ; Soleirol exsicc. cit. et ex Bert. *Fl. it.* VI, 491 ; Gillot op. cit. LXXIX) ; Monte Rotondo (ex Gr. et Godr. l. c.).

Espèce endémique en Corse et en Sardaigne (Monti d'Oliena), très voisine de l'*A. alpestre* L., groupe polymorphe dont les éléments auraient grand besoin d'une revision monographique. L'*A. Robertianum* est caractérisé comme suit :

Plante haute de 10-30 cm. Tiges procombantes-ascendantes, très rameuses et ligneuses à la base, à rameaux nombreux, entremêlés, allongés, simples ou presque simples, généralement flexueux, incanes et à entrenœuds courts. Feuilles fermes, largement obovées, obtuses ou arrondies au sommet, atténuées-contractées à la base en un très court pétiole, d'un vert grisâtre et à poils étoilés peu denses à la face supérieure, incanes à la face inférieure, à limbe mesurant jusqu'à 8 × 4 mm. de surface, mais souvent plus petites, très serrées au sommet des rejets stériles et à quelques entrenœuds au-dessous de l'inflorescence. Grappe corymbiforme pendant l'anthèse, puis s'allongeant à la maturité jusqu'à atteindre 2-3 cm. de hauteur ; pédicelles très canescents et très courts pendant l'anthèse, s'allongeant et à pubescence clairsemée à la maturité, les inférieurs atteignant à la fin 5-6 mm., plus longs que le corps des silicules. Sépales jaunes, étalés, carénés, subcucullés au sommet, longs d'env. 2 mm., presque glabres extérieurement. Pétales d'un jaune vif, à onglet insensiblement élargi de la base au sommet, ascendant, haut de 1,6 mm., passant à un limbe obové-arrondi, mesurant environ 1,3 × 1 mm. de surface, ployé extérieurement de façon que les 4 pétales aient leurs limbes sensiblement situés dans le même plan. Etamines à filets presque d'égale longueur (env. 2 mm.), connivents autour de l'ovaire ; ceux des 4 étamines antéro-postérieures pourvus du côté intérieur et à la base d'un appendice hyalin-membraneux long de 1,3-1,5 mm., large de 0,6 mm., conné suivant sa ligne médiane avec la base du filet (non ou à peine ailé) sur une hauteur variable, mais ne dépassant pas la moitié de la hauteur totale de l'appendice, divisé au sommet en deux dents séparées par un sinus profond de 0,1-0,5 mm. ; ceux des 2 étamines latérales organisés comme les précédents, mais à appendices subaigus ou subobtus, rarement subémarginés au sommet, un peu plus courts et un peu plus étroits. Nectaires 4, très petits, hémisphériques, faisant saillie entre les bases des 4 étamines antéro-postérieures et des 2 étamines latérales. Ovaire ellipsoïdal, incane, mesurant env. $1,2 \times 1$ mm. en section longitudinale, surmonté d'un style long d'env. 1,2 mm., couronné par un stigmate capité-émarginé. Silicule (fig. 1 D) rhomboïdale, aplatie sur les deux faces, à diamètre maximum médian, atténuée-subaiguë aux deux extrémités, calvescente et verdâtre à la maturité, relativement très grande, mesurant à la fin $5\text{-}6 \times 4$ mm., à style persistant longtemps, long de 2 mm. Semences (fig. 2 A) au nombre de 1 dans chaque loge, aplaties, de contour arrondi-elliptique, mesurant environ $2,5\text{-}3 \times 2\text{-}2,5$ mm. de surface, entourées tout autour d'une aile hyaline brunâtre large d'env. 0,25 mm. Embryon à cotylédons plans-convexes, à radicule accombante [1].

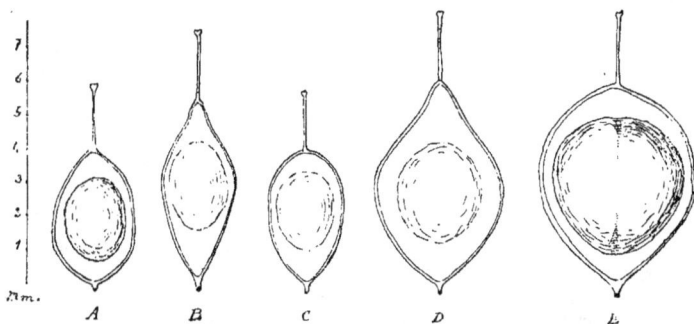

Fig. 1. — Silicules en vue latérale (sans indument) : A de l'A. alpestre subsp. eu-alpestre ; B de l'A. alpestre subsp. Gerardi ; C de l'A. alpestre subsp. serpyllifolium ; D de l'A. Robertianum ; E de l'A. Tavolarae.

Si l'on compare la description ci-dessus avec les caractères de l'A. alpestre, on sera amené à retenir les différences suivantes. L'A. Robertianum s'écarte de toutes les formes de l'A. alpestre par la grandeur des silicules calvescentes [2], par les semences plus volumineuses et plus largement ailées. Mais il convient d'ajouter que certaines formes de l'A. alpestre se rapprochent beaucoup de l'A. Robertianum. Si dans les deux sous-espèces provençale et italienne, subsp. eu-alpestre Briq. [$= A$. alpestre L. Mant. 1, 92 (1767) ; Rouy et Fouc. Fl. Fr. 11, 175, sensu stricto] et subsp. surpyllifolium Rouy et Fouc. [op. cit. 11, 176 $= A$. serpyllifolium Desf. Fl. atl. 11, 70 (1799-1800) $= A$. nebrodense Tin. Pl. rar. Sic. pug. 12

[1] M. de Hayek (Entwurf Cruciferen-Syst. 244) a indiqué à tort l'embryon comme pourvu d'une radicule incombante dans le genre Alyssum. Nous avons toujours vu la radicule accombante dans toutes les espèces que nous avons étudiées.
[2] Grenier et Godron (Fl. Fr. 1, 118) ont dit à tort la silicule de l'A. Robertianum 6 fois plus grande que celle de l'A. alpestre. Cette erreur, très fâcheuse, parce qu'elle a contribué à obscurcir chez d'autres auteurs la notion de l'A. Robertianum, a été corrigée par M. Chabert [in Bull. soc. bot. Fr. XXIX, sess. extr. LIII (1882)].

(1817) = *A. alpestre* var. *incanum* Boiss. *Voy. Esp.* 43 (1839-45) = *A. alpestre* var. *serpyllifolium* Coss. *Comp. fl. atl.* II, 230 (1883-87)], les silicules (fig. 1 *A* et *C*) ne dépassent guère 4 mm. à la maturité, elles atteignent 5-6 mm. dans la sous-esp. **Gerardi** Briq. [= *A. alpestre* forme *A. Gerardi* Rouy et Fouc. op. cit. II, 176 (1895)]. Dans cette remarquable sous-espèce, découverte près d'Ampus (Var) par M. Albert, mentionnée par M. Burnat (*Fl. Alp. mar.* 1, 112), et que MM. Rouy et Foucaud ont avec raison mise en évidence, les siliques (fig. 1 *B*) sont elliptiques-lancéolées, atténuées aux deux extrémités : elles ne diffèrent de celles de l'*A. Robertianum* que par leur forme plus étroite, leur indument plus dense et les semences plus petites, plus étroitement ailées. Quelques légères différences dans le port accentuent l'écart qui existe entre l'*A. Robertianum* et l'*A. alpestre* subsp. *Gerardi*, sans que cet écart suffise pour mettre en doute la parenté très étroite qui existe entre les deux groupes. Peut-être une revision des formes orientales de l'*A. alpestre* amènerait-elle même à faire rentrer l'*A. Robertianum* dans le groupe spécifique *alpestre* à titre de sous-espèce, mais une semblable réunion ne pourrait se faire que dans une monographie étendue à tout le sous-genre *Odontarrhena*.

Il n'y a pas de raisons de mettre en doute la présence de l'*A. Robertianum* en Sardaigne aux Monti d'Oliena d'après les renseignements qu'a donnés M. Barbey (l. c.). En revanche, la plante découverte par M. Forsyth-Major sur les rochers calcaires de l'île de Tavolara « presso il Faro » et distribuée par ce naturaliste sous le n° 240 est certainement différente de l'*A. Robertianum*. D'ailleurs l'*A. Robertianum* est une espèce montagnarde, tandis que l'espèce de Tavolara est une calcicole littorale, caractérisée comme suit :

A. Tavolarae Briq., sp. nov. — Planta 30-40 cm. alta. Caules adscendentes, basi ramosi et lignosi, ramis crebris, non vel parum intertextis, elongatis, parum flexuosis, floriferis apice ramosis, incanis, internodiis brevibus. Folia firma, late obovata, apice obtusa vel rotundata, versus basem contracto-cuneata, petiolo quam in specie praecedente longiori praedita, superne cinereo-viridia pilis stellatis minus confertis praedita, inferne incana, lamina superficie circ. 5-7 × 3-5 mm., petiolo ad 5 mm. longo, apice ramorum sterilium conferta et parte media ramorum floriferorum confertissima. Racemi nunc solitarii, nunc 2-4 apice ramorum congesti, sub anthesi corymbiformes, dein maturitate elongati et tunc ad 4 cm. longi ; pedicelli canescentes, inferiores demum ad 7 mm. longi, corpus siliculae excedentes. Sepala pallide luteola, patula, subcarinata, apice vix cucullata, fere 3 mm. longa, extus pilis stellatis abunde praedita. Petala lutea, ungue adscendente sensim a basi ad apicem ampliato, 2 mm. alto, superne patule flexo et in laminam obovato-rotundatam patulam superficie 1,8 × 1,5 mm. abeunte. Staminum filamenta subaequilonga (circ. 2,5 mm. alta), circa ovarium conniventia ; ea staminum antero-posticorum basi intus appendice hyalino-membranaceo 2 mm. longo et 0,5 mm. lato et secundum lineam mediam basi tantum filamenti vix vel non alati concrescente, apice dentibus 2 sinu 0,5 mm. profundo praedita ; ea 2 staminum lateralium eodem modo structi, sed appendicibus apice truncato- vel rotundato-obtusis brevissime bidentatis praedita, aliq. breviora angustioraque. Nectaria 4, hemisphaerica, minima, utrinque inter bases staminum lateralium et antero-posticorum sita. Ovarium ellipsoideum, incanum, sect. long. circ. $1 \times 0,6$ mm., stylo circ. 1,7 mm. longo stigmate capitato-emarginato coronatum. Silicula (fig. 1 E) bilateraliter compressa, ambitu elliptico-rotundata, aliq. supra medium latior, basi et praesertim apice obtusa, in utroque latere canescens, parte centrali propter semina clypeato-prominula, pro genere maxima, demum superficie 5-6×4-5 mm., stylo diu persistente ad 2,5 mm. longo. Semina (fig. 2 B) in utroque loculo 2, compressa, ambitu elliptica, superficie circ. $1,5 \times 1,2$ mm., margine hyalino-brunneo circ. 0,2 mm. lato circumdita. Embryo cotyledonibus plano-convexis, radicula accumbente.

En résumé, l'*A. Tavolarae* diffère nettement de l'*A. Robertianum* par le port (tiges plus hautes et plus dressées, à rameaux moins enchevêtrés et moins flexueux), les organes floraux plus grands, les sépales couverts de poils étoilés extérieurement, et surtout par les silicules ± incanes, elliptiques-arrondies, à loges renfermant chacune 2 semences, celles-ci produisant sur chaque face de la silicule une saillie lenticulaire. — Si l'on s'en tenait exclusivement à la caractéristique du sous-genre *Odontarrhena* donnée par Cosson (« *loculis uniovulatis* » : *Comp. fl. atl.* II, 229) et reproduite depuis cette époque par divers auteurs, l'*A. Tavolarae* ne pourrait rester dans la section *Odontarrhena* à cause de ses silicules à loges dispermes, et devrait être rapproché de l'*A. montanum* dans le sous-genre *Eualyssum*. Mais un rapprochement de ce genre serait artificiel, l'ensemble des caractères plaçant incontestablement l'*A. Tavolarae* au voisinage des *A. Robertianum* et *A. alpestre*. Les auteurs antérieurs à Cosson ont d'ailleurs été moins affirmatifs en ce qui concerne la monospermie des loges

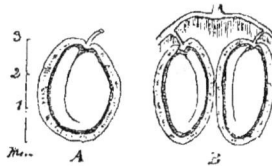

Fig. 2. — *A* Semence unique d'une loge siliculaire chez l'*A. Robertianum* ; *B* couple de semences d'une loge siliculaire chez l'*A. Tavolarae*. — Les semences sont en vue latérale, le test laissant voir l'embryon par transparence.

siliculaires à la maturité chez l'*A. alpestre* (« loges à une ou deux graines » Gr. et Godr. *Fl. Fr.* I, 177). Nous n'avons vu, au cours de nos dissections, des loges siliculaires régulièrement monospermes que chez les *A. alpestre* subsp. *serpyllifolium* et subsp. *Gerardi* ; en revanche nous avons observé des loges siliculaires dispermes à la maturité chez l'*A. alpestre* subsp. *eualpestre* [par ex. échantillon de Villard-d'Arène (Hautes-Alpes) : leg. Pellat (Soc. dauph. n. 290 !)], alors que d'autres provenances nous montraient des loges monospermes à la maturité. Nous ne pouvons pas tirer de ces faits la conclusion que les caractères en question n'ont pas de valeur systématique, mais seulement qu'ils doivent être soigneusement vérifiés et contrôlés au point de vue de la constance dans le plus grand nombre de cas possible, ce que nos prédécesseurs ont trop souvent négligé de faire. — La position des semences dans les loges siliculaires présente quelques variations. Dans les silicules relativement grandes de l'*A. Tavolarae*, nous avons vu les deux semences juxtaposées ou chevauchant l'une sur l'autre, placentées à droite et à gauche de l'axe de la silicule. Cette disposition produit extérieurement une certaine enflure de la région centrale de la silicule, enflure qui s'exagère dans la disposition souvent réalisée chez l'*A. alpestre* subsp. *eu-alpestre*. Nous avons observé dans cette sous-espèce les deux ovules de la loge siliculaire placentés sur un seul et même côté, l'un au-dessous de l'autre et se recouvrant en grande partie. Dans la loge jumelle, même dispositif, seulement la placentation est transportée du côté opposé du cadre placentaire. Il résulte de cet arrangement une saillie extérieure de la région centrale de la silicule d'autant plus forte que la silicule elle-même est assez petite.

L'aile marginale qui dans la semence mûre circonscrit la région occupée par l'embryon est assez large tant dans l'*A. Robertianum* que dans l'*A. Tavolarae* (fig. 2). Elle est plus étroite dans l'*A. alpestre* subsp. *serpyllifolium* et subsp. *Gerardi*. Enfin, dans l'*A. alpestre* subsp. *eu-alpestre*, elle est réduite à une lisière étroite du côté de la semence qui longe la radicule, elle manque de l'autre côté ou apparaît à peine vers la base extérieure des cotylédons. Ces derniers caractères sont constatables avec le plus de netteté dans les silicules à loges dispermes ; dans les échantillons pourvus de silicules à loges monospermes, l'aile a une tentance à former autour de la semence une marge continue bien qu'étroite. On voit donc qu'ici encore des observations répétées, et étendues à un vaste matériel de comparaison, sont nécessaires pour établir exactement la valeur systématique de ces caractères.

Quant aux différences de détail relevées dans la disposition et l'organisation des appendices staminaux chez les *A. Robertianum* et *Tavolarae*, il est prudent de n'en pas faire trop état. Notre description indique déjà dans ces organes une certaine variabilité, variabilité qui est encore plus considérable chez d'autres espèces du genre *Alyssum* [voy. à ce sujet : Günthart *Beiträge zur Blüthenbiologie der Cruciferen, Crassulaceen und der Gattung Saxifraga* p. 29 (*Bibliotheca botanica* 58, ann. 1902)].

776. **A. corsicum** Dub. *Bot. gall.* 34 (1828) ; Salis in *Flora* XVII, Beibl. II, 77 ; Bert. *Fl. it.* VI, 495 ; Gr. et Godr. *Fl. Fr.* I, 116 ; Rouy et Fouc. *Fl. Fr.* II, 178 ; Coste *Fl. Fr.* I, 112 = *A. Bertolonii* Lois. *Nouv. not.* 28 (1827) et *Fl. gall.* ed. 2, II, 54 ; non Desv. — Exsicc. Soleirol n. 5! ; Kralik n. 477! ; Mab. n. 9! ; Reliq. Maill. n. 725! ; F. Schultz Herb. norm. n. 1015 et 1015 bis! ; Soc. dauph. n. 1501 ! ; Burn. ann. 1900, n. 463 !

Hab. — Garigues rocheuses de l'étage inférieur. Mai-juill. ♃. Très abondant, mais strictement localisé à Bastia d'où il remonte dans les vallons de Fango et de Toga : « elle s'étend sur un espace de 2 kilomètres carrés, jusqu'à l'altitude de 500 mètres environ, du rivage de la mer à Sainte-Lucie, entre Bastia et Toga, Cardo et Alzetto » (Chabert in *Bull. soc. bot. Fr.* XXIX, sess. extr. LII). « Elle envahit les friches, où elle atteint trois pieds de haut, et ferait prendre de loin la vallée pour un immense champ de colza » (Mab. *Rech.* 1, 10).

Découvert par Soleirol, l'*A. corsicum* a été récolté dans sa minuscule et classique aire par la presque totalité des botanistes qui depuis un siècle ont herborisé en Corse. L'*A. corsicum* est une des espèces endémiques les plus remarquables de la Corse, tant par son extrême localisation, que par ses caractères. Apparenté avec l'*A. argenteum* Vitm., l'*A. corsicum* en diffère par son mode d'hétérophyllie : les rejets stériles sont caractérisés par des feuilles largement obovées, arrondies-tronquées ou tronquées-subémarginées au sommet, contractées-atténuées en coin à la base et couvertes sur les deux faces d'un tomentum argenté, dense, mesurant jusqu'à 3 cm. de longueur (pétiole compris) et 1 cm. de largeur au-dessous du sommet ; les rameaux fertiles — qui atteignent des dimensions exceptionnelles dans le genre *Alyssum* — perdent avant et au cours de l'anthèse leurs feuilles inférieures semblables à celles décrites ci-dessus et ne présentent plus dans leur région supérieure que des feuilles plus allongées, plus étroites, ou verdâtres et glabrescentes, séparées par des entrenœuds plus longs.

L'*A. corsicum* a été signalé aux environs d'Ajaccio par Caruel (*Fl. it.* IX, 740) d'après Requien. Mais cette indication isolée provient probablement d'une confusion : l'*A. corsicum* n'a jamais, à notre connaissance, été observé aux environs d'Ajaccio.

A. argenteum Vitm. *Summ. pl.* IV, 30 (1790); Bert. *Fl. it.* VI, 493 ; Gr. et Godr. *Fl. Fr.* I, 117 = *Lunaria argentea* All. *Fl. ped.* I, 245, tab. 55, fig. 3 (1785) = *A. Bertolonii* Lois. *Nouv. not.* 28 (1827) et *Fl. gall.* ed. 2, II, 54 p. p.; Desv. *Journ. de Bot.* III, 172 et 185.

Espèce indiquée par Loiseleur comme récoltée près de Bastia par Soleirol. Cette indication est erronée. Loiseleur a confondu les *A. corsicum* et *A. argenteum*. La diagnose que donne cet auteur (« foliis... *subtus* incanis ») se base sur les descriptions antérieures de l'*A. argenteum* de Bertoloni, la plante de Soleirol mentionnée est l'*A. corsicum* ; enfin l'échantillon de l'herb. Loiseleur mentionné par Grenier appartient bien à l'*A. argenteum*, mais rien ne prouve qu'il provienne de Corse (voy. Bonnet in Magnier *Scrinia* I, 42). L'*A. argenteum* doit être exclu de la flore corse.

† 777. **A. Alyssoides** L. *Syst.* ed. 10, 1130 (1759); Rendle et Britten *List brit. seed-pl.* 3 ; Schinz et Thell. in *Bull. herb. Boiss.* 2ᵐᵉ série, VII, 406 ; Schinz et Kell. *Fl. Suisse* éd. fr. I, 267 = *Clypeola Alyssoides* L. *Sp.* ed. 1, 652 (1753) = *A. calycinum* L. *Sp.* ed. 2, 908 (1763) ; Gr. et Godr. *Fl. Fr.* I, 115 ; Rouy et Fouc. *Fl. Fr.* II, 185 ; Coste *Fl. Fr.* I, 111.

Hab. — Garigues rocailleuses et friches des étages inférieur, montagnard et supalpin inf., 1-1400 m. Avril-mai. ①. Disséminé. Env. de Bastia (Salis in *Flora* XVII, Beibl. II, 77 ; Mab. in *Feuille jeun. natur.* VII, 111) ; Monte S. Pietro (Soleirol ex Bert. *Fl. it.* VI, 485 ; Gillot in *Bull. soc. bot. Fr.* XXIV, sess. extr. LXXVIII) ; Calacuccia (Lit. in *Bull.*

acad. géogr. bot. XVIII, 121 ; Corté (Burnouf ibid. XXXI ; Fouc. et Sim. *Trois sem. herb. Corse* 130); vallée de la Restonica (Petit in *Bot. Tidsskr.* XIV, 245 ; Fouc. et Sim. l. c.) ; et localités ci-dessous.

1907. — Arêtes entre le col de Tende et le Monte Asto, rocailles, 900-1400 m., 15 mai fl. fr. ! ; montagne de Pedana, rocailles, calc., 500 m., 14 mai fl. fr. ! ; montagne de Caporalino, rocailles, 450-650 m., calc., 11 mai fl. fr. ! ; vallon du Rio Stretto au-dessus de Francardo, 260-300 m., rocailles calc., 14 mai fl. fr. ! ; garigues en montant d'Omessa au col de Bocca al Pruno, 900 m., 13 mai fl. fr. !

Les espèces décrites par Jordan aux dépens de cette espèce (variétés α-η de MM. Rouy et Foucaud l. c.), représentent pour nous des formes locales ou individuelles dépourvues de valeur variétale.

778. **A. maritimum** Lamk *Encycl. méth.* I, 98 (1783) ; Gr. et Godr. *Fl. Fr.* I, 118 ; Rouy et Fouc. *Fl. Fr.* II, 191 ; Coste *Fl. Fr.* I, 113 = *A. halimifolium* L. *Sp.* ed. 1, 650 (1753) p. p. = *Clypeola maritima* L. *Sp.* ed. 1, 652 (1753) = *Lobularia maritima* Desv. in *Journ. de Bot.* III, 162 (1813) ; Koch *Syn.* ed. 2, 65 = *Koniga maritima* R. Br. in Denh. et Clapp. *Narr. Exp. Afr.* II, 214 (1826) ; Coss. *Comp. fl. atl.* II, 240. — Exsicc. Soleirol n. 406 ! ; Kralik n. 477 a ! ; Billot Fl. Gall. Germ. exsicc. n. 1416 ! ; Mab. n. 105 !

Hab. — Sables maritimes, rochers et garigues de l'étage inférieur, s'éloignant peu des côtes. Février-juin. ♃. Abondant par localités. Lavesina (Gillot in *Bull. soc. bot. Fr.* XXIV, sess. extr. XLVII); Miomo (Gillot ibid. XLV) ; Bastia (Salis in *Flora* XVII, Beibl. II, 77 ; Mab. exsicc. cit. et ap. Mars. *Cat.* 20 ; Gillot op. cit. XLIII ; Gysperger in Rouy *Rev. bot. syst.* II, 109 ; etc.) et de là à Biguglia (Salis l. c. ; Fouc. et Sim. *Trois sem. herb. Corse* 130) ; Ile Rousse (Fouc. et Sim. l. c. ; N. Roux in *Bull. soc. bot. Fr.* XLVIII, sess. extr. CXLIV) ; Algajola (Soleirol ex Bert. *Fl. it.* VI, 482) ; Calvi (Soleirol exsicc. cit.) ; Ajaccio au Lazaret et aux env. de Vignola (Mars. l. c. ; Boullu in *Bull. soc. bot. Fr.* XXVI, 82 ; Audigier ibid. XLV. 38 ; et autres observateurs) ; Aleria (Rotgès ex Fouc. in *Bull. soc. bot. Fr.* XLVII, 86) ; Bonifacio (Salis l. c. ; Kralik et Req. in Billot exsicc. cit. ; Mars. l. c. ; Fouc. et Sim. l. c. ; Lutz in *Bull. soc. bot. Fr.* XLVIII, sess. extr. CXXXIX ; Boy. *Fl. Sud Corse* 57 ; et autres observateurs).

1907. — Ile Rousse, sables maritimes, 21 avril fl. ! ; Citadelle de Bonifacio, calc., 50 mai fl. fr. !

Très variable quant aux dimensions, à l'ampleur des feuilles, au degré de condensation et au coloris des grappes. Les échantillons des garigues et roches arides, à feuilles très étroites, à inflorescence condensée et à fleurs ± colorées en rougeâtre, constituent la forme *densiflorum* (= *Lobularia maritima* var. *densiflora* Lange *Pug.* 263 ; Willk. et Lange *Prodr. fl. hisp.* III, 836 = *A. maritimum* var. *densiflorum* Rouy et Fouc. l. c. 192). Ces modifications ne nous paraissent nulle part avoir la valeur de véritables races.

Nous continuons à rattacher les *Lobularia* (= *Koniga*) au genre *Alyssum*. Le seul caractère diagnostique de ce groupe est en effet la présence de 8 nectaires au lieu de 4, comme dans le reste du genre *Alyssum*. Quelle que soit la théorie adoptée pour ramener ce type de nectaire à celui des *Alyssum* propres (voy. à ce sujet : Günthart *Prinzipien der physikalisch-kausalen Blütenbiologie* pp. 130 et suiv., Jena 1910 ; et Hayek *Entwurf Crucif.-Syst.* pp. 248 et 249), il nous paraît prudent de ne pas donner chez les Crucifères une trop haute valeur systématique aux caractères tirés des nectaires [voy. Schweidler *Über den Grundtypus und die systematische Bedeutung der Cruciferen-Nektarien* (*Beih. bot. Centralbl.* XXXVII, 1, 337-390, ann. 1911)], et cela en particulier dans le cas des *Lobularia*, alors que tout le reste de l'organisation indique une affinité très étroite avec les *Alyssum* vrais.

CLYPEOLA L. emend.

779. **C. Jonthlaspi** L. *Sp.* ed. 1, 652 (1753); Gr. et Godr. *Fl. Fr.* I, 120 ; Burn. *Fl. Alp. mar.* 1, 114 ; Rouy et Fouc. *Fl. Fr.* II, 164 ; Reynier in *Bull. acad. géogr. bot.* XX, 286-294 = *Jonthlaspi clypeolatum* Car. *Fl. it.* IX, 1049 (1893).

Hab. — Balmes et garigues des étages inférieur et montagnard. Mars-mai. ①. Assez rare ou peu observé ; les races suivantes ont été signalées en Corse.

†† α. Var. **spathulaefolia** Rouy et Fouc. emend. = *C. hispidula* et *C. spathulaefolia* Jord. et Fourr. *Brev.* II, 15 (1868) = *C. Jonthlaspi* subsp. *microcarpa* forme *C. hispida* (cum var. *spathulaefolia*) Rouy et Fouc. *Fl. Fr.* II, 164 (1895); non *C. hispida* Presl = *C. microcarpa* var. *hispida* Halacs. *Consp. fl. græc.* I, 117 (1900) = *C. Jonthlaspi* var. *hispida* Reynier in *Bull. acad. géogr. bot.* XX, 290 (1911) ; non *C. hispida* Presl.

Hab. — Env. de Bastia (Mab. ex Mars. *Cat.* 20) ; Monte S. Pietro (Gillot in *Bull. soc. bot. Fr.* XXIV, sess. extr. LXXVIII) ; env. de Corté (Burnouf ex Le Grand in *Bull. soc. bot. Fr.* XXXVI, 18 et ap. Rouy *Fl. Fr.* VIII, 378) ; et localité ci-dessous.

1907. — Cap Corse : Mᵗ S. Angelo de Saint-Florent, balmes, calc., 24 avril fl. !

Silicules elliptiques-orbiculaires ou suborbiculaires, mesurant env. 2,8 × 2,5 mm. de surface, à marges poilues-ciliées, à ailes (relativement larges) et disque densément couverts de poils claviformes. — Le *C. hispida* Presl [*Bot. Bemerk.* 9 (1844)] a été ainsi caractérisé par son auteur : « siliculis.... utrinque setis rigidulis hispidis.... anguste marginatis non ciliatis » et basé sur des échantillons du Sinaï distribués par Schimper (n. 415) ; il diffère de notre variété par ses silicules à bords lisses ou presque lisses à la maturité, à ailes et disque pourvus de papilles verruqueuses entremêlées de nombreux poils claviformes allongés ; les silicules mesurent 2-2,5 × 1,8-2,1 mm. Le *C. hispida*, que Boissier rapportait au *C. microcarpa*, ne peut donc pas être identifié avec les *C. hispidula* et *spathulaefolia* de Jordan et Fourreau.

† β. Var. **leiocarpa** Salis in *Flora* XVII, Beibl. II, 78 (1834) ; non Vis. (1852) ! = *C. glabra* Boiss. in *Ann. sc. nat.* sér. 2, II, 173 (1842) ! — *C. ambigua* Jord. et Fourr. *Brev.* II, 15 (1868) = *C. Jonthlaspi* subsp. *microcarpa* forme *C. ambigua* Rouy et Fouc. *Fl. Fr.* II, 164 (1895) = *C. microcarpa* var. *glabra* Halacs. *Consp. fl. græc.* I, 117 (1900) = *C. Jonthlaspi* var. *glabra* Reyn. in *Bull. acad. géogr. bot.* XX, 290 (1911).

Hab. — Env. de Bastia, rare (Salis l. c.).

Silicules elliptiques-orbiculaires ou suborbiculaires, mesurant env. 2,5-2,7 × 2,1-2,5 mm., à ailes (relativement larges) et disque glabres. — Le *C. Jonthlaspi* var. *leiocarpa* Salis ne doit pas être confondu avec le *C. Jonthlaspi* var. *leiocarpa* Vis. [*Fl. dalm.* II, 107 (1850) ; Halacs. *Consp. fl. græc.* I, 117 ; Beauv. in *Bull. herb. Boiss.* 2me sér., V, 617 et 620 ; Reynier in *Bull. acad. géogr. bot.* XX, 290 = *C. psilocarpa* Jord. et Fourr. *Brev.* II, 14 (1868) = *C. Jonthlaspi* forme *C. psilocarpa* Rouy et Fouc. *Fl. Fr.* II, 162]. Ce dernier possède aussi des silicules à disque et ailes glabres, mais de dimensions notablement plus grandes : env. 3,5 × 3-3,5 mm. Salis ayant la priorité sur Visiani, la forme décrite par ce dernier auteur doit s'appeler *C. Jonthlaspi* var. **psilocarpa** Briq.

†† γ. Var. **microcarpa** Arc. *Comp. fl. it.* ed. 2, 63 (1882) ; Coss. *Comp. fl. atl.* II, 273 (p. p.) ; Burn. *Fl. Alp. mar.* I, 115 = *C. microcarpa* Moris in *Att. terz. riun. acc. it.* ann. 1841, 329 ; Boiss. *Diagn. pl. or.* sér. I, 74 et *Fl. or.* I, 308 (p. p.) ; Barb. *Fl. sard. comp.* 215 ; Halacs. *Consp. fl. græc.* I, 117 ; Coste *Fl. Fr.* I, 115 = *Jonthlaspi microcarpum* Car. *Fl. it.* IX, 105 (1893) = *C. Jonthlaspi* subsp. *microcarpa* forme *C. microcarpa* Rouy et Fouc. *Fl. Fr.* II, 165 (1895) = *C. Jonthlaspi* subsp. *microcarpa* Murb. *Contr. fl. nord-ouest Afr.* I, 11 (1897) = *C. Jonthlaspi* var. *Morisiana* Reyn. in *Bull. acad. géogr. bot.* XX, 291 (1911).

Hab. — Monte Capra (Chabert in *Bull. soc. bot. Fr.* XXIX, sess. extr. LIII) ; env. de Corté (Burnouf ex Rouy *Fl. Fr.* VIII, 378).

Silicules elliptiques-orbiculaires, mesurant env. $2,3 \times 2$ mm. de surface, à ailes (relativement larges) glabres, et à disque pubescent-hérissé. — Race disséminée çà et là dans tout le bassin méditerranéen depuis le Maroc jusqu'en Orient, et nullement endémique en Sardaigne [comme l'ont dit encore récemment MM. Fiori et Paoletti (*Fl. anal. It.* 1, 455)]. — La var. **Rouxiana** Reyn. [in *Bull. acad. géogr. bot.* XX, 291 (1911) = *C. gracilis* Planch. in *Bull. soc. bot. Fr.* V, 494 (1858) et spec. auth. in herb. Deless. ! ; non *C. Jonthlaspi* subsp. *microcarpa* forme *C. gracilis* Rouy et Fouc. *Fl. Fr.* II, 164] est une race voisine à silicules encore plus petites ($2 \times 1,8$ mm.), à ailes glabres très étroites. Nous l'avons vue de diverses localités des départements de l'Hérault, des Bouches-du-Rhône et de l'Aveyron.

Quelques auteurs ont distingué spécifiquement les formes microcarpes du *C. Jonthlaspi*, tandis que d'autres les ont envisagées comme une sous-espèce, sans que les uns et les autres s'accordent sur les limites de cette sous-espèce. Le passage de la race la plus microcarpe (*C. gracilis* Planch.) à la plus macrocarpe (*C. suffrutescens* Deb. et Neyr.) est établi d'une façon si graduelle par une série de formes intermédiaires très affines, qu'il est impossible de trouver les éléments, tant morphologiques que géographiques, nécessaires à la distinction d'une sous-espèce. Sur ce point, comme sur plusieurs autres, nous ne pouvons que nous associer au jugement de M. Reynier (mémoire cité) qui qualifie de conventionnel ce groupe (« section ») de Clypéoles microcarpes.

DRABA L.

780. **D. verna** L. *Sp.* ed. 1, 642 (1753); Gr. et Godr. *Fl. Fr.* I, 125; Rouy et Fouc. *Fl. Fr.* II, 220 ; Coste *Fl. Fr.* I, 116. — Exsicc. Reverch. ann. 1879 sub : *Erophila vulgaris* (mélange de plusieurs formes différentes des groupes 2 et 3 ci-dessous) ! ; Magnier Fl. select. n. 2393 (*E. corsica* Jord.) ! ; Burn. ann. 1904, n. 53, 54 et 55 (groupe n. 2 ci-dessous) !

Hab. — Abonde dans toutes les stations non humides (cultures, garigues, forêts, rocailles, etc.) de 1-1900 m. Janvier-juin selon l'altitude et l'exposition. ④.

1907. — Châtaigneraies en montant de Pietralba au col de Tende, 900 m., 15 mai fr. (*Erophila curtipes* Jord.) ! ; garigues entre Novella et le col de San Colombano, 500-600 m., 19 avril fr. (*E. vulgaris* DC.) ! ; châtaigneraies en montant de Ghisoni au col de Sorba, 700-1000 m., 10 mai fl. fr. (*E. vulgaris* DC. et *E. praecox* Stev.) !

Les innombrables formes du *D. verna* — dont la valeur systématique est infime, mais dont la constance relative s'explique par l'autopollination habituelle des fleurs [voy. Rosen in *Bot. Zeit.* XLVII, 605 (1889)] — mériteraient une étude rationnelle pour être réparties en groupes natu-

rels saisissables. Les groupes qu'a établis M. Rosen (op. cit. 581-591 et
597-602) sont basés sur un nombre restreint de formes en partie très
locales. Ils ont été passés entièrement sous silence par MM. Rouy et
Foucaud (*Fl. Fr.* 221-231) qui proposent de répartir un *choix* de 57 formes
(sur env. 260 décrites par Jordan, non compris celles que M. Rosen y a
ajoutées). Nous n'avons réussi à voir clair ni dans l'un, ni dans l'autre
de ces systèmes. Tout récemment, M. Wibiral [*Ein Beitrag zur Kenntniss von Erophila verna* DC. (*Oesterr. bot. Zeitschr.* LXI, 313-321 et 383-387,
ann. 1911)] s'est livré aux environs de Vienne (Autriche) à des études analogues à celles de M. Rosen, distinguant pour cette dition 8 « espèces »,
reliées par des formes intermédiaires considérées comme « inconstantes »
par l'auteur, qualificatif qui cadre mal avec les résultats des expériences
culturales. En l'absence d'une monographie qui puisse servir de guide,
et dans l'état fragmentaire de nos connaissances relatives aux formes
corses du *D. verna*, nous ne pouvons que nous borner à mentionner les
formes qui ont été signalées en Corse, comme suit :

1º Un groupe de formes à silicules très étroites, linéaires-lancéolées,
longues de 6-8 mm., larges de 1,5-2 mm., également rétrécies-aiguës aux
deux extrémités. A ce groupe se rattache l'*Erophila stenocarpa* Jord.
[*Pug.* 11 (1852) = *D. verna* subsp. *lanceolata* Rouy et Fouc. *Fl. Fr.* II, 222
(1895)], signalé par M. Thellung (in litt.) à la Chapelle des Grecs près
d'Ajaccio et à Ponte alla Leccia. Ce groupe est aussi caractérisé selon
Jordan par les poils courts bi-trifurqués, tandis que M. de Hayek [*Fl.
Steierm.* 1, 519 (1909)] lui attribue des poils tous ou en partie simples.
Il est souvent impossible de séparer un peu nettement l'*E. stenocarpa*
du groupe suivant.

2º *Erophila curtipes* Jord. *Diagn.* 1, 242 (1864) = *D. verna* subsp. *majuscula* var. *curtipes* Rouy et Fouc. l. c. 222 (1895). — Plante de dimensions médiocres, à poils rares, presque tous bifides, à silicules étroites, lancéolées
(5-7 × 1,5-2 mm.), à feuilles non ou à peine dentées, plus petites et moins
larges que dans l'*E. majuscula* Jord. Dans la localité ci-dessus mentionnée et à Porto-Vecchio ! (Revelière, type de Jordan in herb. Burnat). C'est
sans doute une forme voisine qui a été signalée à Evisa par M. Petit (in
Bot. Tidsskr. XIV, 245) sous le nom de *D. verna* var. *Krockeri* Andrz. [in
Reichb. *Ic. fl. germ. et helv.* II, 6 (1836-38)].

3º Un groupe de formes équivalant à l'*E. vulgaris* DC. (*D. verna* var.
vulgaris Coss. *Comp. fl. atl.* II, 246). Plantes de petites dimensions, à poils
presque tous bifides, à silicules ovées-oblongues, plus larges et plus
courtes (env. 5-6 × 2-3 mm.), à feuilles petites, courtes, non ou peu dentées. Ce sont les formes les plus communes. Nous y rattachons l'*Erophila
corsica* Jord. ap. Deb. in Magnier *Scrinia* 187 et *Not. pl. nouv. rég. méd.* 189
(= *D. verna* subsp. *hirtella* var. *Debeauxii* Rouy et Fouc. l. c. 231). Ces
derniers auteurs placent l'*Erophila corsica* dans une division à poils tous
ou presque tous simples ; les échantillons distribués par M. Debeaux
(exsicc. cit.) sont couverts de poils bifides, les poils simples étant excep-
tionnels. Cet exemple montre l'impossibilité qu'il y a à tirer parti des
essais de classement des formes tels qu'ils ont été présentés jusqu'à
aujourd'hui. — L'*E. hirtella* Jord. [*Pug.* I, 10 (1852) = *D. verna* var. *hir-*

tella Petit in *Bot. Tidsskr.* XIV, 245 (1885) = *D. verna* subsp. *hirtella* Rouy et Fouc. *Fl. Fr.* II, 230 (1895)] a été signalé à Bocognano par M. Petit (l. c.).

4º Plantes naines à silicules suborbiculaires : *D. verna* var. *rotunda* Neilr. *Fl. Nied.-Öst.* 742 (1859). — Dans les unes, la silicule est obtuse-arrondie aux deux extrémités : *Erophila spathulata* Lang in *Syll. soc. ratisb.* I, 180 (1824) = *D. spathulata* Lang in Sturm *Deutschl. Fl.*, fasc. 65 (1834) ; Hayek *Fl. Steierm.* I, 522 = *D. verna* subsp. *spathulata* (p. p.) et subsp. *praecox* Rouy et Fouc. *Fl. Fr.* II, 225 et 227 (1895) ; non *D. praecox* Stev. = *D. verna* var. *spathulata* Paul. *Beitr. Veg. Verh. Krains* II, 155 (1902). C'est à ce groupe que se rattache l'*Erophila brachycarpa* Jord. [*Pug.* 9 (1852) = *D. verna* subsp. *praecox* var. *genuina* Rouy et Fouc. *Fl. Fr.* II, 228 (1895)], signalé au col de Vizzavona par M. N. Roux in *Bull. soc. bot. Fr.* XLVIII, sess. extr. CXXVIII. On doit également y rapporter l'*E. subrotunda* Jord. [*Diagn.* I, 220 (1864) = *D. verna* subsp. *praecox* forme *D. subrotunda* Rouy et Fouc. op. cit. 228 (1895)] et probablement aussi l'*E. Revelieri* Jord. [*Diagn.* I, 221 (1864) = *D. verna* subsp. *praecox* forme *D. Revelieri* Rouy et Fouc. l. c.], ce dernier indiqué à l'Ospedale près Porto-Vecchio (Revelière ex Jord. l. c.). — Dans les autres (Corté et Bonifacio, selon M. Thellung in litt.), plus rapprochées du groupe nº 2 ci-dessus, la silicule tout en restant ± arrondie ou obtuse à la base, est brièvement subacuminée au sommet : *D. praecox* Stev. in *Mém. soc. nat. Mosc.* III, 269 (1812) ; Hayek *Fl. Steierm.* I, 521 = *Erophila praecox* DC. *Syst.* II, 357 (1821) = *D. verna* subsp. *spathulata* Rouy et Fouc. *Fl. Fr.* II, 225 (1895) p. p. ; non *D. spathulata* Lang.

781. D. muralis L. *Sp.* ed. 1, 642 (1753) ; Gr. et Godr. *Fl. Fr.* I, 124 ; Rouy et Fouc. *Fl. Fr.* II, 218 ; Coste *Fl. Fr.* I, 117. — Exsicc. Soleirol n. 485 ! ; Reverch. ann. 1878 et 1879 sub : *D. muralis* !

Hab. — Rochers et rocailles des étages inférieur et montagnard, 1-1300 m. Mars-juillet selon l'altitude. ①. Paraît manquer au Cap Corse ; assez répandu dans le reste de l'île comme suit : Belgodère (Fouc. et Sim. *Trois sem. herb. Corse* 130) ; de Calvi au Monte Grosso par Calenzana (Soleirol exsicc. cit. et ap. Bert. *Fl. it.* VI, 477 ; Mab. ap. Mars. *Cat.* 20) ; Monte S. Pietro (Gillot in *Bull. soc. bot. Fr.* XXIV, sess. extr. LXXX) ; Prunelli di Fiumorbo (Salis in *Flora* XVII, Beibl. II, 78) ; Corté (Salis l. c. ; Fouc. et Sim. l. c.) ; col de Vizzavona (Lutz in *Bull. soc. bot. Fr.* XLVIII, sess. extr. CXXV ; Ellman et Jahandiez in litt.) ; Bocognano (Revel. in Bor. *Not.* III, 2) ; env. d'Ajaccio (Maire ann. 1841 !), en particulier dans le vallon de Lava (Mars. l. c.) et à Notre-Dame-de-Lorette (Mars. l. c. ; Boullu in *Bull. soc. bot. Fr.* XXIV, sess. extr. XCVI ; Coste ibid. XLVIII, sess. extr. CVIII) ; Ghisoni (Rotgès in litt.) ; Bastelica (Revel. ex Mars. l. c. ; Reverch. exsicc. cit. 1878) ; Serra di Scopamène (Reverch. exsicc. cit. 1879) ; Quenza (Revel. ex Mars. l. c.) ; et localités ci-dessous.

1907. — Montée de Pietralba au col de Tende, châtaigneraies, 900 m., 15 mai fl. fr. ! ; balmes de la montagne de Pedana, calc., 500 m., 14 mai fl. ! ; montagne de Caporalino, rochers, 450-650 m., 11 mai fl. fr. ! ; garigues en montant d'Omessa au col de Bocca al Pruno, 900 m., 13 mai fr. ! ; entre la Fontaine de Padula et le col de Morello, rochers frais, 700-800 m., 13 mai fl. fr. ! ; Ghisoni, vignes et vieux murs, 700 m., 8 mai fl. fr. !

1910. — Mont S. Pietro de Petreto, chênaies de chênes-verts, 1000 m., 27 juill. fr. !

1911. — Punta Quercitella, versant W., rocailles, 10 juill. fr. !

782. D. Loiseleurii Boiss. *Diagn. pl. or.* ser. 2, I, 35 (1853) ; Rouy *Suites fl. Fr.* I, 43 ; Caruel *Fl. it.* IX, 766 ; Rouy *Il. pl. Eur. rar.* tab. XXVII b ; Rouy et Fouc. *Fl. Fr.* II, 211 ; Coste *Fl. Fr.* I, 116 = *D. rigida* Lois. *Nouv. Not.* 27 (1827) et *Fl. gall.* ed. 2, II, 51 ; non Willd. = *D. olympica* Dub. *Bot. gall.* 1023 (1830) ; Salis in *Flora* XVII, Beibl. II, 78 ; Bert. *Fl. it.* VI, 468 ; Gr. et Godr. *Fl. Fr.* I, 123 ; non Sibth. et Sm. = *D. corsica* Jord. *Diagn.* I, 203 (1864) = *D. cuspidata* Arc. *Comp. fl. it.* ed. 2, 54 (1882) p. p. ; non M. B. — Exsicc. Burn. ann. 1900, n. 133 et 283 !

Hab. — Rochers de l'étage alpin supérieur, 2300-2709 m. Juillet-août. ⚄. Localisé sur les plus hautes cimes des massifs du Cinto et du Rotondo. Du Capo Bianco le long des arêtes jusqu'au Capo al Berdato (Lit. in *Bull. acad. géogr. bot.* XXIV, 121) ; Monte Cinto (Vallot in *Bull. soc. bot. Fr.* XXXIV, 133 et 137 ; Briq. *Rech. Corse* 12 et 82 et Burn. exsicc. cit. 133 ; Soulié ex Coste in *Bull. soc. bot. Fr.* XLVIII, sess. extr. CXVIII ; Lit. l. c.) ; Monte Rotondo (Salis in *Flora* XVII, Beibl. II, 78 ; Robert ap. Lois. *Nouv. Not.* 27 et *Fl. gall.* cit. ; Soleirol ap. Dub. *Bot. gall.* 1023 ; Mars. *Cat.* 20 ; Doùmet in *Ann. Hér.* V, 191 ; Gillot in *Bull. soc. bot. Fr.* XXIV, sess. extr. LXXXVII ; Sargnon in *Ann. soc. bot. Lyon* VI, 81 ; Briq. *Rech. Corse* 20 et Burn. exsicc. cit. 283 ; et nombreux autres observateurs) ; et localités ci-dessous.

1906. — Rochers du Capo Bianco, 2300-2500 m., 7 août fr. ! ; arêtes entre le Capo Bianco et le Capo al Berdato, 2400 m., 7 août fr. ! ; rochers du Capo al Berdato, 2400-2580 m., 7 août fr. ! ; arêtes entre le Capo Largina et le Monte Cinto, 2500-2709 m., 29 juill. fr. ! ; rochers du Monte Rotondo, 2600 m., 6 août fr. !

Hautes de 1-2 cm., en certains endroits au Capo Bianco, les tiges atteignent jusqu'à 15 cm. sur nos échantillons du Monte Rotondo. On trouve tous les passages entre ces deux extrêmes.

Le *D. Loiseleurii* Boiss. est une espèce endémique en Corse, dont la valeur systématique ne pourra être définitivement fixée que par une étude monographique de toute la section *Aizopsis* du genre *Draba*. Il convient, pour le moment, de relever l'étroite parenté qui existe entre le *D. Loiseleurii* et les Draves des hautes montagnes de l'Espagne : *D. hispanica* Boiss. et *D. Dedeana* Boiss. Le *D. Loiseleurii* diffère du *D. hispanica* par les feuilles plus larges et plus courtes, le style d'environ un tiers plus court, les silicules plus amples à indument moins long et plus dense ; il s'écarte du *D. Dedeana* par le mode de végétation plus lâche, moins cespiteux, les rosettes moins denses et plus macrophylles, les silicules plus volumineuses à style 2 fois plus long. — Mais il existe aussi d'étroites affinités avec les espèces orientales de ce groupe, dont l'une, le *D. olympica* Sibth. et Sm. — à feuilles plus étroites, à pétales d'un jaune plus doré et à silicules plus petites — en est fort voisine.

DIPLOTAXIS DC.

783. **D. tenuifolia** DC. *Syst.* II, 632 (1821) ; Gr. et Godr. *Fl. Fr.* I, 80 ; Rouy et Fouc. *Fl. Fr.* II, 47 ; Coste *Fl. Fr.* I, 79 = *Sisymbrium tenuifolium* L. *Amoen. acad.* IV, 279 (1755) et *Sp.* ed. 2, 917.

Hab. — Cultures, friches, garigues, rocailles de l'étage inférieur. Avril-juillet. ♃. Abondant çà et là. Cap Corse (Mab. ex Mars. *Cat.* 17) ; Cardo (Fouc. et Sim. *Trois sem. herb. Corse* 128) ; Bastia (Salis in *Flora* XVII, Beibl. II, 81 ; Soleirol ex Bert. *Fl. it.* VII, 72 ; Mab. ex Mars. l. c. ; Pucci ex Caruel *Fl. it.* IX, 963 ; Rotgès in litt.) ; entre Porto et Piana (Lutz in *Bull. soc. bot. Fr.* XLVIII, sess. extr. CXXXI) ; Venaco (Fouc. et Sim. l. c.) ; Ajaccio (Boullu in *Bull. soc. bot. Fr.* XXIV, sess. extr. XCVIII ; Coste ibid. XLVIII, sess. extr. CIV ; Bonifacio (Soleirol ex Bert. l. c. ; Revel. ex Mars. l. c. ; Fouc. et Sim. l. c. ; Lutz in *Bull. soc. bot. Fr.* XLVIII, sess. extr. CXXXIX ; Boy. *Fl. Sud Corse* 57 ; et localité ci-dessous. Probablement plus répandu.

1907. — Garigues à Santa Manza, 5 m., 6 mai fl. !

†† 784. **D. muralis** DC. *Syst.* II, 634 ; Gr. et Godr. *Fl. Fr.* I, 80 ; Coss. *Comp. fl. atl.* II, 166 ; Rouy et Fouc. *Fl. Fr.* II, 48 ; Coste *Fl. Fr.* I, 80 = *Sisymbrium murale* L. *Sp.* ed. 1, 658 (1753).

Hab. — Grèves sablonneuses ou graveleuses, friches de l'étage inférieur. Mai-août. ☉-♃. Jusqu'ici seulement la localité suivante, mais probablement plus répandu.

1910. — Promontoire de la Revellata près Calvi, sables près de la mer, 18 juill. fl. fr. !

785. **D. erucoides** DC. *Syst*. II, 631 (1821) ; Gr. et Godr. *Fl. Fr.* I, 81 ; Coss. *Comp. fl. atl*. II, 170 ; Rouy et Fouc. *Fl. Fr.* II, 47 ; Coste *Fl. Fr.* I, 79 = *Sinapis erucoides* L. *Amoen. acad*. IV, 322 (1756) et *Sp*. ed. 2, 934 = *Sisymbrium erucoides* Desf. *Fl. atl*. II, 83 (1799) = *Brassica erucoides* Boiss. *Voy. Esp.* II, 33 (1839-45). — Exsicc. Mab. n. 342!

Hab. — Champs et friches de l'étage inférieur. Nov.-avril. ①. Localisé entre Bastia et Biguglia (Mab. ap. Mars. *Cat*. 17 et exsicc. cit.).

BRASSICA L. emend.

786. **B. nigra** Koch *Deutschl. Fl*. IV, 713 (1833) ; Gr. et Godr. *Fl. Fr.* I, 77 ; Rouy et Fouc. *Fl. Fr.* I, 50 = *Sinapis nigra* L. *Sp*. ed. 1, 668 (1753).

Hab. — Cultures, friches, lieux graveleux de l'étage inférieur. Mai-juillet. ②. Rare ou peu observé. Corse sans indication de localité (Soleirol ex Rouy et Fouc. *Fl. Fr.* II, 54) ; Solenzara (Fouc. et Sim. *Trois sem. herb. Corse* 128) ; Ajaccio (Coste in *Bull. soc. bot. Fr.* XLVIII, sess. extr. CIV).

787. **B. oleracea** L. *Sp*. ed. 1, 667 (1753) ; Coss. *Comp. fl. atl*. II, 182 ; Burn. *Fl. Alp. mar*. I, 74 ; Rouy et Fouc. *Fl. Fr.* II, 52 ; Coste *Fl. Fr.* I, 76.

Cette espèce est cultivée sous plusieurs variations, et parfois échappée des cultures. Elle est représentée à l'état spontané par la sous-espèce suivante :

Subsp. **insularis** Rouy et Fouc. *Fl. Fr.* II, 54 (1895) = *B. cretica* Viv. *Fl. cors. diagn*. 11 (1824) ; Moris *Stirp. sard. elench*. I, 3 ; non Lamk = *B. insularis* Moris *Fl. sard*. I, 168, t. 11 (1837) ; Gr. et Godr. *Fl. Fr.* I, 76 = *B. nivea* Boiss. et Sprun. in Boiss. *Diagn. pl. or*. ser. 1, I, 72 (1842) ; *Fl. or*. I, 391 = *B. oleracea* var. *insularis* Coss. *Sert. tun*. 43 (1857) = *B. corsica* Jord. in *Bull. soc. bot. Fr.* XXIV, sess. extr. LXXXIII (1877) = *B. oleracea* var. *cretica* subvar. *nivea* et var. *insularis* Coss. *Comp. fl. atl*. II, 185 (1883-87) = *B. hololeuca, erigens, praeruptorum, amblyphylla, recurva, conferta, calcarea, flexicaulis, luteola* et *Revelieri* Jord. et Fourr. *Ic. fl. Eur.* III, 45-48, tab. CCCCXCI-D (1903). — Exsicc. Soleirol n. 395 ! ; Soc. rochel. n. 586 ! ; Burn. ann. 1904, n. 50 !

Hab. — Fissures des rochers, 200-650 m., sur le calcaire ou le porphyre. Avril-mai. ♃. Rare et localisée, mais abondante là où elle se trouve. Montagne de Caporalino, rochers calc. (Soleirol exsicc. cit. ; Bernard in Gr. et Godr. *Fl. Fr.* I, 76 ; Mars. *Cat.* 17 ; Burnouf in *Bull. soc. bot. Fr.* XXIV, sess. extr. XX ; Gillot ibid. LXXXIII ; Sargnon in *Ann. soc. bot. Lyon* VI, 73 ; Fouc. et Sim. *Trois sem. herb. Corse* 128 et in Soc. rochel. cit. ; Briq. *Spic.* 133 et Burn. exsicc. cit. ; Lit. in *Bull. acad. géogr. bot.* XVIII, 121) ; défilé de l'Inzecca, rochers diabaso-porphyr. (Rotgès ap. Fouc. in *Bull. soc. bot. Fr.* XLVII, 86 ; Gysperger in Rouy *Rev. bot. syst.* I, 132 et II, 120 ; Lit. *Voy.* I, 14) ; et localités ci-dessous.

1907. — Vallon du Rio Stretto au-dessus de Francardo, 350 m., rochers calc., 14 mai, jeunes fr. ! ; montagne de Caporalino, rochers calc., 300-650 m., 11 mai fl. fr. ! ; défilé de l'Inzecca, rochers porphyr., 250-500 m., 9 mai fl. fr. ! ; Pointe de l'Aquella, falaise du versant E., calc., 300-370 m., 4 mai fl. fr. !

Depuis qu'elle a été signalée en Corse par Viviani, sous le nom de *B. cretica* et sans indication précise de localité, cette Crucifère, la plus belle de la flore corse, a toujours été récoltée dans sa station classique de la montagne de Caporalino, jusqu'à sa découverte dans les gorges de l'Inzecca par M. Rotgès. Nous avons eu le plaisir de la retrouver en 1907 en deux nouvelles stations dont l'une (celle de la pointe de l'Aquella), située fort au sud et reliant en quelque mesure les précédentes à celles de la Sardaigne.

Les opinions ont beaucoup varié sur la valeur systématique du *B. insularis* Mor., et sur l'interprétation du chou corse en particulier. Viviani et Moris l'ont d'abord rattaché au *B. cretica* Lamk à corolle jaune. C'est probablement seulement après l'avoir observé en fleur que Moris l'a détaché sous le nom de *B. insularis* à corolle blanche. Seulement ce dernier auteur attribue en outre à son espèce des pétales à veines d'un rouge sanguin. Ce caractère a été reproduit par presque tous les auteurs (sauf Grenier et Godron l. c. !), et cela avec d'autant plus de facilité que le *B. insularis* a généralement été récolté en fruits plus ou moins avancés, du moins en Corse. On comprend dès lors facilement que Foucaud (in *Bull. soc. bot. Fr.* XLVII, 86) — n'ayant pas vu les fleurs du *Brassica* de la montagne de Caporalino et observant sur les échant. des gorges de l'Inzecca des pétales d'un blanc pur, sans veines rouges — ait cru y voir une espèce différente qu'il a rapportée au *B. nivea* Boiss. et Sprun. Cette identification a été contestée de la façon la plus formelle par M. Rouy (in *Rev. bot. syst.* I, 131) pour des raisons d'ordre géographique, mais sans indiquer les caractères qui permettent, selon lui, de distinguer avec précision ces deux espèces.

Il convient tout d'abord de dire que les *Brassica* corses ont tous des pétales d'un blanc de neige, tirant parfois (çà et là à la montagne de Caporalino, mai 1907 !) au jaune pâle, mais régulièrement dépourvus des veines d'un rouge sang dont parle Moris. Or, ce caractère est précisément un de ceux dont s'est servi Boissier (*Diagn. pl. or. l. c.*) pour différencier le *B. nivea* par rapport au *B. insularis*. Cet auteur attribue encore au *B. nivea* trois autres caractères : la stature plus élevée, les feuilles toujours lyrées à lobe terminal plus petit, moins arrondi et plus profondément denté, et des grappes pluriflores (non pauciflores). Mais il est évident, pour qui a observé le *Brassica* corse *in situ*, que ces caractères sont tirés d'un matériel de comparaison restreint et tout à fait insuffisant (ce que confirme un examen des documents de l'herbier Boissier). Le *Brassica* corse atteint, en particulier à la montagne de Caporalino et dans les gorges de l'Inzecca jusqu'à 1 mètre de hauteur, dimensions qui ne laissent rien à envier aux *Brassica* grecs de ce groupe. Les tiges, que MM. Rouy et Foucaud (*Fl. Fr.* II, 54) décrivent comme « plus grêles, pourtant subligneuses à la base », sont au contraire très épaisses sur les échantillons arrivés à entier développement, ligneuses, à bois assez friable, atteignant souvent l'épaisseur d'un doigt, à rameaux ± tortueux. Il n'y a à ce point de vue aucune différence avec les formes grecques. Les feuilles inférieures sont extrêmement variables sur le même rameau : elles ont cependant une tendance marquée à la forme lyrée, et cela souvent beaucoup plus que dans les originaux du *B. nivea*. Nous avons rapporté de la montagne de Caporalino en 1907 des échantillons à feuilles absolument lyrées, à lobe terminal ample, arrondi, qui ne diffèrent en rien de celles du chou de la citadelle de Corinthe. Les transitions continues qui relient les diverses formes d'un individu à l'autre dans la même station et sur le même individu empêchent d'ailleurs toute espèce de distinction de variété. Tout au plus pourrait-on grouper les échantillons en deux sous-variétés d'après la forme des feuilles basilaires. L'une (subvar. *latiloba*) aurait des feuilles la plupart fortement lyrées, à lobe terminal très ample et très arrondi (abonde à la montagne de Caporalino) ; l'autre (subvar. *angustiloba*) aurait des feuilles la plupart beaucoup plus faiblement ou à peine lyrées, à lobe terminal beaucoup plus allongé (Inzecca, Aquella). Les intermédiaires entre ces deux états extrêmes se trouvent à la montagne de Caporalino, au Rio Stretto et à l'Inzecca. — Les feuilles caulinaires du *B. nivea* sont décrites par Boissier comme largement linéaires, obtuses au sommet, à base plus large et subauriculée. Les originaux du *B. nivea* ne diffèrent en rien à ce point de vue du *Brassica* corse, par opposition au *B. cretica* dont les feuilles caulinaires sont élargies à la base en oreillettes subamplexicaules. Quant aux grappes soidisant pauciflores du *B. insularis*, il est facile de récolter à l'Inzecca ou à la montagne de Caporalino des échantillons géants encore plus richement dotés en fleurs que ceux de Corinthe. En résumé, d'après la diagnose et les échantillons secs de Boissier, que nous avons vus, il n'y a aucune différence entre le *B. nivea* Boiss. et Sprun. et le *Brassica* corse. Foucaud n'a donc pas fait erreur en assimilant le chou des gorges de l'Inzecca au *B. nivea* ; si ce botaniste avait récolté la plante de la montagne de Caporalino en fleurs, au lieu de la récolter en fruits, il est probable qu'il ne l'eût pas distinguée de la précédente.

Tout ceci est basé sur la description et les échantillons secs de Boissier, mais il importe de faire remarquer que quelques doutes ont été récemment jetés sur le *B. nivea*. Haussknecht [in *Mitt. thür. bot. Ver.*, nouv. sér., III-IV, 109 (1893)] n'a observé sur les rochers de l'Acrocorinthe que·le *B. cretica* Lamk à fleurs jaunes. Cet auteur pense que les pétales blancs attribués par Boissier au *B. nivea* proviennent peut-être de la décoloration due à la dessiccation. M. de Halacsy [*Consp. fl. græc.* 1, 78 (1900)], en rappelant cette observation, maintient cependant le *B. nivea* à côté du *B. cretica*, tout en en disant : « A praecedente male distincta ». Il nous paraît cependant bien difficile de croire que Boissier ait pu attribuer après coup au *B. nivea* des fleurs d'un blanc de neige (« petalis niveis »), si celles-ci étaient jaunes sur le vif, alors qu'il a récolté la plante lui-même en signalant l'effet décoratif qu'elle produit sur les rochers de la citadelle de Corinthe (« Hab. in fissuris rupium verticalium *Acrocorinthi* ubi Aprili ineunte montem totum elegantissimis ornat racemis »). Il semble plus probable d'admettre que l'Acrocorinthe porte des *Brassica* à corolles de couleurs différentes. Ce point exigera des recherches ultérieures sur le terrain, mais il importe dès maintenant de faire remarquer qu'en Corse il existe des échantillons à corolle d'un jaune pâle (sur lesquels Jordan a basé ses *Brassica luteola* et *Revelieri*!). Ces échantillons, que nous avons observés sur le versant N.-E. de la montagne de Caporalino, passent aux formes à corolle blanche par des dégradations de teinte insensibles. Rien d'impossible à ce que des formes analogues se retrouvent en Grèce.

Depuis l'époque de Boissier, le *B. nivea* Boiss. et Sprun. a été signalé en Syrie (Liban : ad rupium facies in valle Jinneh) par M. Post (in *Mém. herb. oBiss.* n. 18, p. 90, ann. 1900). Mais l'auteur se borne à décrire une plante fructifère, et en l'absence de fleurs, la détermination qu'il donne de la plante syriaque reste douteuse.

Quant au *B. insularis* Moris de la Sardaigne, tous les échantillons que nous en avons vus ne présentent sur le sec aucune trace des veines d'un rouge de sang dont parle Moris. Faut-il admettre que ce passage de·la description de l'auteur italien repose sur une erreur d'observation ou que ce caractère disparaît par la dessiccation ? Seules, de nouvelles observations faites sur le vif pourront répondre à cette question, mais la première solution paraît de beaucoup la plus probable [1].

En ce qui concerne les affinités et la valeur systématique du *B. insularis* de la Corse, nous sommes arrivé aux conclusions suivantes. Le *B. insularis* appartient évidemment au groupe spécifique du *B. oleracea*, ainsi que Cosson l'a le premier bien démontré, suivi par M. Burnat, puis par MM. Rouy et Foucaud. Il est extrêmement voisin d'une forme spéciale aux rochers calcaires maritimes ou submaritimes de l'Algérie et de la Tunisie, qui présente des siliques à bec ± régulièrement 1-2 spermes à la base, la var. **atlantica** Bonn. et Bar. [*Cat. Tun.* 22 (1896) = *B. oleracea* var. *insularis* subvar. *atlantica* Coss. *Sert. tun.* 43 (1857) et *Comp. fl. atl.* ll, 185]. La plante corse constitue une variété parallèle, var. **corsica** Briq. [= *B. oleracea* var. *insularis* subvar. *insularis* Coss. *Comp. fl. atl.* II, 185 (1883-87)] à siliques pourvues d'un bec aspermе ou plus rarement 1sperme à la base. Ces deux races constituent la sous-esp. *insularis*

---

[1] Les Crucifères à corolle blanche veinée de rose, de rouge, etc., présentent toujours sur le sec des traces non équivoques de coloration sur les nervures (ex. *Eruca sativa, Raphanus Raphanistrum*, etc.).

Rouy et Fouc., occupant principalement le secteur méditerranéen corse-sarde-tunisien, à corolle blanche, et opposée aux autres variétés du *B. oleracea* dont la corolle est jaune. Le passage du *B. oleracea* subsp. *insularis* au *B. oleracea* subsp. *Robertiana* est d'ailleurs établi par les échantillons à corolle lutéole de la montagne de Caporalino. Les formes à corolle franchement jaune du *B. oleraca* doivent être groupées en sous-espèces d'après des principes analogues. Nous aurions ainsi les subsp. *B. oleracea* Rouy et Fouc. (= *B. oleracea* L.; Huds.) sur les côtes occidentales de l'Europe ; subsp. *Robertiana* Rouy et Fouc. (= *B. Robertiana* Gay) de l'Espagne à la Ligurie ; subsp. *Pourretii* Rouy et Fouc. (= *B. montana* Pourr., non alior.) dans les Corbières ; subsp. *villosa* Briq. (= *B. oleracea* var. *villosa* Coss.) en Italie, Sicile, Corfou et Dalmatie ; subsp. *rupestris* Briq. (= *B. ruprestris* Raf.) en Sicile.

Ajoutons, pour terminer, que les 10 « espèces » distinguées par Jordan et Fourreau aux dépens du *B. oleracea* subsp. *insularis* var. *corsica* dans la seule localité de la montagne de Caporalino ne présentent que d'infimes variations, que l'on pourrait multiplier encore et qui n'ont en partie qu'une valeur individuelle. Il serait intéressant de sélectionner ces petites mutations et de voir ce qu'elles donneraient en excluant les risques de pollination croisée.

B. Rapa L. *Sp.* ed. 1, 666 (1753), sensu amplo.

On cultive en Corse les sous-espèces *Napus* (*B. Napus* L. *Sp.* ed. 1, 166) et *Rapa* (*B. Rapa* L.) sous plusieurs variétés. Ces dernières se rencontrent parfois à l'état subspontané au voisinage des cultures.

788. **B. Sinapistrum** Boiss. *Voy. Esp.* II, 39 (1839-45) = *Sinapis arvensis* L. *Sp.* ed. 1, 668 (1753) ; Gr. et Godr. *Fl. Fr.* I, 73 ; Rouy et Fouc. *Fl. Fr.* II, 61 ; Coste *Fl. Fr.* I, 74.

Hab. — Champs, prairies maritimes, friches, graviers des étages inférieur et montagnard. Avril-juin. ①. Disséminé. Env. de Bastia (Salis in *Flora* XVII, Beibl. II, 84 ; Mab. ex Mars. *Cat.* 17) ; Murato (Rotgès in litt.) ; Balagne (Soleirol ex Bert. *Fl. it.* VII, 173) ; Vezzani (Rotgès in litt.) ; Pozzo di Borgo (Coste in *Bull. soc. bot. Fr.* XLVIII, sess. extr. CXI ; Ajaccio (Mars. l. c. ; Boullu in *Bull. soc. bot. Fr.* XXIV, sess. extr. XCVII ; Coste ibid. XLVIII, sess. extr. CIV) ; Porto-Vecchio (Mars. l. c.) ; Bonifacio (Mars. l. c.) ; et localité ci-dessous.

1907. — Ostriconi, prairies, 20 avril, fl. fr. !

On n'a jusqu'à présent signalé en Corse que la variété **typicum** Briq. [= *Sinapis alba* var. *typica* Beck *Fl. Nieder-Öst.* 486 (1892)] à silique peu toruleuse, longue d'env. 25-30 cm., peu anguleuse, à bec presque en forme de quille, atteignant la $^1/_2$ ou les $^3/_4$ de la partie seminifère de la silique, à semences noires, hautes de 1,2-1,5 mm. La forme *dasycarpum*

Briq. [= *S. orientalis* Murr. *Prodr. stirp. Gott.* 167 (1770) ; an et L. ? = S. *incana* Thuill. *Fl. env. Paris* éd. 2, 343 (1799) = *S. villosa* Mérat *Nouv. fl. Par.* éd. 1, 265 (1812) = *S. arvensis* var. *hispida* Coss. et Germ. *Fl. env. Par.* éd. 1, I, 95 (1845) = *S. arvensis* var. *dasycarpa* Neilr. *Fl. Nieder-Öst.* 735 (1859) = *S. arvensis* var. *orientalis* Cariot *Et. fl.* éd. 1, II, 42 (1860) ; Coss. et Germ. op. cit. éd. 2, 120 = *S. retrohispida* Bor. in *Bull. soc. dauph.* 1878, 14 = *S. arvensis* var. *typica* f. *dasycarpa* Beck *Fl. Nieder-Öst.* 486 (1892) = *S. arvensis* var. *orientalis* et var. *villosa* Rouy et Fouc. *Fl. Fr.* II, 61 (1895)] à siliques hérissées de poils ± réfléchis serait la plus fréquente aux environs de Bastia, selon Salis (l. c.). Nos échant. d'Ostriconi appartiennent à la forme *leiocarpum* (= *S. arvensis* var. *leiocarpa* Neilr. l. c. (1859) = *S. arvensis* var. *typica* f. *leiocarpa* Beck l. c. (1892)], à siliques glabres.

789. **B. monensis** Huds. *Fl. angl.* ed. 2, 291 (1778) ; Curt. *Fl. lond.* V, tab. 205 ; Hook. *Fl. scot.* I, 203 et II, 290 ; Smith *Comp. fl. brit.* 114 ; Benth. *Handb. brit. fl.* I, 63 ; Bab. *Man. brit. bot.* ed. 8, 31 ; Caruel *Fl. it.* IX, 1010 ; Britten et Rendle *List brit. seed-pl.* 3 ; Schinz et Kell. *Fl. Schw.* ed. 3, I, 238 = *Sisymbrium monense* L. *Sp.* ed. 1, 658 (1753) = *B. cheiranthos* Vill. *Prosp.* 40 (1779) et *Hist. pl. Dauph.* III, 332 ; Willk. et Lange *Prodr. fl. hisp.* III, 856 ; Coste *Fl. Fr.* I, 77 = *B. Erucastrum* Moris *Stirp. sard. elench.* II, 1 (1828) ; Jord. in Billot *Annot.* 183 et *Diagn.* 1, 181 ; non L. = *Sinapis Cheiranthus* Koch *Deutschl. Fl.* IV, 717 (1833) ; Gr. et Godr. *Fl. Fr.* I, 73 ; Rouy et Fouc. *Fl. Fr.* II, 56 = *Sinapis monensis* Bab. *Man. brit. bot.* ed. 2, 25 (1847) ; Schinz et Thell. in *Bull. herb. Boiss.* 2me série, VII, 183 (1807). — En Corse seulement la race suivante :

Var. **petrosa** Briq. = *B. rectangularis* Viv. *App. fl. cors. prodr.*, 5 (1825) ; Salis in *Flora* XVII, Beibl. II, 81 = *B. sabularia* Gr. et Godr. *Fl. Fr.* I, 77 p. p. ; non Brot., nec Moris = *B. petrosa* Jord. *Diagn.* I, 185 (1864) = *Sinapis Cheiranthus* var. *montana* Burnouf in *Bull. soc. bot. Fr.* XXIV, sess. extr. XXX (1877) ; non DC. = *Sinapis Cheiranthus* var. *petrosa* Rouy et Fouc. *Fl. Fr.* II, 58 (1895) et *Sinapis Cheiranthus* subsp. *rectangularis* Rouy et Fouc. op. cit. 59 (1895). — Exsicc. Mab. n. 344 ! ; Debeaux ann. 1869, sub : *B. rectangularis* ! ; Reverch. ann. 1885, n. 487 !

Hab. — Rochers et rocailles des étages subalpin et alpin, parfois dans l'étage montagnard, et même entraînée par les eaux des torrents jusqu'à l'embouchure des rivières, (1-)1000-2200 m. Mai-juillet selon l'altitude. ♃. Assez répandue des cimes du Cap Corse à la montagne de Cagna, mais non encore signalée dans les massifs de Tende et du

S. Pietro. Sommet du Pigno (Mab. et Debeaux exsicc. cit. et ap. Rouy et Fouc. *Fl. Fr.* II, 60) ; (montagnes de) Calvi [Soleirol ex Bert. *Fl. it.* VII, 156 ; Rouy et Foucaud indiquent « Mont Caporeto (Soleirol) », loca- lité qui nous est inconnue] ; forêt d'Aitone (Reverch. exsicc. cit.) ; Capo alla Cuculla près le col de Cocavera (Lit. in *Bull. acad. géogr. bot.* XVIII, 121) ; montagnes de Nino (Salis in *Flora* XVII, Beibl. II, 81) ; montagnes de Corté, en particulier au Monte Felce (Burnouf in *Bull. soc. bot. Fr.* XXIV, sess. extr. XXX et ap. Rouy et Fouc. l. c.) ; Monte Renoso, du côté du lac de Vitalaca (Lit. *Voy.* II, 33) et du côté de la forêt de Marmano (Revel. ap. Jord. *Diagn.* I, 185 ; Rotgès in litt.) ; montagne de Cagna [(Serafini ex) Viv. *App. fl. cors. prodr.* 5] ; — descend dans la plaine le long du Travo (Salis l. c.) et jusqu'au bord de la mer dans les sables à Solenzara (Fouc. et Sim. *Trois sem. herb. Corse* 128) ; et localités ci- dessous.

1906. — Rochers en face des bergeries de Grotello, sur la rive droite de la haute Restonica, 1500-1600 m., fl. fr. ! ; rochers au bord du lac Melo, 1800 m., 4 août fr. !

1908. — Vallée inf. du Tavignano, rochers ombragés, 1100 m., 26 juin fl. ! (forme luxuriante, venue à l'ombre, descendue des hauteurs) ; rochers sur le versant S. du col de Ciarnente, 1500 m., 27 juin fr. !

1910. — Punta della Capella d'Isolaccio, rochers à l'ubac, 1900-2000 m., 30 juill. fl. fr. ! ; Monte Incudine, rocailles du versant N., 1900-2000 m., 25 juill. fl. ! ; Punta del Fornello, cheminées au N., 1900 m., 25 juill. fl. ! ; Uomo di Cagna, rochers, 1100-1215 m., 21 juill. fr. !

1911. — Fourches de Bavella, rochers et rocailles, 1400-1500 m., 13 juill. fr. ! ; Calancha Murata, rochers et rocailles du versant E , 1400-1450 m., 11 juill. fr. !

Le *B. rectangularis* Viv. de la montagne de Cagna est une des plantes les moins connues de la Corse. Aucun botaniste ne paraît jusqu'à pré- sent l'avoir observée en fruits arrivés à maturité, ce qui a eu pour con- séquence que les caractères carpologiques qu'on lui a attribués sont inexacts. Viviani (l. c.) en a donné une diagnose très insuffisante, conte- nant cette indication : « rostro compresso siliquam glabram aequante ». Salis (l. c.) a attribué au *B. rectangularis* des siliques multiovulées, subérigées, à bec aussi long et presque plus large que le corps de la silique, comprimé, aigu au sommet, et des pédicelles presque aussi longs que les siliques ; mais il a eu soin d'ajouter que ces caractères étaient observés sur des *siliquae immaturae.*

En 1847, Grenier et Godron (l. c.), n'ayant pas vu le *B. rectangularis* de Corse, l'ont identifié à tort avec le *B. sabularia* Brot., espèce portu- gaise, espagnole et algérienne différente : leur description est un mé- lange de caractères empruntés à la description de Salis et au *B. sabularia*

Brot. Peu de temps après, Bertoloni (*Fl. it.*VII, 157) ayant identifié le *B. sabularia* Gr. et Godr. avec le *B. sabularia* Moris (*Fl. sard.* I, 174 (1837)], a reconnu dans le *B. sabularia* Moris le *B. Tournefortii* Gouan [*Ill.* 44 (1773) ; DC. *Syst.* ll, 602 ; Willk. et Lange *Prodr. fl. hisp.* III, 855], ce qui a amené cet auteur à indiquer à tort en Corse la présence du *B. Tournefortii* ! A son tour, Cosson (*Comp. fl. atl.* II, 192) considérant cette synonymie comme établie, a fait du *B. rectangularis* Viv. un synonyme du *B. Tournefortii* Gouan. Enfin, Nyman (*Consp. fl. eur.* 45) a méconnu le *B. rectangularis* Viv. au point d'en faire un synonyme du *B. insularis* Moris, plante radicalement différente.

Entre temps, le *B. rectangularis* avait été récolté à nouveau par Revelière, considéré comme espèce distincte et décrit une seconde fois par Jordan (l. c.) sous le nom de *B. petrosa*, puis distribué par Mabille, O. Debeaux et Reverchon. Malgré cela, le *Brassica* des montagnes de la Corse est encore peu connu, puisque les auteurs ont reproduit les caractères donnés par Viviani et Salis, et ont cru trouver ainsi les éléments nécessaires à la distinction d'une espèce ou sous-espèce particulière, distincte du *B. petrosa* Jord.

En effet, un *Brassica* qui, dans le groupe que nous étudions, possèderait une silique à bec égalant les valves à la maturité, et cela d'une façon constamment concordante dans toutes les siliques de l'inflorescence, constituerait une espèce de premier ordre et bien distincte de toutes les formes connues. Mais ce caractère n'est jamais réalisé dans le *B. rectangularis*. Chez ce dernier, comme chez toutes les autres espèces du genre, le bec est complètement formé, alors que la silique proprement dite est encore très petite. ll existe un premier stade dans lequel le bec est plus long que les valves de la silique. Puis celle-ci s'allonge par croissance intercalaire de façon que les valves et le bec atteignent la même longueur. Dans ce second stade, les dimensions des divers organes sont en moyenne les suivantes : pédicelle 7 mm. ; valves de la silique 5-7 mm. ; bec 5-7 mm. Le pédicelle est alors un peu plus épais que la silique proprement dite, et le bec est plus épais à la fois que le pédicelle et que le corps de la silique. Mais dans la suite, la silique prend un accroissement énorme et devient notablement plus large que le pédicelle et le bec. A la maturité (au moment où les valves s'ouvrent pour laisser s'échapper les semences mûres) les proportions sont les suivantes :

	Longueur	Grand diamètre
Pédicelle . . .	7-15 mm.	0,7 mm.
Corps de la silique	30-60 mm.	2-2,5 mm.
Bec	4-15 mm.	1,5-2 mm. à la base.

A ce moment, les pédicelles et les siliques sont plus ou moins étalés ou réfléchis, et les caractères présentés par ces organes sont absolument ceux du *B. monensis*. Les chiffres donnés ci-dessus reflètent les grandes variations (du simple au double !) qui existent d'un échantillon à l'autre dans la longueur des siliques. En outre, certaines siliques restent çà et là en arrière dans leur développement en longueur, de sorte que l'on peut trouver à la maturité dans une grappe telle ou telle

silique qui se rapproche des proportions données par Viviani. Nous
avons eu le privilège de retrouver le *Brassica* de la montagne de Cagna
— où personne n'avait plus herborisé sérieusement depuis l'époque de
Serafini, de Soleirol et de Requien — et avons pu vérifier sur cette
plante le bien-fondé des observations faites dans d'autres localités.

En réalité, le *B. rectangularis* Viv. = *B. petrosa* Jord. n'est qu'une race
du *B. monensis* malaisée à caractériser par rapport aux nombreuses
formes ce cette polymorphe espèce. Le *B. monensis* var. *petrosa* possède
comme les var. **montana** Briq. [= *B. cheiranthos* var. *montana* DC. *Syst.*
II, 601 (1821) ; Willk. et Lange *Prodr. fl. hisp.* III, 856] et var. **nevadensis**
Briq. [= *B. Cheiranthus* var. *nevadensis* Willk. et Lange l. c. (1880)] une
racine pivotante, passant au collet à une souche épaisse, dure, souvent
divisée en quelques gros rameaux. Elle est au moins bisannuelle et le
plus souvent vivace. Mais dans ces deux dernières variétés, les feuilles
développées sont toutes groupées en rosette et la tige est scapiforme.
Dans la plante corse, les échantillons rabougris ou nains (tels que ceux
distribués par Mabille et Debeaux) peuvent paraître quelque peu douteux au sujet de ces caractères. En revanche, les échantillons bien développés (atteignant jusqu'à 50 cm. et au-delà) montrent incontestablement une tige feuillée, nullement scapiforme. Les feuilles sont toutes
pinnatipartites ou profondément pinnatiséquées, à segments subalternes,
d'ampleur variable, superficiellement ou souvent assez grossièrement
dentées, à dents obtuses ou subaiguës, peu nombreuses. Toute la plante
est d'un vert glaucescent, la base des tiges florifères et les feuilles basilaires étant hérissées de soies plus ou moins nombreuses. — D'après
ces caractères, la var. *petrosa* se place à côté des var. **genuina** Briq. (=
Sinapis Cheiranthus var. *genuina* Gr. et Godr. *Fl. Fr.* I, 75) et **cheiranthi-
flora** Gr. et Godr. l. c.), dont elle s'écarte par ses racines pérennantes et
ses siliques (en général plus grosses et plus longues) très étalées ou
réfléchies à la maturité.

La distinction entre le *B. monensis* var. *petrosa* et les *B. sabularia* Brot.
et *Tournefortii* Gouan (espèces annuelles, à valves de la silique comportant une nervure médiane et un réseau latéral, et non pas 3 nervures
principales comme dans le *B. monensis*) ne présente pas de difficultés.
Dans le *B. sabularia* Brot., les fleurs sont deux à trois fois plus petites,
portées sur des pédicelles capillaires, des siliques grêles à bec linéaire-
subulé. Dans le *B. Tournefortii* Gouan, les fleurs sont aussi deux à trois
fois plus petites, les tiges scapiformes à feuilles presque toutes groupées
en rosettes. Les *B. sabularia* et *Tournefortii* sont des plantes arénicoles
du littoral (le premier croissant dans des conditions analogues sur les
hauts plateaux algériens et sur la bordure saharienne), tandis que le
B. monensis var. *petrosa* est une plante rupicole et montagnarde.

B. sabularia Brot. *Fl. lus.* I, 582 (1804) et *Phyt. lus.* I, 97, t. 43 ; Willk.
et Lange *Prodr. fl. hisp.* III, 855.

Espèce ibérique occidentale indiquée en Corse par Grenier et Godron
(*Fl. Fr.* I, 77) par confusion avec le *B. monensis* var. *petrosa*. Voy. ci-dessus p. 76.

B. Tournefortii Gouan *Ill.* 44 p. p., tab. 20, fig. A (1773) ; Boiss. *Fl. or.* I,
393 ; Willk. et Lange *Prodr. fl. hisp.* III, 855 ; Coss. *Comp. fl. atl.* II, 192.

Espèce austro-méditerranéenne indiquée en Corse par Moris, Cosson
et d'autres, par suite d'une interprétation erronée du *B. rectangularis*
Viv., synonyme du *B. monensis* var. *petrosa*. Voy. ci-dessus p. 76.

SINAPIS L. emend.

790. **S. alba** L. *Sp.* ed. 1, 668 (1753), sensu ampl. — Deux sous-
espèces.

╫ 1. Subsp. **e u - a l b a** Briq. = *S. alba* Gr. et Godr. *Fl. Fr.* I, 74 (1847) ;
Coss. *Comp. fl. atl.* II, 205 ; Rouy et Fouc. *Fl. Fr.* II, 62 ; Coste *Fl. Fr.*
I, 74.

Hab. — Garigues rocailleuses, rochers et balmes dans l'étage inférieur. Avril-mai. ①.

Plante ± hérissée, à rameaux robustes. Feuilles largement pinnatifides ou pinnatipartites, à lobes oblongs ou obovés-elliptiques, amples,
le terminal plus (souvent beaucoup plus) développé que les latéraux.
Pédicelles et siliques ± étalés à la maturité, ces dernières à valves
densément hérissées.

╫ α. Var. **genuina** Briq. = *S. alba* Auct., sensu stricto.

Hab. — Env. d'Ajaccio (Le Grand in *Bull. soc. bot. Fr.* XXXIII, 18) ;
et localités ci-dessous, mais probablement plus répandue.

1907. — Cap Corse : balmes de la montagne des Stretti, calc., 100 m.,
25 avril fr. ! ; Mt Silla Morta, rochers et balmes, calc., 260 m., 23 avril
fl. fr. !

Feuilles lyrées, à lobe terminal très ample, généralement ové-obtus,
beaucoup plus développé que les latéraux.

╫ β. Var. **corsica** Briq. = *S. dissecta* Salis in *Flora* XVII, Beibl. II,
81 (1834) ; Gr. et Godr. *Fl. Fr.* I, 206 (quoad pl. cors.) ; Mars. *Cat.* 17 ;
Rouy et Fouc. *Fl. Fr.* II, 62 (quoad pl. cors.) ; Coste *Fl. Fr.* I, 74 (quoad
pl. cors.) ; non Lag. — Exsicc. Mab. n. 207! ; Debeaux ann. 1868, n. 20!
et ann. 1869 sub : *S. dissecta* !

Hab. — Env. de Bastia (Salis l. c.; Soleirol ex Rouy et Fouc. l. c.; Mab.
ap. Mars. l. c.; Debeaux exsicc. cit.); St-Florent (Mab. ap. Mars. l. c.);
Lumio près Calvi (Mab. exsicc. cit.).

Folia sublyrata vel pinnatipartita, segmentis angustioribus, oblongoellipticis, terminali caeteris parum vel vix majore, minus rotundato. Planta minus hirta quam vulgo in var. praecedente. ...

Cette race, confondue avec le *S. dissecta* Lag., établit le passage à la sous-espèce suivante, mais elle est au total plus rapprochée de la var. α.

II. Subsp. **dissecta** Briq. = *S. dissecta* Lag. *Gen. et sp. pl.* 20 (1816); Moris *Fl. sard.* I, 181, t. 12; Gr. et Godr. *Fl. Fr.* I, 206 (quoad descriptionem); Boiss. *Fl. or.* I, 395; Willk. et Lange *Prodr. fl. hisp.* III, 850; Coss. *Comp. fl. atl.* II, 206; Rouy et Fouc. *Fl. Fr.* II, 62 (quoad descript.); Coste *Fl. Fr.* I, 74 (quoad descript.) = *Brassica dissecta* Boiss. *Voy. Esp.* II, 40 (1839-45).

Plante glabrescente, à rameaux grêles. Feuilles pinnatipartites, glabrescentes, plus minces, à lobes étroits, lancéolés ou oblongs-lancéolés, souvent plus incisés-divisés, le terminal non ou à peine plus développé que les latéraux. Pédicelles plus ou moins arqués à la maturité, siliques plutôt ascendantes, à valves hérissées (var. **pseudalba** Briq.) ou presque glabres (var. **subglabra** Briq.).

Les rapports du *S. dissecta* avec le *S. alba* sont rendus bien étroits par l'intermédiaire de la var. β. Cosson (*Comp. fl. atl.* II, 206) a déjà avancé que le *S. dissecta* devrait peut-être être envisagé comme une variété à feuilles ténuiséquées et glabrescentes du *S. alba*. Nous estimons cependant sa valeur systématique supérieure à celle d'une simple race — Les variations dans l'indument du fruit ont déjà été mentionnées par Willkomm et Lange (*Prodr. fl. hisp.* III, 851). — Nous n'avons pas vu jusqu'à présent cette sous-espèce de Corse, mais elle pourra y être recherchée; elle existe en Sardaigne.

ERUCA DC.

† 791. **E. sativa** Lamk *Fl. fr.* II, 496 (1778); Gr. et Godr. *Fl. Fr.* I, 75; Rouy et Fouc. *Fl. Fr.* II, 63; Coste *Fl. Fr.* I, 78 = *Brassica Eruca* L. *Sp.* ed. 1, 667 (1753).

Hab. — Cultures, prairies maritimes de l'étage inférieur. Rare ou peu observé. Avril-mai. ①. — Deux variétés:

† α. Var. **genuina** Briq. = *E. sativa* Gr. et Godr., l. c. sensu stricto.

Hab. — Env. de Bastia (Salis in *Flora* XXII, Beibl. II, 84), en particulier dans le vallon de Fango (Gillot in *Bull. soc. bot. Fr.* XXIV, sess. extr. LIV) et à Toga (Mab. in *Feuill. jeun. nat.* VII, 111); Sartène (Le Grand in *Bull. soc. bot. Fr.* XXXVII, 18); env. d'Ajaccio (Thellung in litt.).

Feuilles à divisions relativement larges. Siliques glabres à bec égalant environ la moitié de la longueur des valves.

╂╂ β. Var. **longirostris** Rouy *Excurs. bot. Esp.* ann. 1881-82, 52 $=$ *Brassica Eruca* Boiss. *Voy. bot. Esp.* I, 41 (1839-45) = *E. glabrescens* Jord. *Diagn.* I, 193 (1864) = *E. longirostris* Uechtr. in *Oesterr. bot. Zeitschr.* XXIV, 133 (1874); Willk. et Lange *Prodr. fl. hisp.* III, 849 = *Brassica Uechtritziana* Janka in *Termesz.-Füzetek* VI, 182 (1882) = *E. sativa* forme *E. glabrescens* Rouy et Fouc. *Fl. Fr.* II, 64 (1895).

Hab. — Porto-Vecchio (Mab. ex Rouy et Fouc. *Fl. Fr.* II, 64).

Feuilles à divisions souvent plus étroites. Siliques glabres à bec égalant environ la longueur des valves.

E. vesicaria Cav. in DC. *Syst.* II, 638 (1821); Willk. et Lange *Prodr. fl. hisp.* III, 849 = *Brassica vesicaria* L. *Sp.* ed. 1, 668 (1753) = *E. sativa* var. *vesicaria* Coss. *Sert. tun.* 49 (1857); *Comp. fl. atl.* II, 210.

Ce type ibérique et algérien a été observé près de l'ancienne usine de Toga en 1869 par Debeaux (*Not.* 61), d'où il paraît avoir disparu. Une étude d'ensemble de ce groupe amènerait probablement à rattacher l'*E. vesicaria* à l'espèce précédente comme sous-espèce.

HIRSCHFELDIA Mœnch

A l'instar de Koch, Willkomm et Lange, Cosson, Prantl, Hayek et autres auteurs, nous réunissons les genres *Hirschfeldia* Mœnch [*Meth.* 264 (1794)] et *Erucastrum* Presl [*Fl. sic.* I, 92 (1826)], mais dans ce cas le nom générique créé par Mœnch a la priorité.

792. **H. incana** Lowe *Man. fl. Madera* I, 586 (1868); Burn. *Fl. Alp. mar.* I, 76 = *Sinapis incana* L. *Amoen. acad.* IV, 281 (1755); Coste *Fl. Fr.* I, 75 = *Hirschfeldia adpressa* Mœnch *Meth.* 264 (1794); Gr. et Godr. *Fl. Fr.* I, 78 ; Rouy et Fouc. *Fl. Fr.* II, 40 = *Erucastrum incanum* Koch *Syn.* ed. 1, 56 (1737); Willk. et Lange *Prodr. fl. hisp.* III, 861 ; Coss. *Comp. fl. atl.* II, 172 = *Brassica incana* Dœll *Fl. Bad.* III, 1293 (1862) = *Brassica adpressa* Boiss. *Voy. Esp.* 38 (1839-40).

Hab. — Friches, cultures, sables et graviers de l'étage inférieur. Mai-juill. ②. Disséminé. Cap Corse (Mab. ex Mars. *Cat.* 17); très abondant aux env. de Bastia (Salis in *Flora* XVII, Beibl. II, 84 ; Kesselmeyer in herb. Deless. ! ; Mab. ex Mars. l. c. ; Gillot in *Bull. soc. bot. Fr.* XXIV, sess. extr. XLIII et LIV ; Gysperger in Rouy *Rev. bot. syst.* II, 112); Ile Rousse (Thellung in litt.); Calvi (Fouc. et Sim. *Trois sém. herb. Corse* 128); Ajaccio (Coste in *Bull. soc. bot. Fr.* XLVIII, sess. extr. CIV ; Thellung in litt.).

MORISIA [1] Colla

793. **M. monanthos** Asch. in Barbey *Fl. sard. comp.* 173 (1885) *Sisymbrium monanthos* Viv. *Fl. lyb. spec.* 68 (1824, prius) $=$ *Erucaria hypogaea* Viv. *Fl. cors. diagn.* 11 (1824, posterius) ; Viv. *App. fl. cors.* 3, fig. 2 et *App. alt.* 7 ; Moris *Stirp. sard. elench.* 1, 4 $=$ *M. hypogaea* Gay ap. Colla *Ill. hort. ripul.* App. IV, 50 (1827-28) ; Salis in *Flora* XVII, Beibl. II, 81 ; Moris *Fl. sard.* I, 105, tab. 7 ; Gr. et Godr. *Fl. Fr.* I, 155 ; Rouy et Fouc. *Fl. Fr.* II, 71 ; Coste *Fl. Fr.* I, 141 $=$ *Rapistrum hypogaeum* Dub. *Bot. gall.* 1, 54 (1828) $=$ *Sisymbrium acaule* Sieb. ap. Steud. *Nom. bot.* II, 593 (1841, nomen solum) $=$ *Monanthemum acaule* Scheele in *Flora* XXVI, 314 (1843), cum descript. pessima et pro parte erronea. — Exsicc. Sieber sub : *S. acaule* ex Scheele ; Kralik n. 476 ! ; Req. sub : *M. hypogaea* ! ; Mab. n. 72 ! ; Debeaux ann. 1869 sub : *M. hypogaea* ! ; Reverch. ann. 1880, n. 253 !

Hab. — Points sablonneux, fissures sableuses des rochers, 1-1200 m. Mars-mai, parfois avec une seconde floraison automnale. $\mathcal{L}$. Abondant au Cap Corse, localisé ailleurs. Cap Corse : Tour de Sénèque sur Luri (Sieber exsicc. cit. et ap. Scheele l. c.) ; Monte Alticcione, de la Cima delle Folieri au col de Cattile, monts Stello, Arponi et Capra, cols de Bocca della Ventaginella et di Bocca Rezza (Chabert in *Bull. soc. bot. Fr.* XXIX, sess. extr. LIII) ; Monte Fosco (Gillot in *Bull. soc. bot. Fr.* XXIV, sess. extr. LX et LXI ; Chabert l. c.) ; hauteurs dominant Mandriale (Salis in *Flora* XVII, Beibl. II, 81) et plus bas au-dessous de S. Martino-di-Lota (Debeaux *Not.* 63 et exsicc. cit.) ; Monte Pruno, mont et col de S. Leonardo, mont S. Columbano sur Bastia (Chabert l. c.) ; S[t]-Florent (Thellung in litt.) ; Corté, vallée de la Restonica (Thellung in litt.) ; env. de Bonifacio, particulièrement abondant sur le pla[t]eau du sémaphore de Pertusato (Serafini ex Viv. l. c. et ex Bert. *Fl. it.* VI, 612 ; Salis l. c. ; Requien, Kralik, Reverchon exsicc. cit. ; Mab. *Rech.* I, 11 ; Mars. *Cat.* 22 ; Fouc. et Sim. *Trois sem. herb. Corse* 120 ; et nombreux autres observateurs) ; et localité ci-dessous.

---

[1] « Novum et insigne hocce genus dixi in honorem Josephi Hyacinthi Moris, M. D. in regio Carolitano Athenaeo Clinices Professoris, qui primus in Sardinia signa botanica fixit, jussu regio insulam longe lateque peragravit, et stirpium Sardoarum elenchum ditissimum edidit. Laus illi qui obscuram hanc, nostri aevi quasi remotam Thulen, historiae naturali demum vindicavit, et feracissimis addidit. » (J. Gay ap. Colla.)

1907. — Cap Corse : Marine d'Albo entre St-Florent et Pino, alluvions sableuses, 26 avril, fl. fr. !

Le genre monotype *Morisia* est isolé en Corse et en Sardaigne et constitué un des représentants les plus remarquables de l'élément endémique de ces îles. Il a été découvert aux env. de Bonifacio entre 1822 et 1824 par Serafini, qui le communiqua à Viviani. Peu de temps après, l'espèce fut retrouvée au Cap Corse par Eschenlohr, le voyageur de Sieber, puis par Salis. Une singulière fatalité a voulu que le *Morisia* passât ensuite inaperçu au Cap Corse pendant 35 ans, de sorte que Mabille [*Rech. pl. Corse* I, 11 (1867)] a mis en doute l'existence de l'aire corse septentrionale du *Morisia* — aire beaucoup plus dense et plus étendue que celle du territoire de Bonifacio — et que Marsilly l'a entièrement supprimée dans son *Catalogue* de 1872 ! Cependant, la plante avait été retrouvée près de Mandriale déjà en 1869 par Debeaux, et les belles recherches de M. Chabert ont montré depuis lors qu'elle est fort répandue au Cap Corse. Viviani a longtemps hésité sur les affinités de la singulière Crucifère corse : après l'avoir d'abord appelée *Sisymbrium monanthos*, il en donna une description plus détaillée, encore qu'insuffisante, et une assez bonne figure sous le nom d'*Erucaria hypogaea*. Le mérite d'avoir presque parfaitement élucidé l'organisation de la fleur et du fruit du *Morisia* revient à J. Gay, créateur du genre. Presque en même temps, Duby proposait de rattacher la Crucifère de Serafini au genre *Rapistrum*, sous le nom de *Rapistrum hypogaeum*, disposition qui n'a pas été suivie. Scheele a fait un double emploi pur et simple lorsqu'il a créé bien mal à propos en 1843 pour le *Morisia hypogaea* un nouveau genre *Monanthemum*, accompagné d'ailleurs d'une mauvaise description (l'auteur décrit un style fantastique à stigmate bilobé !), inférieure en tous points à celle de J. Gay [1].

A l'intérieur du genre *Morisia*, l'espèce doit conserver la plus ancienne épithète spécifique, savoir celle qui lui a été donnée au commencement de 1824 par Viviani (*Règl. nomencl.* art. 48). La combinaison de noms correcte n'a été publiée selon les règles qu'en 1885 par M. Ascherson. Ce botaniste avait seulement indiqué en 1869 (in *Bot. Zeitung* XXVII, 427) que le nom générique (*Morisia*) devait être associé à l'épithète spécifique la plus ancienne (*monanthos*), mais sans faire la combinaison [2].

Si le genre *Morisia* a été presque universellement accepté par les botanistes, ses affinités ont été très diversement interprétées. On vient de voir que Viviani a successivement rapproché notre espèce des *Sisym-*

---

[1] Scheele a eu conscience du caractère très superficiel de son article sur le genre *Monanthemum*, car il a cru devoir s'en excuser immédiatement en disant : « Je n'ai pu résister au plaisir de décrire cette plante très remarquable, bien qu'il ne s'agisse pas d'un représentant de la flore d'Allemagne. Je ne puis savoir si elle a déjà été décrite ailleurs sous un autre nom, parce que je n'ai que peu de ressources bibliographiques à ma disposition dans ma solitude rurale. » Cependant, l'existence du genre *Morisia* aurait dû être révélée à l'auteur par les notes de Salis parues 7 ans auparavant dans le même périodique (le *Flora*) que les siennes propres !

[2] M. Ascherson dit (l. c.) que la combinaison a été publiée dans un catalogue de graines du Jardin botanique de Berlin de 1863. Nous n'avons pu retrouver cette publication éphémère dans les bibliothèques de Genève.

brium et des *Erucaria* et que Duby l'avait placée dans le genre *Rapistrum*. J. Gay, après avoir expliqué que le *Morisia* s'écartait de toutes les Raphanées par ses cotylédons plans, et non pas condupliqués, a déclaré qu'il fallait le rattacher à la tribu des *Anchonieae* de A. P. De Candolle, mais non sans ajouter que cette tribu était selon lui « minime naturalis ». En 1847, Grenier et Godron ont placé le genre *Morisia* en tête de la tribu des Rapistrées, à côté du genre *Rapistrum* ; ils attribuent au *Morisia* des cotylédons pliés autour de la radicule (condupliqués) contrairement à la description de Gay, indication empruntée à Duby (*Bot. gall.* 54) et qui a été reproduite sans commentaire par la plupart des floristes français subséquents. Bentham et Hooker (*Gen. pl.* I, 101) disent les cotylédons non pliés ou pliés, selon qu'il s'agit des semences de l'article inférieur ou supérieur de la silique. Les auteurs placent le genre *Morisia* parmi les Cakilinées, avec le genre *Rapistrum*, mais émettent des doutes sur ses vraies affinités qui peut-être devraient être cherchées avec le *Chorispora*. Pomel [*Contrib. classif. méth. des Crucifères* (1883)] a cité à l'intérieur des Rapistrées un groupe spécial des *Morisieae* englobant outre le genre *Morisia* les genres algériens *Cordylocarpus* et *Rapistrella* [1], mais sans entrer dans le détail des caractères du *Morisia*. Prantl [in Engl. et Prantl *Nat. Pflanzenfam.* III, 2, 181 (1891)] rapproche le *Morisia* du genre algérien *Cossonia*, tous deux étant d'ailleurs voisins des *Rapistrum*. L'auteur passe sous silence les caractères litigieux relatifs aux cotylédons, mais signale un caractère nouveau, le septum de la silique à parois cellulaires ondulées. M. Calestani [in *Nuov. giorn. bot. ital.* XV, 387 (1908)] base sur le genre *Morisia* une sous-tribu *Morisieae* de Brassicées distincte des Raphanées, mais sans parler de l'embryon. Enfin, M. de Hayek (*Entw. Cruciferensyst.* 263) signale des affinités avec les genres algériens *Cossonia* (par l'appareil végétatif) et *Reboudia* (par le fruit) ; il place d'ailleurs le *Morisia* dans une sous-tribu *Raphaninae* non loin du genre *Rapistrum*. L'auteur mentionne la localisation des cellules à myrosine dans le mésophylle foliaire, caractère qui depuis les travaux de Heinricher [*Die Eiweissschläuche der Cruciferen und verwandte Elemente in der Rhoeadinenreihe (Mitt.bot.Inst.Graz* I,32.ann.1886)] et de Schweidler [*Die systematische Bedeutung der Eiweiss- oder Myrosinzellen nebst Beiträgen zu ihrer anatomisch-physiologischen Kenntniss (Ber. deutsch. bot. Gesellsch.* XXIII, 274 et pp. suiv., ann. 1905); *Die Eiweiss- oder Myrosinzellen der Gattung Arabis* L. (*Beih. z. bot. Centralbl.* XXVI, 1, 422 et pp. suiv., ann. 1910)] peut et doit jouer un rôle dans la systématique des Crucifères. — D'autre part, Moris, qui a confirmé les données de Gay relativement aux cotylédons, ne signale que deux glandes nectariennes allongées dans la fleur du *Morisia*, et non pas quatre glandes allongées comme l'avait indiqué l'auteur français, tandis que M. de Hayek en voit quatre très indistinctes.

En résumé, si les affinités du genre *Morisia* avec les genres groupés autour des *Rapistrum* sont de plus en plus reconnues par la généralité

[1] Le « genre » *Rapistrella* est un hybride intergénérique issu du croisement du *Rapistrum Linnaeanum* et du *Cordylocarpus muricatus*. Voy. à ce sujet : Battandier et Trabut *Atlas de la fl. d'Alg.* p. 30 (1895) ; v. Solms-Laubach *Cruciferenstudien* III [*Bot. Zeitung* LXI, 59-77, tab. I (1903)].

des botanistes, il reste encore plusieurs points douteux dans la morphologie du *Morisia monanthos*. C'est la raison pour laquelle nous avons de nouveau soigneusement réétudié et complété l'histoire morphologique du *Morisia*, en y ajoutant quelques détails sur la géocarpie[1] si remarquable de notre espèce. Bien que signalée déjà par Viviani en 1824, et mentionnée en passant par plusieurs biologistes qui — tels que Ascherson, Huth, Lœw, Engler, Migula — ont fait une étude de ce phénomène, cette particularité biologique mérite en effet un examen plus approfondi.

Plante acaule ressemblant, « au premier coup d'œil, à un *Hyoseris radiata* un peu grêle » (Mars. *Cat.* 22), psammophile, végétant soit sur le sable le long des cours d'eau dans l'étage inférieur, soit sur les dépôts sableux provenant de la décomposition des roches dans l'étage montagnard, soit encore dans les fissures de rochers pleines de sable, et cela tant dans les terrains siliceux que sur les calcaires miocènes. Racine descendant verticalement, épaisse, charnue, fusiforme, très longue (souvent jusqu'à 20 cm.), rameuse-fibreuse seulement à l'extrémité. Feuilles nombreuses, toutes étalées en rosette basilaire, pinnatipartites, à division terminale ovée-triangulaire confluente à la base avec les deux divisions supérieures latérales en un segment apical trilobé, à divisions latérales supérieures ovées-triangulaires ou triangulaires-lancéolées ± opposées, les inférieures, souvent alternes, graduellement plus espacées, plus étroites et plus petites, toutes ou en partie souvent auriculées à la base du côté inférieur et parfois aussi du côté supérieur ; limbe mince, vert sur les deux faces, souvent glabrescent, et même glabre à la fin, mais pourvu au début de nombreux poils raides, souvent allongés, surtout à la face inférieure et sur les bords, un trichome couronnant généralement le sommet des divisions du limbe ; poils unicellulaires, graduellement effilés, très aigus, à parois assez épaisses, verruculeuses par l'effet de nombreuses et très petites nodosités. Pédoncules nombreux, nus, cylindriques, nés à l'aisselle des feuilles, érigés, longs de 5-25 mm. pendant l'anthèse, deux à trois fois plus courts que les feuilles, mais atteignant jusqu'à 60 mm. à la maturité, et à ce moment complètement recourbés en ∩ et devenus subligneux et rigides. Calice vert ; sépales oblongs-allongés, hauts de 6-8 mm., larges de 1,5-2 mm., obtus ou subobtus, et creusés-subcucullés au sommet, membraneux, pâles dans la partie inférieure, d'un jaune verdâtre dans le haut, parsemés extérieurement de poils étalés, rigidules et pellucides, unicellulaires, très aigus ; nervures parallèles, nombreuses, réunies en trois groupes vers la base, le groupe médian parfois réduit à une nervure plus volumineuse ; les sépales antéro-postérieurs creusés à la base en gibbosité réceptrice de nectar plus nettement que les latéraux. Corolle d'un jaune vif ; pétales glabres 1 ¹/₂ fois plus longs que les sépales, à onglets étroits longs de

[1] Les plantes qui jouissent de la propriété d'enterrer leurs fruits et les mûrissent dans le sol ont été appelées *hypocarpogées* par Bodard (*Dissertation sur les plantes hypocarpogées*, Pise 1798, 74 p. in-8¹), désignation qui a été adoptée par A. P. De Candolle [*Phys. végét.* II, 616 (1832)]. Mais cette expression a été abandonnée depuis l'époque de Treviranus [*Amphicarpie und Geocarpie* (*Bot. Zeitung* XXI, 145-147, ann. 1863)] qui a proposé d'appeler *géocarpiques* les plantes qui enterrent leurs fruits, par opposition aux *aérocarpiques* qui mûrissent leurs. fruits dans l'air, et aux *amphicarpiques* qui exhibent simultanément les deux processus.

4 mm., très étroits à la base, à faisceaux réunis en une seule nervure, celle-ci s'épanouissant en un éventail de nervures au passage (assez rapide) de l'onglet au limbe, à limbe oblong, arrondi au sommet, mesurant env. 6 × 3-3,5 mm. de surface. Étamines à filets lisses, édentés, planes, minces, diaphanes, ceux des antéro-postérieures dépassant à peine le calice à la fin, longs d'env. 6 mm., ceux des latérales atteignant 4-5 mm. ; anthères ovoïdes, atteignant presque 2 mm. de hauteur sur moins de 1 mm. de largeur, jaunâtres, dressées, à loges parallèles ou à la fin légèrement écartées à la base, à fente de déhiscence latérale, à pollen jaune. Glandes nectariennes (fig. 3) au nombre de 4 ; les deux antéro-postérieures faisant saillie entre les bases des 4 étamines antéro-postérieures, *simples* et *oblongues-cylindriques*, arrondies au sommet, hautes de 0,4 mm. ; les deux latérales un peu moins hautes, mais plus massives et *divisées en deux mamelons distincts par un profond sillon*, les deux mamelons confluant par dessus la base de chaque étamine latérale. Pistil glabre, lisse, comportant pendant l'anthèse : un carpophore cylindrique, court, massif, haut d'env. 1-1,3 mm., passant au sommet élargi à la région valvaire de l'ovaire ; celle-ci haute de 1-1,3 mm., ovoïdale-globuleuse, à ovules au nombre de 3-6 dans chaque loge, horizontaux ou pendants ; région stylaire de l'ovaire insensible-

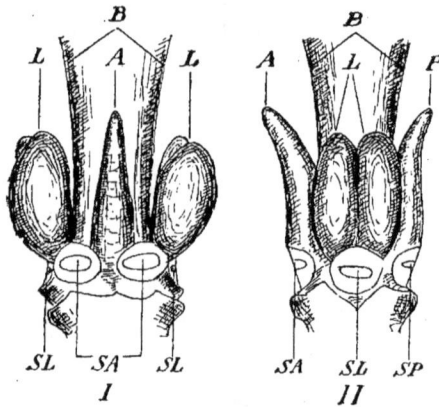

Fig. 3. — Appareil nectarifère du *Morisia monanthos*, *I* vu par devant, *II* en vue latérale. *B* base carpophorique du pistil ; *L* glandes latérales bilobées ; *A* glandes antéro-postérieures simples ; *SA* et *SP* cicatrices des longues étamines antéro-postérieures ; *SL* cicatrices des courtes étamines latérales. — Fortement grossi.

ment atténuée en style, non renflée, contenant à la base 1-2 ovules ± redressés ; la région stylaire de l'ovaire et le style longuement subulé atteignant jusqu'à 6 mm. et sont couronnés par un gros stigmate capité hémisphérique densément recouvert de papilles plus longues sur le plateau convexe, plus courtes sur les côtés. Silique biarticulée, hirsute à la maturité ; article supérieur mesurant jusqu'à 3 × 3 mm. en section longitudinale (sans le style), ovoïde-globuleux, prolongé au sommet en rostre stylaire persistant, *primitivement biloculaire et le restant souvent*, à loges monospermes, bivalve, à valves carénées, tardivement et incomplètement déhiscent, à semences insérées vers la base du cadre placentaire et redressées, *souvent aussi monosperme* par suite de l'avortement précoce d'une semence (dans ce cas, la cloison septale est refoulée latéralement contre les parois du péricarpe), rarement tout à fait stérile ; article valvaire mesurant 3-4 × 3-4 mm. en section longitudinale, subsphérique, bivalve, à valves ventrues-carénées, se séparant tardivement, biloculaire, à loges renfermant 3-5 semences (par suite de l'avortement de tous les ovules sauf 1, l'organisation est parfois, mais très rarement, semblable à celle de l'article stylaire). Cadre placentaire très épais à la base, surtout dans l'article valvaire, devenant graduellement plus grêle vers le sommet de l'article. Semences noires à la maturité, larges d'env. 1,2 mm., à la maturité, très finement papilleuses, d'ailleurs lisses. Embryon courbé, à cotylédons incombants, mais radicule faisant longtemps avec les cotylédons un angle de près de 90°, non étroitement appliquée contre eux (ce qui donne aux semences une forme vaguement tétraédrique) ne s'appliquant lâchement contre les cotylédons que très tardivement (la semence devenant alors ovoïdale - comprimée) ; dans les *semences stylaires, les cotylédons sont* (assez faiblement) *pliés en forme de demiétui,* un peu tronqués-rétus au sommet (fig. 4 *B*); dans les *semences valvaires, les cotylédons sont plans-subconvexes,* surtout l'extérieur qui est aussi généralement plus grand (fig. 4 *A*).

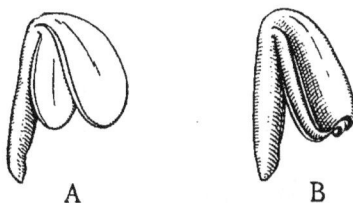

Fig. 4. — *Morisia monanthos. A* embryon notorrhizé à cotylédons plans d'une semence valvaire ; *B* embryon à cotylédons conduppliqués d'une semence stylaire. — Fortement grossi.

Le seul détail histologique que l'on possède sur le fruit du *Morisia* se rapporte à la disposition ondulée des parois cellulaires radiales dans le septum, telle que la signalent Prantl et M. de Hayek. Il y a là une lacune à combler, lacune d'autant plus grave que l'organisation du péricarpe présente des caractères curieux.

On peut distinguer en effet dans le péricarpe, en allant de l'extérieur à l'intérieur, les tissus suivants (fig. 5) : l'épicarpe, la région à cellules trachéidoïdales du mésocarpe, le sclérocarpe et l'endocarpe ; les faisceaux sont plongés dans le mésocarpe trachéidoïdal, sauf les nervilles du cadre placentaire qu'enveloppe un tissu scléreux [1]. — L'épicarpe est formé par des cellules épidermiques volumineuses, parallélipipédiques, plus développées dans la direction tangentielle, à paroi fortement épaissie, fortement cuticularisée en dehors, à parois radiales et internes beaucoup plus minces, contenant d'abondants chloroplastes. Çà et là, les cellules épidermiques sont séparées par de gros poils unicellulaires, très nombreux surtout le long des lignes suturale et carénale. Ces poils sont souvent moins aigus que ceux de l'appareil végétatif, souvent ondulés, à parois épaisses, dépourvues de toute nodosité, à région basale nettement renflée-bulbiforme ; ils perdent rapidement leur contenu

[1] Nous ne tenons pas compte des cellules à myrosine dans notre description, l'identification de ces idioblastes présentant trop de chances d'erreur sur des matériaux d'herbiers.

plasmique. Les stomates sont nombreux sur l'épicarpe, placés au même
niveau que les cellules annexes ; ils présentent un bec extérieur plus
aigu que l'intérieur ; les lumens ovés-triangulaires en section transversale sont bourrés de chloroplastes. — Le mésocarpe est constitué presque entièrement par plusieurs étages (6-8) d'un tissu fort intéressant qui
donne au péricarpe sa consistance coriace. Les éléments en sont paren-
chymateux, mais assez différents selon la profondeur. Ceux situés au
voisinage de l'épicarpe sont très allongés tangentiellement et pourvus
d'épaississements en spirale irrégulière, en anneau, ou même formant

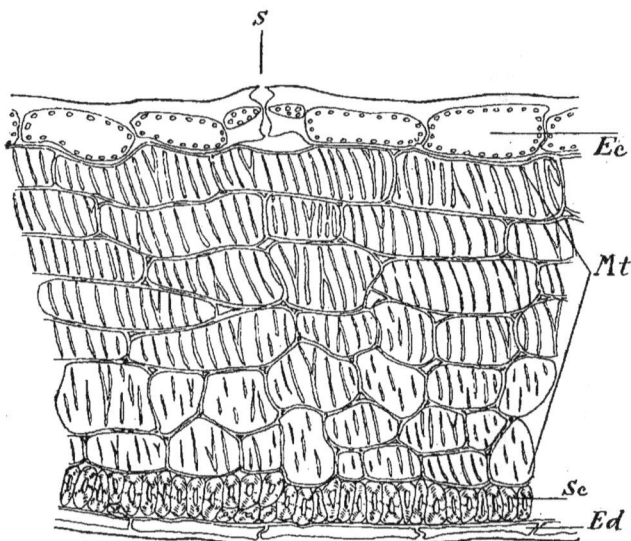

Fig. 5. — Péricarpe du *Morisia monanthos* ; section transversale passant dans un
champ interneural. *Ec* épicarpe chlorophyllifère avec un stomate *S* ; *Mt* région
extérieure du mésocarpe à cellules trachéidoïdales ; *Sc* sclérocarpe ; *Ed* endocarpe. — Grossissement : 160/4.

réseau, de sorte que leur apparence générale ressemble à celle des
trachéides. Bien qu'assez lâches, les éléments de ce tissu s'abouchent
d'une façon étroite par leur petit bout. Dans les couches plus profondes,
les éléments ont une tendance à devenir plus isodiamétriques, plus
lâches, et l'ornementation devient moins nette. — Les faisceaux, assez
petits, sont plongés dans le tissu qui vient d'être décrit, le plus souvent
dans la région profonde avoisinant le sclérocarpe. — Le sclérocarpe est
constitué par une assise de scléréides plus hautes que larges en section
transversale, à parois épaissies parfois jusqu'à presque disparition du
lumen et fortement lignifiées. Le sclérocarpe comporte en général une

seule assise de cellules, sauf au voisinage des lignes suturale et carénale où il devient régulièrement plus épais. L'endocarpe consiste en cellules épidermiques, étirées tangentiellement à la fin au point que la paroi extérieure épaissie arrive en contact avec la paroi interne, les parois radiales étant pliées et écrasées. Les éléments soumis à ce traitement sont morts bien avant la maturité. L'endocarpe ne comporte ni poils ni stomates. — Dans les régions suturale et carénale, les éléments mésocarpiques, sont tous plus petits, plus serrés, et épaississent leurs parois de façon à constituer un parenchyme de type concave, lequel finit par se lignifier.

Tous ces détails de structure sont depuis longtemps réalisés dans l'article valvaire de la silique, que l'article stylaire montre à peine les débuts du développement des épaississements dans le parenchyme mésocarpique. On constate alors que le mésocarpe traverse deux phases successives. Dans une première phase, l'ornementation des cellules n'est pas encore manifeste, mais les éléments sont bourrés de chloroplastes : le mésocarpe fonctionne comme tissu assimilateur, ce qui explique l'abondance des stomates dans l'épicarpe. Dans une seconde phase, les chloroplastes disparaissent, les renforcements des parois apparaissent : le mésocarpe joue un rôle squelettaire. Cette seconde phase est plus longue à atteindre dans l'article stylaire que dans l'article valvaire.

Quant au tissu diaphane formant la trame du septum, il est, comme l'a dit Prantl, tapissé de cellules étirées dans le sens du grand axe de la silique, et à parois longitudinales fortement ondulées.

On sait que chez plusieurs espèces géocarpiques (en particulier l'*Arachis hypogaea*), il se produit des fleurs portées par des rameaux aériens, mais ces fleurs, même pollinées, restent stériles. Or, Moris (*Fl. sard.* 1, 105 et 107 et tab. 7) a signalé un *Morisia hypogaea* var. *caulescens* Mor., dont il dit ce qui suit : « In var. *caulescente* jacent quidem folia radicalia in orbem disposita nonnullique pedunculi assurgunt radicales, praeterea vero caudiculi colli radicis propagines, pallidi, crassiusculi, nudi, hirsuti, unciam longi, apice folia nonnulla pedunculosque instar colli radicis, gerentes. » Malheureusement, Moris ne nous renseigne pas sur le sort des fleurs portées par ces rameaux aériens à la maturité. Nous n'avons pas vu d'échantillons corses offrant ces caractères, mais nous en avons vu de Sardaigne : aucun ne se présentait dans un état assez avancé pour que l'on puisse juger de leur stérilité. Tout au plus pouvons nous dire par analogie que cette dernière est probable. En tout cas, il ne s'agit pas là d'une variété, mais d'une variation d'ordre individuel et dépourvue de toute valeur systématique, les individus caulescents apparaissant isolément au milieu de beaucoup d'autres qui ne le sont pas.

Complétons maintenant la morphologie par les observations biologiques qu'il nous a été donné de faire sur le *Morisia monanthos*.

L'organisation florale, telle qu'elle a été décrite ci-dessus, indique nettement une fleur entomophile, et spécialement adaptée à la pollination par les Hyménoptères. Et effectivement, nous avons constaté la présence à la Marine d'Albo de nombreux bourdons butinant sur les fleurs du *Morisia*. Les groupes de fleurs jaunes qui occupent le centre des rosettes, pour être situés à ras le sable, n'en sont pas moins très visibles. Le nectar, sécrété en abondance par les glandes nectarifères, s'accumule dans les sacs basilaires des sépales. La trompe des Apides passe entre les onglets des pétales et glisse dans les intervalles qui séparent ceux-ci pour rejoindre les godets calicinaux. Le stigmate commence par être placé au-dessous des anthères, mais la protérogynie très marquée empêche normalement l'autopollination. La longue durée de réceptivité du stigmate, témoignée par la longue persistance en parfait état des papilles stigmatiques, pourrait faire croire à une autopollination *in extremis*. Mais celle-ci doit être tout à fait exceptionnelle, car lorsque les anthères s'ouvrent et émettent leur pollen, le style s'est déjà suffisammenl allongé pour que le stigmate domine les anthères de 1 mm. et plus.

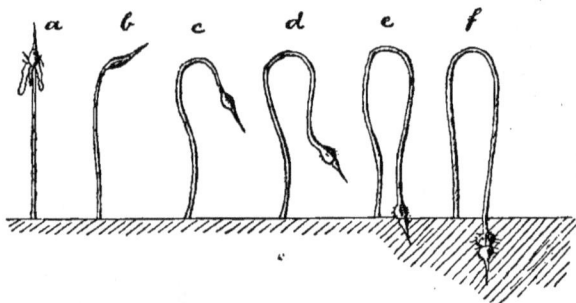

Fig. 6. — Géocarpie du *Morisia monanthos* : *a-f* phases successives de la courbure géotropique du pédoncule amenant l'enterrement du fruit (cas le plus simple).

La *géocarpie* se manifeste chez le *Morisia monanthos* de la manière suivante. Pendant l'anthèse proprement dite, rien ne fait encore prévoir les extraordinaires flexions qu'exécutera le pédoncule. Ce dernier est droit ou ascendant et présente une structure anatomique dans laquelle les éléments squelettaires ne jouent qu'un très petit rôle. Sous l'épiderme à éléments assez petits, se trouve une épaisse écorce dont le parenchyme tendre renferme de nombreux chloroplastes ; un anneau libéro-ligneux grêle, dans le bois duquel les trachées jouent le rôle principal, entoure une moelle centrale à éléments polyédriques semblables à ceux de l'écorce. Or, pendant que la fleur se flétrit, le géotropisme du pédoncule, de *négatif* qu'il était, devient *positif* (fig. 6). Le commencement de la flexion apicale du pédoncule se manifeste par l'inclinaison du jeune fruit vers le sol. En même temps, les éléments vivants des tissus du pédoncule, qui sont la grande majorité, croissent et se divisent activement, en particulier dans la zone privilégiée qui est située au-dessous du fruit, de sorte que ce dernier finit par être poussé dans le sable qui héberge la plante mère. Dans le cas le plus simple, le pédoncule prend la forme d'un ∩, mais cette forme est souvent rendue plus compliquée grâce à des flexions et des courbures secondaires qui donnent aux jambages de l'Ω une disposition flexueuse. Ces dérangements secondaires s'expliquent sans doute en partie par des nutations, mais un examen du *Morisia in situ* oblige à tenir compte aussi d'un autre facteur. La croissance intercalaire du sommet du pédoncule, qui a pour effet de pousser énergiquement le fruit dans le sol, se continue souvent alors que la résistance du sol empêche le fruit de pénétrer plus profondément. La portion géoscope du pédoncule devenant plus longue que la distance qui sépare du sol la région courbée culminale du pédoncule, il faut nécessairement que ce dernier devienne flexueux. Au cours de ces opérations, le fruit grossit et différencie ses deux articles valvaire et stylaire, mais il est loin d'avoir atteint sa maturité lorsqu'il pénètre dans le sol. Quand la croissance en longueur est achevée, le pédoncule modifie ses tissus. Le calibre du pédoncule augmente ; il se différencie sous l'épiderme un hypoderme collenchymateux du type concave fort de 1-2 assises, et la tendance à la collenchymatisation s'étend même parfois plus loin dans l'écorce ; les autres cellules corticales grossissent et offrent des parois pourvues de petites ponctuations circulaires ou elliptiques ; elles restent séparées du péricycle par une gaîne amylifère à éléments plus petits ; les faisceaux possèdent un liber soutenu extérieurement par un petit arc de stéréides péricycliques ; enfin, l'étui libéro-ligneux est renforcé intérieurement par le développement de fibres ligneuses et la sclérification des éléments médullaires voisins. La disposition générale des éléments squelettaires à l'intérieur du pédoncule est intermédiaire entre celle d'une racine et d'une tige aérienne normale : elle correspond à celle d'un organe qui doit pouvoir résister de la façon la plus économique à la fois à la traction et à la flexion.

La profondeur à laquelle les siliques sont enfoncées dans le sable varie naturellement beaucoup selon le développement des individus et la longueur des pédoncules : elle peut dépasser 1 cm. Mais de toute manière, la fixation de la silique dans son nouveau milieu s'obtient par le développement des gros poils ± flexueux décrits plus haut, lesquels s'entremêlent aux particules du sable de telle sorte que lorsqu'on arrache un fruit du sol, on enlève toujours du sable attaché aux poils. M. Rikli a été le premier à attirer l'attention sur le rôle fixateur de ces poils [1].

Se demander quel est le rôle biologique de la géocarpie chez le *Morisia monanthos*, c'est aborder en même temps la question encore très obscure de l'origine des phénomènes de géocarpie. E. Huth [*Ueber geokarpe, amphikarpe und heterokarpe Pflanzen* 4 (*Abhandl. naturw. Ver. des Regierungsbezirkes Frankfurt* VIII, ann. 1891)], qui a très complètement et clairement résumé la bibliographie du sujet, voit dans la géo-

---

[1] Grenier et Godron (*Fl. Fr.* I, 155) ont attribué au *Morisia* « une silicule d'abord hérissée, à la fin glabre », indication qui a été reproduite par MM. Rouy et Foucaud (*Fl. Fr.* II, 71). Elle est cependant inexacte. La silicule est glabre ou presque glabre au début, les poils se développent et grandissent à mesure que la maturation avance, ainsi que l'a exactement observé M. Rikli (*Bot. Reisestud. Korsika* 82). En revanche, en indiquant comme milieu pour le *Morisia* une terre noire riche en humus, ce dernier auteur n'a pu viser qu'un cas accidentel et exceptionnel ; nous ne voyons pas non plus sur quoi M. Rikli a pu se baser pour classer (op. cit.) le *Morisia* parmi les plantes succulentes.

carpie, comme beaucoup de ses prédécesseurs, un moyen de protection contre les animaux pâturants. M. Engler [*Ueber Geokarpie bei Fleu-
rya podocarpa Wedd., nebst einigen allgemeinen Bemerkungen über die
Erscheinung der Amphikarpie und Geokarpie (Sitzungsber. kön. preuss.
Akad. Wiss. Berl.*, V, ann. 1895)] pense qu'il est bien difficile d'attribuer
l'origine de phénomènes aussi compliqués que ceux manifestés par les
plantes géocarpiques, à un simple besoin de protection contre le bec
ou la dent des animaux. Il préfère une explication d'ordre physiologique : la rosette de feuilles basilaires permettrait un développement
basilaire rapide des fleurs et des fruits ; ces derniers à leur tour absor-
beraient pour leur maturation une telle quantité de réserves nutritives
que la plante ne serait plus capable de développer des tiges aériennes,
ou que les fleurs des tiges aériennes éventuelles resteraient stériles.
L'auteur déclare d'ailleurs ne pas pouvoir expliquer l'origine des appareils servant à enfouir dans le sol le fruit des plantes géocarpiques. —
Nous avouons ne pouvoir nous rallier ni à l'une, ni à l'autre de ces
explications. Que la géocarpie ait comme conséquence accessoire une
protection accordée aux fruits des plantes qui en sont porteurs, cela est
possible, mais est loin de suffire à motiver ce *rare* phénomène. L'explication physiologique de M. Engler, ingénieuse sans doute, ne nous satis-
fait pas non plus. Il y a tant de plantes à rosette et à fleurs basilaires,
qui n'ont pas de fruits géocarpiques, qu'il est impossible de voir entre
ces faits une relation quelconque de cause à effet. Nous croyons peu
probable que l'on arrive à donner jamais une théorie générale de l'origine de la géocarpie, parce que ce phénomène constaté chez des
plantes très diverses a pu se produire sous l'empire de causes variables.
En revanche, il nous semble que la géocarpie particulière du *Morisia*
est susceptible d'une « explication biologique », tirée de l'écologie spéciale de cette espèce, explication qui sera peut-être applicable à d'autres
espèces géocarpiques. Le *Morisia* est une plante psammophile, à appareil végétatif aérien d'existence éphémère, réalisant des conditions d'existence les plus favorables dans les creux ou les fentes des rochers psam-
mogènes. Elle n'existe d'ailleurs en dehors de ces stations que dans les
sables, surtout le long des torrents, entraînée par les eaux. Dès lors,
tout dispositif qui assurera à la descendance une germination dans les
conditions très spéciales qui lui sont éminemment favorables, contri-
buera en même temps à assurer la persistance de l'espèce, et cela avec
une perte minimum de fruits. Ainsi « s'explique » le sens biologique des
moyens compliqués qui sont mis en œuvre pour assurer l'enterrement
des fruits sur place. La géocarpie du *Morisia monanthos* constitue le
contraire biologique de ce que sont les appareils de dissémination chez
d'autres plantes. *C'est un processus au moyen duquel la plante, négligeant
toute recherche de dissémination en masse et à grande distance, pratique
l'élevage sur place intensif de ses descendants, en les plaçant dès le début
dans les meilleures conditions d'existence ou de lutte possibles.* On remar-
quera que le nombre très restreint de semences renfermées dans chaque
silique et la distribution singulièrement localisée du *Morisia monanthos*
en Corse et en Sardaigne ne donnent pas de démenti à notre explication, bien au contraire.

En aboutissant à cette interprétation du phénomène en ce qui con-cerne le *Morisia*, nous tenons expressément à rappeler que déjà en 1903, notre ami le professeur Rikli a indiqué en quelques lignes cette solution (*Bot. Reisestud. Korsika* 32). Lorsque M. Rikli a opposé la distribution du *Morisia* en Corse et en Sardaigne (distribution dont il ne connaissait d'ailleurs pas les détails) à la vaste expansion d'une espèce géocarpique classique, le *Trifolium subterraneum*, il a fait une comparaison qui implique notre thèse : l'origine et la signification biologique de la géocarpie est variable selon les espèces.

Si maintenant nous revenons à la question des affinités du *Morisia*, nous pouvons caractériser ce genre, par rapport aux *Rapistrum*, comme un phylum tyrrhénien et ancien appartenant à la même série que les petits genres *Reboudia*, *Cordylocarpus*, *Otocarpus*, *Ceratocnemon*, etc. du nord de l'Afrique. Tous les caractères de la fleur, du fruit, de l'embryon, auxquels on peut ajouter le port rappelant celui des *Cossonia*. tout en suffisant à le caractériser, indiquent des affinités africaines. Il n'est pas jusqu'aux propriétés biologiques si remarquables du *Morisia monanthos* qui ne se retrouvent chez les *Cossonia*, dont les espèces sont nettement géocarpiques.

RAPISTRUM Desv.

794. R. rugosum Berg. *Phytonom.* III, 171 (1784) ; All. *Fl. ped.* I, 257; Coss. *Comp. fl. atl.* II, 312 ; Rouy et Fouc. *Fl. Fr.* II, 72; Coste *Fl. Fr.* I, 144 = *Myagrum rugosum* L. *Sp.* ed. 1, 640 (1753) ; sensu ampl.

Hab. — Plages rocailleuses, cultures, champs, friches de l'étage inférieur. Mai-juin. ⓛ. — En Corse les divisions suivantes :

I. Subsp. **eu-rugosum** Thell. in *Vierteljahrsschr. naturf. Ges. Zürich* LII, 447 (1907) et *Fl. advent. Montp.* 272 = *Myagrum rugosum* L. l. c., sensu stricto = *R. rugosum* Berg. l. c., sensu stricto; Gr. et Godr. *Fl. Fr.* II, 72 = *R. rugosum* var. *rugosum* Coss. *Comp. fl. atl.* II, 313 (1883-87).

Hab. — Signalé en Corse sans indication de localité par Grenier et Godron (l. c.); Cargèse (Lutz in *Bull. soc. bot. Fr.* XLVIII, sess. extr. CXXXIV); Ajaccio (Boullu in *Bull. soc. bot. Fr.* XXIV, sess. extr. XCVIII ; Coste ibid. XLVIII, sess. extr. CXIV).

Pédicelles fructifères épaissis, plus courts que l'article valvaire de la silique ou l'atteignant presque ; article stylaire ovoïde-globuleux, insensiblement atténué en un bec aussi long ou plus long que lui [1].

[1] La morphologie et l'anatomie comparées du fruit des 3 sous-espèces du *R. rugosum* ont été exposées en détail par le comte de Solms dans un mémoire remarquable [*Cruciferenstudien* III (*Bot. Zeit.* LXI, 61-63, ann. 1903)], auquel nous renvoyons le lecteur.

II. Subsp. **Linnaeanum** Rouy et Fouc. *Fl. Fr.* II, 73 (1895) = *Myagrum hispanicum* L. *Sp.* ed. 1, 640 (1753) = *R. hispanicum* Crantz *Class. Crucif. emend.* 106 (1769) ; Boiss. et Reut. *Diagn. pl. nov. Hisp.* 6 (1842) ; non Medik. (1792) = *R. perenne* Salis in *Flora* XVII, Beibl. II, 81 (1834) ; non All. = *R. orientale* Moris *Fl. sard.* I, 109 (1837) ; non DC. = *R. Linnaeanum* Boiss. et Reut. *Diagn. pl. nov. Hisp.* 5 (1842) ; Gr. et Godr. *Fl. Fr.* I, 156 = *R. intermedium* Lamotte *Prodr. fl. plat. centr.* I, 110 (1877) = *R. rugosum* var. *Linnaeanum* Coss. *Comp. fl. atl.* II, 313 (1883-87) = *R. rugosum* subsp. *hispanicum* Thell.[1] in *Vierteljahrsschr. naturf. Ges. Zürich* LII, 448 (1907). — Exsicc. Mab. n. 209 ! ; Debeaux ann. 1867 et 1868 sub : *R. Linnaeanum* !

Hab. — Cap Corse (Mab. in Mars. *Cat.* 23) ; env. de Bastia (Salis in *Flora* XVII, Beibl. II, 81 ; Mab. exsicc. cit. et ap. Mars. l. c. ; Kesselmeyer in herb. Deless.! ; Debeaux exsicc. cit. et *Not.* 64) ; S¹-Florent (Mab. ap. Mars. l. c.) ; Ile Rousse (Thellung in litt.) ; Solenzara (Fouc. et Sim. *Trois scm. herb. Corse* 129) ; entre Ajaccio et la Chapelle des Grecs (Coste in *Bull. soc. bot. Fr.* XLVIII, sess. extr. CV ; Thellung in litt.) ; Bonifacio (Mars. ap. Mars. l. c. ; Boy. *Fl. Sud Corse* 5).

Pédicelles fructifères filiformes ou à peine épaissis, généralement 2-3 fois plus longs que l'article valvaire de la silique ; article stylaire ovoïde-subglobuleux, insensiblement atténué en un bec généralement plus court que lui.

Revelière a signalé à Rogliano (in Bor. *Not.* I, 4) le *R. microcarpum* Jord., forme inédite qui a été plus tard décrite par Cosson [*Comp. fl. atl.* II, 514 (1883-87)] comme *R. rugosum* var. *Linnaeanum* subvar. *microcarpum* Coss. Ce serait une forme très microcarpe de la sous-esp. *Linnaeanum*, correspondant exactement au *R. Linnaeanum* Gr. et Godr. MM. Rouy et Foucaud attribuent au contraire la plante de Revelière à la sous-espèce *orientale*. Nous n'avons pas vu d'échantillons de Revelière et ne pouvons qu'attirer sur ce point l'attention de nos successeurs.

III. Subsp. **orientale** Rouy et Fouc. *Fl. Fr.* II, 74 (1895) ; Thell. in *Vierteljahrsschr. naturf. Ges. Zürich* LII, 447 et *Fl. advent. Montp.* 273 = *Myagrum orientale* L. *Sp.* ed. 1, 640 (1753) = *R. orientale* DC. *Syst.* II, 433 (1821) ; Gr. et Godr. *Fl. Fr.* I, 156 = *R. rugosum* var. *orientale* Coss. *Comp. fl. atl.* II, 314 (1883-87). — Exsicc. Kralik n. 474 ! ; Debeaux ann. 1869 sub : *R. orientale* !

Hab. — Corse, sans indication de localité (Ph. Thomas ex Duby *Bot.*

[1] La nomenclature adoptée par M. Thellung pour cette sous-espèce est contraire aux *Règl. intern. nomencl.* art. 49.

gall. 54) ; entre S. Martino-di-Lota et Sainte-Lucie de Bastia (Debeaux *Not.* 64) ; Bastia (Debeaux exsicc.; Régis ex Rouy et Fouc. *Fl. Fr.* II, 74) ; Aspretto près Ajaccio (Fouc. et Sim. *Trois sem. herb. Corse* 129) ; Bonifacio (Kralik exsicc. cit.).

Pédicelles fructifères généralement épaissis, égalant l'article valvaire de la silique ou 2-3 fois plus court que lui ; article stylaire subglobuleux et fortement costé-rugueux, en général subitement contracté en un bec plus court que lui ou l'égalant presque. — Nos échantillons appartiennent à la var. **genuinum** Rouy et Fouc. emend. [= *R. rugosum* var. *orientale* subvar. *typicum* Coss. *Comp. fl. atl.* II, 315 (1883-87) = *R. rugosum* subsp. *orientale* var. *microcarpum* et var. *genuinum* Rouy et Fouc. *Fl. Fr.* II, 74 (1895)] à article stylaire de la silique relativement petit (2-3 mm. de diamètre à la maturité).

CAKILE Adams.

795. **C. maritima** Scop. *Fl. carn.* ed. 2, II, 35 (1772) ; Gr. et Godr. *Fl. Fr.* I, 154 ; Rouy et Fouc. *Fl. Fr.* II, 69 ; Coste *Fl. Fr.* I, 141. — En Corse seulement la race suivante :

Var. **aegyptiaca** Coss. *Comp. fl. atl.* II, 305 (1883-87). — Exsicc. Kralik n. 475 ! ; Bourg. n. 40 !

Hab. — Sables maritimes ; halophile. Presque toute l'année. ①. Répandue et abondante sur les deux côtes, du Cap Corse à Bonifacio, partout où les conditions du milieu sont réalisées.

1907. — Cap Corse : Marine de Luri, sables maritimes, 27 avril fl. fr. ! (f. *sinuatifolia*).

1911. — Entre l'étang d'Urbino et le marais d'Erbarossa, sables maritimes, 30 juin fl. fr. ! (f. *pinnata*).

Silique à article valvaire découpé obliquement autour de la base et pourvu d'appendices cornus, ± bilobé au sommet. — Extrêmement variable quant à la forme et au degré de découpure des feuilles. On peut distinguer deux formes principales. Dans l'une [f. *sinuatifolia* = *Isatis aegyptia* Forsk. *Fl. aeg.-arab.* 121 (1775) ; vix L. = *C. aegyptiaca* Willd. *Sp. pl.* III, 417 (1801) = *C. latifolia* Poir. *Encycl.* Suppl. II, 88 (1811) = *S. sinuatifolia* Stok. *Bot. mat. med.* III, 485 (1812) = *C. maritima* var. *sinuatifolia* DC. *Syst.* 429 (1821) = *C. Bauhini* Jord. *Diagn.* I, 347 (1864) = *C. maritima* var. *integrifolia* Boiss. *Fl. or.* I, 365 (1867) = *C. maritima* formes *C. aegyptiaca* et *C. Bauhini* Rouy et Fouc. *Fl. Fr.* II, 69 et 70 (1895)], les feuilles sont obovées-oblongues, entières ou sinuées-subentières. Dans l'autre [f. *pinnata* = *Isatis pinnata* Forsk. *Fl. aeg.-arab.* 121 (1775) = *C. littoralis* Jord. et *C. hispanica* Jord. *Diagn.* I, 345 (1864) = *C. mari-*

tima formes *C. littoralis* et *C. hispanica* Rouy et Fouc. *Fl. Fr.* II, 70 (1895)],
plus fréquente, les feuilles sont profondément pinnatifides ou pinnatipartites. Entre les deux extrèmes se placent toutes les transitions imagi-
nables. Le *C. crenata* Jord. [*Diagn.* I, 346 (1864)] de Bonifacio (échant.
original dans l'herb. Burnat!) est une de ces formes intermédiaires.

Nous n'avons pas vu de provenance corse la var. **maritima** Coss. [*Comp.
fl. atl.* II, 305 (1883-87) = *C. edentula* Jord. *Diagn.* I, 344 (1864) = *C. Sera-
pionis* Lloyd et Fouc. *Fl. Ouest* éd. 4, 34 (1886) = *C. maritima* forme *C.
edentula* Rouy et Fouc. *Fl. Fr.* II, 69 (1895)], à siliques pourvues d'un
article valvaire presque plan au sommet et ± dépourvu d'appendices
cornés. Cette race atlantique paraît d'ailleurs être rare sur les côtes
méditerranéennes.

CRAMBE L.

C. maritima L. *Sp.* ed. 1, 671 (1753); Gr. et Godr. *Fl. Fr.* I, 157; Rouy
et Fouc. *Fl. Fr.* II, 75; Coste *Fl. Fr.* I, 142.

Espèce atlantique, indiquée à tort en Corse par Burmann (*Fl. cors.* 221)
d'après Jaussin; étrangère à la flore de l'ile.

C. hispanica L. *Sp.* ed. 1, 671 (1753); Willk. et Lange *Prodr. fl. hisp.* III,
754; Rouy et Fouc. *Fl. Fr.* II, 76.

Cette espèce, qui se retrouve en Sardaigne, a été signalée en Corse
sans indication de localité par M. Roth [*Add. ad consp. fl. europ.* 5 (1886)].
Nous ne trouvons aucune trace de la présence du *C. hispanica* en Corse
ni dans les herbiers ni dans la bibliographie.

CALEPINA Adans.

796. **C. irregularis** Thellung in Schinz et Kell. *Fl. Schw.* ed. 2,
I, 218 (1905); Schinz et Thell. in *Vierteljahrsschr. naturf. Ges. Zürich*
LI, 219 (1906); Schinz et Kell. *Fl. Suisse* éd. fr. I, 253 = *Myagrum
rugosum* Vill. *Prosp.* 37 (1779); non L. = *Myagrum irregulare* Asso
Syn. stirp. indig. Arrag. 82 (1779) = *Rapistrum bursaefolium* Berg.
Phytonom. III, 165 (1783-84) = *Crambe Corvini* All. *Fl. ped.* I, 256
(1785) = *Myagrum erucaefolium* Vill. *Hist. pl. Dauph.* III, 279 (1788)
= *Bunias cochlearioides* Marsch.-Bieb. *Fl. taur.-cauc.* II, 87 (1808); non
Murr. = *C. Corvini* Desv. *Journ. de Bot.* III, 158 (1813-14); Gr. et Godr.
Fl. Fr. I, 132; Rouy et Fouc. *Fl. Fr.* II, 167; Coste *Fl. Fr.* I, 122 =
C. cochlearioides Dumort. *Fl. belg. prodr.* 121 (1827); Burn. *Fl. Alp. mar.*
I, 125. — Exsicc. Soleirol n. 473!; Req. sub : *C. Corvini*!; Bourg. n. 38!

Hab. — Prairies maritimes, clairières des aulnaies, cultures de l'étage inférieur. Avril-mai. ④. Répandu. Erbalunga (Gillot in *Bull. soc. bot. Fr.* XXIV, sess. extr. XLIX); vallon du Miomo (Gillot ibid. XLVI) et du Fango (Gillot ibid. XIV); de Bastia (Salis in *Flora* XVII, Beibl. II, 81; Mab. ap. Mars. *Cat.* 21) à Biguglia (Salis l. c.; Pœverlein!); Murato (Rotgès in litt.); Belgodère (Fouc. et Sim. *Trois sem. herb. Corse* 129); Algajola (S*t*-Yves!); Calvi (Soleirol exsicc. cit. et ap. Bert. *Fl. it.* VI, 601; Mab. ex Mars. l. c.); env. de Corté (Shuttl. *Enum.* 6; Mab. ex Mars. l. c.; Sargnon in *Ann. soc. bot. Lyon* VI, 77); Venaco (Fouc. et Sim. l. c.); Vivario (Rotgès in litt.); env. d'Ajaccio (Req. exsicc. cit. et ap. Bert. *Fl. it.* X, 507; Bourg. exsicc. cit.; Mars. l. c.; Boullu in *Bull. soc. bot. Fr.* XXIV, sess. extr. XCVI; Coste ibid. XLVIII, sess. extr. CIV et CIX; et nombreux autres observateurs); Tallano (Serafini ex Bert. *Fl. it.* VI, 601); et localités ci-dessous.

1907. — Ostriconi, bords des routes, 20 avril fl. fr.!; Pont du Regino, lieux incultes, 20 avril fl.!; aulnaies du Fiumorbo près de Ghisonaccia, 8 m., 8 mai fl. fr.!

On ne peut employer l'épithète spécifique la plus ancienne, parce que la combinaison de noms à laquelle elle serait empruntée (*Myagrum rugosum* Vill.) est mort-née. D'autre part, le *Bunias cochlearioides* Murr. [in *Nov. comm. Gœtt.* VIII, 42, t. 3 (1777)], que l'on a souvent considéré à la suite d'A. P. de Candolle (*Syst.* II, 648) comme un synonyme de notre espèce est un véritable *Bunias* de l'Altaï, semblable quant au port au *Calepina*, mais avec un fruit et une semence d'organisations très différentes. Ce point a été mis en évidence déjà par Ledebour [*Fl. alt.* III, 216 (1831)] et rappelé par Koch (*Deutschl. Fl.* IV, 490 (1833).

RAPHANUS L.

797. **R. Raphanistrum** L. *Sp.* ed. 1, 661 (1753); Coss. *Comp. fl. att.* II, 220; Coste *Fl. Fr.* I, 73 = *R. silvestris* Lamk *Fl. fr.* II, 495 (1778); Rouy et Fouc. *Fl. Fr.* II, 65.

Hab. — Prairies et sables maritimes, cultures, friches de l'étage inférieur. Février-mai. ④. — En Corse, les subdivisions suivantes :

I. Subsp. **eu-Rhaphanistrum** Briq. = *R. Raphanistrum* Gr. et Godr. *Fl. Fr.* I, 72 (1847) = *R. Raphanistrum* var. *Raphanistrum* Coss. *Sert. tun.* 52 (1857) et *Comp. fl. att.* II, 221 = *R. Raphanistrum* var. α Burn. *Fl. Alp. mar.* I, 71.

7

Siliques beaucoup plus longues que le pédicelle, cylindriques-linéaires, polyspermes, à articles généralement très différenciés, à bec atteignant ou dépassant la moitié de la silique. — On peut distinguer :

α. Var. **typicus** Beck *Fl. Nied.-Öst.* 499 (1892) = *R. silvester* (sensu stricto) et *R. silvester* forme *R. microcarpus* var. *intermedius* Rouy et Fouc. *Fl. Fr.* II, 66 et 68 (1895). — Exsicc. Kralik sub : *R. Raphanistrum* ! ; Debeaux ann. 1868 sub : *R. Landra* ! (forma minus typica) ; Reverchon ann. 1878 sub : *R. Raphanistrum* !

Hab. — Assez commune selon Marsilly (*Cat.* 17). De Bastia à Biguglia (Salis in *Flora* XVII, Beibl. II, 82 ; Debeaux exsicc. cit.) ; Furiani (Thellung in litt.) ; Calvi (Simon in herb. Burnat!) ; Partinello (Lit. in *Bull. acad. géogr. bot.* XVIII, 121) ; entre Porto et Piana (Lutz in *Bull. soç. bot. Fr.* XLVIII, sess. extr. CXXXI) ; Corté (Fouc. et Sim. *Trois sem. herb. Corse* 129) ; env. d'Ajaccio (Boullu in *Bull. soc. bot. Fr.* XXIV, sess. extr. XCVIII ; Coste ibid. XLVIII, sess. extr. CIV et CIX ; Thellung in litt.) ; Bastelica (Reverch. exsicc. cit.) ; Propriano (N. Roux in *Bull. soc. bot. Fr.* XLVIII, sess. extr. CXLIV) ; Bonifacio (Lutz ibid. CXXXIX ; Boy. *Fl. Sud Corse* 57) ; et localités ci-dessous.

1906. — Cap Corse : bords des routes entre le col de Santa Lucia et Luri, 200-300 m., 7 juill. fl. fr. !

1907. — Ostriconi, prairies, 20 avril fl. ! — Santa Manza, points frais des oliveraies, 30 m., calc., 6 mai fl. ! (échant. un peu douteux quant à l'attribution de variété, vu l'absence de fruits).

Siliques relativement grosses, longues d'env. 3-5 cm., à articles ovoïdes-cylindriques, fortement costés, làrges de 3-5 mm.

╫ β. Var. **microcarpus** Lange *Pug.* 276, t. 3, fig. 2 (1860-65) = *R. microcarpus* Lange in Willk. et Lange *Prodr. fl. hisp.* III, 750 (1880) = *R. silvester* forme *R. microcarpus* Rouy et Fouc. *Fl. Fr.* II, 67 (1895) excl. var. β.

Hab. — Indiquée à Calvi, Ile Rousse, Corté, Aleria et Solenzara (Fouc. et Sim. *Trois sem. herb. Corse* 128), à Ghisoni (Rotgès in litt.), et à Ajaccio (Kralik ex Rouy et Fouc. l. c.).

Siliques très grêles, longues d'env. 2-3 cm., à articles moins différenciés, plus faiblement costés, larges d'env. 2 mm. à la maturité.
Des échantillons de Calvi distribués par M. Simon sous le nom de *R. microcarpus*, que nous avons vus dans l'herb. Burnat, appartiennent à la variété précédente.

II. Subsp. **Landra** Rouy et Fouc. *Fl. Fr.* II, 67 (1895) = *R. Landra*

Moretti ap. DC. *Syst.* II, 668 (1821); Deless. *Ic. select.* II, t. 94; Gr. et Godr. *Fl. Fr.* I, 72 = *R. Raphanistrum* var. *Landra* Coss. *Sert. tun.* 53 (1857) et *Comp. fl. atl.* II, 222; Burn. *Fl. Alp. mar.* I, 71. — Exsicc. Kralik n. 467 !

Hab. — Cap Corse (Mab. ex Mars. *Cat.* 17); entre Lavesina et Brando (Gillot in *Bull. soc. bot. Fr.* XXIV, sess. extr. XLVII); Bastia (Mab. ex Mars. l. c.); Biguglia (Gysperger in Rouy *Rev. bot. syst.* II, 121); embouchure du Bravone (Kralik exsicc. cit.); Vignola (Boullu in *Bull. soc. bot. Fr.* XXVI, 82); Ajaccio (Boullu ibid. XXIV, sess. extr. XCVIII).

Siliques plus courtes ou à peine plus longues que le pédicelle, oblongues-trapues, oligospermes, à articles moins différenciés et peu nombreux, plus épaissis, à bec en général à peine ou seulement un peu plus long que le dernier article.

R. sativus L. *Sp.* ed. 1, 669 (1753); Gr. et Godr. *Fl. Fr.* I, 71; Rouy et Fouc. *Fl. Fr.* II, 65; Coste *Fl. Fr.* I, 73 = *R. Raphanistrum* var. *sativus* Beck *Fl. Nied.-Öst.* 500 (1892).

Cultivé abondamment. — H. Hoffmann [in *Bot. Zeitung* XXXIX, 346 et 397 (1881)] prétend avoir transformé expérimentalement le *R. Raphanistrum* en *R. sativus*. L'auteur dit brièvement avoir observé en deux années différentes le *Raphanus Raphanistrum* (notre sous-esp. I) avec des fruits de forme rapprochée ou identiques à ceux du *R. sativus*, desquels « on peut faire race du *R. sativus* pur ». Il est bien regrettable que l'auteur s'en tienne à ces renseignements trop sommaires pour entraîner la conviction, ne donne les caractères précis ni de la forme pure ni de la forme dérivée, enfin ne décrive pas les circonstances dans lesquelles les caractères nouveaux sont apparus. Si les observations sont exactes, il y aurait là un cas de mutation d'une amplitude très remarquable, puisque A. P. De Candolle a basé sur le *R. sativus* une section distincte (sect. *Raphanis* DC.), qui a été admise par des taxinomistes aussi scrupuleux que Cosson.

CARRICHTERA DC.

C. Vellae DC. *Syst.* II, 642 (1821); Coss. *Comp. fl. atl.* II, 278 = *Vella annua* L. *Sp.* ed. 1, 641 (1753). — Exsicc. Mab. n. 46 !

Cette espèce a été trouvée en 1865 autour de l'usine de Toga près de Bastia, importée avec les minerais venant de Sardaigne et de Bône, d'où elle s'était répandue en 1866 dans un champ de blé voisin (Mab. *Rech.* I, 11 et ap. Mars. *Cat.* 22; exsicc. cit.). Comme tant d'autres espèces introduites jadis à la Toga, celle-ci n'a pas tardé à disparaître (Chabert in *Bull. soc. bot. Fr.* XXIX, 53 (1882)].

SUCCOWIA Medik.

798. S. balearica Medik. *Pflanzeng*. 1, 64, t. I, fig. 9 (1792); Coss. *Comp. fl. atl.* II, 279 ; Rouy et Fouc. *Fl. Fr.* II, 168 ; Coste *Fl. Fr.* I, 123 = *Bunias balearica* L. *Syst.* ed. 12, 446 (1767) et *Mant.* II, 429. — Exsicc. Mab. n. 60 !

Hab. — Falaises du Cap de la Chiappa près Porto-Vecchio, derrière le phare. Abondant dans les lieux frais et abrités, du 15 mars à la fin d'avril (Mab. *Rech.* I, 11 et ap. Mars. *Cat.* 21 ; exsicc. cit.). ①.

Espèce du bassin occidental de la Méditerranée atteignant la Sicile et le Napolitain à l'E. Dans le secteur tyrrhénéen, le *Succowia* ne se retrouve, outre les localités de Sardaigne, qu'au Monte Argentaro et dans l'îlot voisin de Pan del Zucchero.

MORICANDIA DC.

M. arvensis DC. *Syst.* II, 626 (1821) ; Gr. et Godr. *Fl. Fr.* I, 82 ; Rouy et Fouc. *Fl. Fr.* II, 39 ; Coste *Fl. Fr.* I, 81 = *Brassica arvensis* L. *Mant.* II, App. 568 (1771).

Espèce des parties méridionales du bassin méditerranéen, à partir du Maroc et de l'Espagne, atteignant à l'est l'île de Céphalonie et peut-être la Grèce. Bien qu'elle paraisse spontanée sur plusieurs points du littoral des Alpes maritimes italiennes et de la Toscane, elle n'est sûrement que subspontanée en Corse, introduite aux environs de la Toga, où elle a été observée d'abord par Debeaux en juin 1868 et 1869 (Deb. *Not.* 62), puis par Gillot en 1877 (in *Bull. soc. bot. Fr.* XXIV, sess. extr. XLIV), par M. W. Barbey [*Fl. sard. comp.* 17 (1885)] et par G. Le Grand [ap. A. Le Grand in *Bull. soc. bot. Fr.* XXXVII, 18 (1890)]. Nous ne sachions pas que cette espèce ait été observée depuis cette époque.

LEPIDIUM L. emend.

799. L. Draba L. *Sp.* ed. 1, 645 (1753); Gr. et Godr. *Fl. Fr.* I, 153; Coste *Fl. Fr.* I, 139; Thell. *Gatt. Lepid.* 84 = *Cardaria Draba* Desv. in *Journ. de Bot.* III, 163 (1814); Rouy et Fouc. *Fl. Fr.* II, 79.

Hab. — Garigues sableuses, vieux murs, rocailles de l'étage inférieur. Avril-mai. ①. Disséminé. Cap Corse (Mab. ex Mars. *Cat.* 22) ; env. de Bastia (Salis in *Flora* XVII, Beibl. II, 80 ; Mab. ex Mars. l. c.; Gillot in *Bull. soc. bot. Fr.* XXIV, sess. extr. XLIII; (Lit. *Voy.* I, 3) et de là à Bigu-

glia (Salis l. c.; Pœverlein!); Furiani (Rotgès in litt.); Casamozza (Rotgès
in litt.); St-Florent (Soleirol ex Bert. *Fl. it.* VI, 578; Fouc. et Sim.
Trois sem. herb. Corse 129); Ile Rousse (Fouc. et Sim. l. c.; N. Roux in
Bull. soc. bot. Fr. XLVIII, sess. extr. CXLIV; Lit. in *Bull. acad. géogr.
bot.* XVIII, 121; Thellung in litt.); env. de Corté (Sargnon in *Ann. soc.
bot. Lyon* VI, 77; Thellung in litt.); Venaco (Fouc. et Sim. l. c.); env.
d'Ajaccio (Boullu in *Bull. soc. bot. Fr.* XXIV, sess. extr. XCVI; Coste ibid.
XLVIII, sess. extr. CVIII; et autres observateurs); Bonifacio (Boy. *Fl.
Sud Corse* 57).

1907. — Vieux murs à Corté, 400 m., 14 mai fl. fr.!

Les échant. corses appartiennent au type de la sous-espèce **eu-Draba**
Thell. [in *Vierteljahrsschr. naturf. Ges. Zürich* LI, 150 (1896) et *Gatt. Lepid.*
86], à silicule mûre subcordée à la base, à feuilles cordées-subpanduri-
formes à la base. C'est d'ailleurs la forme la plus répandue dans le bassin méditerranéen.

† 800. **L. campestre** R. Br. in Ait. *Hort. kew.* ed. 2, IV, 88 (1812);
Gr. et Godr. *Fl. Fr.* I, 149; Rouy et Fouc. *Fl. Fr.* II, 81 (incl. var. α–ζ);
Coste *Fl. Fr.* I, 137; Thell. *Gatt. Lepid.* 92. — Exsicc. Reverch. ann. 1885
sub: *L. campestre*!; Burn. ann. 1904 n. 31!

Hab. — Rocailles, champs, friches des étages inférieur et montagnard.
Avril-juin selon l'altitude. ⊕. Assez rare. Champs le long du Bevinco
Salis in *Flora* XVII, Beibl. II, 80); Evisa (Reverch. exsicc. cit.); env. de
Corté (Burnouf in *Bull. soc. bot. Fr.* XXIV, sess. extr. XXXI); forêt de
Valdoniello (Soleirol ex Bert. *Fl. it.* VI, 585); Vezzani (Rotgès in litt.);
col de Vizzavona (Le Grand in *Assoc. fr. Bot.* II, 63; Briq. *Spic.* 28 et
Burn. exsicc. cit.).

801. **L. hirtum** DC. *Syst.* II, 536 (1821) ampl. Thell. *Gatt. Lepid.*
101 = *Thlaspi hirtum* L. *Sp.* ed. 1, 646 (1753).

Dans sa remarquable monographie du genre *Lepidium* [1], M. Thellung
a soumis à une revision soignée tout le groupe du *L. hirtum* et a abouti
à la distinction, dans ce groupe, de 7 sous-espèces subordonnées. Les
arguments donnés par l'auteur à l'appui de cet arrangement nous
paraissent convaincants.

I. Subsp. **eu-hirtum** Thell. in *Vierteljahrsschr. naturf. Ges. Zürich* LI,
154 (1906) et *Gatt. Lepid.* 104 = *Thlaspi hirtum* L. *Sp.* ed. 1, 646 (1753).

[1] Thellung, Alb. *Die Gattung Lepidium. Eine monographische Studie.* Zürich 1906. n-4°.
(Neue Denkschr. allg. schweiz. Gesellsch. Naturwiss. XLI, 1.)

sensu stricto $=$ *L. hirtum* DC. *Syst.* II, 536 (1821), excl. syn. *L. Smithii*, sensu angust.; Gr. et Godr. *Fl. Fr.* I, 150; Coste *Fl. Fr.* I, 138.

Silicule jeune distinctement émarginée, à la maturité obovée, très largement ailée, à peine rétrécie au sommet, à lobes alaires larges et érigés, ce qui lui donne une apparence tronquée, couverte ainsi que les pédicelles de poils allongés, dépassant la plupart le diamètre des pédicelles. Feuilles caulinaires la plupart lancéolées, distinctement sagittées.

Cette sous-espèce a été indiquée par Grenier et Godron (l. c.) au Coscione, indication qui a été reproduite par M. Coste (l. c.). Nous n'avons jamais vu de Corse le *L. hirtum* subsp. *eu-hirtum*; indication très douteuse.

II. Subsp. **nebrodense** Thell. in *Vierteljahrsschr. naturf. Ges. Zürich* LI, 154 (1906) et *Gatt. Lepid.* 106 $=$ *Nasturtium nebrodense* Rafin. in Desv. *Journ. de Bot.* IV, 270 (1814) $=$ *Lepia Bonanniana* Presl. *Fl. sic.* I, 84 (1826) $=$ *L. Bonannianum* Guss. *Fl. sic. prodr.* II, 211 (1828) $=$ *L. nebrodense* Guss. *Fl. sic. syn.* II, 1, 154 (1843) syn. emend.; Bert. *Fl. it.* VI, 587 $=$ *L. calychotrichum* Ces. Pass. et Gib. *Comp. fl. it.* 826 (1869-70); non Kunze $=$ *L. hirtum* forme *L. Bonannianum* Rouy et Fouc. *Fl. Fr.* II, 84 (1895) $=$ *L. hirtum* var. *nebrodense* Fiori et Paol. *Fl. ital.* 1, 2, 466 (1898).

Silicule jeune distinctement émarginée, mais différant de la précédente par la forme $\pm$ elliptique, à lobes alaires un peu convergents et obtus, dont la largeur atteint au sommet env. de la $1/_2$ au $1/_4$ de la longueur du septum, ce qui lui donne une apparence obtusiuscule. Partie libre du style longue de 1 mm. Poils des silicules et des pédicelles fructifères égalant ou dépassant le diamètre de ces derniers. Feuilles caulinaires ovées, presque arrondies à la base, à peine auriculées.

Cette sous-espèce, que nous avons vue de Sicile, de Calabre, de Grèce et de Crète, aurait été trouvée par Requien au Monte Renoso et au Coscione par Bernard selon MM. Rouy et Foucaud (*Fl. Fr.* II, 85). Elle avait été signalée jadis sur les pentes du massif du Renoso au-dessus de Bocognano par Revelière (in Bor. *Not.* III, 3) et a été mentionnée à nouveau au col de Vizzavona par M. Le Grand (in *Bull. assoc. fr. Bot.* II, 63) et au Coscione par Mme Gysperger (in Rouy *Rev. bot. syst.* II, 119). Mais nous soupçonnons fort toutes ces indications de se rapporter à des formes de la sous-espèce suivante. Nous n'avons jamais vu le *L. hirtum* subsp. *nebrodense* de provenance corse; M. Thellung n'a pas non plus reconnu ce *Lepidium* en Corse (*Gatt. Lepid.* 107).

III. Subsp. **oxyotum** Thell. in *Vierteljahrsschr. naturf. Ges. Zürich* LI, 156 (1906) et *Gatt. Lepid.* 111 $=$ *L. oxyotum* DC. *Syst.* II, 530 (1821), excl. hab. syr. et caract. « valvulis apteris » $=$ *Thlaspi scapiflorum* Viv. *App. fl. cors. prodr.* 3 (1825), et herb. teste Bert. *Fl. it.* VI, 586!; Lois. *Fl. gall.* ed. 2, 1, 60 $=$ *L. humifusum* Req. in *Ann. sc. nat.* sér. 1, V, 385 (1825); Dub. *Bot. gall.* 48; Salis in *Flora* XVII, Beibl. II, 80; Bert. *Fl.*

it. VI, 586 ; Gr. et Godr. *Fl. Fr.* I, 152 ; Caruel *Fl. it.* IX, 671 ; Rouy et Fouc. *Fl. Fr.* II, 85 ; Coste *Fl. Fr.* I, 138 = *Thlaspi humifusum* Lois. *Fl. gall.* ed. 2, I, 59 (1828) = *Nasturtium humifusum* Gillet et Magne *Fl. fr.* éd. 3, 48 (1873) = *Nasturtium oxyotum* O. Kuntze *Rev. gen.* I, 937 (1891). — Synonyma inedita ex herbariis : *Thlaspi corsicum* Soleirol, *L. corsicum* Gay, *Hutchinsia grandiflora* Soleirol, *Thlaspi diffusum* Salzmann (conf. Thell. *Gatt. Lepid.* 112). — Exsicc. Soleirol n. 22 et 5199 ! ; Req. sub : *L. humifusum* ! ; Kralik sub : *Thlaspi scapiflorum* ! ; Reverch. ann. 1878, 1879 et 1885, n. 79 ! ; Burn. ann. 1904, n. 25, 26, 27, 28, 29 et 30 !

Hab. — Rocailles des étages subalpin et alpin, descendant çà et là dans les forêts de l'étage montagnard, 900-2200 m. Mai-août suivant l'altitude. ⚥. Caractéristique des grands massifs du centre, depuis le Monte S. Pietro jusqu'au Monte Fornello ; non signalée au Cap Corse et dans la chaîne du Tende. Env. de Fontinone (Petit in *Bot. Tidsskr.* XIV, 245) ; Monte S. Pietro (Salis in *Flora* XVII, Beibl. II, 80 ; Lit. *Voy.* I, 8) ; Monte Grosso (de Calvi) (Soleirol exsicc. n. 5199 et ap. Req. in *Ann. sc. nat.* sér. 1, V, 385) ; Monte Cinto (Soulié ex Coste in *Bull. soc. bot. Fr.* XLVIII, sess. extr. CXVIII ; Niolo (Req. ex Bert. *Fl. it.* VI, 586 et ap. Thell. *Gatt. Lepid.* 112) ; col de Vergio (Lutz in *Bull. soc. bot. Fr.* XLVIII, sess. extr. CXXX ; Briq. *Spic.* 28 et Burn. exsicc. cit. n. 25 et 26 ; Lit. *Voy.* II, 11 et 16 ; Sagorski in *Mitt. thür. bot. Ver.* XXVII, 46) ; forêt d'Aitone à la Bocca di Verde (Reverch. exsicc. 1885 et ap. Thell. l. c. ; de Ladouze ex Rouy et Fouc. *Fl. Fr.* II, 86) ; forêt de Valdoniello (Req. l. c. ; Fliche in *Bull. soc. bot. Fr.* XXXVI, 358 ; Lit. in *Bull. acad. géogr. bot.* XVIII, 121 ; Ellman et Jahandiez in litt.) ; montagnes entre le Golo et le Tavignano [probablement Req.) ex Gr. et Godr. *Fl. Fr.* l. c. et Thell. l. c.] ; montagne de Nino (Salis l. c.) ; montagnes de Corté (Burnouf ex Rouy et Fouc. l. c.) ; vallée de la Restonica (Petit l. c.) ; Monte Rotondo (Doùmet in *Ann. Hér.* V, 197 ; Sargnon in *Ann. soc. bot. Lyon* VI, 80 ; Levier ap. Thell. l. c.) ; Monte d'Oro (Lutz in *Bull. soc. bot. Fr.* XLVIII, sess. extr. CXXVII ; Briq. *Spic.* 28 et Burn. exsicc. cit. 27 et 28 ; Liebmann ap. Thell. l. c. ; Ellman et Jahandiez in litt.) ; col de Vizzavona (Lutz l. c. CXXV ; et nombreux autres observateurs) ; Pointe de Grado (N. Roux in *Bull. soc. bot. Fr.* XLVIII, sess. extr. CXXVIII) ; montagnes entre Vizzavona et Ghisoni (Briq. *Spic.* 28 et Burn. exsicc. cit. n. 29) ; montagnes de Bocognano (Mars. *Cat.* 22) ; forêt de Casamente

(Rotgès in litt.) ; Monte Renoso (Req. exsicc. cit. et ap. Caruel *Fl. it.* IX, 671 ; Kralik exsicc. cit. ; Reverch. exsicc. cit. ann. 1878 et ap. Thell. *Gatt. Lepid.* 112 ; et autres observateurs) ; *entre le plateau d'Ese et les Pozzi* (Req. ex Caruel l. c.) ; montagnes du Fiumorbo (Salis l. c.) ; Mᵗ Incudine (Bernoulli, ann. 1889 ! ; Lit. *Voy.* I, 17) ; Coscione [(Serafini ex) Viv. *App. fl. cors. prodr.* 3 ; Salis l. c. ; Soleirol exsicc. cit. n. 22, et ex Req. in *Ann. sc. nat.* sér. 1, V, 385 et ex Bert. l. c. ; R. Maire in Rouy *Rev. bot. syst.* II, 25 ; Gysperger ibid. II, 119] ; et localités ci-dessous.

: 1906. — Cima della Mufrella, 1800 m., rocailles, 12 juill. ; Cima della Statoja, rocailles à 2200 m., 26 juill. fr. ! ; graviers au col de Vizzavona, 1100 m., 15 juill. fl. fr. ! ; rocailles sur le versant E. du Monte d'Oro, entre la cascade et la bergerie de Puzzatili, 1500 m., 8 août, fr. ! ; graviers sur le versant W. du Mᵗ Incudine, 1800 m., 18 juill. fl. fr. !

1907. — Pelouses rocailleuses du Mᵗ Grima Seta et du Monte Asto, 1400-1500 m., 15 mai fl. ! ; montée de Pietralba au col de Tende, châtaigneraies, 900 m., 15 mai fl. fr. ! ; rocailles de la Cima al Cucco, 1100 m., 13 mai fl. !

1908. — Monte Padro, rocailles, 2000 m., 4 juill. fr. !

1910. — Punta della Capella d'Isolaccio, rocailles, 1900-2044 m., 30 juill. fl. ! ; Mᵗ Incudine, versant S., rocailles, 1900 m., 25 juill. fl. ! ; col d'Asinao, rocailles, 1680 m., 24 juill. fr. !

Silicule jeune presque entière, relativement petite à la maturité, atteignant env. 4 mm., largement elliptique ou largement ovée, arrondie-obtuse à la base, ± tronquée au sommet, étroitement ailée, à ailes atteignant env. de ¹/₄ au ¹/₆ de la longueur du septum, plus rarement rendues acutiuscules par une étroitesse plus grande des ailes. Partie libre du style atteignant de ¹/₃ à ¹/₂ de la silicule. Poils des silicules et des pédicelles égalant presque le diamètre de ces derniers, rarement subnuls. Feuilles caulinaires lancéolées ou ovées-oblongues subentières, nettement sagittées à la base, surtout les supérieures. — Plante haute de 5-20 cm., généralement de petite taille, au moins pendant l'anthèse, à rameaux florifères généralement couchés — diffus et souvent flexueux, à souche épaisse, ligneuse.

A. P. De Candolle (*Syst.* II, 530) a indiqué la Syrie comme patrie de son *L. oxyotum*, d'après Labillardière. Or, Labillardière s'est souvent dispensé d'indiquer l'origine sur ses étiquettes d'herbier, ou indiquait cette origine de la façon la plus insuffisante (nous en avons vu de nombreux exemples à l'herbier Delessert). C'est ce qui s'est passé dans le cas particulier : l'original du *L. oxyotum* de Labillardière ne porte pas d'indication d'origine d'après J. Ball (*Spic. fl. marocc.* 331) et est d'ailleurs parfaitement identique au *L. humifusum* Req. Comme Labillardière a visité la Corse au retour de son voyage de Syrie en 1787, on comprend l'origine de l'indication géographique erronée de l'auteur du *Systema*. Boissier (*Fl. or. Suppl.* 62) a par conséquent rayé le *L. oxyotum* DC. de la flore d'Orient et Post (*Fl. Syr.* 89 et 90) n'en fait plus aucune mention dans la flore de Syrie.

Le *L. hirtum* subsp. *oxyotum* est voisin des sous-esp. *stylatum* (Lag. et Rodr.) Thell., et surtout de la sous-esp. *calycotrichum* (Kunze) Thell. de l'Espagne et du Maroc. On ne le retrouve typique qu'en Crète (Reverchon n. 221 ! ; conf. Thell. *Gatt. Lepid.* 112), cas de distribution assez rare.

M. Thellung (l. c. 113) a distingué trois variétés : α *typicum* Thell., à silicules pubescentes dans la jeunesse, arrondies-tronquées à la maturité et relativement platyptères ; β *leiogynum* Thell., comme la précédente, mais à silicules glabres dans la jeunesse ; γ *acutum* Thell., comme la var. α, mais à silicules mûres acutiuscules au sommet et relativement sténoptères. Ces trois variations viennent pêle-mêle avec des formes de passages et n'ont pas la valeur de races, ce sont de simples formes.

L. ruderale L. *Sp.* ed. 1, 645 (1753) ; Gr. et Godr. *Fl. Fr.* 1, 151 ; Rouy et Fouc. *Fl. Fr.* II, 88 ; Coste *Fl. Fr.* I, 139 ; Thell. *Gatt. Lepid.* 135.

M. Thellung (op. cit. 137) dit avoir vu le *L. ruderale* de Corse. Nous ne trouvons aucune mention de cette espèce en Corse, ni dans la bibliographie, ni dans les herbiers. L'auteur nous écrit n'avoir pas conservé de documents relatifs à l'origine de cette indication.

802. **L. latifolium** L. *Sp.* ed. 1, 644 (1753) ; Gr. et Godr. *Fl. Fr.* I, 152 ; Rouy et Fouc. *Fl. Fr.* II, 86 ; Coste *Fl. Fr.* I, 139 ; Thell. *Gatt. Lepid.* 158.

Hab. — Prairies maritimes, points humides de l'étage inférieur. Juin-juill. ♃. Rare. Plage de Calvi, endroits frais près du canal de desséchement (Soleirol ex Bert. *Fl. it.* VI, 580 ; Mars. *Cat.* 22) ; Corté (Salis in *Flora* XVII, Beibl. II, 80).

La plante corse appartient, comme celle du reste de l'Europe, à la sous-esp. **eu-latifolium** Thell. (l. c. 160). M. Thellung estime que probablement seuls les habitats ± salins sont primitifs, tandis que les autres sont dûs à des faits de dissémination récente.

803. **L. graminifolium** L. *Syst.* ed. 10, 1127 (1759) et *Sp.* ed. 2, 900 ; Gr. et Godr. *Fl. Fr.* I, 152 ; Rouy et Fouc. *Fl. Fr.* II, 86 ; Coste *Fl. Fr.* I, 139 ; Thell. *Gatt. Lepid.* 173 = *L. Iberis* L. *Sp.* ed. 1, 645 (1753) p. p.; Mill. *Gard. dict.* ed. 8, n. 4 (1768) ; DC. *Fl. fr.* IV, 705. — Exsicc. Soleirol n. 351 ! ; Sieber sub : *L. Iberis* ! ; Soc. rochel. n. 4214 !

Hab. — Garigues sablo-rocailleuses, envahissant les cultures et se propageant le long des routes dans l'étage inférieur. Mai-oct. ♃. Répandu et abondant dans l'île entière.

1906. — Talus arides à Omessa, 250 m., 14 juill. fl. fr. !

1907. — Montagne de Pedana, rocailles, 500 m., 14 mai fl. !

Plante d'apparence assez variable selon les conditions du milieu et l'époque de l'année. M. Thellung s'est refusé à voir des variétés dans les *L. polycladum, mixtum* et *virgatum* de Jordan [*Diagn.* I, 332-34 (1864)] devenus les *L. graminifolium* var. *polycladum, mixtum* et *virgatum* de MM. Rouy et Foucaud (*Fl. Fr.* II, 87). Nous partageons entièrement cette manière de voir : les formes en question ne représentent que des *états*. M. Gillot a signalé aux env. de Bastia une forme à feuilles glaucescentes : subvar. *glaucescens* Briq. [= *L. graminifolium* var. *glaucescens* Gillot in *Bull. soc. bot. Fr.* XXIV, sess. extr. XLIII (1877) ; Rouy et Fouc. *Fl. Fr.* II, 87 ; Thell. *Gatt. Lepid.* 176 ; Mandon in Soc. rochel. cit.]. Cette sous-variété a été retrouvée à Ajaccio (Fouc. et Sim. *Trois sem. herb. Corse* 129). D'autre part, M. Thellung remarque (l. c.) que plusieurs échant. corses ont une tendance à se rapprocher de la var. *suffruticosum* Thell. (= *L. suffruti-cosum* L. ; aire : Espagne, Baléares), caratérisée par la partie inférieure des tiges ou rameaux ligneux, ± aphylle à la fin, un calice souvent pupurascent et des pétales un peu plus larges. Toutes ces modifications ne nous paraissent avoir qu'une très faible valeur. — Enfin, MM. Rouy et Foucaud [*Fl. Fr.* II, 88 (1895)] ont décrit de Bonifacio (Kralik in herb. Rouy) un *L. graminifolium* subsp. *iberideum* Rouy et Fouc. [= *L. Iberis* var. *iberideum* Fiori et Paol. *Fl. anal. Ital.* I, 467 (1898) = *L. gramini-folium* var. *iberideum* Thell. *Gatt. Lepid.* 179 (1906)] auquel ils attribuent 2 étamines (au lieu de 2 + 4), des pédicelles ascendants ou dressés, des silicules grosses égalant le pédicelle et un port d'*Iberis intermedia*. Nous nous bornons à reproduire ces renseignements sur des échantillons qui nous sont inconnus. Plus d'un siècle avant les auteurs français, Medikus [*Pflanzengatt.* 84 (1792)] avait décrit un *L. graminifolium* diandre, présen-tant plusieurs caractères analogues à ceux qui sont attribués au *L. gra-minifolium* subsp. *iberideum* Rouy et Fouc. Mais M. Thellung (l. c. 173, note) déclare cette description imaginaire, le caractère de l'androcée oligomère étant emprunté au *L. virginicum* L. Peut-être s'agit-il dans la plante de Kralik d'une anomalie ? Nous sommes contraints de laisser ce point en suspens.

CORONOPUS Hall.

† 804. **C. procumbens** Gilib. *Fl. lith.* V, 52 (1782); Rouy et Fouc. *Fl. Fr.* II, 77 ; Schinz et Thell. in *Bull. herb. Boiss.*, 2me série, VII, 101 = *Cochlearia Coronopus* L. *Sp.* ed. 1, 648 (1753) = *Lepidium squamatum* Forsk. *Fl. aeg.-arab.* 117 (1775) = *Cochlearia repens* Lamk *Fl. fr.* II, 473 (1778) = *C. Ruellii* All. *Fl. ped.* I, 256 (1785) = *Senebiera Coronopus* Poir. *Encycl. méth.* VII, 76 (1806) ; Gr. et Godr. *Fl. Fr.* I, 153 ; Coste *Fl. Fr.* I, 140 = *C. squamatus* Asch. *Fl. Brand.* I, 2, 62 (1864) = *C. ver-*

rucarius Muschler et Thell. ap. Thell. *Gatt. Lepid.* 318 (1906); Muschl. in Engl. *Bot. Jahrb.* XLI, 128.

Hab. — Décombres, bords des chemins dans l'étage inférieur. Mai-juin. ④. Rare ou non observé. Env. de Bastia (Salis in *Flora* XVII, Beibl. II, 80).

Les combinaisons de noms créées par Forskal et Lamarck étant mort-nées (*Règl. nomencl.* art. 56), on n'est pas obligé d'utiliser les épithètes spécifiques qu'elles comportent. Garsault, qui a appelé cette espèce *Nasturtium verrucarium* [*Descr. pl.*, tab. 402 (1764-67)], est exclu de toute façon, parce que cet auteur employait une nomenclature uni-bi-pluri-nominale. La plus ancienne combinaison de noms valable pour cette espèce est donc celle de Gilibert.

BISCUTELLA L.

805. **B. didyma** L. *Sp.* ed. 1, 653 (1753) p. p. et herb. teste A. P. DC. *Syst.* II, 411 (1821); Willd. *Enum. hort. berol.* 673 (1809), ampl.; Bert. *Fl. it.* VI, 522; Coss. in *Bull. soc. bot. Fr.* XIX, 222 et 223; Coss. *Comp. fl. atl.* II, 286; Batt. et Trab. *Fl. Alg.* 37; Bonn. et Bar. *Cat. Tun.* 37; Halacs. *Consp. fl. græc.* I, 104; Murb. *Contr. fl. nord-ouest Afr.* I, 11; Fiori et Paol. *Fl. anal. Ital.* I, 376; Thell. *Fl. adv. Montp.* 256; non Scop. (1772), nec Malin. [1]

Le *B. didyma* L. comprenait non seulement les *B. apula* L. et *B. lyrata* L. décrits en 1771, mais encore en partie les *B. laevigata* L. et *B. coronopifolia* L. qui rentrent dans le groupe spécifique suivant. Cependant, ainsi que l'a récemment fait observer avec raison M. Thellung (in *Bull. soc. bot. suisse* XX, 152), il ressort des termes employés par Linné lui-même en 1771 [*Mant.* II, 254 (1771)] et de son herbier (conf. DC. *Syst.* l. c.) que l'auteur a visé en première ligne sous le nom de *B. didyma* le *B. apula* L. et le *B. ciliata* DC. C'est la raison pour laquelle Bertoloni dès 1844, et de nouveau Cos-son en 1872 ont appliqué la désignation de *B. didyma* à une espèce collec-tive embrassant les *B. Columnae, apula, lyrata*, etc. — En Corse seule-ment la sous-espèce suivante :

Subsp. **apula** Murb. *Contr. fl. nord-ouest Afr.* I, 11 (1897) = *B. apula* L. *Mant.* II, 254 (1771); Gr. et Godr. *Fl. Fr.* I, 136; Rouy et Fouc. *Fl. Fr.* II, 116; Coste *Fl. Fr.* I, 125 = *B. didyma* var. *apula* Coss. *Comp. fl. atl.* II, 287 (1883-87); Bonn. et Bar. *Cat. Tun.* 37.

[1] Malinowski, Edm. *Monographie du genre Biscutella L. I. Classification et distribution géographique.* Cracovie 1910 (*Bull. Acad. Sciences Cracovie*, sér. B, Sc. nat., février 1910). — Nous ne citons ce travail, selon nous insuffisant à tous les points de vue, que pour être complet.

Hab. — Garigues rocailleuses de l'étage inférieur. Mars-mai. ④.

Diffère de la sous-espèce *lyrata* Murb. l. c. [= *B. lyrata* L. *Mant.* II, 254
(1771); Malin. *Mon. Biscut.* 128 = *B. raphanifolia* Poir. *Voy.* 198 (1789) p. p.;
DC. *Syst.* II, 410 = *B. didyma* var. *raphanifolia* Coss. *Comp. fl. atl.* II, 287
(1883-87)] par les feuilles basilaires atténuées en pétiole, grossièrement
dentées et non pas lyrées-pinnatifides. — En Corse :

†† α. Var. **Columnae** Halacs. *Consp. fl. græc.* l, 105 (1900) = *B. Columnae* Ten. *Prodr. fl. nap.* 38 (1811); id. *Fl. nap.* tab. 162, fig. 1; id. *Syll. fl.
neap.* 310, excl. var. β, et spec. auth. in herb. Deless.! ; Boiss. *Fl. or.* I,
321, excl. var. β; Malin. *Mon. Biscut.* 125 p. p. = *B. apula* var. *Columnae*
Gr. et Godr. *Fl. Fr.* 1, 156 (1847) p. p. — Exsicc. Soc. dauph. n. 571 !
Hab. — Bastia (Brun in Soc. dauph. cit.).

Silicules relativement grandes, mesurant env. 10 mm. de diamètre à
la maturité, à valves ± ciliées-scabres sur les marges et sur les faces. —
Les caractères tirés de la longueur des pédicelles et de l'inflorescence
fructifère, invoqués par M. Malinowsky pour distinguer les *B. Columnae*
et *apula*, sont tout à fait fallacieux, et sont souvent contredits par les
échantillons mêmes que cite l'auteur.

β. Var. **apula** Halacs. *Consp. fl. græc.* 1, 105 (1900) = *B. apula* Ten.
Syll. fl. neap. 311 (1831); Boiss. *Fl. or.* 1, 321 ; Malin. *Mon. Biscut.* 127
= *B. didyma* var. δ Bert. *Fl. it.* VI, 523 (1844) = *B. apula* var. *Columnae*
Gr. et Godr. *Fl. Fr.* I, 136 (1847) p. p. — Exsicc. Soleirol n. 470!; Req.
sub : *B. apula*; Reliq. Maill. n. 771!; Mab. n. 4!; Debeaux ann. 1866 sub :
B. apula var. *Columnae* ! et ann. 1868 sub : *B. apula* var.!

Hab. — De beaucoup la forme la plus répandue ; mais pas partout.
Cap Corse (Mab. ap. Mars. *Cat.* 21); env. de Bastia (Salis in *Flora* XVII,
Beibl. II, 79 ; André in Reliq. Maill. cit. ; Mab. *Rech.* I, 11 et exsicc.
cit. ; Debeaux exsicc. cit. ; Gillot in *Bull. soc. bot. Fr.* XXIV, sess. extr.
LVII ; et nombreux autres observateurs) ; St-Florent (Mab. *Rech.* I, 11;
Fouc. et Sim. *Trois sem. herb. Corse* 129 ; Thellung in litt.) ; Belgodère
(Fouc. et Sim. l. c.) ; Corbara (Soleirol exsicc. cit. et ap. Bert. *Fl. it.* VI,
523) ; Caporalino (Gillot ex Rouy et Fouc. *Fl. Fr.* II, 116) ; Corté (Req.
exsicc. cit. et ap. Bert. *Fl. it.* X, 507 ; Thellung in litt.) ; vallée de la
Restonica (Petit in *Bot. Tidsskr.* XIV, 245 ; Thellung in litt.) ; Bonifacio
(Boullu in *Ann. soc. bot. Lyon* XXIV, 66 ; Boy. *Fl. Sud Corse* 54) ; et
localités ci-dessous.

1907. — Cap Corse : Mt Silla Morta, garigues, 100 m., calc., 3 avril fl. fr.!;
— Rocailles près de Pietralba, 450 m., 14 mai fl. fr. (f. ad var. *Columnae*

vergens) ! ; Ostriconi, garigues, 20 avril fl. fr. ! ; garigues entre Novella et
le col de S. Colombano, 500-600 m., 19 avril fl. fr.! ; vallon du Rio Stretto
au-dessus de Francardo, 280 m., 14 mai fr. !

Silicules relativement petites, mesurant environ 6-8 mm. de diamètre
à la maturité, à valves ± ciliées-scabres sur les marges et sur les
faces.

† γ. Var. **ciliata** Halacs. *Consp. fl. græc.* I, 105 (1900) = *B. ciliata* DC.
Mon. Biscut. in *Ann. Mus.* XVIII, 297 (1811) = *B. apula* var. *ciliata* Gr.
et Godr. *Fl. Fr.* I, 136 (1847) = *B. apula* subsp. *ciliata* Rouy et Fouc.
Fl. Fr. II, 116 (1895). — Exsicc. Soc. dauph. n. 683 !

Hab. — Corse sans indication de localité (Thomas ex Dub. *Fl. gall.* I.
41); La Toga près Bastia (Autheman ex Rouy et Fouc. *Fl. Fr.* II, 116);
Ponte alla Leccia (Gillot in *Bull. soc. bot. Fr.* XXIV, sess. extr. LXXXII);
Aleria (Hanry exsicc. cit. et ap. Caruel *Fl. it.* IX, 649).

Silicules relativement petites, mesurant env. 6-8 mm. de diamètre à la
maturité, ± ciliées-scabres sur les marges, à faces glabres. — Le *B. ciliata*
est rapporté par M. Malinowsky (*Mon. Biscut.* 127) en synonyme au *B.
baetica* Boiss. et Reut. d'Espagne, ce qui est en contradiction avec les
termes mêmes de la diagnose de de Candolle.

La valeur systématique de ces trois formes reste douteuse pour nous.
Boissier a commencé par réunir ensemble toutes les formes à-silicules
relativement grandes (var. *megacarpaea* Boiss.) et toutes celles à silicules
relativement petites (var. *microcarpa* Boiss.), sans tenir compte des caractères d'indument [*Voy. Esp.* 55 et 56 (1839-45)] ; plus tard il a séparé spécifiquement ces deux groupes (*Fl. or.* I, 321). Cosson (*Comp. fl. atl.* II,
288 et 291) a au contaire attribué à toutes ces formes une valeur inférieure à celle de variété (comprise comme par nous dans le sens de race)
en se basant sur les résultats des expériences de Caspary et Bouché.
Ces derniers auteurs [in Walp. *Ann.* IV, 205 (1857)] ont obtenu par semis
d'une seule et même inflorescence des individus macrocarpes et microcarpes, à silicules glabres, ciliées sur les marges ou entièrement poilues.
Ces expériences seraient absolument convaincantes si des précautions
avaient été prises pour éviter la pollination croisée entre formes différentes par l'intermédiaire des insectes, laquelle peut s'opérer constamment chez le *B. didyma*, grâce à l'activité très grande des nectaires et à
un dispositif assez semblable à celui qui a été décrit par H. Müller
(*Alpenblumen* 148) chez le *B. laevigata*. Dans les conditions d'expérimen-
tation de Caspary et Bouché, la question reste ouverte [1] et mériterait
d'être reprise avec une technique conforme aux exigences de la science
actuelle. — Le *B. didyma* varie énormément de dimensions, avec feuilles
caulinaires développées ou au contraire bractéiformes, suivant les stations ± favorables où on l'observe.

---

[1] Ces questions ne sont pas même mentionnées, et leur bibliographie antérieure a été
complètement ignorée dans le travail de M. Malinowsky.

⊹ 806. **B. laevigata** L. *Mant.* II, 255 (1771) emend.; Jacq. *Fl. austr.* IV, 20; Bert. *Fl. it.* VI, 526; Gr. et Godr. *Fl. Fr.* I, 135; Coss. *Comp. fl. atl.* II, 290; Rouy et Fouc. *Fl. Fr.* II, 104; Coste *Fl. Fr.* I, 125. — En Corse seulement la race suivante :

‡‡ Var. **Rotgesii** Briq. = *B. Rotgesii* Fouc. in *Bull. soc. bot. Fr.* XLVII, 85, tab. I (1900) = *B. laevigata* subsp. *corsica* Rouy in Rouy *Rev. bot. syst.* I, 132 (1903) et *Fl. Fr.* IX, 459 = *B. corsica* Rouy in *Rev.* cit. (1903) et *Fl. Fr.* IX, 459 (1905).

Hab. — Rocailles schisteuses au débouché des gorges de l'Inzecca, 150-250 m. (Rotgès ann. 1898 ex Fouc. l. c.; Gysperger ap. Rouy in *Rev. bot. syst.* I, 132 et II, 120); et sur le versant opposé de la Pointe Scalajolo, territoire de Pietroso, vall. de Tagnone (Rotgès in litt.).

1907. — Débouché du défilé de l'Inzecca, 9 mai fl. fr. !

Souche ligneuse, rameuse, vivace (racine pivotante annuelle dans toutes les formes du *B. didyma*). Tige rameuse dès la base, vert-cendrée et hérissée dans la partie inférieure, à rameaux allongés, grêles ou capillaires, friables, d'un vert foncé, glabres et lisses ou à poils disséminés vers les nœuds. Feuilles presque toutes groupées en rosette, obovées-oblongues, obtuses ou subaiguës au sommet, sinuées-pinnatilobées, rétrécies à la base en pétiole ailé mesurant env. 2-5 × 0,5-1,5 cm. de surface, densément hérissées sur les deux faces, d'un vert grisâtre ; les caulinaires bractéiformes, très étroites et très courtes. Fleurs petites ou médiocres, d'un jaune pâle, en grappe courte et lâche ; pétales hauts d'env. 3 mm. Silicules larges de 7-9 mm. à la maturité, en grappe allongée, lâche, portées sur des pédicelles capillaires lisses, atteignant jusqu'à 8 mm., à valves obliquement subelliptiques, pourvues sur les faces de très petites aspérités disséminées, à style filiforme dépassant l'échancrure des valves siliculaires.

Nous avons pu étudier sur le vif cette belle race très localisée, grâce aux indications topographiques détaillées que nous a fournies M. Rotgès. Foucaud s'est borné à la décrire sans rien dire sur ses affinités. M. Rouy — qui l'a débaptisée sans raison apparente et sans faire mention de son prédécesseur — la place entre les sous-espèces *glacialis* (Boiss. et Reut.) Rouy et Fouc. et *nana* Rouy et Fouc. Ce rapprochement — dû au rôle que MM. Rouy et Foucaud font jouer dans leur classification à la ténuité des rameaux et au groupement basilaire des feuilles développées — est évidemment plausible, mais nous retrouvons des caractères semblables dans des plantes que les auteurs placent fort loin de là dans leur énumération, en particulier dans le *B. brevicaulis* Jord. (subsp. *corononifolia* forme *B. brevicaulis* Rouy et Fouc. *Fl. Fr.* II, 112). En présence des très nombreuses formes continentales du *B. laevigata* de valeur systématique incertaine, nous n'osons pas attribuer une valeur subspécifique à la var. *Rotgesii*. Pour être exactement fixé sur cette question, et sur les

rapports de notre race avec les formes voisines du continent, il faudrait
faire une étude monographique minutieuse, dont ce groupe a plus que
jamais besoin. [1]

B. auriculata L. *Sp.* ed. 1, 652 (1753); Gr. et Godr. *Fl. Fr.* I, 134; Coss.
Comp. fl. atl. II, 285; Malin. *Mon. Biscut.* 130.

Espèce mauritanique et ibérique, s'étendant aux Canaries (très douteuse pour le midi de la France et pour l'Italie), indiquée en Corse
d'après Jaussin par Burmann (*Fl. Cors.* 214). Cette Biscutelle est tout à
fait étrangère à la flore de l'île.

HUTCHINSIA R. Br.

807. **H. procumbens** Desv. in *Journ. de Bot.* III, 168 (1813-14);
Gr. et Godr. *Fl. Fr.* I, 148; Coste *Fl. Fr.* I, 136 = *Lepidium procumbens*
L. *Sp.* ed. 1, 643 (1753) = *Capsella procumbens* Fries *Nov. fl. suec. Mant.*
I, 14 (1832) = *Noccaea procumbens* Reichb. *Fl. germ. exc.* 663 (1832);
Rouy et Fouc. *Fl. Fr.* II, 91. — En Corse seulement la race suivante :

Var. **Revelieri** Pampan. in *Nuov. giorn. bot. ital.*, nuov. ser. XVI, 36
(1909); non Murr. (quae = var. *pauciflora* Lec. et Lam.) = *H. Revelieri*
Jord. *Diagn.* I, 337 (1864) = *Noccaea procumbens* forme *N. Revelieri*
Rouy et Fouc. *Fl. Fr.* II, 91 et 93 (1895).

Hab. — Rochers maritimes. Févr.-avril. ④. Rare. Ile Rousse (ex Gr.
et Godr. *Fl. Fr.* I, 148); env. de Calvi (herb. Webb ex Pampan. l. c.);
Santa-Manza (Soleirol ex Bert. *Fl. it.* VI, 572); Bonifacio au-dessous de
St-Roch (Revel. ap. Jord. l. c. et Mars. *Cat.* 22).

Diffère des formes arénicoles du *H. procumbens*, assez répandues sur
le littoral méditerranéen, et de la var. *pauciflora* Lec. et Lam., spéciale
aux rochers de l'étage montagnard du continent [Cévennes, Alp. occid.
(St-Véran, Dronero), Alp. austro-or., Calabre], par des pétales relativement larges, la silicule enflée, globuleuse ou ellipsoïdale (et non pas
aplatie-lenticulaire ou aplatie-elliptique). — Plante grêle, à port érigé, à
feuilles minces, presque toutes ovées-elliptiques et entières. Fleurs
petites, à pétales longs d'env. 1,5 mm., dépassant un peu les sépales.
Silicules mesurant env. $3 \times 2,5$-3 mm. en section longitudinale, portées
sur des pédoncules courts, disposées en grappes courtes.

Cette curieuse race a été récemment étudiée à fond, pour elle-même
et dans ses rapports avec les autres éléments de l'espèce, dans un mémoire excellent et détaillé de M. Pampanini auquel nous renvoyons le
lecteur [*La Hutchinsia procumbens e le sue varietà rupestri Revelieri*

[1] Le *B. Rotgesii* a été complètement ignoré dans le travail de M. Malinowsky.

(Jord.) e pauciflora Koch (Nuov. giorn. bot. ital. XVI, 23-62, janv. 1909)].
La plante corse appartient à la forme *genuina* Pamp. (op. cit. 36) qui est
spéciale à l'archipel tyrrhénien (Corse, Sardaigne, Pianosa et Giannutri),
sauf une localité continentale citée par MM. Rouy et Foucaud (Montredon
près Marseille : leg. Piaget), dont nous n'avons pas vu d'échantillons. Une
seconde forme (f. *Sommieri* Pamp. op. cit. 37), à pétales égalant ou dépassant à peine les sépales, à tiges et pédoncules densément et brièvement
pubescents, est spéciale aux îles de Lampéduse et de Comino (Malte).

† 808. **H. petraea** R. Br. in Ait. *Hort. kew.* ed. 2, IV, 182 (1812);
Gr. et Godr. *Fl. Fr.* I, 148 ; Rouy et Fouc. *Fl. Fr.* 158 ; Coste *Fl. Fr.* I,
136 = *Lepidium petraeum* L. *Sp.* ed. 1, 644 (1753).

Hab. — Rochers et rocailles de l'étage montagnard, 400-1200 m.
Avril-mai. ④. Calcicole. Rare. Cimes du Cap Corse au-dessus de Bastia
(Salis in *Flora* XVII, Beibl. II, 78) ; env. de Corté (Burnouf in *Bull. soc.
bot. Fr.* XXIV, sess. extr. XXXI) ; et localités ci-dessous.

1907. — Montagne de Caporalino, rochers, calc., 450-650 m., 11 mai
fr. ! ; cime de la Chapelle de S. Angelo, falaise N., 1100 m., 13 mai fl. !

COCHLEARIA L. emend.

C. glastifolia L. *Sp.* ed. 1, 648 (1753) ; Gr. et Godr. *Fl. Fr.* I, 127 ; Rouy
et Fouc. *Fl. Fr.* II, 302 ; Coste *Fl. Fr.* I, 119.

Cette espèce a été signalée en Corse par Loiseleur [*Fl. gall.* ed. 2, II,
64 (1828)], indication qui a été reproduite par Grenier et Godron (l. c.).
L'origine de cette donnée est inconnue : le *C. glastifolia* n'a, à notre connaissance, jamais été récolté en Corse.

C. officinalis L. *Sp.* ed. 1, 647 (1753) ; Gr. et Godr. *Fl. Fr.* I, 128 ; Rouy
et Fouc. *Fl. Fr.* II, 199 ; Coste *Fl. Fr.* I, 119.

Cette espèce, indiquée en Corse par Burmann (*Fl. Cors.* 220) d'après
Jaussin, est absolument étrangère à la flore de l'île.

THLASPI L. emend.

† 809. **T. perfoliatum** L. *Sp.* ed. 1, 646 (1753) ; Gr. et Godr. *Fl.
Fr.* I, 143 ; Rouy et Fouc. *Fl. Fr.* II, 144 ; Coste *Fl. Fr.* I, 133.

Hab. — Garigues rocailleuses, friches, champs de l'étage montagnard,
400-1200 m. Calcicole. Avril-mai. ①. Rare. Sommités du Cap Corse
(Salis in *Flora* XVII, Beibl. II, 78 ; Soleirol ex Bert. *Fl. it.* VI, 543) ; et
localités ci-dessous.

1907. — Montagne de Caporalino, rocailles et friches, calc., 450-650 m.,
11 mai fr.! ; cime de la Chapelle de S. Angelo, rocailles, calc., 1150 m.,
13 mai fr.! ; montée d'Omessa au col Bocca al Pruno, garigues rocailleuses, calc. mélangé, 700-900 m., 13 mai fr. !

Cette espèce avait déjà été signalée en Corse par Valle (*Fl. cors.* 217)
et par Viviani (*Fl. cors. diagn.* 11) sans indication de localité. Elle n'avait
pas été retrouvée depuis l'époque de Soleirol.

810. **T. alliaceum** L. *Sp.* ed. 1, 646 (1753) ; Gr. et Godr. *Fl. Fr.* 1,
144 ; Rouy et Fouc. *Fl. Fr.* II, 147 ; Coste *Fl. Fr.* I, 133.

Hab. — Garigues rocailleuses, friches, vignes. Avril-mai. ②. Très
rare ou passé inaperçu. Jusqu'ici seulement aux env. de Serragio-di-
Venaco (Revel. ex Mars. *Cat.* 21). A rechercher.

811. **T. brevistylum** Jord. *Obs.* III, 27 (1846), sensu ampl. = *Hutchinsia brevistyla* DC. *Syst.* II, 387 (1821) = *T. rivale* Presl *Del. prag.* I, 12
(1822), sensu ampl.; Caruel *Fl. it.* IX, 705 ; Fiori et Paol. *Fl. anal. It.* I, 472.

Le *T. brevistylum* possède en commun avec les *T. perfoliatum* et *alliaceum* un style minuscule placé au fond de l'échancrure apicale de la silicule. Il diffère de prime abord et sous toutes ses formes : du *T. perfoliatum*
par la racine bisannuelle ou vivace, la couleur des anthères (blanches-
lilacées et non pas jaunes), les silicules plus allongées, étroitement ailées
(et non pas obovées largement ailées) et la grappe fructifère bien plus
courte ; du *T. alliaceum* par la forme des feuilles, les anthères blanches-
lilacées (et non pas jaunes), les silicules plus allongées, la grappe fructifère bien plus courte et les graines lisses (grises et alvéolées dans le
T. alliaceum). Il s'écarte du polymorphe *T. alpestre* par la silicule à style
très court, à ailes très étroites et la grappe fructifère courte. Le port du
T. brevistylum est relativement nain par rapport aux espèces précédentes, même dans les échantillons les plus caulescents. Le *T. microphyllum* Boiss. et Orph., des hautes montagnes de la Grèce, qui ressemble par la forme des siliques et par le port aux échantillons nains
du *T. brevistylum*, s'en distingue immédiatement par son style dépassant
nettement les lobes alaires de la silicule (stigmate subsessile dans le
T. brevistylum). — En Corse, la sous-espèce suivante :

Subsp. **eu-brevistylum** Briq. = *Hutchinsia brevistyla* DC. *Syst.*
II, 387 (1827), sensu stricto, patria erron.; Duby *Bot. gall.* I, 39; Salis
in *Flora* XVII, Beibl. II, 78 = *Hutchinsia pygmaea* Viv. *App. fl. cors.
prodr.* 3 (1825) = *Lepidium pygmaeum* Lois. *Fl. gall.* ed. 2, II, 58 (1828)
= *T. rivale* Gr. et Godr. *Fl. Fr.* I, 146 (1847), quoad pl. cors.; non
Presl = *Thlaspi rivale* Bert. *Fl. it.* VI, 542 et *Hutchinsia brevistyla* Bert.
op. cit. VI, 566 (1844) = *T. brevistylum* Jord. *Obs.* III, 27, tab. I bis, fig. 11

8

(1846); Rouy et Fouc. *Fl. Fr.* II, 153; Coste *Fl. Fr.* I, 134 = *T. pygmaeum* Jord. *Diagn.* I, 252 (1864); Gillot in *Bull. soc. bot. Fr.* XXIV, sess. extr. LXXIX = *T. rivale* var. *brevistylum* Fiori et Paol. *Fl. anal. Ital.* I, 472 (1898). — Exsicc Soleirol n. 113!; Burn. ann. 1900, n. 136!, 154!, 287! et 289!; Burn. ann. 1904, n. 32!, 33!, 287!, 289! et 455!

Hab. — Rocailles des étages montagnard, subalpin et alpin, 1000-2400 m. Mai-août. ②-♃. Abonde surtout dans les grands massifs du centre, plus rare ailleurs. Monte Stello (Chabert! in *Bull. soc. bot. Fr.* XXIX, sess. extr. LIII); Monte S. Pietro (Gillot in *Bull. soc. bot. Fr.* XXIV, sess. extr. LXXIX); Monte Grosso (de Calvi) (Soleirol exsicc. cit. et ap. Gr. et Godr. *Fl. Fr.* I, 146); Capo al Berdato (Lit. in *Bull. acad. géogr. bot.* XVIII, 77); Monte Cinto (Soleirol ex Bert. *Fl. it.* VI, 567; Soulié ex Coste in *Bull. soc. bot. Fr.* XLVIII, sess. extr. CXVIII; Lit. in *Bull. acad. géogr. bot.* XVIII, 67); col de Vergio (Briq. *Spic.* 28 et Burn. ann. 1904, n. 33; Lit. *Voy.* II, 16; Sagorski in *Mitt. thür. bot. Ver.* XXVII, 46); Paglia Orba (Lit. in *Bull. acad. géogr. bot.* XVIII, 75); forêt de Valdoniello (Fliche in *Bull. soc. bot. Fr.* XXXVI, 358); Punta Artica (Lit. in *Bull. acad. géogr. bot.* XVIII, 71); montagne de Nino (Salis in *Flora* XVII, Beibl. II, 78); « Mont Piano » près Corté (Burnouf ex Rouy et Fouc. *Fl. Fr.* II, 154); Monte Rotondo (Mars. *Cat.* 21; Sargnon in *Ann. soc. bot. Lyon* VI, 80; Burnouf in *Bull. soc. bot. Fr.* XXIV, sess. extr. XX et LXXVI; Briq. *Rech. Corse* 21 et Burn. ann. 1900, n. 287 et 289; et autres observateurs); Monte d'Oro (Kralik ex Rouy et Fouc. l. c.; Briq. *Spic.* 28 et Burn. ann. 1904, n. 28 et 34; Ellman et Jahandiez in litt.; montagne entre Vizzavone et Ghisoni (Briq. *Spic.* 28 et Burn. ann. 1904, n. 32 et 455); montagnes de Bocognano (Revel. in Bor. *Not.* III, 3); Monte Renoso (Revel. l. c.; Briq. *Rech. Corse* 37; Lit. *Voy.* II, 31); env. de Bastelica (Thomas et Soleirol ex Duby *Bot. gall.* 39); col de la Cagnone (Jord. *Obs.* III, 28; Shuttl. *Enum.* 6); Mᵗ Incudine (Kralik ex Rouy et Fouc. l. c.; Lit. *Voy.* I, 17); Coscione [(Serafini ex) Viv. *App. fl. cors. prodr.* 3; Jord.! l. c.; Lutz in *Bull. soc. bot. Fr.* XLVIII, sess. extr. CXLIX); et localités ci-dessous.

1906. — Rocailles de la Cima della Mufrella, 2000 m., 12 juill.; rocailles sur le versant S. du Monte Corona, 2000 m., 27 juill., fr.!; rochers du Capo Bianco, 2500 m., 7 août fr.!; rochers des arêtes entre le Capo Largina et le Monte Cinto, 2500-2700 m., 29 juill., fr.!; rocailles du Paglia Orba, 2500 m., 19 août fr.!; rocailles du Capo al Chiostro, 2290 m., 3 août fr.!; rochers herbeux en face des bergeries de Grotello, 1400-1600 m., 3 août fr.;! rocailles du Monte Rotondo, 2600 m., 6 août fl.!;

rocailles sur le versant E. du Monte d'Oro, 2100 m., 9 août fl. fr.!; rocailles du col de la Cagnone, 1900 m., 21 juill. fl.!; rocailles entre les pointes de Monte et Bocca d'Oro, 1950 m., 20 juill. fr.!; hêtraies entre les bergeries d'Aluccia et le col du Mt Incudine, 1600 m., 18 juill. fr.!; rocailles du Mt Incudine, 2000-2130 m., 18 juill. fr.!

1907. — Monte Grima Seta et Monte Asto, rocailles, 1400-1500 m., 15 mai fl.!

1908. — Monte Padro, rochers et rocailles, 2300 m., 4 juill. fl. fr.!

1910. — Cap Corse : Monte Capra, 1200 m., 16 juill. fr.! — Punta della Capella d'Isolaccio, antres des rochers à l'ubac, 2000-2044 m., 30 juill. fr.!; Mt Incudine, cheminées et rocailles du versant S., 1900-2000 m., 25 juill. fl. fr.! Punta del Fornello, rocailles, calc., 1900 m., 25 juill. fr.!

1911. — Fourches de Bavella, rocailles, 1400-1550 m., 13 juill. fr.!; Calancha Murata, rocailles, 1300-1460 m., 11 juill. fr.!

Plante haute de 1-15 cm. Feuilles glaucescentes, un peu épaisses, entières ou subentières, les basilaires petites, elliptiques-subarrondies ou obovées, atténuées à la base en un pétiole assez long, les caulinaires inférieures plus courtes, souvent encore pétiolées, les suivantes sessiles, ovées ou obovées-oblongues, très obtuses, auriculées à la base. Fleurs blanches, petites, à sépales dressés, ovés-arrondis, à pétales atteignant deux fois la longueur des sépales, longs d'env. 2 mm. Anthères d'un blanc lilacé, grisâtres à la fin, à pollen jaune pâle. Silicule mesurant env. 5×3 mm. à la maturité, obtriangulaire-oblongue, convexe en dessous, un peu concave en dessus, atténuée-subarrondie à la base, à valves très étroitement ailées vers le sommet, à lobes ovés, dressés, atteignant jusqu'à 0,8 mm. de hauteur, séparées par un sinus arrondi, rarement subaigu, au milieu duquel se trouve le style toujours plus court que les lobes (haut d'env. 0,1 mm.). Semences au nombre de 3-4 dans chaque loge, mesurant env. $1,4 \times 0,7$ mm. en section longitudinale, ovoïdes-oblongues, de couleur rousse très claire.

La valeur systématique du *T. brevistylum* a été discutée, les uns en faisant une espèce de premier ordre, les autres seulement une variété par rapport au *T. rivale* de Sicile ou de la Grèce. On peut faire valoir en faveur de la seconde opinion que le principal caractère du *T. brevistylum* de la Corse, qui réside dans l'échancrure apicale arrondie de la silicule, est parfois chancelant. Ainsi nos échantillons de la Calancha Murata présentent une échancrure subaiguë sur plusieurs silicules, et non nettement arrondie sur les autres. D'autre part, M. de Halacsy [*Prodr. fl. græc.* 1, 109 (1910)] se borne à dire du *T. rivale* « siliculis.... plus minus profunde emarginatis ». Il ne reste guère que les silicules généralement un peu plus petites et la couleur pâle des semences un peu moins grandes. En tenant compte de la distribution géographique, on arrivera, croyons-nous, à estimer le *Thlaspi* corse à sa valeur vraie, en lui donnant le rang de sous-espèce.

Le *T. brevistylum* subsp. *eu-brevistylum* offre une apparence extrêmement variable. Les échantillons varient : nains, à grappes presque sessiles [*Hutchinsia pygmaea* Viv. l. c. (1825) = *T. pygmaeum* Jord. l. c. (1825) = *T. brevistylum* var. *minus* Rouy et Fouc. *Fl. Fr.* II, 154 (1895)] ou caulescents et à tige abondamment feuillée (*T. brevistylum* var. *elongatum* Rouy et Fouc. l. c.). Cependant, il ne s'agit pas là de variétés dans le sens de races, mais de simples états individuels : les deux formes extrêmes se trouvant pêle-mêle avec toutes les transitions possibles.

Le *T. brevistylum* subsp. *eu-brevistylum* n'est connu avec certitude que de la Corse. Jordan [*Obs.* III, 29 (1846)], et après lui tous les floristes qui ont eu à s'occuper de la flore de la Corse et de la Sardaigne, l'ont considéré comme identique au *T. rivale* Moris [*Fl. sard.* I, 123, tab. 9 (1837)], et cette identification paraît au premier abord plausible d'après la figure. Mais la description contient quelques éléments qui font naître le doute. En particulier, l'auteur dit de son *T. rivale* « antheris luteis » par opposition au *T. alpestre* dont les anthères sont dites purpurascentes, et il ajoute que le caractère « antherarum colore flavo depromptus » persiste par la culture. Or, ainsi que l'a très exactement décrit Jordan (l. c.), le *Thlaspi* corse a des anthères d'un blanc lilacé, et nullement jaunes. Cette divergence peut sans doute s'expliquer par une erreur de Moris, comme elle peut être aussi due au fait que le *T. rivale* sarde représente une race différente. Malheureusement, nous n'avons pas vu le *T. rivale* de Sardaigne, qui est fort rare et localisé au Mt Gennargentu, et devons laisser cette question en suspens.

La découverte du *T. brevistylum* subsp. *eu-brevistylum* en Corse remonte à Labillardière qui l'y découvrit au retour de son voyage en Syrie en 1787. L'espèce a été indiquée en Syrie par de Candolle (*Syst.* II, 387) par suite d'une méprise analogue à celle qui a été signalée plus haut pour le *Lepidium hirtum* subsp. *oxyotum*. Le premier auteur qui ait identifié l'*Hutchinsia brevistyla* DC. avec le *T. rivale* Moris est Bertoloni. Bertoloni, par suite d'un lapsus bien rare chez cet auteur consciencieux et exact, a décrit deux fois cette espèce, une première fois sous le nom de *Thlaspi rivale* (*Fl. it.* VI, 542) et une seconde fois sous le nom d'*Hutchinsia brevistyla* (op. cit. 566) ; voy. à ce sujet : Bubani *Dodecanthea* 9-11.

11. Subsp. **rivale** Briq. = *T. rivale* Presl *Del. prag.* I, 12 (1822) et *Fl. sic.* I, 62 ; Guss. *Fl. sic. prodr.* II, 216 et *Syn. fl. sic.* II, 156 ; Boiss. *Fl. or.* I, 327 ; Halacs. *Consp. fl. græc.* I, 109 ; non Moris, nec Gr. et Godr.

Diffère de la sous-esp. I par : les siliques plus grandes (atteignant 8 × 4 mm.), à lobes alaires plus développés, hauts de plus de 1 mm., séparés par une échancrure ± aiguë ; les graines d'un brun foncé, mesurant 1,7 × 1,3 mm. en section longitudinale. — Espèce des îles de Sicile et de Céphalonie, ainsi que des montagnes de l'Epire, indiquée en Corse par Bertoloni et Godron par confusion avec la sous-esp. précédente.

TEESDALIA R. Br.

812. **T. coronopifolia** Thell. in Fedde *Repert.* X, 289 (1912) = *Lepidium nudicaule* L. *Sp.* ed. 1, 643 (1753) = *Thlaspi nudicaule* Berger.

Phyton. III, 27 et ic. (1783-86); Desf. *Fl. atl.* II, 67 (1799) = *T. coronopi-folium* Berger. l. c. 29 et ic. (1783-86) = *Guepinia Lepidium* Desv. in *Journ. de Bot.* III, 167 (1814) = *T. regularis* Sm. in *Trans. linn. soc.* XI, 286 (1815) = *T. Lepidium* DC. *Syst.* II, 392 (1821); Gr. et Godr. *Fl. Fr.* I, 142; Rouy et Fouc. *Fl. Fr.* I, 141 ; Coste *Fl. Fr.* I, 130. — Exsicc. Soleirol n. 464 ! ; Kralik n. 479 ! ; Reverch. ann. 1879 sub : *T. Lepidium* !

Hab. — Sables, ou points ± rocailleux-psammiques des garigues, des maquis et des forêts, 1-1500 m. Févr.-juill. selon l'altitude et l'exposition. ⨁. Calcifuge. Répandu et abondant dans l'île entière.

1907. — Montée de Pietralba au col de Tende, 900 m., 15 mai fl. fr. ! ; garigues entre Novella et le col de S. Colombano, 500-600 m., 19 avril fl. fr. ! ; rocailles du défilé de l'Inzecca, 8 mai fl. fr. !

1908. — Vallée inf. du Tavignano, pineraies, 1200 m., 26 juin fr. !

1910. — Fosse de Prato, creux sableux des rochers dans les hêtraies, 1500 m., 30 juill. fr. !

Ainsi que l'avait déjà observé Salis (in *Flora* XVII, Beibl. II, 79), cette espèce varie énormément avec les conditions du milieu : naine, à tige scapiforme et à feuilles très étroites et entières dans les stations exposées, surtout des régions supérieures, elle devient un peu caulescente, à feuilles plus grandes, roncinées-pinnatifides dans les stations ombragées. Aucune de ces variations ne constitue une véritable race. Salis se demandait si, en présence de ce polymorphisme, il ne conviendrait pas de réunir cette espèce avec le *T. nudicaulis* R. Br. (*Iberis nudicaulis* L. ; *T. Iberis* DC.). De même, Marsilly (*Cat.* 21) rapprochait de cette dernière espèce des échantillons récoltés à la Foce de Vizzavona. MM. Foucaud et Simon ont même indiqué le *T. nudicaulis* R. Br. à Belgodère (*Trois sem. herb. Corse* 55 et 129). Mais il y a probablement là seulement un lapsus, sans cela les auteurs n'auraient pas manqué de désigner ce *Teesdalia* comme nouveau pour la Corse, ce qu'ils n'ont pas fait. Pour autant que la bibliographie, les herbiers et notre expérience permettent de l'affirmer, nous ne possédons en Corse que le *T. coronopifolia* Thell. (*T. Lepidium* DC.) qui diffère d'une façon constante du *T. nudicaulis* par son épiderme glabre et luisant, les feuilles basilaires aiguës, à lobes aigus lorsqu'elles sont découpées, les pétales extérieurs peu inégaux, les étamines le plus souvent 4 et les silicules un peu plus petites, à stigmate sessile (porté par un style court dans le *T. nudicaulis*).

T. nudicaulis R. Br. in Ait. *Hort. kew.* ed. 2, IV, 83 (1812) ; Gr. et Godr. *Fl. Fr.* I, 141 ; Rouy et Fouc. *Fl. Fr.* II, 140 ; Coste *Fl. Fr.* I, 130 = *Iberis nudicaulis* L. *Sp.* ed. 1, 650 (1753) = *I. nudicaulis* Berger. *Phytonom.* III, 21 et *I. bursifolia* Berger. op. cit. 23 (1783-86) = *Guepinia nudicaulis* Bast. *Suppl. fl. Dép. Maine-et-Loire* 35 (1812) = *Guepinia Iberis* DC. *Fl. fr.* V, 596 (1815) = *T. Iberis* DC. *Syst.* II, 392 (1821).

Espèce indiquée aux env. de Belgodère par MM. Foucaud et Simon (*Trois sem. herb. Corse* 45 et 129), probablement par suite d'une confusion avec l'espèce précédente. Voy. ci-dessus.

CAMELINA Crantz

† 813. **C. sativa** Crantz *Stirp. austr.* I, 17 (1762); Coss. *Comp. fl. atl.* II, 148 ; Beck *Fl. Nied.-Öst.* 482.

Hab. — Champs et moissons de l'étage inférieur. Juin-juill. ④. Rare ou peu observé. Balagne (Soleirol ex Bert. *Fl. it.* VI, 590). On pourra rechercher en Corse les deux races suivantes :

α. Var. **silvestris** Fries *Nov. fl. suec.* ed. 1, 91 (1819) et ed. 2, 499 ; Coss. *Comp. fl. atl.* II, 148 = *C. microcarpa* Andrz. ap. DC. *Syst.* II, 517 (1821) = *C. silvestris* Wallr. *Sched. crit.* 847 (1823) ; Gr. et Godr. *Fl. Fr.* I, 130 ; Rouy et Fouc. *Fl. Fr.* II, 234 ; Coste *Fl. Fr.* I, 122 = *C. sativa* var. *microcarpa* Beck *Fl. Nied.-Öst.* 483 (1892).

Plante généralement velue, rarement glabrescente. Silicules 2-3 fois aussi longues que le style.

β. Var. **sativa** Fries l.c. ; Coss. l.c. = *C. sativa* Gr. et Godr. *Fl. Fr.* I, 130 ; Rouy et Fouc. *Fl. Fr.* II, 233 ; Coste *Fl. Fr.* I, 121 = *C. sativa* var. *vulgaris* Beck *Fl. Nied.-Öst.* 483 (1892).

Plante glabre ou glabrescente. Silicules 3-4 fois aussi longues que le style.

†† 814. **C. dentata** Pers. *Syn.* II, 191 (1807) ; Koch *Syn.* ed. 3, 59 ; Neilr. *Fl. Nied.-Öst.* 746 ; Beck *Fl. Nied.-Öst.* 483 = *C. linicola* Schimp. et Spenn. in Spenn. *Fl. frib.* III, 958 (1829) = *C. foetida* Fries *Mant.* III, 70 (1842) ; Gr. et Godr. *Fl. Fr.* I, 131 ; Rouy et Fouc. *Fl. Fr.* II, 232 ; Coste *Fl. Fr.* I, 121.

Hab. — Champs de lin, moissons de l'étage inférieur. Juin-juill. ④. Rare ou peu observé. Env. de Corté (Burnouf in *Bull. soc. bot. Fr.* XXIV, sess. extr. XXXI).

VOGELIA Medik.

Le nom de *Vogelia* Med. [*Pflanzeng.* 32-34, t. 1, fig. 6 (avril ou mai 1792)] jouit d'une priorité incontestable sur le nom de *Neslia* Desv. [in *Journ. de Bot.* III, 162 et 163 (1813-14)] et doit être adopté pour ce genre. Avant

1792, le même nom de *Vogelia* avait déjà été employé deux fois dans des cas différents, mais ces désignations sont devenues caduques. En effet, le genre *Vogelia* Gmel. [*Syst.* 107 (1791)] est un simple synonyme du genre *Burmannia* et ne peut être pris en considération. Quant au genre *Vogelia* Lamk (*Ill.* II, 147, t. 149), il soulève les difficultés qui surgissent habituellement lorsqu'il s'agit de fixer la date de publication exacte des différentes parties de l'œuvre classique de Lamarck. L'*Index kewensis* attribue au volume II la date de 1792, bien que le titre porte 1793, et Otto Kuntze (*Rev. gen.* I, 37) a indiqué juillet-août 1792 ou une date postérieure. Depuis lors, les détails bibliographiques donnés par ce dernier érudit (*Rev. gen.* III[II], 157) sur les dates de publication des diverses livraisons de l'*Illustration* permettent d'affirmer que le genre *Vogelia* Lamk a été publié à une date postérieure à 1800, probablement seulement en 1823. Le genre *Vogelia* Med. (Crucifères) reste donc valable, tandis que le genre *Vogelia* Lamk (Plombaginacées) doit prendre un autre nom : Otto Kuntze l'a appelé *Dyerophytum*.

815. **V. paniculata** Hornem. *Hort. hafn.* II, 594 (1815) ; Asch. *Fl. Brand.* 932 ; Burn. *Fl. Alp. mar.* I, 124 = *Myagrum paniculatum* L. *Sp.* ed. 1, 641 (1753) = *Vogelia sagittata* Medik. *Pflanzeng.* 32 (1792) = *Neslia paniculata* Desv. in *Journ. de Bot.* III, 162, t. 25, f. 1 (1813-14) ; Gr. et Godr. *Fl. Fr.* I, 132 ; Rouy et Fouc. *Fl. Fr.* II, 160 ; Coste *Fl. Fr.* I, 122.

Hab. — Moissons de l'étage inférieur. Mai-juin. ④. Çà et là, pas fréquent. Env. de Bastia (Salis in *Flora* XVII, Beibl. II, 80 ; Mab. ap. Mars. *Cat.* 20) ; Novella (Fouc. et Sim. *Trois sem. herb. Corse* 129) ; Ile Rousse (Soleirol ex Bert. *Fl. it.* VI, 593) ; Porto-Vecchio (Mars. *Cat.* 20) ; Bonifacio (Mars. l. c.) ; et localité ci-dessous.

1907. — Moissons près de Pietralba, 450 m., 14 mai fl. fr. !

CAPSELLA [1] Medik.

816. **C. Bursa-pastoris** Mœnch *Meth.* 271 (1794) ; Rouy et Fouc. *Fl. Fr.* II, 93 ; Coste *Fl. Fr.* I, 135 = *Thlaspi Bursa-pastoris* L. *Sp.* ed. 1, 647 (1753) ; Gr. et Godr. *Fl. Fr.* I, 147.

Hab. — Sables maritimes, garigues rocailleuses, friches, cultures, du littoral jusque dans l'étage alpin. Fleurit toute l'année. ④. Deux sousespèces :

I. Subsp. **eu-Bursa** Briq. = *C. Bursa-pastoris* L. l. c., sensu stricto.

[1] Nomen utique conservandum (*Règl. nom. bot.* art. 20 et éd. 2 p. 87).

Hab. — Distribution mal connue, mais probablement moins fréquente que la sous-espèce suivante. Calvi (Fouc. et Sim. *Trois sem. herb. Corse* 129); Ghisoni (Rotgès in litt.); Ajaccio (Thellung in litt.); Bonifacio (Boy. *Fl. Sud Corse* 57); et localités ci-dessous.

1907. — Friches près de Pietralba, 450 m., 14 mai fl. fr.!

1908. — Monte Asto, creux recherchés par les moutons, 1500 m., 1 juill. fr.!

Sépales ± pubescents ou glabrescents, généralement verts. Pétales dépassant nettement les sépales, blancs. Silicules assez grandes, à marges latérales droites ou convexes, en général peu atténuées à la base.

II. Subsp. **rubella** Rouy et Fouc. *Fl. Fr.* II, 95 (1895) = *C. rubella* Reut. in *Bull. soc. Hallér.* 18 (1853-54) et *Cat. pl. vasc. Genève*, éd. 2, 22; Gren. *Fl. chaîne jurass.* 68 = *C. rubescens* Personn. in *Bull. soc. bot. Fr.* VII, 511 (1860) = *Thlaspi rubellum* Billot *Annot. fl. Fr. et All.* 124 (1855) = *C. Bursa-pastoris* var. *rubella* Rapin *Guide bot. cant. Vaud*, éd. 2, 65 (1862) = *Thlaspi Bursa-pastoris* var. *rubellum* Loret *Fl. Montp.*, éd. 2, 47 (1886); Burn. *Fl. Alp. mar.* 1, 144 = *C. Bursa-pastoris* var. *parviflora* Car. *Fl. it.* IX, 672 (1893).

Hab. — Probablement beaucoup plus fréquente que la précédente. Bastia! [Salis (sub : *C. Bursa-pastoris*) in *Flora* XVII, Beibl. II, 80]; Calvi (Fouc. et Sim. *Trois sem. herb. Corse* 129); Ponte-alla-Leccia (Thellung in litt.); Ajaccio (Revel. in Bor. *Not.* I, 4; Coste in *Bull. soc. bot. Fr.* XLVIII, sess. extr. CIV; Thellung in litt.); Pozzo di Borgo (Boullu in *Bull. soc. bot. Fr.* XXIV, sess. extr. XCVII; Coste ibid. XLVIII, sess. extr. CXI); Porto-Vecchio (Revel. in Bor. *Not.* III, 3); Ventilègne (Revel. in Bor. ibid.).

1908. — Rocailles à Vizzavona, 905 m., 14 juill. fl. fr.!

Sépales généralement glabres et rougeâtres. Pétales dépassant à peine les sépales, souvent rosés. Silicules plus petites, atténuées à la base, à marges latérales concaves.

Il nous paraît bien difficile de caractériser des variétés, dans le sens de races, à l'intérieur de ces deux groupes. Nous voyons les caractères de la silicule sur lesquels sont basées les espèces de Jordan (variétés de MM. Rouy et Foucaud l. c.) varier dans une seule et même grappe.

RESEDACEAE

ASTROCARPUS Neck.

817. **A. Sesamoides** [1] Duby *Bot. gall.* 67 (1828); Müll. Arg. in DC. *Prodr.* XVI, 2, 552; Rouy et Fouc. *Fl. Fr.* II, 251; Coste *Fl. Fr.* I, 161 = *R. canescens, purpurascens* et *Sesamoides* L. *Sp.* ed. 1, 448 et 449 (1753). — Deux sous-espèces :

I. Subsp. **sesamoides** Rouy et Fouc. *Fl. Fr.* II, 252 (1895) = *R. sesamoides* Gouan *Hort. monsp.* 229 (1762); J. Gay in F. Sch. *Arch. fl. Fr. et All.* 33; Gr. et Godr. *Fl. Fr.* I, 190; Müll. Arg. *Mon. Resed.* 219.

Souche gazonnante. Feuilles étroitement lancéolées, les basilaires groupées en rosettes denses. Sépales ± obtus. Etamines 7-9, à filets glabres, ± solitaires devant les deux pétales antérieurs. Gynophore glabre. Carpelles dépassés par toute la longueur du style latéral. — En Corse seulement la variété suivante.

Var. **alpinus** Salis in *Flora* XVII, Beibl. II, 73 (1834) = *Reseda pygmaea* Scheele in *Flora* XXVI, 426 (1843) = *A. sesamoides* var. *alpinus* et var. *Gayanus* Müll. Arg. *Mon. Resed.* 221 (1857) = *A. interruptus* Bor. *Not. pl. Cors.* III, 8 (1860) = *A. sesamoides* var. *stellatus* et var. *alpinus* Müll. Arg. in DC. *Prodr.* XVI, 2, 554 (1868) = *A. sesamoides* subsp. *sesamoides* (type) et var. *alpinus* Rouy et Fouc. *Fl. Fr.* II, 252. — Exsicc. Reverch. 1878 et 1879, n. 16!; Burn. ann. 1900, n. 303! et 426!; Burn. ann. 1904, n. 58!

Hab. — Rocailles mélangées de sable des étages subalpin et alpin, 1200-2200 m. Calcifuge. Mai-août selon l'altitude. ♃. Assez fréquente dans les grands massifs du centre; non signalée dans les massifs du Cap Corse, de Tende et du S. Pietro. Monte Grosso (Soleirol ex Bert. *Fl. it.* V, 35); col de Vergio (Briq. *Spic.* 28 et Burn. exsicc. ann. 1904; Lit. *Voy.* II, 16 et 17; Sagorski in *Mitt. thür. bot. Ver.* XXVII, 46); forêt d'Aitone (Mars. *Cat.* 25); forêt de Valdoniello (Mars. l. c.; Gysperger in Rouy *Rev. bot. syst.* II, 113); Bocca Stromfoli entre le Capo Facciata et

---

[1] *Sesamoides* est un ancien nom générique que Linné écrivait avec une majuscule; cette graphie doit être conservée pour cette espèce placée dans le genre *Astrocarpus*. Il en est de même pour l'épithète spécifique *Luteola* dans le *Reseda Luteola*.

la Punta Artica (Lit. in *Bull. acad. géogr. bot.* XVIII, 122) ; Monte Cardo près Corté (Burnouf ex Rouy et Fouc. *Fl. Fr.* II, 253) ; Monte Rotondo (Salis in *Flora* XVII, Beibl. II, 73 ; Sieber ex Scheele in *Flora* XXVI, 426; Bernard ex Müll. *Mon. Res.* 221 ; Doùmet in *Ann. Hér.* V, 191 ; Mars. l. c.; Briq. *Rech. Corse* 21 et Burn. exsicc. ann. 1900, n. 303) ; col de Manganello (Soulié ex Coste in *Bull. soc. bot. Fr.* XLVIII, sess. extr. CXVIII); Monte d'Oro (Mars. l. c.) ; Monte Renoso (Revel. in Bor. *Not.* III, 3 ; Reverch. exsicc. ann. 1878; Kralik ex Rouy et Fouc. l. c. ; Briq. *Rech. Cors.* 26 et Burn. exsicc. ann. 1900, n. 426 ; Lit. *Voy.* II, 31 ; Rotgès in litt.) ; Mt Incudine (Lit. *Voy.* II, 31) ; Coscione (Seraf. ex Bert. l. c.; Salis l. c. ; Reverch. exsicc. cit. ann. 1879 ; R. Maire in Rouy *Rev. bot. syst.* II, 25 ; Gysperger ibid. 119) ; montagnes de Porto-Vecchio (Seraf. ex Bert. l. c.) ; et localités ci-dessous.

1906. — Cima della Mufrella, rocailles, 1800-2000 m., 12 juill. ; pierrailles sur le versant S. du Mont Corona, 2000 m., 27 juill. fl. fr. ! ; Monte Traunato, arêtes sablonneuses, 2100 m., 31 juill. fl. fr. ! ; Paglia Orba, rocailles, 2400-2500 m., 9 août fl. fr. ! ; Capo al Chiostro, pierrailles, 2000 m., 3 août ; Punta de Porte, versant N., pierrailles, 4 août ; couloirs du Monte Ro-Rotondo, au-dessus du lac Scapuccioli, 2500 m., 6 août fl. fr. ! ; Mont Incudine, graviers de 1700-2136 m., 18 juill. fl. !

1910. — Monte Grosso de Bastelica, rocailles sableuses, 1650 m., 30 juill. fl. fr. ! ; col d'Asinao, rocailles, 1680 m., 24 juill. fl. fr. ! ; Punta del Fornello, graviers, 1800 m., 25 juill. fl. fr. !

1911. — Fourches de Bavella, rocailles, 1400-1550 m., 13 juill. fl. fr. ! ; Monte Calva, rocailles sableuses du sommet, 1370 m., 10 juill. fr. !

Plante naine (2-15 cm.), à tiges florifères couchées, peu feuillées, à grappes courtes.

En créant son *A. sesamoides* β *alpinus*, Salis n'a nullement entendu viser exclusivement certains échantillons particulièrement nains (comme MM. Rouy et Foucaud l. c.), triés parmi d'autres qui le sont moins. Il a simplement voulu opposer l'Astrocarpe alpin corse à l'*A. sesamoides* α (Salis l. c.), caractéristique de la région littorale entre le cours inférieur du Fiumorbo et Porto-Vecchio (voy. la sous-espèce suivante). Müller (*Mon. Resed.* l. c.) a compris la var. *alpinus* comme Salis, mais a cru devoir en séparer (sous le nom de var. *Gayanus* Müll.) la plante des Pyrénées. Cette distinction due à l'insuffisance des documents dont disposait Müller pour la Corse (uniques échantillons récoltés par Bernard au Monte Rotondo) est absolument inadmissible : il n'y a aucune différence entre la plante corse et la plante pyrénéenne ; celles qu'indique Müller (tiges plus élevées et feuilles plus étroites dans les Pyrénées) varient d'une localité et même d'un échantillon à l'autre, tant dans les Pyrénées qu'en Corse, elles sont purement locales ou individuelles. Si nous maintenons pour la race ici visée le nom qui lui a été donné par Salis, c'est par opposition à la var. **firmus** Müll. [*Mon. Resed.* 221 (1857) et in DC. *Prodr.* XVI, 2, 553 ; Rouy et Fouc. *Fl. Fr.* II, 257] spéciale aux Cévennes et à l'Auvergne, laquelle se distingue par les tiges florifères plus élevées (10-20 cm.), plus dressées, plus feuillées, à feuilles caulinaires plus larges, et à grappes sensiblement plus longues. Cette dernière établit le passage à la sous-espèce suivante.

II. Subsp. **purpurascens** Rouy et Fouc. *Fl. Fr.* II, 253 (1895) = *A. purpurascens* Raf. *Fl. Tell.* III, 73 (1836) ; Guép. *Fl. Maine-et-Loire* éd. 3, 303 ; Bor. *Fl. Centre* éd. 3, II, 68 = *A. Clusii* J. Gay in F. Sch. *Arch. fl. Fr. et All.* 33 (1844) ; Gr. et Godr. *Fl. Fr.* I, 190 ; Müll. *Mon. Resed.* 222.

Souche à peine gazonnante. Feuilles lancéolées, les basilaires peu nombreuses, en rosettes lâches. Sépales ± aigus. Etamines 12-15, à filets ± scabres, généralement disposées 2 à 2 devant les pétales antérieurs. Gynophore ± pubescent. Carpelles atteignant ou dépassant ± le style. — En Corse seulement la variété suivante :

Var. **spathulatus** Müll. Arg. in DC. *Prodr.* XVI, 2, 553 (1868) = *A. sesamoides* var. α Salis in *Flora* XVII, Beibl. II, 73 (1834) = *Reseda sesamoides* var. *spathulatus* Moris *Fl. sard.* I, 195 (1837) ; Bert. *Fl. it.* V, 35 = *A. Clusii* var. *spathulaefolius* Gr. et Godr. *Fl. Fr.* I, 191 (1847) ; Müll. Arg. *Mon. Resed.* 225 = *A. spathulaefolius* Revel. ap. Bor. *Not. pl. Corse* I, 5 (1857) = *A. cochlearifolius* Nym. in *Ofver. Vet. Akad. Stockh.* XVIII, 191 (1861) = *A. sesamoides* subsp. *purpurascens* var. *spathulifolius* Rouy et Fouc. *Fl. Fr.* II, 254 (1895).

Hab. — Sables maritimes ou submaritimes. Mai-juin. ⚣. Manque dans le nord de l'île. Ajaccio (Requien ex Rouy et Fouc. *Fl. Fr.* II, 254) ; Aleria (Mars. *Cat.* 25) ; Solenzara (Fouc. et Sim. *Trois sem. herb. Corse* 130 ; Rotgès in litt.) ; entre le Fiumorbo et Porto-Vecchio (Salis in *Flora* XVII, Beibl. II, 73) ; Porto-Vecchio (Mars. l. c. ; Revelière ! ; Gysperger ! in Rouy *Rev. bot. syst.* II, 120) ; Bonifacio (Bernard ex Gr. et Godr. *Fl. Fr.* I, 191) ; La Trinité (Revel. in Bor. *Not.* I, 5).

Feuilles basilaires obovées-cunéiformes, les caulinaires spathulées. — C'est là une race remarquable qui ne nous est connue avec certitude que de la Corse et de la Sardaigne.

RESEDA L. emend.

818. **R. alba** L. *Sp.* ed. 1, 449 (1753) ; Müll. Arg. *Mon. Resed.* 100 et in DC. *Prodr.* XVI, 2, 557 ; Rouy et Fouc. *Fl. Fr.* II, 240 ; Coste *Fl. Fr.*

I, 159 = *R. suffruticulosa* Bert. *Fl. it.* V, 29 (1842) ; Gr. et Godr. *Fl. Fr.*
I, 189. — Exsicc. Kralik n. 487 ! ; Mab. n. 106 !

Hab. — Garigues littorales rocailleuses-sableuses, friches et cultures.
Mai-sept. ①-②. Rare. Bastia (Gysperger in Rouy *Rev. bot. syst.* II, 121 ;
Rotgès in litt.) ; Calvi (Mars. *Cat.* 25 ; Fouc. et Sim. *Trois sem. herb. Corse*
130) ; Ajaccio (Thellung !) ; abondant à Bonifacio (Salis in *Flora* XVII,
Beibl. II, 73 ; Soleirol ex Bert. *Fl. it.* V, 30 ; Kralik et Mab. exsicc. cit. ;
Mars. l. c. ; et nombreux autres observateurs).

1907. — Citadelle de Bonifacio, 50 m., calc., 6 mai fl.!

Müller Arg. avait d'abord dans sa monographie distingué dans cette
espèce 3 variétés et un certain nombre de sous-variétés, dont la var.
laetevirens subvar. *vulgaris* Müll. Arg. et la var. *firma* subvar. *major* Müll.
Arg. indiquées par lui en Corse (la seconde de ces formes à Bonifacio).
En 1868 l'auteur a abandonné ces distinctions. MM. Rouy et Foucaud
(l. c.) les ont au contraire reprises et même augmentées, en les groupant d'une façon différente (le *R. alba* de Bonifacio figure à la fois parmi
les variétés du *R. alba* type et comme « forme » *R. platystachya* Rouy
et Fouc.). Après examen d'un matériel abondant, sur le vif et dans les
herbiers, nous ne pouvons reconnaître en Corse qu'une seule race [y
compris la var. *maritima* Müll. Arg. l. c. indiquée à Calvi par MM. Foucaud et Simon (*Trois sem. herb. Corse*, 130)], et sommes enclin à partager la seconde manière de voir de Müller Arg.: l'ampleur des grappes,
la grandeur des fleurs (5-7 mm.), la taille de la plante, la forme et la
dimension des feuilles variant d'un individu à l'autre, sans qu'il soit
possible de distinguer des variétés.

† 819. **R. Phyteuma** L. *Sp.* ed. 1, 449 (1753) ; Gr. et Godr. *Fl.*
Fr. I, 187 ; Müll. Arg. *Mon. Resed.* 135 et in DC. *Prodr.* XVI, 2, 563 ;
Rouy et Fouc. *Fl. Fr.* II, 243 ; Coste *Fl. Fr.* I, 160.

Hab. — Garigues rocailleuses ou sableuses, friches, cultures de l'étage
inférieur. Mars-mai. ①. Rare ou peu observé. Commun aux env. de
Bastia (Salis in *Flora* XVII, Beibl. II, 73) ; Ajaccio, route des Sanguinaires (R. Maire in Rouy *Rev. bot. syst.* II, 66).

† 820. **R. lutea** L. *Sp.* ed. 1, 449 (1753) ; Gr. et Godr. *Fl. Fr.* I, 188 ;
Müll. Arg. *Mon. Resed.* 183 et in DC. *Prodr.* XVI, 2, 569 ; Rouy et Fouc.
Fl. Fr. II, 246 ; Coste *Fl. Fr.* I, 160.

Hab. — Garigues rocailleuses ou sableuses, friches, cultures de l'étage
inférieur. Mai-juill. ②. Rare ou peu observé. Sisco (Petit in *Bot. Tidsskr.*
XIV, 245) ; env. de Bastia (Salis in *Flora* XVII, Beibl. II, 73 ; Mab. in

Feuill. jeun. natur. VII, 111); Calvi (Soleirol ex Bert. *Fl. it.* V, 28; Fouc. et Sim. *Trois sem. herb. Corse* 130).

1906. — Cap Corse : talus arides près de la Marine de Sisco, 4 juill. fr. !

Les échant. corses appartiennent à la variété (?) *vulgaris* Müll. Arg. (*Mon. Resed.* 185).

821. **R. Luteola** L. *Sp.* ed. 1, 448 (1753) ; Gr. et Godr. *Fl. Fr.* I, 190 ; Müll. Arg. *Mon. Resed.* 207 et in DC. *Prodr.* XVI, 2, 583 ; Rouy et Fouc. *Fl. Fr.* II, 250; Coste *Fl. Fr.* I, 161.

Hab. — Garigues sableuses ou rocailleuses, friches, cultures de l'étage inférieur. Mai-août. ②. Répandu et abondant dans l'île entière.

DROSERACEAE

DROSERA L.

822. **D. rotundifolia** L. *Sp.* ed. 1, 281 (1753) ; Gr. et Godr. *Fl. Fr.* I, 191 ; Rouy *Fl. Fr.* IV, 2 ; Coste *Fl. Fr.* I, 166 ; Diels *Droser.* 93 (Engler *Pflanzenreich* IV, 112).

Hab. — Tourbières de l'étage subalpin et pozzines de l'étage alpin. Juin-sept. ♃. Calcifuge. — En Corse les deux races suivantes :

α. Var. **genuina** Briq. = *D. rotundifolia* L. l. c.; Diels l. c.; sensu stricto.

Hab. — Pozzines de l'étage alpin. Très rare. Lac Melo (Soleirol ex Bert. *Fl. it.* III, 563) ; lac d'Oriente du Monte Rotondo (Mab. ex Mars. *Cat.* 25).

Bractées subulées, très courtes, dépourvues de tentacules. Sépales oblongs, très finement denticulés-glanduleux au sommet obtus.

Non seulement le *D. rotundifolia* var. *genuina* est très rare en Corse, mais encore, végétant dans l'étage alpin, il ne peut se développer que tard et fleurir en automne. C'est là sans doute la raison qui a fait échapper cette espèce aux recherches depuis l'époque de Mabille.

†† β. Var. **corsica** R. Maire in litt. = *D. rotundifolia* forme *D. corsica* R. Maire in Rouy *Rev. bot. syst.* II, 66 (1904) ; Rouy *Fl. Fr.* IX, 461.

Hab. — Tourbières de l'étage subalpin. Localisée dans les taches tourbeuses de la vallée sup. d'Isolella et autour du lac de Creno [Mars. *Cat.* 25 (sub : *D. rotundifolia*) ; R. Maire in Rouy *Rev. bot. syst.* II, 53 et 66 ; Lit. ! *Voy.* II, 23 et 24].

1908. — Tourbière circumlacustre du lac de Creno, 1298 m., 27 juin, fl. et anciens fr. !

Caulis nunc omnino sphagnicola foliorum rosula coronatus et scapiger, nunc saepe extra sphagna emersus et folia pauca gerens. Folia rosulae patula vel erecto-patula ; petiolus elongatus, planus, versus apicem sensim ampliatus, inferne glaber, superne parce longeque pubescens, versus laminam tentaculis elongatis rubris praeditis ; stipulae inferne petiolo ad medium adnatae, superne in lacinias perangustas hyalinas solutae ; lamina obovato-rotundata vel saepius transverse elliptica, latior quam longa, luteo-virens, tentaculis periphericis rubris valde elongatis, caeteris brevissimis. Scapus 5-15 cm. altus, cylindricus, glaber, erectus, folia longe superans. Inflorescentia saepius furcata, nonnunquam bis furcata, cymis ± dorsiventraliter dispositis ; bracteae obovatae, tentaculigerae, ellipticae vel foliis similes sed multo minores et breviter petiolatae ; bracteolae etiam foliaceae sed magis reductae ; omnes inflorescentiae, anthesi ineunte, habitum foliaceo-suffultum peculiarem tribuentes ; pedicelli saepius floribus longiores, 3-5 mm. longi. Sepala oblongo-elliptica basi extenuata, versus apicem ampliata, apice obtusato-rotundata, minute denticulato-glandulosa et praeterea glandulis magnis tentaculiformibus paucis praedita, lamina ad 2,5 mm. longa, glandulis ad 2 mm. longis. Petala laminam sepalorum aliq. excedentia, sed glandulis sepalorum longe superata, obovato-elliptica, basi cuneiformiter extenuata, alba, semper occlusa. Staminum filamenta laevia stylis paullo longiora, ovario arcte adpressa, versus apicem incurva, antheris sub petalorum domate inter crures stigmatis compressis. Ovarium atrum stylis 3 ima basi leviter connatis coronatum ; styli albi circa 1 mm. longi, profunde bifidi, cruribus clavatis versus apicem undique papillosis erectis. Capsula ad 4 mm. alta, seminibus anguste fusiformi-oblongis crebris.

C'est Marsilly (Cat. 25) qui a signalé pour la première fois la présence d'un *Drosera* au lac de Creno. Cet auteur a envisagé ce Rossolis comme appartenant au *D. rotundifolia*, mais il explique ailleurs n'avoir vu le lac de Creno qu'à la fin de septembre (Mars. op. cit. 183). Or, à ce moment de l'année, les Drosères en fruit ont entièrement perdu leurs bractées et leurs bractéoles, les franges desséchées des sépales ne sont reconnaissables qu'avec beaucoup d'attention, de sorte qu'une confusion avec le *D. rotundifolia* var. *genuina* est très compréhensible. Il était réservé à M. R. Maire de retrouver le 20 juillet 1902 ce très curieux Rossolis et d'attirer l'attention sur ses particularités les plus saillantes. Le 11 juillet 1907, M. R. de Litardière a récolté à nouveau le *D. corsica* et en a communiqué quelques échantillons à l'herbier Burnat. L'étude de ces échantillons nous ayant laissé des doutes, nous avons consacré la journée du 27 juin 1908 à étudier à fond la tourbière circumlacustre de Creno et avons pu, chemin faisant, examiner le Rossolis de M. Maire à tous les degrés de développement.

M. Maire a indiqué comme caractère distinctif du Rossolis de Creno, la présence de feuilles des rosettes étalées-dressées, caractère qui se retrouve fréquemment dans le *D. rotundifolia*, et surtout le fait que dans les tiges florifères les plus robustes, il existe une ou deux feuilles caulinaires pétiolées. L'auteur n'a observé que 4 ou 5 spécimens fertiles qui

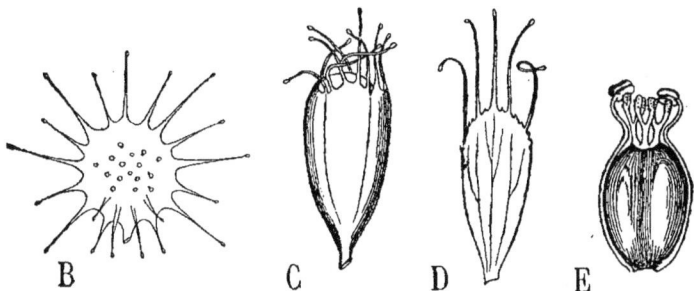

Fig. 7. — *Drosera rotundifolia* var. *corsica*. *A* plante entière ; *B* bractée choisie parmi celles dont la forme se rapproche le plus de celle des feuilles ; *C* fleur isolée montrant les sépales pourvus au sommet de longues glandes stipitées entourant le dôme corollin ; *D* sépale isolé ; *E* fleur dépouillée de ses enveloppes montrant l'ovaire et 2 étamines dont les anthères sont comprimées entre les stigmates.— Figures *B-E* fortement grossies.

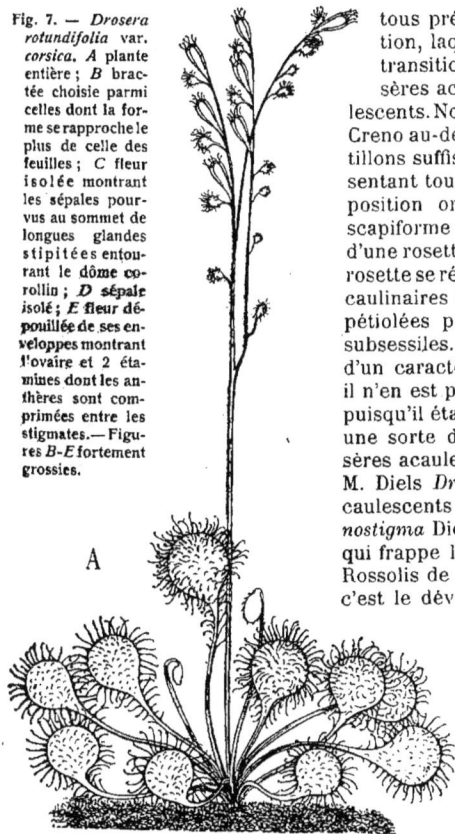

tous présentaient cette conformation, laquelle établit selon lui une transition curieuse entre les Drosères acaules et les Drosères caulescents. Nous avons observé au lac de Creno au-delà d'une centaine d'échantillons suffisamment développés, présentant tous les passages entre la disposition ordinaire (rameau florifère scapiforme ou pédoncule émergeant d'une rosette) et celle dans laquelle la rosette se résoud en spirale, les feuilles caulinaires devenant plus brièvement pétiolées pour passer aux bractées subsessiles. Il ne s'agit donc pas là d'un caractère absolument fixe, mais il n'en est pas moins très intéressant, puisqu'il établit, comme dit M. Maire, une sorte de passage entre les Drosères acaules (du type *rotundifolia* de M. Diels *Droser.* 32, fig. 13 D) et les caulescents (à peu près du type *Ptycnostigma* Diels op. cit. fig. 13 F). — Ce qui frappe le plus lorsqu'on étudie le Rossolis de Creno pendant l'anthèse, c'est le développement foliacé (fig. 7 *A* et *B*) — inégal d'un échantillon à l'autre, mais toujours constamment marqué — des bractées et bractéoles, qui donne à l'inflorescence une apparence feuillée. Ces bractées capturent de petits insectes et fonc-

tionnent à ce point de vue comme les feuilles au moyen de leurs tentacules. Nous avions d'abord cru à une anomalie (phyllodie des bractées)
d'après les premiers échantillons étudiés. On sait en effet que chez le
D. *intermedia*, Planchon, Duchartre, Groenland et Trécul ont décrit des
cas de virescence ou de phyllodie des organes floraux [voy. Penzig
Pflanzen-Teratologie I, 470 (1890)], lesquels ne paraissent pas être très
rares. Mais comme tous les échantillons observés successivement par
M. Maire et par M. de Litardière présentaient la dite particularité, cette
explication devenait invraisemblable. En 1908, nous avons pu nous convaincre *de visu* que sur une centaine d'échantillons florifères, pas un
seul n'était dépourvu du caractère en question. Au surplus, ce Rossolis présente encore d'autres particularités dont nos prédécesseurs
n'ont pas parlé. Dans le D. *rotundifolia*, les sépales sont oblongs-
linéaires et obtus au sommet, plus courts que les pétales et impercep-
tiblement denticulés-glanduleux sur les marges, d'ailleurs presque lisses.
Le Rossolis de Creno présente au contraire des sépales, disposés quin-
concialement, insensiblement élargis de la base au sommet (Fig. 7, C et
D), à contour terminal obtus-arrondi non seulement finement denticulé-
glanduleux mais encore pourvu de plusieurs très longues glandes tenta-
culiformes rougeâtres. Ces glandes ne manquent, assez souvent, que sur
le dernier sépale (sépale latéral supérieur gauche du diagramme). Les
sépales restent connivents pendant l'anthèse, à appendices tentaculaires
souvent entremêlés. La corolle ne s'ouvre pas. Les pétales forment un
dôme hermétique (fig. 7 C) sous lequel les anthères sont comprimées
contre et entre les branches stigmatiques (fig. 7 E). La cleistogamie est
donc absolue [1] et l'autopollination constante, entraînant d'ailleurs une
fructification abondante.

Les affinités du D. *corsica* ne font pas de doute. C'est évidemment
d'après l'ensemble des caractères un Rossolis très voisin du D. *rotundifolia*. M. Maire avait été surtout frappé par la caulescence marquée
des quatre ou cinq échantillons fertiles qu'il a observés, caractère certainement inconstant, ainsi qu'il a été dit plus haut. Mais M. Rouy lui
ayant écrit « qu'on a récolté le D. *rotundifolia* typique au même endroit », il s'est déclaré porté « à croire qu'il n'y a là qu'une intéressante
variation du type (D. *rotundifolia*), peut-être une espèce en voie de for-
mation, mais qu'on ne peut jusqu'à plus ample informé séparer du D.
rotundifolia ». Nous ignorons de quel collecteur M. Rouy a voulu parler.
A notre connaissance, Marsilly est le seul à avoir vu le D. *corsica* avant
M. Maire, mais à une époque de l'année où ses vrais caractères distinctifs ne sont plus facilement constatables. Ce qui est certain, c'est que le
Rossolis de Creno se distingue facilement et d'une façon constante par
la présence de bractées et de bractéoles foliacées, obovées-elliptiques
ou elliptiques et tentaculigères et par les sépales longuement ciliés-
glanduleux au sommet. Nous n'aurions donc pas hésité à le séparer spécifiquement du D. *rotundifolia*, si M. le prof. Maire ne nous avait communiqué une remarquable forme de passage entre les D. *rotundifolia* var.

---

[1] Nos observations relatives à l'occlusion de la corolle ont été faites entre 8 h. 30 du matin
et midi par un ciel sans nuages.

genuina et *corsica*, récoltée par lui au Lac Blanc (Vosges), dans les lieux tourbeux sur la rive N. le 1er août 1911. Dans cette plante, les bractées inférieures sont étroitement elliptiques, rétrécies-cunéiformes à la base et nettement tentaculigères. La différenciation morphologique des bractées, qui est complète dans la var. *genuina,* quasi nulle dans la var. *corsica,* est donc incomplète dans ces échantillons. La plante des Vosges et celle de Corse présentent des bractées dont le caractère régressif graduel rattache nettement le *D. rotundifolia* var. *corsica* au type.

La présence de fleurs pseudocleistogames dans le genre *Drosera* a été signalée par M. Hansgirg [in *Bot. Centralbl.* XLV, 75 (1891)] et celle de fleurs cleistogames par M. Kirchner [*Fl. v. Stuttg.* 322 (1888)] et par Knuth [*Blumen und Insekten auf den nordfries. Inseln* 34 (1894)]. Ce dernier auteur a décrit avec détail la cleistogamie du *D. rotundifolia* [*Handb. der Blütenbiologie* I, 66 (1898)]. D'une façon générale, les faits sont analogues à ceux que nous avons décrits dans la var. *corsica,* en particulier en ce qui concerne la masse dense formée à la fin sous le dôme des pétales par les anthères comprimées contre les styles.

Si l'on cherche à se représenter l'origine de la race remarquable qu'est la var. *corsica,* on arrivera à la conclusion que les facteurs suivants ont dû intervenir : d'abord une mutation amenant l'apparition de caractères régressifs dans les bractées, bractéoles et sépales ; l'isolement depuis les temps glaciaires de la var. *corsica* sur un très petit territoire ; enfin, la cleistogamie qui élimine toute amphimixie par le véhicule des insectes. Dans la localité des Vosges étudiée par M. Maire, les fleurs ne sont pas cleistogames, ce qui rend plus difficile la fixation d'une variation nouvelle.

CRASSULACEAE

SEDUM L.

823. **S. Telephium** L. *Sp.* ed. 1, 440 (1753) ; Briq. *Fl. Vuache* 78 ; Rouy et Camus *Fl. Fr.* VII, 95 ; Burn. *Fl. Alp. mar.* IV, 4. — En Corse seulement la sous-espèce suivante :

Subsp. **maximum** Rouy et Camus *Fl. Fr.* VII, 96 (1901) = *S. Telephium* var. *maximum* L. *Sp.* l. c. (1753) ; Krock. *Fl. sil.* II, 64 ; Burn. l. c. = *S. maximum* Hoffm. *Deutschl. Fl.* 156 (1791) ; Gr. et Godr. *Fl. Fr.* I, 617 ; Coste *Fl. Fr.* II, 114.

Hab. — Rochers et rocailles, vieux murs de l'étage inférieur. Août-sept. ⚥. Rare ou peu observée. Bastia à la montée des Capucins (Salis in *Flora* XVII, Beibl. II, 48) ; Corté (Kesselmeyer in herb. Deless.!) ; Vivario (Revel. ap. Mars. *Cat.* 63) ; Poggio-di-Nazza (Rotgès in litt.).

Feuilles largement ovées-elliptiques, sessiles, à base large, les supérieures ± cordées-embrassantes. Pétales verdâtres, plus rarement rosés.
Salis n'a pas décrit la plante de Bastia, qu'il n'a pas vu fleurir, mais il
est très probable qu'elle appartient a cette race. L'*Anacampseros corsica*
Jord. et Fourr. [*Brev.* 17 (1866) et *Ic.* I, 33, t. LXXI)], décrit sur les échantillons récoltés à Vivario par Revelière, est une des innombrables formes
sous lesquelles se présente le *S. Telephium* var. *maximum*, et dont presque chaque localité possède la sienne. C'est à tort que Caruel (*Fl. it.* IX,
42) a rapporté ce « type » de Jordan et Fourreau au *S. purpurascens* Koch.

† 824. **S. nicaeense** All. *Fl. ped.* II, 122, tab. 90, fig. 1 (pessima,
1785); Poiret *Encycl. méth.* IV, 634 ; Moris *Fl. sard.* II, 129 ; Chaboisseau
in *Bull. soc. bot. Fr.* XI, 296 ; Burn. *Fl. Alp. mar.* IV, 29 = *Sempervivum
sediforme* Jacq. *Hort. vindob.* I, 35, tab. 81 (1770) = *S. altissimum* Poiret
Encycl. méth. IV, 634 (1795-96) et Suppl. IV, 206 ; Gr. et Godr. *Fl. Fr.* I,
627 ; Rouy et Camus *Fl. Fr.* VII, 108 (incl. var. *latifolium* Rouy et Camus);
Coste *Fl. Fr.* II, 118 = *S. rufescens* Ten. *Fl. neap. prodr.* 27 (1811).

Hab. — Rochers et vieux murs de l'étage inférieur. Juill.-août. ♃.
Rare ou peu observé. Signalé seulement à Bastia « in rupibus ipsius
urbis » (Salis in *Flora* XVII, Beibl. II, 49). A rechercher.

On devrait restituer à cette espèce son épithète spécifique princeps
(*Règl. nomencl. bot.* art. 48), si M. Hamet n'avait déjà donné le nom de *S.
sediforme* à une espèce d'Abyssinie très différente [in *Rev. gen. Bot.* XXIV,
145 (1912)].

†† 825. **S. acre** L. *Sp.* ed. 1, 432 (1753); Gr. et Godr. *Fl. Fr.* I, 625 ;
Caruel *Fl. it.* IX, 57 ; Rouy et Camus *Fl. Fr.* VII, 112 ; Burn. *Fl. Alp.
mar.* IV, 23 ; Coste *Fl. Fr.* II, 116.

Hab. — Rochers, pentes rocailleuses de l'étage montagnard. Juin-
juill. ♃. Très rare, ou localisé et passé inaperçu. Montagnes de Calenzana (Soleirol ex Caruel *Fl. it.* IX, 59). A rechercher.

826. **S. alpestre** Vill. *Prosp.* 49 (1779) et *Hist. pl. Dauph.* I, 323 et III,
684 ; Gr. et Godr. *Fl. Fr.* I, 625 ; Coste *Fl. Fr.* II, 116 = *S. repens* Schleich.
ap. DC. *Fl. fr.* V, 525 (1815) ; Gaud. *Fl. helv.* III, 223 ; Burn. *Fl. Alp. mar.*
IV, 22 = *S. saxatile* Bert. *Fl. it.* IV, 719 (1845) p. p. = *S. alpestre* et *S. alpestre* forme *S. repens* Rouy et Cam. *Fl. Fr.* VII, 114 (1901). — Exsicc. Kralik n. 589!; Burn. ann. 1900, n. 78!, 281 ! et 343!; Burn. ann. 1904, n. 272!

Hab. — Rocailles et détritus sableux des étages alpin et subalpin,
parfois jusqu'à la limite supérieure de l'étage montagnard le long des

torrents, (1150-)1500-2700 m. Calcifuge. Juill.-août. Assez répandu,
mais seulement dans les grands massifs du centre. Monte Grosso (de
Calvi) (Soleirol ex Bert. *Fl. it.* IV, 720) ; Capo al Berdato (Lit. in *Bull.
acad. géogr. bot.* XVIII, 77) ; Monte Cinto (Briq. *Rech. Corse* 15 et Burn.
exsicc. cit. n. 78 ; Lit. op. cit. 67) ; Paglia Orba (Lit. op. cit. 75) ; Punta
Artica (Lit. op. cit. 71) ; près du lac de Creno, 1150 m. (Lit. *Voy.* II, 23) ;
montagnes de Corté (Raymond in herb. Deless. !) ; Monte Rotondo (Salis
in *Flora* XVII, Beibl. II, 49 ; Mars. *Cat.* 64 ; Briq. *Rech. Corse* 21 et Burn.
exsicc. cit. n. 281 ; Lit. in *Bull. acad. géogr. bot.* XVIII, 88) ; Monte d'Oro
(Salis l. c. ; Mars. l. c. ; Briq. *Spic.* 29 et Burn. exsicc. cit. n. 272 ; Lit.
in *Bull. acad. géogr. bot.* XVIII, 122) ; col de Vizzavona (Gillot *Souv.* 6) ;
Monte Renoso (Kralik exsicc. cit. ; Revel. in Bor. *Not.* III, 4 ; Briq. *Rech.
Corse* 26 et Burn. exsicc. cit. n. 343 ; Lit. *Voy.* II, 31 ; Rotgès in litt.) ;
Monte Incudine (R. Maire in Rouy *Rev. bot. syst.* II, 67 ; Lit. *Voy.* I, 17) ;
Coscione (R. Maire l. c.) ; et localités ci-dessous.

1906. — Cima della Statoja, graviers des arêtes, 2200 m., 26 juill. fl. ! ;
couloirs humides entre le Capo Ladroncello et le col d'Avartoli, 2000 m.,
27 juill. fl. ! ; rochers du Capo Bianco, 2500 m., 7 août fl. fr. ! ; Paglia Orba,
rocailles, 2000-2500 m., 9 août ; rocailles au sommet du Capo al Chiostro,
2290 m., 3 août fl. ! ; rocailles entre les bergeries de Grotello et le lac
Melo, 1700 m., 4 août fl. ! ; rocailles au col de la Cagnone, 1950 m., 21 juill.
fl. ! ; graviers des arêtes entre les Pointes de Monte et de Bocca d'Oro,
1800-1950 m., 20 juill. fl. ! ; graviers du M¹ Incudine, 2000 m., 18 juill. fl. !

1910. — Crête de Li Tarmini, antres des rochers du versant E., 1800 m.,
30 juill. fl. (f. *laxa, umbrosa*) ; Punta della Capella d'Isolaccio, antres des
rochers à l'ubac, 2000-2044 m., 30 juill. fl. ! ; Punta del Fornello, rocailles,
1800 m., 25 juill. fr. !

Il est exact, comme l'a dit M. Burnat (l. c.) que Villars a cité pour le
S. alpestre deux synonymes, dont l'un (celui de Haller) s'applique au
S. annuum L., et l'autre (celui d'Allioni) est douteux. Mais la description
et l'indication positive du mode de végétation (vivace) que Villars a
données ne laissent pas de doute pour nous sur la signification de l'espèce visée par cet auteur. En ce qui concerne la « forme » *S. repens*
Rouy et Fouc. voy. Burnat (l. c.).

827. **S. dasyphyllum** L. *Sp.* ed. 1, 431 (1753) ; Gr. et Godr. *Fl.
Fr.* I, 624 ; Rouy et Camus *Fl. Fr.* VII, 114 ; Coste *Fl. Fr.* II, 115.

Hab. — Rochers et vieux murs des étages inférieur et montagnard,
s'élevant plus rarement dans l'étage subalpin et exceptionnellement
dans l'étage alpin. 1-1500(-2200 m.). Juin-août suivant l'altitude et
l'exposition. ⚥ Répandu et polymorphe. — Deux races :

† α. Var. **vulgare** Moris *Fl. sard.* II, 125 (1840-43), ampl. = *S. dasyphyllum* var. *genuinum* Gr. et Godr. *Fl. Fr.* I, 624 (1848). — Exsicc. Reverch. ann. 1885, n. 222 (sub : *S. corsicum*) p. p. ! ; Burn. ann. 1900, n. 214 ! et ann. 1904, n. 273 ! (sub : *S. Burnati*).

Hab. — Env. de Bastia (Salis ex Bert. *Fl. it.* IV, 711 ; Lit. *Voy.* II, 2) ; défilé de Lancone (Briq. *Spic.* 29 et Burn. exsicc. cit. n. 273, subvar. *Burnati*) ; Ile Rousse (Thellung in litt.) ; Monte Cinto, jusque vers 2200 m. (Lit. in *Bull. acad. géogr. bot.* XVIII, 122) ; Monte « Terribile » (prob. M. Territore : Soleirol ex Bert. *Fl. it.* IV, 711) ; Evisa (Reverch. exsicc. cit. ; Lit. *Voy.* II, 13, subvar. *glaucum*) ; entre Evisa et Porto (Lutz in *Bull. soc. bot. Fr.* XLVIII, sess. extr. CXXXI) ; forêt de Mélo (Lit. in *Bull. acad. géogr. bot.* XVIII, 122, subvar. *Burnati*) ; vallée de la Restonica (Briq. *Rech. Corse* 98 et Burn. exsicc. cit. n. 214, subvar. *Burnati*) ; bergeries de Timozzo et Monte Rotondo jusque vers 2200 m. (Lit. in *Bull. acad. géogr. bot.* XVIII, 122) ; Venaco (Fouc. et Sim. *Trois sem. herb. Corse* 144) ; Vizzavona (Lit. *Voy.* I, 11 ; Thellung in litt.) ; et localités ci-dessous.

1906. — Cap Corse : vieux murs près du Couvent de la Tour de Sénèque au-dessus de Luri, 450 m., 8 juill. fl. ! (subvar. *Burnati* f. ad subvar. *adenocladum* vergens). — Rochers en descendant du col de S. Colombano sur Palasca, 450 m., 10 juill. fl. ! (subvar. *Burnati* f. ad subvar. *glabratum* vergens, pauciglandulosa) ; rochers au-dessus de la maison forestière de Bonifatto, 600-700 m., 11 juill. fl. (même forme que la précédente, avec la subvar. *adenocladum*) ; rochers près de la résinerie d'Asco, 950 m., 28 juill. fl. ! (subvar. *Burnati*) ; rochers entre les bains de Guitera et Zicavo, 600-700 m., 17 juill. fl. ! (subvar. *Burnati*).

1910. — Cap Corse : montée de Mandriale au col de Bocca Rezza, rochers, 800-900 m., 16 juill. fl. ! (subvar. *Burnati*).

1911. — Punta di Canale, versant de Caldane, rochers, 500 m., 7 juill. fl. (subv. *adenocladum*).

Feuilles et rejets glabres.

Depuis l'époque où nous décrivions comme espèce provisoire le *S. Burnati*, les observations et les matériaux se sont accumulés démontrant que nous nous étions beaucoup exagéré l'importance de cette forme. Elle est reliée par tant d'intermédiaires avec les variations ordinaires du *S. dasyphyllum* qu'on ne peut pas lui donner une valeur supérieure à celle de sous-variété. C'est à ce titre que l'on peut distinguer :

α¹ subvar. **glabratum** Rouy et Camus *Fl. Fr.* IV, 115 (1901) p. p. = *S. dasyphyllum* var. *genuinum* Gr. et Godr. *Fl. Fr.* 1, 624 (1848) emend. Burn. *Fl. Alp. mar.* IV, 21 (1906). — Axes de l'inflorescence glabres. Pétales blancs lavés de rose sur la carène, longs de 3-4 mm. Style atteignant env.

le $^1/_3$ des carpelles le plus souvent verdâtres. — Nous n'avons pas encore vu cette sous-variété, typiquement développée, de Corse. Les échantillons (très insuffisants !) que nous lui avions attribués en 1901 (*Rech. Corse*) appartiennent au *S. brevifolium*.

† α^2 subvar. **adenocladum** Briq.=*S. dasyphyllum* var. *vulgare* Moris l. c., sensu stricto = *S. dasyphyllum* var. *adenocladum* Burn. *Fl. Alp. mar.* IV, 21 (1906). — Diffère de la var. α par les axes de l'inflorescence brièvement hérissés-glanduleux.

†† α^3 subvar. **Burnati** Briq. = *S. Burnati* Briq. *Rech. Corse* 89 (1901) = *S. dasyphyllum* var. *Burnati* Briq. l. c. et *Spic. cors.* 29 ; Rouy et Camus *Fl. Fr.* VII, 115. — Axes de l'inflorescence ± hérissés-glanduleux. Pétales violets ou violacés, atteignant jusqu'à 5 mm. Style atteignant du $^1/_4$ au $^1/_3$ des carpelles violacés.

†† α^4 subvar. **glaucum** Lit. = *S. dasyphyllum* var. *glaucum* Lit. *Voy. Cors.* II, 13 (1907). — Inflorescence et fleur comme dans la sous-var. α^3, mais rejets ± hérissés-glanduleux dans leur jeunesse ; feuilles des tiges florifères d'un vert glauque, grandes et glabres. Etablit le passage à la race suivante.

β. Var. **glanduliferum** Moris *Fl. sard.* II, 125 (1840-43) ; Gr. et Godr. *Fl. Fr.* I, 624 ; Gubler in *Bull. soc. bot. Fr.* VIII, 238 ; Burn. *Fl. Alp. mar.* IV, 21 = *S. glanduliferum* Guss. *Prodr. fl. sic.* I, 519 (1827) ; Briq. *Rech. Corse* 90 = *S. corsicum* Duby *Bot. gall.* 202 (1828) ; Salis in *Flora* XVII, Beibl. II, 49 p. p. = *S. dasyphyllum* subvar. *glanduliferum* Rouy et Cam. *Fl. Fr.* VII, 115 (1901) = *S. dasyphyllum* proles *glanduliferum* Lit. in *Bull. acad. géogr. bot.* XVIII, 122 (1909). — Exsicc. Kralik n. 588! ; Reverch. ann. 1879, n. 222 ! et ann. 1885, n. 222 p. p. !

Hab. — Env. de Bastia (Mab. ap. Mars. *Cat.* 63) ; Serra di Pigno (Sargnon in *Ann. soc. bot. Lyon* VI, 68) ; Evisa (Recherch. exsicc. cit. p. p. ; Gysperger in Rouy *Rev. bot. syst.* II, 113) ; Soccia (Lit. *Voy.* II, 22) ; Murzo près Vico (Lit. *Voy.* II, 22) ; col de Manganello (Lit. *Voy.* II, 25) ; Corté (Thomas ex Duby *Bot. gall.* 202) ; Venaco (Gillot *Souv.* 3) ; entre Ajaccio et Campo di Loro (Thellung in litt.) ; forêt de Marmano (Rotgès in litt.) ; Zicavo (Lit. *Voy.* II, 35) ; Bonifacio (Revel. in Bor. *Not.* I, 7) ; et localités ci-dessous.

1910. — Uomo di Cagna, antres des rochers, 1000 m. 21 juill. fl. !

1911. — Calancha Murata, rochers, 1400-1460 m., 11 juill. fl. ! ; montagne de Cagna : rochers au col de Fontanella, 1200 m., 5 juill. fl. !

Feuilles des rejets stériles comme des rameaux fertiles ± densément hérissées-glanduleuses. — La valeur systématique du *S. glanduliferum* Guss. est certainement supérieure à celle des sous-variétés énumérées ci-dessus. C'est une race méditerranéenne qui, en Corse, reste localisée de préférence dans les étages inférieur et montagnard, s'élevant rarement dans l'étage subalpin.

828. S. brevifolium DC. *Rapp. voy. bot. Dép. Ouest et Sud-Ouest* 79 (1808) ; Viv. *Fl. cors. diagn.* 7 ; Gr. et Godr. *Fl. Fr.* I, 624 ; Coste *Fl. Fr.* II, 115 = *S. sphaericum* Lap. *Hist. abr. Pyr.* 259 (1813) = *S. dasyphyllum* subsp. *brevifolium* Rouy et Cam. *Fl. Fr.* VII, 116 (1901). — Exsicc. Thomas sub : *S. brevifolium* ! ; Burn. ann. 1900, n. 87 ! ; Burn. ann. 1904, n. 274 ! et 275 !

Hab. — Rochers, de préférence des étages montagnard et subalpin, mais çà et là dans l'étage inférieur et s'élevant jusqu'à 2300 m. Mai-août selon l'altitude. ♃. Répandu. Monte Stello (Chabert in *Bull. soc. bot. Fr.* XXIX, sess. extr. LIV) ; env. de Bastia (Salis in *Flora* XVII, Beibl. II, 49 ; Soleirol ex Gr. et Godr. *Fl. Fr.* I, 625 ; Mab. ex Mars. *Cat.* 64) ; Serra di Pigno (Billiet in *Bull. soc. bot. Fr.* XXIV, sess. extr. LXIX ; Chabert l. c.) ; vallée du Fiumalto près de Casalte (Gillot in *Bull. soc. bot. Fr.* XXIV, sess. extr. LXXV) ; Belgodère (Fouc. et Sim. *Trois sem. herb. Corse* 144) ; Monte Grosso (de Calvi) (Soleirol in herb. Deless.!) ; Monte Cinto (Burn. exsicc. cit. n. 89) ; env. d'Evisa (Reverch. exsicc. cit. ; Briq. *Spic.* 29 et Burn. exsicc. cit. n. 275 ; Gysperger in Rouy *Rev. bot. syst.* II, 113) ; Monte « Terribile » (prob. Territore, Soleirol ex Caruel *Fl. it.* IX, 69) ; Punta Artica (Lit. in *Bull. acad. géogr. bot.* XVIII, 122) ; entre Ponte-alla-Leccia et Caporalino (Gillot in *Bull. soc. bot. Fr.* XXIV, sess. extr. LXXXII ; Corté (Bernard ex Gr. et Godr. l. c. ; Raymond in herb. Deless.!) ; vallée de la Restonica (Burnouf in *Bull. soc. bot. Fr.* XXIV, sess. extr. LXXXIV ; Thellung in litt.) ; lac de Creno (Lit. *Voy.* II, 23) ; col de Manganello (Lit. in *Bull. acad. géogr. bot.* XVIII, 122) ; Monte d'Oro (Jord. ex Caruel *Fl. it.* IX, 69 ; Lit. ibid.) ; Vivario (Doûmet in *Ann. Hér.* V, 183 ; Gillot *Souv.* 3) ; col de Vizzavona (Doûmet in *Ann. Hér.* V, 123 ; Thellung in litt.) ; plateau d'Ese (Req. ex Caruel *Fl. it.* IX, 69) ; Bocognano (Revel. in Bor. *Not.* III, 4) ; entre Appieto et Calcatoggio (Briq. *Spic.* 29 et Burn. exsicc. cit. n. 274) ; montagne d'Ajaccio (Mars. *Cat.* 64) ; Mt Incudine (Lit. *Voy.* I, 17) ; Coscione [(Seraf. ex) Viv. *Fl. cors. diagn.* I, 7) ; Aullène (Rev. in Bor. *Not.* II, 7) ; Sta Lucia-di-Tallano (Lit. *Voy.* I, 19) ; env. de Porto-Vecchio (Rev. in Bor. *Not.* II, 7) ; rochers de la Trinité (Kralik exsicc. cit.) ; env. de Bonifacio à l'endroit dit « il Crovo » (Rev. in Bor. *Not.* II, 7) ; et localités ci-dessous.

1906. — Rochers du vallon d'Ellerato, entre Omessa et Tralonca, 250-400 m., 14 juill. fl.! ; Cime de la Chapelle de S. Angelo, rochers calcaires, 1184 m., 15 juill. fl.! ; rochers au col de l'Ondella, versant S., 1600 m., 26 juill. fl.! ; rochers près des bergeries de Spasimata au-dessus de Bonifatto, 1400 m., 12 juill. fl.! ; Paglia Orba, 1900-2300 m., 9 août ; Capo al Chiostro, rochers du sommet, 2290 m., 3 août fl.! ; rochers dans la partie inférieure du vallon de Manganello, 800-1000 m., 18 juill. fl.! ; Pointe de Monte, rocailles du versant W., 1600-1800 m., 20 juill. fl.! ; rochers du Mᵗ Incudine, 2000-2136 m., 18 juill. fl.!

1908. — Rochers du Monte Asto, 1500 m., 1 juill. fl.! ; vallée inférieure du Tavignano, rochers, 1100 m., 26 juin fl.!

1910. — Monte Grosso de Bastelica, rocailles, 1800 m., 30 juill. fl. fr.! ; plateau de Fosse de Prato, rochers du versant W., 1800 m., 30 juill. fl.! ; vallée supérieure d'Asinao, rocailles, 1600 m., 16 juill. fl.!

1911. — Calancha Murata, rochers et rocailles, 1400-1460 m., 11 juill. fl.

Diffère au premier coup d'œil du *S. dasyphyllum* par la souche fruticuleuse, densément tortueuse-rameuse, émettant des tiges rassemblées en pelotes, à rejets stériles couverts de feuilles subsphériques densément imbriquées. Inflorescence glabre à fleurs plus petites que dans le *S. dasyphyllum*, à sépales n'atteignant pas 1 mm. de hauteur, à pétales longs d'env. 3 mm., très obtus-arrondis, roses extérieurement à ligne carénale d'un rose vif sur les deux faces, à étamines aussi longues que la corolle, à styles atteignant les ¹/₃ de la hauteur des carpelles. Le *S. brevifolium* que nous avons eu l'occasion d'étudier sur le vif en de nombreuses localités est toujours parfaitement distinct du *S. dasyphyllum* et ne peut, selon nous, lui être rattaché à un titre quelconque. — Le *S. brevifolium* Salis [in *Flora* XVII, Beibl. II, 49 (1834)] est un amalgame du *S. brevifolium* et des variétés et sous-variétés du *S. dasyphyllum*.

829. S. album L. *Sp.* ed. 1, 432 (1753) ; Gr. et Godr. *Fl. Fr.* I, 623 ; Rouy et Cam. *Fl. Fr.* VII, 116 ; Burn. *Fl. Alp. mar.* IV, 21 ; Coste *Fl. Fr.* II, 114.

Hab. — Rochers, rocailles, vieux murs des étages inférieur et montagnard, 1-1000 m. Juin-juill. ⚥. Disséminé. En Corse :

α. Var. **typicum** Franch. *Fl. Loir-et-Cher* 203 (1885) ; Rouy et Cam. l. c. ; Burn. l. c.

Hab. — Env. de Bastia (Salis in *Flora* XVII, Beibl. II, 49 ; Mab. in Mars. *Cat.* 63) ; col de Teghime (Mars. l. c.) ; Morosaglia (Lit. *Voy.* I, 10) ; env. de Calvi (Soleirol ex Caruel *Fl. it.* IX, 61) ; Vivario (Revel. ex Mars. l. c.) ; et localité ci-dessous :

1911. — Monte Santo près de Sari-de-Portovecchio, rocailles, calc., 600 m., 2 juill. fl.

Plante robuste, à feuilles épaisses de 2-3 mm. Sépales ovés, très obtus. Pétales oblongs-lancéolés, brièvement acuminés au sommet, longs de 3-4 mm.

╅╂ β. Var. **micranthum** DC. *Prodr.* III, 406 (1828) ; Rouy in *Le Naturaliste* ann. 1881, tir. à part 1-7 ; Rouy et Cam. l. c. ; Burn. l. c. = *S. micranthum* Bast. *Ess. fl. Maine-et-Loire* 167 (1809) et ap. DC. *Fl. fr.* V, 533 (1815) ; Gr. et Godr. *Fl. Fr.* I, 623 ; Wettst. in *Verhandl. zool.-bot. Ges. Wien* XXXVII, Sitzungsber. 48 ; Beck *Fl. Nied.-Öst.* 665. — Exsicc. Reverch. ann. 1885, n. 480 ; Burn. ann. 1904, n. 277 ! et 278 !

Hab. — Env. d'Oletta (Briq. *Spic.* 29 et Burn. exsicc. cit. n. 277) ; défilé de Lancone (Briq. l. c. et Burn. exsicc. cit. n. 276) ; env. d'Evisa (Reverch. exsicc. cit.) ; et localité ci-dessous.

1906. — Rochers au-dessus de la maison forestière de Bonifatto, 600-700 m., 11 juill. fl. !

Plante généralement plus grêle, à feuilles épaisses de 4-6 mm. Sépales plus étroits et moins obtus. Pétales lancéolés, obtusiuscules, longs de 2-3 mm. — Peut-être l'une ou l'autre des localités citées pour la var. α se rapporte-t-elle à cette variété, dont la distinction a été négligée en Corse jusqu'à présent, et qui est la plus fréquente dans le domaine méditerranéen. D'ailleurs les échantillons douteux entre les variétés α et β peuvent s'observer en Corse comme sur le continent.

S. hirsutum All. *Fl. ped.* II, 122, t. 65 f. 5 (1785) ; Gr. et Godr. *Fl. Fr.* I, 622 ; Rouy et Camus *Fl. Fr.* VII, 118 ; Burn. *Fl. Alp. mar.* IV, 18 ; Coste *Fl. Fr.* II, 115.

Espèce signalée vaguement en Corse par DC. (*Prodr.* III, 406), puis indiquée à Zicavo par M. de Litardière (*Voy.* I, 15) par confusion avec le *S. dasyphyllum* var. *glanduliferum* Moris, selon une correction ultérieure de l'auteur (Lit. *Voy.* II, 35). Le *S. hirsutum* All. est étranger à la Corse.

830. **S. monregalense** Balb. *Misc. bot.* I, 23, tab. 6 (1803-04) ; Bert. *Fl. it.* IV, 702 ; Burn. in *Bull. soc. dauph.* 379 (1882) ; Rouy et Cam. *Fl. Fr.* VII, 119 ; Burn. *Fl. Alp. mar.* IV, 19 = *S. cruciatum* Desf. *Tabl.* 162 (1804, nomen nudum) et in DC. *Fl. fr.* IV, 298 (1805) ; Gr. et Godr. *Fl. Fr.* I, 623 ; Coste *Fl. Fr.* II, 113 = *S. luteo-virens* Briq. *Rech. fl. mont. Corse* 89 (1901) = *S. dasyphyllum* var. *luteo-virens* Briq. l. c. = *S. dasyphyllum* subsp. *luteo-virens* Rouy et Cam. *Fl. Fr.* VII, 105 (1901). — Exsicc. Reverch. ann. 1885, n. 476 ! ; Burn. ann. 1900, n. 183 !

Hab. — Rochers ombragés des étages montagnard et subalpin, s'élevant rarement jusque dans l'étage alpin, 600-2100 m., Juin-août. ♃ .

Assez répandu dans les grands massifs du centre, non signalé au Cap Corse et dans la chaîne de Tende. Monte S. Pietro (Salis in *Flora* XVII, Beibl. II, 48) ; rochers de la vallée du Fiumalto près d'Orezza (Salis l.c.) ; Monte Grosso (Soleirol ex Bert. *Fl. it.* IV, 702) ; Capo al Berdato près des bergeries de Pulella (Lit. in *Bull. acad. géogr. bot.* XVIII, 123) ; Niolo (ex Gr. et Godr. *Fl. Fr.* I, 623) ; forêt d'Aitone près du moulin (Reverch. exsicc. cit. ; Lit. l. c.) ; de Cristinacce au col de Sevi (Lit. l. c.) ; forêt de Manganello près de Guagno (Lit. l. c.) ; env. de Corté (Thomas ex Duby *Bot. gall.* 202 ; Raymond in herb. Deless. ! et ap. Caruel *Fl. it.* IX, 71) ; vallée de la Restonica (Mars. *Cat.* 63 ; Briq. *Rech. Corse* 89 et Burn. exsicc. cit.) ; Monte Rotondo (Mars. l. c.) ; Monte d'Oro (Salis l. c. ; Mars. l. c.) ; col de Vizzavona (Lit. l. c.) ; Monte Renoso (Revel. ap. Mars. l. c.) ; Pointe de Pietra-Mala (Revel. in Bor. *Not.* II, 4) ; et localités ci-dessous.

1906. — Cime de la Chapelle de S. Angelo, rochers calcaires tournés au N., 1100 m., 15 juill. fl. ! ; rochers au-dessus de la maison forestière de Bonifatto, 600-700 m., 11 juill. fl. ! ; rocailles sur le versant N.-W. du Monte Traunato, 2100 m., 31 juill. fl. ! ; rochers frais en face de la résinerie d'Asco, rive gauche, 1400 m., 29 juill. fl. ! ; rochers entre le Pont du Dragon et la bergerie de Grotello, 1200 m., 2 août fl. ! ; rochers en face de la bergerie de Grotello, sur la rive droite de la haute Restonica, 1400-1600 m., 5 août fl. ! ; déversoir du lac Mélo, rocailles, 1700 m., 4 août fl. !

Ce que nous avons décrit jadis sous le nom de *S. luteo-virens* est une simple forme du *S. monregalense* Balb. qui ne mérite même pas d'être distinguée comme sous-variété ; elle n'a rien à faire avec le *S. dasyphyllum*, dont nous l'avions à tort rapproché en 1901. — Le *S. monregalense* a encore été signalé par Boullu (in *Bull. soc. bot. Fr.* XXIV, sess. extr. XCVII) à la montagne de Pozzo di Borgo près d'Ajaccio. L'indication se rapportant à cette localité, située tout à fait en dehors de l'aire que le *S. monregalense* occupe dans les grands massifs, mérite confirmation.

831. **S. Cepaea** L. *Sp.* ed. 1, 431 (1753) ; Gr. et Godr. *Fl. Fr.* I, 619 ; Rouy et Cam. *Fl. Fr.* VII, 120 ; Burn. *Fl. Alp. mar.* IV, 9 ; Coste *Fl. Fr.* I, 111 = *S. gallioides* (sic) Pourr. ap. All. *Fl. ped.* II, 120, tab. 65, fig. 3 (1785) ; Bert. *Fl. it.* IV, 700 = *S. verticillatum* Latourr. *Chl. ludg.* 12 (1785) ; non L. — Exsicc. Reverch. ann. 1878 et ann. 1885, n. 132 ! ; Burn. ann. 1904, n. 278 ! et 279 !

Hab. — Rochers ombragés, talus des étages inférieur et montagnard. Juin-août. ♃. Disséminé (non pas commun ainsi que le dit Mars. *Cat.* 63). Env. de Bastia (Salis in *Flora* XVII, Beibl. II, 48) ; Kesselmeyer in herb. Deless. ! et ap. Caruel *Fl. it.* IX, 76) ; défilé de Lancone (Briq. *Spic.*

29 et Burn. exsicc. cit. n. 279) ; env. d'Orezza (Gillot in *Bull. soc. bot. Fr.* XXIV, sess. extr. LXXVI; Lit. in *Bull. acad. géogr. bot.* XVIII, 123); Ota (Reverch. exsicc. cit. ann. 1885); bords de la Gravona sous Tavera (Briq. l. c. et Burn. exsicc. cit. n. 278) ; Carrosaccia (Thellung in litt.) ; d'Ajaccio à Pozzo-di-Borgo (Boullu in *Bull. soc. bot. Fr.* XXIV, sess. extr. XCVI ; Coste ibid. XLVIII, sess. extr. CX) ; forêt de Marmano (Rotgès in litt.) ; Bastelica (Reverch. exsicc. cit. ann. 1878) ; Croce d'Arbitro (Seraf. ex Bert. *Fl. it.* IV, 701) ; et localités ci-dessous.

1906. — Cap Corse : lieux frais entre le col de Santa Lucia et Luri, 200-300 m., 7 juill. fl. ! ; maquis de la Tour de Sénèque, 400 m., 8 juill. — Maquis au col de San Colombano, 600 m., 10 juill. fl. ! ; châtaigneraies en montant d'Omessa au col de Bocca al Pruno, 700 m., 15 juill. fl. fr. !

1911. — Punta di Canale, versant de Caldane, rochers, 500 m., 7 juill. fl. !

Voy. au sujet du *S. gallioides* Pourr. (*S. Cepaea* var. *galioides* DC. *Prodr.* III, 404 ; Rouy et Camus *Fl. Fr.* VII, 220), simple état du *S. Cepaea* : Burnat *Fl. Alp. mar.* IV, 9.

832. S. stellatum L. *Sp.* ed. 1, 431 (1753) ; Gr. et Godr. *Fl. Fr.* I, 619 ; Rouy et Cam. *Fl. Fr.* VII, 121 ; Coste *Fl. Fr.* II, 111. — Exsicc. Req. sub : *S. stellatum* ! ; Kralik n. 586 ! ; Reverch. ann. 1878 et ann. 1885, n. 133 ! ; Burn. ann. 1904, n. 280 ! et 281 !

Hab. — Garigues rocailleuses des étages inférieur et montagnard, 1-1000 m. Mai-juill. ①. Répandu et abondant dans l'île entière.

1906. — Rocailles au col de S. Colombano, 600 m., 10 juill. fl. fr. ! (forme naine) ; creux des rochers en montant d'Omessa au col de Bocca al Pruno, 300-600 m., 15 juill. fl. fr. ! (forme géante).

1911. — Sari-de-Porto-Vecchio, garigues, 300 m., 2 juill. fr. ! ; Monte Santo, rocailles, 600 m., 2 juill. fr. !

Espèce extraordinairement variable quant aux dimensions, ne donnant d'ailleurs en Corse aucune prise à la distinction de variétés.

833. S. litoreum Guss. *Pl. rar.* 185, tab. 37, fig. 2 (1826) ; id. *Prodr. fl. sic.* I, 523 ; id. *Fl. sic. syn.* I, 520 ; Bert. *Fl. it.* IV, 697 ; Caruel *Fl. it.* IX, 79 ; Rouy et Cam. *Fl. Fr.* VII, 121 ; Coste *Fl. Fr.* II, 110.

Hab. — Rochers maritimes. Avril-mai. ♃. Rare ou peu observé. Ile Rousse (Thellung in litt.) ; env. d'Ajaccio près de la Chapelle des Grecs (Bicknell 9 avril 1905 ex Rouy *Fl. Fr.* X, 376 ; Thellung !).

Plante voisine du *S. annuum*, naine et possédant comme elle des pétales d'un jaune pâle, mais à feuilles obovées-oblongues, planes-convexes, à pétales plus acuminés et plus courts, égalant environ les sépales qui sont oblongs-cylindriques et obtus, généralement à 5 étamines, à carpelles divergents, aigus et lisses.

Cette espèce, rencontrée sur quelques points du littoral des Bouches-du-Rhône et de la Vendée, est considérée comme de spontanéité douteuse pour la France continentale par MM. Rouy et Camus (op. cit. 122). Elle n'a pas, il est vrai, été signalée jusqu'à présent dans l'archipel toscan, mais elle existe en Sardaigne. En Corse, sa spontanéite ne fait pas de doute. L'aire du *S. litoreum* comprend, outre la Corse et la Sardaigne, l'Italie méridionale et la Sicile, pour s'étendre à l'est jusqu'à l'Asie mineure et à la Syrie.

834. S. annuum L. *Sp.* ed. 1, 432 (1753); Gr. el Godr. *Fl. Fr.* I, 621; Rouy et Cam. *Fl. Fr.* VII, 122; Burn. *Fl. Alp. mar.* IV, 16; Coste *Fl. Fr.* II, 110. — Exsicc. Reverch. ann. 1885, n. 478!

Hab. — Rocailles sableuses des étages montagnard, subalpin et alpin, 900-2200 m. Calcifuge. Juin-juill. Disséminé. Monte S. Pietro (Gillot in *Bull. soc. bot. Fr.* XXIV, sess. extr. LXXX); Monte Grosso (de Calvi) (Soleirol ex Caruel *Fl. it.* IX, 81); env. d'Evisa (Reverch. exsicc. cit.); col de Vizzavona (Gillot *Souv.* 6; Lit. *Voy.* I, 11); Monte Pinso (Mars. *Cat.* 63); Monte Renoso (Revel. in Bor. *Not.* III, 4); Mt Incudine (Rotgès in litt.); et localités ci-dessous.

1906. — Rochers sur les pentes inférieures du Monte d'Oro, versant de Vizzavona, 1100-1200 m., 15 juill. fl. fr.!, et sur le versant E., 1800 m., 9 août fl. fr.!

1908. — Monte Asto, rocailles, 1500 m., 1 juill. fl.!; Monte Padro, rocailles, 2200 m., 4 juill. fl.!

1910. — Plateau de Fosse de' Prato, pelouses rocailleuses, 1800 m., 30 juill. fl. fr.!; Punta della Capella d'Isolaccio, replats des rochers à l'ubac, 2000 m., 30 juill. fl. fr.!

835. S. rubens L. *Sp.* ed. 1, 432 (1753) et ed. 2, 619 (excl. var.); Bert. *Fl. it.* IV, 715; Moris *Fl. sard.* II, 120-121; Dœll *Fl. Bad.* 1045; Gr. et Godr. *Fl. Fr.* I, 620; Müll. Arg. in *Bull. soc. bot. Genève* I, 15; Rouy et Cam. *Fl. Fr.* VII, 122; Burn. *Fl. Alp. mar.* IV, 12; Coste *Fl. Fr.* II, 111 = *Crassula rubens* L. *Syst.* ed. 10, 969 (1759). — Exsicc. Req. sub : *S. rubens*!; Reverch. ann. 1878 sub : *Crassula rubens*!

Hab. — Garigues rocailleuses et sableuses des étages inférieur et montagnard. Mai-juill. ①. Disséminé (non pas commun, ainsi que l'a dit Marsilly *Cat.* 63). Env. de Bastia (Salis in *Flora* XVII, Beibl. II, 49), en particulier au vallon du Fango (Gillot in *Bull. sòc. bot. Fr.* XXIV, sess. extr. LIV) ; Calvi (Soleirol ex Bert. *Fl. it.* IV, 715) ; Iles Sanguinaires (Req. ap. Bert. op. cit. X, 496 et exsicc. cit.) ; Ajaccio (Boullu in *Bull. soc. bot. Fr.* XXIV, sess. extr. XCVI et XCIX ; Coste ibid. XLVIII, sess. extr. CIV et CIX) ; Pozzo di Borgo (Coste ibid. CXI) ; Campo di Loro (Shuttl. *Enum.* 11) ; Ghisoni (Rotgès in litt.) ; Bastelica (Reverch. exsicc. cit.) ; Bonifacio (Seraf. ex Bert. op. cit. IV, 715 ; Lutz in *Bull. soc. bot. Fr.* XLVIII, sess. extr. CXL ; Boy. *Fl. Sud Corse* 60) ; et localités ci-dessous.

1906. — Cime de la Chapelle de S. Angelo, rocailles calcaires, 1180 m., 15 juill. fl. ! ; vallon d'Ellerato entre Omessa et Tralonca, 250-400 m., 14 juill. fl. ! ; vallée inf. de la Restonica, rocailles, 600 m., 2 août fr. !

Voy. au sujet des variations de ce *Sedum* : Burnat *Fl. Alp. mar.* IV, 13 et 14. — Le *Procrassula mediterranea* Jord. et Fourr. [*Brev.* I, 16 (1866) et *Ic.* I, 32, tab. LXXX fig. 132 = *S. rubens* var. *mediterraneum* Rouy et Cam. *Fl. Fr.* VII, 123 (1901)] est indiqué au Fango près Bastia (Gillot in *Bull. soc. bot. Fr.* XXIV, sess. extr. LIV).

836. S. rubrum Thell. in Fedde *Rep.* X, 290 (1912) ; non Royle [*S. rubrum* Royle (1839) = *S. Ewersii* Ledeb. (1830)] = *Tillaea rubra* L. *Sp.* ed. 1, 129 (1753) ; Gouan *Hort. monsp.* 77 (1762) = ? *Crassula verticillaris* L. *Syst.* ed. 12, III, 230 (1768) = *Crassula caespitosa* (« cespitosa » Cav. *Ic.* I, 50, tab. 69, fig. 2 (1791) = *Crassula rubens* var. *nana* DC. *Fl. fr.* IV, 386 (1805) = *S. caespitosum* DC. *Prodr.* III, 405 (1828) ; Bert. *Fl. it.* IV, 716 ; Gr. et Godr. *Fl. Fr.* I, 620 ; Rouy et Cam. *Fl. Fr.* VII, 123 ; Burn. *Fl. alp. mar.* IV, 14 ; Coste *Fl. Fr.* II, 111 = *Crassula Magnolii* DC. in *Mém. soc. agr. Paris* ann. 1808, 11 et *Fl. fr.* V, 522.

Hab. — Garigues rocheuses ou sableuses des étages inférieur et montagnard. Avril-mai. ⊕. Disséminé (abondant par places, mais non pas commun, ainsi que l'a dit Marsilly *Cat.* 63). Serra di Pigno (Mab. ex Mars. *Cat.* 63) ; Patrimonio (Thellung in litt.) ; Ile Rousse (Thellung !) ; Algajola (Saint-Yves !) ; Calvi (Soleirol ex Bert. *Fl. it.* IV, 716 ; Fouc. et Sim. *Trois sem. herb. Corse* 144) ; Cap de la Revellata (Saint-Yves !) ; Caporalino (Fouc. et Sim. l. c.) ; vallée de la Restonica (Thellung in litt.) ; commun aux env. d'Ajaccio (Req. ex Gr. et Godr. *Fl. Fr.* I, 620 ; Boullu in *Ann. soc. bot. Lyon* XXIV, 69 ; Coste in *Bull. soc. bot. Fr.* XLVIII, sess. extr. CIV ; Thellung in litt.) ; Propriano (Thellung in litt.) ; et localités ci-dessous.

1907. — Cap Corse : sables maritimes près de l'étang de Biguglia, 16 avril fl. ! — Garigues sableuses à Ostriconi, 20 avril fl. fr. !

Se distingue facilement de l'espèce précédente par le nanisme, la glabréité, les feuilles obovoïdes et les carpelles lisses. — Voy. au sujet de la synonymie ancienne de cette espèce : Richter *Codex Linn.* 299 et Burn. *Fl. Alp. mar.* IV, 14. Du moment que le *S. rubrum* Royle est tombé dans la synonymie, les *Règles de la Nom. bot.* (art. 48) obligent à reprendre pour cette espèce le plus ancien nom spécifique, ainsi que l'a montré M. Thellung (l. c.).

837. S. andegavense DC. *Prodr.* III, 406 (1828) ; Moris *Fl. sard.* II, 117, tab. 73, fig. 1 et 2 ; Gr. et Godr. *Fl. Fr.* I, 620 ; Rouy et Cam. *Fl. Fr.* VII, 124 ; Coste *Fl. Fr.* II, 112 = *Crassula andegavensis* DC. *Fl. fr.* V, 522 (1815).

Hab. — Garigues rocheuses des étages inférieur et montagnard. Avril-mai. ④. Assez rare ou peu observé. Serra di Pigno (Chabert in *Bull. soc. bot. Fr.* XXIX, sess. extr. LIV) ; Ile Rousse (Fouc. et Sim. *Trois sem. herb. Corse* 144 ; Lit. *Voy.* I, 2 ; vallée du Luzzobeo (Mars. *Cat.* 63) ; Algajola (Saint-Yves !) ; Calvi (Soleirol ex Bert. *Fl. it.* IV, 712) ; Cap de la Revellata (Saint-Yves !) ; Evisa (Gysperger in Rouy *Rev. bot. syst.* II, 113) ; Porto-Vecchio (Mars. l. c.).

838. S. caeruleum L. *Mant.* II, 241 (1771), excl. loc. nat. ; Vahl *Symb.* II, 51 (1791) ; Moris *Fl. sard.* II, 122, tab. 73, fig. 5-6 ; Gr. et Godr. *Fl. Fr.* I, 622 ; Coste *Fl. Fr.* II, 112 = *S. heptapetalum* Poir. *Voy. Barb.* II, 169 ; Viv. *Fl. cors. diagn.* 7 ; Rouy et Cam. *Fl. Fr.* VII, 126 = *S. azureum* Desf. *Fl. atl.* I, 362 (1798). — Exsicc. Salzmann sub : *S. heptapetalum* ! ; Kralik n. 587 ! ; Reverch. ann. 1879, n. 191 ! ; Burn. ann. 1904, n. 282 !

Hab. — Rochers des étages inférieur et montagnard, 1-900 m. Calcifuge. Juin-juill. ④. Ainsi que l'a déjà observé Salis (in *Flora* XVII, Beibl. II, 48), cette espèce manque au Cap Corse, et suit la côte occidentale depuis le désert des Agriates jusqu'à Bonifacio, ne remontant au nord sur la côte orientale que jusqu'aux env. de Porto-Vecchio. De Pietra-Moneta au col de Cerchio (Fouc. et Sim. *Trois sem. herb. Corse* 144) ; entre Ile Rousse et Corbara (Fliche in *Bull. soc. bot. Fr.* XXXVI, 361) ; Calvi (Soleirol ! ap. Bert. *Fl. it.* IV, 713 ; Fouc. et Sim. l. c.) ; Evisa (Lutz in *Bull. soc. bot. Fr.* XLVIII, sess. extr. CXXX) et d'Evisa à Porto (Gysperger in Rouy *Rev. bot. syst.* II, 114) ; Calanches de Piana (Sagorski in *Mitt. thür. bot. Ver.* XXVII, 46) ; forêt d'Aitone (Boullu in *Ann. soc. bot.*

Lyon XXIV, 69 ; Lutz in *Bull. soc. bot. Fr.* XLVIII, sess. extr. CXXIX) ; Cargèse (Lutz ibid. CXXX) ; Vizzavona (Mars. *Cat.* 63) ; Vico (Mars. l.c.) ; Appietto (Mars. l. c. ; Briq. *Spic.* 129 et Burn. exsicc. cit.) ; Serra di Scopamène (Reverch. exsicc. cit.) ; Porto-Vecchio (Kralik exsicc. cit. ; Req.! ; Revel.! ap. Mars. l. c.) ; Sta Lucia-di-Tallano (Lit. *Voy.* I, 19) ; Sartène (Jord. ex Caruel *Fl. it.* IX, 86) ; entre Propriano et Sartène (Lutz in *Bull. soc. bot. Fr.* XLVIII, sess. extr. CXLIII) ; env. de Bonifacio, à la Trinité, etc. (Seraf. ex Viv. *Fl. cors. diagn.* 7 et Bert. *Fl. it.* IV, 713 ; Revel. ap. Mars. l. c. ; Boy. *Fl. Sud Corse* 60 ; et nombreux autres observateurs) ; et localités ci-dessous.

1906. — Descente du col de S. Colombano sur Palasca, rochers humides, 480 m., 10 juill. fl. fr. !

1910. — Uomo di Cagna, rochers, 600 m., 21 juill. fl. fr. !

1911. — Punta di Canale, versant de Caldane, rochers, 400-500 m., 7 juill. fl. ! ; montée de Burrivoli aux bergeries de Cagna (de Bidalsi), rochers, 5-800 m., 5 juill. fl. ! ; Sotta, rochers granitiques, 100 m., 4 juill. fr. !

De Candolle a dit à tort (*Prodr.* III, 404) les fleurs de cette espèce pourprées, bleuissant par la dessiccation ; elles sont au contraire, ainsi que l'a indiqué Salis (in *Flora* XVII, Beibl. II, 49) azurées, ou d'un bleu lavé de violet ; les pétales persistent et se décolorent à la maturité.

M. R. Hamet, qui travaille à une monographie des Crassulacées, nous écrit qu'il restitue à cette espèce le nom de *S. caeruleum* L. Nous adoptons cette manière de faire pour les raisons suivantes. C'est Willdenow qui, le premier [*Sp. pl.* II, 766 (1799)], a déclaré le *S. caeruleum* Vahl différent du *S. caeruleum* L. : « Diversum a Sedo caeruleo Lin. Mant. 251, quod postea in systemate omisit, et cujus descriptionem tantum ex Willichii opere assumpserat. Thunbergius nullam Sedi speciem in capite bonae spei observavit. W. ». Or les notes données par Haller et par Willich, sur lesquelles Linné a basé son *S. caeruleum*, ne peuvent s'appliquer à autre chose qu'à l'espèce décrite plus tard par Poiret, Vahl et Desfontaines. Seule l'indication « Habitat ad Cap b. Spei » est erronée, mais cela n'a rien d'extraordinaire, car Linné ne connaissait que de seconde main cette espèce qui était cultivée à Gœttingue et d'origine peu certaine. Il n'y a pas de représentants du genre *Sedum* dans l'Afrique du Sud.

SEMPERVIVUM L.

839. **S. montanum** L. *Sp.* ed. 1, 465 (1753) ; Gr. et Godr. *Fl. Fr.* I, 629 ; Burn. *Fl. Alp. mar.* IV, 38 ; Coste *Fl. Fr.* II, 119 = *S. Candollei* Rouy et Cam. *Fl. Fr.* VII, 138 (1901).

Hab. — Rochers de l'étage alpin, 2300-2650 m. Calcifuge. Août-sept.

♃. Très rare. Monte Rotondo (Salis in *Flora* XVII, Beibl. II, 49; Mars. *Cat.* 44; Briq. *Rech. Corse* 21; Lit. in *Bull. acad. géogr. bot.* XVIII, 123); Monte d'Oro (Soleirol ex Caruel *Fl. it.* IX, 28); Monte Renoso (Revel. ex Mars. l. c.).

Marsilly dit (l. c.) avoir vu au Monte Rotondo deux formes de rosettes et soupçonne la présence de deux espèces. Les rosettes que nous avons vues en 1900 (non fleuries le 21 juillet) se présentaient à divers degrés de développement et nous ont paru appartenir à la forme mentionnée par M. Burnat (*Fl. Alp. mar.* IV, 41) sous le nom de *S. Burnati* Wettst. Selon M. de Litardière (l. c.) le *S. montanum* n'était pas encore fleuri le 13 août 1908 au Monte Rotondo. Il faudrait pour étudier la joubarbe corse faire des ascensions très tardives. — Au sujet de la synonymie de cette espèce, voy. l'article très complet donné par M. Burnat (l. c.).

COTYLEDON L. emend.

840. **C. Umbilicus-Veneris** L. *Sp.* ed. 1, 429 (1753), excl. var. α = *C. Umbilicus* Huds. *Fl. angl.* ed. 1, 169; Rouy et Cam. *Fl. Fr.* VII, 147; Burn. *Fl. Alp. mar.* IV, 50 = *Umbilicus pendulinus-Veneris* All. *Fl. ped.* I, 120 (1785) = *Umbilicus pendulinus* DC. *Fl. fr.* IV, 383 (1805) et *Pl. grasses* t. 162; Gr. et Godr. *Fl. Fr.* I, 630; Coste *Fl. Fr.* II, 120. — Exsicc. Burn. ann. 1904, n. 283!

Hab. — Rochers et murs des étages inférieur et montagnard, 1-900 m. Mai-juill. ♃. Abondant et répandu dans l'île entière sans distinction de terrains.

1906. — Cap Corse : vieux murs à Rogliano, 200 m., 6 juill. fr. !

L'épithète spécifique de cette espèce a été en partie indiquée par Linné (l. c.) au moyen d'un symbole (*Cotyledon Umbilicus* ♀) qui doit être transcrit (*Règl. nomencl.* art. 26).

TILLAEA L. emend.

841. **T. muscosa** L. *Sp.* ed. 1, 129 (1753); Gr. et Godr. *Fl. Fr.* I, 616; Rouy et Cam. *Fl. Fr.* VII, 91; Burn. *Fl. Alp. mar.* IV, 1; Coste *Fl. Fr.* II, 107 = *Crassula muscosa* Roth *Enum. pl. phan. Germ.* I, 994 (1827); Schönland in Engl. et Prantl *Nat. Pflanzenfam.* III, 2a, 37; non L. (1760).

Hab. — Points sableux de l'étage inférieur. Mars-avril. ①. Marsilly (*Cat.* 63) le dit très commun : il est fort abondant par places, mais est très loin de se trouver partout. Commun aux env. de Bastia (Salis in *Flora* XVII, Beibl. II, 48 ; Bubani ex Bert. *Fl. it.* I, 839) ; Patrimonio (Thellung in litt.) ; Calvi (Soleirol ex Bert. l. c. ; Fouc. et Sim. *Trois sem. herb. Corse* 144) ; vallée de la Restonica (Thellung in litt.) ; Sagone (Coste in *Bull. soc. bot. Fr.* XLVIII, sess. extr. CXIV) ; île Mezzomare (Thellung in litt.) ; très commun à Ajaccio (Req. ap. Caruel *Fl. it.* IX, 42 ; Boullu in *Bull. soc. bot. Fr.* XXIV, sess. extr. XCVI et in *Ann. soc. bot. Lyon* XXIV, 69 ; Coste in *Bull. soc. bot. Fr.* XLVIII, sess. extr. CIV ; Thellung in litt.) ; Campo di Loro (Shuttl. *Enum.* 11). Distribution exacte à établir.

BULLIARDA DC.

† 842. **B. Vaillantii** DC. in *Bull. soc. philom.* n. 49, 1 (1801) ; Gr. et Godr. *Fl. Fr.* I, 617 (excl. syn. *Tillaeae aquaticae* L.) ; Caruel *Fl. it.* IX, 90 ; Burn. *Fl. Alp. mar.* IV, 2 = *Tillaea Vaillantii* Willd. *Sp. pl.* I, 720 (1797) ; Rouy et Cam. *Fl. Fr.* VII, 91 ; Coste *Fl. Fr.* II, 107 = *Crassula Vaillantii* Roth *Enum. pl. phaen. Germ.* 1, 992 (1827).

Hab. — Points humides dans l'étage inférieur. Mai-juin. ①. Très rare ou peu observé. « Monte Capanelo » et Capo alla Vetta (« Monte Capovita », env. de Calvi : Soleirol ex Bert. *Fl. it.* II, 248 et Caruel *Fl. it.* IX, 90) ; gorges de la Spelunca près Evisa (Lutz in *Bull. soc. bot. Fr.* XLVIII, sess. extr. CXXX). A rechercher.

SAXIFRAGACEAE

SAXIFRAGA L.

843. **S. rotundifolia** L. *Sp.* ed. 1, 403 (1753) ; Gr. et Godr. *Fl. Fr.* I, 639 ; Engl. *Mon. Saxifr.* 112 ; Rouy et Cam. *Fl. Fr.* VII, 37 ; Coste *Fl. Fr.* II, 131.

Hab. — Rochers et rocailles ombragées des étages montagnard, subalpin et alpin, 900-2200 m. Mai-août. Non signalé dans les massifs du Cap Corse et de Tende. ♃. — En Corse les variétés suivantes.

α. Var. **vulgaris** Engl. *Mon. Saxifr.* 114 (1872) ; Rouy et Cam. *Fl. Fr.*

VII, 37. — Exsicc. Reverch. ann. 1878, n. 121 ! ; Burn. ann. 1900, n. 245 ! et ann. 1904, n. 308 !

Hab. — Montagnes de la Castagniccia (Salis in *Flora* XVII, Beibl. 11, 47) ; Monte S. Pietro (Lit. *Voy.* I, 8) ; Monte Grosso (de Calvi) (Soleirol ex Bert. *Fl. it.* IV, 483) ; forêt d'Aitone (Lutz in *Bull. soc. bot. Fr.* XLVIII, sess. extr. CXXX ; Briq. *Spic.* 31 et Burn. exsicc. n. 308 ; Lit. *Voy.* II, 14) ; vallée de la Restonica (Burnouf in *Bull. soc. bot. Fr.* XXIV, sess. extr. LXXXV ; Briq. *Rech. Corse* 17 et Burn. exsicc. n. 245) ; env. de Vivario (Doûmet in *Ann. Hér.* V, 183) ; crètes entre le Monte d'Oro et la Punta Muratello (Lit. in *Bull. acad. géogr. bot.* XVIII, 123) ; forêt de Vizzavona (Doûmet op. cit. 124 ; Gillot *Souv.* 5 et 6 ; Lutz in *Bull. soc. bot. Fr.* XLVIII, sess. extr. CXXV ; Lit. *Voy.* I, 11 et 12 ; et autres observateurs) ; Pointe de Grado (N. Roux in *Bull. soc. bot. Fr.* XLVIII, sess. extr. CXXVIII) ; env. de Ghisoni (Rotgès in litt.) ; Monte Renoso (Revel. in Bor. *Not.* III, 4) ; env. de Bastelica (Reverch. exsicc. cit.) ; env. d'Aullène (Revel. in Bor. *Not.* II, 5) ; Coscione (Seraf. ex Bert. *Fl. it.* IV, 483 ; R. Maire in Rouy *Rev. bot. syst.* II, 24 ; Gysperger ibid. 119) ; et localités ci-dessous.

1906. — Rocailles sur le versant E. du Monte d'Oro, 2000 m., 9 août fl. ! ; rochers ombragés au col de Verde, 1300 m., 20 juill. fr. ! (f. parum typica ob hirsutiem ad var. sequentem vergens).

1907. — Foce de Vizzavona, rochers humides, 900-1000 m., 12 mai fl. !

1908. — Vallée inf. du Tavignano, rochers humides des pineraies, 900 m., 26 juin fr. !

1910. — Vallée d'Asinao, berges ombragées des torrents, 1300 m., 24 juill. fl. fr. ! (f. ad var. *insularem* vèrgens).

1911. — Calancha Murata, versant N.-E., creux des rochers, 1300-1400 m., 11 juill. fl. fr. ! ; Monte Calva, versant W., berges d'un torrent, 1000 m., 10 juill. fr. ! (f. magis hirsuta ad var. *repandam* aliq. vergens) ; montagne de Cagna : col de Fontanella, sources, 1200 m., 5 juill. fl. fr. !

Feuilles basilaires à limbe lâchement pubescent sur les deux faces, peu épaissi, inégalement et grossièrement crénelé-denté. Pédoncules et pédicelles ± hérissés-glanduleux. Pétales ± ponctués.

†† β. Var. **repanda** Engl. *Mon. Saxifr.* 115 (1872) = *Miscopetalum rotundifolium* var. *repandum* Haw. *Enum. Saxifr.* 17 (1821) = *S. repanda* Willd. ap. Sternb. *Rev. Saxifr.* 17 (1810) = *S. rotundifolia* var. *hirsuta* Sternb. *Rev. Saxifr.* Suppl. II, 16 (1832) ; Rouy et Cam. *Fl. Fr.* VII, 37.

Hab. — « Muri » (Kralik ex Rouy et Cam. *Fl. Fr.* VII, 38, localité à nous inconnue) ; montagnes de Corté (Burnouf ex Rouy et Cam. 1. c) ; Coscione (Gysperger in Rouy *Rev. bot. syst.* II, 119).

Feuilles basilaires à limbe plus densément pubescent, épais, superficiellement et densément crénelé. Pédoncules et pédicelles densément et assez longuement hérissés-glandulenx. Pétales ± ponctués. — Les indications de localités reproduites ci-dessus ne sont pas invraisemblables, attendu que la variété *repanda* existe en Calabre et en Sicile (Todaro fl. sic. n. 780 !). Cependant nous ne l'avons pas vue de Corse et les échantillons de Reverchon (ann. 1875, n. 121) cités par MM. Rouy et Camus appartiennent à la var. *vulgaris*, au moins d'après les échantillons de l'herb. Burnat.

┼┼ γ. Var. **insularis** Briq., var. nov. = *S. rotundifolia* forme *S. chrysosplenifolia* Rouy et Cam. *Fl. Fr.* VII, 38 (1901) ; non *S. chrysosplenifolia* Boiss. — Exsicc. Kralik n. 592 !

Hab. — Montagnes du haut Fiumorbo (Kralik ex Rouy et Cam. *Fl. Fr.* VII, 38) ; Mᵗ Incudine (Kralik exsicc. cit. et ap. Rouy et Cam. l. c.; Lit. *Voy.* I, 18) ; Coscione (Salle ex Rouy et Cam. l. c.); et localités ci-dessous.

1906. — Arêtes entre la Bocca Valle Bonna et le Monte Traunato, couloirs au N., 2000 m., 31 juill. fl. ! ; points humides au-dessous du col de Tripoli, 1500 m., 18 juill. fl. ! (f. ad var. *repandam* vergens) ; rocailles sur le versant E. du Monte d'Oro, 2000 m., 9 août fl. ! (f. *pseudopeltata*) ; hêtraie humide dans le haut vallon de Marmano, 1350 m., 21 juill. fl. fr. ! ; berges d'une source sur le versant W. du Monte Incudine, 1700 m., 18 juill. fl. !

1911. — Monte Incudine, cheminées du versant N., 2000 m., 25 juill. vix fl. ! ; Punta del Fornello, gazons humides d'une vernaie, 1750 m., 25 juill. fl. ! (f. magis hirsuta).

Herba debilis. Rhizoma tenue. Caulis erectus vel adscendens, humilis, tenuis, praesertim versus basin pilis albis brevibus sparse hirsutulus. Folia basalia petiolo elongato sicut et caulis piloso praedita, lamina tenerrima in foliis primis basi sinu angustissimo profundo cordata habitu pseudopeltato (rarius folia omnia vel fere omnia sic constructa : f. *pseudopeltata*), in sequentibus sinu apertissimo subcordato-truncata, caeterum reniformirotundata, margine regulariter valide crenata, crenis magnis rotundatis, obtusissimis, muticis, tenuissima vel vix cartilaginea, utrinque parce pilis sparsis praedita. Folia caulinaria breviter petiolata, profundius incisa, lobis paucioribus majoribus acutioribus. Paniculae rami glanduloso-pilosi, pauciflori, nunc subuniflori vel uniflori. Petala oblonga, pulchre rubido-maculata, maculis versus apicem laminae nullis vel subnullis, 5-6 mm. longa et 2,5 mm. lata.

Si l'on ne connaissait cette variété que sous ses formes extrêmes (par ex. nos échantillons du Mont Incudine !), dont l'apparence générale ressemble beaucoup à celle des var. *olympica* (Boiss.) Engl. et *taygetea*

(Boiss. et Heldr.) Engl., on serait presque tenté de l'envisager comme une espèce distincte du *S. rotundifolia*. Cette manière de voir ne résiste pas à l'étude de la plante poursuivie à diverses altitudes et sur un matériel abondant : la var. *insularis* passe par diverses formes intermédiaires à la var. *vulgaris*. La var. *insularis*, dans ses formes les plus réduites, diffère : de la var. *olympica* par son indument et ses pétales blancs, à macules rouges ; de la var. *taygetea* par ses feuilles encore plus minces, pourvus de poils épars sur les deux faces, beaucoup plus nettement réniformes.

La var. *insularis* a été publiée par Kralik (Pl. Cors. n. 592!) du Mont Incudine (23 juill. 1849) sous une forme élancée. C'est sur ces échantillons, et d'autres récoltés par le même botaniste que MM. Rouy et Camus ont basé (l. c.) leur *S. chrysosplenifolia*. Mais le *S. chrysosplenifolia* Boiss. est caractérisé essentiellement par des fleurs relativement très grandes, ce qui l'avait fait appeler *S. rotundifolia* var. **grandiflora** par Sternberg (*Suppl.* II, 17, ann. 1832), nom qui doit maintenant, aux termes des *Règles de la nomencl.*, art. 49, lui être conservé ; ses pétales ·mesurent env. $8 \times 3\text{-}4$ mm. de surface. Au contraire, la var. *insularis* possède des fleurs relativement petites ; ses pétales mesurent env. $5\text{-}6 \times 2,5$ mm. En outre, le *S. chrysosplenifolia* a des pétales immaculés, la var. *insularis* les a toujours maculés. Nos échantillons de Kralik du Mt Incudine sont en fruits : pour peu que ceux du Fiumorbo cités par MM. Rouy et Camus soient dans le même état, l'erreur d'identification devient très explicable.

844. S. tridactylites L. *Sp.* ed. 2, 578 (1762) ; Gr. et Godr. *Fl. Fr.* I, 643 ; Engl. *Mon. Saxifr.* 83 ; Rouy et Cam. *Fl. Fr.* VII, 42 ; Coste *Fl. Fr.* II, 133 = *S. tridactylites* var. *tectorum* L. *Sp.* ed. 1, 404 (1753).

Hab. — Rochers, rocailles, garigues, points sableux des étages inférieur et montagnard. Mars-mai. ①. Disséminé. Cap Corse (Mab. ex Mars. *Cat.* 65) ; env. de Bastia (Salis in *Flora* XVII, Beibl. II, 47) ; col de Teghime (Thellung in litt. ; Pœverlein !) ; Serra di Pigno (Billiet in *Bull. soc. bot. Fr.* XXIV, sess. extr. LXIX) ; St-Florent (Mars. l. c.); Calenzana (Soleirol ex Bert. *Fl. it.* IV, 496) ; vallée de la Restonica (Rotgès in litt.) ; Poggio-di-Nazza (Rotgès in litt.) ; et localités ci-dessous.

1907. — Cap Corse : rocailles de la Pointe de Golfidoni, 500 m., 27 avril fl. fr.!; rochers du col de Teghime, versant de Bastia, 400 m., 23 avril fl. fr. ! — Descente du col de S. Colombano sur Palasca, garigues, 600 m., 19 avril fl. fr. !; rochers de la montagne de Caporalino, calc., 450-600 m., 11 mai fl. fr. !

On trouve pêle-mêle les échantillons géants et les échantillons tout à fait nains [f. *exilis* Engl. *Mon. Saxifr.* 84 = *S. exilis* Poll. *Fl. veron.* II, 31 (1822) = *S. tridactylites* var. *exilis* Rouy et Fouc. *Fl. Fr.* VII, 43 (1901)]. Ce sont là des formes individuelles et non pas des variétés.

845. **S. granulata** L. *Sp.* ed. 1, 403 (1753) ; Gr. et Godr. *Fl. Fr.* I,
641 (ampl.) ; Engl. *Mon. Saxifr.* 96 ; Rouy et Cam. *Fl. Fr.* VII, 44. — En
Corse seulement la race suivante :

Var. corsica Ser. ap. Dub. *Bot. gall.* 211 (1828) = *S. Russi* Presl *Del.
prag.* I, 140 (1822) = *S. granulata* var. *corsicana* Ser. in DC. *Prodr.* IV,
35 (1830) = *S. rivularis* Thom. ex Ser. l. c. (1830), non alior. = *S. corsica* Gr. et Godr. *Fl. Fr.* I, 642 (1848) = *S. granulata* var. *Russi.*Engl.
Ind. crit. Saxifr. 24 (1869) et *Mon. Saxifr.* 98 = *S. granulata* forme
S. Russi Rouy et Cam. *Fl. Fr.* VII, 45 (1901).— Exsicc. Thomas sub : *S.
rivularis* ! ; Mab. n. 127 ! ; Reverch. ann. 1878, 1879 et 1885, n. 119 ! ;
Burn. ann. 1904, n. 305 !, 306 ! et 307 !

Hab. — Creux des rochers, de préférence à l'ubac, dans les étages
inférieur, montagnard et subalpin, 200-1400 m. Mai-juin. ♃. Répandu.
Monte Fosco (Gillot in *Bull. soc. bot. Fr.* XI) ; Serra di Pigno (Salis in
Flora XVII, Beibl. II, 47 ; Doûmet in *Ann. Hér.* V, 209 ; Debeaux ! ap.
Engl. *Mon. Saxifr.* 98 ; Mab. exsicc. cit. ; Sargnou in *Ann. soc. bot. Lyon*
VI, 67 ; Billiet in *Bull. soc. bot. Fr.* XXIV, sess. extr. LXIX) ; du Monte-
bello au Bivinco [(Req. ex) Gr. et Godr. *Fl. Fr.* I, 642] ; Belgodère
(Fouc. et Sim. *Trois sem. herb. Corse* 144) ; col de S. Quilico (Fouc. et
Sim. l. c.) ; entre Porto et Piana (Lutz in *Bull. soc. bot. Fr.* XLVIII, sess.
extr. CXXXII ; Ellman et Jahandiez in litt.) ; Evisa (Reverch. exsicc. ann.
1885) ; forêt d'Aitone (Briq. *Spic.* 136 et Burn. exsicc. n. 307) ; forêt de
Valdoniello (Fliche in *Bull. soc. bot. Fr.* XXXVI, 362) ; env. de Vivario
(Doûmet in *Ann. Hér.* V, 183) ; entre Ghisoni et le col de Sorba (Briq.
Spic. 136 et Burn. exsicc. n. 305) ; forêt de Vizzavona (Revel. in Bor.
Not. III, 4 ; Doûmet in *Ann. Hér.* V, 123 ; Gillot *Souv.* 5 et 6 ; et nom-
breux autres observateurs) ; Bocognano (Doûmet op. cit. 122) ; Vico
(Coste in *Bull. soc. bot. Fr.* XLVIII, sess. extr. CXIV) et de là à Sagone
(Bernoulli in herb. Burn. !) ; d'Ajaccio à Pozzo di Borgo (Coste in *Bull.
soc. bot. Fr.* XLVIII, sess. extr. CXIII ; Briq. *Spic.* 31 et Burn. exsicc.
n. 306 ; Sagorski in *Mitt. thür. bot. Ver.* XXVII, 46 ; et autres observateurs) ; Bastelica (Reverch. exsicc. ann. 1878) ; Zicavo (Salis l. c.) ; Coscione
(Reverch. exsicc. ann. 1879 ; Gysperger in Rouy *Rev. bot. syst.* II, 119) ;
montagne de Cagna [(Req. ex) Gr. et Godr. *Fl. Fr.* I, 642] ; et localités
ci-dessous.

1907. — Col de Morello, entre Vivario et Vezzani, rochers frais,

800 m., 13 mai fl.!; rochers des gorges de l'Inzecca, 300-500 m.,
8 mai fl.!

Caractérisée par des tiges grêles, généralement rameuses dès la base
ou dès le milieu. Feuilles petites, minces, à pourtour subarrondi, créne-
lées-lobées, à créneaux ou lobes peu nombreux, arrondis. Pédicelles filiformes. Pétales longs de 1,2-1,5 cm. — Déjà Salis avait signalé la présence de formes caulescentes élancées (aux environs de Zicavo) qui établissent un passage au *S. granulata* var. **genuina** Briq. (= *S. granulata* L.,
sensu stricto ; Gr. et Godr. l. c.).

846. S. bulbifera L. *Sp.* ed. 1, 403 (1753) ; Gr. et Godr. *Fl. Fr.* I,
642 ; Engl. *Mon. Saxifr.* 100 ; Rouy et Cam. *Fl. Fr.* VII, 45 ; Burn. *Fl.
Alp. mar.* III, 243 ; Coste *Fl. Fr.* II, 134.

Hab. — Rochers ombragés de l'étage montagnard. Avril-mai. ♃. Rare.
Monte Grosso (de Calvi) (Soleirol ex Bert. *Fl. it.* IX, 489) ; env. de Corté
[(Req. ex) Gr. et Godr. *Fl. Fr.* I, 642] ; et localité ci-dessous.

1907. — Col de S. Colombano, talus rocheux dans un bois de chênes-
verts un peu avant la source en venant de Novella, 600 m., 19 avril fl.!

Diffère de l'espèce précédente par la tige simple, feuillée dans toute
sa longueur ; feuilles supérieures bractéiformes bulbillifères à l'aisselle ;
fleurs en cyme contractée ; pétales de 7-9 mm.; étamines dépassant peu
ou pas les divisions calicinales.

847. S. pedemontana All. *Fl. ped.* II, 73 (1885) ; Ser. in DC. *Prodr.*
IV, 29 ; Engl. *Mon. Saxifr.* 162 ; Burn. *Fl. Alp. mar.* III, 246 et IV, 281 ;
Briq. *Spic. cors.* 29 = *S. Allionii* Terracc. in *Bull. soc. bot. ital.* ann.
1892, 135.

Le *S. pedemontana* est le seul représentant corse de la section *Dacty-
loides* si richement développée dans les Alpes et dans les Pyrénées. Les
espèces méditerranéennes les plus voisines sont les *S. demnatensis* Coss.
du Maroc et *S. pedatifida* Ehrh. des Cévennes. Le premier (vulgarisé dans
l'exsiccata de la Soc. Dauph. sous le n. 3596, ann. 1882!) est fort rapproché de la sous-esp. *cervicornis*, dont il possède la plupart des caractères tirés de l'appareil végétatif, sauf l'indument. Il n'en diffère guère,
en ce qui concerne la fleur, que par les pièces calicinales aussi longues
ou à peine plus longues que le tube calicinal (beaucoup plus longues que
le tube calicinal dans le *S. pedemontana*). Le second en diffère par les
feuilles à limbe offrant un pourtour largement ové-triangulaire, à sinus
interlobaux très profonds, à lobes divergeant en éventail, à pétiole étroit
nettement distinct du limbe, et par les pétales obtus au sommet, caractères qui les différencient, mais assez faiblement de la sous-esp. *cervicornis*.
Nous donnons ci-dessous une revision des éléments constitutifs du
S. pedemontana, permettant de se rendre compte des rapports des races
représentées en Corse avec celles du continent.

1. Subsp. **eu-pedemontana** Briq. $=$ *S. pedemontana* Engl. *Mon. Saxifr.* 162, sensu stricto ; Rouy et Cam. *Fl. Fr.* VII, 52.

Feuilles divisées en lobes plutôt larges, obtus ou arrondis, séparés par des sinus tantôt très peu profonds, tantôt atteignant (au moins les médians) la moitié de la hauteur du limbe, ce dernier obcunéiforme et rétréci insensiblement en un large pétiole membraneux ; nervures $\pm$ évanescentes dans les lobes. Pétioles et limbe foliaire densément couverts de courtes glandes stipitées ; longs poils unisériés rares et $\pm$ localisés sur les marges du pétiole.

α. Var. **cymosa** Briq. $=$ *S. caespitosa* Wulf. in Jacq. *Coll.* II, 290 (1786) ; non L. $=$ *S. cymosa* W. K. *Pl. Hung. rar.* I, 91 (1802) $=$ *S. heterophylla* Sternb. *Rev. Saxifr.* 50 (1810) $=$ *S. Allionii* Baumg. *Enum. Transs.* I, 378 (1816) ; non Gaud. $=$ *S. pedemontana* var. *laxiflora* Ser. in DC. *Prodr.* IV, 29 (1830) p. p. $=$ *S. pedemontana* subsp. *cymosa* Engl. in Engl. et Prantl *Nat. Pflanzenfam.* III, 2 a, 55 (1890) $=$ *S. Allionii* β *cymosa* 2 *normalis* Terracc. l. c. (1892) $=$ *S. pedemontana* forme *S. cymosa* Rouy et Cam. *Fl. Fr.* VII, 52 (1901).

Limbe foliaire à pourtour très largement obové, à lobes larges et courts, obtus-arrondis, non ou à peine rétrécis à la base, séparés par des sinus médiocres ; texture du limbe mince et molle, nervures moins nombreuses et généralement moins saillantes au sortir du pétiole. Sépales en général un peu plus larges et plus arrondis au sommet que dans les races suivantes. — Aire : Banat ! Transsilvanie ! Serbie ! Bulgarie ! Macédoine !

Dans ses formes typiques, cette race est assez facile à reconnaître, mais nous avons sous les yeux des échantillons de Transsilvanie que nous pouvons à peine distinguer de certaines formes de la variété γ des Alpes maritimes.

β. ? Var. **Baldaccii** Briq. $=$ *S. Allionii* β *cymosa* b *Baldaccii* Terracc. l. c. (1892).

Diffère de la var. précédente, selon M. Terracciano, principalement par les feuilles plus petites, à nervures plus saillantes, les fleurs plus petites et les pédicelles plus longs. — Aire : Monténégro. — Nous n'avons pas vu cette forme.

γ. Var. **genuina** Briq. *Spic. cors.* 30 (1905) $=$ *S. pedemontana* All., sensu stricto ; Rouy et Cam. *Fl. Fr.* VII, 52 ; Coste *Fl. Fr.* II, 140 $=$ *S. pedemontana* var. *densiflora* (p. p.) et var. *laxiflora* (p. p,) Ser. in DC. *Prodr.* IV, 29 (1830) $=$ *S. Allionii* α *pedemontana* a *normalis* Terracc. l. c. (1892).

Limbe foliaire à pourtour moins largement obové, à lobes souvent plus développés que dans la var. α, obtus, souvent un peu rétrécis à la base, séparés par des sinus plus profonds ; texture du limbe plus ferme, nervures plus nombreuses et restant généralement saillantes sur le sec au sortir du limbe. — Aire : Alpes maritimes italiennes ! et françaises ! Savoie [Mᵗ Iseran (Tarentaise) leg. Thomas ann. 1812 in herb. Delessert] ! Piémont sept. (versant S. du Mᵗ Rose) !

Cette race est très variable quant au développement des lobes foliaires
[ce qui n'avait pas échappé à Allioni (l. c.)] et se relie à ce point de vue
par des formes intermédiaires soit avec la var. α, soit avec la sous-espèce
suivante. Certaines formes ont les lobes foliaires réduits à de simples
créneaux au sommet du limbe [f. *crenata* = *S. pedemontana* var. *crenata*
Ser. in DC. *Prodr.* IV, 29 (1830)]. Par contre, nous avons sous les yeux
des formes, provenant du Piémont septentrional et des Alpes maritimes,
à lobes relativement plus étroits, séparés par des sinus qui atteignent et
dépassent même la demi-longueur du limbe (f. *dissecta*), notion d'ailleurs
difficile à fixer vu la large décurrence de ce dernier en pétiole !

II. Subsp. **c e r v i c o r n i s** Engl. in Engl. et Prantl *Nat. Pflanzenfam.*
III, 2 a, 55 (1890). Synonyma vide sub var. *ε*.

Hab. — Rochers et rocailles des étages subalpin et alpin, plus rarement dans l'étage montagnard, 600-2700 m. Calcifuge. Mai-août suivant
l'exposition et l'altitude. ♃ .

Feuilles généralement divisées en lobes étroits, les latéraux souvent
divergents, séparés par des sinus très profonds, atteignant souvent (surtout ceux qui flanquent le lobe médian) ou dépassant la moitié de la
hauteur du limbe, ce dernier plus brusquement contracté en un large
pétiole membraneux que dans la sous-espèce précédente ; nervures nombreuses, souvent saillantes à la fin jusque vers le sommet des lobes. Indument consistant en longs poils pluricellulaires, particulièrement nombreux sur les marges du pétiole, envahissant souvent le limbe ; glandes
stipitées moins abondantes et moins densément distribuées relativement
à la sous-espèce I.

Le *S. cervicornis* Viv. était déjà connu au commencement du XIXᵐᵉ
siècle. Il est mentionné par A.-P. de Candolle [*Fl. fr.* IV, 370 (1805)], qui
l'a confondu, sous le nom de « *S. adscendens* γ pedunculis lateralibus,
caule apice folioso », avec un ou plusieurs Saxifrages différents des Pyrénées, devenus plus tard le *S. adscendens* var. ? *coronata* Ser. in DC.
Prodr. IV, 29 (1830) : « je l'ai aussi reçu de M. Noisette qui l'a trouvée
dans les montagnes de la Corse, à la hauteur d'environ 1600 mètres ».
Viviani l'a comparé en 1825 (*App. fl. cors.* 2), d'après des échantillons
récoltés au Coscione par Serafini, aux *S. exarata* DC. et *geranioides* Lap.
Loiseleur [*Fl. gall.* ed. 2, I, 300 (1828)] a cru pouvoir l'identifier avec le
S. palmata Sm. Duby l'a rapporté au *S. ladanifera* var. *pedatifida* Dub.
(*S. pedatifida* Ehrh.), assimilation qui a été énergiquement contestée par
Viviani [*App. alt. fl. cors. prodr.* 7 (1830)]. Entre temps, Salzmann avait
distribué la même plante de Corse sous le nom de *S. Candollii*. Salis [in
Flora XVII, Beibl. II, 47 (1834)] a correctement identifié les *S. cervi-
cornis* Viv. et *Candollii* Salzm., les comparant au *S. palmata* Sm. Le pre-
mier auteur qui ait rattaché le *Saxifraga* corse au *S. pedemontana* est
Sternberg [*Rev. Saxifr.* 50 (1810)] d'après des échantillons envoyés par
Jaussin à Clarion ; il a été suivi par Moretti [*Tent. ad illustr. sinon. delle sp.
gen. Saxifr. ital.* 36 (1824)] d'après des échantillons envoyés par Serafini
à Viviani. Bertoloni a adopté cette manière de voir : « Rectissime Cl. Mo-

rettius dixit, *Saxifragam cervicornem* Viv. pertinere ad *Saxifragam pedemontanam* All. Habeo enim exemplaria *Saxifragae pedemontanae* a Molinerio, aliisque in Pedemontio lecta, quae foliis, foliorumque laciniis angustis omnino conveniunt cum planta Cl. Vivianii ex Corsica ». Moris, qui avait d'abord admis l'espèce de Viviani [*Stirp. sard. elench.* 21 (1827)], en a fait plus tard [*Fl. sard.* II, 148 et 149 (1840-43)] un *S. pedemontana* var. *minor*, ne se distinguant du type du Piémont que par les feuilles plus étroites, à divisions plus étroites, séparées par des sinus plus profonds. Grenier et Godron [*Fl. Fr.* I, 645 (1848)] ont même supprimé cette variété et réuni les *S. pedemontana* et *cervicornis* ; ils motivent cet arrangement en disant : « ...nous avons vu de Corse tous les intermédiaires entre ces deux formes extrêmes, et nous pensons avec Moretti et Bertoloni, qu'il ne peut rester aucun doute sur l'opportunité de cette réunion ». Cette solution radicale n'a cependant pas été généralement suivie. M. Engler [*Index crit. Saxifr.* 38 (1869) et *Mon. Saxifr.* 163 (1872)] a fait du *S. cervicornis* une variété corsico-sarde du *S. pedemontana*, opinion qui a été admise par M. Gillot [in *Bull. soc. bot. Fr.* XXIV, sess. extr. LXI] (1877)] et par nous-même en 1901 (*Rech. Corse* passim) et en 1905 (*Spic. cors.* 135), tandis que MM. Rouy et Camus [*Fl. Fr.* VII, 51 (1901)] et, non sans quelque hésitation (confirmée verbalement par l'auteur !), M. Coste [*Fl. Fr.* II, 140 (1902)] l'ont considéré comme spécifiquement distinct.

Les caractères les plus saillants du *S. cervicornis* résident dans les feuilles (fig. 8). Ils ont été décrits magistralement par Moris (*Fl. sard.* l. c.) : il est hors de doute que l'ampleur moindre des limbes foliaires basilaires, l'étroitesse relative des divisions, la plus grande profondeur des sinus qui les séparent donnent au Saxifrage de Corse et de Sardaigne un port particulier. Mais, il est non moins certain qu'il existe des formes du *S. pedemontana*, déjà connues d'Allioni et sur lesquelles Bertoloni a insisté, qui présentent ces caractères à un degré semblable (f. *dissecta* Briq.). D'autre part, Grenier et Godron, sans entrer dans suffisamment de détails, ont déclaré que l'on pouvait observer sur des échantillons corses tous les passages entre les feuilles du type *pedemontana* et celles du type *cervicornis*. Nous-même avons retrouvé sur une forme récoltée au Monte d'Oro en 1904 par M. Cavillier des caractères foliaires identiques à ceux du *S. pedemontana* continental à feuilles modérément découpées-incisées, et avons pour cette raison rattaché cette forme au *S. pedemontana* var. *genuina*. Les caractères foliaires font donc défaut lorsqu'il s'agit de séparer spécifiquement, d'une façon claire et dans tous les cas, le *S. pedemontana* continental du *S. cervicornis* insulaire.

MM. Rouy et Camus ont cru trouver en 1905 (l. c. et op. cit. X., 375) des caractères distinctifs nouveaux dans la corolle, qui serait tubuleuse chez le *S. pedemontana*, campanulée chez le *S. cervicornis*, mais nous avons montré peu après (*Spic. cors.* 30) que ces différences correspondent à deux stades de développement par lesquels passent tant le *S. pedemontana* que le *S. cervicornis*. Après avoir étudié sur le vif, à ce point de vue, depuis 1906 des centaines de fleurs aussi bien dans les Alpes maritimes qu'en Corse, nous ne pouvons que confirmer nos observations antérieures, sur lesquelles nous revenons maintenant avec quelques détails intéressants relativement à la biologie florale du *S. cervicornis*. La grandeur absolue des pétales varie dans une certaine mesure : selon les formes considérées, chez le *S. cervicornis*, les pétales sont longs de 1 à 1,5 cm., arrondis au sommet, larges de 2 à 4 mm. au-dessous de ce sommet ; ils sont, à partir de ce diamètre maximal, insensiblement rétrécis vers la base, sans qu'il y ait d'onglet nettement différencié. Pendant le commencement de l'anthèse, les pétales sont presque dressés, se recouvrant légèrement par leurs bords de façon à former un tube régulièrement évasé en cornet étroit : le diamètre de la corolle, mesuré au sommet des pétales, est d'env. 9-11 mm. Le tube formé par les pétales est assez étroit pour que le nectar sécrété par le disque et accumulé au fond de la fleur ne soit pas ou à peine visible lorsqu'on regarde la fleur dans son axe. Il en résulte que la fleur du *S. cervicornis* (comme celle du *S. pedemontana* qui n'en diffère pas) est bien plus visitée par les Hyménoptères et les papillons (Punta della Capella, 30 juill. 1911 !), que par les Diptères. A ce moment, les anthères commencent à émettre successivement leur pollen. Les styles, bien plus courts, sont encore appliqués l'un contre l'autre et n'ont pas encore développé leurs papilles stigmatiques. Puis la partie élargie apicale du limbe des pétales se plie vers l'extérieur, de sorte que l'on peut distinguer autour du tube ou cornet, pour l'ensemble de la corolle, une sorte de disque ± plan. Les pétales s'écartent ensuite les uns des autres ; la corolle devient largement campanulée, le diamètre mesuré entre les sommets des pétales atteignant 15 mm. Les filets s'écartent aussi et les anthères vides ne tardent pas à tomber. C'est alors que les styles atteignent leur pleine maturité : ils s'écartent l'un de l'autre en se plaçant dans la situation qu'avaient les étamines au début de l'anthèse. Il y a donc dans le *S. cervicornis* un stade mâle correspondant à peu près à la disposition tubuleuse de la corolle, avec un nectar caché ou presque caché, et un stade femelle correspondant à la disposition ± ouverte de la corolle, avec un nectar ± librement exposé. La pollination croisée constitue ainsi la règle chez le *S. cervicornis*.

Si les particularités biologiques qui viennent d'être énumérées n'avancent pas la solution du problème de la valeur systématique du *S. cervicornis*, en revanche d'autres caractères — auxquels nos prédécesseurs et nous-même jadis avons donné trop peu d'attention — peuvent y contribuer. Le *S. pedemontana* du continent possède, sous toutes ses formes, un appareil végétatif densément couvert de glandes stipitées courtes qui rendent l'épiderme visqueux ; elles sont très abondantes sur les deux faces de la feuille. Les longs poils simples non glanduleux sont rares et localisés sur les marges du pétiole ailé. Au contraire, dans le *S. cervicornis* les glandes, généralement plus brièvement stipitées, sont beaucoup moins abondantes, plus espacées, ce qui donne un épiderme moins visqueux. Par contre, les longs poils simples sont plus nombreux, parfois même très abondants. Moris l'avait déjà vu lorsqu'il a dit : « foliis ad marginem lateralem inferiorem pilis septiferis, longiusculis, ciliatis ». Souvent cet indument envahit les marges du limbe, et même la page supérieure de celui-ci. Dans les formes corses qui ressemblent le plus au *S. pedemontana* du continent, l'indument caractéristique du *S. cervicornis* est réduit et la glandulosité plus marquée. Il y a là encore une disposition intermédiaire qui établit un nouveau rapport entre les

S. pedemontana et *cervicornis*. Dès lors, la meilleure manière d'exprimer tous ces rapports consiste à traiter les *S. cervicornis* et *pedemontana* comme sous-espèces d'un même groupe spécifique, ainsi que l'a, dès 1890, judicieusement proposé le monographe M. Engler. On pourra discuter sur la valeur des quatre groupes que nous distinguons à l'intérieur de la sous-esp. *cervicornis*. Peut-être en avons-nous exagéré la valeur. Ils témoignent en tout cas d'un *S. pedemontana* subsp. *cervicornis* notablement plus pléomorphe qu'on ne le croyait autrefois.

╫ ♂. Var. **subpedemontana** Briq. = *S. pedemontana* var. *genuina* Briq. *Spic.* 30 (1905), quoad pl. corsicam. — Exsicc. Burn. ann. 1904, n. 303 !

Hab. — Monte d'Oro, versant E., 2000 m. (Briq. *Spic.* 30 et Burn. exsicc. cit.) ; et localité ci-dessous.

1907. — Monte Asto, rochers du versant N., 1500 m., 15 mai fl. !

Varietati γ foliis basilaribus pro ratione ample limbatis, nervis parum prominulis, lobis ± late obtusis, sinibus nunc ¹/₅ nunc ³/₄ laminae longitudinis profundis, pilis longis simplicibus quam in var. sequente minus crebris, tamen indumento magis evoluto quam in var. γ.

Constitue un passage entre les sous-esp. *eu-pedemontana* et *cervicornis* (fig. 8 *a* et *b*).

ι. Var. **minor** Moris *Fl. sard.* II, 148 (1840-43) ; Gillot in *Bull. soc. bot. Fr.* XXIV, sess. extr. LXI) = *S. cervicornis* Viv. *App. fl. cors. prodr.* 2 (1825) ; Salis in *Flora* XVII, Beibl. II, 47 ; Rouy et Cam. *Fl. Fr.* VII, 51 ; Coste *Fl. Fr.* II, 140 = *S. palmata* Lois. *Fl. gall.* ed. 2, I, 300 (1828), quoad pl. cors. = *S. ladanifera* var. *pedatifida* Duby *Bot. gall.* 210 (1828), quoad pl. cors. = *S. ladanifera* et *S. pedatifida* Mut. *Fl. fr.* I, 408 (1834), quoad pl. cors. = *S. Candollii* Salzm. ap. Salis l. c. (1834) = *S. pedemontana* var. *cervicornis* Engl. *Ind. crit. Saxifr.* 38 (1869) et *Mon. Saxifr.* 163 (1872) ; Briq. *Spic. cors.* 29 ; Fiori et Paol. *Fl. anal. It.* I, 536 = *S. Allionii* α *pedemontana* b *cervicornis* Terracc. in *Bull. soc. bot. ital.* ann. 1892, 135. — Exsicc. Thomas sub : *S. adscendens* ! ; Soleirol n. 1755 ! ; Sieber sub : *S. ladanifera* ! ; Salzmann sub : *S. Candollii* ! ; Req. sub : *S. cervicornis* ! ; Kralik n. 595 ! ; Mab. n. 128 ! ; Reverch. ann. 1878 et 1879, n. 120 ! ; Burn. ann. 1900, n. 91 !, 93 !, 301 ! et 320 ! ; Burn. ann. 1904, n. 298 !, 299 !, 300 !, 301 ! et 302 !

Hab. — Extrêmement répandue et abondante dans l'île entière depuis les cimes du Cap Corse au N., jusqu'à la montagne de Cagna au S., manquant probablement sur aucune montagne rocheuse dépassant 1000 m. et descendant souvent au-dessous de ce niveau.

1906. — Cima della Statoja, rochers des arêtes, 2300 m., 26 juill. fl. ! ;

Cima della Mufrella, 1500-2000 m., d'où elle descend jusqu'au-dessus de la maison forestière de Bonifatto, à 600 m., 11 juill. fr. ; couloirs humides entre le Capo Ladroncello et le col d'Avartoli, 2000 m., 27 juill. fl. ! ; rochers du Capo Bianco, 2500 m., 7 août fl. (f. *humilis* ad var. *pulvinarem* vergens); rochers des arêtes entre le Capo Largina et le Monte Cinto, 2500-2700 m., 29 juill. fl. ! ; fissures des rochers au Capo Largina, 2500 m., 29 juill. fl. ! (f. *humilis* ad var. *pulvinarem* vergens); Paglia Orba, 1500-2500 m., 9 août; Capo al Chiostro, 1500-2300 m., 3 août ; Punta de Porte, rochers du sommet, 2300 m., 4 août fl. (f. *humilis* ad var. *pulvinarem* vergens) ! ; rochers sur le versant E. du Monte d'Oro, 2000-2200 m., 9 août fl. fr. ! ; col de la Cagnone, rochers à 1800 m., 21 juill. fl. ! ; rochers de la Pointe de Monte, 1700 m., 20 juill. fl. !

1907. — Rochers du Monte Asto, 1500 m., 15 mai fl. ! ; rochers entre Vezzani et la Fontaine de Padula, 600-700 m., 13 mai fl. !

1908. — Monte Asto, cheminées du versant N., 1500 m., 1 juill. fr. ! ; rochers au col de Tula, 1900 m., 4 juill. fl. ! ; Monte Padro, rochers, 2200 m., 4 juill. fl. ! ; vallée inf. du Tavignano, rochers ombragés, 1200-1300 m., 28 juin fr. !

1910. — Cap Corse : Monte Stello, rochers du versant E., 1300 m., 16 juill., fr. ! ; Crête du M^t Li Tarmini, rochers, 1900 m., 30 juill. fr. ! ; Monte Grosso de Bastelica, rochers 1800 m., 30 juill. fr. ! (f. ad var. *pulvinarem* vergens); plateau de Fosse de Prato, 1700 m., 30 juill. fr. ! (f. *humilis*) ; Punta della Capella d'Isolaccio, rochers, 30 juill. fl. fr ! (f. *humilis* partim ad var. *pulvinarem* vergens et f. *speluncarum*); Monte Incudine, rochers, 1900-2000 m., 25 juill. fl. fr. ! (f. *normalis*, f. *humilis* ad var. *pulvinarem* vergens et f. *speluncarum*) ; Punta del Fornello, rochers, 1800 m., 25 juill. fr. ! ; Uomo di Cagna, fissures des rochers, 1000-1200 m., 4 juill. fr. !

1911. — Fourches de Bavella, rochers, 1400-1550 m., 13 juill. fr. ! (f. *humilis* ad var. *pulvinarem* vergens); col de Castelluccio, versant W., rochers ombragés, 1000 m., 10 juill. fr. ! ; Monte Calva, versant W., rochers, 1300 m., 10 juill. fr. ! ; Punta della Vacca Morta, rochers, 1300 m., 9 juill. fr. ! ; montagne de Cagna : col de Fontanella, rochers, 1200 m., 5 juill. fr. !

Feuilles basilaires (des rosettes) à pourtour obové, cunéiformes à la base et assez brièvement contractées en pétiole ailé ; limbe profondément trifide (fig. 8 c, e et d) ; lobe médian séparé des latéraux par des sinus dépassant généralement (parfois de beaucoup) la longueur du limbe, étroit, obtus, subaigu ou aigu, entier ou trifide et alors à lobules latéraux plus courts, plus étroits et plus aigus ; lobes latéraux 2- 3- 4fides, à lobules séparés par des sinus très profonds, étroits, souvent aigus ; nervures très saillantes sur le sec jusque dans les lobules. Feuilles caulinaires divisées en segments linéaires. Indument consistant en longs poils blancs très abondants, remontant le long des marges du pétiole et des lobes et lobules ; glandes relativement peu serrées. Pédoncules et sépales très glanduleux, mais à longs poils simples nuls ou rares.

Assez variable selon l'altitude et l'exposition. Aux niveaux inférieurs et moyens, surtout dans les expositions ombragées, on rencontre sou-

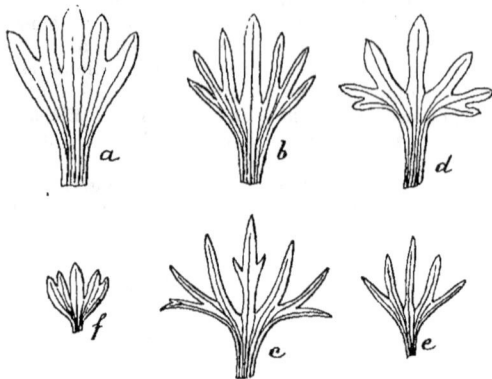

Fig. 8. — Forme des feuilles basilaires chez le *Saxifraga pede-montana* subsp. *cervicornis* ; *a* feuille de la var. *subpedemontana*, échant. du Monte Asto ; *b* feuille de la var. *subpedemontana*, échant. du Monte d'Oro ; *c* feuille typique de la var. *minor* ; *d* feuille développée de la var. *minor* f. *speluncarum* ; *e* feuille de la var. *minor* f. *humilis* ; *f* feuille de la var. *pulvinaris*.

vent des échantillons aussi développés que dans la var. γ, les fleurs sont grandes (pétales longs de 1,5 cm., larges de 5 mm. sous le sommet) ; les lobes et lobules foliaires sont très étroits et séparés par des sinus très profonds (fig. 8 c). Dans les stations très ensoleillées et aux niveaux supérieurs, les fleurs sont généralement moins nombreuses et plus petites (pétales longs de 1,3 cm., larges de 2-3 mm. sous le sommet) ; les feuilles sont plus petites (fig. 8 e), à lobes et lobules plus courts prenant avec l'âge une coloration rougeâtre. C'est cet état qui a été distingué par Mutel sous le nom de *S. ladanifera* (quoad pl. cors.) et par MM. Rouy et Camus sous le nom de *S. cervicornis* β *humilis* Rouy et Cam. (*Fl. Fr.* VII, 52). L'extrême opposé est fourni par les échantillons développés dans les antres des rochers (f. *speluncarum*) avec un éclairage réduit : les caudicules s'allongent, les feuilles restent extrêmement minces et tendres, à lobes très obtus (fig. 8 d), le réseau des nervures est très atténué, le limbe est d'un vert pâle, les fleurs sont rares et portées sur des pédoncules grêles, l'indument est mou et un peu crêpu. Toutes ces modifications sont en relation étroite avec le milieu et n'ont pas pour nous de valeur systématique.

╫ ζ. Var. **pulvinaris** Briq. = *S. pedemontana* var. *cervicornis* subvar. *pulvinaris* Briq. *Rech. fl. mont. Corse* 91 (1901). — Exsicc. Burn. ann. 1900, n. 408 !

Hab. — Rocailles de l'étage alpin au-dessus de 2000 m. Sommet du Capo al Berdato (Lit. in *Bull. acad. géogr. bot.* XVIII, 123) ; sommet du Capo Facciata (Lit. l. c.) ; Monte Rotondo (Lit. l. c.) ; Cime du Monte Renoso (Briq. *Rech. Corse* l. c. et Burn. exsicc. cit.) ; et localité ci-dessous.

1906. — Sommet du M¹ Incudine, rocailles, 2136 m., 18 juill. fl. !

Plante naine, à rosettes très réduites, formant des pelotes globuleuses-cylindriques à la façon des Androsaces (du type des « Polsterpflanzen »).

Feuilles (fig. 8 *f*) très petites, densément imbriquées, à lobes et lobules relativement courts, larges, obtus, raides, souvent recourbés vers l'ombilic de la pelotte. Indument comme dans la var. ε, mais poils plus courts. Tiges hautes de 1-3 cm., souvent rougeâtres comme les rosettes etle calice, 1-2flores; sépales très glanduleux, mais à longs poils simples, rares ou nuls. Pétales longs de 1 cm., larges de 2 mm. sous le sommet.

Par son mode de végétation qui est celui d'une plante à pelotte très caractérisée (autosaprophyte au moyen de courtes racines adventives), cette variété constitue une curiosité biologique. On serait tenté au premier abord d'en faire une espèce tout à fait distincte. Mais les formes de passage mentionnées ci-dessus (voy. var. ε) établissent très clairement ses relations avec la précédente.

†† η. Var. **incudinensis** Briq., var. nov.

1906. — Monte Incudine, fissures des rochers de l'arête culminale à 2000 m., localisé, 18 juill. fl. !

Planta depressa, caespites magnos in fissuris rupium formans, formae *humili* var. *minoris* foliis brevibus, lobis abbreviatis affinis, sed differt indumento valde aucto. Foliorum lobi lobulique dense et longiuscule pubescentes, apice fere pennicillati. Caules 1-pauciflori praeter glandulas pilis subcrispulis elongatis mollibus cum pedunculis sepalisque dense vestiti. Petala 9-10 mm. alta et 2,5 mm. infra apicem lata.

848. S. stellaris L. *Sp.* ed. 1, 400 (1753); Gr. et Godr. *Fl. Fr.* I, 638 ; Engl. *Mon. Saxifr.* 130; Rouy et Cam. *Fl. Fr.* VII, 31 ; Burn. *Fl. Alp. mar.* III, 245 ; Coste *Fl. Fr.* II, 132.

Hab. — Berges des torrents, rochers humides, rocailles au voisinage des névés de longue durée, 1800-2500 m. Calcifuge préférent. Juill.-août. ♃. Localisé uniquement dans les grands massifs du centre, du Capo Bianco à l'Incudine. — En Corse, les deux variétés suivantes :

†† α. Var. **vulgaris** Ser. in DC. *Prodr.* IX, 40 (1830) emend. Engl. *Mon. Saxifr.* 131 (1872) ; Rouy et Cam. *Fl. Fr.* VII, 31. — Exsicc. Reverch. ann. 1878, sub : *S. stellaris* !

Hab. — Monte Renoso (Reverch. exsicc. cit.).

Feuilles spathulées, longuement cunéiformes-atténuées à la base, ± dentées, pourvues de poils disséminés sur les deux pages et sur les bords, ou presque glabres dans les stations très humides.

Cette variété est évidemment beaucoup plus rare en Corse que la suivante. M. Engler (*Mon. Saxifr.* 131) la cite encore au Monte Renoso d'après Mabille, mais les échantillons distribués par ce botaniste (Mab. n. 230!) du Monte Rotondo aux bergeries de Spiscie (3 août 1867) appartiennent à la variété suivante. Les échantillons de Reverchon sont-ils bien de provenance corse ?

† β. Var. **obovata** Engl. *Ind. crit. Saxifr.* 41 (1869) et *Mon. Saxifr.* 133 ; Rouy et Cam. *Fl. Fr.* VII, 32. — Exsicc. Kralik n. 593 ! ; Mab. n. 230 ! ; Burn. ann. 1900, n. 260 ! et 385 !

Hab. — Lago Soprano du Capo Bianco (Lit. in *Bull. acad. géogr. bot.* XVIII, 79) ; Monte Cinto (Lit. ibid. 68) ; lac du Capo Falo (Lit. ibid. 81) ; Monte Rotondo (Salis in *Flora* XVII, Beibl. II, 47 ; Soleirol ex Bert. *Fl. it.* IV, 481 ; Mab. exsicc. cit. ; Mars. *Cat.* 65 ; Briq. *Rech. Corse* 21 et Burn. exsicc. n. 260 ; Lit. op. cit. 86), d'où il descend jusqu'à la bergerie du Dragon dans la haute Restonica (Mars. l. c.) ; lac de Melo (Burnouf ex Rouy et Cam. *Fl. Fr.* VII, 33) ; arêtes entre la Punta Muratello et le Monte d'Oro (Lit. op. cit. 93) ; Monte d'Oro (Salis l. c. ; Mars. l. c.) ; Pozzi du Monte Renoso (Revel. in Bor. *Not.* III, 4 ; Kralik exsicc. cit. ; Lit. *Voy.* II, 30 ; Rotgès in litt.) et pozzines du versant N.-E. (Briq. *Rech. Corse* 24 et Burn. exsicc. n. 385) ; M¹ Incudine (Lit. *Voy.* I, 18) ; et localités ci-dessous.

1906. — Berges du torrent au-dessous du Lago Maggiore, 2280 m., 7 août fl. ! ; bords des névés en montant des bergeries de Manica au Monte Cinto, 2000 m., 29 juill. fl. ! ; rochers au bord du lac Capitello, 1900 m., 4 août fl. ! ; endroits humides entre les lacs Cavaccioli et Scapuccioli, 1800-2200 m., 6 août fl. ! ; rochers humides sur le versant E. du Monte d'Oro, 2100 m., 9 août fl. ! et sur le versant W., 1800-1900 m., 12 août fl. ! (avec le *S. rotundifolia* var. *insularis* !) ; col de Bocca della Calle, au-dessus de Sgreccia, ruisselets, 1900 m., 21 juill. !

Feuilles obovées-obcunéiformes, plus amples et moins longues que dans la var. α, brièvement atténuées à la base, généralement très glabres. — Race bien caractéristique pour la Corse, indiquée cependant par M. Engler l. c. en Transsilvanie. Est-ce bien la même forme ?

S. umbrosa L. *Sp.* ed. 2, 574 (1762) ; Gr. et Godr. *Fl. Fr.* I, 639 ; Engl. *Mon. Saxifr.* 226 ; Rouy et Cam. *Fl. Fr.* VII, 34 ; Coste *Fl. Fr.* II, 132.

Bertoloni (*Fl. it.* IV, 477) a dit de cette espèce (ibérique, pyrénéenne et irlandaise) : « Habui a Bonjeannio ex montibus Corsicae, ubi reperit Thomasius ». Mais c'est là une erreur de Bonjean : Thomas a distribué le *S. umbrosa* des Pyrénées et non pas de la Corse.

849. **S. Aizoon** Jacq. *Fl. austr.* V, 18, tab. 438 (1778), emend. ; Gr. et Godr. *Fl. Fr.* I, 654 ; Engl. *Mon. Saxifr.* 241 ; Rouy et Cam. *Fl. Fr.* VII, 81 ; Coste *Fl. Fr.* II, 137.

Hab. — Rochers des étages subalpin et alpin, plus rarement dans l'étage montagnard, 500-2600 m. Mai-août suivant l'altitude. ♃. Non signalé au Cap Corse et dans la chaîne de Tende. Disséminé depuis les massifs du S. Pietro et du Cinto jusqu'à la montagne de Cagna. — On peut distinguer en Corse :

++ *α*. Var. **minor** Koch *Syn.* ed. 2, 294 (1844) = *S. Aizoon* f. *brevifolia* Engl. *Mon. Saxifr.* 244 (1872) = *S. Aizoon* var. *minor, brachyphylla* et *laeta* Rouy et Cam. *Fl. Fr.* VII, 83 (1901). — Exsicc. Sieber sub : *S. Aizoon* ! ; Kralik n. 594 ! ; Reverch. ann. 1878 sub : *S. Aizoon* ! ; Burn. ann. 1900, n. 347 ! ; Burn. ann. 1904, n. 304 !

Hab. — De beaucoup la race la plus répandue. Monte S. Pietro (Salis in *Flora* XVII, Beibl. II, 47 ; Gillot in *Bull. soc. bot. Fr.* XXIV, sess. extr. LXXIX ; Lit. *Voy.* I, 8) ; Capo al Berdato (Lit. in *Bull. acad. géogr. bot.* XVIII, 124) ; rochers entre Porto et Evisa, 500-600 m. ! (Briq. *Spic.* 30 et Burn. exsicc. n. 304) ; montagnes de Corté (Burnouf ex Rouy et Cam. *Fl. Fr.* VII, 83) ; Monte Rotondo (Salis l. c. ; Burnouf in *Bull. soc. bot. Fr.* XXIV, sess. extr. LXXVII ; Lit. *Voy.* I, 124) ; Monte d'Oro ((Soleirol ex Bert. *Fl. it.* VI, 454) ; Monte Renoso (Revel. in Bor. *Not.* III, 4 ; Reverch. exsicc. cit. ; Briq. *Rech. Corse* 27 et Burn. exsicc. n. 347 ; Lit. *Voy.* II, 33 ; Rotgès in litt.) ; Mt Incudine (Kralik exsicc. cit. ; R. Maire in Rouy *Rev. bot. syst.* II, 49) ; montagne de Cagna (Sieber exsicc. cit. et ap. Engl. *Mon. Saxifr.* 242) ; et localités ci-dessous.

1906. — Cime de la Chapelle de S. Angelo, falaise N., calc., 1100 m., 15 juill. fl. fr.! ; rochers du Capo Bianco, versant d'Urcula, 2300 m., 7 août fl. fr.! ; Capo al Berdato, rochers de l'aréte nord, 2550 m., 7 août fl.! ; Monte Rotondo, au-dessus du lac de Scapuccioli, 2500 m., 6 août fl. et vers le sommet, 2600 m., 6 août fl.! ; rochers sur le versant N. du Monte d'Oro, 2150 m., 9 août fl.! ; rochers du vallon inférieur de l'Anghione près de Vizzavona, 1200-1300 m., 21 juill. fr.! ; de Marmano à Vizzavona par le sentier de la forêt de Ghisoni, rochers, 1100-1200 m., 21 juill. fl. fr. (f. ad var. *majorem* vergens)! ; rochers au col de la Cagnone, 1950 m., 21 juill. fl.! ; rochers de la Pointe Bocca d'Oro, 1950 m., 20 juill. fl.!

1910. — Punta della Capella d'Isolaccio, rochers, 1900-2000 m., 30 juill. fl.! ; Mt Incudine, rochers du versant S., 1800-1900 m., 25 juill. fl.!

Feuilles des rosettes obovées-spathulées, 2-3 fois plus longues que larges, relativement courtes. — Les formes ± naines à feuilles très courtes, à grappe réduite, et celles plus élevées, pourvues de rosettes moins denses, à feuilles plus développées, à grande grappe multiflore sont évidemment en rapport avec les conditions du milieu et ne constituent pas des variétés. Les « très petites espèces » décrites par Jordan et Fourreau sous le nom générique de *Chondrosea* ne représentent qu'une partie des combinaisons de caractères possibles et effectivement réalisées dans la nature, tant à l'intérieur de cette race que de la suivante. C'est ainsi que Gillot (in *Bull. soc. bot. Fr.* XXIV, sess. extr. LXXIX) a constaté que la forme du Monte S. Pietro, tout en se rapprochant du *Chon-drosea orophila* Jord. et Fourr., ne cadrait « exactement avec aucune des nombreuses espèces admises par MM. Jordan et Fourreau dans leur *Breviarium* ou dans leurs *Icones* ». Autant que nous avons pu voir, le *S. Aizoon* se présente en Corse seulement à pétales immaculés.

†† β. Var. **major** Koch *Syn.* ed. 2, 294 (1844) = *S. Malyi* Schott, Nym. et Kotsch. *Anal. bot.* I, 23 (1854) = *S. robusta* Schott, Nym. et Kotsch. op. cit. 24 = *S. Aizoon* f. *robusta* Engl. *Mon. Saxifr.* 244 (1872) = *S. Aizoon* var. *linguiformis, flabellata, recta* et *valida* Rouy et Cam. *Fl. Fr.* VII, 82 et 83 (1901) = *S. Aizoon* c *robusta* Hayek *Fl. Steierm.* I, 716 (1909).

Hab. — Montagnes de Corté (Burnouf ex Rouy et Cam. l. c.) ; Monte Rotondo (Kralik ex Rouy et Cam. l. c.) ; versant W. du Monte d'Oro au bord de la cascade de l'Agnone (F. Jaquet !).

Feuilles des rosettes linéaires-spathulées, relativement allongées, 4-8 fois plus longues que larges. — Les échantillons extrêmes, comme ceux que M. Jaquet nous a communiqués sous le nom de *S. elatior* Mert. et Koch — à feuilles faiblement et très insensiblement élargies, atteignant jusqu'à 40 et 45 mm. de longueur sur 5-7 mm. de largeur — font grande impression, mais ils sont reliés à la variété précédente par d'insensibles degrés intermédiaires. Le *S. elatior* Mert. et Koch auquel ils ressemblent s'en distingue nettement par les feuilles des rosettes pourvues de créneaux tronqués, même vers le sommet du limbe (et non pas dentées en scie, à dents dirigées en avant). Le *S. altissima* Kern., dont notre var. β se rapproche aussi, s'en écarte par la pointe des feuilles de la rosette (au moins les extérieures) recourbée en dehors (recourbée en dedans dans le *S. Aizoon*) et la grappe bien plus multiflore.

CHRYSOSPLENIUM L.

C. alternifolium L. *Sp.* 1, 398 (1753) ; Gr. et Godr. *Fl. Fr.* 1, 660 ; Rouy et Cam. *Fl. Fr.* I, 84 ; Coste *Fl. Fr.* II, 144.

Bertoloni a dit (*Fl. it.* IV, 448) : « Habui.... ex montibus Corsicae ab Eq. Gussonio ». Le *C. alternifolium* n'est signalé ni dans l'archipel toscan, ni en Sardaigne. Nous n'osons pas l'admettre au nombre des plantes corses sur la foi d'un renseignement aussi vague.

RIBES L.

R. rubrum L. *Sp.* ed. 1, 200 (1753) ; Gr. et Godr. *Fl. Fr.* I, 636 ; Rouy et Cam. *Fl. Fr.* VII, 88 ; Coste *Fl. Fr.* II, 123 ; Jancz. *Mon. Gros.* in *Mém. soc. Phys. Genève* XXXV, 287 (1907).

Cultivé çà et là dans les villages, surtout de l'étage montagnard, et parfois échappé dans les haies.

R. nigrum L. *Sp.* ed. 1, 201 (1753); Gr. et Godr. *Fl. Fr.* I, 635; Rouy et Cam. *Fl. Fr.* VII, 88 ; Coste *Fl. Fr.* II, 123 ; Jancz. *Mon. Gros.* in *Mém. soc. Phys. Genève* XXXV, 347 (1907).

La var. *europaeum* Jancz. (l. c. 348) du Cassis est cultivée en Corse dans les mêmes conditions que l'espèce précédente.

R. Grossularia L. *Sp.* ed. 1, 201 (1753) emend. Mert. et Koch *Deutschl. Fl.* II, 251 (1826); Rouy et Cam. *Fl. Fr.* VII, 87; Jancz. *Mon. Gros.* in *Mém. soc. Phys. Genève* XXXV, 384 (1907) = *R. uva-crispa* L. l. c.; Gr. et Godr. *Fl. Fr.* I, 634 ; Coste *Fl. Fr.* II, 123.

Cultivé dans les mêmes conditions que l'espèce précédente et sous différentes formes.

PLATANACEAE

Le classement des Platanacées parmi les *Rosales* a été vulgarisé par Niedenzu [in Engl. et Prantl *Nat. Planzenfam.* III, 2 a, 140 (1891)], qui s'est basé sur les travaux antérieurs de Schœnland [*Ueber die Entwicklung der Blüten und Frucht bei den Platanen* (Engl. *Bot. Jahrb.* IV, 308-327, tab. 6, ann. 1884)] et de Jankó [*Abstammung der Platanen* (ibid. XI, 412-458, tab. 9 et 10, ann. 1890)]. Ces auteurs àdmettent que les fleurs des platanes sont périgynes et pourvues, tant mâles que femelles, de 3-6 sépales et de 3-6 pétales. Mais tout récemment M. Griggs [*On the characters and relationships of the Platanaceae* (*Bull. Torr. Club* XXXVI, 389-395, tab. 25 (1909)] a repris l'étude (fort difficile) du développement des organes floraux des Platanes, et est arrivé à des résultats tout différents : la fleur des Platanes serait apétale et la famille elle-même voisine des Urticacées, comme on l'admettait autrefois en se basant sur des considérations de port plutôt que sur des caractères morphologiques bien élucidés. Nous ne pouvons que mentionner en passant l'état de la question qui n'intéresse d'ailleurs pas la flore indigène de la Corse.

PLATANUS L.

P. orientalis L. *Sp.* ed. 1, 999 (1753); Gr. et Godr. *Fl. Fr.* III, 277 ; Dipp. *Handb. Laubholzk.* III, 277 ; Janko in Engl. *Bot. Jahrb.* XI, 449 ; Asch. et Graebn. *Syn.* VI, 1, 4 ; Aznavour in *Magyar Bot. Lapok* V, 165 ; C. K. Schneid. *Handb. Laubholzk.* II, 437.

Très fréquemment cultivé le long des routes, des rues, etc. dans les étages inférieur et montagnard. Avril-mai. ♃.

1906. — Cap Corse : route d'Erbalunga, 6 juill. fr.!

1907. — Route nationale près de Cateraggio, 20 m., 1 mai fl.!

11

ROSACEAE

CYDONIA Mill.

C. maliformis Mill. *Gard. dict.* ed. 8, n. 2 (1768) emend. Beck *Fl. Nied.-Öst.* 710 (1892); Rouy et Cam. *Fl. Fr.* VII, 29 = *Pyrus Cydonia* L. *Sp.* ed. 1, 480 (1753) = *C. oblonga* Mill. l. c. n. 1 (1768); C. K. Schneid. *Handb. Laubholzk.* 654 (1906); Schinz et Thell. in *Bull. herb. Boiss.* 2me sér., VII, 187 = *C. lusitanica* Mill. l. c. n. 3 (1768) = *C. Cydonia* Pers. *Syn.* II, 40 (1807); Karst. *Deutschl. Fl.* 783; Asch. et Graebn. *Syn.* VI, 2, 115 = *C. vulgaris* Pers. l. c. Corrig.; Gr. et Godr. *Fl. Fr.* I, 569; Coste *Fl. Fr.* II, 68.

Hab. — Cultivé au voisinage des villes et villages, et parfois subspontané [par ex. à Sartène, bords de la route conduisant au Rizzanèse (Fliche in *Bull. soc. bot. Fr.* XXXVI, 361)].

La nomenclature adoptée pour cette espèce par M. Schneider (l. c.) et MM. Schinz et Thellung (l. c.) est contraire aux *Règl. de la nomencl.* art. 46.

PYRUS L.

P. communis L. *Sp.* ed. 1, 479 (1753); Gr. et Godr. *Fl. Fr.* I, 570; Rouy et Cam. *Fl. Fr.* VII, 15; Coste *Fl. Fr.* II, 69; Asch. et Graebn. *Syn.* VI, 2, 60; C. K. Schneid. *Handb. Laubholzk.* I, 661.

Abondamment cultivé dans l'île entière et sous différentes formes, le Poirier ne nous est pas connu en Corse à l'état spontané.

850. **P. amygdaliformis** Vill. *Cat. jard. Strasb.* 322 (1807); Gr. et Godr. *Fl. Fr.* I, 570; Rouy et Cam. *Fl. Fr.* VII, 14; Coste *Fl. Fr.* II, 69; Asch. et Graebn. *Syn.* VI, 2, 66; C. K. Schneid. *Handb. Laubholzk.* I, 657.

Hab. — Maquis des étages inférieur et montagnard, 1-1300 m. Avril-mai. ♃. Probablement très répandu, mais distribution exacte mal connue. Env. de Bastia (Salis in *Flora* XVII, Beibl. II, 53; Req. *Cat.* 6); col d'Alzia sur la route d'Urtaca (Fouc. et Sim. *Trois sem. herb. Corse* 143); de Novella à Pietra-Moneta (Fouc. et Sim. l. c.); Corté (Gillot *Souv.* 2); Vivario (Gillot ibid. 4); env. de Porto-Vecchio (Revel. in Bor. *Not.* II, 4; Mars. *Cat.* 57; Fliche in *Bull. soc. bot. Fr.* XXXVI, 361); Sartène (Mars. l. c.), et de là à Propriano par la vallée du Rizzanèse (Lutz in *Bull. soc. bot. Fr.* XLVIII, sess. extr. CXLI; Pianottoli (Thellung in litt.); et localités ci-dessous.

1907. — Maquis d'Ostriconi, 20 avril fl. !

1911. — Montagne de Cagna : Pointe de Compolelli, garigue montanarde, 1300 m., 5 juill., stérile !

Espèce assez variable. Dans les maquis de l'étage inférieur, c'est un grand arbuste ou presque un arbre qui atteint 3 à 4 mètres de hauteur, à feuilles relativement larges, entières et très velues en dessous. Dans les garigues, à la limite inférieure de l'étage subalpin, c'est un arbuste nain et très épineux, à feuilles très étroites, plus nettement serrulées et devenant rapidement glabrescentes ou glabres. Fliche (l. c.) a signalé jadis une forme à feuilles spathulées aux environs de Porto-Vecchio.

851. **P. Malus** L. *Sp.* ed. 1, 479 (1753) ; Gr. et Godr. *Fl. Fr.* 1, 571 ; Rouy et Cam. *Fl. Fr.* VII, 15 ; Asch. et Graebn. *Syn.* VI, 2, 74. — Deux sous-espèces :

†† I. Subsp. **silvestris** Asch. et Graebn. *Syn.* VI, 2, 75 (1906) = *P. Malus* var. *silvestris* L. *Sp.* ed. 1, 479 (1753) = *Malus silvestris* Mill. *Gard. dict.* ed. 8, n. 1 (1768) ; Dipp. *Handb. Laubholzk,* III, 395 ; C. K. Schneid. *Handb. Laubholzk.* I, 715 = *Malus acerba* Mér. *Fl. env. Paris* 187 (1812) ; Coste *Fl. Fr.* II, 70 = *P. Malus* var. *austera* Wallr. *Sched. crit.* 215 (1822) = *P. acerba* DC. *Prodr.* II, 635 (1825) ; Gr. et Godr. *Fl. Fr.* 1, 572 = *P. Malus* var. *glabra* Koch *Syn.* ed. 1, 235 (1835) = *Malus communis* var. *glabra* Coss. et Germ. *Fl. env. Paris* éd. 1, I, 186 (1845) = *Malus communis* var. *acerba* Coss. et Germ. *Syn. fl. env. Paris* éd. 2, 130 (1859) = *P. Malus* var. *acerba* Asch. *Fl. Prov. Brand.* I, 207 (1864) = *Malus communis* var. *austera* Wenzig in *Jahrb. bot. Gart. Berl.* II, 291 (1883) = *P. Malus* forme *P. acerba* Rouy et Cam. *Fl. Fr.* VII, 15 (1891).

Hab. — Bois et maquis des étages inférieur et montagnard. Avril-mai. ♃. Forêt de Zonza (R. Maire in *Bull. soc. bot. Fr.* XLVIII, sess. extr. CXLVI) ; et localités ci-dessous ; probablement plus répandue.

1911. — Bois et maquis entre l'étang d'Urbino et le marais d'Erbarossa, 40 m., 30 juin fr. !

Rameaux courts ± épineux. Feuilles adultes glabres sur les deux faces. Fruit petit, verdâtre ou rougissant seulement du côté tourné au soleil, très acerbe.

II. Subsp. **pumila** Asch. et Graebn. *Syn.* VI, 2, 75 (1900) = *P. Malus* var. *paradisiaca* L. *Sp.* ed. 1, 479 (1753) = *Malus pumila* Müll. *Gard. dict.* ed. 8, n. 3 (1768) ; C. K. Schneid. *Handb. Laubholzk.* I, 715 = *Malus paradisiaca* Med. *Gesch. der Bot.* 78 (1793) = *Malus communis* Poir. *Encycl.*

méth. V, 540 (1804) ; Coste *Fl. Fr.* II, 70 = *P. Malus* var. *mitis* Wallr.
Sched. crit. 215 (1822) = *Malus communis* var. *tomentosa* Coss. et Germ.
Fl. env. Paris éd. 1, 186 (1845) = *P. Malus* Gr. et Godr. *Fl. Fr.* I, 571 (1849)
= *Malus communis* var. *mitis* Coss. et Germ. *Syn. fl. env. Paris* éd. 2, 130
(1859) = *P. Malus* Rouy et Cam. *Fl. Fr.* VII, 15, sensu stricto.

Abondamment cultivé sous diverses formes dans les étages inférieur
et montagnard, mais — du moins à notre connaissance — nulle part
spontané.

Pas d'épines. Feuilles adultes grises-tomenteuses en dessous. Fruit ±
volumineux, douceâtre.

SORBUS L.

852. **S. Aria** Crantz *Stirp. austr.* I, 46 (1762) ; Gr. et Godr. *Fl. Fr.*
I, 575; Rouy et Cam. *Fl. Fr.* VII, 20 ; Coste *Fl. Fr.* II, 72 ; C. K. Schneid.
Handb. Laubholzk. I, 687 = *Crataegus Aria* L. *Sp.* ed. 1, 475 (1753) =
Pyrus Aria Ehrh. *Beitr.* IV, 26 (1789) ; Asch. et Graebn. *Syn.* VI, 2, 95.

Hab. — Rochers, principalement de l'étage subalpin, 1200-1900 m.
Juin-juill. ♄. Disséminé. Monte Fosco (Chabert in *Bull. soc. bot. Fr.* XXIX,
sess. extr. LIV) et autres hautes cimes du Cap Corse (Salis in *Flora* XVII,
Beibl. II, 53) ; Monte Asto (Chabert l. c.) ; « Monte Boraga » (Soleirol
ex Bert. *Fl. it.* V, 141) ; mont. de Corté (Req. *Cat.* 6) ; env. de Vizzavona (Revel. ex Mars. *Cat.* 58) ; forêt de Pietrapiana (Rotgès in litt.) ;
forêt de Marmano (Rotgès in litt.) ; rochers de Pietra-Mala des env. de
Bastelica (Revel. in Bor. *Not.* III, 4) ; bassin supérieur de la Solenzara
près Bavella (Rotgès in litt.) ; et localités ci-dessous.

1906. — Rochers en montant des bergeries de Grotello au Capo al
Chiostro, 1900 m., 3 août fr. ! ; rochers du Monte Rotondo au-dessous du
lac Cavaccioli, 1700 m., 6 août, stérile !

1910. — Bocca del Marro dans la haute vallée d'Asinao, 1700 m., rochers, 25 juill. fl. !

1911. — Fourches de Bavella, rochers, 1400-1550 m., 13 juill. ! ; crêtes
de la Calancha Murata, rochers, 1400-1450 m., 11 juill.

Nos échantillons appartiennent à la var. **obtusifolia** Briq. [= *Pyrus
Aria* var. *obtusifolia* DC. *Prodr.* II, 636 (1835) = *S. Aria* var. *obtusata* Gren.
Rev. fl. Monts Jura 82 (1775) ; Rouy et Cam. *Fl. Fr.* VII, 21 = *S. obtusifolia* et *S. incisa* Hedl. *Mon. Sorb.* 80 et 81 (1901) = *S. Aria* var. *typica* et
var. *incisa* C. K. Schneid. *Handb. Laubholzk.* I, 687 (1906) = *Pyrus Aria*
II *typica* Asch. et Graebn. *Syn.* VI, 2, 96 (1906)] à feuilles ovées ou ovées-
elliptiques, relativement amples, dentées ou superficiellement lobulées-
incisées.

853. **S. domestica** L. *Sp.* ed. 1, 477 (1753); Gr. et Godr. *Fl. Fr.* I,
572; Rouy et Cam. *Fl. Fr.* VII, 17; Coste *Fl. Fr.* II, 71; C. K. Schneid.
Handb. Laubholzk. I, 683 = *Pyrus Sorbus* Gaertn. *De fruct.* II, 43 (1791)
= *Pyrus domestica* Sm. *Engl. Bot.* V, 350 (1796); Asch. et Graebn. *Syn.*
VI, 2, 91.

Hab. — Maquis et bois de l'étage inférieur. Avril-mai. ♄. Probablement ± répandu, mais négligé. Env. de Bastia (Salis in *Flora* XVII,
Beibl. II, 53); env. de Calvi (Soleirol ex Bert. *Fl. it.* V, 153); et localité
ci-dessous.

1906. — Cap Corse : hauts maquis entre Macinaggio et Rogliano, 100 m.,
7 juill. fr. !

Marsilly (*Cat.* 57) a dit de cette espèce : « Cultivé partout ; subspontané
parfois », sans indiquer sur quoi cette appréciation était basée. Nos
observations de 1906 se rapportent à de hauts maquis, quasi impéné-
trables et éloignés de toute espèce de culture. Non seulement, le Sorbier
est répandu dans les bois et maquis de toute l'Italie, mais il abonde dans
plusieurs iles voisines de l'Archipel toscan (Elbe, Giglio, Gorgone, Capraia, Palmaiola). Il n'y a donc pas de raisons plausibles pour nier sa
spontanéité en Corse. Cela n'empêche d'ailleurs pas l'arbre d'être souvent cultivé à cause de ses fruits (exemples analogues : Laurier, Châtai-
gnier, Noisetier, Ormeau, etc.). La distribution exacte de ce Sorbier en
Corse doit faire l'objet de recherches ultérieures.

854. **S. aucuparia** L. *Sp.* ed. 1, 477 (1753); Gr. et Godr. *Fl. Fr.* I,
572; Rouy et Cam. *Fl. Fr.* VII, 18; Coste *Fl. Fr.* II, 72; C. K. Schneid.
Handb. Laubholzk. I, 672 = *Pyrus aucuparia* Gaertn. *De fruct.* II, 45,
t. 87 (1791); Asch. et Graebn. *Syn.* VI, 2, 86. — En Corse seulement la
sous-espèce suivante :

†† Subsp. **praemorsa** Fritsch *Syst. Gatt. Sorbus* II, 4 [*Oesterr. bot.
Zeitschr.* XLVIII (1898)] = *Pyrus praemorsa* Guss. *Fl. sic. prodr.* I, 571
(1827) = *S. praemorsa* Nym. *Syll.* 265 (1854-55); Strobl in *Oesterr. bot.
Zeitschr.* XXXVI, 239 (1886) = *P. aucuparia* var. *praemorsa* Arc. *Comp.
fl. it.* 233 (1882) = *S. aucuparia* forme *S. praemorsa* Rouy et Cam. *Fl.
Fr.* VII, 19 (1901). — Exsicc. Kralik n. 576 a ! ; Burn. ann. 1900, n. 277 !

Hab. — Rochers et vernaies des étages subalpin et alpin, 1400-2000
(-2500) m. Juin-juill. ♄. Seulement dans la chaîne de Tende et dans les
grands massifs du centre jusqu'aux montagnes de Zonza. Monte Cinto
(Briq. *Rech. Corse* 88); bergeries de Cerasole près Casamaccioli (Lit. in
Bull. acad. géogr. bot. XVIII, 125); forêt de Lindinosa (Fliche in *Bull.*

soc. bot. Fr. XXXVI, 361) ; près du lac de Nino (Lit. l. c.) ; vallée du haut
Tavignano, notamment au Capo alli Sorbi (R. Maire in *Bull. soc. bot. Fr.*
XLVIII, sess. extr. CXLVI) ; Monte Cardo (Burnouf ex Rouy et Cam. *Fl.
Fr.* VII, 19) ; Monte Rotondo, en particulier au vallon de Spiscie, à la
fontaine de Triggione et au-dessus des bergeries de Timozzo (Kralik
exsicc. cit. ; Burnouf in *Bull. soc. bot. Fr.* XXIV, sess. extr. LXXXVI; Briq.
Rech. Corse 88 et Burn. exsicc. cit. ; R. Maire l. c. ; Lit. l. c.) ; Monte d'Oro
(Salis in *Flora* XVII, Beibl. II, 53 ; Req. *Cat.* 6) ; Monte Renoso (Rotgès,
Mand. et Fouc. ap. Fouc. in *Bull. soc. bot. Fr.* XLVII, 91) ; rochers de
Pietra-Mala aux env. de Bastelica (Revel. in Bor. *Not.* III, 4 et ap. Mars.
Cat. 58) ; Haut-Fiumorbo (Salis l. c.) ; et localités ci-dessous.

1906. — Cima della Mufrella, rochers à 1500-1700 m., 12 juill. ; Capo
Bianco, 2500 m. (un échantillon rabougri sans fleurs ni fruits dans une
fissure de rocher au sommet), 7 août ; col de Bocca Valle Bonna, vernaies
à 1700-1900 m., 31 juill. fr. ! ; rochers en face des bergeries de Grotello,
sur la rive droite de la haute Restonica, 1600-1700 m., 5 août ! (sans fl. ni
fr.) ; rochers au bord du lac Melo, 1900 m., 4 août ; vernaies sur le versant W. de la Pointe de Monte, 1700 m., 20 juill. fl. fr. !

1908. — Rochers du Monte Asto, 1500 m., 1 juill., jeunes fr. ! ; col de
Tula, vernaies du versant de Tartagine, 1700 m., 4 juill. jeunes fr. !

1910. — Vernaies entre le Monte Grosso de Bastelica et la Foce d'Astra,
1700 m., 30 juill. fl. ! ; Punta della Capella d'Isolaccio, rochers à l'ubac,
1950 m., 30 juill. fl. ! ; Punta del Fornello, rochers, 1700 m., 25 juill. fl. !

1911. — Fourches de Bavella, rochers du versant N., 1400-1550 m., 13
juill., jeunes fr. ! ; Calancha Murata, rochers à l'ubac, 1400-1460 m., 11
juill., jeunes fr. !

Se distingue de la sous-esp. **eu-aucuparia** Briq. (= *S. aucuparia* L.,
sensu stricto) et en particulier de la var. **glabrata** Wimm. et Grab. [*Fl.
Schles.* II, 1, 21 (1821); C. K. Schneid. *Handb. Laubholzk.* I, 673 ; Asch.
et Graeb. *Syn.* VI, 2, 88 = *S. glabra* Gil. *Fl. lithuan.* II, 233 (1781) =
S. aucuparia var. *alpestris* Wimm. *Fl. Schles.* 127 (1841) = *S. aucuparia*
var. *alpina* Blytt *Om. veg.* 174 (1869) = *S. aucuparia* var. *subcalva* Schur
in *Verh. Siebenb. Ver. Brünn* XV, 2, 200 (1877) = *S. aucuparia* var. *typica*
Beck *Fl. Nied.-Österr.* 708 (1892) = *S. aucuparia* var. *glabra* Burn. *Fl. Alp.
mar.* III, 168 (1899) = *S. aucuparia* var. *glaberrima* Rouy et Cam. *Fl. Fr.*
VII, 18 (1901)] — par les feuilles à folioles elliptiques, plus courtes (env.
2-3 fois plus longues que larges), à dents marginales plus fortes, plus
dressées, tendant fortement au dédoublement, les fruits mûrs ovoïdes et
plus volumineux.

Cette sous-espèce remplace en Corse le *S. aucuparia* subsp. *eu-aucuparia* du continent, comme elle le fait en Sicile. Sa découverte remonte
à 1834, date à laquelle Salis l'a signalée pour la première fois en Corse
sous le nom de *S. aucuparia* ; elle a été confondue ensuite par plusieurs

observateurs et par nous-même avec le *S. aucuparia* var. *glabrata*. C'est à MM. Rouy et Camus que revient le mérite d'avoir les premiers identifié le Sorbier corse avec le type sicilien, d'après les échantillons de Kralik et de Burnouf.

En ce qui concerne la valeur systématique du *S. praemorsa* Nym., nous partageons la manière de voir de M. Fritsch. Il s'agit évidemment là d'un groupe, à aire corse et sicilienne, dont la valeur est supérieure à celle de la var. *glabrata*, cette dernière étant une race montagnarde assez bien caractérisée, de la sous-esp. *eu-aucuparia*. On ne saurait toutefois la séparer spécifiquement, certains échantillons à folioles plus allongées (par ex. à la Punta della Capella !) se rapprochant manifestement de la var. *glabrata*. Il paraît dès lors rationnel de lui attribuer un rang subspécifique.

ERIOBOTRYA Lindl.

E. japonica Lindl. in *Trans. linn. soc.* XIII, 102 (1821); C. K. Schneid. *Handb. Laubholzk.* I, 711 ; Asch. et Graebn. *Syn.* VI, 2, 55 = *Mespilus japonica* Thunb. *Fl. jap.* 206 (1784).

Fréquemment cultivé dans les jardins de l'étage inférieur et parfois subspontané dans les haies du voisinage.

MESPILUS L. emend.

M. germanica L. *Sp.* ed. 1, 630 (1753); Gr. et Godr. *Fl. Fr.* I, 567; Rouy et Cam. *Fl. Fr.* VII, 2 ; Coste *Fl. Fr.* II, 65 ; C. K. Schneid. *Handb. Laubholzk.* I, 764 ; Asch. et Graebn. *Syn.* VI, 2, 12.

Cultivé çà et là dans les jardins des étages inférieur et montagnard, très rarement subspontané dans les haies du voisinage.

CRATAEGUS L. emend.

C. Oxyacantha L. *Sp.* ed. 1, 477 (1753); Koch *Syn.* ed. 2, 258 ; Gr. et Godr. *Fl. Fr.* I, 567 ; Dipp. *Handb. Laubholzk.* III, 456 ; Burn. *Fl. Alp. mar.* III, 160 ; Rouy et Cam. *Fl. Fr.* VII, 471 ; C. K. Schneid. *Handb. Laubholzk.* I, 780 = *Mespilus Oxyacantha* Crantz *Stirp. austr.* ed. 2, I, 82 (1769) ; Asch. et Graebn. *Syn.* VI, 2, 25 = *C. oxyacanthoides* Thuill. *Fl. Paris* éd. 2, 245 (1798); Coste *Fl. Fr.* II,66 = *Mespilus oxyacanthoides* DC. *Fl. fr.* IV, 433 (1805).

Espèce indiquée en Corse déjà par Burmann (*Fl. Cors.* 222) d'après Valle, puis par Salis et encore tout récemment par M. Boyer (*Fl. Sud Corse* 52) par confusion avec le *C. monogyna* ; voy. l'espèce suivante.

855. C. monogyna Jacq. *Fl. austr.* III, 50, t. 292, f. 1 (1775); Koch *Syn.* ed. 2, 259 ; Gr. et Godr. *Fl. Fr.* I, 567 ; Coste *Fl. Fr.* II, 66 ; C. K.

Schneid. *Handb. Laubholzk.* I, 783) = *Mespilus monogyna* All. *Fl. ped.*
II, 141 (1785); Asch. et Graebn. *Syn.* VI, 2, 27 = *C. Oxyacantha* Salis
in *Flora* XVII, Beibl. II, 53 (1834); non L. nec Jacq. = *Mespilus Oxyacantha* Moris *Fl. sard.* I, 42 (1837); non Crantz = *C. Oxyacantha* subsp.
monogyna Rouy et Cam. *Fl. Fr.* VII, 5 (1901).

Hab. — Garigues, haies et maquis des étages inférieur et montagnard,
1-1400 m. Mars-avril. ♃. Répandu et abondant dans l'île entière.

Nous n'avons pas vu de Corse (ni de Sardaigne) le *C. Oxyacantha* L.
(sensu stricto) à deux styles et deux noyaux, ceux-ci avec 2 sillons internes profonds, et enveloppés par une zone entièrement charnue (*C.
monogyna* : 1 style et 1 noyau, exceptionnellement 2 sur des fleurs isolées,
les noyaux avec 2 sillons internes faibles, séparés de la couche charnue
du fruit par une zone plus résistante). — Espèce polymorphe dont les
races suivantes ont été jusqu'à présent étudiées en Corse :

†† α. Var. **Foucaudii** Briq. = *C. monogyna* var. *microphylla* Fouc.
et Sim. *Trois sem. herb. Corse* 178 (1898) p. p.; Rouy et Cam. *Fl. Fr.* VII,
6 p. p. — Exsicc. Soc. Rochel. n. 4250 !

Hab. — Caporalino (Fouc. et Sim. op. cit. et exsicc. cit.); et localité
ci-dessous.

1907. — Maquis du vallon de Canalli, 50 m., calc., 6 mai fl. !

Frutex mediocris vel elatus, valide longiuscule spinosus. Folia hetero-
morpha, mediocria, firmula, supra atroviridia, subtus pallidius virentia vel
glaucescentia, glabra ; basilaria cujusque rami minora, integra vel subintegra, obovato-elliptica, superficie 0,7-1,5 × 0,3-0,8 cm., superiora majora superficie ambitu 2-2.5 × 1-2 cm., obovato-obcuneata, parum profunde et tantum ultra medium 3-5lobata, lobis amplis subparallelis vel
parum divergentibus. Pedicelli glabri. Flores albi vel ex albo roseoli, sat
magni, diametro corollae ad 1,5 cm. Fructus glaber, mediocris vel par-
vulus sect. long. 5-6 × 4-5 mm.

MM. Foucaud et Simon ont donné de leur *C. monogyna* var. *microphylla*
une description insuffisante qui s'applique mieux à la race suivante, qu'à
celle ci-dessus décrite dont ils ont distribué des échantillons fructifères ;
il semble donc que ces auteurs ont compris sous le même nom les var.
Foucaudii, *heterophylla* et peut-être même *Inzengae*. Ces formes sont
d'ailleurs différentes du *C. microphylla* Gandog. [in *Bull. soc. bot. Fr.*
XVIII, 451 (1871)]. Ce dernier est absolument énigmatique : l'auteur n'en
a jamais observé ni les fleurs, ni les fruits ; les feuilles en sont finement
pubescentes, divisées en 3-7 lobes aigus finement dentés en scie ; le reste
de la description s'applique à des individus qui ont été broutés et dont
l'apparence a été modifiée en conséquence. Ce n'est pas non plus le
C. monogyna var. *microphylla* Uechtr. [ex Asch. et Graebn. *Syn.* VI, 2,
33 (1906)] rapporté par ces derniers auteurs au *C. brevispina* Kunze. —
La var. *Foucaudii* est caractérisée par l'hétérophyllie très marquée, et

se distingue par les feuilles apicales des rameaux peu profondément incisées rappelant beaucoup les formes normales du *C. Oxyacantha* ; elles sont relativement peu mycrophylles.

╫ β. Var. **heterophylla** Dippel *Handb. Laubholzk.* III, 458 (1893) = *C. heterophyllus* Flügge in *Ann. mus. hist. nat.* XII, 423, tab. 38 (1808) = *Mespilus heterophylla* Poir. *Encycl. méth. Suppl.* IV, 68 (1816) = *Mespilus monogyna* var. *heterophylla* Wenzig in *Linnaea* XXXVIII, 160 (1874); Asch. et Graebn. *Syn.* VI, 2, 34 = *C. monogyna* var. *microphylla* Fouc. et Sim. *Trois sem. herb. Corse* 178 (1898) p. p.; Rouy et Cam. *Fl. Fr.* VII, 6 (1901) p. p. — Exsicc. Burn. ann. 1904, n. 206 !

Hab. — C'est là la race la plus fréquente en Corse. Nous mentionnons ici les localités données par nos prédécesseurs pour le *C. monogyna* sans distinction de variété. Env. de Bastia, jusque sur les cimes du Cap Corse (Salis in *Flora* XVII, Beibl. II, 53); vallée du Fiumalto (Gillot in *Bull. soc. bot. Fr.* XXIV, sess. extr. LXXV) ; rochers de Caporalino (Fouc. et Sim. *Trois sem. herb. Corse* 142 et 178; Lit. in *Bull. acad. géogr. bot.* XVIII, 125) ; forêt d'Aitone (Briq. *Spic.* 33 et Burn. exsicc. cit.); bergeries de Cussole (Fliche in *Bull. soc. bot. Fr.* XXXVI, 361) ; forêt de Marmano (Rotgès in litt.); Bonifacio (Req. *Cat.* 11 ; Thellung in litt.) ; et localités ci-dessous.

1907. — Cap Corse : maquis entre Luri et la Marine de Luri, 20m., 27 avril fl. — Montagne de Pedana, chênaie, calc., 500 m., 14 mai fl. ! ; maquis à Ostriconi, 20 avril fl. ! ; maquis entre Cateraggio et Tallone, 20 m., 1 mai fl. !

1911. — Pont de Scopamène près Aullène, maquis, 700 m., 22 juill. fr. !

Proles ut praecedens valde heterophylla, foliis, pedicellis fructibusque similiter glabris, floribus habita ratione magnis, sed differt foliis apicalibus ramorum sat magnis (superficie circ. 2-3 × 1,8-3 cm.) omnibus vel pluribus 5pinnatilobis, lobis valde patulis, sinibus (praesertim inferioribus) valde profundis separatis, limbo ambitu late obcuneiformi vel fere subtruncato.

La var. *heterophylla* est très répandue dans la bassin de la Méditerranée : nous l'avons vue d'Espagne ! de Provence ! de Sicile ! d'Italie ! du Monténégro ! et de la Grèce ! Elle a été souvent distribuée sous le nom de *C. brevispina* Kunze. Ce dernier est une variété voisine [*C. monogyna* var. *brevispina* Dipp. *Handb. Laubholzk.* III, 459 (1893) = *C. brevispina* Kunze in *Flora* XXIX, 737 (1846)] à feuilles ciliées sur les marges et pubescentes à la base des nervures (entièrement glabres ou parfois faiblement ciliolées dans la région basilaire des marges dans la var. *heterophylla*). MM. Ascherson et Graebner (*Syn.* VI, 232) l'ont placée à tort parmi les races homéophylles : tous les échantillons que nous en avons vus étaient nettement hétérophylles.

╫ γ. Var. **Inzengae** [1] Briq. = *Mespilus Insegnae* Tineo ap. Guss. *Fl. sic. syn.* II, 830 (1844) = *C. Insegnae* Bert. *Fl. it.* VII, 629 (1847); Lo Jacono *Fl. sic.* I, 2, 204 (1891) = *C. Oxyacantha* var. *Inzengae* Fiori et Paol. *Fl. anal. It.* I, 596 (1898) = *Mespilus monogyna* var. *Inzengae* Asch. et Graebn. *Syn.* VI, 2, 34 (1906). — Exsicc. Burn. ann. 1904, n. 205!

Hab. — Garigues rocheuses, maquis clairs, surtout sur le calcaire. Montagne de Caporalino (Briq. *Spic.* 33 et Burn. exsicc. cit., subvar. *lucidula*); et localités ci-dessous.

1907. — Cap Corse: Monte S. Angelo de St Florent, garigues, calc., 200 m., 24 avril fl. (subv. *glaucophylla*)!; Monte Silla Morta, maquis clairs, 100 m., 23 avril fl. (subv. *glaucophylla*)! — Montée de Pietralba au col de Tenda, garigues, 1000 m., 15 mai fl. (subv. *glaucophylla*)!; montagne de Caporalino, rocailles, calc., 400-650 m., 11 mai fl.!

1911. — Vallée d'Asinao, garigues, 1000 m., 24 juill. fr. (subv. *glaucophylla*)!

Frutex saepius humilis, dense spinosus, valde heterophyllus. Folia parva vel minima, dura, glabra, utrinque viridia (subvar. *lucidula* Briq.), vel subtus pallida glaucescentia (subvar. *glaucophylla* Briq.); ea circa basem ramorum breviorum sita integra, subintegra vel superficialiter apice inciso-dentata, superficie 1-1,5 × 0,5-0,7 cm.; caetera apicalia superficie 2 × 1,5 cm., profunde trifida vel 5pinnatifida, segmentis brevibus latis, nunc obtusis apiculatis subintegris, medio quidem nonnunquam retuso (f. *subintegriloba*), nunc subacutis dentatis vel flabellato-incisis (f. *incisiloba*). Pedunculi glabri vel parce puberuli. Flores parvi; corolla diam. vix ultra 1 cm. Fructus parvus, sectione longitudinali 5 × 3 mm., parce puberulus, demum glaber.

Cette race, miniature de la var. *heterophylla*, se trouve en Corse, en Sardaigne! et en Sicile! Elle a été souvent confondue avec la var. *heterophylla*, à laquelle la relient d'ailleurs d'incontestables formes de passage. Les échantillons distribués par Rigo sous le nom de *C. Insegnae* (env. de Torri et promontoire de S. Vigilio au bord du lac de Garde) et par Lo Jacono (Pl. sic. rar. n. 540, Bosco di Montaspro) appartiennent à la var. *heterophylla*. Ce dernier auteur a d'ailleurs aussi distribué la var. *Inzengae* (Pl. sic. rar. n. 540 p. p.: Madonies, Bosco del Comune, forme à lobes foliaires subentiers; id. sans n°: Nébrodes: Montaspro, forme à lobes foliaires en partie flabellato-incisés).

╫ δ. Var. **insularis** Briq., var. nov.

Hab. — Comme la race précédente, dans les localités suivantes:

1906. — Rochers calcaires au col de S. Colombano, 650 m., 10 juill. fr.!

[1] Gussone et Bertoloni ont écrit *Insegnae*; MM. Fiori et Paoletti et MM. Ascherson et Graebner ont corrigé en *Inzengae*, la dédicace ayant été faite à *Giuseppe Inzenga*. De toute manière, la dernière des graphies doit être conservée pour cette variété, parce qu'établie à l'occasion d'un changement de rang hiérarchique (*Règl. nomencl.* art. 49).

maquis du vallon d'Ellerato, entre Omessa et Tralonca, 250-400 m., 14 juill.
fr.! ; pentes rocailleuses autour d'Asco, 30 juill. fr.!

Frutex mediocris, armatissimus, spinis validis acerosis. Folia homomorpha vel fere homomorpha, omnia minima, glabra, supra viridia nunc
nitidula, subtus pallida vel glauca, profunde triloba vel 5pinnatifida, segmentis parvis ovatis acutato-apiculatis integris vel parce versus apicem
inciso-dentatis, ambitu superficie 1-1,5 $\times$ 1-1,5 cm. Inflorescentiae rami
glabri vel subglabri. Fructus parvus sect. long. circ. 6 $\times$ 4-5 mm.

Race d'apparence assez semblable à la précédente, très microphylle,
mais à hétérophyllie très peu marquée ou nulle et à fruits plus petits.

C. Crus galli L. *Sp.* ed. 1, 476 (1753); C. K. Schneid. *Handb. Laubholzk.* I,
796 $=$ *Mespilus Crus galli* Duroi *Harbk. Baumz.* I, 193 (1771); Asch. et
Graeb. *Syn.* VI, 2, 19.

Espèce de l'Amérique boréale atlantique, cultivée dans quelques jardins de l'étage inférieur et parfois subspontanée dans les haies du voisinage (par ex. à Sagone, leg. Mme Spencer, 19 mai 1905 fl., ex Rotgès in
litt.).

PYRACANTHA Roem.

P. coccinea Roem. *Syn. mon.* III, 104 et 209 (1847); Kœhne *Deutsch.
Dendrol.* 227; C. K. Schneid. *Handb. Laubholzk.* I, 762 $=$ *Mespilus Pyra-
cantha* L. *Sp.* ed. 1, 478 (1753) $=$ *Crataegus Pyracantha* Medik. *Gesch. der
Bot.* 84 (1793); Pers. *Syn.* II, 37 $=$ *Cotoneaster Pyracantha* Spach *Hist. vég.
phan.* II, 73 (1834); Gr. et Godr. *Fl. Fr.* I, 568; Burn. *Fl. Alp. mar.* III, 161;
Rouy et Cam. *Fl. Fr.* VII, 8; Coste *Fl. Fr.* II, 67 $=$ *Pyracantha pyracantha*
Asch. et Graebn. *Syn.* II, 2, 11 (1906).

Cultivé çà et là dans l'étage inférieur et parfois échappé dans les haies,
le buisson-ardent n'est à notre connaissance nulle part spontané en Corse.

AMELANCHIER Medik.

856. **A. ovalis** Medik. *Gesch. der Bot.* 79 (1793); Beck *Fl. Nied.-
Öst.* 707; non Borkh. (1803), nec Lindl. (1822), nec Hook. (1833) $=$
Mespilus Amelanchier L. *Sp.* ed. 1, 478 (1753) $=$ *Crataegus rotundifolia*
Lamk *Encycl. méth.* I, 83 (1783) $= A. vulgaris$ Mœnch *Meth.* 682 (1794);
Gr. et Godr. *Fl. Fr.* I, 575; Rouy et Cam. *Fl. Fr.* VII, 28; Coste *Fl. Fr.*
II, 73 $=$ *Aronia rotundifolia* Pers. *Syn.* II, 39 (1807) $=$ *Amelanchier
rotundifolia* K. Koch *Dendrol.* I, 178 (1869); C. K. Schneid. *Handb. Laub-
holzk.* I, 178 $= A.$ *Amelanchier* Karst. *Deutschl. Fl.* 784 (1880); Asch.
et Graebn. *Syn.* VI, 2, 50.

La combinaison de noms créée par Lamarck en 1783 (*Crataegus rotundifolia*) étant contraire aux *Règles de la nomencl. bot.* art. 48, est mort-née. Le nom imposé à cette espèce, à l'intérieur du genre *Amelanchier*, par Medikus en 1793 doit donc être admis, puisqu'il n'existait pas d'épithète spécifique publiée antérieurement sous une forme valable à conserver obligatoirement (*Règles* éd. 2, art. 56). Le nom de Medikus a été rejeté par M. Burnat, et après lui par plusieurs auteurs, parce que l'*Index kewensis* (I, 105) attribue l'*A. ovalis* Medik. comme synonyme à l'*A. canadensis* Medik. (*Mespilus canadensis* L.). Mais cette interprétation de l'*Index kewensis* ne résiste pas à l'examen des textes : elle est simplement due à une confusion avec les *A. ovalis* Borkh., *A. ovalis* Lindl. et *A. ovalis* Hook., qui appartiennent à des espèces américaines différentes. — En Corse seulement la race suivante :

†† Var. **rhamnoides** Briq. = *A. vulgaris* proles *A. rhamnoides* Lit. in *Bull. acad. géogr. bot.* XVIII, 67 (1909, gallice non rite descripta) = *A. vulgaris* var. *rhamnoides* Rouy *Fl. Fr.* XII, 472 (1910, même observ.).

Hab. — Rochers des étages subalpin et alpin, 1300-2300 m. Juin-juill. ⅃. Répandue à partir des massifs de Tende et du S. Pietro jusqu'aux montagnes de Zonza. Monte S. Pietro (Gillot in *Bull. soc. bot. Fr.* XXIV, sess. extr. LXXX) ; Monte Cinto (Lit. in *Bull. acad. géogr. bot.* XVIII, 126) ; Paglia Orba près du col de Foggiale (Lit. l. c.) ; Monte « Pertusato » (probablement le Capo Tafonato actuel, Soleirol ex Bert. *Fl. it.* V, 160) ; Campotile (Req. *Cat.* 14) ; forêt de Tavignano au-dessus de Corté (Mars. *Cat.* 58) ; Monte Rotondo, en particulier au-dessus des bergeries de Timozzo (Mars. l. c. ; Burnouf in *Bull. soc. bot. Fr.* XXIV, sess. extr. LXXXVI) ; Monte d'Oro (Lit. l. c.) ; Pointe de Grado (N. Roux in *Bull. soc. bot. Fr.* XLVIII, sess. extr. CXXVIII) ; vers la tête des ravins entre le Bronco et la Sellola, aux env. de Bocognano (Revel. in Bor. *Not.* III, 4 ; Mars. l. c.) ; forêt de Marmano (Rotgès in litt.) ; montagnes de Bastelica (Revel. in Bor. *Not.* III, 4) ; et localités ci-dessous.

1906. — Monte Traunato, couloirs en descendant sur le vallon de Terrigola, 2000 m., 31 juill. fr. ! ; rochers en montant des bergeries de Manica au Monte Cinto, 1900 m., 29 juill. fr. ! ; rochers du Capo al Chiostro, 2000 m., 3 août fr. ! ; pentes rocheuses en face des bergeries de Grotello, sur la rive droite de la haute Restonica, 1500-1700 m., 3, 4, 5 août fr. !

1908. — Rochers du Monte Asto, 1500 m., 1 juill. fr. ! ; vallée sup. du Tavignano, rochers, 1500 m., 26 juin fr. ! ; col de Ciarnente, rochers, 1500 m., 27 juin fr. !

1910. — Punta della Capella d'Isolaccio, rochers à l'ubac, 1900-2000 m., 30 juill. fl. et jeunes fr. ! ; Punta del Fornello, rochers, 1700 m., 25 juill. fr. !

1911. — Fourches de Bavella, rochers, 1400-1550 m., 13 juill. fr. ; Calancha Murata, rochers, 1300-1460 m., 11 juill. fr. ! ; Monte Calva, rochers à l'ubac, 1300 m., 10 juill. fr. !

Frutex humilis, 15-50 cm. altus, caule tortuoso, depresso, griseobrunneo, ramis virgatis, indumento floccoso detersili demum deficiente. Folia ovato-elliptica, mediocria vel parvula, apice truncato-rotundata, basi subcordata, petiolo tenui quam lamina bis breviori praedito, a basi vel fere a basi usque ad apicem valide serrata, dentibus erectiusculis, crebris, extus convexis vel duplicatis, culminibus prorsus versis, firmula, nervorum rete superne in siccitate prominulo, supra atroviridia glabra, subtus pallide virentia, demum (nervo medio saepe excepto) omnino decalvata, superficie laminae ad 2,5 × 2 cm. Inflorescentia 2-6flora, pedicellis urceolis sepalisque mox valde calvatis, sepalis subulatis. Styli 5 bases vel fundamenta insertionis staminum vix excedentes.

C'est avec raison que M. de Litardière a distingué la forme corse de l'*A. ovalis*, laquelle constitue une intéressante race insulaire facilement reconnaissable au port réduit, aux feuilles petites, dures et à serrature bien plus accentuée que dans les formes habituelles de l'Europe centrale. — L'étude détaillée des races méditerranéennes de l'*A. ovalis* mériterait certainement, comme l'ont déjà dit MM. Schneider, Ascherson et Graebner, d'être entreprise. D'après ce que nous avons pu voir, la var. *rhamnoides* est apparentée avec la var. **genuina** Briq. [= *A. vulgaris* var. *genuina* Rouy et Cam. *Fl. Fr.* VII, 28 (1901)] à laquelle elle tend par certaines formes à feuilles plus étroites et à serrature moins profonde. On trouve aux Baléares (Altos de Moncabrer près Alcoy, leg. Burnat 18 juin 1881 !) une race différente : var. **balearica** Briq. [1], microphylle, naine et à rameaux aussi tortueux et couchés, mais à feuilles régulièrement rétuses au sommet, subentières dans leur partie inférieure, finement crénelées-dentées, à dents plus marquées sur les deux lobules qui flanquent l'échancrure, à pédoncules courts, tardivement calvescents, à fleurs plus petites. Quant à l'*Amelanchier* de Sicile, décrit par Gussone sous le nom de *Pyrus nebrodensis* Guss. [*Fl. sic. prodr.* I, 569 (1827)] et qui a été plus tard rattaché à l'*A. ovalis* par Gussone lui-même [*Pyrus Amelanchier* var. b et var. c *floccosa* Guss. *Fl. sic. syn.* I, 559 (1842) = *Amelanchier vulgaris* var. *floccosa* Lo Jacono *Fl. sic.* 1, 2, 208 (1891)], c'est certainement un synonyme de l'**A. cretica** DC. ! [*Prodr.* II, 632 (1825) = *Pyrus cretica* Willd. *Sp.* II, 1015 (1800)]. Ce dernier nous paraît spécifiquement distinct de l'*A. ovalis*, non seulement par les caractères foliaires indiqués par les auteurs, et qui lui donnent en effet un port spécial, mais surtout par les sépales élargis à la base et densément blanc-tomenteux en dehors, à tomentum persistant, ainsi que par un caractère sur lequel M. Schneider (*Handb. Laubholzk.* I, 733) a attiré l'attention, savoir les styles dépassant de la moitié de leur longueur le plan d'insertion des filets staminaux. Nous n'avons pas vu

[1] Fruticulus pumilus, trunco depresso tortuoso-ramoso, cortice cinereo-brunneo, ramis brevibus calvescentibus. Folia parva vel minima, retuso-rotundata, mox decalvata, firmula, superne atro-viridia, subtus pallide virentia, inferne subintegra, superne sensim magis crenulato-denticulata, superficie ad 2 × 2 cm. Pedicelli breves diu floccosi, demum calvescentes ad 1,3 cm. longi. Urceoli parvuli, ut et sepala subulata mox decalvati.

l'*Amelanchier* de Sardaigne, mais, d'après la description qu'en a donné Moris (*Fl. sard.* II, 45), il appartient probablement à la var. *rhamnoides*.

RUBUS L.

† 857. **R. tomentosus** Borkh. in Roem. *Neu. Mag. f. Bot.* I, 2 (1794); Gr. et Godr. *Fl. Fr.* I, 544; Focke *Syn. Rub. Germ.* 226; Boulay in Rouy et Cam. *Fl. Fr.* VI, 75; Coste *Fl. Fr.* II, 38; Focke in Asch. et Graebn. *Syn.* VI, 1, 496; Sudre *Rub. Eur.* 98. — Exsicc. Burn. ann. 1904, n. 211 !

Hab. — Forêts, clairières rocheuses des étages montagnard et subalpin, rarement dans l'étage inférieur. Juin-juill. ♃. Probablement très répandu, mais peu observé. Montagnes de Bastia (Salis in *Flora* XVII, Beibl. II, 51); au-dessus du Pont du Golo (Salis l. c.); env. de Corté (Req. *Cat.* 18); forêt de Vizzavona (Briq. *Spic.* 33 et Burn. exsicc. cit.); et localités ci-dessous.

1910. — Versant N. du col de Verde, lisière des hêtraies, 1100 m., 31 juill. fl. !

1911. — Punta del Pinsalone, lisière des maquis, 800 m., 10 juill. fl. ; montagne de Cagna : col de Fontanella, lisière de la sapinaie, 1200-1300 m., 5 juill. fl. !

Nos échantillons appartiennent à la var. **glabratus** Godr. [*Mon. Rub. Nancy* 27 (1843) = *R. tomentosus* Salis in *Flora* XVII, Beibl. II, 51 = *R. Lloydianus* Genev. *Essai Rub. Maine-et-Loire* 10 (1861) = *R. tomentosus* subsp. *Lloydianus* Sudre *Rub. Eur.* 99 (1910)] à turion glabrescent, ± glanduleux, à feuilles vertes et ± luisantes, glabres ou subglabres à la page supérieure, à inflorescence hirsute, subéglanduleuse.

857 × 858. **R. albidus** Merc. in Reut. *Cat. pl. vasc. Genève* éd. 2, 288 (1864); Focke in Asch. et Graebn. *Syn.* VI, 1, 497; Schmidely *Ronces bass. Léman* 27 = *R. collinus* Gr. et Godr. *Fl. Fr.* I, 545 (1845), quoad pl. cors.), an et DC.? = **R. tomentosus** × **ulmifolius**.

Hab. — Haies, lisière des bois et maquis, garigues surtout de l'étage montagnard. Mai-juill. ♃. Vivario (ex Gr. et Godr. *Fl. Fr.* I, 245); Ajaccio (ex Gr. et Godr. l. c.; Boullu in *Bull. soc. bot. Fr.* XXIV, sess. extr. XCIX); et localités ci-dessous.

1906. — Entre Tralonca et Santa Lucia di Mercurio, lisière des maquis, 700-800 m., 30 juill. fr. en partie avortés ! (*R. subvillosus* Sudre ex ipso); montagne de Pietralba, rocailles et chênaie, 500 m., 30 juin fr. avortés ! (*R. pulverulentus* Sudre et *R. tomentellifolius* Sudre ex ipso); Punta del

Pinsalone près Zonza, lisière des maquis, 800 m., 10 juill. fr. avortés !
(*R. tomentellifolius* Sudre ex ipso).

Hybridés ayant le port du *R. ulmifolius*, présentant des poils étoilés
± nombreux à la page supérieure des folioles, oscillant par tous les caractères entre les deux espèces voisines. Les *R. subvillosus* Sudre [*Rub.
Pyr.* 127 (1901) et *Rub. Eur.* 96], *R. tomentellifolius* Sudre [*Rub. Pyr.* 98
(1901) et *Rub. Eur.* 99] et *R. pulverulentus* Sudre [in *Bull. assoc. pyr.*
n. 243 (1899), *Rub. Pyr.* 61 et 113, et *Rub. Eur.* 75] appartiennent à cette
innombrable série de formes dont Boulay (in Rouy et Cam. *Fl. Fr.* VI,
79-82) a déjà donné une longue liste.

† 858. **R. ulmifolius** Schott in *Isis*, ann. 1818, 821 ; Focke *Syn.
Rub. Germ.* 177 ; Boulay in Rouy et Cam. *Fl. Fr.* VI, 60 ; Coste *Fl. Fr.*
II, 38 ; Focke in Asch. et Graebn. *Syn.* VI, 1, 501 ; Sudre *Rub. Eur.* 69 ;
Schmidely *Ronces Léman* 15 = *R. discolor* Weihe et Nees *Rub. Germ.* 46
(1825) p. p. — En Corse jusqu'ici seulement la sous-espèce suivante :

† Subsp. **rusticanus** Focke in Asch. et Graebn. *Syn.* VI, 1, 60
(1902) ; Schmidely *Ronces Léman* 15 = *R. fruticosus* Salis in *Flora*
XVII, Beibl. II, 51 = *R. rusticanus* Merc. in Reut. *Cat. pl. vasc. Genève*
éd. 2, 279 (1861) = *R. ulmifolius* forme *R. rusticanus* Boulay in Rouy
et Cam. *Fl. Fr.* VI, 60. — Exsicc. Burn. ann. 1904, n. 207 !, 208 !, 209 !
et 210 !

Hab. — Haies, maquis, lisières des bois, 1-1500 m. Juin-juill. ♄.
Répandue et abondante dans l'île entière.

1906. — Cap Corse : maquis entre les cols de Cappiaja et de la Serra,
300 m., 7 juill. fl. ! (*R. anisodon* Sudre ex ipso). — Bords des chemins près
de Sermano (769 m., 28 juill. fl. ! (*R. anisodon* Sudre ex ipso).

Turion anguleux ou canaliculé, pruineux. Feuilles 5foliolées, glabres
ou presque glabres à la page supérieure, densément blanches-tomen-
teuses à la page inférieure. Axe de l'inflorescence robuste à aiguillons
larges à la base, en partie crochus, couvert ainsi que les pédoncules
d'un indument tomenteux blanc et appriméc. Pétales roses. — On a relevé
en Corse, parmi les innombrables modifications de cette sous-espèce,
les variétés suivantes :

†† α. Var. **anisodon** Schmidely *Ronces Léman* 16 (1911) = *R. anisodon*
Sudre *Rub. Pyr.* 194 (1903) = *R. ulmifolius* subsp. *anisodon* Sudre *Rub.
Eur.* 71 (1908). — Turion anguleux. Feuilles à pétioles pourvus de petits
aiguillons crochus, à foliole terminale ovée ou elliptique-obovée, courte,
entière à la base, acuminée au sommet, inégalement dentée, longuement
pétiolulée. — A été récoltée, outre les localités citées ci-dessus, aux env.
de Cargèse (Briq. *Spic.* 33 et Burn. exsicc. n. 207), entre Vico et Sagone

(Briq. l. c. et Burn. exsicc. n. 210), puis entre Ajaccio et la **Tour Parata** (Briq. l. c. et Burn. exsicc. n. 209). Ces derniers échant. sont rapportés par M. Sudre au *R. anisodon* var. *Bastardianus* Sudre (*Rub. Pyr.* l. c. = *R. Bastardianus* Genev. *Ess. monogr.* 229 (1869), une modification à aiguillons plus rares et à inflorescence subinerme.

†† β. Var. **Weiheanus** Boulay in Rouy et Cam. *Fl. Fr.* VI, 61 (1900); Schmidely *Ronces Léman* 16 (1911) = *R. Weiheanus* Rip. in Genev. *Ess. monogr.* 253 (1869) = *R. subtruncatus* var. *Weiheanus* Sudre *Rub. Pyr.* 193 (1903) = *R. ulmifolius* subsp. *subtruncatus* var. *Weiheanus* Sudre *Rub. Eur.* 70 (1908). — Turion ± canaliculé. Feuilles à pétiole pourvu d'aiguillons crochus, à foliole terminale largement ovée-anguleuse, tronquée-cuspidée au sommet, doublement et irrégulièrement dentée presque jusqu'à la base, longuement pétiolulée. — A été récoltée près de la station de Biguglia (Briq. *Spic.* 33 et Burn. exsicc. n. 208).

Requien a distribué des environs d'Ajaccio (sub : *Rubus flore pleno*) une variation à fleur pleine du *R. ulmifolius* [*R. bellidiflorus* K. Koch *Dendrol.* I, 292 (1869); *R. ulmifolius* var. *bellidiflorus* Focke in Engl. et Prantl *Nat. Pflanzenf.* III, 3, 31 (1888)], évidemment échappée de culture. D'autres formes spontanées de cette espèce polymorphe se retrouveront sûrement en Corse, mais les travaux des amateurs de ronces resteront toujours fort limités en Corse par suite de l'absence du *R. caesius* et des ronces silvatiques glanduleuses du continent.

†† 859. **R. idaeus** L. *Sp.* ed. 1, 492 (1753); Gr. et Godr. *Fl. Fr.* I, 551; Focke *Syn. Rub. Germ.* 97; Boulay in Rouy et Cam. *Fl. Fr.* VI, 33; Coste *Fl. Fr.* II, 33; Focke in Asch. et Graebn. *Syn.* VI, 1, 444.

Hab. — Forêts des étages montagnard et subalpin, 1000-1500 m. Juin-juill. ♃. Rare. Abondant dans la forêt de Marmano, autour du col de Verde (Lit. *Voy.* I, 15; Rotgès in litt.). A été signalé à M. Rotgès comme croissant aussi dans le Niolo. — Cultivé aussi dans les jardins.

FRAGARIA L.

860. **F. vesca** L. *Sp.* ed. 1, 494 (1753) emend. Gouan *Hort. monsp.* 247 (1762); Koch *Syn.* ed. 2, 234; Gr. et Godr. *Fl. Fr.* I, 535; Rouy et Cam. *Fl. Fr.* VI, 167; Asch. et Graebn. *Syn.* VI, 1, 649; Coste *Fl. Fr.* II, 27; Solms-Laub. in *Bot. Zeit.* LXV, I, 47-50. — En Corse la race suivante :

†† **Var. corsica** Briq., var. nov.

Hab. — Bois des étages montagnard et subalpin, descendant rarement dans l'étage inférieur. Avril-mai. ♃. Probablement très répandue, mais dispersion à préciser. Commune au-dessus de Bastia et s'élevant aux cimes du Cap Corse (Salis in *Flora* XVII, Beibl. II, 52) ; col de Teghime (Pœverlein) ; forêt d'Aitone (Mars. *Cat.* 56 ; R. Maire in Rouy *Rev. bot. syst.* II, 67 ; Lit. *Voy.* II, 14) ; vallée de la Restonica (Thellung in litt.) ; forêt de Vizzavona (Mars. *Cat.* 56, et nombreux autres observateurs) ; forêts de Sorba et de Marmano (Rotgès in litt.) ; et localités ci-dessous.

1906. — Forêt d'Asco, 29 juill. fr.

1907. — Cap Corse : châtaigneraies entre Spergane et Luri, 100 m., 26 avril fl.

1911. — Monte Calva, versant W., berges ombragées d'un torrent, 1000 m., 10 juill. fl., jeunes fr.! ; Punta della Vacca Morta, pineraies, 1200 m., 9 juill. jeunes fr.!

Herba debilis, 5-15 cm. alta. Caulis gracilis, praesertim basi patule tenuiter pubescens. Stolones tenues, saepius valde elongati, normaliter sympodiales. Foliorum petiolus patule tenuiter pubescens, foliolis ellipticis, medio breviter petiolulato, lateralibus sessilibus vel subsessilibus, tenuibus, supra laete virentibus parce adpresse et breviter pubescentibus, subtus pallide virentibus, juvenilibus densius adpresse sericeo-pubescentibus, sed pilis mox inter nervos caducis, ad nervos praesertim medio lateralibusque inferioribus diu persistentibus sed parum sericeo-densis, profunde grosse inciso-serratis, dentibus extus convexis, intus convexiusculis, apice ogivali-acutis vel ogivali-obtusis. Pedunculi tenues, pilis adpresso-adscendentibus praediti. Flores parvi ex speciminibus nostris hermaphroditi ; sepala subaequalia post anthesin patula, demum reflexa, parva. Petala obovata, parva, superficie circ. 4×3-4 mm., alba (f. *vulgata* Briq.) vel rarius rosea (f. *Mairei* Briq.). Receptaculum forma aliq. varians sed semper parvum 3-8 mm. altum.

Dès notre premier voyage en Corse, en 1900, nous avions été frappé par la petitesse régulière des fraises vendues par les enfants de Vizzavona et aussi par le fait de leur goût plus fade que celui des formes montagnardes, même à petit réceptacle, du continent. Les observations faites dans la suite nous ont montré que ces caractères allaient de pair avec un port plus grêle, des folioles plus profondément incisées, encore que généralement plus petites, plus minces, bien plus glabrescentes à la face inférieure et des fleurs régulièrement plus petites. Il y a certainement là une race insulaire qui mérite d'être distinguée, et dont l'apparence générale reste constante malgré les variations secondaires que l'on peut relever d'un individu ou d'une colonie à l'autre. Il est intéressant de remarquer que la var. *corsica* offre aussi une variation à pétales roses (f. *Mairei* Briq.) découverte en abondance par M. René Maire [in Rouy *Rev. bot. syst.* II, (1904)] dans la forêt d'Aitone. Cette forme est parallèle à la forme à pétales roses de la var. **silvestris** L. [*Sp.* ed. 1, 494 (1753) emend. Asch. et Graebn. *Syn.* VI, 1, 650 (1904)] du continent [f. *rosea* Asch. et Graebn. op. cit. 651 (1904) $=$ *F. roseiflora* Boulay in *Bull. soc. bot. Fr.* XVIII, 92 (1871) $=$ *F. vesca* var. *rosea* Rostrup in Lange *Handb. Dansk.*

12

Fl. ed. 4, 810 (1888) = *F. vesca* var. *roseiflora* Rouy et Cam. *Fl. Fr.* VI, 167 (1900)].

× **F. Ananassa** Duch. *Hist. nat. frais.* 190 (1760) = *F. grandiflora* Ehrh. *Beitr.* VII, 25 (1792); Koch *Syn.* ed. 2, 235 ; Focke *Pflanzenmischl.* 126 ; Asch. et Graeb. *Syn.* VI, 1, 659 ; Solms-Laubach in *Bot. Zeit.* LXV, I, 69-74 = **F. chiloensis × virginiana.**

1907. — Corté, lisière des maquis, 400 m., 11 mai fl. !

Ce fraisier est évidemment, dans la localité indiquée, échappé des jardins de Corté, où il est cultivé ainsi que dans la plupart des jardins de l'étage inférieur et montagnard. Il est facilement reconnaissable aux tiges et pédicelles couverts de poils ascendants, les folioles très grandes, pétiolulées (la médiane longuement), toutes presque glabres à la face supérieure, les fleurs très grandes, les exosépales et sépales très développés, les fruits volumineux quand ils n'avortent pas.

POTENTILLA L. emend.

861. **P. crassinervia** Viv. *App. fl. cors. prodr.* 2 (1825) ; Mut. *Fl. fr.* I, 140 (incl. var. *b*) ; Moris *Fl. sard.* II, 22, tab. 72, fig. 2 ; Bert. *Fl. it.* V, 259 ; Gr. et Godr. *Fl. Fr.* I, 524 ; Lehm. *Rev. Potent.* 137 ; Rouy et Cam. *Fl. Fr.* VI, 224 ; Coste *Fl. Fr.* II, 18 ; Wolf *Mon. Potent.* 102 = *P. glaucescens* Willd. in *Mag. naturf. Fr. Berl.* VII, 289 (1813) p. p. = *P. glauca* Moris *Stirp. sard. elench.* I, 18 (1827) = *P. corsica* Sieb. ex Lehm. *Rev. Potent.* 138 (1856).

Hab. — Rochers des étages subalpin et alpin, descendant exceptionnellement dans les vallées de l'étage montagnard, (900-)1200-2500 m. Calcifuge. Juin-août suivant l'altitude. ♃. Répandu des hautes cimes du Cap Corse, jusqu'à la montagne de Cagna.

Le *P. crassinervia* est une des espèces rupicoles les plus belles et les plus caractéristiques de la flore des montagnes de la Corse. Elle se retrouve en Sardaigne, mais y est fort rare. Les affinités les plus proches du *P. crassinervia* sont avec le *P. nivalis* Lap. (calcicole, au moins très préférent) des Alpes occidentales et des Pyrénées, dont il se distingue facilement par les feuilles à 5 folioles, plus fortement crénelées-dentées, l'épicalice à divisions linéaires sensiblement plus longues et les pétales plus longs que les sépales. Elle possède des filets staminaux glabres, contrairement au *P. caulescens* L. et espèces voisines qui les ont velus.

Bien que découvert aux environs de 1824 par Serafini et Soleirol, le *P. crassinervia* avait sans doute déjà été observé et récolté auparavant, puisque Willdenow en avait connaissance dès 1813. Doté d'un nom spécifique et d'une diagnose par Viviani en 1825, le *P. crassinervia* a été bien compris de tous les auteurs, sauf de Duby qui l'a confondu avec le *P. nivalis*. Viviani avait (l. c.) décrit les pétales comme étant jaunes, tout en plaçant ce caractère en parenthèses. Moris (*Stirp. Sard.* I, 18) a dit : « Corolla albo-lutescens », puis (*Fl. sard.* II, 22 « petala ochroleuca ». Salis (l. c.) a avec raison corrigé ses prédécesseurs : « Viviani qui erroneo dicit flores luteos ». Les pétales ont une tendance à jaunir par la dessiccation, ainsi que l'a fait observer Bertoloni (*Fl. it.* V, 260), mais ils sont blancs sur le vif. — Trois variétés :

α. **Var. genuina** Briq. = *P. crassinervia* Viv., sensu stricto. — Exsicc. Sieber sub : *P. corsica* ! ; Kralik n. 573 ! ; Mab. n. 227 ! ; Reverch. ann. 1878, n. 106 ! ; Burn. ann. 1900, n. 132 ! et 370 !

Hab. — De beaucoup la forme la plus répandue. Rare sur les hautes cimes du Cap Corse (Salis in *Flora* XVII, Beibl. II, 52), en particulier au Monte Stello (Chabert in *Bull. soc. bot. Fr.* XXIX, sess. extr. LIV) ; Monte Grosso (de Calvi) (Soleirol ex Mut. *Fl. fr.* I, 344 et Bert. *Fl. it.* V, 259 ; Lit. in *Bull. acad. géogr. bot.* XVIII, 45) ; défilé de Santa Regina (Ellman et Jahandiez in litt.) ; Capo al Berdato (Lit. ibid. 77) ; Monte Cinto (Briq. *Rech. Corse* 12 et Burn. exsicc. n. 132 ; Soulié ex Coste in *Bull. soc. bot. Fr.* XLVIII, sess. extr. CXIX) ; Niolo (Clément ap. Gr. et Godr. *Fl. Fr.* I, 524) ; en allant de Casamaccioli à la forêt de Ceresole (Fliche in *Bull. soc. bot. Fr.* XXXVI, 364) ; col de Cocavera (Lit. in *Bull. acad. géogr. bot.* XVIII, 53) ; Punta Artica (Lit. ibid. 70) ; forêt de Melo dans la vallée de Tavignano (Bernard ap. Gr. et Godr. l. c.) ; col de Ciarnente (Mars. *Cat.* 55) ; gorges de la Restonica (Bernard ap. Gr. et Godr. l. c. ; Burnouf in *Bull. soc. bot. Fr.* XLVIII, sess. extr. LXXXV ; Sargnon in *Ann. soc. bot. Lyon* VI, 78) ; Monte Rotondo (Soleirol ex Mut. *Fl. fr.* I, 344 ; Req. ex Bert. *Fl. it.* X, 499 ; Mouillefarine in *Bull. soc. bot. Fr.* XIII, 364 ; Mab. exsicc. cit. ; Mars. l. c. ; Lard. in *Bull. trim. soc. bot. Lyon* XI, 59 ; et nombreux autres observateurs) ; Monte d'Oro (Soleirol ex Mut. l. c. ; Sieber exsicc. cit. ; Kralik exsicc. cit. ; Mars. *Cat.* 55 ; Lit. in *Bull. acad. géogr. bot.* XVIII, 92) ; col de Vizzavona (Lit. *Voy.* I, 14) ; Monte Renoso (Revel. in Bor. *Not.* III, 4 ; Reverch. exsicc. cit. et Soc. dauph. cit. ; Briq. *Rech. Corse* 25 et Burn. exsicc. n. 370 ; Lit. *Voy.* II, 30 et 33) ; Monte Incudine (R. Maire in Rouy *Rev. bot. syst.* II, 49) ; Coscione (Seraf. ap. Viv. *App.* 2 et Duby *Bot. gail.* 1009 ; Revel. in Bor. *Not.* II, 4) ; et localités ci-dessous.

1906. — Cima della Statoja, rochers à 2200 m., 26 juill. fl. ! ; rochers sur le versant S. du Mont Corona, 2000 m., 27 juill. fl. ! ; rochers entre le Capo

Ladroncello et le col d'Avartoli, 2000 m., 27 juill. fl. ! ; rochers de la Cima di Mufrella, 2000 m., 12 juill. (nondum fl.) ; Capo Bianco, rochers du versant d'Urcula, 2300 m., 7 août fl. ! ; col de Bocca Valle Bonna, rochers du versant N., 1900 m., 31 juill. fl. ! ; Paglia Orba, rochers du versant S., 2300 m., 9 août ; Monte Rotondo, rochers du versant S., 2500 m., 6 août fl. (ad var. *viscosam* vergens) ! ; rochers du vallon de l'Anghione près de Vizzavona, 1200 m., 21 juill. fl. !

1908. — Monte Asto, 1 juill. fl. ; rochers du Monte Padro, 2200 m., 4 juill. fl. ! ; col de Ciarnente, versant S., 1500 m., rochers, 27 juin fl. !

1910. — Cap Corse : rochers du Monte Capra, 1266 m., 16 juill. fl. ! Monte Grosso de Bastelica, rochers, 1800 m., 30 juill. fl. fr. ! ; Monte Incudine, rochers du versant S., 1900 m., 25 juill. fl. ! ; Punta del Fornello, rochers, 1930 m., 25 juill. fl. ! (f. ad var. *viscosam* vergens).

1911. — Aiguilles de Bavella, rochers, 1450-1550 m., 13 juill. fl. ! ; Calancha Murata, rochers, 1400-1450 m., 11 juill. fl. ! ; Monte Calva, rochers, 1100-1370 m., 10 juill. fl. ! ; Punta della Vacca Morta, rochers, 1300 m., 9 juill. fl. ! ; montagne de Cagna : Pointe de Compolelli, rochers, 1200-1377 m., 5 juill. fl. !

Plante relativement élevée, haute de 10 à 20, et parfois même 30 cm., à feuilles basilaires longuement pétiolées, à folioles relativement amples, obovées-allongées, largement crénelées, la médiane atteignant 2-4 $\times$ 1,2-1,8 cm. de surface.

++ β. Var. **viscosa** Rouy et Cam. *Fl. Fr.* VI, 224 (1900). — Exsicc. Burn. ann. 1900, n. 294 ! et ann. 1904, n. 189 !

Hab. — Monte Tozzo près du lac de Nino (Lit. in *Bull. acad. géogr. bot.* XVIII, 124) ; Monte Rotondo (Kralik ex Rouy et Cam. l. c. ; Briq. *Rech. Corse* 20 et Burn. exsicc. n. 294) ; Monte d'Oro (Kralik ex Rouy et Cam. l. c. ; Briq. *Spic.* 31 et Burn. exsicc. n. 189) ; et localités ci-dessous :

1906. — Rochers du Capo al Chiostro, 2000 m., 3 août fl. !

1910. — Monte Grosso de Bastelica, rochers, 1800 m., 30 juill. fl. ! ; Punta della Capella d'Isolaccio, rochers, 1900 m., 30 juill. fl. !

Plante naine, haute de 2-8 cm., gazonnante, formant des plaques (type d'une « Polsterpflanze » accentué !), à feuilles basilaires brièvement pétiolées, à folioles plus petites, plus étroites, plus étroitement crénelées-dentées, les médianes mesurant env. 5-10 $\times$ 3-7 mm. de surface. Fleurs généralement plus petites que dans la var. α.

MM. Rouy et Camus ont cité en synonyme pour cette forme un *P. crassinervia* var. *glauca* Mut., et ce nom devrait lui être conservé si Mutel avait nommé sa var. *b*. Mais ce n'est pas le cas : Mutel n'a pas donné de nom à sa var. *b* et s'est borné à citer en synonyme le *P. glauca* Moris, qui est exactement la var. α. Le nom de *viscosa* est en ce sens malheu-

reux, car *les deux variétés* sont également pourvues d'abondantes glandes
stipitées, logées entre les poils simples, lesquels rendent la plante ± visqueuse, ainsi qu'il est facile de s'en rendre compte sur le vif. La vraie
caractéristique de la var. *viscosa* est dérivée non pas de sa viscosité —
ce qui a induit en erreur M. Wolf (*Mon. Potent.* 103) sur la signification
de cette forme — mais du nanisme général de toutes ses parties. Malgré
la grande impression que font les colonies à caractères extrêmes, les
transitions sont si fréquentes entre les var. *genuina* et *viscosa*, que nous
ne conservons la valeur de race pour cette dernière qu'avec hésitation.

† γ. Var. **glabriuscula** Lehm. *Rev. Potent.* 138 (1856); Rouy et Cam.
Fl. Fr. VI, 224; Wolf *Mon. Potent.* 133. — Exsicc. Kralik sub : *P. crassi-*
nervia !

Hab. — Localisée dans le sud de l'île. Monte Renoso (Kralik ex Rouy
et Cam. l. c.) ; mont. de Cagna (Kralik exsicc. cit.) ; et localités ci-dessous.

1910. — Monte Incudine, fissures des rochers, 2000 m., 18 juill. fl.

1911. — Punta Quercitella, rochers, 1200-1400 m., 10 juill. fl. !

Plante naine ou de dimensions intermédiaires entre les variétés α et β,
haute de 5-15 cm., généralement gazonnante, verdâtre (et non pas grise
comme les var. α et θ). Feuilles basilaires à pétioles relativement courts,
à folioles petites, la médiane mesurant env. 10 × 6 mm., lâchement pubescentes-glanduleuses en dessous, faiblement pubescentes en dessus au
début, puis ± glabriuscules, à glandes disséminées et caduques, souvent
presque incisées-crénelées au sommet. Fleurs assez petites, généralement serrées comme dans la var. β.

Nos prédécesseurs attribuent la dénomination de cette variété à Salis,
mais c'est là une erreur. Salis [in *Flora* XVII, Beibl. II, 52 (1834)] s'est
borné à dire du *P. crassinervia* : « Variat rarius glabriuscula ». C'est Lehmann qui en réalité doit endosser la paternité de cette variété. Les différences indiquées dans la couleur des pétales entre les var. α, β et γ par
MM. Rouy et Camus (l. c.) ne répondent pas aux faits : blanche dans toutes
les formes sur le vif, la corolle jaunit aussi souvent mais ± faiblement
chez toutes. La valeur systématique de cette forme appelle les mêmes
réserves que pour la var. β avec laquelle elle est reliée par des échantillons douteux.

P. nivalis Lap. in *Mém. acad. Toulouse* 1, 210, tab. 16 (1872) et *Abr. Pyr.*
290; Gr. et Godr. *Fl. Fr.* I, 525; Lehm. *Rev. Potent.* 136; Rouy et Cam.
Fl. Fr. VI, 222; Coste *Fl. Fr.* II, 18; Asch. et Graebn. *Syn.* VI, I, 689;
Wolf *Mon. Potent.* 101 = *P. lupinoides* Willd. *Sp. pl.* II, 1107 (1799) = *P.*
integrifolia Lap. *Abr. Pyr.* 291 (1813) = *P. caulescens* var. *nivalis* Ser. in
DC. *Prodr.* II, 584 (1825) ; Dub. *Bot. Gall.* 172.

Espèce calcicole (au moins très préférente) des Pyrénées et des Alpes
occidentales, indiquée à tort en Corse par Duby (l. c.), par confusion
avec l'espèce précédente.

P. caulescens L. *Amoen. acad.* IV, 316 (1759) et *Sp.* ed. 2, 713; Gr. et Godr. *Fl. Fr.* I, 524; Lehm. *Rev. Potent.* 132; Burn. *Fl. Alp. mar.* II, 240; Rouy et Cam. *Fl. Fr.* VI, 225; Coste *Fl. Fr.* II, 17; Asch. et Graebn. *Syn.* VI, 1, 691; Wolf *Mon. Potent.* 107.

Selon Caruel (*Fl. it.* X, 68) cette espèce aurait été signalée en Corse par Salis. Mais Salis (in *Flora* XVII, Beibl. II, 53) s'est borné à citer, parmi les plantes mentionnées en Corse par d'autres auteurs, le *P. caulescens* var. *nivalis* Ser. Or, ce dernier, comme on vient de le voir, n'a été attribué à la flore corse par Duby que par suite d'une confusion avec le *P. crassinervia*. Le *P. caulescens* n'a pas encore été authentiquement découvert en Corse.

P. sterilis Garcke *Fl. v. Halle* II, *Nachtr. Phaner.* 200 (1856); Zimmet. *Eur. Art. Potent.* 30 et *Beitr. Gatt. Potent.* 36; Kern. in *Oesterr. bot. Zeitschr.* XX, 41; Asch. et Graebn. *Syn.* VI, 1, 675; Wolf *Mon. Potent.* 115 = *Fragaria sterilis* L. *Sp.* ed. 1, 485 (1753) = *Comarum fragarioides* Roth *Tent. fl. germ.* II, 575 (1789) = *P. fragarioides* Vill. *Hist. pl. Dauph.* III, 561 (1789); non L. = *P. prostrata* Mœnch *Meth.* 659 (1794); non alior. = *P. Fragaria* Poir. *Encycl. méth.* V, 599 (1804) = *P. Fragariastrum* Ehrh. [Pl. select. n. 146 (1792), nomen nudum] ap. Pers. *Syn.* II, 56 (1807); Hall. f. in Ser. *Mus. helv.* I, 49; Gr. et Godr. *Fl. Fr.* I, 522; Lehm. *Rev. Potent.* 146; Burn. *Fl. Alp. mar.* II, 242; Coste *Fl. Fr.* II, 17.

Cette espèce a été indiquée en Corse au Monte Grosso d'après Soleirol par Bertoloni (*Fl. it.* V, 270) et par M. Lutz (in *Bull. soc. bot. Fr.* XLVIII, sess. extr. CXXIX) dans la forêt d'Aitone, par confusion avec l'espèce suivante. Le *P. Fragariastrum* est étranger à la flore de l'île.

862. **P. micrantha** Ramond in DC. *Fl. fr.* IV, 468 (1805); Gr. et Godr. *Fl. Fr.* I, 523; Lehm. *Rev. Potent.* 147; Burn. *Fl. Alp. mar.* II, 242; Rouy et Cam. *Fl. Fr.* VI, 218; Asch. et Graebn. *Syn.* VI, 1, 679; Wolf *Mon. Potent.* 117. — Exsicc. Reverch. ann. 1878 sub : *P. micrantha* ! et ann. 1885, n. 461 !; Burn. ann. 1900, n. 220 !

Hab. — Rochers ombragés, bois et maquis rocheux de l'étage montagnard, descendant çà et là dans l'étage inférieur et s'élevant jusqu'à env. 1600 m. Mars-mai suivant l'alt. ♃. Marsilly (*Cat.* 55) le dit « assez commun », mais la distribution exacte n'est pas bien connue. Sommités du Cap Corse (Salis in *Flora* XVII, Beibl. II, 52); env. de Cardo (Gillot in *Bull. soc. bot. Fr.* XXIV, sess. extr. LVI); Urtaca (Rotgès in litt.); Monte S. Pietro (Gillot op. cit. LXXX); Monte Grosso (Soleirol ex Bert. *Fl. it.* V, 270); forêt d'Aitone (Lutz in *Bull. soc. bot. Fr.* XLVIII, sess. extr. CXXIX); Evisa (Reverch. exsicc. cit. ann. 1885); forêt de Valdoniello (Ellman et Jahandiez in litt.); col de Salto (Lit. in *Bull. acad.*

géogr. bot. XVIII, 54); vallée de la Restonica (Briq. *Rech. Corse* 18 et Burn. exsicc. cit.; Thellung in litt.); Monte d'Oro (Lutz in *Bull. soc. bot. Fr.* XLVIII, sess. extr. CXXVII); col de Vizzavona (Lutz ibid. CXXV; Pointe de Grado (N. Roux in *Bull. soc. bot. Fr.* XLVIII, sess. extr. CXXVIII); env. de Bastelica (Reverch. exsicc. cit. ann. 1878); et localités ci-dessous.

1907. — Châtaigneraies en montant de Ghisoni au col de Sorba, 700-1000 m., 10 mai fl.!

1911. — Monte Calva, pineraies du versant W., 1000 mm., 10 juill. fr.!; Punta della Vacca Morta, rochers ombragés, 1300 m., 9 juill. fr.!

Espèce caractérisée, par rapport à la précédente, par les rameaux stériles très courts, non stoloniformes, les axes florifères plus courts que les feuilles basilaires à dents plus nombreuses, la paroi interne de la coupe calicinale d'un rouge sang, les pétales d'un rose pâle, les étamines conniventes à la fin de l'anthèse, à filets pubescents jusqu'au milieu, également élargis-dilatés (glabres et subulés dans le *P. sterilis*).

863. **P. rupestris** L. *Sp.* ed. 1, 711 (1753); Gr. et Godr. *Fl. Fr.* I, 532; Lehm. *Rev. Potent.* 51; Rouy et Cam. *Fl. Fr.* VI, 175; Coste *Fl. Fr.* II, 17; Asch. et Graebn. *Syn.* VI, 1, 695; Wolf *Mon. Potent.* 126.

Hab. — Rochers et rocailles des étages subalpin et alpin, descendant çà et là dans l'étage montagnard, 700-2200 m. Mai-juill. suivant l'altitude. ⚥. — En Corse les races suivantes :

α. Var. **pygmaea** Duby *Bot. gall.* 172 (1828); Moris *Fl. sard.* II, 26; Lehm. *Rev. Potent.* 52; Wolf *Mon. Potent.* 131 = *P. corsica* Lehm. *Del. sem. Hamb.* ann. 1849, 9 et *Rev. Potent.* 46, tab. 16 = *P. pygmaea* Jord. *Obs.* VII, 25 (1850) = *P. rupestris* subsp. *corsica* Rouy et Cam. *Fl. Fr.* VI, 176 (incl. var. *saxicola* Rouy et Cam. l. c. 177). — Exsicc. Soleirol n. 1516!; Reverch. ann. 1878, n. 107!; Burn. ann. 1900, n. 379!; Burn. ann. 1904, n. 186!, 187! et 188!

Hab. — Massifs du centre à partir du S. Pietro jusqu'au col de Bavella. Race indifférente au sous-sol. Monte S. Pietro (Gillot in *Bull. soc. bot. Fr.* XXIV, sess. extr. LXXX); Monte Cinto (Lit. *Voy.* II, 9); forêt de Valdoniello (Mars. *Cat.* 56); col de Vergio (Mars. l. c.; Ellman et Jahandiez in litt.); Monte Rotondo (Doûmet in *Ann. Hér.* V, 187 et 198; Burnouf in *Bull. soc. bot. Fr.* LXXX et LXXXVI); Monte d'Oro (Soleirol exsicc. cit. et ap. Bert. *Fl. it.* V, 245; Briq. *Spic.* 31 et Burn. exsicc. n. 188); du col de Sorba à Ghisoni et de Ghisoni à Vizzavona par la forêt

(Briq. *Spic.* 31 et Burn. exsicc. n. 186 et 187); Monte Renoso (Revel. in Bor. *Not.* III, 4; Reverch. exsicc. cit.; Briq. *Rech. Corse* 25 et Burn. exsicc. n. 379; Lit. *Voy.* II, 33); col de Scalella entre Bocognano et Bastelica (Mars. l.c.); col de Verde (Mars. l.c.); Monte Incudine (Jord. *Obs.* l.c.; Lit. *Voy.* I, 17); Coscione (Salis in *Flora* XVII, Beibl. II, 52; Revel. ex Mars. l. c.; Jord. l. c.; Lutz in *Bull. soc. bot. Fr.* XLVIII, sess. extr. CXLIX; R. Maire in Rouy *Rev. bot. syst.* II, 21 ; Gysperger ibid. II, 119 ; et autres observateurs); et localités ci-dessous.

1906. — Résinerie de la forêt d'Asco, rocailles à 950 m., 28 juill. fr.!; rochers de la Pointe de Monte, 1800 m., 20 juill. fr.! (f. valde purpurascens); rochers entre les Pointes de Monte et Bocca d'Oro, 1800-1950 m., 20 juill. fl. fr.! (f. purpurascens); rochers près des bergeries d'Aluccia, 1550 m., 18 juill. fl.!; rochers sur le versant W. du Mᵗ Incudine, 1800 m., 18 juill. fl.!

1908. — Rocailles entre les bergeries de Ceppo et le lac de Nino, 1100 m., 28 juin fl.!

1910. — Crête du Mᵗ Li Tarmini, versant E., rochers, 1900 m., 30 juill. fl.!; versant W. du plateau de Fosse de Prato, rocailles, 1800 m., 30 juill. fr.!; Punta della Capella d'Isolacio, rocailles, 1950 m., 30 juill.; Mᵗ Incudine, rochers du sommet, 1800-1900 m., 25 juill. fl. fr.!; vallée supérieure d'Asinao, rocailles, 1600 m., 24 juill. fr.!; Punta del Fornello, rochers et rocailles granulitiques et calcaires (!), 1700-1900 m., 25 juill. fl. fr.! (avec formes se rapprochant de la var. β).

Plante naine, haute de 3-18 cm., parfois presque acaule, à tiges grêles, à folioles relativement très petites, la terminale mesurant 5-20 × 4-15 mm. de surface, courtes, ± obovées-arrondies, incisées-crénelées. Corolle ouverte mesurant 1-2 cm. de diamètre.
Les échantillons extrêmes comme nanisme ont été distingués par MM. Rouy et Camus (l. c.) sous le nom de *P. rupestris* subsp. *corsica* var. *saxicola*. De même, Lehmann avait réservé le nom de *P. corsica* pour les très petits échantillons, rattachant au *P. rupestris* var. *pygmaea* les échantillons plus élancés et les formes *vergentes ad P. rupestrem*. Mais une distinction de ce genre se heurte, sur le terrain, à des obstacles sérieux : les petits individus croissent souvent pêle-mêle avec ceux plus développés, reliés entre eux par toutes les transitions possibles. Les grands individus amènent insensiblement à la variété suivante, ainsi que l'a déjà indiqué M. Gillot (in *Bull. soc. bot. Fr.* XXIV, sess. extr. LXXX). La grandeur absolue de la corolle varie indépendamment des autres caractères. On peut distinguer à ce point de vue une forme *parviflora* (corolle mesurant 1-1,2 cm. de diamètre) et une forme *grandiflora* (diamètre de la corolle 1,5-2 cm.). Les échantillons parviflores ont en général les carpelles un peu plus petits que les grandiflores. Enfin, ces mêmes échantillons parviflores ont des sépales internes généralement plus larges et plus obtus que les parviflores. Par suite d'une erreur analogue

à celle de Viviani pour le *P. crassinervia*, Lehmann a attribué une-
corolle jaune à son *P. corsica* : cette apparence est due à la dessication
prolongée, comme l'ont fait observer avec raison MM. Rouy (*Fl. Fr.* VI,.
176) et Wolf (*Mon. Potent.* 132).

β. Var. **typica** Wolf *Pot.-Stud.* II, 11 (1903) ; *Mon. Potent.* 126 = *P..*
rupestris var. *gracilis* Asch. et Graebn. *Syn.* VI, 1, 696 (1904).

Hab. — Race calcifuge préférente. Monte S. Pietro (Gillot in *Bull..*
soc. bot. Fr. XXIV, sess. extr. LXXX ; Lit. *Voy.* I, 8) ; bords du Golo près.
Calacuccia (Lit. *Voy.* II, 16) ; vallée de la Restonica (Ellman et Jahandiez.
in litt.) ; et localités ci-dessous.

1906. — Rochers en montant des bergeries de Manica au Monte Cinto,.
2000 m., 29 juill. fr. (subvar. *rubricaulis*) !

Diffère essentiellement de la race précédente par les dimensions plus-
grandes de toutes ses parties. — On peut distinguer deux sous-variétés :
rubricaulis et *normalis*, la première seule représentée en Corse :

β¹ subvar. **rubricaulis** Briq. = *Drymocallis rubricaulis* Fourr. *Cat. pl. cours-*
Rhône 71 (1869, nomen nudum) = *P. rubricaulis* Jord. ap. Zimmet. *Beitr.*
Gatt. Potent. 11 (1889) ; non Lehm.= *P. rupestris* var. *rubescens* Rouy et Cam.
Fl. Fr. VI, 175 (1906). — Plante haute de 15-40 cm., à tiges plus robustes et.
plus épaisses que dans la var. α, à folioles plus grandes, la terminale
mesurant 1,5-2,5 × 1,5-2,5 cm. de surface, obovées-arrondies, relativement courtes, incisées-crénelées. Endosépales ovés, subitement et très-
brièvement aigus au sommet. Corolle ouverte mesurant env. 1,3-2,5 cm.
de diamètre. — La caractéristique de cette forme ne réside pas dans la
coloration rougeâtre, comme le pense M. Wolf (*Mon. Potent.* 126) — car
la production d'anthocyane dans l'épiderme est un fait général chez les-
individus héliophiles de toutes les variétés du *P. rupestris* — mais dans-
les feuilles à folioles plus petites, largement ovées- ou obovées-suborbi-
culaires.

β² subvar. **normalis** Briq. = *P. rupestris* Rouy et Cam. l. c., sensu stricto.
— Folioles relativement plus longues et moins larges. — Nous n'avons pas-
vu de Corse cette sous-variété. Sur le continent, elle est reliée à la précé--
dente par de nombreuses formes intermédiaires. Au sujet du *P. rupestris*
var. *gracilis* Friv. [in *Flora* XIX, Intelligenzbl. 21 (1836), nomen nudum],
voy. les remarques fort justes de M. Wolf (*Mon. Potent.* 126), desquelles-
il ressort que la plante de Frivaldsky, qui n'a pas été décrite, reste douteuse.

†† 864. **P. argentea** L. *Sp.* ed. 1, 497 (1753) ; Gr. et Godr. *Fl. Fr.* I,.
533 ; Lehm. *Rev. Potent.* 96 ; Burn. *Fl. Alp. mar.* II, 252 ; Rouy et Cam..
Fl. Fr. VI, 185 ; Coste *Fl. Fr.* II, 24 ; Asch. et Graebn. *Syn.* VI, 1, 713 ;.
Wolf *Mon. Potent.* 256.

Hab. — Rocailles de l'étage montagnard. Juin-juill. ♃. Calcifugepréférent. Rare et jusqu'ici localisé sur deux montagnes de la Casta-gniccia fort voisines.

1906. — Pointe de Capizzolo, rocailles à 1150 m., 15 juill. fl. fr.! ; cime de la Chapelle de S. Angelo, buxaie, calc., 1184 m., 15 juill. fr.!

Nos échantillons appartiennent à la var. **tenuiloba** Schwarz(*Fl. Nürnb.-Erl.* 248 (1899) ; Schinz et Kell. *Fl. Schw.* ed. 1, 247 ; Asch. et Graebn. *Syn.* VI, 1, 718 ; Wolf *Mon. Potent.* 263 = *P. tenuiloba* Jord. *Pug.* 67 (1852) = *P. argentea* var. *multifida* Rouy et Cam. *Fl. Fr.* VI, 187 (1900) an et Tratt.?] caractérisée par les feuilles glabres en dessous, les segments profondé-ment incisés, à lobules étroits, inclinés en avant.

865. **P. hirta** L. *Sp.* ed. 1, 497 (1753) emend. Seringe in DC. *Prodr.* II, 578 ; Burn. *Fl. Alp. mar.* II, 247 ; Rouy et Cam. *Fl. Fr.* VI, 180.

Hab. — Garigues rocailleuses des étages inférieur et montagnard, passant facilement dans les moissons et les cultures. Juin-juill. ♃.

Les deux groupes du *P. recta* L. et du *P. hirta* L. que nous avions réunis avec M. Burnat en 1896 (*Fl. Alp. mar.* II, 247-250) — procédé qui a été suivi par MM. Rouy et Camus (*Fl. Fr.* VI, 180-183) sous une forme un peu différente — ont de nouveau été séparés par MM. Ascherson et Graebner (*Syn.* VI, 1, 751 et suiv.). Ces derniers auteurs ne discutent et ne mentionnent même pas les formes intermédiaires sur lesquelles ne plane guère de soupçon d'hybridité et qui nous avaient obligés à réunir les *P. hirta* et *P. recta*. En revanche, nous avons constaté avec plaisir que M. Wolf, dans sa récente monographie (*Mon. Pot.* 333 et 335), a clairement reconnu l'absence de limites nettes entre les espèces admises par lui à l'intérieur de son groupe des *Rectae*, en particulier entre les *P. recta* et *hirta*, qui nous intéressent plus spécialement ici. Si l'auteur a néanmoins conservé ces deux espèces, c'est en partant de considérations d'ordre pratique. Nous venons de refaire une étude de ce groupe difficile, et nous arrivons au même résultat qu'en 1896 : on ne saurait séparer spé-cifiquement les *P. recta* et *hirta*, réunis de diverses manières par des formes intermédiaires non hybrides, que d'une façon arbitraire ou arti-ficielle. Et cela d'autant plus que les caractères qui séparent les deux groupes, abstraction faite des formes de passage, sont au total très secondaires (indument, glandulosité et dimensions générales). En revanche, l'arrangement que nous avions proposé d'une façon dubita-tive (op. cit. 247), et qui consiste à grouper les variétés de l'espèce col-lective en deux sous-espèces, nous paraît être maintenant celui qui permet de donner l'image la plus claire de l'ensemble des faits. C'est dans des cas semblables que l'emploi judicieux des sous-espèces rend d'utiles services : l'emploi trop rare de ce degré hiérarchique est une petite critique que nous faisons à M. Wolf, dont les concepts systéma-tiques sont d'ailleurs en général d'accord avec les nôtres.

I. Subsp. **recta** Briq. = *P. recta* L. *Sp.* ed. 1, 497 (1753) ; Gr. et

Godr. *Fl. Fr.* I, 534; Lehm. *Rev. Potent.* 82; Coste *Fl. Fr.* II, 23; Asch. et Graebn. *Syn.* VI, 1, 751; Wolf *Mon. Potent.* 334 = *P. hirta* var. *recta* Burn. et Briq. in Burn. *Fl. Alp. mar.* II, 247 (1896) = *P. hirta* forme *P. recta* Rouy et Cam. *Fl. Fr.* VI, 182 (1900).

. . Plante généralement élevée (env. 50-80 cm.), plus grande dans toutes ses parties que la sous-esp. II. Indument court et raide des tiges prédominant sur les longs poils raides pulvinés, ceux-ci clairsemés sauf sur les pédoncules et les calices. Glandes stipitées assez abondantes. — Cette sous-espèce ne possède ni distribution, ni écologie propres par rapport à la suivante. — En Corse, les variétés suivantes :

†† *α.* Var. **obscura** Ser. in DC. *Prodr.* II, 579 (1825); Rouy et Cam. *Fl. Fr.* VI, 183 = *P. corymbosa* Mœnch *Meth. Suppl.* 279 (1802) = *P. obscura* Willd. *Sp. pl.* II, 1100 (1800); Nestl. *Mon. Potent.* 44 = *P. recta* var. *obscura* Koch *Syn.* ed. 2, 236 (1843); Lehm. *Rev. Potent.* 82; Wolf *Mon. Potent.* 343 = *P. recta* var. *corymbosa* Asch. et Graebn. *Syn.* VI, 1, 756 (1904). — Exsicc. Reverch. ann. 1878 sub : *P. recta* !

Hab. — Selon Marsilly (*Cat.* 56) : « Région moyenne et çà et là dans la région basse », mais au total peu observée. Rogliano (Mars. l. c.); env. de Bastia (Salis in *Flora* XVII, Beibl. II, 52); Piedicroce (Lit. *Voy.* I, 6); Ponte alla Leccia (Gillot in *Bull. soc. bot. Fr.* XXIV, sess. extr. LXXXII); Monte Grosso (Soleirol ex Bert. *Fl. it.* V, 248); et localité ci-dessous.

1906. — Rocailles près de la station de Vizzavona, 905 m., 14 juill. fl. !

Feuilles presque toutes à 5 segments, les caulinaires en partie pédiformes à 7 segments oblongs, à serrature très robuste. Fleurs en corymbe dressé-condensé. Corolle grande, d'un jaune vif, égalant ou dépassant un peu le calice.

β. Var. **divaricata** Gr. et Godr. *Fl. Fr.* I, 634 (1848); Lehm. *Rev. Potent.* 81; Rouy et Cam. *Fl. Fr.* VI, 183; Wolf *Mon. Potent.* 340 = *P. divaricata* DC. *Cat. Montp.* 135 (1813) et *Fl. fr.* V, 541; Poir. *Encycl. méth.* IV, 540; Nestl. *Mon. Potent.* 41; Lehm. *Mon. Potent.* 76.

Hab. — Serra di Pigno en descendant sur Bastia (Doùmet in *Ann. Hér.* V, 510; Chabert in *Bull. soc. bot. Fr.* XXIX, sess. extr. LIV); Biguglia (Sargnon in *Ann. soc. bot. Lyon* VI, 66); de Corté au Monte Corvo (Sargnon ibid. VI, 76); vallée de la Restonica (Salle ap. Gr. et Godr. *Fl. Fr.* I, 534; Kralik in Rouy et Cam. *Fl. Fr.* VI, 183); Monte Rotondo (ex DC. *Fl. fr.* V, 541, probablement la même localité que la précédente !);

env. d'Ajaccio à Castelluccio (Boullu in *Bull. soc. bot. Fr.* XXIV, sess. extr. XCVII).

Plante élevée, à tige et rameaux pourvus de poils étalés peu nombreux, glabrescents, sauf aux nœuds. Feuilles comme dans la variété précédente, glabrescentes. Fleurs en corymbe très lâche et très ouvert, à pédoncules très divariqués, allongés, très glabrescents sauf vers le sommet couvert d'un indument court, mélangé à de courtes glandes stipitées. Corolle dépassant peu les sépales.

De Candolle (*Fl. fr.* V, 541) a dit : « J'ai reçu cette plante du jardin de Toulon, où elle a été apportée de la montague dite Monte-Rotondo dans l'île de Corse. » Seringe [in DC. *Prodr.* II, 578 (1825)] a simplement traité le *P. divaricata* en synonyme de son *P. hirta* var. *astracanica*, et c'est probablement pour cette raison que Duby [*Bot. gall.* 1002 (1830)] a exprimé des doutes sur l'origine de cette Potentille. Mais l'ancien jardin de Toulon a pendant longtemps reçu des plantes corses récoltées par Robert ou des correspondants de ce dernier. Et il y a d'autant moins de doute à avoir sur l'origine du *P. divaricata* — dont nous avons vu l'original à l'herbier DC. — que cette plante a été retrouvée depuis lors par d'autres observateurs. La var. *divaricata* est d'ailleurs différente des formes cultivées que Seringe désignait sous le nom de *P. recta* var. *astracanica*. Nous ne pouvons donc qu'approuver M. Wolf (*Mon. Potent.* 341) d'avoir envisagé le *P. divaricata* comme une race insulaire spéciale du *P. recta*.

II. Subsp. **eu-hirta** Briq. = *P. hirta* L. *Sp.* ed. 1, 497 (1753); Gr. et Godr. *Fl. Fr.* I, 534; Coste *Fl. Fr.* II, 23; Asch. et Graebn. *Syn.* VI, 1, 766; Wolf *Mon. Potent.* 361.

Plante généralement plus basse et moins développée dans toutes ses parties (haute de 20-40 cm., atteignant rarement jusqu'à 65 cm.). Poils allongés pulvinés, généralement très abondants, prédominant souvent sur l'indument court qui est plus clairsemé. Glandes stipitées nulles ou subnulles.

†† γ. Var. **pedata** Koch *Syn.* ed. 2, 237 (1843); Burn. et Briq. in Burn. *Fl. Alp. mar.* II, 249 (1896) p. maj. p.; Rouy et Cam. *Fl. Fr.* VI, 181 ; Asch. et Graebn. *Syn.* VI, 1, 769; Wolf *Mon. Potent.* 367 = *P. pilosa* DC. *Fl. fr.* V, 540 (1815) = *P. pedata* Willd. *Enum. pl. Suppl.* 38 (1813); Nestl. *Mon. Potent.* 44. — Exsicc. Debeaux ann. 1868 sub : *P. hirta* var. *divaricata* ! ; Reverch. ann. 1878, n. 108 ! et ann. 1879, n. 108.

Hab. — De beaucoup la race la plus répandue. Cardo (Doùmet in *Ann. Hér.* V, 206; Debeaux exsicc. cit.); Bastia (Shuttl. *Enum.* 10) ; la Spelunca près Ota (Lit. in *Bull. acad. géogr. bot.* XVIII, 124); Corté (Fouc. et Sim. *Trois sem. herb. Corse* 142); Venaco (Fouc. et Sim. l. c.); Puzzichello (Fouc. et Sim. l. c.); Ghisoni (Rotgès in litt.); Bastelica (Reverch.

·exsicc. ann. 1878); Zicavo (Lit. *Voy.* I, 15 et in *Bull. acad. géogr. bot.* XVIII, 124); Serra di Scopamène (Reverch. exsicc. ann. 1879); Bonifacio (Revel. in Bor. *Not.* II, 4 et Mars. *Cat.* 56; Boy. *Fl. Sud Corse* 59); ·et localités ci-dessous.

1906. — Rocailles près de la station de Vizzavona, 905 m., 11 juill. fl. fr.!

1907. — Montagne de Pedana, clairières des chênaies, calc., 500 m., 14 mai, nondum fl.!

Feuilles pédiformes à 5-7 folioles grossièrement dentées sur les marges latérales. — Cette variété a le port des petits échantillons de la var. *obscura*, ·dont elle se distingue, outre les caractères subspécifiques, par sa corolle ·d'un jaune doré notablement plus grande que le calice. Certains échant. (Serra di Scopamène) à indument court abondant tendent parfois à la ·var. *obscura*.

╂ *δ.* Var. **genuina** Lehm. *Rev. Potent.* 86 (1856) = *P. laeta* Reichb. *Fl. germ. exc.* 595 (1832) = *P. hirta* var. *laeta* Focke in Hallier et Wohlf. *Syn.* I, 809 (1892); Asch. et Graebn. *Syn.* VI, 1, 768; Wolf *Mon. Potent.* 366 = *P. hirta* var. *stricta* Rouy et Cam. *Fl. Fr.* VI, 181 (1900); an et Schloss. et Vuk. (1869)?

Hab. — Avec certitude seulement les localités ci-dessous :

1906. — Vallon d'Ellerato entre Omessa et Tralonca, clairières des maquis à 250-400 m., 14 juill. fr.!; Pointe de Capizzolo, rocailles à 1150 m., 15 juill. fr.!; cime de la Chapelle de S. Angelo, buxaie, calc., 1150 m., 15 juill. fl. fr.!

Ne diffère guère de la précédente que par le port plus grêle, l'indument court souvent plus développé, et les feuilles manuformes souvent toutes à 5 segments.

P. dubia Zimm. *Eur. Art. Gatt. Potent.* 25 (1884); Beck *Fl. Hernst.* Prachtausg. 359; Asch. et Graebn. *Syn.* VI, 1, 788; Schinz et Kell. *Fl. Suisse* éd. fr. I, 310; non alior. = *Fragaria dubia* Crantz *Stirp. austr.* I, 24 (1763) = *P. Brauniana* Hoppe [Herb. viv. cent. II, ann. 1799, nomen nudum] *Bot. Taschenb.* 137 (1800); Nestl. *Mon. Potent.* 70; Lehm. *Mon. Potent.* 179 = *P. minima* Hall. f. [in Schleich. Pl. exs. cent. I, n. 59 (1794) et *Cat.* ann. 1815, 23, nomen nudum] in Ser. *Mus. helv.* I, 51 (juin 1820); Gr. et Godr. *Fl. Fr.* I, 526; Lehm. *Rev. Potent.* 159; Coste *Fl. Fr.* II, 25.

Cette espèce aurait été trouvée en Corse par Robert selon Loiseleur (*Fl. gall.* ed. 2, 1, 371). Mais cette indication repose évidemment sur une ·confusion avec le *P. procumbens* var. *humilis.* Le *P. dubia* Zimm. est complètement étranger à la flore corse. — Les *Règles de la Nomencl.* art. 48 obligent à adopter pour cette espèce la combinaison de noms créée par Zimmeter, parce que l'emploi fait antérieurement du nom de *P. dubia* par Mœnch est annulé par synonymie [*P. dubia* Mœnch (1777) = *P. opaca* L. (1759)].

P. frigida Vill. *Hist. pl. Dauph.* III, 563 (1789) ; Gr. et Godr. *Fl. Fr.* I, 526 ; Lehm. *Rev. Potent.* 157 ; Rouy et Cam. *Fl. Fr.* VI, 215 ; Coste *Fl. Fr.* II, 25 ; Asch. et Graebn. *Syn.* VI, 1, 787 ; Wolf *Mon. Potent.* 528 = *P. glacialis* Hall. f. in Ser. *Mus. helv.* 1, 51, tab. 7 (1820).

Cette espèce a été signalée comme découverte aux Pozzi du Renoso par M. Rotgès selon Foucaud [in *Bull. Soc. bot. Fr.* XLVII, 90 (1900)], indication qui a été considérée comme douteuse par M. Rouy (*Rev. bot. syst.* I, 133) et par M. R. Maire (in Rouy ibid. II, 55). L'examen des échantillons de M. Rotgès nous a effectivement montré qu'il s'agissait d'une confusion avec le *P. procumbens* var. *humilis*. Le *P. frigida* Vill. est étranger à la flore de la Corse.

P. aurea L. *Amoen. acad.* IV, 416 (1759) et *Sp* ed. 2, 712 ; Gr. et Godr. *Fl. Fr.* I, 528 ; Lehm. *Rev. Potent.* 24 ; Burn. *Fl. Alp. mar.* II, 267 ; Rouy et Cam. *Fl. Fr.* VI, 191 ; Coste *Fl. Fr.* II, 25 ; Wolf *Mon. Potent.* 562 = *P. Halleri* Ser. *Mus. helv.* I, 75 (1820) et in DC. *Prodr.* II, 576 ; Gaud. *Fl. helv.* III, 403.

Espèce alpine complètement étrangère à la Corse et indiquée, par suite d'une erreur difficilement explicable, aux env. de Bonifacio par M. Boyer (*Fl. Sud Corse* 59). Peut-être s'agit-il de l'espèce suivante ?

866. **P. verna** L. *Sp.* ed. 1, 498 (1753) et ed. 2, 712 p. p.; Huds. *Fl. angl.* ed. 1, 197 (1762) ; Poll. *Hist. pl. Pal.* II, 67 (1777) ; Gr. et Godr. *Fl. Fr.* I, 528 ; Lehm. *Rev. Potent.* 117 ; Briq. *Fl. Mt Soudine* in *Rev. gén. de bot.* V, 407-414 ; Burn. et Briq. in Burn. *Fl. Alp. mar.* II, 260 ; Rouy et Cam. *Fl. Fr.* VI, 200 ; Coste *Fl. Fr.* II, 25 ; Johansson in *Ark. för Bot.* IV, 2, 1-3 (1905) ; Rendle et Britt. in *Journ. of Bot.* XLV, 438 (1907) ; Wolf *Mon. Potent.* 584 ; Schinz et Thell. in *Vierteljahrsschr. naturf. Ges. Zürich* LIII, 542-545 (1909) = *Fragaria verna* Crantz *Stirp. austr.* II, 15 (1763) = *P. opaca* Zimmet. *Eur. Art. Potent.* 17 ; non L. [vel exactius L. (1760) tantum p. p.] = *P. Tabernaemontani* Asch. in *Verh. bot. Ver. Brandenb.* XXXII, 156 (1890) ; Asch. et Graebn. *Syn.* VI, 1, 805.

Hab. — Garigues rocheuses des étages inférieur et montagnard. Avril-mai. ♃. Très rare. Au-dessus de Bastia (Salis in *Flora* XVII, Beibl. II, 52) ; Serra di Pigno (Mab. ex Mars. *Cat.* 55) ; entre Aitone et Vico (Coste in *Bull. soc. bot. Fr.* XLVIII, sess. extr. CXV).

Nous renvoyons pour des détails sur l'histoire et la nomenclature de cette espèce à nos articles de 1893 et de 1896 (ci-dessus cités), au mémoire de M. Ascherson, et aux notes de MM. Rouy et Camus, Rendle et

Britten, Johansson, Wolf, et Schinz et Thellung qui tous confirment l'emploi de la nomenclature traditionnelle : la nomenclature adoptée par MM. Ascherson et Graebner dans le *Synopsis* est absolument contraire aux *Règles de la Nomencl.*, art. 15, 44 et 47.

Nous n'avons pas vu d'échantillons de cette espèce rarissime en Corse, mais ceux-ci appartiennent très vraisemblablement à la race suivante très répandue dans les régions voisines du litoral français et italien :

Var. **hirsuta** DC. *Fl. fr.* V, 542 (1815) ; Lehm. *Rev. Potent.* 118 ; Burn. et Briq. in Burn. *Fl. Alp. mar.* II, 260 p. p. ; Rouy et Cam. *Fl. Fr.* VI, 202 et 203 p. p. ; Wolf *Mon. Potent.* 600 = *P. verna* var. *pilosissima* Ser. *Mus. helv.* I, 71 (1820) = *P. verna* var. β Bert. *Fl. it.* V, 279 (1846) = *P. agrivaga* Timb.-Lagr. in *Bull. soc. hist. nat. Toul.* IV, 170 (1870).

Plante généralement réduite. Souche à rameaux courts et enchevêtrés, densément hérissée-jaunâtre, à poils dès tiges et pétioles étalés. Segments foliaires vernaux généralement 5, obovés, assez petits, médiocrement-dentés seulement vers l'extrémité. Fleurs médiocres, à corolle mesurant env. 1,5 cm. de diamètre.

† 867. **P. erecta** Hampe in *Linnaea* XI, 50 (1837), excl. var. β ; Dalla Torre *Anleit. Beob. Alpenpfl.* 204 ; Zimmet. *Eur. Art. Gatt. Potent.* 5 ; Murb. in *Bot. Not.* ann. 1890, 190-196 ; Schinz et Keller *Fl. Suisse* éd. fr. 311, non alior. = *Tormentilla erecta* L. *Sp.* ed. 1, 500 (1753) = *P. silvestris* Neck. *Del. gall.-belg.* I, 222 (1768) ; Asch. et Graebn. *Syn.* VI, 1, 833 = *P. Tormentilla* Neck. in *Hist. Comm. Acad. Palat.* II, 491 (1770) ; Gr. et Godr. *Fl. Fr.* I, 550 ; Burn. et Briq. in Burn. *Fl. Alp. mar.* II, 268 ; Rouy et Cam. *Fl. Fr.* VI, 230 ; Coste *Fl. Fr.* II, 22 ; Wolf *Mon. Potent.* 643 = *P. tetrapetala* Hall. f. in Ser. *Mus. helv.* I, 51 (1820).

Hab. — Berges des ruisseaux, tourbières et pozzines des étages montagnard, subalpin et alpin, 600-2200 m. Mai-août. ♃.

MM. Ascherson et Graebner ont adopté à tort (l. c.) pour cette espèce le nom de *P. silvestris* Neck., qui est contraire aux *Règles de la Nomencl.* art. 48. Pour la même raison, on ne peut conserver le nom de *P. Tormentilla* que nous avions adopté avec M. Burnat (l. c.) en 1896, et qui figure encore dans la monographie de M. Wolf. Toutes les autres espèces ou formes du genre *Potentilla* auxquelles a été donné le nom de *P. erecta* (par Uspensky ap. Ledebour, Malmberg, etc.) ont été nommées *postérieurement à la publication de Hampe* et n'entrent pas en considération. — En Corse les races suivantes :

† α. Var. **typica** Briq. = *P. silvestris* var. *typica* Beck *Fl. Nied.-Öst.* 752 (1892) = *P. silvestris* A *eu-silvestris* Asch. et Graebn. *Syn.* VI, 1, 834 (1905) p. p. = *P. Tormentilla* var. *typica* Wolf *Pot.-Stud.* I, 103 (1901) et *Mon. Potent.* 645.

Hab. — Points humides et tourbières des étages montagnard et sub-alpin. Rare. Montagnes au-dessus de Bastia (Salis in *Flora* XVII, Beibl. II, 52); lac de Creno (R. Maire in Rouy *Rev. bot. syst.* II, 53).

1908. — Berges tourbeuses du Lac de Creno, 1298 m., 27 juin fl. !

Plante haute de 10-40 cm. Tiges ± grêles, décombantes ou ascendantes, rameuses-divariquées supérieurement. Feuilles caulinaires sessiles à folioles profondément incisées, dépassant rarement 2 cm. Fleurs assez petites, à corolle atteignant et ne dépassant guère 1 cm. de diamètre.

╫ β. Var. **Herminii** Briq. = *P. Tormentilla* var. *Herminii* Ficalho *Apontam. stud. fl. port., Rosac.* 15 [*Journ. de scienc. math., phys. e nat.* XXVI (1879)]; Ficalho et Cout. in *Bol. soc. Brot.* XVI, 118 (1899) = *P. sciaphila* Zimmet. *Eur. Art. Gatt. Potent.* 5 (1884) = *P. Tormentilla* forme *P. reducta* Rouy et Cam. *Fl. Fr.* VI, 231 (1900) = *P. Tormentilla* var. *sciaphila* Wolf *Pot.-Stud.* I, 105 (1901) et *Mon. Potent.* 648 = *P. silvestris* var. *sciaphila* Asch. et Graebn. *Syn.* VI, 1, 838 (1905).

Hab. — Caractéristique des pozzines dans les étages subalpin et alpin. Lac de Lancone mezzano au pied du Capo Bianco (Lit. in *Bull. acad. géogr. bot.* XVIII, 124); lac de Nino (Lit. l. c.); lac de Melo (Burnouf ex Rouy et Cam. *Fl. Fr.* VI, 231); Pozzi du Monte Renoso (Rotgès!); et localités ci-dessous.

1906. — Gazons humides en montant des bergeries de Grotello au lac Melo, 1700 m., 5 août fl. ! (f. ad var. *typicam* vergens); pozzines de Sgreccia dans le haut vallon de Marmano, 1700 m., 21 juill. fl. !

1908. — Lac de Nino, pozzines, 1743 m., 28 juin fl. !

1910. — Pozzines entre le M^t Li Tarmini et le Monte Grosso de Bastelica, 1650 m., 30 juill. fl. !

Plante naine, haute de 3-6 cm. Tiges très grêles, peu rameuses, uni- ou pauciflores. Feuilles caulinaires sessiles, à folioles très petites, à incisions peu nombreuses, longues de 4-7 mm., à stipules plus étroites que dans la var. α et souvent subentières. Fleurs très petites, à corolle ne dépassant guère 5-7 mm.

Les échantillons typiques des pozzines de la Corse sont bien plus extrêmes et bien plus caractéristiques que toutes les formes du *P. sciaphila* Zimmet. que nous avons vues de l'Europe centrale et des Alpes. Mais ils passent à la var. *typica* par des intermédiaires, assez rares il vrai, mais fort instructifs. M. Wolf (*Mon. Potent.* 649) croit que le *P. Salisii* Bor. est probablement synonyme du *P. sciaphila* Zimmet. C'est là une grave erreur qui vient de ce que ce monographe, d'ailleurs excellent, était documenté d'une façon insuffisante sur les Potentilles corses, comme sur plusieurs de celles du domaine méditerranéen en général.

868. **P. procumbens** Sibth. *Fl. oxon.* 162 (1794) ; Koch *Syn.* ed. 2, 239 et in *Flora* XXIII, 369 ; Gr. et Godr. *Fl. Fr.* I, 531 ; Lehm. *Rev. Potent.* 179 ; Rouy et Cam. *Fl. Fr.* VI, 231 ; Coste *Fl. Fr.* II, 21 ; Asch. et Graebn. *Syn.* VI, 1, 842 ; Wolf *Mon. Potent.* 650 = *P. nemoralis* Nestl. *Mon. Potent.* 65 (1816) ; Salis in *Flora* XVII, Beibl. II, 52. — En Corse la sous-espèce suivante :

Subsp. **n e s o g e n e s** Briq.

Hab. — Variable suivant les variétés. Mai-août suivant l'altitude. ♃.

A subsp. **eu-procumbente** Briq. (= *P. procumbens* Sibth. sensu stricto) differt indumento minus rigido, foliolis obovatis vel oblongo-obovatis, apice magis rotundatis, foliorum serratura debiliore dentibus crenatis latioribus obtusioribusque, sinibus minus profundis separatis, inflorescentia saepius pauciflora.

L'examen d'abondants matériaux corses du *P. procumbens* nous amène à considérer les trois races mentionnées ci-après, comme appartenant à un groupe distinct du *P. procumbens* subsp. *eu-procumbens* du continent. Malgré les différences considérables qu'elles présentent dans leur apparence extérieure (dimensions et densité d'indument), elles ont toutes les trois ce caractère commun de se rapprocher du *P. reptans* par la forme des folioles et la serrature de celles-ci. Un groupement en sous-espèce nous paraît donc exprimer le plus clairement leurs affinités en tant que races insulaires ayant très vraisemblablement une origine commune.

M. Wolf (*Mon. Potent.* 649, 652 et 653) a émis, non sans réserves il est vrai, au sujet des potentilles corses de ce groupe, des interprétations erronées, qui s'expliquent sans peine par le fait que l'auteur n'a eu à sa disposition aucun matériel corse tant du *P. erecta* que du *P. procumbens*. Le *P. Salisii* Bor. serait, selon lui, probablement synonyme du *P. Tormentilla* var. *sciaphila* (Zimm.) Wolf, le *P. Mandoni* Fouc. serait synonyme du *P. procumbens* f. *subsericea* Wolf ou encore un hybride de la formule *P. reptans* × *Tormentilla*, ce qui amène l'auteur à douter de la présence en Corse du *P. procumbens*. Nous revenons ci-dessous sur les *P. Salisii* Bor. et *P. Mandoni* Fouc. Quant à l'hypothèse que les formes du *P. procumbens* représentent des hybrides des *P. erecta* et *reptans*, elle ne résiste pas à l'étude des formes corses *in situ* : les deux espèces soi-disant parentes manquent dans beaucoup de localités où foisonne le *P. procumbens*, qui est d'ailleurs fertile.

† α. Var. **humilis** Lehm. *Rev. Potent.* 179 (1856) = *P. Brauniana* Lois. *Fl. gall.* ed. 2, I, 371 (1828), quoad pl. cors. ; non Hoppe = *P. nemoralis* Salis in *Flora* XVII, Beibl. II, 52 (1834), sensu stricto = *Tormentilla reptans* var. β Bert. *Fl. it.* V, 285 (1842) = *P. Salisii* Bor. in *Mém. Acad. Maine-et-Loire* XIV, 50 (1863) = *P. frigida* Fouc. in *Bull. soc. bot. Fr.* XLVII, 90 (1900); non Vill. = *P. procumbens* forme *P. Salisii*

13

Rouy et Cam. *Fl. Fr.* VI, 232 (1900) = *P. procumbens* var. *Salisii* Briq.
Rech. fl. mont. Corse 85 (1901) et *Spic. cors.* 31. — Exsicc. Burn. ann.
1900, n. 95! et 381!; Burn. ann. 1904, n. 191!

Hab. — Pozzines des étages montagnard et subalpin, 1000-1800 m.
Monte Cinto (Briq. *Rech. Corse* 12 et Burn. exsicc. cit. n. 95; Lit. *Voy.*
II, 8); col de Vergio (Lit. *Voy.* II, 16); col de Sevi (Briq. *Spic.* 31 et
Burn. exsicc. n. 191; Lit. *Voy.* II, 21); cols de Salto et de Cocavera (Lit.
in *Bull. acad. géogr. bot.* XVIII, 53); lac de Nino (Salis in *Flora* XVII,
Beibl. II, 52); près du lac de Creno (Lit. *Voy.* II, 23); Monte d'Oro (Lit.
in *Bull. acad. géogr. bot.* XVIII, 91); col de Vizzavona (Gillot *Souv.* 5;
Lit. *Voy.* I, 11); Monte Renoso (Rotgès! ex Fouc. in *Bull. soc. bot. Fr.*
XLVII, 90; Briq. *Rech. Corse* 26 et Burn. exsicc. cit. n. 381); Coscione
(Salis l. c.); entre le plateau d'Eze et celui des Pozzi (Req. ex Caruel *Fl.
it.* X, 97); Coscione (Salis l. c.); et localités ci-dessous.

1906. — Pozzines du haut Stranciacone au-dessus des bergeries de
Stagno, env. 1400 m., 29 juill.; col de Vizzavona, 1100 m., 15 juill.!; pozzines au-dessus des bergeries de Sgreccia, 1700 m., 21 juill. fl.!

1908. — Vallée supérieure de Tavignano : pozzines près des bergeries
de Ceppo, 1600 m., 22 juin fl.!

Remarquable par ses très petites dimensions (la plante n'atteint parfois que 2 ou 3 centimètres); feuilles et fleurs très petites; corolle ne
dépassant guère 8-10 mm. de diamètre; folioles couvertes de poils appliqués, parfois très abondants (f. *canescens*).

Cette petite race a donné lieu à diverses confusions, les échantillons
relativement glabrescents ayant été attribués jadis par Loiseleur au *P.
dubia* Zimm. (*P. Brauniana* Hoppe), les échantillons canescents ayant été
pris par Foucaud pour le *P. frigida* Vill., deux espèces absolument
étrangères à la flore de la Corse. Les *P. erecta* var. *Herminii* et *P. procumbens* var. *Salisii* croissent souvent ensemble et ne doivent pas être
confondus : le premier est facilement reconnaissable aux feuilles des
rameaux sessiles ou subsessiles, tandis que le second a des feuilles
raméales nettement pétiolées, à pétiole généralement aussi long que
les folioles.

β. Var. **corsica** Briq. = *P. nemoralis* Bor. *Not. pl. Cors.* I, 6 = *P. procumbens* Mars. *Cat.* 55 = *P. mixta* var. *corsica* Fouc. et Sim. *Trois sem.
herb. Corse* 178 (1898) = *P. procumbens* var. *minor* Rouy *Fl. Fr.* XI, 397
(1909). — Exsicc. Burn. ann. 1904, n. 190 et 192!

Hab. — Points humides ou ombragés de l'étage montagnard, s'élevant à 1700 m. et descendant parfois dans l'étage inférieur. Basse vallée de la Restonica (Fouc. et Sim. *Trois sem. herb. Corse* 142); Monte

d'Oro à 1300 m. (Briq. *Spic.* 31 et Burn. exsicc. n. 190) ; entre Ghisoni et le col de Sorba (Briq. l. c. et Burn. exsicc. n. 192, f. ad var. *Salisii* valde vergens) ; forêt de Vizzavona (Fouc. in *Bull. soc. bot. Fr.* XLVII, 91) ; de Bocognano à Vizzavona (Mars. *Cat.* 55) ; Bastelica, sables de la rivière (Revel. ex Bor. *Not.* III, 3) ; Bonifacio (Revel. ex Bor. *Not.* I, 6) ; et localités ci-dessous.

1906. — Résinerie de la forêt d'Asco, berges du torrent, 950 m., 28 juill. fl. fr. ! ; rochers du vallon de l'Anghione près de Vizzavona, 1200-1300 m., 21 juill. fl. fr. ! ; Monte d'Oro, points humides du versant E., 1700 m., 7 août fl. fr. !

1910. — Cap Corse : du col de Bocca Rezza au Monte Stello, pozzines desséchées, 1000 m., 16 juill. fl. (f. ad var. *Mandonii* vergens) ! ; col de Verde, tourbière, 1340 m., 29 juill. fl. fr. !

Cette variété diffère de la précédente par ses dimensions plus grandes. Les rameaux couchés atteignent jusqu'à 20 cm. de longueur ; les folioles mesurent jusqu'à $1,5 \times 1$ cm. de surface (elles dépassent rarement plus de $0,7 \times 0,5$ cm. dans la var. *humilis*). Les fleurs sont plus grandes, à corolle atteignant 1,5-2 cm. de diamètre, portées sur des pédoncules grêles. Il y a lieu de distinguer au point de vue de l'indument deux formes extrêmes : l'une à folioles densément couvertes de poils appliqués, soyeuses (f. *sericans*), l'autre à folioles plus glabrescentes, $\pm$ vertes (f. *virescens*) ; toutes deux sont reliées par des formes à caractères intermédiaires. Les petits échantillons de la var. *corsica* passent à la var. *Salisii* par des dégradations insensibles : quelque différentes que soient les deux variétés envisagées dans leurs formes extrêmes, et même moyennes, on ne saurait les séparer spécifiquement.

La courte description donnée par MM. Foucaud et Simon pour leur *P. mixta* var. *corsica* s'applique exactement à la forme *sericans* de notre *P. procumbens* var. *corsica*, que nous avons d'ailleurs observée en fruits avancés dans la vallée de la Restonica, localité type des auteurs, lors de notre voyage de 1906. Le *P. procumbens* var. *corsica* ne doit pas être confondu avec le *P. mixta* Nolte, rare hybride dont nous parlerons plus loin.

++ γ. Var. **Mandonii** Briq. *Spic. cors.* 31 (1901) = *P. Mandoni* Fouc. in *Bull. soc. bot. Fr.* XLVII, 90, tab. 4 (1900). — Exsicc. Burn. ann. 1900, n. 193 !

Hab. — Pierrailles de l'étage montagnard. Cap Corse au Pigno (Fouc. et Mand. in *Bull. soc. bot. Fr.* XLVII, 90) ; Vizzavona (Briq. l. c. et Burn. exsicc. cit.) ; Ghisoni (Rotgès ex Foucaud l. c.).

Plante robuste, grisâtre, assez densément couverte de poils apprimés, plutôt velue-soyeuse que soyeuse, à souche épaisse, émettant des tiges de 10-30 cm. assez épaisses, étalées-ascendantes ou subdressées. Feuilles basilaires à segment médian atteignant jusqu'à $2,5 \times 1,3$ cm.

Fleurs relativement grandes, à corolle atteignant 2 cm. de diamètre, portées sur des pédoncules plus épais que dans les variétés précédentes, surtout à la maturité. — Peut-être n'est-ce là qu'une forme extrême de la var. *corsica*, à laquelle la relient les formes intermédiaires observées par nous au Cap Corse en 1910, mais l'apparence générale de la plante est assez particulière. Si l'on ne connaissait pas la var. *corsica*, la réunion des *P. Salisii* et *P. Mandoni* en une seule espèce paraîtrait quasi impossible.

╫ 868 × 869. **P. mixta** Nolte in Koch *Syn.* ed. 2, 239 (1843); Lehm. *Rev. Potent.* 206 ; Rouy et Cam. *Fl. Fr.* VI, 232; Asch. et Graebn. *Syn.* VI, 1, 849; Wolf *Mon. Potent.* 660 = **P. procumbens × reptans.**

Hab. — Jusqu'ici seulement la localité suivante :

1906. — Pozzines près des bergeries d'Aluccia, 1500 m., juill. fl. fr.!

Un seul échantillon intermédiaire par son port entre les deux parents. Rameaux couchés non radicants. Feuilles des rameaux (sauf les derniers) à 5 folioles, rappelant plutôt le *P. reptans* que le *P. procumbens* subsp. *nesogenes* comme forme et serrature. Fleurs purement axillaires assez longuement pédonculées, toutes pentamères. Plante plus robuste que le *P. procumbens* var. *corsica*. Ce dernier croît dans les pozzines d'Aluccia; nous avons noté le *P. reptans* non loin de là, près des bergeries. — Ces caractères ne laissent guère de doute sur l'origine hybride de notre plante. Nous renvoyons le lecteur pour plus de détails sur les hybrides de ce groupe, très difficiles à élucider, à l'article de M. Murbeck (in *Bot. Not.* ann. 1890, 198–204).

869. **P. reptans** L. *Sp.* ed. 1, 449 (1753); Gr. et Godr. *Fl. Fr.* I, 531 ; Lehm. *Rev. Potent.* 183 ; Rouy et Cam. *Fl. Fr.* VI, 229 ; Coste *Fl. Fr.* II, 21 ; Asch. et Graebn. *Syn.* VI, 1, 844 ; Wolf *Mon. Potent.* 654. — Exsicc. Burn. ann. 1900, n. 15 !

Hab. — Prairies maritimes, fossés, points humides, surtout de l'étage inférieur, 1-1500 m. Mai-juill. suivant l'altitude et l'exposition. Répandu dans l'île entière. ⚲.

1906. — Talus du vallon d'Ellerato entre Omessa et Tralonca, 250-400 m., 14 juill. fl. fr.! ; fossés près de Santa Maria di Mercurio, 800 m., 30 juill. fl. fr.! ; près de la station de Vizzavona, 905 m., 14 juill. fl. fr.!

1907. — Prairies à Ghisonaccia, 10 m., 8 mai fl.! ; prairies à Cateraggio, 1 mai fl.!

1908. — Vallée inférieure du Tavignano, lieux humides, 5-700 m., 26 juin fl.!

1911. — Plateau de l'Ospedale, marécages sous bois, 1000 m., 9 juill. fl. fr.!

Les échant. corses appartiennent à la var. **typica** Asch. et Graebn. (*Syn.* VI, 1, 845), variant d'ailleurs beaucoup quant aux dimensions et à l'indument, la forme *sericea* [*P. reptans* var. *sericea* Bréb. *Fl. Norm.* éd. 1, 104 (1836) ; Bab. *Man. brit. Bot.* ed, 1, 91 = *P. reptans* var. *mollis* Borb. *Fl. Budapest* 162 (1879) ; Wolf *Mon. Potent.* 658 = *P. reptans* var. *pubescens* Fiek et Pax in *Jahresb. schl. Ges. vaterl. Cult.* 174 (1888) = *P. reptans* subvar. *sericea* Rouy et Cam. *Fl. Fr.* VI, 229], à poils soyeux des tiges et pétioles abondants, à folioles velues sur les deux pages, paraît plus rare que les formes glabrescentes. Nous ne pensons pas qu'il y ait lieu de voir dans la forme *sericea* autre chose qu'un état extrême des stations sèches.

Le *P. involucrata* Mut. [*Fl. fr.* I, 332 (1834)], indiqué par Boullu à Barbicaja près Ajaccio (in *Bull. soc. bot. Fr.* XXIV, sess. extr. LXXXIX) est basé sur une anomalie du *P. reptans* (phyllodie de l'exocalice).

SIBBALDIA L.

†† 870. **S. procumbens** L. *Sp.* ed. 1, 284 (1753) ; Gr. et Godr. *Fl. Fr.* I, 521 ; Rouy et Cam. *Fl. Fr.* VI, 154 ; Coste *Fl. Fr.* II, 13 ; Asch. et Graebn. *Syn.* VI, 1, 661. — Exsicc. Burn. ann. 1900, n. 156! et 302!

Hab. — Rocailles de l'étage alpin, 2600-2700 m. Juill.-août. ♃. Rare. Capo al Berdato (Audigier ex Foucaud in *Bull. soc. bot. Fr.* XLVII, 90) ; Monte Cinto (Briq. *Rech. Corse* 26 et Burn. exsicc. n. 156) ; Monte Rotondo (Briq. *Spic.* 21 et Burn. exsicc. n. 302).

GEUM L.

871. **G. urbanum** L. *Sp.* ed. 1, 501 (1753) ; Gr. et Godr. *Fl. Fr.* I, 519; Scheutz *Prodr. mon. Georum* 24 ; Rouy et Cam. *Fl. Fr.* VI, 158 ; Coste *Fl. Fr.* II, 12 ; Asch. et Graebn. *Syn.* VI, 1, 877.

Hab. — Lisière des bois, haies, points ombragés des étages inférieur et montagnard. Mai-juin. ♃. Peu fréquent. Env. de Bastia (Salis in *Flora* XVII, Beibl. II, 51 ; Mab. ex Mars. *Cat.* 55 ; Rotgès in litt.) ; Casabianda (Rotgès in litt) ; plaine d'Aleria (Rotgès in litt.) ; forêt d'Aitone (Lutz in *Bull. soc. bot. Fr.* XLVIII, sess. extr. CXXX) ; Calcatoggio (Lutz ibid. CXXXVI) ; Vico (Mars. l. c.) ; Bocognano (Mars. l. c.) ; forêt de Marmano (Rotgès in litt.).

G. **pyrenaicum** Mill. *Gard. dict.* ed. 8, n. 3 (1768) ; Willd. *Sp. pl.* II, 1115 ; Gr. et Godr. *Fl. Fr.* I, 520 ; Scheutz *Prodr. mon. Georum* 45 ; Rouy et Cam. *Fl. Fr.* VI, 160 ; Coste *Fl. Fr.* II, 13.

Espèce pyrénéenne, indiquée à tort par Doûmet (in *Ann. Hér.* V, 191) au Monte Rotondo par confusion avec l'espèce suivante.

872. G. montanum L. *Sp.* ed. 1, 717 (1753); Gr. et Godr. *Fl. Fr.* I, 521; Scheutz *Prodr. mon. Georum* 51; Rouy et Cam. *Fl. Fr.* VI, 165; Coste *Fl. Fr.* II, 12; Asch. et Graebn. *Syn.* VI, 1, 886 = *Sieversia montana* R. Br. in *Parry's First Voy. App.* 276 (1823). — Exsicc. Soleirol n. 1486!; Burn. ann. 1900, n. 137!, 297! et 357!; Burn. ann. 1904, n. 185!

Hab. — Rocaïlles des étages subalpin et alpin, 1700-2700 m. Juill.-août. ♃. Répandu et assez abondant dans les grands massifs du centre depuis le massif du Cinto jusqu'à celui de l'Incudine. Monte Cinto (Briq. *Rech. Corse* 15 et Burn. exsicc. n. 137; Lit. in *Bull. acad. géogr. bot.* XVIII, 68); Paglia Orba (Lit. ibid. 75); Punta Artica (Lit. ibid. 71); Monte Rotondo (Soleirol exsicc. cit. et ap. Bert. *Fl. it.* V, 293; Doûmet in *Ann. Hér.* V, 191; Mars. *Cat.* 55; Burnouf in *Bull. soc. bot. Fr.* XXIV, sess. extr. LXXXVI; Briq. *Rech. Corse* 21 et Burn. exsicc. n. 297; Lit. in *Bull. acad. géogr. bot.* XVIII, 88); Monte d'Oro (Mars. l. c.; Briq. *Spic.* 31 et Burn. exsicc. n. 185); Monte Renoso (Revel. in Bor. *Not.* III, 3 et ap. Mars. l. c.; Briq. *Rech. Corse* 27 et Burn. exsicc. 357; Lit. *Voy.* II, 31; Rotgès in litt.); et localités ci-dessous.

1906. — Rochers de la Cima della Statoja, 2200-2300 m., 26 juill. fr.!; rocailles de la Cima della Mufrella, 2000 m., 12 juill. fl.!; rocailles du Capo Bianco, 2500 m., 7 août, fl.!; arêtes entre le Capo Largina et le Monte Cinto, 2500-2700 m., 29 juill. fl.!; rochers sur le versant S. du Paglia Orba, 2400-2525 m., 9 août fr.!; rocailles du Capo al Chiostro, 2200 m., 3 août; rocailles au-dessous du lac Melo, 1700 m., 4 août fl.!; rocailles de la Punta de Porte, 2300 m., 4 août fl. fr.!; couloir au-dessus du lac Scapuccioli, rocailles herbeuses, 2400 m., 6 août fr.!; rocailles sur le versant E. du Monte d'Oro, 2000-2100 m., 9 août fr.!; rocailles au col de la Cagnone, 1960 m., 21 juill. fl.!: rochers de l'arête entre les Pointes de Monte et de Bocca d'Oro, 1800-1950 m., 20 juill. fr.!

1908. — Monte Padro, rochers, 2300 m., 4 juill. fl. fr.!

1910. — Punta della Capella d'Isolaccio, replats des rochers, 1950-2044 m., 30 juill. fl. fr.!

Les formes gèantes ou naines [var. *minus* Pers.' *Syn.* II, 57 (1807); Scheutz *Prodr. mon. Georum* l. c.; Asch. et Graebn. *Syn.* VI, 1, 887 = *G. montanum* var. *nanum* Gaud. *Fl. helv.* III, 413 (1828); Rouy et Camus l. c.] sont sous la dépendance du milieu (humidité et altitude) et ne nous paraissent pas constituer des variétés dans le sens de races.

ALCHEMILLA [1] L. emend.

873. **A. alpina** L. *Sp.* ed. 1, 123 (1753) excl. var. β ; Gr. et Godr. *Fl. Fr.* I, 564 ; Briq. in Burn. *Fl. Alp. mar.* III, 129 ; Camus in Rouy et Cam. *Fl. Fr.* VI, 440 ; Asch. et Graebn. *Syn.* VI, 1, 387. — Les races corses appartiennent toutes à la sous-espèce suivante :

Subsp. **eu-alpina** Asch. et Graebn. *Syn.* VI, 1, 388 (1902) = *A. alpina* Schinz et Kell. *Fl. Schw.* ed. 1, 253 ; R. Kell. *Syn. schw. Alchem.* 6.

Hab. — Rochers et replats gazonnés ou rocailleux des rochers dans les étages subalpin et alpin, 1200-2600 m. Non signalée au Cap Corse et dans la chaîne de Tende. Calcifuge. Juill.-août. ⚲ .

Plante pourvue de rejets stoloniformes ± épigés. Feuilles à 5-7 segments, les moyens généralement séparés jusqu'à la base. Pédicelles généralement plus courts que la fleur. Sépales ± érigés à la maturité. — En Corse les races suivantes :

†† α. Var. **saxatilis** Briq. in Burn. *Fl. Alp. mar.* III, 131 (1899) ; Schinz et Kell. *Fl. Schw.* ed. 1, 254 ; Asch. et Graebn. *Syn.* VI, 1, 389 ; R. Kell. *Syn. schw. Alchem.* 9 = *A. saxatilis* Bus. *Notes Alchim. crit. ou nouv.* 3 (1891) ; id. *Alchim. valais.* 1 et ap. Dörfler *Sched.* 203 ; Coste *Fl. Fr.* II, 63 = *A. alpina* subsp. *saxatilis* (excl. var. β-γ !) Cam. in Rouy et Cam. *Fl. Fr.* VI, 442 (1900). — Exsicc. Burn. ann. 1900, n. 184!

Hab. — Punta Artica, près du sommet (Lit. in *Bull. acad. géogr. bot.* XVIII, 125) ; montée du Pont du Dragon aux bergeries de Timozzo (Briq. *Rech. Corse* 86 et Burn. exsicc. cit.) ; Monte d'Oro, versant N.-W. près du lac (Lit. l. c.).

Souche à rameaux ordinairement allongés et stoloniformes. Feuilles à segments presque toujours au nombre de 5, luisants en dessus, ordinairement un peu plus larges que dans les variétés suivantes, dentés au sommet seulement, à dents très petites, connivientes. Axes florifères raides, dressés, dépassant de 3-5 fois les feuilles basilaires. Fleurs disposées en glomérules serrés, ordinairement distants, formant des inflorescences spiciformes interrompues, souvent groupées en une sorte de corymbe lâche.

†† β. Var. **transiens** Cam. emend. R. Kell. *Syn. schw. Alchem.* 8 = *A. alpina* Salis in *Flora* XVII, Beibl. II, 52 ; Coste *Fl. Fr.* II, 63 p. p.

[1] La graphie *Alchimilla*, employée par divers auteurs, est contraire aux *Règl. nom. bot.* art. 50. Linné a fait un genre *Alchemilla*.

= *A. alpina* γ *glomerata* Tausch in *Flora* XXIV, Beibl. I, 108 (1841), quoad pl. cors. = *A. saxatilis* subsp. *A. transiens* Bus. in *Bull. soc. bot. suisse* IV, 56 (1894) = *A. alpina* subsp. *saxatilis* γ *transiens* Cam. in Rouy et Cam. *Fl. Fr.* VI, 442 (1900) = *A. transiens* Bus. in Dörfl. *Sched.* 204 (1898) et in *Bull. herb. Boiss.* 2ᵐᵉ série, I, 463 = *A. alpina* subsp. *eu-alpina* II *saxatilis* b *transiens* Asch. et Graebn. *Syn.* VI, 1, 349 (1902). — Exsicc. Burn. ann. 1900, n. 306 !

Hab. — Rochers. Sommet du Monte S. Pietro (Salis in *Flora* XVII, Beibl. II, 52 ; Lit. *Voy.* I, 8) ; Monte Padro (Salis ex Bus. ap. Briq. *Rech. Corse* 87) ; Paglia Orba (Lit. in *Bull. acad. géogr. bot.* XVIII, 125) ; Punta Artica (Lit. l. c.) ; Monte Rotondo [Salis l. c. et ex Bus. ap. Briq. *Rech. Corse* 87 ; Aubry ex Bus. ap. Briq. l. c. (« Monte Calanca ») ; Briq. l. c. et Burn. exsicc. cit. (2600 m. !)] ; Monte d'Oro (Salis ex Bus. ap. Briq. l. c. ; Soleirol ex Bert. *Fl. it.* II, 208 et ex Bus. ap. Briq. l. c. ; Levier ex Bus. ap. Briq. l. c.) ; Monte Renoso (Revel. in Bor. *Not.* III, 4 ; Rotgès in litt.) ; Monte Incudine (R. Maire in Rouy *Rev. bot. syst.* II, 49) ; et localités ci-dessous.

1906. — Rochers en montant de la bergerie de Spasimata à la Cima della Mufrella, 1800 m., 12 juill. fl.! ; Cima della Statoja, 2200-2300 m., 26 juill. fl.! : Monte Traunato, couloirs des rochers du versant N.-W., 2100 m., 31 juill. fl. ! ; rochers en face des bergeries de Grotello, 1400-1500 m., 3 août, stérile! ; Punta de Porte, rochers du sommet, 2300 m., 4 août fl.! ; Monte Rotondo, couloirs rocheux au-dessus du lac Scapuccioli, 2400-2500 m., 6 août fl.! ; Monte d'Oro, rochers du versant E., 2000 m., 9 août fl.! ; rochers de l'arête entre les pointes d'Oro et de Monte au-dessus du col de Verde, 1950 m., 20 juill. fl.! (Toutes ces provenances ont été vues par M. Buser.)

1910. — Punta della Capella d'Isolaccio, rochers, 2000-2044 m., 30 juill. fl.! ; Monte Incudine, cheminées rocheuses du versant N., 2000 m., 25 juill. fl.!

1911. — Fourches de Bavella, versant N., pentes herbeuses à l'ubac, 1500-1550 m., 13 juill. fl.!

Intermédiaire entre la var. *saxatilis* d'une part, et les var. *glomerata* Tausch [in *Flora* XXIV, Beibl. I, 208 (1841) = *A. alpina* var. *alpina* Greml. *Fl. anal. Suisse*, 2ᵐᵉ éd. fr., 206 (1898) ; Briq. in Burn. *Fl. Alp. mar.* III, 133 = *A. alpina* subsp. *eu-alpina* I *typica* Asch. et Graebn. *Syn.* VI, 1, 388 (1902)] et *debilicaulis* Bus. Rejets stoloniformes comme dans la var. *saxatilis*. Feuilles la plupart à 5 segments, çà et là à 6 segments, rarement incomplètement 7nées, à dents plus aiguës et plus étroites que dans la variété précédente. Axes florifères moins raides, à glomérules peu nombreux, rassemblés vers l'extrémité. Fleurs un peu plus grandes et plus longuement pédicellées que dans la var. α.

Cette race, qui est très répandue en Corse, s'y présente sous une forme généralement plus grêle que dans l'Apennin et le Tyrol méridional, à indument de la face inférieure des segments foliaires moins dense, à face supérieure d'un vert plus mat, et à glomérules plus pauciflores. M. Buser la signale sous le nom d'*A. transiens* f. *corsica* [*A. saxatilis* f. *corsica* Bus. in *Bull. soc. bot. suisse* IV, 52 (1894) ; *A. transiens* var. *corsica* Bus. ap. Briq. *Rech. fl. Corse* 86 (1901)].

†† γ. Var. **debilicaulis** R. Bus. in Steiger *Beitr. Kenntn. Fl. Adulageb.* 361 (1906) ; R. Kell. *Syn. schw. Alchem.* 69 = *A. alpina* Bus. ap. Briq. *Rech. Corse* 87 (1901), quoad pl. cors. — Exsicc. Burn. ann. 1900, n. 128 ! et 353 !

Hab. — Monte Cinto, versant S. (Briq. *Rech. Corse* 87 et Burn. exsicc. n. 138) ; Monte Renoso, versant E. (Briq. l. c. et Burn. exsicc. n. 353) ; et localités ci-dessous.

1906. — Capo al Chiostro, couloirs du versant E., 2100 m., 2 août fl. ! ; rochers en face des bergeries de Grotello, 1600-1700 m., 5 août fl. fr. ! (Ces provenances ont été annotées par M. R. Buser.)

1910. — Crête de Li Tarmini, antres des rochers, 1950 m., fl. ! ; Punta della Capella d'Isolaccio, antres des rochers à l'ubac, 2000-2044 m., 30 juill. fl. ! ; Calancha Murata, versant N., replats herbeux des rochers à l'ubac, 1460 m., 11 juill. fl. !

Race très voisine de la var. *glomerata* Tausch (*A. alpina* Bus. sensu stricto) dont elle s'écarte par le mode de végétation plus lâche, le port grêle, les feuilles généralement à 5 segments, à segments étroits, à indument soyeux de la face inférieure très mince, finement soyeuses, les adultes souvent glabres ou presque glabres en dessus et presque verdâtres en dessous à la fin, à axes florifères de dimensions variables, mais dépassant rarement de plus de la moitié la longueur du pétiole des feuilles estivales. Glomérules peu nombreux ou fusionnés en un seul dans les petits échantillons. — La var. *debilicaulis*, assez facile à saisir dans les formes extrêmes, passe par des échantillons douteux soit à la var. *transiens* (nos échantillons du Capo al Chiostro rapportés par M. Buser à la var. *debilicaulis*, rentreraient plutôt pour nous dans le groupe *transiens* !), soit à la var. *glomerata* (voy. à ce sujet : Buser ap. Steiger l. c.). La var. *debilicaulis* a été signalée par M. R. Buser (l. c.) dans les Alpes maritimes, les Alpes Cottiennes et au Tessin.

†† δ. Var. **Burnatiana** R. Bus., var. nov.

Hab. — Jusqu'ici seulement la localité ci-dessous.

1906. — Paglia Orba, fissures des rochers de la paroi E., conglomérat gréseux, 2300-2400 m., 9 août fl. !

M. Buser nous communique sur cette Alchémille la note suivante :

« *A. alpina* L. subsp. (*A.*) *Burnatiana* Bus.

Omnibus partibus (flor. except.) typica *alpina* duplo major. Cauliculi validi, sat crassi. Folia eximie 7partita, partitionibus mediis ad basin usque distinctis. Stipulae rameales inciso-dentatae. Flores remote glomerulati. Forma, indumentum, dentes foliolorum, flores typi.

A première vue, cette fort belle plante fait l'impression d'une bonne race, mais, examen fait, il ne reste, à part sa vigueur extraordinaire, que fort peu de chose. Il me semble cependant probable que, malgré son peu de différenciation, la forme soit constante, vu l'altitude (2300 m.) et la station (fissures de rochers) anormales pour un *A. alpina* typique. »

Les feuilles primaires à court pétiole ont en général 6 segments oblongs-obovés, les médians connés à la base, à tomentum soyeux épais ; les feuilles suivantes longuement petiolées ont régulièrement 7 segments, les médians distincts, plus allongés et plus étroits, à indument infrafoliaire plus mince, à dents apicales plus marquées et plus nombreuses. Axes florifères dépassant 2 à 4 fois la longueur du pétiole des feuilles primaires, hauts d'env. 30 cm., à glomérules réunis en inflorescences spiciformes lâches. — Notre impression est que la valeur systématique de cette Alchémille est au moins équivalente à celles des précédentes entre lesquelles certains échantillons nous ont fait hésiter à plus d'une reprise.

†† 874. **A. pubescens** Lamk *Tabl. encycl. et méth. Bot.* I, 347 (1791) ; Poiret *Encycl. méth. Suppl.* I, 285 ; Koch *Syn.* ed. 2, 256 ; Briq. in Burn. *Fl. Alp. mar.* III, 137 ; Cam. in Rouy et Cam. *Fl. Fr.* VI, 448 ; Coste *Fl. Fr.* II, 64 ; Asch. et Graebn. *Syn.* VI, 1, 399 ; R. Kell. *Syn. schw. Alchem.* 27 ; non Willd. (1809) = *A. alpina* var. *hybrida* L. *Sp.* ed. 1, 123 (1753) p. p., nomen confusum = *A. hybrida* L. *Amoen. acad.* ed. 2, III, 49 (1787) p. p., nomen confusum ; Mill. *Gardn. dict.* ed. 8, n. 2 (1762) p. p., nomen insecurum = *A. montana* Willd. *Enum. hort. berol.* 170 (1809) ; non Schmidt (1794) = *A. intermedia* Clairv. *Man. herb. Suisse et Valais* 43 (1811) = *A. vulgaris* var. *subsericea* Gaud, *Fl. helv.* I, 453 (1828). — En Corse la race suivante :

†† Var. **genuina** Briq. in Burn. *Fl. Alp. mar.* III, 132 (1899) ; R. Kell. *Syn. schw. Alchem.* 28 = *A. glaucescens* Wallr. in *Linnaea* XIV, 134 et 549 (1840), sensu stricto = *A. minor* Bus. in *Bull. soc. dauph.* sér. 2, 98 (1898) ; non Huds. = *A. pubescens* Bus. *Alchim. valais.* 6 (1894) = *A. pubescens* var. *pubescens* Cam. in Rouy et Cam. *Fl. Fr.* VI, 449 (1900) = *A. pubescens* subsp. *montana* var. *glaucescens* Asch. et Graebn. *Syn.* VI, 1, 402 (1902).

Hab. — Jusqu'ici seulement entre Vico et Evisa, dans un bois de châtaigniers exposé au Nord, vers 450 m. d'altitude, rare (Coste, 27 mai 1901 ! in *Bull. soc. bot. Fr.* XLVIII, CXV). ♃.

Plante petite ou médiocre, verdâtre. Feuilles 9lobées, un peu ondulées, pubescentes en dessus, pubescentes-soyeuses en dessous ; lobes des feuilles estivales arrondis ou paraboliques, un peu tronqués, dentés sur tout leur pourtour, à dents courtes, assez larges et obtuses. Tiges florifères à rameaux supérieurs ± divariqués. Glomérules généralement très compacts, à pédicelles très velus, généralement un peu plus courts que les urcéoles. — Cette Alchémille devra être recherchée dans l'étage montagnard, en particulier dans la Castagniccia, district relativement peu exploré où les stations analogues abondent.

La nomenclature adoptée par MM. Ascherson et Graebner (l. c.) pour cette race est contraire aux *Règl. nom. bot.* art. 49.

A. vulgaris L. *Sp.* ed. 1, 123 (1753), sensu lato ; Briq. in Burn. *Fl. Alp. mar.* III, 146 ; Cam. in Rouy et Cam. *Fl. Fr.* VI, 450 ; Asch. et Graebn. *Syn.* VI, 1, 405 ; R. Kell. *Syn. schw. Alchem.* 31.

Cette espèce, qui diffère principalement de la précédente par son inflorescence glabre (entièrement velue dans l'*A. pubescens*), et qui présente sur le continent un nombre immense de races, a été vaguement indiquée en Corse par Burmann (*Fl. Cors.* 209) et par Shuttleworth (*Enum.* 11). Elle n'a à notre connaissance jamais été authentiquement constatée dans l'île.

875. **A. microcarpa** Boiss. et Reut. *Diagn. pl. nov. hisp.* 11 (1842) ; Bor. *Not. pl. cors.* II, 4 ; Willk. et Lange *Prodr. fl. hisp.* III, 202 = *A. pusilla* Pomel *Nouv. Mat. fl. atl.* 159 (1874) = *A. arvensis* forme *A. microcarpa* Cam. in Rouy et Cam. *Fl. Fr.* VI, 459 (1900).

Cette espèce nous paraît suffisamment distincte de l'*A. arvensis*. Elle ne s'en distingue pas seulement par sa taille très réduite, ce qui se rencontre aussi dans l'*A. arvensis*, mais surtout, comme l'ont dit les auteurs et comme Boreau (l. c.) l'a répété, par un fruit de forme différente. Dans l'*A. arvensis*, l'urcéole mûr est campanulé, à tube long d'env. 1,8 mm., renflé, ± contracté au sommet sous les sépales, ceux-ci dressés, hauts d'env. 0,4 mm. Au contraire, dans l'*A. microcarpa*, le fruit est globuleux, ovoïde ou ellipsoïdal, atteignant à peine 1 mm. avec les sépales, le tube est long d'env. 0,8 mm. et passe sans contraction aux sépales connivents (hauts de 0,2 mm. env.). — Les échantillons corses de l'*A. microcarpa* peuvent être distingués comme variété particulière :

†† Var. **bonifaciensis** Bus., var. nov. — Exsicc. Mab. n. 229 ! ; Deb. ann. 1868 sub : *A. microcarpa* ! ; Reverch. ann. 1885, n. 402 ! ; Magnier Fl. sel. n. 1682 !

Hab. — Clairières des maquis et garigues de l'étage inférieur. Mars-mai. ☉. Assez répandue. Cap Corse (Mab. in *Feuill. jeun. nat.* VII, 112) ; Bastia (Mab. ap. Mars. *Cat.* 57 et in *Bull. soc. bot. Fr.* XXIV, sess. extr.

LVII et exsicc. cit.; Deb. exsicc. cit.); St-Florent (Mab. ap. Mars. *Cat.* l. c.); plaine du Bevinco (Mab. exsicc. cit. et ap. Shuttl. *Enum.* 11); Porto (Reverch. exsicc. cit. et ap. Magnier exsicc. cit.); Vivario (Revel. ex Mars. l. c.); Ajaccio (Mars. l. c.; Boullu in *Bull. soc. bot. Fr.* XXIV, sess. extr. XCIX); Prunelli di Fiumorbo (Rotgès in litt.); Porto-Vecchio (Revel.! in Bor. *Not.* II, 4 et ap. Mars. l. c.); Bonifacio Mars. l. c.; Stefani ap. Reverch. exsicc. non numér.); et localité ci-dessous.

1907. — Vallée inférieure de la Solenzara, clairières des maquis, 50 m., 3 mai fl. fr.!

M. R. Buser nous communique au sujet de cette Alchémille la note suivante :

« *A. microcarpa* subsp. (*A.*) *bonifaciensis* Bus.

Multicaulis, diffusa, pilis mollibus sat parce pilosa. Caules adscendentes, erubescentes, internodiis mediis non longius elongatis. Folia trifida lobis medio trilobo lateralibus subbifidis, lobulis oblongis vel oblongo-spathulatis. Vaginae infundibulares, basi (rubro-fusco-lineata), grosse laciniato-dentatae, dentibus utrinque 4-5, non reflexis. Inflorescentia pauci(-7)flora. Flores parvuli, longe pedicellati, sed vaginam non excedentes. Urceoli obovoidei, ovoidei aut elongato–ellipsoidei, breviter hirsutuli (f. *trichocarpa*), basi saepe calvati, rarius glabri (f. *leiocarpa*), nervis inconspicuis. Sepala erecta aut subincurvula. Caliculus minimus.

Vos échantillons (nains) représentent l'état d'appauvrissement extrême d'une forme de l'*A. microcarpa* B. et R. (sensu collect.) répandue dans la région côtière du détroit de Bonifacio : Bonifacio, maquis de la Trinité (Reverchon 1888, sine nᵒ); Porto (Reverch. ann. 1885, n. 402). — Sardaigne sept. : Gallura, Sᵃ Teresa (Reverch. Plant. de Sard. ann. 1881, n. 5); Tempio : alla Scopa près il Paran (A. Vaccari) ; Candelo, le long du Rio di Liscia (A. Vaccari) ; ile de Caprera (A. Vaccari).

Cette plante se présente, dans presque toutes ses stations, sous deux formes : une prédominante, à urcéoles poilus (f. *trichocarpa*), l'autre beaucoup plus rare, à urcéoles glabres (f. *leiocarpa*). Mais je n'ai pas réussi à combiner d'autres différences avec cette modification d'indument. »

876. **A. arvensis** Scop. *Fl. carn.* ed. 2, 115 (ann. 1772); Gr. et Godr. *Fl. Fr.* I, 565 ; Cam. in Rouy et Cam. *Fl. Fr.* VI, 458 ; Coste *Fl. Fr.* II, 62 ; Asch. et Graebn. *Syn.* VI, 1, 386 ; R. Kell. *Syn. schw. Alchem.* 5 = *Aphanes arvensis* L. *Sp.* ed. 1, 123 (1753) = *Alchemilla Aphanes* Leers *Fl. herb.* 54 (1775). — Exsicc. Mab. n. 229 bis !

Hab. — Champs, moissons, points sableux ou rocailleux, 1-1500 m. Avril-juill. suivant l'alt. ①. Répandu. Env. de Bastia (Salis in *Flora* XVII, Beibl. II, 52 ; Mab. exsicc. cit. ; Mars. *Cat.* 57); St-Florent (Mars.

l. c.); Ponte alla Leccia (Thellung in litt.); Monte S. Pietro (Gillot in *Bull. soc. bot. Fr.* XXIV, sess. extr. LXXVIII); col de Vergio et Capo di Cocavera (1404 et 1445 m., Lit. in *Bull. acad. géogr. bot.* XVIII, 125, avec l'indication « var.? »); Vezzani (Rotgès in litt.); Vizzavona (Lutz in *Bull. soc. bot. Fr.* XLVIII, sess. extr. CXXV); env. d'Ajaccio (Coste in *Bull. soc. bot. Fr.* XLVIII, sess. extr. CIV; Thellung in litt.); Bonifacio (Mars. l. c.).

†† 877. **A. floribunda** Murb. *Contr. fl. Nord-ouest Afr.* IV, 31, fig. 2 et 3 (1900); non Bus. (1903) = *A. arvensis* var. *calyculata* Clauson (Herb. Fontan. norm. n. 35 !) = (quasi certo !) *A. cornucopioides* Mars. *Cat.* 57 (1872); Cam. in Rouy et Cam. *Fl. Fr.* VI, 459, quoad pl. cors.; Coste *Fl. Fr.* II, 62, quoad pl. cors.; non Lag.

Hab. — Rocailles et friches de l'étage montagnard. Juin-juill. ①. Rare ou peu observé. Ici avec une quasi certitude la localité : Vivario, champs de la route de Vezzani (Revel. ex Mars. *Cat.* 57); et localité ci-dessous.

1906. — Col de San Colombano, rocailles, 650 m., 10 juill. fr. !

M. Buser nous écrit au sujet de cette Alchémille :

« Je rapporte cette plante de Corse (et d'autres de Sardaigne) à l'*A. floribunda* de Murbeck [non Buser in *Bull. soc. nat. Ain* XIII, 24 (1903), quae fiat **A. florulenta** Bus.], quoique la plante du nord de l'Afrique soit plus extrême (indument plus abondant, plus étalé ; calice fructifère étalé-divariqué). — Cette plante ayant été prise pour l'*A. cornucopioides* de Lagasca, on pourrait être tenté d'y rapporter l'Alchimille de ce nom, provenant de Corse, figurant dans Rouy et Camus *Fl. Fr.* VI, 459 (1900), mais la remarque de Camus : glomérules pauciflores, ne semble pas se prêter à ce rapprochement. »

Nous partageons entièrement l'avis de M. Buser sur la détermination de cette Alchémille. Les légères différences auxquelles le savant monographe fait allusion ne sont pas constantes. Nous ne pouvons par ex. pas séparer la plante du Mont Mouzaia (Algérie, exsicc. cit. leg. Clauson, 19 mai 1859) de notre plante corse.

L'*A. floribunda* a été décrit par M. Murbeck avec l'habileté bien connue de ce botaniste. Il s'écarte de l'*A. arvensis* par ses stipules très développées à la maturité, allongées en forme de nacelles, qui enveloppent les glomérules. Cette propriété est commune aux *A. floribunda* et *A. cornucopioides,* seulement dans cette dernière espèce les entrenœuds sont très courts, de sorte que les stipules sont ± imbriquées, tandis qu'elles sont isolées les unes des autres par des entrenœuds dans l'*A. floribunda.* Quant aux autres caractères, l'*A. floribunda* se rapproche plutôt de l'*A. arvensis* : le limbe foliaire est un peu plus long que les stipules avant la maturité, il est nettement pétiolé mais à pétiole plus court et plus large. Les urcéoles sont un peu plus grands que dans l'*A. arvensis*, mais plus nettement contractés sous les sépales. Cependant la figure 1 (comme le texte) de M. Murbeck se rapportant à l'*A. cornucopioides* et présentant un urcéole nullement rétréci sous les sépales, nous paraît manifestement exagérée. Les urcéoles de nos échant. espagnols de l'*A. cornucopioides* (par ex. le type de Bourgeau cité par M. Murbeck) sont rétrécis sous les sépales, à peu près comme l'indique M. l'abbé Coste (*Fl. Fr.* II, 62, fig. 1241). Au total, l'*A. floribunda* nous paraît bien être, comme pour M. Murbeck, une espèce intermédiaire entre les *A. arvensis* et *cornucopioides*. Le botaniste suédois a signalé la présence de l'*A. floribunda* dans les montagnes de l'Algérie et de la Tunisie, ainsi que de la Grèce (Morée, leg. Chaubard). Nous sommes d'accord sur cette dernière extension de l'aire d'après les échantillons originaux de Chaubard que possède l'herbier Delessert. Il faudra désormais y ajouter la Corse et la Sardaigne, et nous ne serions pas étonné de voir les indications se multiplier, maintenant que l'attention a été attirée sur cette Alchémille.

M. Buser n'a pas osé, dans la note ci-dessus, attribuer l'*A. cornucopioides* de Revelière et de Marsilly à l'*A. floribunda*, parce que M. Camus a indiqué pour *A. cornucopioides* des glomérules « pauciflores ». Nous avouons ne pouvoir partager ces scrupules. En effet, l'auteur français ne dit pas qu'il ait vu des échantillons de Revelière (indiqués à « Rivario » au lieu de Vivario). D'autre part — à l'exception des fruits, dont l'auteur ne parle ni pour l'*A. microcarpa*, ni pour l'*A. cornucopioides* — la description de M. Camus n'est qu'une traduction presque littérale de la diagnose de Willkomm et Lange (l. c.), à laquelle sont empruntées les expressions de « tige très feuillée » (qui s'applique bien à l'*A. cornucopioides* espagnol et mal à l'*A. floribunda* corse) et de « glomérules pauciflores » (peu exacte tant pour l'une que pour l'autre des espèces). La description de M. Coste est d'ailleurs dans le même cas que celle de M. Camus. Etant donné la grande rareté des originaux corses, il était assez naturel de chercher les éléments de la description dans les exsiccata publiés d'Espagne et de prendre en considération la description des auteurs du *Prodromus florae hispanicae*. Comme l'*A. cornucopioides* est, dans l'état actuel des connaissances, une espèce ibérique, tandis que l'*A. floribunda* existe en Corse, il est à peu près sûr que c'est ce dernier dont Marsilly a entendu parler sous le nom d'*A. cornucopioides*.

AGRIMONIA L.

878. **A. Eupatoria** L. *Sp.* ed. 1, 643 (1753); Gr. et Godr. *Fl. Fr.* 1, 561 ; Rouy et Cam. *Fl. Fr.* VI, 432 [excl. forme *A. odorata* (Mill.) Rouy et Cam.] ; Coste *Fl. Fr.* II, 58 ; Asch. et Graebn. *Syn.* VI, 1, 420.

Hab. — Châtaigneraies, clairières des maquis, haies des étages inférieur et montagnard. Juin-août. ♃. Répandu et assez abondant dans l'île entière.

1906. — Maquis près de Castellaro di Mercurio, 550–600 m., 28 juill. fr.! ; châtaigneraies du vallon d'Ellerato entre Omessa et Tralonca, 250–400 m., 14 juill. fr.!

Les échantillons réduits et velus, à fruits et fleurs souvent plus petits, ont été distingués sous les noms de var. *minor* K. Koch [ap. Asch. et Graebn. *Syn.* VI, 1, 421 (1902)] et *humilis* Asch. et Graebn. [l. c. = *A. humilis* Wallr. *Beitr. zur Bot.* I, 1, 37 (1842)]. Nous n'arrivons pas à reconnaître dans ces échantillons des caractères suffisamment constants pour caractériser des races.

SANGUISORBA L. emend.

879. **S. minor** Scop. *Fl. carn.* ed. 2, 1101 (1772) ; A. Br. in *Ind. sem. hort. berol.* ann. 1867, App. 11 ; Focke in Hall. et Wohlf. *Syn.* 829 = *Poterium Sanguisorba* L. *Sp.* ed. 1, 494 (1753) ; Rouy et Cam. *Fl. Fr.* VI, 434 = *S. Poterium* Web. in Wigg. *Prim. fl. holst.* 14 (1780) = *S. Sanguisorba* Asch. et Graebn. *Syn.* VI, 1, 432 (1902). — ⚥. Espèce très polymorphe présentant en Corse les subdivisions suivantes :

†† 1. Subsp. **dictyocarpa** Briq. = *Poterium dictyocarpum* Spach in *Ann. sc. nat.* sér. 3, V, 34 (1846) ; Gr. et Godr. *Fl. Fr.* I, 563 ; Coste *Fl. Fr.* II, 59 = *P. Sanguisorba* subsp. *dictyocarpum* Rouy et Cam. *Fl. Fr.* VI, 436 (1900).

Fruits mûrs à faces réticulées-rugueuses à arêtes épaisses, mais non ou à peine ailées.

†† α. Var. **eudictyocarpa** Briq. = *P. dictyocarpum* Spach l. c., sensu stricto.

Hab. — Talus herbeux des étages inférieur et montagnard. Calvi (Fouc. et Sim. *Trois sem. herb. Corse* 142) ; forêt d'Aitone (Lit. *Voy.* II, 4) ; Caporalino (Fouc. et Sim. l. c.) ; env. de Corté (Lit. *Voy.* II, 14) ; Venaco (Fouc. et Sim. l. c.) ; Campo-di-Loro (Fouc. et Sim. l. c.).

Plante généralement robuste, haute de 30–60 cm., caulescente, à tige feuillée. Feuilles à folioles arrondies-oblongues, atteignant et dépassant le plus souvent 10 mm. de longueur, les caulinaires à folioles réduites et plus étroites. Capitule haut de 10–20 mm. Fruit long d'env. 3 mm. à la maturité. — Nous n'avons pas récolté nous-même cette variété de Corse ; il est possible qu'une partie tout au moins des localités se rapporte à la variété suivante.

On peut distinguer, à l'intérieur de la var. *eudictyocarpa*, les deux sous-variétés suivantes :

α¹ subvar. **glaucescens** = *Poterium glaucescens* Reichb. *Fl. germ. exc.*
610 (1832) = *Poterium dictyocarpum* var. *glaucum* Spach in *Ann. sc. nat.*
sér. 3, V, 35 (1846) ; Gr. et Godr. *Fl. Fr.* I, 563 = *S. minor* var. *glaucescens*
Garcke *Fl. Nord- und Mittel-Deutschl.* ed. 8, 134 (1867) = *P. Sanguisorba*
subsp. *dictyocarpum* β *glaucum* Rouy et Cam. *Fl. Fr.* VI, 436 (1900) = *S.*
sanguisorba A *glaucescens* Asch. et Graebn. *Syn.* VI, 1, 432 (1902). —
Feuilles glaucescentes à la face inférieure. Les échantillons à base des
tiges et à pétioles ± hérissés représentent le *Poterium guestphalicum*
Boenn. ap. Reichb. [l. c. (1832) = *Poterium Sanguisorba* subsp. *dictyocar-*
pum var. *glaucum* subv. *hirsutum* Rouy et Cam. l. c.].

α² subvar. **virescens** = *Poterium dictyocarpum* var. *virescens* Spach in
Ann. sc. nat., sér. 3, V, 35 (1846) = *Poterium dictyocarpum* var. *genuinum*
(« *gènuina* ») Gr. et Godr. *Fl. Fr.* I, 563 (1848) = *S. minor* var. *virescens*
Abromeit *Fl. Ost- und Westpr.* 250 (1898) = *P. Sanguisorba* subsp. *dictyo-*
carpum var. *genuinum* Rouy et Cam. *Fl. Fr.* VI, 436 (1900) = *S. sangui-*
sorba B *virescens* Asch. et Graebn. *Syn.* VI, 1, 432 (1902). — Feuilles vertes
sur les deux faces.

╫ β. Var. **insularis** Briq., var. nov.

Hab. — Rocailles et rochers, surtout de l'étage montagnard, 400-
1700 m. Juin-juill. Paraît très répandue ; nous pouvons citer les localités suivantes :

1906. — Cap Corse : talus rocailleux du couvent de la Tour de Sénèque.
au-dessus de Luri, 450 m., 8 juill. fr.! — Rocailles entre Novella et le col
de S. Colombano, 500 m., fr.! ; rocailles de la Cima di S. Angelo, 1180 m.,
calc., 15 juill. fr.! ; rochers dans le vallon du Rio Ficarella, 600-700 m.,
11 juill. fr.! ; bords du sentier près du col de Tripoli, 1500 m., 15 juill. fr.!

1908. — Vallée de la Melaja, rocailles des pineraies, 900 m., 15 juill. fr.!

1910. — Cap Corse : Col de Bocca Rezza sur Mandriale, 900-1000 m.,
16 juill. fr.!

Pusilla, rhizomate mediocri ;lignoso-indurato. Foliorum rachis pubescens; foliola parva vel minima, glabrescentia vel glabra, glaucescentia,
parva vel minima (superficie circ. 5-7×3-7 mm.), obovato- vel elliptico-
subrotundata, inciso-crenata. Caulis tenuis, parum foliatus vel subscapi-
formis, glaber, 5-15 cm. altus. Capitulum parvum subglobosum, sect.
long. 5-7×5-7 mm. Fructus demum sect. long. 2 × 1,7 mm. tubo calicino
4costato, costis parum, anguste et tenuiter (praesertim inferne) alatis
subintegris, faciebus reticulato-venosis, rete elevato, nec tuberculatis.

Ainsi que nous l'avons dit plus haut, cette race paraît être répandue.
dans l'île. C'est probablement à elle que Mabille (in Mars. *Cat.* 57) a fait
allusion lorsqu'il a dit : « On rencontre aussi, aux mêmes lieux (endroits
secs), une espèce (de *Poterium*) indéterminée. » Elle a le port du *Sangui-*
sorba multicaulis Asch. et Graebn. (*Pot. multicaule* Boiss. et Reut.), mais
rentre par les caractères du fruit dans le sous-esp. *dictyocarpa.* La var.
insularis ne doit pas être confondue avec le *P. microphyllum* Jord. =

P. Spachianum Coss., dont les fruits ont des facettes tuberculeuses, ce qui n'est nullement le cas dans la race qui nous occupe.

II. Subsp. **muricata** Briq. = *Poterium polygamum* W. K. *Pl. rar. Hung.* II, 217, t. 198 (1803) = *P. muricatum* Spach in *Ann. sc. nat.* sér. 3, V, 36 (1846) ; Gr. et Godr. *Fl. Fr.* I, 563 ; Coste *Fl. Fr.* II, 59 = *S. muricata* Focke in Engl. et Prantl *Nat. Pflanzenfam.* III, 3, 45 (1888) = *S. polygama* Beck *Fl. Nied.-Öst.* 768 (1892); non Nyl. = *Poterium Sanguisorba* subsp. *muricatum* Rouy et Cam. *Fl. Fr.* VI, 435 (1900) = *S. sanguisorba* subsp. *muricata* Asch. et Graebn. *Syn.* VI, 1, 433 (1902). — Exsicc. Reverch. ann. 1878 sub : *P. muricatum* ! ; Burn. ann. 1904, n. 204 !

Hab. — Points herbeux, clairières des maquis et des bois, surtout de l'étage inférieur, 1-800 m. Avril-juin. Répandue. Cardo (Gillot in *Bull. soc. bot. Fr.* XXIV, sess. extr. LVI) ; Bastia (Salis in *Flora* XVII, Beibl. II, 52); Algajola (Gysperger in Rouy *Rev. bot. syst.* II, 113) ; env. de Corté (Gillot *Souv.* 3); entre Evisa et Porto (Lutz in *Bull. soc. bot. Fr.* XLVIII, sess. extr. CXXXI) ; Sagone (Lit. *Voy.* II, 26); Ajaccio (Coste in *Bull. soc. bot. Fr.* XLVIII, sess. extr. CVII); Pozzo di Borgo (Coste ibid.) ; Ghisoni (Rotgès in litt.); Bocognano (Briq. *Spic.* 33 et Burn. exsicc. cit.) ; Bastelica (Reverch. exsicc. cit.); bords du Rizzanèse entre Propriano et Sartène (Lutz in *Bull. soc. bot. Fr.* XLVIII, sess. extr. CXLII); env. de Bonifacio (Lutz ibid. CXLI ; Boy. *Fl. Sud Corse* 59; Pœverlein!); et localités ci-dessous.

1907. — Pré sec, à Solenzara, 4 m., 3 mai fl. jeunes fr. !

Fruit mûr à faces creusées d'alvéoles à bords élevés et denticulés, à arêtes prolongées en ailes. — Cette sous-espèce se présente en Corse tantôt à ailes très larges, égalant environ la moitié du diamètre du fruit [*Poterium muricatum* var. *platylophum* Spach in 'Ann. sc. nat.* sér. 3. V, 36 (1846) = *S. minor* var. *platylopha* Abromeit in *Schrift. phys.-ök. Ges. Königsberg* XX, 65 (1889) = *S. polygama* var. *platylopha* Abromeit *Fl. Ost- und Westpr.* 251 (1898) = *Poterium Sanguisorba* subsp. *muricatum* var. *platylophum* Rouy et Cam. *Fl. Fr.* VI, 435 (1900) = *S. sanguisorba* subsp. *muricata* A *platylopha* Asch. et Graebn. *Syn.* VI, 1, 433 (1902)] ou à ailes ± étroites, moins larges que la moitié du diamètre du fruit [*Poterium muricatum* var. *platylophum* Spach in *Ann. sc. nat.* sér. 3, V, 37 (1846) = *S. polygama* var. *stenolopha* Abromeit *Fl. Ost- und Westpr.* 251 (1898) = *Poterium Sanguisorba* subsp. *muricatum* var. *stenolophum* Rouy et Cam. VI, 435 (1900) = *S. sanguisorba* var. *stenolopha* Asch. et Graebn. Syn. VI, 1, 434 (1902)]. Ces variations, reliées par des stades intermédiaires, se présentent sans régularité et n'ont probablement pas une valeur supérieure à celle de sous-variétés.

14

† III. Subsp. **Magnolii** Briq. = *Poterium verrucosum* Ehrenb. in *Ind. sem. hort. berol.* ann. 1829; Decaisne in *Ann. sc. nat.* sér. 2, III, 263; Boiss. *Fl. or.* II, 734 (1872) = *Poterium mauritanicum* var. β Boiss. *Voy. Esp.* II, 205 (1839-45) = *Poterium Magnolii* Spach in *Ann. sc. nat.* sér. 3, V, 38 (1846); Gr. et Godr. *Fl. Fr.* I, 563; Coste *Fl. Fr.* II, 59 = *S. verrucosa* A. Br. in *Ind. sem. hort. berol.* ann. 1867, App. 11 = *S. Poterium* subsp. *Magnolii* Rouy et Cam. *Fl. Fr.* VI, 437 (1900) = *S. sanguisorba* subsp. *verrucosa* Asch. et Graebn. *Syn.* VI, 1, 435 (1902).

Fruits moins tétragones que dans les deux sous-espèces précédentes, à faces couvertes de verrucosités allongées, obtuses, envahissant les arêtes sur lesquelles elles forment une marge épaisse et généralement sinuée-crénelée, plus rarement presque entière. — En Corse jusqu'ici seulement la variété suivante :

† Var. **microcarpa** Briq. = *P. microphyllum* Jord. *Obs.* VII, 20 (1850); Lange *Pug.* 344 = *P. Spachianum* Coss. *Not. pl. crit.* 108 (1851); Willk. et Lange *Prodr. fl. hisp.* III, 205 = *P. verrucosum* var. *microcarpum* Boiss. *Fl. or.* II, 734 (1872) = *P. microcarpum* Shuttl. *Enum. pl. Corse* 10 (1872) *P. Sanguisorba* subsp. *Magnolii* forme *P. Spachianum* Rouy et Cam. *Fl. Fr.* VI, 437 (1900) = *S. Spachiana* A. Br. in *Ind. sem. hort. berol.* ann. 1867, App. 11; Asch. et Graebn. *Syn.* VI, 1, 431 (1902) = *S. sanguisorba* var. *microphylla* Asch. et Graebn. op. cit. 432 = *S. sanguisorba* subsp. *verrucosa* var. *microcarpa* («um») Asch. et Graebn. op. cit. 435.

Hab. — Garigues des étages inférieur et montagnard. Rare. Bastia (Shuttl. *Enum.* 10); forêt d'Aitone (Reverch. ann. 1885, n. 464 ex Rouy et Cam. l. c.).

Caractérisée par les fruits petits, mesurant env. $3 \times 1,5$-2 mm. en section longitudinale, à marges non ou à peine ondulées-sinuées. — La var. **megacarpa** Briq. [= *Poterium megacarpon* Lowe *Nov. flor. mader.* 22 (1838) et synonyma supra pro subspecie citata sensu stricto] — à fruits relativement volumineux, mesurant env. 5×2-3 mm. en section longitudinale, à marges ondulées-sinuées — est à rechercher en Corse (au voisinage de notre île en Provence, Italie, Sardaigne, Sicile et Tunisie).

ROSA L. [1]

880. **R. sempervirens** L. *Sp.* ed. 1, 492 (1753); Crép. [2] in *Bull.*

---

[1] Ce genre a été élaboré par M. Emile Burnat.

[2] Nous avons essentiellement réduit la bibliographie à un renvoi aux auteurs qui ont compris comme nous la systématique du genre *Rosa*.

soc. roy. bot. Belg. XVIII, 1, 310 ; id. XXV, 2, 202; id. XXXI, 2, 71 ; Burn. *Fl. Alp. mar.* III, 22 ; R. Kell. in Asch. et Graebn. *Syn.* VI, 1, 36.

Hab. — Maquis de l'étage inférieur [1]. Mai-juin. ♃. — Deux variétés.

α. Var. **genuina** Rouy *Fl. Fr.* VI, 238 (juin 1900), sensu ampliato = *R. sempervirens* A. I. a. 1. *typica* R. Kell. in Asch. et Graebn. *Syn.* VI, 1, 37 (déc. 1900). — Exsicc. Kralik sub : *R. sempervirens* ! ; Mab. n. 357 (sub : *R. scandens* Mill.) ! ; Reverch. ann. 1880, n. 325 !

Hab. — Répandue et abondante dans l'île entière.

1906. — Maquis des vallons d'Ellerato entre Omessa et Tralonca, 250-400 m., 14 juill. fl. !

1911. — Maquis à la descente de Sari-de-Portovecchio sur Cala d'Oro, 100 m., 2 juill. fr. !

Feuilles moyennes des rameaux florifères à foliole terminale longue d'env. 3-5 cm. Pédoncules et sépales glanduleux. Styles velus sur leur longueur entière, soudés en colonne allongée. Urcéoles ovoïdes. — La variation à fruits subglobuleux [subvar. *scandens* R. Kell. l. c. = *R. scandens* Mill. *Gard. dict.* ed. 8 n. 8 (1768) = *R. sempervirens* var. *scandens* DC. *Fl. fr.* V, 533 (1815); Rouy *Fl. Fr.* VI, 239] paraît être très répandue.

†† *β.* Var. **microphylla** DC. *Cat. hort. monsp.* 138 (1813) et herb. DC. ! (stylo villoso); Burn. *Fl. Alp. mar.* III, 23 p. p. ; R. Kell. in Asch. et Graebn. *Syn.* VI, 1, 37.

Hab. — Paraît beaucoup plus rare que la variété précédente.

1906. — Haies entre Tralonca et Santa Lucia di Mercurio, 700-800 m., 30 juill. fl. jeunes fr. !

Diffère de la var. *α* par son port plus couché et les feuilles notablement plus petites, les moyennes des rameaux florifères à foliole terminale longue d'env. 1-2 cm. — Le *R. prostrata* DC. (l. c.) ne diffère de la var. *microphylla* que par son style glabre.

R. arvensis Huds. *Fl. angl.* ed. 1, 192 (1762) ; Burn. *Fl. Alp. mar.* III, 25 ; R. Kell. in Asch. et Graebn. *Syn.* VI, 1, 38.

Signalée seulement dans la Castagniccia (Salis in *Flora* XVII, Beibl. II, 25 ; Req. *Cat.* 14), cette espèce ne croît probablement pas dans la Corse. En effet, elle n'a pas été rencontrée jusqu'ici dans la Sardaigne (Barbey *Fl. Sard. comp.* ann. 1884), dans l'archipel toscan (Somm. *Fl. arch. tosc.* ann. 1893), pas plus qu'en Sicile (Crép. in Lojac. *Fl. sic.* ann. 1891).

[1] Atteint peut-être l'étage montagnard inférieur, car les limites supérieures sont environ 700 m. dans les Alpes maritimes et 930 m. dans la Toscane.

881. **R. gallica** L. *Sp.* ed. 1, 492 (1753) et ed. 2, 704; Crép. in *Bull. soc. roy. bot. Belg.* XVIII, 1, 343; id. XXXI, 2, 72 ; Burn. *Fl. Alp. mar.* III, 31 ; Rouy *Fl. Fr.* VI, 254 ; R. Kell. in Asch. et Graebn. *Syn.* VI, 1, 47 ; Coste *Fl. Fr.* II, 52.

Hab. — Lisières des maquis, haies de l'étage inférieur. Mai-juin. 5. Rare. Vico (Kralik ex Rouy *Fl. Fr.* VI, 254 ; Bonifacio (Req. *Cat.* 14 et ap. Gr. et Godr. *Fl. Fr.* 1, 552 ; Kralik ex Rouy l. c.).

Cette espèce, souvent adventice ou naturalisée, est à rechercher pour s'assurer de son indigénat et de celles de ses variétés qui habitent la Corse.

†† 882. **R. rubrifolia** Vill. *Hist. pl. Dauph.* III, 549 (1789); Crép. in *Bull. soc. roy. bot. Belg.* XXI, 1, 78 ; id. XXXI, 2, 79; id. XXXIV, 1, 78 et 107 ; Burn. *Fl. Alp. mar.* III, 43 ; R. Kell. in Asch. et Graebn. *Syn.* VI, 1, 60 = *R. glauca* Pourr. in *Mém. Acad. Toul.* III, 326 (1788); Crép. in *Bull. soc. roy. bot. Belg.* XXXIV, 1, 79; non Vill. = *R. ferruginea* Gren. *Rev. fl. monts Jura* 61 (1876); Burn. et Greml. *Ros. Alp. mar.* 119 et *Suppl.* 44 et 81 ; Crép. in *Bull. soc. roy. bot. Belg.* XXVII, 1, 113; id. XXVIII, 1, 172 et 229; id. XXX, 1, 107; R. Kell. in *Bot. Centralbl.* XLII, 130 et XLVII, 292; non Vill. (1779).

Le rétablissement du nom imposé à cette espèce par Pourret étant de nature à provoquer une confusion inextricable, un accord s'est établi depuis quelques années pour conserver définitivement le nom dû à Villars, en application de l'art. 51, 4° des *Règl. nomencl. bot.* — En Corse seulement la variété suivante :

†† Var. **Abrezolii** Burn., var. nov.

1906. — Monte d'Oro, rochers du vallon qui du sommet aboutit près des bergeries de Tortetto, 1800-1900 m., 9 août fl. !

A varietatibus normalibus speciei praecipue differt foliolorum serratura in quadrante inferiore non deficiente et ramis conspicue heteracanthis.

Arbrisseau (vieux pieds) de 50 cm. à 1 m. haut., à feuillage non lavé de rouge, d'un vert clair sur la face supérieure des feuilles et glauque sur celle inférieure. *Aiguillons* des ramuscules florifères généralement assez nombreux, petits, grêles, conformes mais inégaux, brusquement élargis en une base peu allongée, plus ou moins arqués, parfois droits, subulés et même subsétacés ; les aiguillons des tiges foliifères (2 à 6 mm. longueur) sont très nombreux (25 à 40 sur 10 cm. de longueur de tige), subulés, droits ou presque arqués, çà et là sétacés et mêlés aux autres. *Stipules*, surtout les supérieures, larges, toutes dénuées de poils et de glandes, ou portant parfois sur leurs bords des denticules subglanduleux. *Pétioles* sans poils ni glandes, munis çà et là de fins aiguillons inégaux et peu nombreux. *Folioles* au nombre de 5, rarement 7 sur les ramuscules florifères, de 5, 7 ou 9 sur les tiges foliifères ; folioles médiocres ou assez grandes (les plus développées : 40 à 50 mm. long. sur env. 22 à 25 mm.), généralement arrondies à leur base et insensiblement atténuées en pointe, en partie subacuminées, dénuées de poils et de glandes, sauf sur leur nervure médiane inférieure qui montre parfois quelques rares acicules subglanduleux. *Dentelure* généralement simple, à dents églanduleuses, conniventes, pointues ou acuminées ; les folioles des tiges florifères ont des dents çà et là inégales, rarement doubles ; les folioles des tiges foliifères montrent une dentelure plus irrégulière, en partie double avec 2 et même 3 denticules sur le bord inférieure des dents ; la dentelure sur toutes les folioles se prolonge généralement jusqu'à une faible distance du pétiolule. *Inflorescence* uniflore, moins souvent 2 ou 3 pédoncules sont réunis ; ils sont dénués de glandes et ont env. 8 à 10 mm. long. *Sépales* restant dressés après la floraison, portant dans leur partie inférieure, sur le dos et sur les bords, des glandes sessiles ou des acicules glanduleux, organes tantôt nombreux, tantôt rares, et qui manquent rarement, sur quelques sépales ; sépales longs d'env. 15 à 30 mm, dilatés dans leur moitié supérieure, tantôt tous entiers, tantôt les extérieurs avec 1 ou 2 pinnules étroites de chaque côté. *Pétales* d'un rose parfois assez prononcé, longs de 15 à 20 mm. *Styles* très velus, en capitule arrondi peu saillant. — Description de 5 échantillons, soit 4 rameaux florifères et 1 tige foliifère.

Le *R. rubrifolia* n'avait pas encore été signalé en Corse. Le 9 août 1906, MM. le Commandant St-Yves et E. Abrezol descendant du Monte d'Oro, par un vallon escarpé, sur les bergeries de Tortetto (ou Trotteto, carte Corté S. O. type 1889, n° 263 au 80 mill.) à l'altitude de 1800 à 1900 m., ce dernier réussit, non sans les plus grandes difficultés, à atteindre un buisson de ce *Rosa* qui croissait sur des rochers ; un autre pied à env. 100 mètres de distance de l'autre était impossible à aborder.

La description ci-dessus montre des caractères que l'on peut observer sur les diverses variations du type *R. rubrifolia*, à l'exception des suivants : Dans cette dernière Rose, la dentelure foliaire ne se prolonge pas au-delà du tiers ou du quart inférieur de la longueur du limbe foliaire, et le feuillage est généralement lavé de rouge, mais c'est là une coloration qui manque souvent sur les vieux pieds (tels que l'étaient ceux de Tortetto), fait déjà relevé, d'après des pieds cultivés, par Bellardi (*App. flor. pedem.* in *Mém. Turin* X, 229). L'armature de nos échantillons corses, décrite plus haut, est de plus très différente de celle que nous avons vue jusqu'ici dans nos nombreux matériaux du *R. rubrifolia*, à une seule exception près dont nous parlerons plus loin. Dans le *R. rubrifolia*, les aiguillons des tiges florifères sont plus grêles que dans le *R. canina*, généralement plus petits, souvent crochus ou arqués, parfois droits, mais nous n'avons jamais observé une hétéracanthie bien accusée, c'est-à-dire : présence sur les axes des rameaux d'aiguillons sétacés ou acicules, à côté d'autres aiguillons robustes, plus ou moins crochus, ainsi que cela est assez fréquemment le cas par ex. dans les *R. rubiginosa* et *micrantha* du continent. Dans ces dernières Roses, l'hétéra-

canthie est ordinairement bien plus nette que dans nos exemplaires
corses, par suite du contraste entre les aiguillons plus ou moins crochus à base large, insensiblement atténués de la base à leur extrémité,
et les aiguillons subulés ou sétacés, droits ou arqués à base peu dilatée.

Nous avons soumis à M. R. Keller nos échantillons de Tortetto. Cet éminent rhodologue nous a répondu : « Vous avez incontestablement à faire
à un *R. rubrifolia*, ainsi que vous l'avez admis. Lorsque j'ai étudié les
Roses dans la région du Gothard, de Sᵗ-Gall et de l'Engadine inférieure,
j'ai particulièrement porté mon attention sur les formes hétéracanthes.
Je possède un rameau qui a un grand rapport avec votre Rose corse
(tige foliifère), cependant les aiguillons sétacés ne sont pas aussi nombreux dans mon échantillon que dans le vôtre. Ainsi l'hétéracanthie se
présente à divers degrés dans le *R. rubrifolia*, mais de telles manifesta-
tions sont très rares chez nous, car sur des centaines de buissons
observés dans les régions susindiquées je n'en ai rencontré qu'un seul
offrant cette hétéracanthie. »

M. Ant. Baldacci a publié dans les exsiccata de son *Iter albanicum
septimum*, ann. 1900, sous le nᵒ 62 !, des spécimens du *R. rubrifolia* dont
l'armature est presque celle de nos échantillons corses de Tortetto, mais
les aiguillons de la tige foliifère de ce nᵒ 62, tant les plus robustes que
ceux sétacés, sont un peu moins grêles. Dans ces derniers échantillons
le feuillage est teinté de rouge et les folioles montrent généralement des
marges entières vers leur base.

Il nous a paru intéressant de signaler la variété corse ± hétéracanthe
que nous nommons var. *Abrezolii*, dédiée à notre dévoué compagnon
de courses durant ces quatorze dernières années.

╫ **883. R. Pouzini** Tratt. *Ros. Mon.* II, 112 (1823) ; Crép. in Willk.
et Lange *Prodr. fl. hisp.* III, 215 ; id. in *Bull. soc. roy. bot. Belg.* XXXI,
2, 90 et XXXIV, 2, 34 ; id. in Batt. et Trab. *Fl. Alg.* App. XVIII ; id. in
Lo Jac. *Fl. sic.* I, 2, 182 ; Burn. et Greml. *Ros. Alp. mar.* 96 (excl. var. β
et γ) et *Suppl.* 22 et 68 ; id. *Roses Ital.* 16, 22 et 42; Burn. *Fl. Alp. mar.*
III, 58 ; R. Kell. in Asch. et Graebn. *Syn.* VI, 1, 151.

Hab. — Clairières des pineraies, garigues et rochers surtout de l'étage
montagnard, 100-1200 m. Mai-juin. ♃. — En Corse, les variétés suivantes :

╫ α. Var. **typica** Burn. et Greml. *Ros. Alp. mar. Suppl.* 23 (1882-83) ;
R. Kell. in Asch. et Graebn. *Syn.* VI, 1, 153 ; Burn. in Briq. *Spic. cors.*
32. — Exsicc. Burn. ann. 1904, n. 197!, 198! et 203!

Hab. — Probablement assez répandue, mais peu observée. Nous
citons ici les localités attribuées par Boullu et M. de Litardière au
R. Pouzini sans distinction de variété. Ponte alla Leccia (Boullu in
Ann. soc. bot. Lyon XXIV, 68) ; Caporalino (Briq. *Spic.* 32 et Burn. exsicc.

n. 203) ; près du lac de Creno (Lit. in *Bull. acad. géogr. bot.* XVIII, 125); entre Vico et Sagone (Briq. l. c. et Burn. exsicc. n. 198); près de Tattone (Briq. l. c. et Burn. exsicc. n. 197) ; Quenza (Boullu l. c.); et localités ci-dessous.

1906. — Cime de la Chapelle de S. Angelo, rochers, calc., 1180 m., 15 juill. fr.! ; pineraies du vallon de Calasima près Albertacce, 1100 m., 8 août fr.!

1908. — Vallée de Tartagine, clairières des pineraies, 900 m., 4 juill. fr.!

Feuilles à folioles glabres, petites ou médiocres, à dentelure irrégulièrement composée et généralement peu glanduleuse. Pédoncules pourvus de glandes stipitées. Style glabre ou glabrescent.

┼┼ β. Var. **pauciglandulosa** Burn. et Greml. *Suppl. Ros. Alp. mar.* 23 (1882-83); R. Kell. in Asch. et Graebn. *Syn.* VI, 1, 152.

Hab. — Jusqu'ici seulement la localité suivante :

1908. — Montagne de Pedana, garigues, 500 m., calc., 30 juin fr.!

Feuilles à folioles médiocres, glabres, à dentelure généralement simple, glabre. Pédoncule dépourvu de glandes stipitées. Style glabre ou glabrescent. — La var. *pauciglandulosa* a été établie sur des spécimens des Alpes maritimes récoltés à env. 280 m. d'altitude entre Ceriana et San Remo. Les échant. corses que nous rapprochons de cette variété diffèrent de ces derniers par leurs folioles ± obtuses ou moins aiguës, à dents moins allongées et moins aiguës, toutes simples ; les sépales sont notablement moins étroits et moins allongés ainsi que leurs appendices.

┼┼ γ. Var. **Lamae** Burn., var. nov.

Hab. — Jusqu'ici seulement la localité suivante :

1908. — Col de Sagropino, versant W. sur Lama, limite supérieure des maquis vers 1200 m., 1 juill. fr.!

A var. α et β differt foliolis simul glabris et dentibus compositis ± glandulosis, ut et pedunculis laevibus.

Cette variété est caractérisée par des folioles glabres à dents composées et des pédoncules lisses, ensemble de caractères que M. Keller (l. c.) n'a pas rencontré dans les limites admises pour le *Synopsis* de MM. Ascherson et Graebner. Crépin [in *Bull. soc. roy. bot. Belg.* XXI, 1, 65 (1868)] envisageait autrefois le *R. Pouzini* comme un groupe *Meridionales* qu'il rattachait au *R. canina* L. Parmi les divisions de ce groupe, il énumérait une série : A *glabrae* (à folioles glabres), C *biserratae-compositae*, α *nudae* (à pédoncules lisses) et αα *eglandulosae* (à folioles sans glandes sur la face inférieure). Seule cette série conviendrait à notre variété *Lamae*, mais Crépin — dont l'étude envisageait le *R. Pouzini* dans son aire entière — ne signale qu'un exemple incomplet présentant l'ensemble de ces caractères. Ajoutons que nos 4 spécimens de la var. *Lamae*

offrent des rameaux et ramuscules flexueux et grêles avec l'armature
de nos var. α et β, des folioles (5 à 7) petites (généralement 10-12 mm.
long.) pointues ou ± obtuses, glabres ainsi que le pétiole, sans poils
simples. Ce dernier porte des glandes ± nombreuses et quelques acicules, glandes qui gagnent la nervure médiane inférieure de la foliole.
Les dents foliaires sont peu allongées et toutes très composées-glandu-
leuses. Les pédoncules sont tous lisses, solitaires ; les sépales dénués de
glandes sur le dos, assez courts et étroits ainsi que leurs appendices ;
les styles sont glabres ou glabrescents.

╂╂ Var. **insularis** Burn., var. nov.

Hab. — Jusqu'ici seulement dans la localité suivante :

1908. — Vallée de Tartagine, clairières des pineraies, 900 m., 4 juill. fr. !

Ab omnibus formis *R. Pouzini* hucusque notis pulchre differt aculeis
rectis, ramealibus minus validis, valde inaequalibus. Praeterea : Stipulae
angustae ; foliola 5 vel 7, elliptico-suborbicularia, apice acuta vel rotundata, glabra, praeter nervum medium subtus eglandulosa, dentibus acu-
tis glanduloso-compositis. Pedunculi solitarii, breves, crebre glandulosi
ut et urceoli ellipsoidei pars inferior. Sepalorum apppendices parum
crebri et parum evoluti, extus et in marginibus glandulosi. Styli villosi.

L'armature est composée ici d'aiguillons nombreux, les plus forts
droits (jusqu'à 12 mm. long.) à base peu élargie ; ceux portés par les
ramuscules sont plus faibles, très inégaux, parfois subsétacés, également
droits, parfois légèrement courbés. Les stipules sont étroites ; les folioles
au nombre de 5 ou 7 médiocres ou petites, elliptiques-suborbiculaires,
aiguës ou arrondies au sommet, glabres ainsi que le pétiole glanduleux
et aciculé, sans glandes sous-foliaires en dehors de la nervure médiane
inférieure ; la denteluro aiguë est irrégulièrement composée-glanduleuse.
Les inflorescences sont uniflores, à pédoncules égalant à peine l'urcéole
en longueur ou plus courts ; ils portent des glandes stipitées nombreuses,
ainsi que la partie inférieure de l'urcéole ellipsoïde. ; les sépales, à appendices peu nombreux et peu développés, sont glanduleux sur le dos et
sur les bords. Styles nettement velus. — Ce dernier caractère se présente fort rarement dans le *R. Pouzini*.

M. R. Keller, auquel nous avons soumis nos échantillons de cette Rose
sous le nom de *R. Pouzini* Tratt., variété nouvelle, nous a donné la
réponse suivante : « Je comprends comme vous votre variété de Tartagine entre les formes du *R. Pouzini* : Son armature est en effet remarquable et différente des diverses modifications connues ; elle n'est
cependant pas plus anormale que celle de la présence d'aiguillons
droits sur des *R. canina*, signalée déjà pour ce dernier. — Une partie
des urcéoles de vos échantillons me semblent imparfaitement développés,
cependant je n'estime pas qu'il y ait là une hybridité et je placerais cette
Rose comme une variété orthacanthe dans la série du groupe *Pouzini*. »

╂ 884. **R. canina** L. *Sp.* ed. 1, 491 (1753); Crép. in *Bull. soc. roy.*
bot. Belg. XXI, 1, 12; id. XXXI, 2, 90 (excl. var. *dumetorum*) et XXXIV,

2, 35; Burn. *Fl. Alp. mar.* III, 66; R. Kell. in Asch. et Graebn. *Syn.* VI, 1, 154.

Hab. — Lisière des bois et des maquis, haies, garigues rocheuses des étages inférieur et surtout montagnard. Mai-juin. ♃.

†† α. Var. **lutetiana** Baker in *Journ. linn. soc.* XI, 225 (1869); R. Kell. in Asch. et Graebn. *Syn.* VI, 1,156 = *R. lutetiana* Lem. in *Bull. soc. philom.* 93 (1818). — Exsicc. Burn. ann. 1904, n. 199!

Hab. — Vallée moyenne d'Ostriconi (Fouc. et Sim. *Trois sem. herb. Corse* 142); Niolo (Req. *Cat.* 14); entre Cristinacce et le col de Sevi (Briq. *Spic.* 32 et Burn. exsicc. cit.); Sartène, bord de la route forestière, au-dessous de la ville (Fliche in *Bull. soc. bot. Fr.* XXXVI, 361); ces diverses provenances données par nos prédécesseurs pour le *R. canina* type se rapportent sans doute à notre var. α; et les localités ci-dessous.

1907. — Montagne de Pedana, 500 m., chênaies, calc., 14 mai fl.! (styles glabres); vallée du Golo à Francardo, 270 m., calc., 14,mai fl.! (styles un peu velus).

1910. — Col de Verde, versant S., clairières des hêtraies, 1340 m., 30 juill. fl.! (styles glabres).

Stipules faiblement ciliolées-glanduleuses; pétioles glabres, églanduleux ou subéglanduleux; folioles à denteluse simple ou subsimple, glabres, sans glandes sous-foliaires. Pédoncules lisses. Sépales églanduleux sur le dos, ± glanduleux sur les bords. — Innombrables formes individuelles.

†† β. Var. **dumalis** Baker in *Journ. linn. soc.* XI, 227 (1869); R. Kell. in Asch. et Graebn. *Syn.* VI, 1, 163 = *R. dumalis* Bechst. *Forstbot.* 241 (1810). — Exsicc. Burn. 1904, n. 195!

Hab. — Evisa (Briq. *Spic.* 32 et Burn. exsicc. cit.); et localités ci-dessous.

Diffère de la précédente par les folioles à denteluse double, aiguë et robuste, les stipules et les sépales densément glanduleux sur les bords. — Pour donner une idée du polymorphisme de ce groupe en Corse, nous groupons ci-dessous nos matériaux d'après les principales variations :

1° Variation du groupe *R. canina* A, 1, b *transitoriae* R. Kell. op. cit. 159, que l'auteur décrit comme suit : « Pétioles glabres ou à peu près, folioles glabres, sans glandes, celles des feuilles inférieures des ramuscules florifères avec denteluse ± composée, les folioles des feuilles supérieures étant généralement simplement dentées. » Vallée de Tartagine, clairières des pineraies, 900 m., 4 juill. 1908; fr.!

2º Variations devant être rapportées au *R. glaberrima* Dumort. [*Prodr. fl. Belg.* 94 (1827) et *Mon. Ros. Belg.* 63 (1867) = *R. canina* var. *dumalis* 2 b *glaberrima* R. Kell. l. c. 166 (1901)] ; les styles sont glabres et, sur la plante entière, il n'existe pas un poil simple : Env. de Pietralba, haies, 500 m., 30 juin 1908, fr.! ; montagne de Pedana, chênaie, calc., 500 m., 30 juin 1908 ! ; entre Zicavo et la Chapelle de San Pietro, taillis, 1200 m., 18 juill. 1906 fl.! ; vallée d'Asinao, garigues, 1000 m., 24 juill. 1901 fr.!

3º Variations à styles ± velus ; la villosité apparaît çà et là sur les bractées et les pétioles, surtout à la base des pétiolules : Pietralba, haies, 450 m., 30 juin 1908 fr.! ; montagne de Pedana, chênaie, 500 m., calc., 30 juin 1908 fr.! : vallée de la Melaja, clairières des pineraies, 900 m., 5 juill. 1908 fr.!

4º Spécimen à styles velus, mais les poils simples font défaut sur l'appareil végétatif comme dans les variations du *R. glaberrima* Dumort.; les aiguillons, surtout sur le rameau foliifère sont droits avec une base allongée : Station de Vizzavona, rocailles, 905 m., 14 juill. 1908 fr.!

5º Variation à urcéoles globuleux, portés sur des pédoncules très courts dépassés par les bractées, laquelle est voisine de la var. *Schlimperti* Hofm. [in *Isis* 1800, Abhandl. I, 12; R. Kell. in Asch. et Graebn. op. cit. 169] : « cette dernière est une variation caractéristique du *dumalis* par la position des sépales qui, vers l'époque de la maturité des urcéoles, sont en partie étalés » ou même redressés. Nos échantillons diffèrent de ceux de la var. *Schlimperti* par leurs styles peu velus, les pétioles portant quelques rares glandes. Les feuilles de nos échantillons sont aussi dénués de poils simples que celles du *R. glaberrima* Dumort. Peut-être pourrait-on envisager notre variation comme un passage du *R. canina* au *R. glauca* Vill. ? : Bocca al Pruno, rocailles, 1033 m., 15 juill. 1906 fr.!

╫ γ. Var. **pseudostylosa** Burn. = *R. canina* f. *pseudostylosa* R. Kell. *Die wild. Ros. Kant. St. Gall.* etc. 65 (*Ber. St. Gall. Naturw. Ges.* ann. 1897) = *R. canina* var. *dumalis* 2 e 3 β *pseudostylosa* R. Kell. in Asch. et Graebn. *Syn.* VI, 1, 167 (1901).

Hab. — Seulement la localité suivante :

1908. — Haies aux env. de Pietralba, 450 m., 30 juin fr.!

Cette variété se rapproche complètement du *R. stylosa* Desv. [*Journ. Bot.* II, 317 (1809)] par la disposition de son disque et de ses styles. Ces derniers sont réunis en un capitule allongé, en massue, les stigmates étant étagés et pressés les uns au-dessus des autres, la colonne stylaire faisant saillie hors d'un disque très conique. Ces caractères sont les mêmes que ceux observés sur un *R. dumetorum* var. *longistyla* Burn. et Greml. [*Suppl. Ros. Alp. mar.* 32 (1882–83) ; R. Kell. in Asch. et Graebn. op. cit. 178], ainsi que sur une forme du *R. canina* à pédoncules hispides-glanduleux décrite dans le même opuscule (p. 37 ; voy. Burn. *Fl. Alp. mar.* III, 70) ; les mêmes sont encore signalés par M. R. Keller (l. c.). Ce dernier rhodologue, auquel nous avons soumis les échantillons de Pietralba, a confirmé la détermination ci-dessus.

Nos quatre spécimens de cette localité possèdent : aiguillons assez allongés ; folioles assez grandes, elliptiques, généralement atténuées en pointe au sommet qui est parfois arrondi ; pétiole et nervure médiane foliaire inférieure glabres ou glabrescents, munis de glandes stipitées et de fins aiguillons, nervures foliaires latérales inférieures dénuées de glandes ; dentelure foliaire très composée et aiguë ; les stipules assez étroites sont glabres, glanduleuses sur leurs bords ; les pédoncules nus égalent ou dépassent l'urcéole en longueur ; toutes les inflorescences sont uniflores ; les sépales à appendices médiocrement développés sont rabattus sur les urcéoles assez avancés. Les styles sont glabres ou glabrescents.

†† *δ*. Var. **verticillacantha** Baker in *Journ. linn. soc.* XI, 232 (1869); R. Kell. in Asch. et Graebn. *Syn.* VI, 1, 169 ; Burn. in Briq. *Spic. cors.* 32 = *R. verticillacantha* Mér. *Fl. Par.* éd. 1, 190 (1812). — Exsicc. Burn. ann. 1904, n. 194 !

Hab. — Calanches entre Piana et Porto (Briq. l. c. et Burn. exsicc. cit.).

Stipules ciliées-glanduleuses ; pétiole et rachis foliaire glanduleux ; folioles à dentelure composée, glabres, sans glandes sous-foliaires. Pédoncules hispides. Sépales à glandes stipitées disséminées sur le dos.

La glandulosité foliaire est moins accusée dans nos échantillons que dans les formes normales de la var. *verticillacantha*. Les sépales sont allongés, étroits, à appendices linéaires, et rappellent ceux du *R. agrestis*.

Fliche a indiqué (in *Bull. soc. bot. Fr.* XXXVI, 361) à Vico, haie au bord de la route de Guagno, une Rose dont cet auteur a dit : « L'arbrisseau que j'ai observé dans cette localité appartient certainement à cette espèce, même dans le sens assez étroit de M. Christ (*Ros. d. Schw.* p. 153); mais elle ne correspond à aucune des variétés décrites par lui. La forme corse est remarquable par ses feuilles absolument glabres, ses pédoncules et surtout son calice assez fortement glanduleux, ses fleurs solitaires peut-être réfléchies avant la floraison. » Nous ne connaissons pas cette forme qui mériterait d'être recherchée et étudiée de plus près.

885. **R. dumetorum** Thuill. *Fl. Par.* éd. 2, 250 (1798-1799) ; Burn. *Fl. Alp. mar.* III, 1, 70 ; R. Kell. in Asch. et Graebn. *Syn.* VI, 1, 173.

Diffère du *R. canina* par les stipules pubescentes au moins à la face inférieure, le pétiole densément pubescent avec de courtes glandes stipitées, les folioles généralement à base élargie, pubescentes à la face inférieure au moins sur les nervures, à dentelure toujours simple, très généralement large et ogivale.

Le *R. dumetorum* est presque aussi répandu que le *R. canina* et présente comme lui une série considérable de variétés et de variations. Sa valeur spécifique, très généralement adoptée aujourd'hui, a été l'objet de discussions qu'on ne lira pas sans intérêt. Voy. Christ *Le genre Rosa* (trad. de l'allem.) 32 (1885) : R. Keller in Asch. et Graebn. op. cit. 174, qui soutiennent la séparation spécifique des deux Roses contre Crépin [in

Bull. soc. roy. bot. XXVII, 1, 94 (1888) et XXXI, 2, 90 (1892)]. M. Keller admet des variations intermédiaires entre les *R. canina* typiques, mais peu velus et celles à indument plus abondant du *R. dumetorum*, à tel degré qu'on les peut admettre avec autant de raison dans l'un ou l'autre de ces groupes spécifiques. Nous avons rarement rencontré en Corse des cas aussi douteux. Boullu avait déjà signalé à Biguglia (in *Bull. soc. bot. Fr.* XXIV, sess. extr. LXVI) et à Guagno (in *Ann. soc. bot. Lyon* XXIV, 68) le *R. urbica* Lem. [in *Bull. soc. philom.* 93 (1818) = *R. dumetorum* f. *urbica* Christ *Ros. Schw.* 184 (1873) = *R. dumetorum* A. l. a. 2. *urbica* R. Kell. in Asch. et Graebn. *Syn.* VI, 1, 175 (1901). Nous avions aussi signalé jadis entre Cristinacce et le col de Sevi (in Briq. *Spic.* 32 et Burn. exsicc. ann. 1904, n. 200 !) le *R. platyphylla* Rau [*Enum. Ros. Wirc.* 82 (1816) = *R. dumetorum* f. *platyphylla* Christ. *Ros. Schw.* 184 (1873) = *R. canina* var. *lutetiana* f. *platyphylla* Burn. *Fl. Alp. mar.* III, 68 (1899) = *R. dumetorum* A. l. a. *platyphylla* R. Kell. op. cit. 175 (1901). C'est encore dans ce groupe ambigu que rentrent les provenances suivantes : env. de Pietralba, haies, 450 m., 30 juin 1908 fr. ! et vallon de Pinera près Asco, rochers, 500 m., 30 juill. 1906 fr. !

Le *R. dumetorum* est représenté en Corse par la variété suivante :

++ Var. **Thuillieri** R. Kell. in Asch. et Graebn. *Syn.* VI, 1, 177 (1901) = *R. dumetorum* f. *Thuillieri* Christ *Ros. Schw.* 185 (1873) [1].

Hab. — Belgodère (Fouc. et Sim. *Trois sem. herb. Corse* 142 ; forêt d'Aitone (Coste in *Bull. soc. bot. Fr.* XLVIII, sess. extr. CXV); Vivario (Mab. ex Mars. *Cat.* 56) ; Foce de Vizzavona (Lutz in *Bull. soc. bot. Fr.* XLVIII, sess. extr. CXXV) et de là dans la vallée de la Gravona jusqu'à Campo-di-Loro (Mars. l. c.); Vico, au bord de la route de Guagno (Fliche in *Bull. soc. bot. Fr.* XXXVI, 361); entre Sagone et Ajaccio (Coste op. cit. CXVI) ; Porto-Vecchio (Revel. in Bor. *Not.* II, 4) ; Bonifacio (Lutz op. cit. CXLI ; Boy. *Fl. Sud Corse* 59) ; et localités ci-dessous.

Armature en général faiblement développée. Stipules et folioles densément pubescentes à la face inférieure, ± lâchement pubescentes en dessus. — Nos matériaux récents peuvent être groupés comme suit :

1. Echantillons à aiguillons souvent très peu nombreux sur les rameaux florifères, les folioles généralement grandes, peu allongées, souvent arrondies et obtuses, à dents foliaires simples (une seule fois, à Pietralba, nous avons vu apparaître sur quelques folioles une faible partie des dents accompagnées de denticules glanduleux), tantôt ogivales et larges, tantôt étroites et pointues, ciliées, à face supérieure glabre ou glabrescente,

---

[1] M. Keller a donné ici comme synonyme le *R. submitis* Gren. [in Schultz *Arch.* 332 (1852)], mais il résulte d'une note de Grenier (sept. 1855), publiée dans les *Annotations à la Flore Fr. et Allem.* de Billot (p. 10, ann. 1855), que Grenier a entendu désigner sous le nom de *submitis* le *R. dumetorum* Thuill. à fruits ellipsoïdes ou oblongs. Dans sa *Fl. jurass.* p. 247, Grenier a donné le *R. submitis* comme synonyme du *R. dumetorum* Thuill., sensu amplo. — Nous n'avons pas pu examiner le n° 1476 de Billot exsicc. que Grenier a assimilé à son *R. submitis*.

celle inférieure et les latérales très velues avec des poils ± abondants
sur le parenchyme, bien rarement sur quelques folioles le parenchyme
est glabrescent sur la face inférieure ; bractées glabres ou peu velues ;
pétioles très velus sans glandes ou à glandes rares. Inflorescence avec
1, 2 ou 3 pédoncules lisses égalant ou dépassant peu l'urcéole ovoïde-
oblong ou globuleux ; sépales portant des poils simples allongés ; styles
très velus, glabrescents ou glabres : Pietralba, haies, 450 m., 30 juin 1908
fr. ! ; montagne de Pedana, chênaie, 500 m., 30 juin 1908 fr. ! ; Olmi, garigues, 800-900 m., 6 juill. 1908 fr. ! (échant. à folioles petites) ; vallée de
Tartagine, clairières des pineraies, 900 m., 4 juill. 1908 fr. !

2. Echantillons montrant à peu près les caractères de la variation A. I.
b *Thuillieri* 4 β *orthacantha* R. Kell. (in Asch. et Graebn. op. cit. 178) ; leur
apparence générale est celle de notre variété *Thuillieri*, mais les aiguillons, nombreux sur les ramuscules florifères, sont à base peu allongée,
brusquement rétrécis et droits ou à peine courbés, entremêlés, surtout
vers l'extrémité des ramuscules, d'aiguillons grêles et subsétacés : Olmi,
garigues, 800-900 m., 6 juill. 1908 fr. ! et vallée de Tartagine, clairières
des pineraies, 900 m., 4 juill. 1908 fr. !

┼┼ 886. **R. micrantha** Sm. et Sowerb. *Engl. bot.* XXXV, t. 2490
(1812) ; Burn. et Greml. *Ros. Alp. mar.* 71 et *Suppl.* 8 et 76 ; Crép. in
Bull. soc. roy. bot. Belg. XXI, 1, 156-168 ; id. XXXI, 2, 86 et XXXIV, 2, 36 ;
Burn. *Fl. Alp. mar.* III, 84 ; R. Kell. in Asch. et Graebn. *Syn.* VI, I, 114 ;
non DC. *Fl. fr.* V, 539 (1815) = *R. rubiginosa* var. *micrantha* Lindl. *Mon.
Ros.* 87 (1820).

Hab. — Lisière des maquis et des bois, haies, 1-1000 m. Mai-
juill. ♃.

┼┼ α. Var. **nemorosa** Burn. et Greml. *Suppl. Ros. Alp. mar.* 8 (1883)
= *R. nemorosa* Lib. in Lej. *Fl. Spa* II, 311 (1813) = *R. micrantha*
f. *typica* Christ *Ros. Schw.* 110 (1873) = *R. micrantha* var. *typica* R. Kell.
in Asch. et Graebn. *Syn.* VI, 1, 115 (1901).

Hab. — Biguglia (Boullu in *Ann. soc. bot. Lyon* XXIV, 68).

Folioles médiocres ou grandes, à face supérieure glabre ou légèrement
pubescente, l'inférieure ± pubescente sur les nervures ; glandes sous-
foliaires nombreuses. Arbrisseau moyen, homoeacanthe, à pédoncules
glanduleux. — Boullu attribue la Rose de Biguglia au *R. septicola* Dés. [in
Mém. soc. acad. Maine-et-Loire X, 149 (1861)], soit à une variation à urcéoles
subglobuleux dont M. R. Keller a fait son *R. micrantha* I *typica* γ *septicola*
R. Kell. (in Asch. et Graebn. *Syn.* VI, 1, 116).

┼┼ β. Var. **calvescens** Burn. et Greml. *Ros. Alp. mar.* 71 (1879) et
Suppl. 8 et 77 ; Burn. *Fl. Alp. mar.* III, 88 = *R. micrantha* A. I. 3. b *hystrix* 2 *calvescens* R. Kell. in Asch. et Graebn. *Syn.* VI, 1, 120 (1901).

Hab. — Etage montagnard dans les localités ci-dessous.

1906. — Entre Tralonca et Santa Lucia-di-Mercurio, haies, 7-800 m.,
30 juill. fr.

1911. — Punta del Pinsalone, sur Zonza, lisière des maquis, 800 m.,
10 juill. fr.!

Folioles petites, glabres ou glabrescentes à la face inférieure, à glandes
sousfoliaires généralement moins nombreuses. Pédoncules pourvus de
glandes stipitées et de quelques acicules églanduleux. Arbrisseau médiocre
présentant une tendance à l'hétéracanthie sur les rameaux florifères.

R. rubiginosa L. *Mant.* II, App. 564 (1771); Burn. et Greml. *Ros. Alp.
mar.* 69 et *Suppl.* 6 et 76; Crép. in *Bull. soc. roy. bot. Belg.* XXX, 1, 157 et
167; id. XXXI, 2, 82; id. XXXIV, 2, 36; Burn. *Fl. Alp. mar.* III, 90; R. Kell.
in Asch. et Graebn. *Syn.* VI, 1, 92 = ? *R. Eglanteria* L. *Sp.* ed. 1, 491 (1753),
secundum synon.; L. *Sp.* ed. 2, 703 (1762) p. p.; non L. *Mant.* II, 399 (1771).

Ce *Rosa* a été signalé : Env. de Bastia : (Mab. ex Mars. *Cat.* 55); St-Florent
(Mab. ex Mars. l. c.); Castagniccia (Salis in *Flora* XVII, Beibl. II, 53; Req.
Cat. 14). Cette espèce ne paraît pas habiter la Corse. Elle manque à l'archipel toscan (Sommier) comme à la Sardaigne (Burnat in Barb. *Fl. sard.
comp.* 32). En Sicile elle n'a pas été rencontrée (Crépin in Lo Jac. *Fl. sic.
ann.* 1891, 188).

┼┼ 887. **R. agrestis** Savi *Fl. pis.* 1, 475 (1798), et herb.!; Burn.
et Gremli *Obs. Ros. Ital.* 18 et 35 et *Suppl. Ros. Alp. mar.* 13 et 79; Burn.
Fl. Alp. mar. III, 96; R. Kell. in Asch. et Graebn. *Syn.* VI, 1, 123 =
R. sepium Thuill. *Fl. Paris* éd. 2, 252 (1798-99) et herb.!; Christ *Ros.
Schw.* 115; Burn. et Greml. *Ros. Alp. mar.* 87; Crép. in *Bull. soc. roy.
bot. Belg.* XXI, 1, 177-186; id. XXXI, 2, 87; id. XXXIV, 2, 36 = *R. canina*
var. *sepium* DC. *Fl. fr.* IV, 447 (1805) = *R. rubiginosa* var. *sepium* Ser. in
DC. *Prodr.* II, 617 (1825); Gr. et Godr. *Fl. Fr.* I, 560.

Hab. — Clairières et lisières des bois, maquis, garigues, haies des
étages inférieur et montagnard. Mai-juin. ♃.

┼┼ α. Var. **typica** R. Kell. in Asch. et Graebn. *Syn.* VI, 1, 124 (1901). —
Exsicc. Burn. ann. 1904, n. 201! et 202!

Hab. — Très répandue. Env. de Bastia (Gillot in *Bull. soc. bot. Fr.*
XXIV, sess. extr. XLII); Biguglia (Boullu ibid. LXVI); vallée moyenne
de l'Ostriconi (Fouc. et Sim. *Trois sem. herb. Corse* 142); Caporalino
(Fouc. et Sim. l. c.; Briq. *Spic.* 33 et Burn. exsicc. cit.); et localités
ci-dessous.

1906. — Descente de la Chapelle de S. Angelo sur Omessa, rocailles,

600 m., 15 juill. fr.!; rochers en montant d'Omessa au col de Bocca al Pruno, 300–600 m., 15 juill. fr.!; pentes arides entre la station et le village d'Omessa, calc., 250 m., 14 juill. fr.!; vallon d'Ellerato entre Omessa et Tralonca, 250–400 m., châtaigneraies, 14 juill. fr. (subvar. *virgultorum*)!; haies entre Tralonca et Santa Lucia di Mercurio, 700-800 m., 30 juill. fr.!; bords des chemins entre Corté et Sermano, 400 m., 25 juill. fr.!

1908. — Garigues sur le versant W. du col de Tende, 700 m.. 1 juill. fr.!; haies à Pietralba, 450 m., 30 juin fr. (styles ± velus); montagne de Pedana, 450 m., chénaie, calc., 500 m., 30 juin fr.!

1910. — Vallon de Cioccia, en montant de Monaccia au col de Croce d'Arbitro, garigues, clairières des maquis, 200 m., 21 juill. fr.!

1911. — Punta di Canale, versant de Caldane, taillis de chênes-verts, 200 m., 21 juill. fr.!

Feuilles à pétiole glabre ou faiblement pubescent, à folioles glabres ou glabrescentes. Styles allongés, glabres ou glabrescents, exceptionnellement velus. — Nos spécimens corses se maintiennent dans des limites morphologiques très étroites; sauf une exception, leurs styles sont glabres. — La sous-var. *virgultorum* R. Kell. [op. cit. 125 = *R. virgultorum* Rip. ap. Dés. in *Billotia* 1, 44 (1864)] à urcéoles globuleux se rencontre çà et là.

†† β. Var. **pubescens** R. Kell. in Asch. et Graebn. *Syn*. VI, 1, 126 (1901) = *R. pubescens* Rapin in Reut. *Cat. pl. vasc. Genève* éd. 2, 73 (1861) = *R. sepium* f. *pubescens* Christ *Ros. Schw*. 117 (1873).

Hab. — Clairières de la forêt de Marmano près de la Foce di Verde, 1000-1200 m. (R. Maire in Rouy *Rev. bot. syst*. II, 67).

Feuilles à pétiole pubescent, à folioles relativement grandes, glabrescentes à la page supérieure, assez densément pubescentes à la page inférieure. Styles courts, velus.

888. **R. Serafinii** [1] Viv. *Fl. lyb. spec*. 67 (1824, «*Serafinii*») et *Fl. cors. diagn*. 8 (1824, «*Seraphini*»); Salis in *Flora* XVII, Beibl. II, 52; Bert. *Fl. it*. V, 194 p. p.; Moris *Fl. sard*. II, 40 (excl. syn. Guss.); Christ in *Flora* LVI, 348 et LX, 445 et in Boiss. *Fl. or*. Suppl. 219; Burn. et Greml. *Rev. gr. Orient*. 6–12; Crép. in *Bull. soc. roy. bot. Belg*. XXXI, 2, 88; id. XXXIV, 2, 36 et in Lo Jac. *Fl. sic*. 1, 2, 187; Burn. *Fl. Alp. mar*. III, 105; R. Kell. in Asch. et Graebn. *Syn*. VI, 1, 131; Coste *Fl. Fr*. II, 53 = *R. rubiginosa* var. *parvifolia* Dub. *Bot. gall*. II, 1026 (1830), quoad pl. cors. = *R. gra-*

[1] Viviani a employé successivement, et dans la même année, les deux graphies *Serafinii* et *Seraphini*. C'est la première qui doit être conservée, non seulement parce qu'elle est antérieure, mais parce qu'elle correspond à l'orthographe italienne du nom de Serafini, latinisée en Serafinius.

veolens var. *corsica* Gr. et Godr. *Fl. Fr.* I, 561 (1848) = *R. viscaria* Rouy
subsp. *Serafinii* Rouy *Fl. Fr.* VI, 352 (1900). — Exsicc. Soleirol n. 1531 !;
Req. sub : *R. Serafinii* !; Bourg. n. 168 !; Mab. n. 228 !; Debeaux sub : *R.
Serafini* !; Reverch. ann. 1879 sub : *R. Seraphini* ! et ann. 1885, n. 474 !;
Coste et Pons Herb. Ros. n. 172 !; Burn. ann. 1900, n. 142 ! et ann. 1904,
n. 196 !

Hab. — Espèce très caractéristique des garigues montagnardes et
subalpines, 800-1800 m. Juin-juill. ♃. Répandue. Cimes du Cap Corse
depuis la Cima delle Foliere (Chabert in *Bull. soc. bot. Fr.* XXIX, sess.
extr. LIV) jusqu'à la Serra di Pigno (Salis in *Flora* XVII, Beibl. II, 52 ;
Kralik ex Burn. et Greml. *Rev. gr. Orient.* 9 ; Mab. et Debeaux exsicc.
cit. ; Shuttl. *Enum.* 10 ; Billiet in *Bull. soc. bot. Fr.* XXIV, sess. extr.
LXIX) ; Monte S. Pietro (Lit. *Voy.* I, 8) ; Niolo (Soleirol exsicc. cit. et ap.
Burn. et Greml. l. c. ; Req. *Cat.* 14 et ap. Bert. *Fl. it.* VIII, 641 et exsicc.
cit. ; Bourg. excicc. cit. et ap. Burn. et Greml. l. c.) ; base du Monte
Cinto sur Lozzi (Briq. *Rech. Corse* 85 et Burn. exsicc. n. 142 ; Lit. *Voy.*
II, 7) ; env. de Calacuccia (Levier ex Burn. et Greml. l. c. ; Lit. *Voy.* II,
6) ; Casamiccioli (Kralik ex Rouy *Fl. Fr.* VI, 353) ; Albertacce (Ellman
et Jahandiez in litt.) ; forêt d'Aitone (Reverch. exsicc. ann. 1885) ; forêt
de Lindinosa près le col de Salto (Lit. in *Bull. acad. géogr. bot.* XVIII,
125) ; Monte d'Oro (Lutz in *Bull. soc. bot. Fr.* XLVIII, sess. extr. CXXVII) ;
forêt de Vizzavona (Mars. *Cat.* 56 ; Lit. *Voy.* I, 11) ; entre Vizzavona et
Ghisoni (Briq. *Spic.* 32 et Burn. exsicc. n. 196) ; mont. de Bocognano
(Mars. l. c.) ; Coscione (Seraf. ap. Viv. l. c. et ap. Bert. *Fl. it.* V, 194 ; Req.
Cat. 14 ; Revel. in Bor. *Not.* II, 4 ; de Forestier ex Burn. et Greml. l. c. ;
Reverch. exsicc. ann. 1879 ; R. Maire in Rouy *Rev. bot. syst.* II, 24) ;
montagne de Cagna près Geralba (Stefani in Coste et Pons exsicc. cit.) ;
et localités ci-dessous.

1906. — Pineraies près de la résinerie de la forêt d'Asco, 950 m.,
29 juill. fr. ! (f. *leiostyla*) ; rocailles en montant de Corscia au vallon
d'Urcula, 1300 m., 6 août fr. (f. *eriostyla*) ; rocailles près des bergeries de
Trotetto dans le haut vallon de l'Anghione, 1300-1400 m., 9 août fl. !
(f. *leiostyla* !) ; fougeraies au col de Vizzavona, 1100 m., 15 juill. fr. !
(f. *leiostyla*) ; junipéraies en montant du haut vallon de Marmano aux
bergeries de Sgreccia, 1500 m., 21 juill. fl. ! (f. *eriostyla*) ; rocailles de la
Pointe de Monte, 1400 m., 20 juill. fl. ! (f. *eriostyla*) ; junipéraies de la
Pointe Bocca d'Oro, 1500 m., 20 juill. fl. ! (f. *eriostyla*) ; rocailles entre
Zicavo et la Chapelle de S. Pietro, 1300 m., 18 juill. fr. ! (f. *leiostyla*) !

1908. — Mt Grima Seta, garigues montagnardes, 1500 m., 1 juill. fl. !

(f. *leiostyla*); Monte Asto, mêmes stations, altitude et date! (f. *leiostyla*); vallée de Tartagine, clairières des pineraies, 1000 m., 4 juill. fr.! (f. *eriostyla*); col de Tula, versant de Tartagine, 1200 m., 4 juill. fr.! (f. *eriostyla*); vallée sup. du Tavignano entre la scierie et les bergeries de Ceppo, pentes arides, 1500 m., 25 juin fl.! (f. *leiostyla*).

1910. — Cap Corse : Monts Stello et Capra, garigues, 1000–1300 m., 16 juill. fl. fr.! (f. *leiostyla*). — Plateau de Fosse de Prato, au S.-E. du col de Verde, garigues subalpines, 1700–1800 m., 30 juill. fl.! (f. *leiostyla*, vel styli glabresc.); garigues de la vallée d'Asinao, 1550 m., 24 juill. fl.! (f. *leiostyla*).

1911. — Calancha Murata, garigues, 1300–1460 m., 11 juill. fl.! (f. *leiostyla* vel styli glabresc.); Punta Quercitella, mêmes stations, 1200–1400 m., 10 juill., jeunes fr.! (f. *eriostyla*); Monte Calva, mêmes stations, 1200–1300 m., 10 juill., jeunes fr.! (f. *eriostyla*); Punta della Vacca Morta, mêmes stations, 1300 m., 9 juill.! (f. *leiostyla*); montagne de Cagna : Pointe de Compotelli, mêmes stations, 1200–1377 m., 5 juill. fl.! (f. *eriostyla*).

Espèce apparentée aux *R. rubiginosa, micrantha* et *agrestis*, mais naine, très microphylle, à aiguillons extrêmement nombreux, fort inégaux, les plus développés très crochus ou nettement arqués, les plus faibles moins courbés ou droits, çà et là subsétacés, à pétioles et folioles glabres (sans poils simples), à pédoncules très courts, nus, à sépales très courts (à peine 10 mm. long.) restant rabattus sur les urcéoles petits et nus. La corolle est petite et d'un rose intense. — La conformité des nombreux spécimens récoltés par nous et nos collaborateurs (depuis 1906 seulement : 79 de 21 localités diverses) est telle qu'à une exception près, concernant l'indument des styles, nous ne saurions mentionner une seule variation corse pour cette espèce. Les descriptions citées disent en effet que les styles sont glabres ou à peine velus. Or, 13 des provenances recueillies depuis 1906 montrent des styles glabres ou portent quelques rares poils (f. *leiostyla*), tandis que 8 autres accusent des styles, tantôt avec villosité faible, tantôt avec un indument velu-laineux (f. *eriostyla*) [1]. Déjà en 1887 (*Revision groupe Orient.* 9 et 10), nous avions signalé en Sardaigne et en Sicile des variations du *R. Serafinii* à styles velus, et aussi d'autres à folioles pubescentes sur la nervure médiane inférieure. Ce dernier caractère ne s'est présenté sur aucun des 79 spécimens dont nous donnons la provenance exacte.

PRUNUS L. emend.

889. **P. spinosa** L. *Sp.* ed. 1, 475 (1753); Gr. et Godr. *Fl. Fr.* I, 515; Rouy et Cam. *Fl. Fr.* VI, 15 ; Coste *Fl. Fr.* II, 6 ; Asch. et Graebn. *Syn.* VI, 2, 190.

---

1 *R. Serafinii* in Corsica stylo nunc glabro vel glabrescente (f. *leiostyla*), nunc stylo ± piloso (f. *eriostyla*) variat.

Hab. — Garigues, haies, lisière des bois et des maquis des étages
inférieur et montagnard. Mars-avril. ⅝. Sans doute répandu, mais peu
observé. Commun aux env. de Bastia (Salis in *Flora* XVII, Beibl. II, 51);
Vico (Mars. *Cat.* 55); env. d'Ajaccio (Req. *Cat.* 14; Mars. l. c.; Thellung
in litt.); env. de Bonifacio (Lutz in *Bull. soc. bot. Fr.* XLVIII, sess. extr.
CXLI; Boy. *Fl. Sud Corse* 59); et localités ci-dessous.

1907. — Garigues du col de Tende, 1200 m., 15 mai fl.!; garigues à
Francardo, 250 m., calc., 14 mai fr.!; berges du Fiumorbo près de Ghisonaccia, 10 m., 2 mai fl.!

Très variable de port. Nos échant. corses sont très épineux, à feuilles
± pubescentes en dessous dans la jeunesse, glabres à l'état adulte, à
pédoncules et ovaire glabres.

P. insititia L. *Amoen. acad.* IV, 273 (1755); Gr. et Godr. *Fl. Fr.* 1, 514;
Coste *Fl. Fr.* II, 6; Asch. et Graebn. *Syn.* VI, 2, 121 = *P. sativa* Rouy et
Cam. subsp. *insititia* Rouy et Cam. *Fl. Fr.* VI, 9 (1900) = *P. domestica*
subsp. *insititia* Schneid. *Handb. Laubholzk.* I, 630 (1906).

Hab. — Cultivé sous diverses formes et parfois subspontané, mais
d'un indigénat douteux en Corse, bien qu'indiqué aux environs d'Ajaccio
par Requien (*Cat.* 11) et avec doute aux environs de Bastia par Salis (in
Flora XVII, Beibl. II, 51).

P. domestica L. *Sp.* ed. 1, 475 (1753) p. maj. p.; Gr. et Godr. *Fl. Fr.* I,
514; Coste *Fl. Fr.* II, 5; Asch. et Graebn. *Syn.* VI, 2, 123 = *P. communis*
Huds. *Fl. angl.* ed. 1, 212 (1762) = *P. sativa* Rouy et Cam. subsp. *domestica* Rouy et Cam. *Fl. Fr.* VI, 4 (1900) = *P. domestica* subsp. *oeconomica*
Schneid. *Handb. Laubholzk.* I, 631 (1906).

Hab. — Cultivé et parfois subspontané.

P. Armeniaca L. *Sp.* ed. 1, 474 (1753); Gr. et Godr. *Fl. Fr.* I, 513; Asch.
et Graebn. *Syn.* VI, 2, 133 = *Armeniaca vulgaris* Lamk. *Encycl. méth.* I,
2, (1780); Rouy et Cam. *Fl. Fr.* VI, 28; Coste *Fl. Fr.* II, 4.

Hab. — Cultivé sur une grande échelle.

P. Persica Sieb. et Zucc. in *Abh. Akad. Münch.* ann. 1846, II, 122; Asch.
et Graebn. *Syn.* VI, 2, 136 = *Amygdalus Persica* L. *Sp.* ed. 1, 677 (1753);
Gr. et Godr. *Fl. Fr.* 1, 513 = *Persica vulgaris* Mill. *Gard. dict.* ed. 8, n. 1
(1768); Rouy et Cam. *Fl. Fr.* VI, 28; Coste *Fl. Fr.* II, 4.

Hab. — Cultivé sur une grande échelle.

P. communis Fritsch in *Sitzungsb. Akad. Wiss. Wien* ann. 1892, 632;
Schneid. *Handb. Laubholzk.* I, 592; Asch. et Graebn. *Syn.* VI, 2, 138 =
Amygdalus communis L. *Sp.* ed. 1, 473 (1753); Gr. et Godr. *Fl. Fr.* I, 312;

Rouy et Cam. *Fl. Fr.* VI, 27 ; Coste *Fl. Fr.* II, 3 = *P. Amygdalus* Stokes *Bot. mat. med.* III, 101 (1812).

Hab. — Cultivé et parfois subspontané.

╫ 890. **P. prostrata** Labill. *Ic. pl. Syr. rar.* I, 6 (1791) ; Moris *Fl. sard.* II, 14 ; C. K. Schneid. *Handb. Laubholzk.* I, 604 ; Asch. et Graebn. *Syn.* VI, 2, 143 = *Cerasus prostrata* Lois. in Duham. *Traité arbr.* éd. 2, V, t. 53, fig. 2 (1812) ; Boiss. *Fl. or.* II, 648 = *Prunus humilis* Colla *Herb. ped.* II, 293 (1834). — En Corse la race suivante :

╫ Var. **glabrifolia** Moris *Fl. sard.* II, 14 (1840-43) = *Cerasus humilis* Moris *Stirp. sard. el.* I, 17 (1827) = *Cerasus prostrata* var. *concolor* Boiss. *Fl. or.* II, 648 (1872)[1] = *P. prostrata* β *humilis* Fiori et Paol. *Fl. anal. It.* I, 559 (1898) = *P. prostrata* var. *concolor* C. K. Schneid. *Handb. Laubholzk.* I, 604 (1906) = *P. prostrata* A *typica* II *concolor* Asch. et Graebn. *Syn.* VI, 2, 143 (1906).

Hab. — Rochers, principalement calcaires, de l'étage alpin. Juill. ♃. Uniquement dans la localité ci-dessous.

1910. — Punta del Fornello, couvrant toute la coupole calcaire et descendant çà et là sur les flancs granitiques du versant d'Asinao, 1800-1930 m., 25 juill. fl. et jeunes fr. !

Arbrisseau nain, très rameux, à rameaux enchevêtrés-spinescents, grisâtres, végétant en espalier et couvrant les rochers de plaques étendues à la façon du *Rhamnus pumila* Turr. Feuilles très petites, étroitement elliptiques ou elliptiques-sublancéolées, mesurant env. 5-10 × 2-6 mm., assez finement, mais très nettement denticulées, à denticules très serrés, convexes, mais à peine surdentés extérieurement, concaves intérieurement, à sommet effilé et incliné en avant, vertes et glabres. Fleurs solitaires. Calice rougeâtre à sépales lancéolés atteignant environ le ¹/₃ de la longueur du tube, finement pubescents sur les marges internes. Corolle d'un beau rose pêcher, large d'env. 8 mm., à pétales obovés-arrondis, glabres sauf sur les marges de l'onglet, faiblement ciliées-pubescentes. Filets staminaux rougeâtres à la base, glabres. Style dépassant à la fin longuement les étamines, velu-barbu dans la région inférieure.

La découverte que nous avons faite du *P. prostrata* à la Punta del Fornello constitue pour la flore corse une acquisition du plus haut intérêt. Cet arbrisseau est en effet caractéristique pour les montagnes méditerranéennes depuis le Maroc et la Sierra Nevada jusqu'aux montagnes de la Perse (Elbrus), mais il manquait jusqu'à présent partout entre l'Espagne et l'Illyrie, sauf en Sardaigne : la présence du *P. prostrata* dans le sud de

---

[1] C'est par suite d'un lapsus que MM. Ascherson et Graebner ont attribué (l. c.) à Raulin et à M. Schneider un *Prunus « nana »* et à Boissier un *Cerasus « nana »*. C'est *prostrata* qu'il faut lire dans les deux cas.

la Corse vient diminuer le nombre des espèces montagnardes, maintenant assez restreint, que la Sardaigne possède à l'exclusion de la Corse.

Nous ne pouvons suivre MM. Ascherson et Græbner qui réunissent sous le nom de *typica* des formes ayant certainement une valeur supérieure à celle de simples variations. Pour nous, la var. *glabrifolia* Moris constitue une race — la seule représentée en Corse — caractérisée par la glabréité, la petitesse et le mode de dentelure des feuilles, et la lanuginosité moindre de la face interne des sépales, ce qui n'exclut pas que, sur d'autres points de l'aire, les formes concolores et celles discolores ne puissent végéter en compagnie ou être reliées par des formes intermédiaires. C'est ainsi qu'en Sardaigne, selon Moris (l. c.), les var. *glabrifolia* et *discolor* croissent ensemble au sommet du mont d'Oliena à env. 1335 m. d'altitude sur calcaire, tandis qu'au Monte Gennargentu à env. 1800 m., sur granit, on ne trouve que la var. *glabrifolia*, laquelle paraît être une race plus spécialement altitudinaire. Cependant les formes douteuses sont rares dans les herbiers, et il y aurait lieu de soumettre à une revision morphologique exacte les formes du *P. prostrata*, lequel est peut-être différencié en un certain nombre de races géographiques. Nous avons vu la var. *glabrifolia* de Sardaigne! et de Grèce!

P. Cerasus L. *Sp.* ed. 1, 474 p. p. ; Gr. et Godr. *Fl. Fr.* 1, 515 ; Rouy et Cam. *Fl. Fr.* VI, 24 ; Asch. et Graebn. *Syn.* VI, 2, 147 = *Cerasus vulgaris* Mill. *Gard. dict.* ed. 8, n. 1 (1768) ; Coste *Fl. Fr.* II, 7.

Hab. — Cultivé sous de nombreuses formes.

891. **P. avium** L. *Fl. suec.* ed. 2, 165 (1755) ; Gr. et Godr. *Fl. Fr.* 1, 515 ; Rouy et Cam. *Fl. Fr.* VI, 23 ; Asch. et Graebn. *Syn.* VI, 2, 151 = *Cerasus nigra* Mill. *Gard. dict.* ed. 8, n. 2 (1768) ; Coste *Fl. Fr.* II, 7 = *Cerasus avium* Mœnch *Meth.* 672 (1794).

Hab. — Forêts de l'étage montagnard supérieur et subalpin, clairières et lisières des hêtraies. Avril. ♃. Rare ou peu observé. Forêt de Vizzavona (Thellung !). D'ailleurs souvent cultivé.

†† 892. **P. Mahaleb** L. *Sp.* ed. 1, 472 (1753); Gr. et Godr. *Fl. Fr.* 1, 516 ; Rouy et Cam. *Fl. Fr.* VI, 25 ; Asch. et Graebn. *Syn.* VI, 2, 156 = *Cerasus Mahaleb* Mill. *Gard. dict.* ed. 8, n. 4 (1768) ; Coste *Fl. Fr.* II, 8.

Hab. — Endroits rocheux de l'étage montagnard. Avril-mai. ♃. Jusqu'ici uniquement vers le sommet de la montagne de Pozzo di Borgo (Coste in *Bull. soc. bot. Fr.* XLVIII, sess. extr. CXIII). A rechercher, en particulier dans les montagnes calcaires du bassin de Corté.

P. Laurocerasus L. *Sp.* ed. 1, 474 (1753) ; Asch. et Graebn. *Syn.* VI, 2, 164 = *Cerasus Laurocerasus* Lois. in Duham. *Traité arbr.* éd. 2, V, 6 (1812) ;

Coste *Fl. Fr.* II, 8 = *Laurocerasus officinalis* C.K. Schneid. *Handb.Laubholzk.* I, 646 (1906).

Espèce orientale, fréquemment cultivée dans l'étage inférieur et parfois subspontanée au voisinage des jardins.

LEGUMINOSAE

ALBIZZIA Durazz.

A. lophantha Benth. in Hook. *Lond. Journ. Bot.* III, 86 (1844) ; id. *Fl. austral.* II, 421 et in *Trans. linn. soc.* XXX, 559 ; Asch. et Graebn. *Syn.* VI, 2, 168 = *Acacia lophantha* Willd. *Sp. pl.* IV, 2, 1070 (1806).

Espèce de l'Australie austro-occidentale, cultivée çà et là dans l'étage inférieur et parfois subspontanée, ainsi à la plage de Scudo près Ajaccio (Thellung in litt.).

A. Julibrissin Durazz. *Mag. tosc.* III, IV, 11 (1772) ; Benth. in *Trans. linn. soc.* XXX, 3, 568 ; Asch. et Graebn. *Syn.* VI, 2, 169 = *Mimosa Julibrissin* Scop. *Del. insubr.* 18, tab. 8 (1786-88) = *Acacia Julibrissin* Willd. *Sp. pl.* IV, 2, 1065 (1806) = *Albizzia Nenu* Benth. in Hook. *Lond. Journ. Bot.* I, 527 (1842).

Espèce des rivages méridionaux de la Mer Caspienne, de l'Asie et de l'Afrique tropicales, fréquemment cultivée dans l'étage inférieur.

1903. — Rues de Calvi, 6 juill. fl. !

CERCIS L.

C. Siliquastrum L. *Sp.* ed. 1, 374 (1753) ; Gr. et Godr. *Fl. Fr.* I, 510 ; Rouy *Fl. Fr.* V, 316 ; Coste *Fl. Fr.* I, 290 ; Asch. et Graebn. *Syn.* VI, 2, 178.

Arbre fréquemment cultivé dans l'étage inférieur et rarement subspontané au voisinage des jardins.

CERATONIA L.

893. **C. Siliqua** L. *Sp.* ed. 1, 1026 (1753) ; Gr. et Godr. *Fl. Fr.* I, 511 ; Rouy *Fl. Fr.* V, 316 ; Coste *Fl. Fr.* I, 290 ; Asch. et Graebn. *Syn.* VI, 2, 180.

Hab. — Maquis et chênaies de l'étage inférieur. Août-sept. ♃. Rogliano (Revel. in Mars. *Cat.* 54) ; env. de Bastia (Salis in *Flora* XVII, Beibl. II, 63) ; Calvi (Soleirol ex Caruel *Fl. it.* X, 102) ; env. d'Ajaccio

(Boullu in *Ann. soc. bot. Lyon* XXIV, 68 ; Blanc in *Bull. soc. bot. Lyon* 2ᵐᵉ sér., VI, 7) ; Bonifacio (Boy. *Fl. Sud Corse* 58).

Cet arbre est rarement cultivé en Corse, ce qui rend douteux le caractère subspontané que Revelière lui attribuait (in Mars. l. c.) à Rogliano. Si on a jusqu'à récemment regardé le Caroubier comme indigène seulement dans le bassin austro-oriental de la Méditerranée et en Arabie [voy. Alph. de Candolle *Origine pl. cult.* 268 ; Hehn *Kulturpfl. und Haustiere* ed. 8, 456–460 (1911) ; Reinhardt *Kulturgeschichte der Nutzpflanzen* 1, 231–235 (1811)], c'est que l'introduction en Italie des formes *cultivées* semble ne remonter qu'à l'époque de l'empire romain. Mais cela n'exclut pas que, à côté des formes cultivées (voy. sur ces dernières : Flückiger *Pharm.* ed. 3, 863), il ait pu exister de tout temps des Caroubiers sauvages non utilisés par l'homme à cause de leurs fruits médiocres et moins riches en sucre. Si l'attribution générique faite par Saporta pour le *C. vetusta* Sap. des tufs d'Aix en Provence et par Al. Braun, O. Heer et Schenk pour le *C. emarginata* A. Br. du miocène est vraie, la filiation autochtone du *C. Siliqua* sauvage deviendrait très vraisemblable, ainsi que l'ont admis Ch. Martins et G. de Saporta (voy. à ce sujet Burnat et Briquet in Burn. *Fl. Alp. mar.* II, 226 et 227). Les Caroubiers sauvages devraient ainsi être traités comme les vignes sauvages, dont l'histoire est probablement différente de celle des vignes cultivées. Nous n'osons pas, pour ces raisons, exclure le *C. Siliqua* de la flore corse indigène.

ANAGYRIS L.

894. **A. foetida** L. *Sp.* ed. 1, 374 (1753); Gr. et Godr. *Fl. Fr.* I, 343 ; Rouy *Fl. Fr.* IV, 188 ; Coste *Fl. Fr.* I, 290 ; Asch. et Graebn. *Syn.* VI, 2, 196. — Exsicc. Kralik n. 572 ! ; Billot n. 528 ; Magnier Fl. sel. n. 36 !

Hab. — Maquis rocheux de l'étage inférieur. Févr.-avril. ♃. Rare, mais abondant là où on le rencontre. Env. de Bastia (ex Gr. et Godr. *Fl. Fr.* I, 344, où l'espèce n'a été revue par personne) ; Aleria (Moutin ex Deb. *Not.* 71) ; abondant aux env. de Bonifacio (Salis in *Flora* XVII, Beibl. II, 53 ; Kralik, Req. ap. Billot, Reverch. ap. Magnier exsicc. cit. ; Req. *Cat.* 11 ; Lutz in *Bull. soc. bot. Fr.* XLVIII, sess. extr. CXLI ; Boy. *Fl. Sud Corse* 58 ; et nombreux autres observateurs).

LUPINUS L.

895. **L. hirsutus** L. *Sp.* ed. 1, 721 (1753); Gr. et Godr. *Fl. Fr.* I, 365 ; Rouy *Fl. Fr.* IV, 192 ; Coste *Fl. Fr.* I, 308 ; Asch. et Graebn. *Syn.* VI, 2, 226.

Hab. — Garigues, clairières des maquis. Avril-mai. ①.

α. Var. **typicus** Fiori et Paol. *Fl. anal. It.* II, 11 (1900) = *L. hirsu-tus* L., sensu stricto. — Exsicc. Soleirol n. 1354 !; Reverch. ann. 1880, n. 251 !

Hab. — Répandue, mais pas partout. Cardo (Gillot in *Bull. soc. bot. Fr.* XXIV, sess. extr. LVI et LVII) ; Erbalunga (Gillot ibid. L) ; Bastia (Salis in *Flora* XVII, Beibl. II, 63 ; Shuttl. *Enum.* 8 ; et autres obser-vateurs) ; Calvi (Soleirol ap. Bert. *Fl. it.* VII, 414 et exsicc. cit.) ; Cap de la Revellata (St-Yves !) ; env. d'Ajaccio (Req. ex Caruel *Fl. it.* X, 116 ; Thellung in litt.) ; îles Sanguinaires [(Req. ex) Gr. et Godr. *Fl. Fr.* I, 366] ; Campo-di-Loro (Boullu in *Bull. soc. bot. Fr.* XXIV, sess. extr. XCIII) ; Sartène (ex Gr. et Godr. l. c.) ; Santa Manza (Reverch. exsicc. cit.) ; Bonifacio (Stefani ! ; Boy. *Fl. Sud Corse* 59) ; et localités ci-dessous.

1907. — Cap Corse . garigues entre Luri et la Marine de Luri, 30 m., 27 avril fl. ! — Vallée inf. de la Solenzara, clairières des maquis, 50 m., 3 mai fl. ! ; garigues à Santa Lucia, 45 m., 4 mai fl. ! ; garigues à Santa Manza, 10 m., 6 mai fl. !

Corolle grande, longue de 1-1,5 cm., dépassant longuement ou assez longuement les dents calicinales.

┼┼ β. Var. **micranthus** Boiss. *Fl. or.* II, 28 (1872) ; Asch. et Graebn. *Syn.* VI, 2, 226 = *L. micranthus* Guss. *Fl. sic. prodr.* II, 400 (1828) ; non Dougl. = *L. Gussoneanus* Ag. *Syn. Lup.* 5 (1835) = *L. hirsutus* var. *minor* Lo Jac. *Fl. sic.* II, 33 (1886-91) = *L. hirsutus* forme *L. micran-thus* Rouy *Fl. Fr.* IV, 192 (1897). — Exsicc. Mab. n. 115 !

Hab. — Cardo (Mand. et Fouc. in *Bull. soc. bot. Fr.* XLVII, 89) ; Bastia, route de Pietranera (Mab. exsicc. cit.) ; St-Florent (Fouc. et Sim. *Trois sem. herb. Corse* 138) ; Novella (Fouc. et Sim. l. c.) ; Togna près Sari (Fouc. et Sim. l. c.) ; « Cappiciola » (Kralik ex Rouy *Fl. Fr.* V, 193, loca-lité à nous inconnue) ; Bonifacio (Kralik ex Rouy l. c.) ; et localité ci-dessous.

1911. — Marine de Cala d'Oro, estuaire sableux, 2 juill. fl. fr. ! .

Corolle petite, longue de 0,8-1 cm., dépassant à peine les dents cali-cinales. — On trouve tous les passages entre les variétés α et β au point de vue des dimensions de la corolle. Plusieurs de nos échantillons de la var. α ont le port réduit et les grappes plus courtes que l'on attribue au *L. micranthus*. Nous ne savons trouver une concomitance entre le nombre restreint des semences, la grosseur et le coloris de ces der-nières, et le caractère tiré des dimensions de la corolle. Nous ne croyons pas que l'on puisse faire autre chose du *L. micranthus* qu'une race micranthe du *L. hirsutus*.

896. L. pilosus Murr. *Syst.* ed. 13, 545 (1774) ; Boiss. *Fl. or.* II, 27 ; Rouy *Fl. Fr.* IV, 190 ; Coste *Fl. Fr.* II, 307 ; Asch. et Graebn. *Syn.* VI, 2, 226. — En Corse seulement la race suivante :

Var. **Cosentini** Briq. = *L. Cosentini* Guss. *Fl. sic. prodr.* II, 398 (1828) et *Fl. sic. syn.* II, 267 et 862 ; Bert. *Fl. it.* VII, 410 = *L. varius* Bor. *Not. pl. Corse* II, 4 (1858) ; non L. = *L. pilosus* forme *L. Consentini* Rouy *Fl. Fr.* IV, 190 (1897) = *L. pilosus* β *digitatus* b *Cosentini* Fiori et Paol. *Fl. anal. It.* II, 11 (1900).

Hab. — Garigues, friches pierreuses de l'étage inférieur. Avril-mai. ①. Rare et localisée dans le sud. Porto-Vecchio au Schecarro (Revel. in Bor. *Not.* II, 4, ann. 1857 et années suiv. et ap. Mars. *Cat.* 42) ; Santa Manza à la limite du calcaire et du granit (R. Maire, 13 avril 1903, in Rouy *Rev. bot. syst.* II, 67).

Race spéciale — outre la Corse — à la Sicile, l'Italie méridionale et au Portugal (Algarves : Bourgeau Pl. Esp. et Port. ann. 1859, n. 1819!), caractérisée par l'indument des tiges et des feuilles plus dense, plus court, plus velouté [poils allongés beaucoup plus nombreux dans la var. **typicus** Fiori et Paol. (l. c.)], la lèvre inférieure du calice généralement plus nettement tridentée, les légumes plus allongés, 3-4spermes (2-3, rarement 4spermes dans la var. *genuinus*). — Au sujet de la synonymie proposée par Boissier (*Fl. or. suppl.* 158) de cette race avec le *L. varius* L., voy. Rouy *Fl. Fr.* IV, 191, dont nous partageons l'opinion.

897. L. luteus L. *Sp.* ed. 1, 722 (1753) ; Bert. *Fl. it.* VII, 416 ; Rouy *Fl. Fr.* IV, 189 ; Coste *Fl. Fr.* I, 307 ; Asch. et Graebn. *Syn.* VI, 2, 228. — Exsicc. Mab. n. 114 !

Hab. — Garigues sableuses de l'étage inférieur. Mai. ①. Jusqu'ici uniquement à Biguglia, cistaies de Pineto en face de la presqu'île San Damiano (Mab. ex Mars. *Cat.* 42 ; Boullu in *Bull. soc. bot. Fr.* XXIV, sess. extr. LXVI et in *Ann. soc. bot. Lyon* XXIV, 67).

L'indication « Bastia » donnée par Shuttleworth (*Enum.* 8) se rapporte à la même localité tirée de l'exsiccata de Mabille. Le *L. luteus* n'est pas cultivé en Corse, et sa spontanéité dans une cistaie peu accessible fait pour nous d'autant moins de doute que l'espèce existe aussi en Sardaigne dans les sables maritimes. A rechercher sur la côte orientale.

L. albus L. *Sp.* ed. 1, 721 (1753) ; Rouy *Fl. Fr.* IV, 191 (1897) ; Coste *Fl. Fr.* I, 308. — En Corse la race suivante :

Var. **Termis** Car. *Fl. it.* X, 111 (1894) = *L. termis* Forsk. *Fl. Aeg.-arab.* 131 (1775) ; Ag. *Syn. Lup.* 14 ; Gr. et Godr. *Fl. Fr.* I, 365 ; Asch. et Graebn.

Syn. VI, 2, 230 = *L. prolifer* Desr. ap. Lamk *Encycl. méth.* III, 622 (1789)
= *L. varius* Salis in *Flora* XVII, Beibl. II, 63 (1834) ; non L. = *L. albus*
forme *L. termis* Rouy *Fl. Fr.* IV, 191 (1897). — Exsicc. Soleirol n.1356 ! ;
Sieber sub : *L. albus* ! ; Mab. n. 90 ! : Debeaux sub : *L. Thermis* ! ; Reverch.
1880, n. 250 ! et ann. 1885, n. 250 !

Hab. — Espèce originaire d'Orient, cultivée en grand comme fourrage
dans l'étage inférieur, et entièrement naturalisée dans les prairies maritimes, vignes, friches et moissons. Avril-mai. ①. Fréquent. Cap Corse
(Sieber exsicc. cit.) ; Luri (ex Rouy *Fl. Fr.* IV, 192) ; Erbalunga (Sargnon
in *Ann. soc. bot. Lyon* VI, 52) ; Cardo (Gillot in *Bull. soc. bot. Fr.* XXIV, sess.
extr. LVII) ; Bastia (Salis in *Flora* XVII, Beibl. II, 63 ; Mab. *Rech.* I, 15 et
exsicc. cit. ; Debeaux exsicc. cit. ; et nombreux autres observ.) ; Calvi
(Soleirol exsicc. cit. et ap. Gr. et Godr. *Fl. Fr.* II, 365 ; Fouc. et Sim. *Trois
sem. herb. Corse* 138) ; Evisa (Reverch. exsicc. ann. 1885) ; Cargèse (Mars.
Cat. 42) ; Sagone (ex Rouy l. c.) ; Ajaccio (Boullu in *Ann. soc. bot. Lyon*
XXIV, 67) ; Pozzo di Borgo (Boullu in *Bull. soc. bot. Fr.* XXIV, sess. extr.
XCVII) ; Ghisoni (Rotgès in litt.) ; Santa Manza (Reverch. exsicc. ann.
1880) ; Bonifacio (Stefani ex Roux in *Ann. soc. bot. Lyon* XX, comptes ren-
dus 25) ; et localités ci-dessous.

1907. — Cap Corse, Marine d'Albo, prairie maritime, 26 avril fl. ! ; Ile
Rousse, friches et garigues, 21 avril fl. !

Pédicelles généralement accompagnés de deux bractées sétacées.
Corolle teintée de bleu sur la carène et vers le sommet de l'étendard.

898. **L. angustifolius** L. *Sp.* ed. 1, 721 (1753) ; Bert. *Fl. it.* VII,
415 ; Koch *Syn.* ed. 2, 173 ; Rouy *Fl. Fr.* IV, 193.

Hab. — Garigues, clairières des maquis dans les étages inférieur et
montagnard. Avril-mai. ①.

α. Var. **typicus** Fiori et Paol. *Fl. anal. It.* II, 10 (1900) = *L. angustifolius* Ag. *Syn. Lup.* 18 (1835) ; Gr. et Godr. *Fl. Fr.* I, 367 ; Boiss. *Fl.
or.* II, 28 ; Willk. et Lange *Prodr. fl. hisp.* III, 466 ; Coste *Fl. Fr.* I, 308 ;
Asch. et Graebn. *Syn.* VI, 2, 231 = *L. varius* Savi *Fl. pis.* II, 178 (1798) ;
non L. = *L. angustifolius* forme *L. angustifolius* Rouy *Fl. Fr.* IV, 193
(1897). — Exsicc. Reverch. ann. 1878 sub : *L. hirsutus* ! et ann. 1879,
n. 215 !

Hab. — Bastia (Salis in *Flora* XVII, Beibl. II, 63 ; Mouillefariné ex
Rouy *Fl. Fr.* IV, 194) ; Biguglia (Sargnon in *Ann. soc. bot. Lyon* VI, 66 ;
Boullu in *Bull. soc. bot. Fr.* XXIV, sess. extr. LXVI) ; Calvi (Mars. *Cat.*
43 ; Fouc. et Sim. *Trois sem. herb. Corse* 138) ; env. d'Ajaccio (ex Gr.
et Godr. *Fl. Fr.* I, 367 ; Clément ex Rouy l. c. ; Thellung in litt.) ;
Aspreto (Boullu in *Bull. soc. bot. Fr.* XXIV, sess. extr. XCIII) ; Pozzo di

Borgo (Boullu ibid. XCVII); Ghisoni (Rotgès in litt.); Bastelica (Reverch. exsicc. ann. 1878); Serra di Scopamène (Reverch. exsicc. ann. 1879 et ap. Rouy l. c.); Bonifacio (Seraf. ap. Bert. *Fl. it.* VII, 416 ; Kralik ex Rouy l. c.) et localité ci-dessous.

1907. — Clairières des maquis entre Cateraggio et Tallone, 20 m., 1 mai fl.!

Folioles planes ou les supérieures canaliculées ; inflorescence plutôt compacte ; lèvre inférieure du calice généralement 2–3denticulée; corolles relativement grandes, longues de (10–) 12–14 mm. Gousse large d'env. 8–12 mm., à semences relativement grosses.

β. Var. **reticulatus** Rouy, emend. $=$ *L. linifolius* Roth *Bot. Abhandl.* 14, tab. 5 (1787) $=$ *L. reticulatus* Desv. in *Ann. sc. nat.* 2me sér., III, 100 (1835); Gr. et Godr. *Fl. Fr.* I, 366 ; Coste *Fl. Fr.* I, 318 (excl. *L. cryptanthò*) ; Asch. et Graebn. *Syn.* VI, 2, 230 $=$ *L. angustifolius* forme *L. linifolius* et var. *reticulatus* Rouy *Fl. Fr.* IV, 194 (1897). — Exsicc. Soleirol n. 1355 ! ; Sieber sub : *L. angustifolius* ! ; Req. sub : *L. reticulatus* ! ; Burn. ann. 1904, n. 132 !

Hab. — Cap Corse (Sieber exsicc. cit.); Erbalunga (Gillot in *Bull. soc. bot. Fr.* XXIV, sess. extr. L); Bastia (André ann. 1856 ! ; Shuttl. *Enum.* 8 ; Pœverlein !); Calvi (Soleirol exsicc. cit. et ap. Gr. et Godr. *Fl. Fr.* I, 366) ; Corté (Kesselmeyer in h. Deless. !) ; Calacuccia (Lit. in *Bull. acad. géogr. bot.* XVIII, 126) ; Ajaccio (Req. exsicc. cit. et ap. Bert. *Fl. it.* X, 510 ; Mars. *Cat.* 43 ; Boullu in *Bull. soc. bot. Fr.* XXIV, sess. extr. XCVIII); Pozzo di Borgo (Briq. *Spic.* 39 et Burn. exsicc. cit.); Porto-Vecchio (Revel. in Bor. *Not.* II, 4) ; et localités ci-dessous.

1907. — Monte Asto, maquis à 1200 m., 15 mai fl.!; maquis de la vallée inf. de la Solenzara, 500 m., 3 mai fl.!

Folioles $\pm$ pliées-canaliculées (ce qui les fait paraître plus étroites); inflorescence souvent plus lâche; lèvre inférieure du calice souvent entière, parfois 2–3denticulée; corolles plus petites, longues de 8-12 mm. Gousse large de 7-10 mm., à semences plus petites.

Ce n'est pas sans hésitation que nous conservons la valeur de races à ces deux groupes. Les formes douteuses — l'ambiguïté portant tantôt sur l'un, tantôt sur l'autre des caractères indiqués, tantôt sur plusieurs de ceux-ci simultanément — sont si fréquentes, que leur distinction présente un caractère bien artificiel. Les caractères tirés de la couleur et de la disposition des marbrures sur les fruits varient à l'intérieur d'un seul et même légume (!) et ne sont d'aucun secours dans l'analyse : ils ne sont d'ailleurs pas concomitants avec ceux tirés de l'apparence générale et se modifient fortement au cours de la maturation des gousses et plus tard avec les années ! (voy. à ce sujet : Lowe *Fl. of Madeira* 597 et 598). Au surplus, M. Burnat a déjà attiré l'attention sur les contradictions des auteurs dans la définition des *L. angustifolius* et *linifolius* (*reticulatus*). Voy. Burnat *Fl. Alp. mar.* II, 78.

┼┼ γ. Var. **cryptanthus** Fiori et Paol. *Fl. anal. It.* II, 10 (1900) = *L. angustifolius* Lowe *Fl. Madeira* I, 597 (1868) = *L. cryptanthus* Shuttl. *Enum.* 8 (1872) = *L. angustifolius* forme *L. cryptanthus* Rouy *Fl. Fr.* IV, 195 (1897).

Hab. — Bastia (Kralik ex Rouy *Fl. Fr.* IV, 195 ; Shuttl. *Enum.* 8) ; Pozzo di Borgo (Coste in *Bull. soc. bot. Fr.* XLVIII, sess. extr. CXI) ; et localités ci-dessous.

1909. — Cap Corse : maquis en montant de Pino au col de Santa Lucia, 300 m., 26 avril, fl.! — Aulnaie à l'embouchure de la Solenzara, 7 mai fl. !

Folioles inférieures planes, les supérieures souvent canaliculées ; fleurs réunies au nombre de 4-8 au sommet de l'axe principal ou des branches et presque entièrement cachées par les feuilles ; lèvre inférieure du calice obscurément tridenticulée ; corolle petite, longue de ┼-10 mm., promptement caduque, parfois même avant de s'épanouir, par l'agrandissement subit du légume, et dans ce cas reproduction cleistogamique. Légume large d'env. 12 mm. — Cette curieuse race est connue — outre la Corse — du midi de la France!, du Maroc (selon M. Rouy) et de Madère (Lowe).

SPARTIUM L. emend.

899. **S. junceum** L. *Sp.* ed. 1, 708 (1753) ; Gr. et Godr. *Fl. Fr.* I, 347 ; Rouy *Fl. Fr.* IV, 239 ; Coste *Fl. Fr.* I, 294 ; Asch. et Graebn. *Syn.* VI, 2, 235. — Exsicc. Kralik n. 525 !

Hab. — Maquis et baies des étages inférieur et montagnard. 1-800 m. Mai-juin. ⚥. Très abondant par places, mais pas partout. Commun au Cap Corse : Erbalunga (Gillot in *Bull. soc. bot. Fr.* XXIV, sess. extr. LI) ; Ortale (Fouc. et Sim. *Trois sem. herb. Corse* 138) ; Cardo (Gillot op. cit. LVI) ; Bastia (Salis in *Flora* XVII, Beibl. II, 53 ; Kralik exsicc. cit.) ; Mab. ap. Mars. *Cat.* 41 ; Gillot op. cit. XLII) ; et de Bastia à Biguglia (Boullu op. cit. LXIII ; Gysperger in Rouy *Rev. bot. syst.* II, 110) ; sur la côte occidentale à Patrimonio (Fouc. et Sim. l. c. 138 ; Thellung in litt.) ; sur la côte orientale dans les maquis entre Alistro et Aleria ! ; dans l'intérieur entre Corté et Vivario ! jusqu'à env. 800 m. ; env. de Bocognano

(Rikli *Bot. Reisestud. Kors.* 45) ; aux env. d'Ajaccio (Req. *Cat.* 11 ; Rotgès in litt.) ; à Casone et Notre-Dame-de-Lorette (Mars. l. c.) ; env. de Bonifacio (Seraf. ex Bert. *Fl. it.* VII, 328 ; Revel. ex Mars. l. c.; Lutz in *Bull. soc. bot. Fr.* XLVIII, sess. extr. CXXXIX; Boy. *Fl. Sud Corse* 58 ; et divers autres observateurs).

GENISTA L. emend.

G. monosperma Lamk *Encycl. méth.* II, 616 (1786) = *Spartium monospermum* L. *Sp.* ed. 1, 703 (1753) = *Retama monosperma* Boiss. *Voy. Esp.* II, 144 (1839) ; Willk. et Lange *Prodr. fl. hisp.* III, 418.

Espèce ibérique et marocaine indiquée en Corse par Burmann (*Fl. Cors.* 247), d'après Jaussin, absolument étrangère à la flore de l'île.

900. **G. argentea** Noulet *Fl. bass. sous-pyr.* 146 (1837) ; Scheele in *Flora* XXVI, 438 (1843) ; Burn. *Fl. Alp. mar.* II, 52 ; Rouy *Fl. Fr.* IV, 222 = *Cytisus argenteus* L. *Sp.* ed. 1, 740 (1753) ; Coste *Fl. Fr.* I, 304 = *Argyrolobium Linnaeanum* Walp. in *Linnaea* XIII, 508 (1839) ; Asch. et Graebn. *Syn.* VI, 2, 233 = *Argyrolobium argenteum* Willk. et Lange *Prodr. fl. hisp.* III, 464 (1877) ; non Eckl. et Zeyh.

Hab. — Garigues rocheuses de l'étage inférieur. Calcicole. Avril-mai. ♃. Localisé dans le bassin calcaire de St-Florent. « Habui... ex Corsica a *Lanzari* a Soleirolio » (Bert. *Fl. it.* VII, 564) ; nous n'arrivons pas à déterminer exactement l'emplacement de cette localité) ; rochers de Farinole (Rotgès !) ; et localité ci-dessous.

1907. — Cap Corse : Mt S. Angelo de St-Florent, rochers, calc., 200–300 m., 24 avril jeunes fl. !

Cette rare espèce avait déjà été signalée en Corse par Burmann (*Fl. cors.* 223).

901. **G. ephedroides** DC. *Mém. Légum.* (VI), 210, t. 36 (1825) et *Prodr.* II, 147 ; Moris *Fl. sard.* I, 407 ; Gr. et Godr. *Fl. Fr.* I, 350 ; Rouy *Fl. Fr.* IV, 221 ; Coste *Fl. Fr.* I, 299 = *Spartium gymnopterum* Viv. *App. fl. cors. prodr.* 6 (1825) = *G. gymnoptera* Dub. *Bot. gall.* 1008 (1830).

Hab. — Rochers maritimes. Avril-mai. ♃. « In rupibus maritimis Corsicae » (Viv. *App. fl. cors. prodr.* 6 et ap. Bert. *Fl. it.* VII, 332) ; Cap Corse (Boullu in *Ann. soc. bot. Lyon* XXIV, 67) ; « à San-Pietro » (Sivard, 1835, in herb. Mus. Paris ex Rouy *Fl. Fr.* IV, 221).

Cette espèce est rarissime en Corse et n'y a pas été revue depuis fort longtemps. Les indications de Viviani et de Boullu sont vagues. La localité de Sivard qu'a publiée M. Rouy ne peut pas être identifiée avec certitude. Marsilly a dit de ce Genêt (*Cat.* 42) : « Je ne l'ai jamais vu ; mais j'ai aperçu, en avril 1866, dans la falaise au-dessous du fort de Girolata, un genêt presqu'entièrement défleuri, croissant par petites touffes, à folioles linéaires étroites, à fleurs en têtes terminales, et je n'ai pu l'atteindre. » Il est assez probable qu'il s'agissait là du *G. ephedroides,* et cette indication devrait servir de point de départ pour des recherches nouvelles.

G. interrupta Steud. *Nom. bot.* ed. 2, I, 670 (1841) = *Spartium interruptum* Cav. in *Ann. cienc. nat.* IV, 58 (1801) = *G. triacanthos* Brot. *Fl. lus.* II, 89 (1804).

Indiqué en Corse par Viviani (*Fl. cors. diagn.* 12) ; c'est là une espèce ibérique complètement étrangère à la flore de l'île.

† 902. **G. germanica** L. *Sp.* ed. 1, 710 (1753) ; Gr. et Godr. *Fl. Fr.* I, 356 ; Rouy *Fl. Fr.* IV, 224 ; Coste *Fl. Fr.* I, 298 ; Asch. et Graebn. *Syn.* VI, 2, 245.

Hab. — Clairières marécageuses des maquis de l'étage inférieur. Calcifuge. Avril-mai. ♃. Jusqu'ici avec certitude seulement la localité suivante :

1907. — Maquis marécageux entre Ste-Lucie et Ste-Trinité, 500 m., 7 mai fl. !

Ce *Genista* avait déjà été vaguement indiqué en Corse par Burmann (*Fl. Cors.* 227), puis par Gussone (ex Bert. *Fl. it.* VII, 362), mais n'avait été revu par personne. — La plante corse appartient à la var. **typica** Fiori et Paol. [*Fl. anal. It.* II, 20 (1900)], à rameaux pourvus de nombreuses épines trifides sous les pousses annuelles.

903. **G. corsica** DC. *Fl. fr.* V, 548 (1815) ; Spach in *Ann. sc. nat.* sér. 3, II, 108 ; Gr. et Godr. *Fl. Fr.* I, 355 ; Rouy *Fl. Fr.* IV, 228 ; Coste *Fl. Fr.* I, 297 = *Spartium corsicum* Lois. *Fl. gall.* ed. 1, II, 440 (1807) ; Bert. *Fl. it.* VII, 339. — Exsicc. Soleirol n. 1386 ! et 1387 ! ; Thomas sub : *G. corsica* ! ; Req. sub : *G. corsica* ! ; Kralik sub : *G. corsica* ! ; Bourg. n. 95 ! ; Mab. n. 15 ! ; Debeaux ann. 1867 sub : *G. corsica* ! et ann. 1868, n. 64 ! ; Reverch. ann. 1878, 1879 et 1885, n. 60 ! ; Burn. ann. 1900, n. 39 ! et ann. 1904, n. 121 !

Hab. — Maquis et garigues des étages inférieur et montagnard, 1-1050 m. Mars-mai. ♃. Répandu et abondant dans l'île entière.

1906. — Cap Corse : maquis entre Luri et Meria, 6 juill. fr. !

1907. — Cap Corse : M⁺ S. Angelo près St-Florent, rochers et garigues, 250 m., calc., 24 avril fl. ! — Garigues entre la station et le village de Pietralba, 400 m., 14 mai fl. ! ; garigues entre Alistro et Bravone, 10 m., 30 avril fl. ! ; défilé de l'Inzecca, maquis rocheux, 300-600 m., 9 mai fl. !

Espèce particulière à la Corse et à la Sardaigne, éminemment voisine du *G. Scorpius*, dont elle est au premier abord difficile à distinguer nettement. Le caractère de la carène aussi longue que l'étendard dans le *G. corsica*, plus courte que lui dans le *G. Scorpius*, laisse souvent dans l'embarras, vu la faible différence de longueur que présentent fréquemment ces deux organes dans le *G. Scorpius*. Les feuilles inférieures trifoliolées du *G. corsica* opposées aux feuilles toutes simples du *G. Scorpius* ne sont pas non plus d'un grand secours, car le plus souvent, tant dans les herbiers que dans la nature, les feuilles inférieures fugaces font défaut. Un critère bien supérieur — que Salis, avec sa sagacité habituelle, a le premier mis en évidence (in *Flora* XVII, Beibl. II, 53) — est tiré de l'organisation de l'inflorescence. Dans le *G. Scorpius*, les fleurs naissent par fascicules d'un bourgeon situé à la partie supérieure des ramuscules épineux ; les épines sont florifères, et par leur réunion forment au sommet des rameaux une inflorescence ± thyrsoïdale. Au contraire, dans le *G. corsica*, les fleurs naissent d'un bourgeon placé au-dessous du point d'insertion du ramuscule épineux. Ce bourgeon donne naissance soit à une fleur solitaire, soit (cas de beaucoup le plus fréquent) à un ramuscule très grêle, souvent flexueux, portant 2-4 fleurs ± espacées. Les épines ne sont pas normalement florifères, et l'inflorescence qui en résulte est plus irrégulière et plus lâche. — Les différences que l'on a indiquées dans les semences (olivâtres dans le *G. Scorpius*, noires dans le *G. corsica*) sont fallacieuses et paraissent tenir, en partie du moins, à l'état de maturité plus ou moins parfait dans lequel on les étudie. Nous avons été induit en 1905 (*Spic. cors.* 33) à rapporter au *G. Scorpius* d'incontestables *G. corsica* d'après la couleur olivâtre et nullement noire de leurs graines. En revanche, un caractère qui a été négligé jusqu'à présent, et qui peut rendre de bons services, réside dans le légume. Chez le *G. corsica*, la suture postérieure est verruqueuse-ondulée, parfois très fortement, au moins dans la partie supérieure du légume. Dans la *G. Scorpius*, la suture est lisse ou très indistinctement verruculeuse.

Les jeunes pousses florifères sont toujours couvertes de poils apprimés ascendants. C'est sur cet état qu'est basé le *G. corsica* β *pubescens* DC. [*Prodr.* II, 148 (1825)].

G. Scorpius DC. *Fl. fr.* IV, 498 (1805) ; Gr. et Godr. *Fl. Fr.* I, 354 ; Rouy *Fl. Fr.* IV, 227 ; Coste *Fl. Fr.* I, 297 ; Asch. et Graebn. *Syn.* VI, 2, 248 = *Spartium Scorpius* L. *Sp.* ed. 1, 708 (1753) = *Genista spiniflora* Lamk *Fl. fr.* II, 614 (1778).

Cette espèce provençale, ibérique et baléarique a été vaguement indiquée en Corse par Viviani (*Fl. Cors. diagn.* 12), et cette donnée a été dès lors fréquemment reproduite. Marsilly (*Cat.* 42) a précisé en signalant le *G. Scorpius* dans les sables maritimes de Calvi. M. Fliche a dit de cette plante (in *Bull. soc. bot. Fr.* XXXVI, 360) : « Dans les dunes de Calvi, cette espèce est plus feuillée, plus grêle que sur le continent ; par le dernier caractère elle se rapproche du *G. corsica* ». Cette phrase implique un doute qui est pour nous entièrement justifié. Nous n'avons jamais vu le *G. Scorpius* authentique en Corse et n'osons jusqu'à nouvel ordre le faire figurer dans la flore insulaire.

904. G. Lobelii DC. *Fl. fr.* IV, 499 (1805) et *Prodr.* II, 148 ; Spach in *Ann. sc. nat.* sér. 3, III, 111 (1845) ; Willk. et Lange *Prodr. fl. hisp.* III, 431 ; Rouy *Fl. Fr.* IV, 229 ; Briq. *Spic. cors.* 33-39, fig. 1 et 2 ; Coste *Fl. Fr.* I, 297 = *Spartium erinaceoides* Lois. *Fl. gall.* ed. 1, II, 441 (1807) ; Bert. *Fl. it.* VII, 336 = *G. aspalathoides* Moris *Fl. sard.* 1, 405, tab. XXX (1837) ; Gr. et Godr. *Fl. Fr.* I, 354 ; Asch. et Graebn. *Syn.* VI, 2, 249 ; non Lamk, nec Boiss. = *G. aspalathoides* β *Lobelii* et γ *Salzmanni* Fiori et Paol. *Fl. anal. It.* II, 22 (1900). — Exsicc. Soleirol n. 9 ! ; Salzmann sub : *G. umbellata* ! ; Thomas sub : *G. Lobelii* ! ; Req. sub : *G. Salzmanni* ! ; Kralik n. 526 ! et 527 ! ; Mab. n. 359 ! ; Debeaux sub : *G. Lobelii* ! ; Reverch. ann. 1878, 1879 et 1885, n. 61 ! ; Magnier Fl. sel. n. 2952 ! ; Burn. ann. 1900, n. 123 ! ; Burn. ann. 1904, n. 122 !, 123 !, 124 !, 125 !, 126 ! et 127 !

Hab. — Garigues, principalement de l'étage montagnard dont il est un des types les plus caractéristiques, s'élevant jusqu'à 2000 m. ; çà et là dans l'étage inférieur, parfois jusqu'au bord de la mer dans les sables des rivières. Mars-août, suivant l'alt. ♃. Répandu et abondant dans l'île entière.

1906. — Pentes arides sur le versant N.-W. du Mt Incudine, 1700 m., 18 juill. fl. !

1908. — Pentes arides entre les bergeries de Ceppo et le lac Nino, 1700 m., 28 juin fl. !

1910. — Vallée sup. d'Asinao, garigues, 1600 m., 24 juill. fl. !

1911. — Montagne de Cagna : Pointe de Compolelli, garigue montagnarde, 1000-1377 m., 5 juill. fl. !

Nous avons montré en détail en 1905 (l. c.) que le *G. Lobelii* doit être nettement distingué du *G. aspalathoides* Lamk, ainsi que l'avaient affirmé auparavant Spach et M. Rouy. Le *G. Lobelii* se distingue du *G. aspalathoides*, outre son port, par la lèvre inférieure du calice plus large, profondément tridentée, à sinus atteignant du $\frac{1}{3}$ à la $\frac{1}{2}$ de la hauteur du labiole (faiblement tridentée, à sinus ne dépassant pas le $\frac{1}{4}$ de la hauteur du labiole dans le *G. aspalathoides*), et le stigmate unilatéral interne (bilatéral, à cheval sur le sommet du style dans le *G. aspalathoides* !). L'aire du *G. Lobelii* comprend l'Espagne, le midi de la France, la Ligurie, l'Etrurie, la Corse, Elbe [1], la Sardaigne et la Sicile. Le *G. aspala-thoides* est localisé sur les rochers littoraux en Algérie et en Tunisie, et ne touche l'Europe qu'à l'île de Pantellaria. Il est regrettable que la confusion relative à ces deux espèces ait été perpétuée par MM. Ascheison et Graebner.

Le *G. Lobelii* offre une apparence assez variable. Dans les étages montagnard et surtout subalpin, c'est un arbrisseau nain, haut de 20–50 cm., à rameaux très nombreux, épais relativement à la petite taille des individus, enchevêtrés, tortueux, à épines très valides, à fleurs peu nombreuses réunies vers le sommet des rameaux florifères. C'est là le *G. Lobelii* var. *confertior* Briq. *Spic. cors.* 39 (1905) = *G. Lobelii* DC. l. c., sensu stricto = *G. aspalathoides* var. *confertior* Moris *Fl. sard.* I, 405 (1837); Boiss. *Voy. Esp.* II, 146; Gr. et Godr. *Fl. Fr.* I, 354 = *G. aspalathoides* var. *Lobelii* Asch. et Graebn. *Syn.* VI, 2, 250 (1907). A mesure que l'on descend vers l'étage inférieur, l'arbrisseau devient plus élevé, dépasse 50 cm., atteint 1 m., parfois même un peu plus, les rameaux sont plus allongés, plus droits, moins enchevêtrés, à épines lâches, les florifères à fleurs plus nombreuses et plus espacées. C'est alors le *G. Lobelii* var. *Salzmanni* Spach in *Ann. sc. nat.*, sér. 3, III, 112 (1845); Briq. *Spic. cors.* 38 = *G. Salzmanni* DC. *Mém. Légum.* (VI), 211 (1825) et *Prodr.* II, 147; Salis in *Flora* XVII, Beibl. II, 53 = *G. umbellata* Lois. *Fl. gall.* ed. 2, II, 106 (1828) = *G. aspalathoides* Moris *Fl. sard.* I, 405 (1837), sensu stricto = *G. aspalathoides* var. *genuina* Gr. et Godr. *Fl. Fr.* I, 354 (1848) = *G. Lobelii* forme *G. Salzmanni* Rouy *Fl. Fr.* IV, 230 (1897) = *G. aspalathoides* var. *Salzmanni* Asch. et Graebn. *Syn.* VI, 2, 250 (1907). — Il est facile de se rendre compte sur le terrain que ces deux états extrêmes sont en rapport avec le milieu et qu'ils sont reliés par une foule de transitions. Ce ne sont pas là des races. Les ramuscules et les feuilles dans leur jeunesse fortement pubescents-soyeux, ce qui donne à cette époque une apparence blanchâtre (var. *incudinensis* Briq. olim) aux buissons mamillaires de la forme *confertior*, mais ce n'est là aussi qu'un état.

G. triquetra L'Hérit. *Stirp. nov.* 183, et tab. 88 ined. (1785); Willd. *Sp. pl.* III, 938.

Espèce restée douteuse (voy. Burnat *Fl. Alp. mar.* II, 61, note) indiquée par L'Héritier à l'île Palmaria près de Gênes. Par suite d'une erreur difficilement explicable, Willdenow a indiqué la Corse au lieu de Palmaria comme lieu d'origine du *G. triquetra*.

G. pilosa L. *Sp.* ed. 1, 710 (1753); Gr. et Godr. *Fl. Fr.* I, 351; Rouy *Fl. Fr.* IV, 232; Coste *Fl. Fr.* I, 301; Asch. et Graebn. *Syn.* VI, 2, 265.

Cette espèce a été indiquée aux environs de Bonifacio par M. Boyer (*Fl. Sud Corse* 59). Le *G. pilosa* existe au voisinage de la Corse au Monte Argentaro et à Elbe, mais il n'a, à notre connaissance, été rencontré en Corse par aucun botaniste. Nous n'osons admettre le *G. pilosa* comme plante corse jusqu'à plus ample informé.

[1] Et non pas Capraia, comme nous l'avons dit par erreur en 1905.

CYTISUS L. emend.

905. **C. monspessulanus** L. *Sp.* ed. 1, 740 (1753) ; Briq. *Etud. Cytis.* 141 ; Asch. et Graebn. *Syn.* VI, 2, 297 = *Genista candicans* L. *Amoen. acad.* IV, 284 (1759) ; Gr. et Godr. *Fl. Fr.* I, 358; Rouy *Fl. Fr.* IV, 217 ; Coste *Fl. Fr.* I, 299 = *C. candicans* DC. *Fl. fr.* IV, 504 (1805) = *Teline candicans* Webb in Webb et Berth. *Phyt. canar.* II, 36 (1836-50).

Hab. — Clairières des maquis ou maquis clairs, garigues rocheuses. Mars-juill. ♃. — En Corse les trois variétés suivantes :

α. Var. **umbellulatus** Briq. *Etud. Cyt.* 141 (1894) = *Teline candicans* var. *umbellulata* Webb in Webb et Berth. *Phyt. canar.* II, 36 (1836-1850) = *C. candicans* Willk. et Lange *Prodr. fl. hisp.* III, 452 (1877). — Exsicc. Thomas sub : *Genista candicans* ! ; Sieber sub : *Genista candicans* ! ; Soleirol sub : *C. candicans* ! ; Kralik n. 528 ! ; Mab. n. 112 ! ; Debeaux ann. 1868 sub : *Genista candicans* ! ; Reverch. ann. 1879, n. 211 !

Hab. — Répandue et abondante dans l'île entière.

1906. — Cap Corse : maquis entre les Marines de Luri et de Meria, 6 juill. fr. ! (f. *subsericea*).

1907. — Cap Corse : garigues à Marinca, 26 avril fl. (f. *subsericea*) ! — Garigues entre Bravone et Alistro, 10 m., 30 avril fl. (f. *subsericea*) ; garigues à Santa Manza, 10 m., 6 mai fl. (f. *subsericea*) !

1911. — Maquis à Togna près Sari-de-Portovecchio, 250 m., 2 juill. fl. fr. (f. *calvula*) !

Jeunes rameaux pourvus d'un indument apprimé court, mêlé à des poils plus longs, plus lâches, souvent un peu étalés. Folioles obovées-allongées, obtuses-apiculées au sommet, le plus souvent glabrescentes ou même glabres en dessus à la fin, pourvues en dessous d'un indument apprimé ± dense, mêlé à des poils lâches plus longs. Fleurs pseudo-ombellulées vers l'extrémité des ramuscules latéraux feuillés. Pédicelles densément pourvus de poils apprimés-ascendants. Calice soyeux-pubescent, à poils apprimés-ascendants courts mêlés à des poils plus lâches et plus longs ± abondants. Corolle médiocre, à étendard dépassant de 0,7-0,8 mm. l'orée du calice. Légume densément velu, à indument blanchâtre ou rufescent, ± crépu-étalé.

Les jeunes pousses apicales stériles de l'année ont des feuilles beaucoup plus grandes que celles des rameaux fructifères. Dans certains échantillons les feuilles ont un indument très court (f. *calvula*), dans d'autres l'indument est plus abondant [f. *subsericea* = *Genista candicans* var. *Colmeiri* Rouy *Fl. Fr.* IV, 218 (1897) quoad pl. cors. = *C. monspessulanus* var. *Colmeiroi* Asch. et Graebn. *Syn.* VI, 2, 298 (1907), quoad pl.

16

cors.], mais ces variations nous paraissent caractériser des individus
(parfois même des rameaux !) et non pas des races. — Le *C. monspessulanus* var. *Colmeiroi* Briq. [*Etud. Cytis.* 141 (1894) = *C. candicans* var. *Colmeiroi* Willk. in *Bot. Zeit.* V, 427 (1847)], de Catalogne, est caractérisé par
rapport aux rameaux microphylles des échantillons à indument abondant de la var. *umbellulatus*, par « pedunculis calycibusque patule hirsu-
tissimis » (Willk. l. c.). Postérieurement, Willkomm (in Willk. et Lange
Prodr. fl. hisp. III, 453) a vaguement indiqué en Corse sa var. *Colmeiroi*
(« β. quoque in Corsica »), et M. Rouy a attribué à cette variété des échantillons du Languedoc, de Provence et de Corse. Mais aucun des échantillons cités par M. Rouy que nous avons avons examinés, ne présentent
des pédoncules et calices densément hérissés de poils étalés selon la
formule de Willkomm. Nous ne pouvons donc pas reconnaître dans ces
échantillons la plante de Catalogne, laquelle manque aux herbiers de
Genève.

†† β. Var. **cinerascens** Briq., var. nov.

Hab. — Jusqu'ici seulement la localité suivante :

1906. — Cap Corse : ravins de la Tour de l'Osse au nord de Bastia,
maquis, 4 juill. fl. fr. !

Frutex elatus, ramis juvenilibus praeter indumentum breve parcum,
laxe longiuscule et patule pilosis. Foliola quam in var. praecedente
latius obovata, supra atro-viridia, laxe patule pubescentia, subtus laxe,
longiuscule molliter pubescentia. Inflorescentia ut in var. α. Pedicelli
calicesque dense sericeo-pubescentia. Corolla ut in var. α. Legumen
dense albo-hirsutum.

Tandis que la var. α est ± pubescente-soyeuse, celle-ci est pubescente-
hirsute. C'est une race qui se retrouvera probablement en bien d'autres
points de la Corse ; nous l'avons vue des environs de Naples et de l'île
d'Ischia, où vient d'ailleurs aussi la var. α.

†† γ. Var. **Burnatii** Briq., var. nov. — Exsicc. Burn. ann. 1904,
n. 129 !

Hab. — Lancone, entre Biguglia et le col San Stefano (Briq. *Spic.* 39
et Burn. exsicc. cit.).

Praecedenti habitu et quoad characteres vegetativos affinis. Rami
juveniles virgati, indumento adpresso brevi parcissimo, pilis patulis
mollibus crebris hirsutuli. Foliola sat ample obovata, sordide virentia,
supra parce pilis sparsis longis praedita, subtus pilis patulis laxis mollibus sat crebris praedita. Inflorescentia ut in var. praecedentibus. Pedicelli calicesque prorsus sericeo-pubescentia. Corolla major, calicis os
10-12 mm. excedens, vexillo ampliori. Legumina desunt.

Remarquable par la grandeur des fleurs, caractère qui rapproche
beaucoup cette variété de la var. *Kunzeanus* Briq. [*Etud. Cytis.* 142 (1894)
= *Genista eriocarpa* Kunze in *Flora* XXIX, 737 (1846) ; non Boiss. = *C.
Kunzeanus* Willk. in Willk. et Lange *Prodr. fl. hisp.* III, 452 (1880)] du

midi de l'Espagne et du Maroc, aussi grandiflore, mais ériocarpe, à rameaux et feuilles finement pubescents-soyeux. A rechercher.

906. C. scoparius Link *Enum. hort. berol.* II, 241 (1822) ; Briq. *Etud. Cytis.* 146 = *Spartium scoparium* L. *Sp.* ed. 1, 709 (1753) = *Genista scoparia* Lamk *Encycl. méth.* II, 623 (1786) ; Rouy *Fl. Fr.* IV, 204 ; non Chaix = *Sarothamnus vulgaris* Wimm. *Fl. Schles.* ed. 1, 278 (1832) ; Gr. et Godr. *Fl. Fr.* I, 348 = *Sarothamnus scoparius* Wimm. ap. Koch *Syn.* ed. 1, 152 (1837) ; Coste *Fl. Fr.* I, 294 ; Asch. et Graebn. *Syn.* VI, 2, 289. — Exsicc. Burn. ann. 1904, n. 128 !

Hab. — Châtaigneraies, lisière des maquis jusque dans l'étage montagnard, descendant sur les terrains sableux du littoral. Calcifuge. Avril-mai. ♃. Répandu au sud-est de St-Florent. St-Florent (Mab. ex Mars. *Cat.* 42) ; Castagniccia (Salis in *Flora* XVII, Beibl. II, 54), en particulier aux env. d'Orezza (Gillot in *Bull. soc. bot. Fr.* XXIV, sess. extr. LXXVI) ; Calvi (Mars. l. c.) ; Vico (Req. *Cat.* 14) ; Bocognano (Req. l. c.; Mars. l. c.; Rikli *Bot. Reisestud. Kors.* 45 ; Ellman et Jahandiez in litt.) ; pont de la Gravone sous Tavera (Briq. *Spic.* 39 et Burn. exsicc. cit.) ; et de là aux env. d'Ajaccio (Req. l. c.; Blanc in *Bull. soc. bot. Lyon* 2me sér., XI, 8) ; Cauro (Req. l. c.) ; col de St-Georges (Mars. l. c.) ; Bastelica (Mars. l. c.); descente du col de Verde sur Zicavo (Briq. not. mss.); Quenza (Revel. ex Mars. l. c.); et localités ci-dessous.

1906. — Châtaigneraies entre Zicavo et la Chapelle de S. Pietro, 800 m., 10 juill. fr. !

1907. — Châtaigneraies en montant de Ghisoni au col de Sorba, 800–900 m., 10 mai fl. !

Les échant. corses appartiennent à la var. **genuinus** Briq. [*Etud. Cytis.* 146 (1894)], à folioles obovées, à style cilié. Erigés dans les châtaigneraies, les buissons deviennent couchés sur les sables des dunes balayés par le vent [*Genista scoparia* var. *maritima* Rouy *Fl. Fr.* IV, 204), modification stationnelle très inconstante. Fliche (in *Bull. soc. bot. Fr.* XXXVI, 359) a mis en doute l'indigénat du *C. scoparius* à Calvi parce que cette espèce « a été répandue largement, par voie artificielle, pour fixer les dunes ». Mais — à part la distribution artificielle — le *C. scoparius* descend sans aucun doute spontanément le long des rivières jusqu'à la mer.

C. multiflorus Sweet *Hort. britann.* ed. 1, 112 (1827) ; Briq. *Etud. Cytis.* 154 ; Asch. et Graebn. *Syn.* VI, 2, 300 = *Genista alba* Lamk *Encycl. méth.* II, 622 (1786) = *Spartium multiflorum* Ait. *Hort. kew.* ed. 3, 1, 11 (1789) = *Spartium album* Desf. *Fl. atl.* II, 132 (1798-1800) = *C. albus* Link *Enum. hort. berol.* II, 241 (1822) : non Hacq. (1790) = *Genista multiflora* Spach in

Ann. sc. nat. sér. 3, III, 155 (1845) = *Spartocytisus albus* C. Koch *Dendrol.* I, 31 (1869).

Cultivé dans les jardins. Deux individus subspontanés, âgés de 6-8 ans, dans les maquis à côté du château de Pozzo di Borgo (Sagorski! mai 1908, in *Mitt. thür. bot. Ver.* XXVII, 46).

907. **C. triflorus** L'Hérit. *Stirp. nov.* 184 (1785) ; Gr. et Godr. *Fl. Fr.* I, 361 ; Briq. *Etud. Cytis.* 157 ; Coste *Fl. Fr.* I, 304 ; Asch. et Graebn. *Syn.* VI, 2, 304 ; non Lamk = *C. nigricans* L. *Mant.* II, 444 (1771); non L. *Sp.* ed. 1 (1753) = *Genista triflora* Rouy *Fl. Fr.* IV, 208 (1897). — Exsicc. Soleirol n. 1368 ! ; Salzmann sub : *C. triflorus* ! ; Req. sub : *C. triflorus* ! ; Kralik n. 529 ! ; Mab. n. 113 ! ; Burn. ann. 1904, n. 130 ! et 131 !

Hab. — Maquis, surtout de l'étage inférieur, 1-800 m. Mars-mai. ♃. Répandu et abondant dans l'île entière.

1907. — Cap Corse : maquis à Marinca, 26 avril fl.! ; maquis sur le versant E. du col de Teghime, 500 m., 23 avril fl.!

LABURNUM Medik.

L. vulgare Griseb. *Spic. fl. rumel.* 7 (1843) ; Briq. *Etud. Cytis.* 124 ; Rouy *Fl. Fr.* IV, 199 = *Cytisus Laburnum* L. *Sp.* ed. 1, 739 (1753) ; Gr. et Godr. *Fl. Fr.* I, 359 ; Coste *Fl. Fr.* I, 303 = *Laburnum laburnum* Asch. et Graebn. *Syn.* VI, 2, 271 (1907).

Cultivé çà et là dans les bosquets, planté au voisinage de la maison forestière de Tartagine, nulle part spontané en Corse.

ULEX L.

908. **U. europaeus** L. *Sp.* ed. 1, 244 (1753) ; Gr. et Godr. *Fl. Fr.* I, 344 ; Rouy *Fl. Fr.* IV, 240 ; Rikli in *Bull. soc. bot. suisse* VIII, 4 ; Coste *Fl. Fr.* I, 292 ; Asch. et Graebn. *Syn.* VI, 2, 284.

Hab. — Garigues de l'étage inférieur. Mars-avril. ♃. Calcifuge. Disséminé et paraissant manquer dans le sud de l'île. Cap Corse à Pietra Corbara (Mab. ex Mars. *Cat.* 41) ; env. de Bastia (Salis in *Flora* XVII, Beibl. II, 53 ; Soleirol ex Bert. *Fl. it.* VII, 367) ; Novella (Rotgès in litt.) ; Castagniccia (Salis l. c.), en particulier aux env. d'Orezza (Gillot in *Bull. soc. bot. Fr.* XXIV, sess. extr. LXXVI) ; couvent de Vico (Mars. l. c.) ; entre Vico et Guagno (Mars. l. c.) ; env. de Sagone (Req. *Cat.* 14 ; Mars. l. c.).

Nous avons aussi vu l'*U. europaeus* au pied de la chaîne de Tende entre Ponte alla Leccia et Pietralba. La plante corse appartient à la var. **genuinus** Rouy [= *U. europaeus* forme *U. europaeus* var. *genuinus* Rouy *Fl. Fr.* IV, 241 (1897) = *U. europaeus* var. *typicus* C. K. Schneid. *Handb. Laubholzk.* II, 58 (1907)], robuste, fortement et longuement épineux.

CALYCOTOME Link

909. **C. spinosa** Link *Enum. hort. berol.* II, 225 (1822) ; Gr. et Godr. *Fl. Fr.* I, 346 ; Rouy *Fl. Fr.* IV, 248 emend.; Coste *Fl. Fr.* I, 293 ; Asch. et Gräebn. *Syn.* VI, 2, 277 = *Spartium spinosum* L. *Sp.* ed. 1, 997 (1753) = *Cytisus spinosus* DC. *Fl. fr.* IV, 503 (1805) = *C. spinosa* subsp. *spinosa* Burn. *Fl. Alp. mar.* II, 57 (1896). — Exsicc. Thomas sub : *C. spinosa* ! ; Soleirol n. 1369 ! ; Mab. n. 110 ! ; Burn. ann. 1904, n. 119 !

Hab. — Maquis des étages inférieur et montagnard, 1-800 m. Mars-avril. ♃. Répandu, mais bien moins fréquent et abondant que l'espèce suivante. Erbalunga (Gillot in *Bull. soc. bot. Fr.* XXIV, sess. extr. LI) ; Bastia (Salis in *Flora* XVII, Beibl. II, 53 ; Mars. *Cat.* 41 ; Gillot op. cit. XLI) ; Serra di Pigno (Mab. exsicc. cit. ; Billiet in *Bull. soc. bot. Fr.* XXIV, sess. extr. LXVIII) ; col de Teghime (Thellung in litt.) ; Biguglia (Boullu in *Bull. soc. bot. Fr.* XXIV, sess. extr. LXIII) ; entre Olmetta et Oletta (Briq. *Spic.* 33 et Burn. exsicc. cit.) ; St-Florent (ex Gr. et Godr. *Fl. Fr.* I, 346) ; de Ponte alla Leccia à Belgodère (Mars. l. c. ; Fouc. et Sim. *Trois sem. herb. Corse* 138) ; Calvi (Soleirol exsicc. cit. et ap. Bert. *Fl. it.* VII, 343 ; Fouc. et Sim. l. c.) ; Cargèse (Lutz in *Bull. soc. bot. Fr.* XLVIII, sess. extr. CXXXIV) ; env. d'Ajaccio (ex Gr. et Godr. l. c. ; Boullu in *Bull. soc. bot. Fr.* XXIV, sess. extr. LXXXIX ; Blanc in *Bull. soc. bot. Lyon*, sér. 2, XI, 7) ; Bonifacio (Boy. *Fl. Sud Corse* 52) ; et localité ci-dessous.

1906. — Cap Corse : maquis entre les Marines de Luri et de Meria, 6 juill. fr. !

910. **C. villosa** Link in Schrad. *Neu. Journ. Bot.* II, 2, 51 (1808); Gr. et Godr. *Fl. Fr.* I, 347 ; Coste *Fl. Fr.* I, 293 = *Spartium villosum* Poir. *Voy. Barb.* II, 207 (1789) = *Cytisus lanigerus* DC. *Fl. fr.* IV, 504 (1805) = *C. spinosa* subsp. *villosa* Burn. *Fl. Alp. mar.* II, 57 (1896) ; Rouy *Fl. Fr.* IV, 249. — Exsicc. Thomas sub : *Cytisus lanigerus* ! ; Salzmann sub : *Cytisus lanigerus* ! ; Req. sub : *C. lanigerus* ! ; Soleirol n. 1367 ! ; Mab.

n. 111 ! ; Debeaux ann. 1867 et 1868, sub : *C. villosa* ! ; Burn. ann. 1900, n. 1 ! et 2 ! ; Soc. Rochel. n. 4857 ! ; Burn. ann. 1904, n. 120 !

Hab. — Maquis des étages inférieur et montagnard, 1-800 m. Mars-mai. 5. Répandu et abondant dans l'île entière.

1906. — Cap Corse : maquis entre les Marines de Luri et de Meria, 6 juill. fr. !

1907. — Maquis de la Pointe de l'Aquella, 200 m., 4 mai fl. !

1911. — Descente de Sari sur Cala d'Oro, maquis, 200 m., 2 juill. fr. !

Espèce facile à distinguer de la précédente par les rameaux et épines densément pubescents-tomentelleux, à microptères plus nombreux, les bractées arrondies et obscurément trilobées (trifides ou tripartites dans l'espèce précédente), le légume longuement velu-laineux, à suture inférieure étroitement ailée. La longueur absolue des épines est très variable, les variantes (var. *genuina* Rouy l. c. et *macracantha* Rouy l. c.) pouvant d'ailleurs s'observer sur les divers rameaux d'un seul et même individu.

ERINACEA Adans.

E. Anthyllis Link *Handb.* II, 156 (1831) = *Anthyllis Erinacea* L. *Sp.* ed. 1, 720 (1753) = *E. pungens* Boiss. *Voy. Esp.* II, 145 (1839-45) ; Gr. et Godr. *Fl. Fr.* I, 345 ; Rouy *Fl. Fr.* IV, 247 ; Coste *Fl. Fr.* I, 292 = *Erinacea erinacea* Asch. et Graebn. *Syn.* VI, 2, 270 (1907).

Indiqué vaguement en Corse par Viviani (*Fl. Cors. diagn.* 13). Cette espèce de Tunisie, d'Algérie et de la péninsule ibérique, dont l'aire se termine dans les Pyrénées orientales, est étrangère à la flore de l'île.

ONONIS L.

914. O. spinosa L. *Sp.* ed. 1, 716 (1753), ampl. ; Burn. *Fl. Alp. mar.* II, 83 = *O. vulgaris* Rouy *Fl. Fr.* IV, 268 (1897).

Un examen renouvelé des groupes de l'*O. spinosa* nous confirme entièrement dans les conclusions auxquelles nous avions abouti il y a treize ans dans un travail inédit dont certaines parties ont été englobées par M. Burnat dans sa *Flore des Alpes maritimes*. L'unité ou groupe spécifique *O. spinosa* ne peut être rompue sans donner une idée inexacte des rapports de ses parties constituantes, ainsi que l'a dit M. Burnat (*Fl. Alp. mar.* II, 84) et ainsi que l'a confirmé M. Rouy, sous une forme différente (*Fl. Fr.* IV, 268). Malgré le progrès incontestable apporté à la connaissance de plusieurs races par le travail consciencieux de MM. Ascherson et Graebner (*Syn.* VI, 2, 344-355), nous ne pouvons approuver la résolution du groupe en 4 espèces opérée par ces auteurs.

I. Subsp. **antiquorum** Briq. = *O. antiquorum* L. *Sp.* ed. 2, 1006
(1763); Asch. et Graebn. *Syn.* VI, 2, 353 = *O. spinosa* var. *glabra* DC.
Prodr. II, 163 = *O. spinosa* var. *antiquorum* Arc. *Comp. fl. it.* ed. 1, 157
(1882) = *O. vulgaris* forme *O. antiquorum* Rouy *Fl. Fr.* IV, 272 (1897).

Plante non stolonifère. Tige à indument de développement variable,
mais généralement sans localisation linéaire nette le long des entrenœuds, à ramuscules très épineux. Folioles petites, ± étroitement
oblongues, ± pubescentes-glanduleuses. Fleurs petites, à corolle longue
de 6-10 mm., n'atteignant pas ou dépassant à peine l'extrémité des dents
calicinales.

†† α. Var. **pungens** Briq. = *O. antiquorum* L. l. c. sensu stricto = *O. ma-*
cracantha Clarke *Trav. ottom. emp.* II, 354 (1813-16) ex Spreng. *Neue*
Entdeck. III, 151 (1822); non Bernh. (1835) = *O. pungens* Pomel *Nouv.*
mat. fl. atl. 166 (1860) = *O. antiquorum* var. *genuina* Rouy *Fl. Fr.* IV, 272
(1897) = *O. antiquorum* var. *pungens* Asch. et Graebn. *Syn.* VI, 2, 354
(1907).

Plante glabrescente, à glandes foliaires très brièvement stipitées, à
rameaux blanchâtres, glabrescents à la fin, à calice pourvu de glandes
stipitées courtes, rares et caduques, presque glabre à la maturité.

Race orientale et africaine (Maroc!, Algérie!, Chypre!, Crète!, Rhodes!,
Karpathos!, Grèce!, Dalmatie!), qui manque totalement (d'après les matériaux des herbiers de Genève) en Italie, en Sicile et dans l'archipel toscan. Elle a été indiquée à Bastia (Kralik ex Rouy *Fl. Fr.* VI, 273), mais
nous ne pouvons accepter cette indication sans nouvelle vérification :
nous ne connaissons de Corse et de Sardaigne que la variété suivante.

Cette race a donné lieu à des contestations dues à une détermination
inexacte de Freyn. Ce dernier auteur [in *Verh. zool.-bot. Gesellsch. Wien*
XXVII, 304 (1878)] a désigné sous le nom d'*O. antiquorum* une forme de
la sous-esp. *legitima* (*O. spinosa* L. sensu strictiore), ainsi qu'en font foi
les originaux de Freyn de l'herbier Burnat que nous avons sous les yeux.
Par contre, l'*O. antiquorum* Vis. de Dalmatie était identifié par Freyn
avec l'*O. leiosperma* Boiss. Cette opinion a pour elle les termes de la
diagnose donnée par Visiani pour l'*O. antiquorum* [« seminibus laevibus » : Vis. *Fl. dalm.* III, 273 (1852)], mais il convient de faire remarquer
que l'on rencontre en Dalmatie deux *Ononis* différents de ce groupe,
lesquels ont tous deux été distribués sous le nom d'*O. antiquorum*. L'un
(distribué par Petter!) possède des fruits à semences nettement verruculeuses et appartient à la var. *pungens* ; l'autre (distribué par Pichler
ap. Kern. fl. exsicc. austro-hung. n. 1237!) est caractérisé par des semences
lisses [ce qu'a déjà vu M. Pospichal (*Fl. österr. Küstenl.* II, 353)], et paraît
bien appartenir au groupe de l'*O. leiosperma* Boiss. sensu lato. — Quant
à l'*O. antiquorum* L. (non alior.), il ne saurait y avoir de doute sur sa
signification. Il est en effet basé sur l'*Anonis legitima antiquorum* de
Tournefort (*Coroll. inst. rei herb.* 26), dont nous avons retrouvé un original dans la collection Burmann de l'herbier Delessert : or, cet original appartient certainement à l'*O. spinosa* subsp. *antiquorum* var. *pungens* !

Cette constatation rend caduque la note de M. Burnat (*Fl. Alp. mar.* II, 83) identifiant l'*O. antiquorum* L. avec l'*O. leiosperma* Boiss.

On ne peut conserver à cette race le nom qui lui a été donné par M. Rouy (l. c.), parce que cet auteur a décrit deux variétés *genuina* différentes à l'intérieur de la même espèce (*O. vulgaris*) et parce que le terme *genuina* se trouverait être appliqué à une race différente de l'*O. spinosa* L. type, sensu stricto (*Règl. nom. bot.* art. 29 et 51, 4°).

β. Var. **confusa** Burn. *Fl. Alp. mar.* II, 85 (1896) = *O. antiquorum* Moris *Fl. sard.* I, 424 (1837) ; Gr. et Godr. *Fl. Fr.* I, 374 (1848) = *O. campestris* var. *confusa* Loret *Fl. Montp.* éd. 1, 154 (1876) = *O. vulgaris* forme *O. antiquorum* var. *transiens* Rouy *Fl. Fr.* IV, 272 (1897) = *O. antiquorum* var. *glandulifera* Halacs. *Consp. fl. græc.* I, 349 (1900) = *O. antiquorum* var. *confusa* Asch. et Graebn. *Syn.* VI, 2, 354 (1907), p. p., excl. syn. Freynii ! — Exsicc. Mab. n. 360 ! ; Debeaux ann. 1868 sub : *O. antiquorum* ! ; Reverch. ann. 1880, n. 366 ! ; Burn. ann. 1904, n. 133 !

Hab. — Garigues des étages inférieur et montagnard, s'élevant parfois jusque dans l'étage subalpin, 1-1500 m. Mai–juill. ♃. Répandue. Vallon du Fango (Gillot in *Bull. soc. bot. Fr.* XXIV, sess. extr. LIV) ; Sainte-Lucie (Mab. exsicc. cit.) ; Bastia (Mab. ex Mars. *Cat.* 43 ; Debeaux exsicc. cit.) et de là à Folelli (Gillot op. cit. LXXIII) ; Sᵗ-Florent (Mab. ap. Mars. l. c.) ; Ponte alla Leccia (Lit. *Voy.* I, 3) et de là à Belgodère (Mars. l. c.) ; Ile Rousse (N. Roux in *Bull. soc. bot. Fr.* XLVIII, sess. extr. CXLV) ; Corté (Kesselmeyer ! in herb. Deless.) ; vallée de Tavignano (Mars. l. c.) ; env. de Calacuccia, jusqu'au-dessus de Lozzi (Lit. *Voy.* II, 6 et in *Bull. acad. géogr. bot.* XVIII, 126) ; Evisa (Sagorski in *Mitt. thür. bot. Ver.* XXVII, 46) ; entre Cristinacce et le col de Sevi (Briq. *Spic.* 39 et Burn. exsicc. cit.) ; et localités ci-dessous.

1906. — Cap Corse : garigues près de Morsiglia, 7 juill. fl. ! — Cistaies entre Novella et le col de S. Colombano, 500 m., 10 juill. fl.! ; talus entre Tralonca et Sᵗᵃ-Lucia-di-Mercurio, 700-800 m., 30 juill. fl. ! ; bords de la route près du Tavignano entre Corté et Sermano, 350 m., 28 juill. fl. !

1908. — Pietralba, garigues, 450 m., fl.! ; Olmi, garigues, 800-900 m., 6 juill. fl. !

Diffère de la précédente par les feuilles et les rameaux pourvus de glandes assez longuement stipitées ± abondantes. Calice lâchement hérissé-glanduleux.

Cette race n'est pas seulement caractéristique pour la Corse et la Sardaigne, mais se retrouve en Provence !, Italie ! et en Grèce ! MM. Ascherson et Graebner l'indiquent encore en Istrie et en Croatie. Mais ce que nous avons vu de ces régions sous le nom d'*O. antiquorum* (env. de

Pola : Freyn !, Untschj in Dörfl. herb. norm. n. 3284 !), appartient à la sous-esp. *legitima* et s'écarte notablement de la var. *confusa* par des fleurs à corolle bien plus grande, longue de 10-14 mm., dépassant régulièrement et assez longuement les dents calicinales. Les rameaux rougeâtres, moins grêles, à indument plus localisé en lignes, lui donnent d'ailleurs un port particulier.

γ. Var. **hirsuta** Briq. = *O. diacantha* Sieb. ap. Reichb. *Pl. crit.* I, 9, tab. 14 (1823) ; Spreng. *Syst.* III, 178 ; Halacs. *Consp. fl. græc.* I, 348 = *O. antiquorum* var. *hirsuta* Raulin *Descr. Crète* 736 (1869) = *O. antiquorum* var. *lanata* Heldr. *Fl. Cephal.* 31 (1883).

Diffère de la précédente par les fleurs plus petites, l'apparence cendrée, les rameaux finement et mollement subtomenteux, les feuilles et calices grisâtres, couvertes d'un indument dense très court mélangé à des glandes brièvement stipitées et des poils étalés plus longs. — Race jusqu'ici spéciale aux îles de Crète, Cythère et Céphalonie [1], que nous mentionnons ici par comparaison et parce qu'elle a été confondue avec les précédentes.

II. Subsp. **l e g i t i m a** Briq. = *O. spinosa* L. *Sp.* ed. 1, 716 (1753) ; excl. var. β ; Wallr. *Sched. crit.* 379 ; Koch *Syn.* ed. 2, 173 ; Asch. et Graebn. *Syn.* VI. 2, 351 = *O. spinosa* β *spinosa* L. *Sp.* ed. 2, 1006 (1763) = *O. arvensis* L. *Syst.* ed. 12, 473 (1766) ; non L. *Syst.* ed. 10 = *O. legitima* Delarbre *Fl. Auv.* 446 (1797) = *O. campestris* Koch et Ziz *Cat. Palat.* 22 (1814) ; Gr. et Godr. *Fl. Fr.* I, 373 = *O. vulgaris* forme *O. campestris* Rouy *Fl. Fr.* IV, 273 (1897).

Plante non stolonifère. Tige à indument tendant à une localisation 1-2linéaire, à rameaux latéraux généralement épineux. Folioles oblongues ou obovées, plus grandes en général que dans la sous-espèce précédente, finement glanduleuses. Fleurs relativement grandes, longues de 12-20 mm., à corolles dépassant longuement les dents calicinales. Fruits et semences plus volumineux que dans la sous-esp. I.

δ. Var. **spinosa** L. *Sp.* ed. 2, 1006 (1763) ; Burn. *Fl. Alp. mar.* II, 84 = *O. vulgaris* forme *O. campestris* var. *genuina* Rouy *Fl. Fr.* IV, 274 (1897) = *O. spinosa* A *typica* a *genuina* Asch. et Graebn. *Syn.* VI, 2, 352 (1907).

Plante lâchement épineuse. Folioles médiocres, oblongues ou étroitement oblongues.

Cette race a été indiquée aux env. de Bastia par Salis (in *Flora* XVII, Beibl. II, 54), mais seulement « de souvenir » (avec le signe †) et par M. Boyer (*Fl. Sud Corse* 59) aux env. de Bonifacio. Il est à peu près certain que ces deux indications se rapportent à l'*O. spinosa* subsp. *antiquorum* var. *confusa*, abondant aux env. de Bastia et de Bonifacio, et que ces auteurs ne mentionnent pas. M. Sagorski (in *Mitt. thür. bot. Ver.*

[1] Indiquée aussi à Zante par Margot et Reuter (*Fl. Zante* 38), mais l'échant. de Margot qui existe dans l'herbier Burnat appartient à une variété de la sous-esp. *legitima*.

XXVII, 56) dit avoir vu l'*O. spinosa* en compagnie de l'*O. antiquorum* var. *confusa* près d'Evisa, mais sans préciser de quelle forme il s'agit.

ζ. Var. **intermedia** Briq. = *O. intermedia* C. A. Mey. ex Becker in *Bull. soc. nat. Moscou*, ann. 1852, I, 28 = *O. vulgaris* forme *O. intermedia* Rouy *Fl. Fr.* IV, 271 (1897) = *O. repens* subsp. *intermedia* Asch. et Graebn. *Syn.* VI, 2, 350 (1907).

D'après les échantillons originaux de Becker (de Sarepta, Russie méridionale) que nous avons étudiés, l'*O. intermedia* représente une des nombreuses formes intermédiaires entre les *O. spinosa* (*legitima*) et *O. procurrens*, non ou faiblement spinescent, à indument peu ou pas localisé linéairement sur les entrenœuds, mais non stolonifère, à calice couvert d'une pubescence apprimée très courte, avec quelques poils étalés plus longs subéglanduleux, et remarquable par la petitesse relative des fleurs, qui sont longues de 10-12 mm. et rassemblées en épis ± denses à l'extrémité des rameaux. L'*O. intermedia* paraît être mal connu des botanistes russes, car nous avons pu examiner des plantes très dissemblables distribuées sous ce nom. — L'*O. intermedia* Beck. a été signalé à « Saint-Pierre » (leg. Kralik) par M. Rouy (*Fl. Fr.* IV, 272). Nous ne pouvons que reproduire cette indication se rapportant à une localité insuffisamment précisée (il existe plusieurs San Pietro), en engageant nos successeurs à porter leur attention sur ce groupe d'*Ononis*. Nous n'avons vu l'*O. intermedia* que du sud de la Russie (M. Rouy l'indique, outre la Corse, en Istrie, et MM. Ascherson et Graebner en Italie).

III. Subsp. **procurrens** Briq. = *O. procurrens* Wallr. *Sched. crit.* 381 (1882) = *O. procurrens* var. *arvensis* Gr. et Godr. *Fl. Fr.* 1, 374 (1848) = *O. vulgaris* forme *O. procurrens* Rouy *Fl. Fr.* IV, 269 (1897) = *O. repens* subsp. *procurrens* Asch. et Graebn. *Syn.* VI, 2, 345 (1907).

Plante stolonifère. Tige à indument ± également réparti, à rameaux latéraux le plus souvent inermes. Folioles oblongues-obovées, arrondies ou tronquées, généralement très glanduleuses. Fleurs grandes, longues de 15-20 mm., à corolle dépassant longuement les dents calicinales. Fruits et semences à peu près comme dans la sous-esp. II. — Cette sous-espèce a été signalée aux env. de Bastia par Salis (in *Flora* XVII, Beibl. II, 54), mais « de souvenir » (avec le signe †). Cette indication isolée reste très douteuse.

912. O. serrata Forsk. *Fl. aeg.-arab.* 130 (1775) ; Gr. et Godr. *Fl. Fr.* I, 375 ; Boiss. *Fl. or.* II, 63 ; Rouy *Fl. Fr.* IV, 267 ; Coste *Fl. Fr.* I, 312. — En Corse seulement la sous-espèce suivante :

Subsp. **diffusa** Rouy *Fl. Fr.* IV, 268 (1897) = *O. diffusa* Ten. *Fl. nap. prodr.* 41 (1811) et *Fl. nap.* IV, 100 et V, 98, tab. 169 ; Willk. et Lange *Prodr. fl. hisp.* III, 398 ; Debeaux *Notes pl. méd.* 13 = *O. villosissima* Lois. *Nouv. Not.* 31 (1827) et *Fl. gall.* ed. 2, II, 112 ; non Desf. =

O. serrata var. *major* Boiss. *Fl. or.* II, 59 (1872) p. p. = *O. serrata* β *diffusa* Fior. et Paol. *Fl. anal. It.* II, 26 (1900). — Exsicc. Soleirol n. 191 !; Mab. n. 361 !; Debeaux ann. 1868 sub : *O. serrata* !, et 1869 sub : *O. diffusa* !

Hab. — Sables maritimes. Avril-mai. ①. Assez rare. De Bastia à Biguglia, surtout à la Renella (Salis in *Flora* XVII, Beibl. II, 55 ; Mab. ex Mars. *Cat.* 43 et exsicc. cit. ; Debeaux exsicc. cit. ; Shuttl. *Enum.* 9 ; Boullu in *Bull. soc. bot. Fr.* XXIV, sess. extr. LXVI ; Sargnon in *Ann. soc. bot. Lyon* VI, 66) ; Ostriconi (Soleirol exsicc. cit. et ap. Gr. et Godr. *Fl. Fr.* I, 173) ; Aleria (ex Gr. et Godr. l. c.) ; Bonifacio (ex Gr. et Godr. l. c.).

Diffère de la sous-esp. **eu-serrata** Briq. (= *O. serrata* Forsk. sensu stricto) par le calice à dents plus largement lancéolées, à la fin même ovées-tr angulaires et longuement acuminées, 5-7nerviées à la base, 3nerviées jusque vers le sommet, $^1/_2$ à 1 fois plus longues (3-4 mm.) que le tube (2-3 mm.) et la corolle plus grande. Dans la sous-esp. *eu-serrata*, les dents sont plus étroites, 3-5nerviées à la base, moins longuement trinerviées sous le sommet, et beaucoup plus longues (3-4 mm.) que le tube (1-2 mm.). — En général, la sous-esp. *diffusa* est plus robuste et à folioles plus larges, mais plusieurs de nos échant. corses n'en diffèrent pas à ce point de vue. Les formes douteuses dans l'ensemble de l'aire justifient la réduction de l'*O. diffusa* Ten. au rang de sous-espèce.

913. **O. alopecuroides** L. *Sp.* ed. 1, 717 (1753) ; Viv. *Fl. cors. diagn.* 12 ; Gr. et Godr. *Fl. Fr.* I, 378 ; Rouy *Fl. Fr.* IV, 266 ; Coste *Fl. Fr.* I, 312 ; Asch. et Graebn. *Syn.* VI, 2, 356. — Exsicc. Kralik n. 531 !

Hab. — Garigues herbeuses de l'étage inférieur. Mai-juin. ①. Calcicole. Très rare. Corté (Graves in herb. Deless. !) ; Bonifacio (Seraf. in Viv. *Fl. cors. diagn.* 13 et ap. Bert. *Fl. it.* VII, 372 ; Kralik exsicc. cit. ; Revel. ex Mars. *Cat.* 43).

914. **O. mitissima** L. *Sp.* ed. 1, 717 (1753) ; Viv. *Fl. cors. diagn.* 13 ; Gr. et Godr. *Fl. Fr.* I, 377 ; Rouy *Fl. Fr.* IV, 265 ; Coste *Fl. Fr.* I, 312 ; Asch. et Graebn. *Syn.* VI, 2, 357. — Exsicc. Kralik n. 400 !

Hab. — Garigues de l'étage inférieur. Mai-juin. ①. Calcicole. Rare. Entre Patrimonio et Farinole (Rotgès !) ; au-dessus de Santa-Manza (Revel. ap. Mars. *Cat.* 43) ; Bonifacio (Seraf. ap. Viv. *Fl. cors. diagn.* 113 et Bert. *Fl. it.* VII, 374 ; de Pouzolz ap. Lois. *Fl. gall.* ed. 2, II, 112 ; Req. in Kralik exsicc. cit.) ; indiqué en outre — probablement à tort — par Boullu, d'après « des vieux souvenirs trop vagues », aux env. d'Ajaccio (in *Bull. soc. bot. Fr.* XXIV, sess. extr. XCVIII).

915. **O. variegata** L. *Sp.* ed. 1, 717 (1753); Gr. et Godr. *Fl. Fr.* I, 375; Rouy *Fl. Fr.* IV, 274; Coste *Fl. Fr.* I, 313 = *O. aphylla* Lamk *Encycl. méth.* I, 509 (1783). — Exsicc. Thomas sub : *O. variegata* ! ; Soleirol n. 1347! ; Mab. n. 116 !

Hab. — Sables maritimes. Mai-juin. ①. Disséminé le long de la côte orientale. Abondant de Bastia à Biguglia (Salis in *Flora* XVII, Beibl. II, 54; Bernard ex Gr. et Godr. *Fl. Fr.* I, 376 ; Mab. ex Mars. *Cat.* 43 et exsicc. cit.; Boullu in *Bull. soc. bot. Fr.* XXIV, sess. extr. LXVI ; Fliche in *Bull. soc. bot. Fr.* XXXVI, 360 ; et nombreux autres observateurs); Aleria (Soleirol ap. Bert. *Fl. it.* VII, 386 et Gr. et Godr. l. c. et exsicc. cit.) ; sur la côte occidentale à Galeria (Soleirol selon Rouy *Fl. Fr.* IV, 275); et localité ci-dessous.

1911. — Sables maritimes entre l'étang d'Urbino et le marais d'Erbarossa, 20 juin fl. fr. !

916. **O. minutissima** L. *Sp.* ed. 1, 717 (1753); Gr. et Godr. *Fl. Fr.* I, 377; Rouy *Fl. Fr.* IV, 277; Coste *Fl. Fr.* I, 315; Asch. et Graebn. *Syn.* VI, 2, 360. — Exsicc. Sieber sub : *O. minutissima* ! ; Soleirol n. 1352! ; Kralik n. 529 a !

Hab. — Garigues de l'étage inférieur. Avril-juin. ♃. Calcicole. Rare. Mont S. Angelo de St-Florent (Soleirol ap. Bert. *Fl. it.* VII, 385 et exsicc. cit.) ; env. de Bonifacio (Seraf. ex Bert. l. c.; Salis in *Flora* XVII, Beibl. II, 54; Sieber exsicc. cit.; Kralik exsicc. cit.; Mars. *Cat.* 43 ; Fouc. et Sim. *Trois sem. herb. Corse* 138 ; et nombreux autres observateurs); indiqué en outre — probablement à tort — aux env. d'Ajaccio par Boullu (in *Bull. soc. bot. Fr.* XXIV, sess. extr. XCVIII), mais d'après des « vieux souvenirs vagues ».

On a distingué à l'intérieur de cette espèce deux formes. Dans l'une [var. *genuina* Rouy *Fl. Fr.* IV, 278 (1897) ; Asch. et Graebn. *Syn.* VI, 2, 361] les feuilles florales sont relativement] longues et non dépassées par les dents calicinales, dans l'autre [*O. barbata* Cav. *Ic.* II, 12, tab. 153 (1793) = *O. minutissima* var. *calycina* Willk. et Lang. *Prodr. fl. hisp.* III, 401 (1877) ; Rouy l. c. = *O. minutissima* B *barbata* Asch. et Graebn. *Syn.* VI, 2, 361 (1907)] les feuilles florales sont moins développées et dépassées par les dents calicinales. On trouve très souvent des formes douteuses entre ces deux états extrêmes que nous ne pouvons envisager comme des variétés.

† 917. **O. pusilla** L. *Syst.* ed. 10, II, 1159 (1759); Fior. et Paol. *Fl.*

anal. It. II, 28 ; Schinz et Thell. in *Bull. herb. Boiss.* 2ᵐᵉ sér., VII, 188 ;
Schinz et Kell. *Fl. Suisse* éd. fr. I, 321 = *O. Columnae* All. *Syn. meth.
hort. Taur.* 77 (1774) et *Fl. ped.* I, 318, tab. 20, fig. 3 ; Gr. et Godr. *Fl.
Fr.* I, 376 ; Rouy *Fl. Fr.* IV, 276 ; Coste *Fl. Fr.* I, 315 ; Asch. et Graebn.
Syn. VI, 2, 359 = *O. subocculta* Vill. *Prosp.* 41 (1779) et *Hist. pl. Dauph.*
I, 255 = *O. parviflora* Lamk *Encycl. méth.* I, 510 (1783) ; non Thunb.
= *O. minutissima* Jacq. *Fl. austr.* III, 23, tab. 240 (1775) ; non L. =
O. Cherleri Bert. *Fl. it.* VII, 382 (1847) ; non L.

Hab. — Garigues herbeuses de l'étage inférieur. Mai–juin. ♃. Calcicole. Signalé seulement aux env. de Bonifacio (Boy. *Fl. Sud Corse* 59).
A rechercher.

La présence de cette espèce de l'Europe méridionale est très vraisemblable en Corse, car elle se rencontre à Elbe et en Sardaigne, ainsi que
dans les parties voisines de l'Italie. — Ainsi que l'a dit Richter (*Codex
Linn.* 699), l'*O. pusilla* L. du *Systema Naturae* ed. 10 est sùrement l'espèce
décrite plus tard par Allioni sous le nom d'*O. Columnae.* La confusion que
Linné a faite ensuite de l'*O. pusilla* avec l'énigmatique *O. Cherleri* L.
[signalé en Corse par Burmann (*Fl. Cors.* 237)] ne change rien à la signification de la diagnose primitive. Nous suivons donc MM. Fiori et Paoletti, Schinz et Keller, en reprenant le nom linnéen princeps.

L'*O. pusilla* se distingue de l'*O. minutissima* par la pubescence glanduleuse, les stipules ovées-lancéolées dépassées par le pétiole (et non
pas linéaires-sétacées plus longues que le pétiole), les feuilles florales
notablement plus développées, les dents calicinales linéaires-lancéolées
(bien moins longuement subulées au sommet que dans l'*O. minutissima*).

918. **O. Natrix** L. *Sp.* ed. 1, 717 (1753) ; Gr. et Godr. *Fl. Fr.* I, 369 ;
Boiss. *Fl. or.* II, 58 ; Rouy *Fl. Fr.* IV, 255 ; Coste *Fl. Fr.* I, 314 ; Asch.
et Graebn. *Syn.* VI, 2, 363, ampl.

Hab. — Garigues de l'étage inférieur et sables maritimes. Avril–
juin. Rare. ♃. — En Corse les sous-espèces suivantes :

† I. Subsp. **eunatrix** Asch. et Graebn. *Syn.* VI, 2, 363 (1907) =
O. Natrix L. l. c. ; Rouy l. c. ; sensu stsicto.

Hab. — Sᵗ-Florent (Soleirol ex Bert. *Fl. it.* VII, 394).

Feuilles toutes trifoliolées, sauf les supérieures réduites à 1 foliole, à
folioles égales ou subégales. Fleurs grandes, en grappes allongées ; dents
calicinales aiguës ou subaiguës au sommet.
Les échant. de Soleirol appartiennent selon M. Rouy à la var. **major**
Boiss. [*Voy. Esp.* I, 149 (1839-45) ; Rouy op. cit. 256 ; Asch. et Graebn. *Syn.*
VI, 2, 363 = *O. Natrix* var. *genuina* Gr. et Godr. *Fl. Fr.* I, 369 (1848)], à

tige dressée, très visqueuse, à pédoncules égalant les feuilles, à corolle très grande, d'un jaune doré.

II. Subsp. **inaequalifolia** Asch. et Graebn. *Syn.* VI, 2, 364 (1907) = *O. inaequalifolia* Salis in *Flora* XVII, Beibl. II, 54 (1834) ; Bert. *Fl. it.* VII, 388 (1847) ; non DC. (1825) = *O. Natrix* var. *b* Mut. *Fl. fr.* I, 238 (1834) = *O. Natrix* var. *inaequalifolia* Gr. et Godr. *Fl. Fr.* I, 369 (1848) = *O. Natrix* forme *O. inaequalifolia* Rouy *Fl. Fr.* VI, 257 (1897) = *O. Natrix* β *inaequalifolia* Fior. et Paol. *Fl. anal. It.* II, 28 (1900). — Exsicc. Soleirol n. 1348 !

Hab. — Garigues rocheuses. Paraît localisée sur le versant occidental du Cap Corse. Farinole (Rotgès !) ; Patrimonio (Salis in *Flora* XVII, Beibl. II, 54 et ap. Bert. *Fl. it.* VII, 388) ; St-Florent (Soleirol exsicc. cit. et ap. Mut. l. c.) ; et localité ci-dessous.

1907. — Cap Corse : garigue rocheuse entre la Marine de Negro et Nonza, 25 avril fl. !

Feuilles inférieures et moyennes à 5–7 folioles, réunies en deux groupes, à folioles souvent inégales. Fleurs médiocres, en grappes allongées ; dents calicinales obtusiuscules au sommet. — Sous-espèce du bassin occidental de la Méditerranée, atteignant en Corse et en Sardaigne sa limite orientale.

† III. Subsp. **ramosissima** Briq. = *O. ramosissima* Desf. *Fl. atl.* II, 142, tab. 186 (1800) ; Gr. et Godr. *Fl. Fr.* I, 370 ; Coste *Fl. Fr.* I, 315 ; Asch. et Graebn. *Syn.* VI, 2, 365 = *O. Natrix* var. *ramosissima* Vis. *Fl. dalm.* III, 276 (1852) ; Fior. et Paol. *Fl. anal. It.* II, 28 = *O. Natrix* forme *O. ramosissima* Rouy *Fl. Fr.* IV, 258 (1897).

Hab. — Garigues littorales, sables maritimes. Corse, sans indication de localité (Soleirol ex Moris *Fl. sard.* I, 412). A rechercher.

Diffère des sous-espèces précédentes par la tige très rameuse, les feuilles trifoliolées à folioles plus minces, relativement étroites, caduques, les fleurs sensiblement plus petites à dents calicinales plus courtes, plus étroites, ± subulées. — Cette sous-espèce n'a pas été retrouvée depuis l'époque de Soleirol, mais il n'y a pas lieu de mettre en doute l'indication de Moris, attendu que l'*O. Natrix* subsp. *ramosissima* abonde sur plusieurs points de la Provence, de l'Italie et de la Sardaigne.

919. **O. ornithopodioides** L. *Sp.* ed. 1, 718 (1753) ; Gr. et Godr. *Fl. Fr.* I, 373 ; Rouy *Fl. Fr.* IV, 263 ; Coste *Fl. Fr.* I, 313 ; Asch. et Graebn. *Syn.* VI, 2, 370. — Exsicc. Thomas sub : *O. ornithopodioides* ! ; Soleirol n. 7 !

Hab. — Garigues littorales. Avril-mai. ①. Rare. Bastia (ex Gr. et Godr. *Fl. Fr.* I, 373 ; Boullu in *Ann. soc. bot. Lyon* XXIV, 67) ; Ostriconi (Soleirol ex Bert. *Fl. it.* VII, 397) ; Ile Rousse (Soleirol exsicc. cit.) ; Bonifacio (Salis in *Flora* XVII, Beibl. II, 54).

920. O. reclinata L. *Sp.* ed. 2, 1011 (1763) ; Gr. et Godr. *Fl. Fr.* I, 372 ; Rouy *Fl. Fr.* IV, 264 ; Coste *Fl. Fr.* I, 313 ; Asch. et Graebn. *Syn.* VI, 2, 371 = *O. Cherleri* Desf. *Fl. atl.* II, 148 (1800) ; vix L. = *O. laxiflora* Viv. *Fl. cors. diagn.* 13 (1824) ; non Desf.

Hab. — Garigues et rocailles de l'étage inférieur. Avril-mai. ①. — En Corse les variétés suivantes :

α. Var. **Linnaei** Webb et Berth. *Phyt. canar.* II, 26 (1836-50) ; Rouy *Fl. Fr.* IV, 264 ; Asch. et Graebn. *Syn.* VI, 2, 372 = *O. reclinata* var. *genuina* Gr. et Godr. *Fl. Fr.* I, 372 (1848). — Exsicc. Req. sub : *O. reclinata* ! ; Kralik n. 530 !

Hab. — Assez répandue. Cap Corse (Boullu in *Ann. soc. bot. Lyon* XXIV, 67) ; Porticciolo (Fouc. et Sim. *Trois sem. herb. Corse* 138) ; Erbalunga (Gillot in *Bull. soc. bot. Fr.* XXIV, sess. extr. LI) ; env. de Bastia (Salis in *Flora* XVII, Beibl. II, 54 ; Mab. ex Mars. *Cat.* 43) ; Ile Rousse (ex Gr. et Godr. *Fl. Fr.* I, 372) ; Calvi (Fouc. et Sim. l. c.) ; vallée du Fiumalto (Gillot in *Bull. soc. bot. Fr.* XXIV, sess. extr. LXXV) ; îles Sanguinaires (ex Gr. et Godr. l. c. ; Boullu in *Bull. soc. bot. Fr.* XXIV, sess. extr. LXXXVIII ; Le Grand ibid. XXXVII, 19) ; Ajaccio (Boullu in *Ann. soc. bot. Lyon* XXIV, 67) ; Bonifacio (Seraf. ex Viv. *Fl. cors. diagn.* 13 ; Req. exsicc. cit. et ap. Mars. *Cat.* 43 ; Kralik exsicc. cit. ; Lutz in *Bull. soc. bot. Fr.* XLVIII, sess. extr. CXXXIX ; Boy. *Fl. Sud Corse* 59) ; et localités ci-dessous.

1907. — Garigues entre Port de Favone et Sta-Lucia, 10 m., 4 mai fl. ! ; rocailles de la Pointe de l'Aquella, 250-370 m., calc., 4 mai fl. !

Pédoncule aussi long ou plus long que le calice. Corolle atteignant env. ou dépassant les dents calicinales. Légume faisant saillie hors du calice.

† β. Var. **inclusa** Rouy *Fl. Fr.* IV, 264 (1897) ; Asch. et Graebn. *Syn.* VI, 2, 372 = *O. inclusa* Bert. *Fl. it.* VII, 382 (1847) ; non Pourr.

Hab. — Bastia (Kralik ex Rouy *Fl. Fr.* IV, 265) ; Ostriconi (Soleirol ex Bert. *Fl. it.* VII, 382).

Pédoncule très court ou plus court que le calice. Corolle n'atteignant pas les dents calicinales. Légume plus court que le calice.

† γ. Var. **minor** Moris *Fl. sard.* I, 422 (1837); Gr. et Godr. *Fl. Fr.* I, 372; Rouy *Fl. Fr.* IV, 265; Asch. et Graebn. *Syn.* VI, 2, 372 = *O. mollis* Savi in *Mem. soc. it.* IX, 351, tab. 8 (1802); Bert. *Fl. it.* VII, 380 = *O. reclinata* var. *Fontanesii* Webb et Berth. *Phyt. canar.* II, 28 (1836-50) = *O. pilosa* Bartl. in Bartl. et Wendl. *Beitr. Bot.* II, 77 (1825). — Exsicc. Sieber sub : *O. reclinata* ; Soleirol n. 1346 !

Hab. — Cap Corse (Soleirol ex Mut. *Fl. fr.* I, 236); Bastia (Soleirol ex Mut. l.c. ; Rotgès !) ; Ostriconi (Soleirol exsicc. cit. et ap. Mut. l.c. et Bert. *Fl. it.* VII, 381) ; Calvi (Soleirol ex Mut. l. c.) ; îles Sanguinaires (Sieber exsicc. cit.); Bonifacio (Req. ex Bert. op. cit. X, 509); Stefani ! ; Pœverlein !).

Fleurs petites. Pédoncule plus long que le calice. Corolle n'atteignant pas les dents calicinales. Fruit mûr un peu plus long que le calice. — Ces trois formes ne pourront conserver la valeur de races qu'après de nouvelles observations (voy. aussi Asch. et Graebn. l. c.).

TRIGONELLA L.

† 921. **T. monspeliaca** L. *Sp.* ed. 1, 777 (1753) ; Gr. et Godr. *Fl. Fr.* I, 397 ; Rouy *Fl. Fr.* V, 47 ; Coste *Fl. Fr.* I, 330 ; Asch. et Graebn. *Syn.* VI, 2, 385. — Exsicc. Soleirol n. 1231 !

Hab. — Garigues de l'étage inférieur. Avril-juin. ①. Très rare ou passé inaperçu. Calvi (Soleirol exsicc. cit. et ap. Bert. *Fl. it.* VIII, 249). A rechercher.

MEDICAGO L.

922. **M. lupulina** L. *Sp.* ed. 1, 779 (1753) ; Gr. et Godr. *Fl. Fr.* I, 383 ; Urb. in *Verh. bot. Ver. Brandenb.* XV, 52, t. I, fig. 2 ; Rouy *Fl. Fr.* V, 8 ; Coste *Fl. Fr.* I, 321 ; Asch. et Graebn. *Syn.* VI, 2, 393.

Hab. — Garigues et rocailles des étages inférieur et montagnard. Avril.-juin. ① - ♃. Assez rare ou peu observé.

α. Var. **typica** Urb. in *Verh. bot. Ver. Brandenb.* XV, 52 (1873) ; Asch. et Graebn. *Syn.* VI, 2, 394.

Hab. — Erbalunga (Gillot in *Bull. soc. bot. Fr.* XXIV, sess. extr. L) ; de Bastia à Biguglia (Salis in *Flora* XVII, Beibl. II, 54 ; Mab. ex Mars. *Cat.* 44) ; Patrimonio (Thellung in litt.); col de S. Quilico près de Soveria

(Fouc. et Sim. *Trois sem. herb. Corse* 138) ; Ghisoni, au hameau de Rosse (Rotgès in litt.) ; Bonifacio (Mars. l. c.) ; et localités ci-dessous.

1907. — Cap Corse : M¹ Silla Morta, garigues, calc., 100 m., 23 avril fl. fr. ! — Montagne de Caporalino, garigues, calc., 450-650 m., 11 mai fl. fr. !

Plante annuelle. Etendard tout au plus 1 ³/₄ fois aussi long que le calice. — La sous-var. *eriocarpa* Rouy [op. cit. 9 (1899) = *M. lupulina* var *canescens* Moris *Fl. sard.* I, 432 (1837)], plus fortement pubescente-soyeuse, à légume pubescent ou velu se rencontre dans les stations très sèches.

† β. Var. **Cupaniana** Boiss. *Fl. or.* II, 105 (1872) ; Urb. in *Verh. bot. Ver. Brandenb.* XV, 52 (1873) ; Asch. et Graebn. *Syn.* VI, 2, 395 = *M. Cupaniana* Guss. *Syn. fl. sic.* II, 362 (1844) = *M. lupulina* forme *M. Cupaniana* Rouy *Fl. Fr.* V, 9 (1899).

Hab. — Bonifacio (Seraf. ex Bert. *Fl. it.* VIII, 260). A rechercher.

Plante vivace. Fleurs plus grandes ; étendard atteignant le double du calice. Fruit plus gros.

M. sativa L. *Sp.* ed. 1, 778 (1753) ; Gr. et Godr. *Fl. Fr.* I, 384 ; Coste *Fl. Fr.* I, 322 = *M. sativa* var. *vulgaris* Alcf. *Landw. Fl.* 75 (1866) ; Urb. in *Verh. bot. Ver. Brandenb.* XV, 57 ; Asch. et Graebn. *Syn.* VI, 2, 400.

Fréquemment cultivé dans l'étage inférieur et plus ou moins naturalisé, en particulier aux env. de Bastia (Mars. *Cat.* 44 ; Gillot in *Bull. soc. bot. Fr.* XXIV, sess. extr. XLIV), de Corté (Mars. l. c.) et de Bonifacio (Boy. *Fl. Sud Corse* 59).

923. **M. marina** L. *Sp.* ed. 1, 779 (1753) ; Gr. et Godr. *Fl. Fr.* I, 392 ; Urb. in *Verh. bot. Ver. Brandenb.* XV, 59 ; Rouy *Fl. Fr.* V, 16 ; Coste *Fl. Fr.* I, 324 ; Asch. et Graebn. *Syn.* VI, 2, 404. — Exsicc. Sieber sub : *M. marina* ! ; Soleirol n. 1248 ! ; Kralik n. 535 b ! ; Reverch. ann. 1885, n. 235 !

Hab. — Sables maritimes. Avril-juill. ♃. Répandu. Cap Corse (Revel. ex Mars. *Cat.* 44) ; de Bastia (Salis in *Flora* XVII, Beibl. II, 55 ; Sieber exsicc. cit. ; Mab. ex Mars. l. c.) à Furiani (Thellung in litt.) et à Biguglia (Sargnon in *Ann. soc. bot. Lyon* VI, 66 ; Boullu in *Bull. soc. bot. Fr.* XXIV, sess. extr. LXVI) ; St-Florent (Mab. ex Mars. l. c. ; Bras in *Bull. soc. bot. Fr.* XXIV, sess. extr. LXXII) ; Ile Rousse (Fouc. et Sim. *Trois sem. herb. Corse* 139 ; N. Roux in *Bull. soc. bot. Fr.* XLVIII, sess. extr. CXLV) ; Algajola (Gysperger in Rouy *Rev. bot. syst.* II, 113) ; Calvi (Soleirol exsicc. cit. et ap. Bert. *Fl. it.* VIII, 285) ; Porto (Reverch. exsicc. cit. ; Lit. *Voy.* II, 19) ; Sagone (Mars. l. c. ; Coste in *Bull. soc. bot. Fr.* XLVIII,

17

sess. extr. CXIII ; N. Roux ibid. CXXXIV) ; embouchure du Liamone
(Coste ibid. CXV) ; Ajaccio (Mars. l. c.; Boullu in *Bull. soc. bot. Fr.* XXIV,
sess. extr. XCII ; Coste ibid. XLVIII, sess. extr. CVI et CVII) ; Campo
di Loro (Boullu ibid. XXIV, sess. extr. XCIV ; Fouc. et Sim. *Trois sem.
herb. Corse* 139) ; Ghisonaccia à la plage de Vignale (Rotgès in litt.) ;
Solenzara (Fouc. et Sim. l. c.) ; Porto-Vecchio (Revel. ex Mars. l. c.) ;
Propriano (N. Roux in *Bull. soc. bot. Fr.* XLVIII, sess. extr. CXLIV) ;
Santa-Manza (Pœverlein !) ; Bonifacio (Seraf. ex Bert. *Fl. it.* VIII, 285 ;
Boy. *Fl. Sud Corse* 59) ; et localités ci-dessous.

1907. — Berges de l'étang de Biguglia, 16 avril fl. ! ; sables maritimes
à St-Florent, 23 avril fl. !

1911. — Entre l'étang d'Urbino et le marais d'Erbarossa, sables maritimes, 30 juin fr. !

924. **M. orbicularis** All. *Fl. ped.* 1, 314 (1785) ; Gr. et Godr. *Fl.
Fr.* 1, 385 ; Urb. in *Verh. bot. Ver. Brandenb.* XV, 60, t. 1, fig. 22 et 23 ;
Burn. *Fl. Alp. mar.* 11, 96 ; Rouy *Fl. Fr.* V, 18 ; Coste *Fl. Fr.* I, 324 ;
Asch. et Graebn. *Syn.* VI, 2, 405 = *M. polymorpha* var. *orbicularis* L.
Sp. ed. 1, 779 (1753) = *M. ambigua* Jord. in Bor. *Fl. Centre* éd. 3, II,
147 (1857).

Hab. — Friches, garigues et rocailles des étages inférieur et montagnard. Avril-mai. ①. — En Corse les deux races suivantes :

α. Var. **typica** Asch. et Graebn. *Syn.* VI, 2, 405 (1907). — Exsicc.
Soleirol n. 1239 bis ! ; Kralik n. 537 a.

Hab. — Cap Corse (Mab. ex Mars. *Cat.* 44) ; vallon du Fango (Lit. in
Bull. acad. géogr. bot. XVIII, 126) ; Bastia (Salis in *Flora* XVII, Beibl. II,
54 ; Mab. ex Mars. l. c.) ; St-Florent (Mab. ex Mars. l. c.) ; Calvi (Fouc.
et Sim. *Trois sem. herb. Corse* 139) ; Balagne (Soleirol exsicc. cit. et ap.
Bert. *Fl. it.* VIII, 271) ; Caporalino (Fouc. et Sim. l. c.) ; Ajaccio (Boullu
in *Bull. soc. bot. Fr.* XXIV, sess. extr. CXVIII ; Coste ibid. XLVIII, sess.
extr. CIV) ; Isolaccio di Fiumorbo (Rotgès in litt.) ; Ghisoni, au hameau
de Rosse (Rotgès in litt.) ; Bonifacio (Seraf. ex Bert. l. c.; Kralik exsicc.
cit. ; Stefani !) ; et localités ci-dessous.

1907. — Cap Corse : balmes de la montagne des Stretti, 100 m., 25 avril
fl. jeunes fr. ! — Montagne de Pedana, clairières des chênaies, 14 mai fr. ! ;
Ile Rousse, garigues, 20 avril fr. ! ; partie inf. du Rio Stretto, garigues,
calc., 280 m., 14 mai fr. ! ; montagne de Caporalino, garigues, 450-650 m.,

11 mai fl. fr. ! ; vallée inf. de la Solenzara, rocailles des Fours à chaux, 150-200 m., calc., 3 mai fl. fr.! ; vallon de Canalli, garigues, 30 m., 6 mai fr.!

Légume diminuant graduellement de diamètre vers le sommet et vers la base, de sorte que les tours de spire, serrés, ne se superposent pas. Fruit mesurant 1,3–1,8 cm. de diamètre, noircissant souvent à la maturité. — Les dimensions du fruit varient de 9 mm. [*M. orbicularis* var. *microcarpa* Ser. in DC. *Prodr.* II, 174 (1825) Rouy *Fl. Fr.* V, 18 (1899)] à 18 mm. (*M. orbicularis* var. *macrocarpa* Rouy l. c.), de fortes différences se manifestent parfois sur les fruits mûrs d'un seul et même individu. Nous ne pouvons attribuer à ces variations qu'une très faible valeur systématique, de même qu'au degré de développement de la glandulosité.

β. Var. **marginata** Benth. *Cat. Pyr.* 100 (1826) ; Urb. in *Verh. bot. Ver. Brandenb.* XV, 60 (1873) = *M. marginata* Willd. *Enum. hort. berol.* II, 802 (1813) ; Gr. et Godr. *Fl. Fr.* I, 385 = *M. orbicularis* var. *laxicycla* Salis in *Flora* XVII, Beibl. II, 54 (1834) = *M. orbicularis* forme *marginata* Rouy *Fl. Fr.* V, 18 (1899). — Exsicc. Soleirol n. 1239 !

Hab. — Env. de Bastia (Salis in *Flora* XVII, Beibl. II, 54) ; Calvi (Soleirol exsicc. cit. et ap. Gr. et Godr. *Fl. Fr.* I, 385) ; Corté (Gillot *Souv.* 3) ; Ajaccio (Mars. *Cat.* 44) ; Bonifacio (Mars. l. c.) ; et localité ci-dessous.

1907. — Santa Manza, garigues, 10 m., 6 mai fr. !

Légume variant peu de diamètre du sommet à la base, de sorte que les tours de spire, lâches, se superposent (sauf le premier et le dernier). Fruit de mêmes dimensions que dans la var. α, jaunissant souvent à la maturité.

†† 925. **M. ciliaris** Krock. *Fl. sil.* II, 2, 244 (1790) ; Willd. *Sp. pl.* III, 1411 (1803) ; Gr. et Godr. *Fl. Fr.* I, 391 ; Urb. in *Verh. bot. Ver. Brandenb.* XV, 61, t. I, fig. 31 ; Rouy *Fl. Fr.* V, 20 ; Coste *Fl. Fr.* II, 324 ; Asch. et Graebn. *Syn.* VI, 2, 410 = ? *M. polymorpha* var. *ciliaris* L. *Sp.* ed. 2, 1099 (1763).

Hab. — Cultures, friches et garigues de l'étage inférieur. Avril-mai. ①. Rare ou peu observé. Calvi (Salle in herb. mus. Paris ex Rouy *Fl. Fr.* V, 21) ; Bonifacio (Salle ibid.).

Espèce répandue sur plusieurs points des côtes voisines de l'Italie, à Capraia et en Sardaigne, à rechercher en Corse.

926. **M. scutellata** All. *Fl. ped.* I, 315 (1785) ; Gr. et Godr. *Fl. Fr.* I, 384 ; Urb. in *Verh. bot. Ver. Brandenb.* XV, 63, t. II, fig. 32 ; Rouy *Fl. Fr.* V, 18 ; Coste *Fl. Fr.* I, 324 ; Asch. et Graebn. *Syn.* VI, 2, 411. — Exsicc. Kralik n. 537 b ! ; Mab. n. 219 !

Hab. — Moissons, cultures, friches, garigues de l'étage inférieur.
Avril-juin. ①. Disséminé. Erbalunga (Gillot in *Bull. soc. bot. Fr.* XXIV,
sess. extr. L) ; Bastia (Salis in *Flora* XVII, Beibl. II, 54 ; Mars. *Cat.* 44;
Gillot in *Bull. soc. bot. Fr.* XXIV, sess. extr. XLIII) ; Biguglia (Mab. exsicc.
cit. et ap. Shuttl. *Enum.* 9) ; St-Florent (Mab. ex Mars. *Cat.* 44) ; Bonifacio (Kralik exsicc. cit.).

927. **M. rugosa** Desr. in Lamk *Encycl. méth.* III, 632 (prob. 1792 [1]) ;
Urb. in *Verh. bot. Ver. Brandenb.* XV, 63, t. II, fig. 33 et 34 ; Rouy *Fl.
Fr.* V, 19 ; Coste *Fl. Fr.* I, 323 ; Asch. et Graebn. *Syn.* VI, 2, 411 = *M.
elegans* Jacq. in Willd. *Sp. pl.* III, 1408 (1803) ; Gr. et Godr. *Fl. Fr.* I,
385. — Exsicc. Soleirol n. 1241 p. p. sec. Gr. et Godr. l. c.

Hab. — Garigues de l'étage inférieur. Avril-mai. ①. Très rare. «Cette
plante, cueillie par M. Soleirol, à Calvi en Corse, a été distribuée par
lui sous le n° 1241, confondue avec le *M. Soleirolii* » (Gr. et Godr. *Fl.
Fr.* I, 386).

Espèce croissant dans l'Italie méridionale, la Sardaigne, Elbe et Giglio,
à rechercher à nouveau en Corse.

928. **M. Soleirolii** Dub. *Bot. gall.* I, 124 (1828) ; Gr. et Godr. *Fl.
Fr.* I, 386 ; Urb. in *Verh. bot. Ver. Brandenb.* XV, 65 ; Rouy *Fl. Fr.* V,
20 ; Coste *Fl. Fr.* I, 323 ; Asch. et Graebn. *Syn.* VI, 2, 413 = *M. plagio-
spira* Dur. in Duch. *Rev. Bot.* I, 365 (1845-46). — Exsicc. Soleirol n. 1241 !

Hab. — Garigues de l'étage inférieur. Avri-mai. ①. Très rare. Calvi
(Soleirol exsicc. cit. et ap. Duby l. c. et Gr. et Godr. *Fl. Fr.* I, 386) ; Aleria (Soleirol ex Gr. et Godr. l. c.).

Cette élégante espèce a été décrite pour la première fois par Duby
d'après les originaux corses de Soleirol. C'est seulement plus tard que le

---

[1] Desrousseaux cite Gaertner dans son article sur les Luzernes de l'*Encyclopédie méthodique*,
t. III. Voy. à ce sujet : Urban in *Verh. bot. Ver. Brandenb.* XV, 38 ; Burnat *Fl. Alp. mar.* II,
99, note 2 ; O. Kuntze *Rev. gen. pl.* I, CXXII. — Nous pouvons compléter les remarques de nos
prédécesseurs de la façon suivante : La date du lundi 19 octobre 1789 est la date de publication de la trente-quatrième livraison de l'*Encyclopédie*, laquelle comprenait — à côté de
fascicules se rapportant à d'autres branches — la première partie du tome III de la Botanique
(voy. le prospectus *Continuation de la souscription de l'Encyclopédie* du libraire Plessan, p. 1 :
bibliothèque du Conservatoire botanique de Genève). Mais le genre *Medicago* n'est traité qu'à
la fin (pp. 627-638), soit dans le dernière partie du tome III, laquelle commençait très probablement à la page 553 (feuille Aaaa). Or, l'*Avis de l'Auteur*, soit la préface — qui a été imprimée
avec la dernière partie pour être reliée en tête du volume, avec pagination en chiffres romains
— dit (p. VIII) que l'ouvrage de Gaertner (*De fruct. et sem. pl.*, préface du t. II du 6 avril
1791) a été publié « très récemment ». Si l'on tient compte du temps nécessaire à Desrousseaux pour l'utilisation de l'œuvre de Gaertner et pour l'impression de son propre travail, on
ne sera pas éloigné de la vérité en attribuant à ce dernier la date de 1792.

M. Soleirolii a été retrouvé en Algérie et en Tunisie, puis à l'état subspontané ou naturalisé en Provence et en Ligurie. Il est curieux que cette espèce — comme d'ailleurs plusieurs autres parmi celles découvertes par Soleirol — n'ait plus été observée depuis 1830. — M. Rouy (*Fl. Fr.* V, 20) indique encore le *M. Soleirolii* à Biguglia d'après Campbell (lire Shuttleworth !). Mais dans son *Enumération* (p. 9), Shuttleworth fait figurer un trait après la mention de cette espèce, ce qui, pour cet auteur, équivaut à l'absence de localité spéciale. Il y aura donc lieu à l'avenir de rechercher en première ligne le *M. Soleirolii* dans les localités originales de Soleirol.

†† 929. **M. obscura** Retz. *Obs. bot.* I, 24 (1799), emend. Urb. in *Verh. bot. Ver. Brandenb.* XV, 66 ; Rouy *Fl. Fr.* V, 24 ; Asch. et Graebn. *Syn.* VI, 2, 413. — En Corse seulement la race suivante :

†† Var. **tornata** Urb. l. c. 66 (1873) ; Asch. et Graebn. *Syn.* VI, 2, 414 = *M. tornata* Willd. *Sp. pl.* III, 1409 (1803) ; Coste *Fl. Fr.* I, 327 = *M. obscura* forme *M. tornata* Rouy *Fl. Fr.* V, 24 (1899).

Hab. — Garigues de l'étage inférieur. Avril-mai. ☉. Très rare. Env. de Corté (Burnouf in *Bull. soc. bot. Fr.* XXIV, sess. extr. XXXI).

Caractérisée par un fruit à 4-8 tours d'hélice (au lieu de 1 ½-4 tours comme dans la var. *Helix* Urb.), variant d'ailleurs sans aiguillons (subvar. *inermis* Urb. l. c.) ou avec aiguillons (subvar. *muricata* Urb. l.c.). Le *M. obscura* se retrouve sur les côtes voisines de l'Italie et en Sardaigne. A rechercher.

930. **M. truncatula** Gaertn. *De fruct.* II, 350 (1791) ampl. Urb. in *Verh. bot. Ver. Brandenb.* XV, 67, tab. II, fig. 41 ; Burn. *Fl. Alp. mar.* II, 99 ; Asch. et Graebn. *Syn.* VI, 2, 414 = *M. tribuloides* Desr. in Lamk *Encycl. méth.* III, 635 (prob. 1792, sensu amplo ; Rouy *Fl. Fr.* V, 22 ; Coste *Fl. Fr.* I, 327.

Hab. — Prairies maritimes, garigues, cultures de l'étage inférieur. Avril-mai. ☉. — En Corse les deux variétés suivantes :

α. Var. **narbonensis** Ser. in DC. *Prodr.* II, 178 (1825) ; Thell. *Fl. adv. Montp.* 311 = *M. truncatula* Gaertn. l. c. (1791), sensu stricto = *M. tentaculata* Willd. *Sp. pl.* III, 1413 (1803) = *M. tribuloides* var. *breviaculeata* Moris *Fl. sard.* I, 441 (1837) = *M. tribuloides* var. *truncatula* Koch *Syn.* ed. 1, 162 (1837) = *M. truncatulata* Gr. et Godr. *Fl. Fr.* I, 395 (1848) = *M. truncatula* var. *breviaculeata* Urb. in *Verh. bot. Ver. Brandenb.* XV, 67 (1873) = *M. truncatula* var. *tentaculata* Burn. *Fl. Alp.*

mar. II, 100 (1896); Urb. in Asch. et Graebn. *Syn.* VI, 2, 415 = *M. tribuloides* forme *M. tentaculata* Rouy *Fl. Fr.* V, 23 (1899).

Hab. — Rare. Porto-Vecchio (Revel. ex Mars. *Cat.* 45); Ajaccio (Thellung in litt.); Bonifacio (Revel. ex Mars. l.c.; Kralik ex Rouy *Fl. Fr.* V, 24).

Légume à aiguillons courts, plus courts que le rayon de la spire, à la fin recourbés et appliqués. Graines plus fortement arquées.

β. Var. **genuina** Briq. = *M. tribuloides* Desr. l. c.; Gr. et Godr. *Fl. Fr.* I, 394; Rouy l. c.; sensu stricto = *M. crassispina* Vis. in *Flora* XII, 20 (1829) = *M. tribuloides* var. *genuina* Koch *Syn.* ed. 1, 162 (1837) = *M. truncatula* var. *longeaculeata* Urb. in *Verh. bot. Ver. Brandenb.* XV, 67 (1873) = *M. truncatula* var. *tribuloides* Burn. *Fl. Alp. mar.* II, 100 (1896); Asch. et Graebn. *Syn.* VI, 2, 416. — Exsicc. Kralik n. 536 a ! et 537 a !

Hab. — Bien plus répandue. Cap Corse (ex Gr. et Godr. *Fl. Fr.* I, 394); Bastia (Fliche in *Bull. soc. bot. Fr.* XXXVI, 360; André in herb. Burnat!); Patrimonio (Rotgès!); Calvi (Fouc. et Sim. *Trois sem. herb. Corse* 139, sub : *M. Murex* Godr.); Ponte alla Leccia (Gillot in *Bull. soc. bot. Fr.* XXIV, sess. extr. LXXXII); Ajaccio (Req. ex Bert. *Fl. it.* VIII, 301, sub : *M. Murex* ; Mars. *Cat.* 45; Boullu in *Bull. soc. bot. Fr.* XXIV, sess. extr. XCVIII; Thellung in litt.); Aleria (Soleirol sine num. ! et ap. Bert. *Fl. it.* VIII, 288); Bonifacio (Kralik exsicc. cit.; Pœverlein !); et localités ci-dessous.

1906. — Cap Corse : Couvent de la Tour de Sénèque, talus arides, 450 m., 8 juill. fr. !

1907. — Cap Corse : Marine d'Albo, prairies maritimes, 26 avril fl. fr. ! — Entre Novella et le col de S. Colombano, garigues, 500-600 m., 19 avril fl. jeunes fr. ! ; garigues à Cateraggio, 30 m., 1 mai fl. fr. ! ; Aleria, pentes rocailleuses, 1 mai fl. fr. ! ; fossés humides (f. *vegeta*) et garigues (f. *reducta*) à Santa Manza, 5 m., 6 mai fl. fr. !

Légume à aiguillons longs, égalant ou dépassant le rayon de la spire. Graines moins fortement arquées. Varie à aiguillons droits au sommet : subvar. **vulgaris** Briq. [var. *tribuloides* subvar. *vulgaris* Asch. et Graebn. *Syn.* VI, 2, 445 (1907) = *M. tribuloides* var. *vulgaris* Rouy *Fl. Fr.* V, 22 (1899)], ou oncinés : subvar. **uncinata** Briq. [var. *tribuloides* subvar. *uncinata* Asch. et Graebn. *Syn.* VI, 2, 416 (1907) = *M. tribuloides* var. *uncinata* Rouy *Fl. Fr.* V, 22 (1899)]. — Les formes de passage entre les variétés α et β constituent le *M. tribuloides* var. *rectiuscula* Rouy (*Fl. Fr.* V, 23).

931. **M. litoralis** Rohde in Lois. *Not.* 118 (1810); Urb. in *Verh. bot. Ver. Brandenb.* XV, 69, t. II, fig. 42 et 43; Burn. *Fl. Alp. mar.* II,

103 ; Rouy *Fl. Fr.* V, 29 ; Coste *Fl. Fr.* I, 327 ; Asch. et Graebn. *Syn.* VI, 2, 417.

Hab. — Sables et garigues de l'étage inférieur. Avril-mai. ①. — En Corse les subdivisions suivantes :

α. Var. **inermis** Moris *Fl. sard.* I, 439 (1837) ; Urb. in *Verh. bot. Ver. Brandenb.* XV, 69 ; Burn. *Fl. Alp. mar.* II, 103 ; Asch. et Graebn. *Syn.* VI, 2, 417.

Hab. — Rare. Env. de Bastia [Salis in *Flora* XVII, Beibl. II, 55 (sub : *M. pentacycla* !)] ; Ajaccio [Clément ex Rouy *Fl. Fr.* V, 31 ; Coste in *Bull. soc. bot. Fr.* XLVIII, sess. extr. CIV (sub : *M. pentacycla*)] ; Bonifacio [Mars. *Cat.* 44 (sub : *M. striata*)].

Légume inerme, ou à marges de la spire faiblement tuberculeuses. — On peut distinguer les deux sous-variétés suivantes :

α¹ subvar. **tricycla** Urb. in *Verh. bot. Ver. Brandenb.* XV, 69 (1873) ; Asch. et Graebn. *Syn.* VI, 2, 418 = *M. tricycla* DC. *Cat. monsp.* 125 (1813) = *M. striata* Bast. in Desv. *Journ. Bot.* III, 19 (1814) = *M. litoralis* var. *inermis* Rouy *Fl. Fr.* V, 30 (1899). — Légume plus large que haut, à 2-4 tours de spire.

α² subvar. **pentacycla** Urb. l. c. (1873) ; Asch. et Graebn. l. c. = *M. litoralis* forme *M. cylindracea* var. *inermis* Rouy *Fl. Fr.* V, 31 (1899). — Légume aussi haut ou plus haut que large, à 3-6 tours de spire.

β. Var. **breviseta** DC. *Fl. fr.* V, 568 (1815) ; Urb. in *Verh. bot. Ver. Brandenb.* XV, 70 (1873) ; Burn. *Fl. Alp. mar.* II, 103 ; Asch. et Graebn. *Syn.* VI, 2, 418 = *M. littoralis* α Salis in *Flora* XVII, Beibl. II, 55 (1834). — Exsicc. Mab. n. 220 !

Hab. — Répandue. De Bastia à Biguglia (Salis in *Flora* XVII, Beibl. II, 55 ; Mab. exsicc. cit. ; André ex Rouy *Fl. Fr.* V, 51 ; Rotgès !) ; Ajaccio [Mars. *Cat.* 44 ; Boullu in *Bull. soc. bot. Fr.* XXIV, sess. extr. XCVIII ; Coste ibid. XLVIII, sess. extr. CVI (sub : *M. cylindracea*)] ; et localités ci-dessous.

1907. — Cap Corse : montagne des Stretti, balmes, calc., 100 m. ; 25 avril fl. fr. (subvar. *depressa*) ! — Dunes d'Ostriconi, 20 avril fl. fr. (subvar. *depressa*) ! ; Ile Rousse, sables maritimes, 21 avril fl. fr.) ! (subvar. *depressa*) ! ; entre Cateraggio et Tallone, clairières sablonneuses des maquis, 30 m., 1 mai fl. fr. (subvar. *depressa*) ! ; Santa Manza, sables maritimes, 6 mai fl. fr. (subvar. *cylindracea*) !

Légume à épines courtes, plus courtes que le rayon de la spire. — On peut ici aussi distinguer deux sous-variétés.

β¹ subvar. **depressa** Urb. in *Verh. bot. Ver. Brandenb.* XV, 70 (1873) ; Asch.

et Graebn. *Syn.* VI, 2, 418 = *M. litoralis* var. *breviseta* Rouy *Fl. Fr.* V, 29 (1899). — Légumes plus larges que hauts, à 2-4 tours de spire.

β² subvar. **cylindracea** Urb. in *Verh. bot. Ver. Brandenb.* XV, 70 (1873); Asch. et Graebn. *Syn.* VI, 2, 418 = *M. tornata* β Desr. in Lamk *Encycl. méth.* III, 633 (prob. 1792) = *M. cylindracea* DC. *Cat. monsp.* 123 (1813) = *M. tetracycla* Presl *Fl. sic.* I, 20 (1826) = *M. litoralis* forme *M. cylindracea* var. *breviseta* Rouy *Fl. Fr.* V, 30 (1899). — Légume plus haut ou aussi haut que large, à 3-6 tours de spire.

γ. Var. **longiseta** DC. *Fl. fr.* V, 568 (1815) ; Urb. in *Verh. bot. Ver. Brandenb.* XV, 70 ; Burn. *Fl. Alp. mar.* II, 103 ; Asch. et Graebn. *Syn.* VI, 2, 418 = *M. arenaria* Ten. *Cat. pl. hort. neap.* 59 (1819) = *M. litoralis* var. *longispina* Salis in *Flora* XVII, Beibl. II, 55 (1834) = *M. litoralis* var. *longeaculeata* Moris *Fl. sard.* I, 440, tab. XL, fig. C (1837) = *M. litoralis* Gr. et Godr. *Fl. Fr.* I, 393 [(1848), f. *sinistrorsa*] et *M. Braunii* Gr. et Godr. l. c. (f. *dextrorsa*). — Exsicc. Mab. n. 362 !

Hab. — Répandue. Sisco (Petit in *Bot. Tidsskr.* XIV, 245) ; de Bastia (Soleirol ex Bert. *Fl. it.* VIII, 302 ; Mars. *Cat.* 44 ; Fliche in *Bull. soc. bot. Fr.* XXXVI, 360 ; Rotgès !) à Biguglia (Salis in *Flora* XVII, Beibl. II, 55 ; Mab. exsicc. cit.) ; St-Florent (Salis l. c. ; Fouc. et Sim. *Trois sem. herb. Corse* 139) ; Ile Rousse (Fouc. et Sim. l. c. ; N. Roux in *Bull. soc. bot. Fr.* XLVIII, sess. extr. CXLIV) ; Ajaccio (Mars. l. c. ; Boullu in *Bull. soc. bot. Fr.* XXIV, sess. extr. XCII et in *Ann. soc. bot. Lyon* XXIV, 68 ; Coste in *Bull. soc. bot. Fr.* XLVIII, sess. extr. CVI et CVII) ; Aspretto (Fouc et Sim. l. c.) ; Propriano (Petit l. c.) ; Bonifacio (Kralik ex Rouy *Fl. Fr.* V, 51 ; Boy. *Fl. Sud Corse* 59 ; Lit. *Voy.* I, 21 sub : *M. Soleirolii* et in *Bull. acad. géogr. bot.* XVIII, 126) ; et localités ci-dessous.

1907. — Cap Corse : Mt Silla Morta, garigues, 50 m., calc., 23 avril fl. fr. (subvar. *brachycarpa*, f. ad var. *brevisetam* vergens) ! — Sables maritimes à St-Florent, 23 avril fl. fr. (subvar. *brachycarpa*, f. ad var. *brevisetam* vergens) ! — Citadelle de Bonifacio, calc., 50 m., 5 mai fl. fr. (subvar. *brachycarpa*) !

Légume à épines allongées, aussi longues ou plus longues que les rayons dé la spire. — On distingue : ·

γ¹ subvar. **brachycarpa** Briq. = *M. litoralis* var. *inermis* Rouy *Fl. Fr.* V, 30, 1899). — Légume subdiscoïde, à 2-4 tours de spire.

γ² subvar. **dolichocarpa** Briq. = *M. litoralis* forme *M. cylindracea* var. *longiseta* Rouy *Fl. Fr.* V, 30 (1899). — Légume cylindracé, à 3-6 tours de spire.

On peut hésiter entre les deux arrangements opposés adoptés par M. Urban et par M. Rouy pour les formes de cette espèce, car les deux caractères tirés du degré de développement des aiguillons et du nombre des tours de spire présentent tous deux d'innombrables formes de passage (souvent sur le même pied !) et caractérisent des formes de très faible valeur systématique ; dans le doute, nous avons adopté l'arrangement de M. Urban, parce qu'il est le plus ancien.

932. **M. rigidula** Desr. in Lamk *Encycl. méth.* III, 634 (prob. 1792); Urb. in *Verh. bot. Ver. Brandenb.* XV, 68 ; Burn. *Fl. Alp. mar.* II, 101 ; Rouy *Fl. Fr.* V, 24 ; Asch. et Graebn. *Syn.* VI, 2, 419 = *M. polymorpha* var. *rigidula* L. *Sp.* ed. 1, 780 (1753) = *M. Gerardi* Kit. in Willd. *Sp. pl.* III, 1415 (1803); Gr. et Godr. *Fl. Fr.* I, 393 ; Coste *Fl. Fr.* I, 328.

Hab. — Garigues, rocailles, moissons des étages inférieur et montagnard. Avril-juin. ①-②. — En Corse les races suivantes :

α. Var. **Gerardi** Burn. *Fl. Alp. mar.* II, 101 (1896) = *M. germana* Jord. in F. Sch. *Arch. fl. Fr. et All.* 315 (1843-54) = *M. Morisiana* Jord. *Pug.* 53 (1852) = *M. rigidula* var. *germana, Morisiana* et *eriocarpa* Rouy *Fl. Fr.* V, 25 (1899) = *M. rigidula* a *germana* (incl. 2 *Morisiana* et 3 *eriocarpa* Asch. et Graebn. *Syn.* VI, 2, 420 (1907). — Exsicc. Soleirol n. 1256 !; Mab. n. 364 !

Hab. — Répandue. Erbalunga (Gillot in *Bull. soc. bot. Fr.* XXIV, sess. extr. L); vallon du Fango (Gillot ibid. LV) ; Bastia (Salis in *Flora* XVII, Beibl. II, 55 ; Mars. *Cat.* 45) ; St-Florent (Mab. exsicc. cit.; Mars. l. c.; Fouc. et Sim. *Trois sem. herb. Corse* 139) ; Ponte alla Leccia (Gillot in *Bull. soc. bot. Fr.* XXIV, sess. extr. LXXXII); Orezza (Soleirol exsicc. cit. et ex Bert. *Fl. it.* VIII, 287) ; Corté (Gillot *Souv.* 3 ; Fouc. et Sim. l. c.); Partinello (Lit. in *Bull. acad. géogr. bot.* XVIII, 126); Ghisoni, au hameau de Rosse (Rotgès in litt.); Propriano (N. Roux in *Bull. soc. bot. Fr.* XLVIII, sess. extr. CXLIV); et localités ci-dessous.

1907. — Cap Corse: Mt Silla Morta, garigues, calc., 100 m., 23 avril fl., jeunes fr. ! ; montagne de Pedana, moissons, 500 m., calc., 14 mai fr. ! ; montagne de Caporalino, garigues, calc., 450-650 m., 11 mai fl., jeunes fr. ! ; Corté, garigues, 300 m., 11 mai fl. fr. ! ; garigues entre Bravone et Alistro, calc., 10 m., 3 avril fl. fr. ! ; garigues rocheuses arides à Aleria, 30-40 m., 1 mai fl. fr. !

Fruit relativement grand, mesurant 6-9 mm. de diamètre, ± discoïde, à aiguillons non sillonnés et à marge dépourvue ou presque dépourvue de sillons. — La distinction entre les *M. germana* et *Morisiana* (à fruits plus globuleux et à aiguillons plus grêles) est inextricable; on hésite souvent à rattacher les fruits d'un seul et même individu à l'une ou à l'autre de ces « espèces » ; il en est de même pour la var. *eriocarpa* (à fruits plus densément velus-glanduleux). Les *M. Timeroyi* Jord., *cinerasc ns* Jord. et surtout *agrestis* Ten. correspondent à des races plus facilement (ou « moins malaisément ») caractérisables, mais elles sont toutes reliées entre elles par des variations ambiguës ; les deux premières n'ont pas encore été observées en Corse.

╤ β. Var. **agrestis** Burn. *Fl. Alp. mar.* II, 102 (1896) ; Asch. et Graebn. *Syn.* VI. 421 = *M. agrestis* Ten. *Fl. nap. prodr.* 45 (1811) ; Boiss. *Fl. or.* II, 101 = *M. depressa* Jord. *Cat. jard. Dijon* ann. 1848, 28 = *M. rigidula* subsp. *agrestis* Rouy *Fl. Fr.* V, 27 (1899).

Hab. — Sᵗ-Florent (Rotgès in litt.).

Fruit relativement grand, mesurant env. 8–10 mm. de diamètre, ± discoïde, à aiguillons radiairement sillonnés à la base, à marges nettement et profondément sillonnées entre les aiguillons. — Race méditerranéenne probablement plus répandue.

933. **M. aculeata** Gaertn. *De fruct.* II, 349 (1791) emend. Thell. *Fl. adv. Montp.* 311 ; non alior. = *M. turbinata* Willd. *Sp. pl.* III, 1409 (1803) emend. Moris *Fl. sard.* I, 445 ; Urb. in *Verh. bot. Ver. Brandenb.* XV, 70, t. II, f. 47 ; Rouy *Fl. Fr.* V, 27 ; Coste *Fl. Fr.* I, 328 ; Asch. et Graebn. *Syn.* VI, 2, 423 = *M. polymorpha* var. *turbinata* et *muricata* L. *Sp.* ed. 1, 780 et 781 (1753) = *M. turbinata* et *M. muricata* Gr. et Godr. *Fl. Fr.* I, 393 et 396 (1848).

Hab. — Garigues et cultures de l'étage inférieur. Avril-mai. ⚊. Très rare ou peu observé. Rivages de la Corse (ex Gr. et Godr. *Fl. Fr.* I, 395) ; Rogliano (Revel. ex Mars. *Cat.* 45) ; Campo di Loro (Fouc. et Sim. *Trois sem. herb. Corse* 139).

Les renseignements manquent sur la ou les formes spéciales de cette espèce qui se rencontrent en Corse.

934. **M. tuberculata** Willd. *Sp. pl.* III, 1440 (1803) ; Gr. et Godr. *Fl. Fr.* I, 395 ; Urb. in *Verh. bot. Ver. Brandenb.* XV, 71 ; Burn. *Fl. Alp. mar.* II, 104 ; Rouy *Fl. Fr.* V, 31 ; Coste *Fl. Fr.* I, 327 ; Asch. et Graebn. *Syn.* VI, 2, 424 = *M. spinulosa* DC. *Fl. fr.* V, 569 (1815) = *M. catalonica* Schrank *Pl. rar. hort. monac.* t. 28 (1819). — En Corse jusqu'ici la variété suivante :

Var. **vulgaris** Moris et De Not. *Fl. Caprar.* 36 (1839) ; Urb. op. cit. 72, t. II, fig. 48 ; Burn. l. c. ; Rouy l. c. — Exsicc. Soleirol n. 1243 ! ; Req. sub : *M. tuberculosa* !

Hab. — Garigues, cultures de l'étage inférieur. Avril-mai. ①. Rare.
Ajaccio (Req. exsicc. cit. et ap. Gr. et Godr. *Fl. Fr.* I, 395) ; Boullu in
Bull. soc. bot. Fr. XXIV, sess. extr. XCVIII et in *Ann. soc. bot. Lyon*
XXIV, 68); Aleria (Soleirol exsicc. cit. et ap. Mut. *Fl. fr.* I, 248 et Bert.
Fl. it. VIII, 296) ; Santa Manza (Bernard ex Rouy *Fl. Fr.* V, 32) ; Boni-
facio (ex Gr. et Godr. l. c. ; Revel. ex Mars. *Cat.* 45 ; Boy. *Fl. Sud
Corse* 59).

Légume à aiguillons graduellement submergés par les tissus périphé-
riques et transformés en verrues non ou très faiblement épineuses.

935. **M. Murex** Willd. *Sp. pl.* III, 1440 (1803) ; Urb. in *Verh. bot.
Ver. Brandenb.* XV, 72, t. II, fig. 50 et 51 ; Burn. *Fl. Alp. mar.* II, 104;
Rouy *Fl. Fr.* V, 32 ; Asch. et Graebn. *Syn.* VI, 2, 425 = *M. sphaerocarpa*
Gr. et Godr. *Fl. Fr.* I, 396 (1848) ; Coste *Fl. Fr.* I, 328. — En Corse la
variété suivante :

Var. **aculeata** Urb. in *Verh. bot. Ver. Brandenb.* XV, 72, t. II, fig. 50
(1873); Asch. et Graebn. *Syn.* VI, 2, 425 = *M. Murex* var. *sphaerocarpa*
Burn. *Fl. Alp. mar.* II, 104 (1896). — Exsicc. Soleirol n. 135! et 1263!;
Req. sub : *M. sphaerocarpos*! ; Kralik n. 537! ; Mab. n. 365!

Hab. — Garigues et champs de l'étage inférieur. Avril-mai. ①.
Répandue. Cap Corse (Mab. ex Mars. *Cat.* 45) ; Griggione (Gillot in *Bull.
soc. bot. Fr.* XXIV, sess. extr. XLV); Bastia (Salis in *Flora* XVII, Beibl.
II, 55 ; Soleirol exsicc. cit. et ap. Bert. *Fl. it.* VIII, 294 ; Mab. exsicc.
cit. et ap. Mars. *Cat.* 45 ; Rotgès !) ; S¹-Florent (Mab. ex Mars. l. c.; Fouc.
et Sim. *Trois sem. herb. Corse* 139 ; Montemaggiore (Soleirol exsicc. cit.
et ap. Bert. l. c.); Calvi (Mab. ex Mars. l. c. ; Fouc. et Sim. l. c.) ; env.
d'Ajaccio (Req. exsicc. cit. et ap. Bert. l. c. ; Mars. *Cat.* 45 ; Boullu in
Bull. soc. bot. Fr. XXIV, sess. extr. XCVIII ; Coste ibid. XLVIII, sess.
extr. CVI ; Thellung in litt.) ; Porto-Vecchio (Revel. ex Mars. l. c.) ; Bonifacio (Kralik exsicc. cit. ; Revel. ex Mars. l. c.) ; et localités ci-dessous.

1907. — Cap Corse : prairies entre Luri et la Marine de Luri, 30 m.,
27 avril fl. (f. *vegeta*) ! — Garigues entre Alistro et Bravone, 15 m., 30 avril
fr. (f. *reducta*) !

Fruits aiguillonnés. — On peut distinguer les trois sous-variétés
suivantes :

α¹ subvar. **ovata** Urb. in *Verh. bot. Ver. Brandenb.* XV, 73 (1873) ; Asch.
et Graebn. *Syn.* VI, 2, 426 = *M. ovata* Carmign. in *Giorn. accad. It.* V, 11

(1810) = *M. sphaerocarpa* var. *ovalis* Moris *Fl. sard.* 1, 446, tab. 46 fig. C
(1837) = *M. Murex* forme *M. ovata* Rouy *Fl. Fr.* V, 33 (1899). — Légume
ovoïde, mesurant env. 7–9 mm. de diamètre.

α^1 subvar. **macrocàrpa** Urb. l. c. ; Asch. et Graebn. l. c. = *M. macrocarpa*
Moris *Fl. sard.* I, 446, t. 45 (1837) = *M. Murex* var. *macrocarpa* Rouy *Fl.
Fr.* V, 33 (1899). — Légume de même grandeur, mais ± sphérique.

α^2 subvar. **sphaerocarpa** Urb. l. c. ; Asch. et Graebn. l. c. = *M. sphaerocarpos* Bert. *Rar. Lig. pl. dec.* III, 60 (1810) = *M. sphaerocarpa* Moris *Fl.
sard.* 1, 446, t. 46 (1837) = *M. Murex* var. *sphaerocarpa* Rouy *Fl. Fr.* V,
33 (1899). — Légume ± sphérique, mesurant env. 5–7 mm. de diamètre.

Certains échantillons à épines très courtes [*M. Murex* var. *brevispina*
Rouy *Fl. Fr.* V, 33 (1899)] font le passage à la var. *inermis* Urb. (l. c. 73),
mais nous n'avons pas vu de Corse cette dernière race à légume dépourvu d'aiguillons. Nos échant. ci-dessus cités appartiennent à la sous-
var. *sphaerocarpa.*

    † 936. **M. arabica** All. *Fl. ped.* I, 315 (1785) ; Urb. in *Verh. bot.
Ver. Brandenb.* XV, 73, t. II, fig. 52 ; Burn. *Fl. Alp. mar.* II, 105 ; Rouy
Fl. Fr. V, 34 ; Asch. et Graebn. *Syn.* VI, 2, 427 = *M. polymorpha* var.
arabica L. *Sp.* ed. 1, 780 (1753) = *M. cordata* Desr. in Lamk *Encycl.
méth.* III, 636 (prob. 1792) = *M. maculata* Sibth. *Fl. oxon.* (1794) ex
Dayd.-Jacks. in *Journ. of Bot.* XXV, 180 ; Willd. *Sp. pl.* III, 1412 ; Gr.
et Godr. *Fl. Fr.* I, 391 ; Coste *Fl. Fr.* I, 325. — Exsicc. Reverch. ann.
1879 sub : *M. maculata* !

Hab. — Prairies maritimes, garigues herbeuses, clairières des maquis, cultures des étages inférieur et montagnard. Avril-mai. ☉. Répandu. Furiani (Thellung in litt.) ; Biguglia (Petit in *Bot. Tidsskr.* XIV,
245) ; Pietra-Moneta (Fouc. et Sim. *Trois sem. herb. Corse* 139) ; Calvi
(Soleirol ex Bert. *Fl. it.* VIII, 283 ; Fouc. et Sim. l. c.) ; env. de Corté
(Burnouf in *Bull. soc. bot. Fr.* XXIV, sess. extr. XXXI) ; Ajaccio (Boullu
ibid. XCVIII ; Coste ibid. XLVIII, sess. extr. CIV ; Thellung in litt.) ;
Campo di Loro (Fouc. et Sim. l. c.) ; Ghisoni (Rotgès in litt.) ; Serra di
Scopamène (Reverch. exsicc. cit.) ; et localités ci-dessous.

1907. — Friches près de Pietralba, 450 m., 14 mai fl. fr. ! ; partie inf. du
Rio Stretto, garigues, 280 m., 14 mai fl. fr. ! ; entre Cateraggio et l'allone,
clairières des maquis, 20 m., 1 mai fl. ! ; maquis près de Cateraggio, 20 m.,
1 mai fl. ! ; oliveraies à Santa Manza, 40 m., 6 mai fl. fr. !

    937. **M. hispida** Gaertn. *De fruct.* II, 349 (1791) emend. Urban
Ind. sem. hort. berol. ann. 1872, App., 3 et in *Verh. bot. Ver. Brandenb.*

XV, 74, t. II, fig. 53 ; Burn. *Fl. Alp. mar.* II, 106 ; Rouy *Fl. Fr.* V, 35 ; Asch. et Graebn. *Syn.* VI, 2, 428 = *M. reticulata, polycarpa* et *lappacea* Gr. et Godr. *Fl. Fr.* I, 387, 389 et 390 (1848) ; Coste *Fl. Fr.* I, 326.

Hab. — Prairies maritimes et submaritimes, garigues, cultures de l'étage inférieur. Avril-mai. ④. — Espèce polymorphe représentée en Corse par les races suivantes :

† α. Var. **apiculata** Burn. *Fl. Alp. mar.* II, 106 (1896) ; Asch. et Graebn. *Syn.* VI, 2, 430 = *M. apiculata* Willd. *Sp. pl.* III, 1414 (1803) = *M. polymorpha* var. *apiculata* Gr. et Godr. *Fl. Fr.* I, 390 (1848) = *M. hispida* var. *microcarpa* subvar. *apiculata* Urb. in *Verh. bot. Ver. Brandenb.* XV, 74 (1873) = *M. hispida* subsp. *polymorpha* var. *apiculata* Rouy *Fl. Fr.* V, 36 (1899) = *M. denticulata* var. *apiculata* Posp. *Fl. österr. Küstenl.* II, 362 (1899). — Exsicc. Soleirol n. 1250 !

Hab. — Castello (Sargnon in *Ann. soc. bot. Lyon* VI, 62) ; de Bastia à Biguglia (Salis in *Flora* XVII, Beibl. II, 54) ; Ostriconi (Soleirol exsicc. cit. et ap. Bert. *Fl. it.* VIII, 275).

Légume large de 4-6 mm. à 1 ¹/₄-3 ¹/₂ tours de spire, à aiguillons très courts généralement non crochus, dont la longueur atteint environ le ¹/₆ du diamètre du fruit. Inflorescence 3-8flore.

† β. Var. **denticulata** Burn. *Fl. Alp. mar.* II, 106 ; Asch. et Graebn. *Syn.* VI, 2, 430 = *M. denticulata* Willd. *Sp. pl.* III, 1415 (1803) = *M. polycarpa* var. *denticulata* Gr. et Godr. *Fl. Fr.* I, 390 (1848) = *M. hispida* var. *microcarpa* subvar. *denticulata* Urb. in *Verh. bot. Ver. Brandenb.* XV, 74 (1873) = *M. polycarpa* Mars. *Cat.* 44 = *M. hispida* subsp. *polymorpha* var. *denticulata* Rouy *Fl. Fr.* V, 36 (1899) = *M. denticulata* var. *typica* Posp. *Fl. österr. Küstenl.* II, 362 (1899). — Exsicc. Req. sub : *M. denticulata* ! ; Burn. ann. 1904, n. 136 !

Hab. — Répandue. Erbalunga (Gillot in *Bull. soc. bot. Fr.* XXIV, sess. extr. L) ; vallon du Fango (Gillot ibid. LV) ; de Bastia (Gillot ibid. XLIII ; Bamberger in herb. Deless. ! ; Lit. in *Bull. acad. géogr. bot.* XVIII, 126) à Biguglia (Salis in *Flora* XVII, Beibl. II, 54) ; Calvi (Soleirol ex Bert. *Fl. it.* VIII, 276 ; Fouc. et Sim. *Trois sem. herb. Corse* 139) ; Corté (Fouc. et Sim. l. c.) ; entre Appietto et Calcatoggio (Briq. *Spic.* 39 et Burn. exsicc. cit.) ; Ajaccio (Req. exsicc. cit. ; Mars. *Cat.* 44 ; Boullu in *Bull. soc. bot. Fr.* XXIV, sess. extr. XCVIII) ; Bonifacio (Fouc. et Sim. l. c.) ; et localités ci-dessous.

1907. — Cap Corse : prairies entre Luri et la Marine de Luri, 30 m.,
27 avril fl. fr. ! — Ile Rousse, garigues, 20 avril fl. fr. ! ; Casamozza, 30 avril
fr. ! ; Alistro, talus herbeux, 10 m., 30 avril fl. fr. ! ; entre Alistro et Bravone, garigues, 10 m., calc., 30 avril fl. ! ; Aleria, talus, 20 m., 1 mai fl. fr. ! ;
Ghisonaccia, prairies, 10 m., 8 mai fl. fr. ! ; Solenzara, prairie humide,
5 m., 3 mai fl. jeunes fr. ! ; entre le col d'Aresia et Finocchio, garigues,
80 m., 5 mai fr. ! ; Santa Manza, garigues, 10 m., 6 mai fr. !

Légume large de 4–6 mm., à 1 $\frac{1}{2}$–3 $\frac{1}{2}$ tours de spire, à aiguillons allongés,
dont la longueur atteint le rayon de la spire. Inflorescence 3–8flore. —
Race extrêmement variable suivant les stations : géante et ± dressée
dans les prairies maritimes humides, elle devient petite et couchée dans
les garigues, c'est alors le *M. Reynieri* Alb. [in *Bull. herb. Boiss.* 1re sér.,
I, App. I, 14 (1893) = *M. hispida* subsp. *polymorpha* var. *Reynieri* Rouy
Fl. Fr. V, 37 (1899) = *M. hispida* var. *denticulata* subvar. *Reynieri* Asch.
et Graebn. *Syn.* VI, 2, 431 (1907)]. Les échantillons extrêmes, nains et
microphylles, à fruits aussi un peu plus petits, mais à aiguillons à peine
réduits (p. ex. nos échantillons de Casamozza) représentent exactement le
M. gracillima Tineo [ex Urb. l. c. (1873) et in Todaro fl. sic. exsicc. n. 850 !
= *M. hispida* subsp. *polymorpha* var. *gracillima* Rouy *Fl. Fr.* V, 37 (1899)
= *M. hispida* var. *denticulata* subvar. *gracillima* Asch. et Graebn. *Syn.*
VI, 2, 430 (1907)]. Les formes de passage entre les variétés α et β repré-
sentent le *M. hispida* subsp. *polymorpha* var. *oligocarpa* Rouy [*Fl. Fr.* V,
36 (1899) = *M. hispida* var. *apiculata* subvar. *oligocarpa* Asch. et Graebn.
Syn. VI, 2, 430 (1907)].

†† γ. Var. **aculeata** Asch. et Graebn. *Syn.* VI, 2, 431 (1907) = *M. hispida* var. *polygyra* subvar. *aculeata* Urb. in *Ind. sem. hort. berol.* ann.
1872, App. 4 et in *Verh. bot. Ver. Brandenb.* XV, 74 = *M. Loreti* Albert
in *Bull. herb. Boiss.* 1re sér., I, App. I, 13 (1893) = *M. hispida* forme
M. polygyra var. *aculeata* Rouy *Fl. Fr.* V, 37 (1899).

Hab. — Jusqu'ici seulement la localité ci-dessous.

1907. — Moissons près du Fort d'Aleria, 30–40 m., 1 mai fl. fr. !

Légume large de 4–6 mm. à 4–6 tours de spire, ± cylindracé, à aiguillons courts, dont la longueur atteint le tiers ou le quart du rayon de la
spire. Inflorescence 2–4flore.

δ. Var. **lappacea** Burn. *Fl. Alp. mar.* II, 107 (1896) ; Urb. in Asch. et
Graebn. *Syn.* VI, 2, 432 = *M. lappacea* Desr. in Lamk *Encycl. méth.* III,
638 (prob. 1792) p. p. = *M. denticulata* var. *lappacea* Moris *Fl. sard.* 447
(1837) et tab. 47 ; Reichb. *Ic.* XXII, tab. 2121, fig. 3 (1869) = *M. lappacea* var. *tricycla* Gr. et Godr. *Fl. Fr.* I, 390 (1848) = *M. hispida* var.
tricycla subvar. *longispina* Urb. in *Ind. sem. hort. berol.* ann. 1872, App.
4 et in *Verh. bot. Ver. Brandenb.* XV, 75 = *M. hispida* subsp. *lappacea*
Rouy *Fl. Fr.* V, 38 (1899).

Hab. — De Bastia à Biguglia (Salis in *Flora* XVII, Beibl. II, 54) ; Ile Rousse (N. Roux in *Bull. soc. bot. Fr.* XLVIII, sess. extr. CXLIV) ; Calvi (Fouc. et Sim. *Trois sem. herb. Corse* 139) ; Ajaccio (Coste in *Bull. soc. bot. Fr.* XLVIII, sess. extr. CVI) ; Sartène (Mars. *Cat.* 44).

Légume large de 7-10 mm., à 1 $^1/_2$-3 $^1/_2$ tours de spire, à aiguillons allongés, crochus, dont la longueur atteint env. le rayon de la spire. Inflorescence 2-4flore.

ε. Var. **brachyacantha** Briq. = *M. Terebellum* Willd. *Sp. pl.* III, 1416 (1803) = *M. lappacea* var. *pentacycla* subvar. (*M. Terebellum*) Gr. et Godr. *Fl. Fr.* I, 390 (1848) = *M. lappacea* var. *brachyacantha* Lowe *Man. fl. Madeira* 158 (1868) = *M. hispida* var. *pentacycla* subvar. *breviaculeata* Urb. in *Ind. sem. hort. berol.* ann. 1872, App. 4 et in *Verh. bot. Ver. Brandenb.* XV, 75 = *M. hispida* subsp. *lappacea* forme *M. pentacycla* var. *breviaculeata* Rouy *Fl. Fr.* V, 38 (1899) = *M. hispida* var. *Terebellum* Urb. in Asch. et Graebn. *Syn.* VI, 2, 432 (1907).

Légume large de 7-10 mm., à 4-6 tours de spire, à aiguillons courts, généralement non crochus, dont la longueur atteint env. le rayon de la spire. Inflorescence 2-4flore. — Cette race, qui a pu être confondue avec la suivante sous le nom de *M. pentacycla*, est à rechercher en Corse, où elle a été indiquée avec doute par Duby (*Bot. gall.* I, 125).

ζ. Var. **macracantha** Briq. = *M. nigra* Willd. *Sp. pl.* III, 1418 (1803) = *M. hystrix* Ten. *Prodr. fl. neap.* 45 (1811) = *M. pentacycla* DC. *Cat. monsp.* 124 (1813) = *M. lappacea* var. *pentacycla* subvar. (*M. nigra*) Gr. et Godr. *Fl. Fr.* I, 390 (1848) = *M. lappacea* var. *macracantha* Lowe *Man. fl. Madeira* 158 (1868) = *M. hispida* var. *pentacycla* subvar. *longeaculeata* Urb. in *Ind. sem. hort. berol.* 1872, App. 4 et in *Verh. bot. Ver. Brandenb.* XV, 75 = *M. hispida* var. *nigra* Burn. *Fl. Alp. mar.* II, 108 (1896); Asch. et Graebn. *Syn.* VI, 2, 433 = *M. hispida* subsp. *lappacea* forme *M. pentacycla* var. *longeaculeata* Rouy *Fl. Fr.* V, 38 (1899).

Hab. — Plus rare que les précédentes. Bastia, où elle est peu fréquente (Salis in *Flora* XVII, Beibl. II, 55) ; Ajaccio (Coste in *Bull. soc. bot. Fr.* XLVIII, sess. extr. CIV).

Légume large de 7-10 mm., à 4-6 tours de spire, à aiguillons allongés, généralement crochus, dont la longueur atteint env. le rayon de la spire. Inflorescence 2-4flore.

938. **M. praecox** DC. *Cat. monsp.* 123 (1813) ; Gr. et Godr. *Fl. Fr.* I, 389 ; Urb. in *Verh. bot. Ver. Brandenb.* XV, 75 ; Rouy *Fl. Fr.* V,

39; Coste *Fl. Fr.* I, 326 ; Asch. et Graebn. *Syn.* VI, 2, 434. — Exsicc. Thomas sub : *M. praecox* ! ; Soleirol n. 1556 ! ; Req. sub : *M. praecox* ! ; Kralik n. 536 ! et 536 bis ! ; Mab. n. 79 !

Hab. — Prairies maritimes sableuses, garigues de l'étage inférieur. Avril-mai. ①. Répandu. Vallon du Fango (Debeaux *Not.* 72) ; de Bastia (Soleirol ex Bert. *Fl. it.* VIII, 277 ; Mab. ap. Mars. *Cat.* 44 ; André in herb. Burn. ! ; et autres observateurs) à Biguglia (Salis in *Flora* XVII, Beibl. II, 55) ; Morsiglia (Ellman et Jahandiez in litt.) ; Patrimonio (Thellung in litt.) ; Ile Rousse (Fouc. et Sim. *Trois sem. herb. Corse* 139 ; Thellung in litt.) ; Calvi (Soleirol exsicc. cit. et ap. Bert. l. c. ; Fouc. et Sim. l. c. ; Ellman et Jahandiez in litt.) ; Galeria (Soleirol ex Gr. et Godr. *Fl. Fr.* I, 389) ; Ponte alla Leccia (Thellung in litt.) ; Corté (Sargnon in *Ann. soc. bot. Lyon* VI, 77) ; Ajaccio (Req. exsicc. cit. ; Kralik exsicc. cit. n. 536 ; Mars. l. c. ; Boullu in *Bull. soc. bot. Fr.* XXIV, sess. extr. XCII ; Coste ibid. XLVIII, sess. extr. CIV et CVII ; Thellung in litt.) ; Tizzano (Kralik exsicc. cit. n. 536 bis) ; Porto-Vecchio (Mab. et Revel. in Mab. exsicc. cit.) ; île de Cavallo (Kralik ex Rouy *Fl. Fr.* V, 39) ; Bonifacio (Kralik ex Rouy l. c.) ; et localités ci-dessous.

1907. — Cap Corse : Marine d'Albo, prairie maritime, 26 avril fr. ! ; talus entre les Marines de Farinole et de Negro, 25 avril fr. ! — Garigues entre Novella et le col de S. Colombano, 500-600 m., 19 avril fr. ! ; Ile Rousse, garigues, 21 avril fr. !

†† 939. **M. coronata** Desr. in Lamk *Encycl. méth.* III, 634 (prob. 1792) ; Gr. et Godr. *Fl. Fr.* I, 389 ; Urb. in *Verh. bot. Ver. Brandenb.* XV, 76, t. II, f. 56 ; Rouy *Fl. Fr.* V, 40 ; Coste *Fl. Fr.* I, 325 ; Asch. et Graebn. *Syn.* VI, 2, 434 = *M. polymorpha* var. *coronata* L. *Sp.* ed. 1, 780 (1753).

Hab. — Garigues de l'étage inférieur. Avril-mai. ①. Très rare. Jusqu'ici seulement à Prunelli-di-Fiumorbo (Pieri ex Fouc. in *Bull. soc. bot. Fr.* XLVII, 89).

940. **M. laciniata** All. *Fl. ped.* I, 316 (1785) ; Gr. et Godr. *Fl. Fr.* I, 392 ; Urb. in *Verh. bot. Ver. Brandenb.* XV, 77, tab. II, fig. 57 ; Burn. *Fl. Alp. mar.* II, 108 ; Asch. et Graebn. *Syn.* VI, 2, 435 = *M. polymorpha* var. *laciniata* L. *Sp.* ed. 1, 781 (1753).

Hab. — Garigues et clairières des maquis de l'étage inférieur. Avril-mai. ①. Rare. Graviers près des ruines d'Aleria (Mars. *Cat.* 44) ; et localité ci-dessous.

. 1907. — Clairières des maquis entre Cateraggio et Tallone, 20 m., 1 mai
fl. jeunes fr. !

Cette espèce est considérée comme d'un indigénat douteux en Europe
par M. Urban ainsi que par MM. Ascherson et Graebner, et comme non
indigène en Corse par M. Rouy (*Fl. Fr.* V, 314). Elle a été signalée en
Corse, sans indication précise de localité, par Salis (in *Flora* XVII, Beibl.
II, 55), lequel n'en avait vu que les feuilles. La découverte de Marsilly près
des ruines d'Aleria pouvait laisser des doutes sur sa spontanéité. Mais la
trouvaille que nous en avons faite en 1907 dans les clairières des maquis
entre Tallone et Cateraggio, sur les sables éocènes, en dehors de toute
culture (en compagnie du *M. gracillima* Tineo !), où elle était très abondante, nous amène à envisager les stations isolées du *M. laciniata* en
Corse comme se rattachant à l'aire de cette espèce en Tunisie et en
Algérie.

† 941. **M. minima** Grufb. in L. *Fl. angl.* 21 (1754, avec renvoi à
Ray *Syn.* ed. 3, p. 333, n. 2); Gr. et Godr. *Fl. Fr.* I, 391 ; Urb. in *Verh.
bot. Ver. Brandenb.* XV, 78, tab. II, fig. 59 ; Burn. *Fl. Alp. mar.* II, 109 ;
Rouy *Fl. Fr.* V, 40 ; Coste *Fl. Fr.* I, 325 ; Asch. et Graebn. *Syn.* VI, 2,
437 = *M. polymorpha* var. *minima* L. *Sp.* ed. 1, 780 (1753).

Hab. — Garigues et rocailles des étages inférieur et montagnard.
Avril-juill. Calcicole préférent. ④. — En Corse, les deux variétés suivantes :

† α. Var. **vulgaris** Urb. in *Verh. bot. Ver. Brandenb.* XV, 78 (1873);
Burn. *Fl. Alp. mar.* II, 109 ; Rouy *Fl. Fr.* V, 41 ; Asch. et Graebn. *Syn.*
VI, 2, 438. — Exsicc. Burn. ann. 1904, n. 39.

Hab. — Répandue. Lavesina (Mab. in *Feuill. jeun. nat.* VII, 111) ;
Bastia (Salis in *Flora* XVII, Beibl. II, 55) ; Patrimonio (Thellung in litt.) ;
Valle-di-Rostino (Soleirol ex Bert. *Fl. it.* VIII, 305, « Rustino ») ; Ponte
alla Leccia (Mand. et Fouc. in *Bull. soc. bot. Fr.* XLVII, 89) ; montagne
de Caporalino (Fouc. et Sim. *Trois sem. herb. Corse* 139 ; Briq. *Spic.* 39
et Burn. exsicc. cit.) ; Barbicaja (Boullu in *Bull. soc. bot. Fr.* XXIV, sess.
extr. LXXXIX) ; Ajaccio (Boullu ibid. XCVIII) ; et localités ci-dessous.

1906.—Cap Corse : Couvent de la Tour de Sénèque, talus arides, 450 m.,
8 juill. fr. ! — Cime de la Chapelle de S. Angelo, rocailles, 1180 m., calc.,
15 juill. fr. !

1907. — Cap Corse : Balmes de la Montagne des Stretti, calc., 100 m.,
25 avril fl. fr. ! ; Mt Silla Morta, garigues, calc., 100 m., 23 avril fl. fr. ! —
Montagne de Pedana, balmes, calc., 500 m.. 14 mai fl. fr. ! ; garigues entre
Novella et le col de S. Colombano, 500-600 m., 19 avril fl. ! ; clairières
des maquis entre Cateraggio et Tallone, 30 m., 1 mai fl. fr. ! ; vall. inf.

de la Solenzara, rocailles des fours à chaux, 150–200 m., 3 mai fl. fr. ! ;
Pointe de l'Aquella, rocailles calc., 250–370 m., 4 mai fl. fr. !

Fruits à aiguillons égalant ou dépassant un peu le rayon de la spire.
— Les échant. corses appartiennent à la forme *canescens* [= *M. minima*
var. *canescens* Ser. in DC. *Prodr.* II, 178 (1825)], à tige et feuilles soyeuses-
blanchâtres ou grisâtres. Les aiguillons ont une tendance à s'allonger
plus que dans les formes de l'Europe centrale, ce qui établit une transition à la race méditerranéenne suivante.

†β. Var. **recta** Burn. *Fl. Alp. mar.* II, 109 (1896) ; Asch. et Graebn.
Syn. VI, 2, 438 = *M. polymorpha* var. *recta* Desf. *Fl. atl.* II, 212 (1800)
= *M. graeca* Hornem. *Enum. hort. hafn.* 728 (1815) = *M. recta* Willd.
Sp. pl. III, 1415 (1803) = *M. minima* var. *longiseta* DC. *Prodr.* II, 178
(1825) ; Urb. in *Verh. bot. Ver. Brandenb.* XV, 78 (1873) ; Rouy *Fl. Fr.*
V, 41 = *M. minima* var. *longispina* Lowe *Man. fl. Madeira* 156 (1868).

Hab. — Corse (Soleirol ex Mut. *Fl. fr.* I, 246) ; au croisement des
routes de Bracolaccia et de St-Florent (Rotgès ex Fouc. in *Bull. soc. bot.*
Fr. XLVII, 89) ; Corté (Fouc. et Sim. *Trois sem. herb. Corse* 139) ; Bonifacio (Pœverlein !) ; et localité ci-dessous.

1907. — Citadelle de Bonifacio, calc., 50 m., 5 mai fl. fr. !

Fruits à aiguillons allongés, atteignant presque ou dépassant même le
diamètre de la spire. Plante canescente comme la précédente.

MELILOTUS [1] Adans.

†† 942. **M. alba** Desr. in Lamk *Encycl. méth.* IV, 63 (1796) ; Gr. et
Godr. *Fl. Fr.* I, 402 ; Rouy *Fl. Fr.* V, 52 ; O. E. Schulz in Engl. *Bot.*
Jahrb. XXIX, 694, tab. VI, f. 5 et tab. VIII, f. 55 ; Coste *Fl. Fr.* I, 334 ;
Asch. et Graebn. *Syn.* VI, 2, 450 = *Trifolium Melilotus officinalis* L. *Sp.*
ed. 1, 765 (1753) p. p.

Hab. — Points ombragés humides de l'étage montagnard. Juin-juill.
①-②. Observé jusqu'ici seulement au hameau de Rosse près de Ghisoni
(Rotgès ex Fouc. in *Bull. soc. bot. Fr.* XLVII, 89).

943. **M. italica** Lamk *Fl. fr.* II, 594 (1778) ; Gr. et Godr. *Fl. Fr.* I,
400 ; Rouy *Fl. Fr.* V, 51 ; O. E. Schulz in Engl. *Bot. Jahrb.* XXIX, 709,

---

[1] Linné a employé *Melilotus* au féminin, et tous les auteurs suivants, qui ont élevé le groupe
de Trèfles désigné par Linné sous le nom de *Melilotus* au rang de genre, ont suivi cette
manière de faire, en particulier Lamarck [*Fl. fr.* éd. 1, 592 et suiv. (1778)]. Il n'y a aucune raison
de décliner dans le genre *Melilotus* les noms spécifiques au masculin (*Règl. nom. bot.* art. 24 et 50).

tab. VI, f. 14 ; Coste *Fl. Fr.* I, 332 = *Trifolium Melilotus italica* L. *Sp.*
ed. 1, 765 (1753) = *M. Melilotus italicus* [1] Asch. et Graebn. *Syn.*VI, 2,
458 (1907).

Hab. — Garigues rocheuses de l'étage inférieur. Avril-mai. ①. Dis-
séminé. Centuri (Ellman et Jahandiez in litt.) ; env. de Bastia (Salis in
Flora XVII, Beibl. II, 55) ; citadelle d'Ajaccio (Le Grand in *Bull. soc. bot.
Fr.* XXXVII, 19) ; et localités ci-dessous.

1907. — Cap Corse : de Pino au col de Santa Lucia, clairières des maquis, 200 m., 26 avril fl. ! ; montagne des Stretti, rocailles calc., 260 m.,
25 avril fl. jeunes fr. ! ; M¹ S. Angelo près S¹-Florent, rocailles calc., 200 m.,
24 avril fl. !

944. M. neapolitana Ten. *Fl. nap. prodr.* Suppl. I, 62 (1811-1815) ;
Gr. et Godr. *Fl. Fr.* I, 401 ; Rouy *Fl. Fr.* V, 56 ; O. E. Schulz in Engl.
Bot. Jahrb. XXIX, 711, t. VI, fig. 15 et 16 et t. VII, fig. 36-38 ; Coste
Fl. Fr. I, 332 ; Asch. et Graebn. *Syn.* VI, 2, 460 = *M. gracilis* DC. *Fl.
fr.* V, 565 (1815) ; Salis in *Flora* XVII, Beibl. II, 55. — Exsicc. Soleirol
n. 1315 ! ; Req. sub : *M. gracilis* ! ; Mab. n. 117 ! ; Burn. ann. 1904, n. 183 !

Hab. — Garigues rocheuses, rocailles de l'étage inférieur. Avril-mai.
①. Répandu dans la partie septentrionale de l'île. Pino (Ellman et
Jahandiez in litt.) ; Erbalunga (Gillot in *Bull. soc. bot. Fr.* XXIV, sess.
extr. LI) ; Bastia (Salis in *Flora* XVII, Beibl. II, 55, Mab. exsicc. cit. et
ap. Mars. *Cat.* 46 ; Gillot op. cit. XLIII ; Lit. *Voy.* II, 2) ; Barbaggio
(Rotgès in litt.) ; Biguglia (Boullu in *Bull. soc. bot. Fr.* XXIV, sess. extr.
LXVI ; Sargnon in *Ann. soc. bot. Lyon* VI, 66) ; Patrimonio (Rotgès !) ;
S¹-Florent (Soleirol exsicc. cit.) ; Ponte alla Leccia (Mand. et Fouc. in
Bull. soc. bot. Fr. XLVII, 89) ; montagne de Caporalino (Briq. *Spic.* 39
et Burn. exsicc. cit.) ; Corté (Req. exsicc. cit. ; Raymond in herb. Deless. ! ;
Fouc. et Sim. *Trois sem. herb. Corse* 139) ; Aleria (Rotgès in litt.) ; et
localités ci-dessous.

1907. — Montagne de Pedana, rocailles calc., 500 m., 14 mai fl. ! ; vallon du Rio Stretto au-dessus de Francardo, garigues, calc., 280 m., 14 mai
fl. ! ; montagne de Caporalino, rochers, calc., 450-650 m., 11 mai fl. !

Rachis de l'inflorescence presque toujours aristé ; grappes courtes et

---

[1] Les combinaisons de noms créées par MM. Ascherson et Graebner en faisant passer dans
le genre *Melilotus* les noms spécifiques linnéens doubles (composés du nom *Melilotus* et d'un
adjectif) sont contraires aux *Règl. internat. de la Nomenclature.* C'est là selon nous un cas
particulier de l'art. 55, 2⁰, qui interdit dans l'épithète spécifique la répétition pure et simple du
nom générique.

lâches à fleurs relat. grandes, longues de 4–6 mm.; légumes pubescents dans la jeunesse, ± dressés, subglobuleux, à bec conique droit. — Les échant. corses appartiennent à la var. **typicus** Asch. et Graebn. [*Syn.* VI, 2, 460 (1907) = *M. neapolitanus* var. *microcarpus* Rouy *Fl. Fr.* V, 57 (1899) p. p., non *M. microcarpus* C. A. Mey.] à fleurs longues de 4–6 mm., à légume 1sperme long d'env. 2,5–3 mm. à la maturité.

945. **M. indica** All. *Fl. ped.* I, 308 (1785) ; Burn. *Fl. Alp. mar.* II, 114 ; Rouy *Fl. Fr.* V, 54 ; O. E. Schulz in Engl. *Bot. Jahrb.* XXIX, 713 ; Asch. et Graebn. *Syn.* VI, 2, 462 = *Trifolium Melilotus indica* L. *Sp.* ed. 1, 765 (1753, var. α) = *M. parviflora* Desf. *Fl. atl.* II, 192 (1800) ; Gr. et Godr. *Fl. Fr.* I, 401 ; Coste *Fl. Fr.* I, 332.

Hab. — Prairies maritimes, cultures de l'étage inférieur. Mai-juin. ①. De Bastia (Salis in *Flora* XVII, Beibl. II, 55 ; Bamberger in herb. Deless.! ; Rotgès!) à Biguglia (Boullu in *Bull. soc. bot. Fr.* XXIV, sess. extr. LXIV; Sargnon in *Ann. soc. bot. Lyon* XXIV, 58) ; Calvi (Fouc. et Sim. *Trois sem. herb. Corse* 139) ; Ajaccio (Mars. *Cat.* 45 ; Boullu in *Bull. soc. bot. Fr.* XXIV, sess. extr. XCVIII) ; Porto-Vecchio (Gysperger in Rouy *Rev. bot. syst.* II, 120) ; Bonifacio (Kralik exsicc. cit. ; Revel. ex Mars. l. c.).

Rachis de l'inflorescence presque toujours mutique ; grappes denses et allongées, à fleurs petites, longues de 2–3 mm.; légumes glabres dans la jeunesse, ± réfléchis-étalés, ± ellipsoïdaux, à bec plus mince. Nos échant. appartiennent d'après les caractères du fruit à la var. **genuinus** Rouy (*Fl. Fr.* V, 55 ; Asch. et Graebn. *Syn.* VI, 2, 462), mais ils ont la vigueur de port des var. *Bonplandii* (Ten.) O. E. Schulz et *permixta* (Jord.) O. E. Schulz. Il est douteux que ces deux dernières formes constituent de véritables races.

946. **M. elegans** Salzm. ap. Seringe in DC. *Prodr.* II, 188 (1825) ; Salis in *Flora* XVII, Beibl. II, 56 ; Gr. et Godr. *Fl. Fr.* I, 401 ; Rouy *Fl. Fr.* V, 57 ; O. E. Schulz in Engl. *Bot. Jahrb.* XXIX, 716 ; Coste *Fl. Fr.* I, 333 ; Asch. et Graebn. *Syn.* VI, 2, 465. — Exsicc. Kralik n. 539 !

Hab. — Prairies maritimes, points ombragés ou humides de l'étage inférieur. Avril-juin. ①. Répandu. Bastia (Mab. ex Mars. *Cat.* 45 ; Rotgès!) ; St-Florent (Mab. ex Mars. l. c.) ; env. de Pietra-Moneta (Fouc. et Sim. *Trois sem. herb. Corse* 139) ; Ile Rousse (N. Roux in *Bull. soc. bot. Fr.* XLVIII, sess. extr. CXLV) ; Calvi (Soleirol ex Rouy *Fl. Fr.* V, 58) ; vallée du Fiumalto (Gillot in *Bull. soc. bot. Fr.* XXIV, sess. extr. LXXV); Corté (Fouc. et Sim. l. c.) ; îles Sanguinaires (Clément ex Rouy l. c.) ; Ajaccio (Mars. l. c. ; Boullu in *Bull. soc. bot. Fr.* XXIV, sess. extr. XCI et

in *Ann. soc. bot. Lyon* XXIV, 68 ; Coste in *Bull. soc. bot. Fr.* XLVIII, sess.
extr. CIV) ; env. de Propriano (Lutz ibid. CXLII) ; Bonifacio (Kralik
exsicc. cit. et ap. Rouy l. c. ; Revel. ex Mars. l. c.).

Facile à distinguer à la maturité, tant des espèces précédentes que
des suivantes par les nervures des fruits en forme de S et pourvues de
faibles anastomoses transversales. Ressemble pendant l'anthèse au
M. neapolitana Ten., dont il diffère par le jeune légume glabre et les
ailes un peu plus courtes que l'étendard et la carène.

947. **M. infesta** Guss. *Fl. sic. prodr.* II, 486 (1828) ; Gr. et Godr.
Fl. Fr. I, 400 ; Boiss. *Fl. or.* II, 106 ; Willk. et Lange *Prodr. fl. hisp.* III,
375 ; Burn. *Fl. Alp. mar.* II, 114 ; O. E. Schulz in Engl. *Bot. Jahrb.* XXIX,
719, tab. VII, fig. 23 ; Coste *Fl. Fr.* I, 333 = *M. corsica* Soleirol ex Gr. et
Godr. l. c. (1848) = *M. sulcatus* subsp. *infestus* Rouy *Fl. Fr.* V, 62 (1899).
— Exsicc. Soleirol n. 120 ! ; Soc. Rochel. n. 4863 !

Hab. — Prairies maritimes, cultures de l'étage inférieur. Avril-juin.
①. Assez rare. Macinaggio (Petit in *Bot. Tidsskr.* XIV, 245) ; Calvi (Soleirol exsicc. cit.) ; Ajaccio (Boullu in *Ann. soc. bot. Lyon* XXIV, 68) ; env.
de Sartène (Mars. *Cat.* 45) ; Porto-Vecchio (Stefani in Soc. Rochel. cit.) ;
Bonifacio (Kralik ex Rouy *Fl. Fr.* V, 62).

Tiges robustes, dressées. Folioles relativement grandes, celles des
feuilles inférieures et moyennes obovées, la terminale atteignant jusqu'à
2,5 × 1,5 cm. de surface, denticulées dans la partie supérieure ; stipules
inférieures semi-ovées ou sagittées et acuminées, pourvues de 7-9 dents
inégales et robustes, les supérieures entières ou subentières, longuement
acuminées. Grappes lâches et allongées. Fleurs relativement grandes,
longues de 6-7,5 mm., à étendard égalant ou dépassant la carène. Légume
long de 4-5 mm., subglobuleux ou obovoïde, sessile, à nervures ± dis-
tantes et peu nombreuses. — Comparer les diagnoses des deux espèces
suivantes :

948. **M. sulcata** Desf. *Fl. atl.* II, 193 (1800) ; Burn. *Fl. Alp. mar.*
II, 113 ; Rouy *Fl. Fr.* V, 60 ; O. E. Schulz in Engl. *Bot. Jahrb.* XXIX, 721,
tab. VII, fig. 24 et 25 et tabl. VIII, fig. 44 ; Coste *Fl. Fr.* I, 332 ; Asch. et
Graebn. *Syn.* VI, 2, 466 = *Trifolium Melilotus indica* L. *Sp.* ed. 2, 1077
(1763, var. γ) = *M. mauritanica* Willd. *Enum. hort. berol.* 789 (1809)
= *M. longifolia* Ten. *Fl. nap. prodr.* Suppl. I, 43 (1811-15) = *Trifolium
sulcatum* Viv. *Fl. lyb. spec.* 45 (1824) = *M. sulcata* var. *genuina* Gr. et
Godr. *Fl. Fr.* I, 400 (1848).

Hab. — Garigues et rocailles des étages inférieur et montagnard.

Avril-mai. ④. Calcicole préférent. Montée de S. Martino-di-Lota au Monte Fosco (Gillot in *Bull. soc. bot. Fr.* XXIV, sess. extr. LIX); Biguglia (Boullu ibid. LXIV); Patrimonio (Rotgès in litt.); Ajaccio (Boullu op. cit. XCVIII; Coste ibid. XLVIII, sess. extr. CVI; Rotgès in litt.); abondant aux env. de Bonifacio (Salis in *Flora* XVII, Beibl. II, 56; Seraf. ex Bert. *Fl. it.* VIII, 78; Revel. ex Mars. *Cat.* 45; Fouc. et Sim. *Trois sem. herb. Corse* 139; Lutz in *Bull. soc. bot. Fr.* XLVIII, sess. extr. CXXXIX; Boy. *Fl. Sud Corse* 59); et localités ci-dessous.

1907. — Cap Corse: Montagne des Stretti, rocailles, calc., 200 m., 25 avril fl. !; Mᵗ Silla Morta, garigues, calc., 200 m., 25 avril fl. !; Pointe de l'Aquella, rocailles, calc., 250-370 m., 4 mai fl. fr. (f. *Aschersonii*) !

Tiges plus grêles, souvent ascendantes ou même ± couchées. Folioles médiocres ou petites, obcunéiformes, les terminales atteignant jusqu'à 2,5 × 1 cm., mais en général plus petites et plus étroites, denticulées jusque près de la base; stipules inférieures semi-ovées à la base et lancéolées, incisées-dentées, les supérieures linéaires-subulées et entières à partir de la base élargie et 3-4dentées. Grappes relativement courtes, un peu lâches. Fleurs petites, longues de 2,5-4 mm., à étendard un peu plus court que la carène et un peu plus long que les ailes. Légume long de 3-3,5 mm., subglobuleux, arrondi à la base et sessile, à nervures serrées et nombreuses.

C'est à une forme de cette espèce qu'appartiennent les échantillons distribués par Todaro (fl. sic. n. 1255!) et Lo Jacono (pl. sic. rar. n. 485!) sous le nom de *M. compacta* (non *M. compacta* Salzm.) dont M. Burnat a parlé en 1896 (*Fl. Alp. mar.* II, 113), et à laquelle se rapporte probablement en partie le *M. sulcatus* var. *segetalis* Rouy (*Fl. Fr.* V, 61). Varie beaucoup selon les stations, dans les dimensions, le degré de ramification et l'étroitesse des feuilles. Les grandes formes ont été décrites sous le nom de var. *procerior* Guss. [*Enum. pl. Inar.* 83 (1854) = *M. sulcatus* var. *longiracemosus* Rouy *Fl. Fr.* V, 60 (1899) = *M. Fabrei* Sennen], les formes réduites et sténophylles sous le nom de var. *angustifolius* Willk. et Lange [*Prodr. fl. hisp.* III, 375 (1877)] avec une sous-variété *humilis* Rouy (l. c.) très réduite. M. Schulz, suivi par M. Ascherson, a vu dans ce dernier groupe une race distincte à rameaux diffus, plus hérissés, et plus microcarpe, désignée sous le nom de var. *Aschersonii* O. E. Schulz [in Engl. *Bot. Jahrb.* XXIX, 722 (1901); Asch. et Graebn. *Syn.* VI, 2, 468)]. Nous n'avons pu nous convaincre du bien-fondé de cette distinction.

949. **M. segetalis** Ser. in DC. *Prodr.* II, 187 (1825); O. E. Schulz in Engl. *Bot. Jahrb.* XXIX, 723, tab. VII, fig. 26-27 et tab. VIII, fig. 51; Asch. et Graebn. *Syn.* VI, 2, 469 = *Trifolium Melilotus segetalis* Brot. *Fl. lus.* II, 484 (1804) = *M. sulcata* var. *major* Camb. *Enum. pl. Bal.* 65 (1827); Salis in *Flora* XVII, Beibl. II, 55; Gr. et Godr. *Fl. Fr.* I, 400;

Burn. *Fl. Alp. mar.* II, 113 = *M. compacta* Salzm. ap. Guss. *Prodr. fl. sic.* II, 485 (1828) = *M. sulcata* var. *compacta* Salzm. ap. Moris *Fl. sard.* I, 464 (1837) = *M. leiosperma* Pomel *Nouv. mat. fl. atl.* 179 (1879); Batt. et Trab. *Fl. Alg.* 223 = *M. infesta* Cus. et Ansb. *Herb. fl. fr.* tab. 1068; Hérib. *Fl. Auv.* 96 ; non Guss. = *M. sulcatus* forme *M. leiospermus* Rouy *Fl. Fr.* V, 61 (1899) = *M. Melilotus segetalis* Asch. et Graebn. *Syn.* VI, 2, 469 (1907).

Hab. — Prairies maritimes, points marécageux de l'étage inférieur. Mai-juin. ④. Rare ou peu observé. Marais de Rogliano (Revel. ex Mars. *Cat.* 45); de Bastia à Biguglia (Salis in *Flora* XVII, Beibl. II, 66); Ajaccio (Le Grand in *Bull. assoc. fr. Bot.* II, 66).

Tige plus épaisse, érigée ou ascendante, souvent creuse. Folioles médiocres ou assez grandes, largement obovées, rarement plus étroites, les terminales atteignant jusqu'à $2 \times 1,3$ cm. de surface, mais souvent beaucoup plus petites, denticulées jusque près de la base; stipules inférieures entières (caractère important, mais rarement constatable dans les herbiers!), les supérieures incisées vers la base élargie. Grappes denses, $\pm$ allongées. Fleurs relativement grandes, longues de 5-8 mm. ; étendard plus court que la carène. Légume long d'env. 3 mm., obliquement obovoïde, atténué-stipité à la base, à nervures serrées et nombreuses.

Varie aussi beaucoup de dimensions et dans l'ampleur des feuilles; les formes signalées par MM. Schulz et Ascherson et Graebner (ll. cc.) devront être recherchées. Diffère écologiquement de l'espèce précédente, qui est très xérophile, du moins en Corse, tandis que le *M. segetalis* est un hygrophile caractérisé.

950. **M. messanensis** All. *Fl. ped.* I, 309 (1785) ; Gr. et Godr. *Fl. Fr.* I, 399 ; Rouy *Fl. Fr.* V, 63; O. E. Schulz in Engl. *Bot. Jahrb.* XXIX, 725, tab. VII, fig. 29; Coste *Fl. Fr.* I, 333 ; Asch. et Graebn. *Syn.* VI, 2, 471 = *Trifolium messanense* L. *Mant.* II, 275 (1771).

Hab. — Prairies maritimes, points ombragés humides du littoral. Mai-juin. ④. Rare. Marais de Rogliano (Revel. in Bor. *Not.* I, 6 et ap. Mars. *Cat.* 45); îles Sanguinaires (Clément ap. Gr. et Godr. *Fl. Fr.* I, 399 ; Boullu in *Bull. soc. bot. Fr.* XXVI, 81 et in *Ann. soc. bot. Lyon* XXIV, 68).

TRIFOLIUM L. emend.

951. **T. dubium** Sibth. *Fl. oxon.* 231 (1754); Britten et Rendle *List brit. seed.-pl.* 9 ; Schinz et Thell. in *Bull. herb. Boiss.* 2ᵐᵉ sér. VII, 188 ;

Schinz et Kell. *Fl. Suisse* éd. fr. I, 340 = *T. procumbens*[1] L. *Sp.* ed. 1,
727 (1753), non herb.; Huds. *Fl. angl.* ed. 1, 328 ; Savi *Bot. etr.* IV, 50 ;
Gr. et Godr. *Fl. Fr.* I, 423 = *T. filiforme* L. *Fl. suec.* ed. 2, 261 (1755) ;
non *Sp.* ed. 1 (1753), nec herb. = *T. minus* Sm. in Relh. *Fl. cantabr.*
ed. 2, 290 (1802) et *Fl. brit.* 1403 (1800) ; Gib. et Belli *Riv. crit. Trif.*
ital. Chronosem. 44 (*Malpighia* III) ; Rouy *Fl. Fr.* V, 74 ; Coste *Fl. Fr.* I,
341 ; Asch. et Graebn. *Syn.* VI, 2, 477.

Hab. — Variable. Etages inférieur et montagnard. Mai-juin. ①.
Répandu.

Stipules ovées, à base arrondie-élargie. Pédoncule droit, ténu. Capitules le plus souvent multiflores ; pédicelles plus courts ou à peine aussi
longs que le tube calicinal. — En Corse les deux variétés suivantes :

α. Var. **genuinum** Briq. = *T. minus* Rouy l. c.; Asch. et Graebn. l. c.,
sensu stricto. — Exsicc. Reverch. ann. 1878 sub : *T. agrarium* ! ; Burn.
ann. 1904, n. 149 !

Hab. — Berges des ruisseaux, fossés, talus humides. Furiani (Thel-
lung in litt.) ; env. de Corté (Req. ex Bert. *Fl. it.* VIII, 205) ; col de Sevi
(Mars. *Cat.* 48) ; Vizzavona (Briq. *Spic.* sub : *T. patens* et Burn. exsicc.
cit.) ; Vico (Mars. l. c.) ; Ghisoni (Rotgès in litt.) ; Iles Sanguinaires
(Lutz in *Bull. soc. bot. Fr.* XLVIII, sess. extr. CXXXVII) ; env. d'Ajaccio
(Boullu ibid. XXIV, sess. extr. XCVIII) ; Cauro (Mars. l. c.) ; col de
Sᵗ-Georges (Mars. l. c.) ; Bastelica (Reverch. exsicc. cit.) ; et localité
ci-dessous.

1908. — Vallée inf. du Tavignano, bords des sources, 900 m., 26 juin fl. fr.

Plante médiocre, à tiges ascendantes, atteignant jusqu'à 20-30 cm. de
longueur ; folioles relativement grandes, la médiane atteignant souvent
1-1,3 × 5-8 mm. Capitules généralement multiflores (8-15 fleurs). — Nos
prédécesseurs n'ayant pas distingué entre les var. α et β, il se pourrait
que l'une ou l'autre des localités ci-dessus citées, en particulier celles
des stations littorales, se rapportassent à la var. β.

╪ β. Var. **microphyllum** Briq. = *T. minus* var. *microphyllum* Ser.
in DC. *Prodr.* II, 206 (1825) ; Rouy *Fl. Fr.* V, 74 = *T. filiforme* var.

---

[1] Les noms spécifiques linnéens pour nos Trèfles de la section *Chronosemium* (nᵒˢ 951-954)
sont tous des *nomina confusa* dans le sens le plus complet du terme. Il est impossible, d'après
les diagnoses et l'habitat, de les tirer au clair et les synonymes cités sont le plus souvent en
désaccord entre eux ou avec la diagnose, aussi ont-ils subi les interprétations les plus diverses.
Nous estimons que ces noms doivent être complètement abandonnés, en appliquant l'art. 51,
4⁰ des *Règles de la Nomenclature*, selon le judicieux conseil donné par MM. Ascherson et
Graebner (*Syn.* VI, 2, 476 et 477).

pygmaeum Soy.-Will. *Obs. Trifl.* 148 (1828) = *T. filiforme* var. *minimum* Gaud. *Fl. helv.* IV, 600 (1829). — Exsicc. Kralik n. 551 !; Burn. ann. 1904, n. 151 !

Hab. — Talus desséchés, garigues sableuses. Vizzavona (Briq. *Spic.* 40 et Burn. exsicc. cit.); Bonifacio (Kralik exsicc. cit.).

Plante naine, à tiges couchées atteignant env. 3-12 cm. de longueur; folioles petites, la médiane mesurant env. 2-6 × 1,5-6 mm. Capitules généralement pauciflores (6-10 fleurs, très rarement moins).

Ces deux variétés méritent des études ultérieures : nous ne sommes pas convaincu qu'elles représentent deux races distinctes, il s'agit peut-être de deux états stationnels ?

952. **T. micranthum** Viv. *Fl. lyb. spec.* 45, tab. 19, fig. 3 (1824); Ser. in DC. *Prodr.* II, 206; Rouy *Fl. Fr.* V, 75; Coste *Fl. Fr.* I, 341; Asch. et Graebn. *Syn.* VI, 2, 479 = *T. filiforme* L. *Sp.* ed. 1, 773 (1753) p. p.; Sm. *Fl. brit.* III, 1404; Gr. et Godr. *Fl. Fr.* I, 422; Bert. *Fl. it.* VIII, 206; Gib. et Belli *Riv. Trif. Chronosem.* 37 (*Malpighia* III); non L. *Fl. suec.* ed. 2, 261.

Hab. — Variable, 1-1300 m. Févr.-juill. ④. Répandu.

Stipules plus étroites que dans l'espèce précédente, atténuées vers la base et vers le sommet; pédoncules ± flexueux, capillaires; capitule le plus souvent pauciflore; pédicelles très grêles, plus longs que le tube calicinal.

Le *T. controversum*, tel que Salis l'entendait [« pedunculis tenuissimis vere capillaribus flexuosis, 5-8 (raro plurifloris) »], est évidemment synonyme du *T. micranthum*, comme l'ont affirmé Grenier et Godron (l. c.) et MM. Gibelli et Belli (l. c., dubitativement), et non pas du *T. dubium* comme l'ont dit M. Rouy (l. c.) et MM. Ascherson et Graebner (l. c.). D'ailleurs Bertoloni (*Fl. it.* VIII, 206) qui a vu le *T. controversum* de Salis le cite en synonymie de son *T. filiforme*, avec le *T. micranthum* Viv. — Nous maintenons provisoirement les deux variétés décrites par Salis (reliées par des intermédiaires !) et qui correspondent aux var. α et β du *T. dubium*.

† α. Var. **maritimum** Briq. = *T. controversum* var. *maritimum* Salis in *Flora* XVII, Beibl. II, 58 (1834). — Exsicc. Burn. ann. 1904, n. 152!

Hab. — Prairies maritimes, fossés, points frais et humides. De Bastia à Biguglia (Salis in *Flora* XVII, Beibl. II, 58; Rotgès!); col de Sevi (Briq. *Spic.* 41 et Burn. exsicc. cit.).

Plante relativement élevée, à tiges ascendantes, atteignant et dépassant parfois 20 cm. Feuilles relativement grandes, à foliole terminale atteignant 6-12 × 3-8 mm. Capitules souvent moins pauciflores que dans la var. β, 3-9flores, plus longuement pédonculés. — D'après Salis (l. c.), les légumes seraient 2spermes, tandis qu'ils seraient généralement 1spermes dans la var. β.

† β. Var. **montanum** Briq. = *T. controversum* var. *montanum* Salis in *Flora* XVII, Beibl. II, 58 (1834). — Exsicc. Req. sub : *T. micranthum*! ; Reverch. ann. 1878, n. 150 ! ; Burn. ann. 1904, n. 153 !

Hab. — Garigues sableuses, fossés desséchés, bords des sources. Bien plus répandue. Vallon du Fango (Gillot in *Bull. soc. bot. Fr.* XXIV, sess. extr. LV) ; au-dessus de Bastia (Salis in *Flora* XVII, Beibl. II, 58 ; Mab. ex Mars. *Cat.* 48) ; St-Florent (Fouc. et Sim. *Trois sem. herb. Corse* 140) ; Calvi (Fouc. et Sim. l. c.) ; Monte S. Pietro (Gillot in *Bull. soc. bot. Fr.* XXIV, sess. extr. LXXIX) ; Vizzavona (Gillot *Souv.* 5) ; col de Sevi (Briq. *Spic.* 41 et Burn. exsicc. cit. ; Lit. in *Bull. acad. géogr. bot.* XVIII, 127) ; env. d'Ajaccio (Req. exsicc. cit. et ap. Bert. *Fl. it.* VIII, 206 ; Fouc. et Sim. l. c. ; Coste in *Bull. soc. bot. Fr.* XLVIII, sess. extr. CIV) ; Campo di Loro (Thellung in litt.) ; col de St-Georges (Mars. l. c.) ; Bastelica (Reverch. exsicc. cit.) ; et localités ci-dessous.

1906. — Descente du col de S. Colombano sur Palasca, 450 m , 10 juill. fl.!

1911. — Punta della Vacca Morta, sources, 1200–1300 m., 9 juill. fl.!

Plante naine à tiges ± couchées, grêles, longues de 2–10 cm. Feuilles petites, à foliole terminale mesurant env. 5–8 × 2–5 mm. Capitules pauciflores (1–3, rarement 5 ou 6flores), en général brièvement pédonculés. — Les var. α et β du *T. micranthum* correspondent aux var. α et β du *T. dubium*, avec les mêmes réserves et observations en ce qui concerne les indications de nos prédécesseurs.

953. **T. campestre** Schreb. in Sturm *Deutschl. Fl.* XVI, tab. 13 (1804), ampl. Pers. *Syn.* II, 352 (1807) ; Rouy *Fl. Fr.* V, 72 ; Coste *Fl. Fr.* I, 341 ; Asch. et Graebn. *Syn.* VI, 2, 481 = *T. procumbens* L. *Fl. suec.* ed. 2, 261 (1755) ; non *Sp.* ed. 1 (1753), nec herb. ; Koch *Syn.* ed. 2, 194 = *T. agrarium* L. *Sp.* ed. 1, 772 (1753) et herb. p. p. ; Poll. *Hist. pl. Pal.* II, 342 (1777) ; Gr. et Godr. *Fl. Fr.* I, 423 ; Gib. et Belli *Riv. crit. Trif. Chronosem.* 14 (*Malpighia* III).

Hab. — Points sableux, garigues, clairières des maquis, prairies maritimes, 1–1000 m. Avril-juin. ①. — En Corse les variétés suivantes :

‡‡ α. Var. **majus** Greml. *Exkursionsfl. Schw.* ed. 1, 129 (1867) = *T. campestre* Schreb. l. c. (1804), sensu stricto = *T. procumbens* var. *campestre* Ser. in DC. *Prodr.* II, 205 (1825) = *T. procumbens* var. *majus*

Koch *Syn.* ed. 2, 194 (1844) = *T. agrarium* var. *majus* Gr. et Godr. *Fl. Fr.* I, 424 (1848) = *T. agrarium* var. *campestre* Rapin *Guide bot. Vaud* éd. 2, 146 (1862) = *T. campestre* var. *genuinum* Rouy *Fl. Fr.* V, 73 (1899) ; Asch. et Graebn. *Syn.* VI, 2, 482.

Hab. — Vallon du Fango (Gillot in *Bull. soc. bot. Fr.* XXIV, sess. extr. LV) ; Furiani (Thellung in litt.) ; Calvi (Fouc. et Sim. *Trois sem. herb. Corse* 140) ; Venaco (Fouc. et Sim. l. c.) ; Ajaccio (Coste in *Bull. soc. bot. Fr.* XLVIII, sess. extr. CIV et CVII ; Thellung in litt.) ; Pozzo di Borgo (Coste ibid. CXI) ; Campo di Loro (Boullu ibid. XXIV, sess. extr. XCIV ; Thellung in litt.) ; Bonifacio (Seraf. ex Bert. *Fl. it.* VIII, 190 ; Boy. *Fl. Sud Corse* 59).

Plante ± élevée, à tiges ± dressées. Pédoncules à peu près de la longueur de la feuille axillante. Capitules relativement grands, longs d'env. 1,2-1,3 cm. Corolle d'un jaune doré pendant l'anthèse, relativement grande, d'un brun très foncé après l'anthèse.

† β. Var. **minus** Greml. *Exkursionsfl. Schw.* ed. 1, 129 (1867) = *T. procumbens* Schreb. in Sturm l. c. (1804) = *T. pseudoprocumbens* Gmel. *Fl. bad.* III, 240 (1808) = *T. procumbens* var. *minus* Koch *Syn.* ed. 2, 195 (1844) = *T. agrarium* var. *minus* Gr. et Godr. *Fl. Fr.* I, 424 (1848) = *T. Schreberi* Jord. ap. Reut. *Cat. pl. Genève* éd. 2, 49 (1861) = *T. agrarium* var. *procumbens* Rapin *Guide bot. Vaud* éd. 2, 146 (1862) = *T. agrarium* var. *Schreberi* Ducomm. *Taschenb. schw. Bot.* 173 (1869) = *T. agrarium* var. *subsessile* Boiss. *Fl. or.* II, 154 (1872) = *T. agrarium* var. *pseudoprocumbens* Lloyd et Fouc. *Fl. ouest Fr.* 100 (1886) = *T. agrarium* var. *pratense* Posp. *Fl. österr. Küstenl.* II, 370 (1898) = *T. campestre* var. *Schreberi* Rouy *Fl. Fr.* V, 72 (1899) = *T. campestre* var. *pseudoprocumbens* Asch. et Graebn. *Syn.* VI, 2, 482 (1907). — Exsicc. Kralik sub : *T. agrarium* !

Hab. — Env. de Bastia (Salis in *Flora* XVII, Beibl. II, 58) ; Ghisoni (Rotgès in litt.) ; Bonifacio (Kralik exsicc. cit.). Probablement plus répandue, mais confondue avec la var. α.

Plante souvent basse, à tiges couchées ou ascendantes. Pédoncules env. deux fois aussi longs que la feuille axillante. Capitules assez petits, hauts d'env. 0,7-1 cm. Corolle plus petite, d'un jaune-paille pendant l'anthèse, brune après l'anthèse.

Les échantillons réduits des stations très riches représentent le *T. procumbens* var. *nanum* Ser. [in DC. *Prodr.* II, 205 (1825) = *T. campestre* var. *nanum* Rouy *Fl. Fr.* V, 73 (1899) = *T. campestre* var. *pseudoprocumbens*

Asch. et Graebn. *Syn.* VI, 2, 482 (1907)]. C'est la forme indiquée aux environs de Bastia par Salis l.c.; elle représente sans doute un simple état.

††† γ. Var. **thionanthum** Maly in Asch. et Graebn. *Syn.* VI, 2, 482
(1907) = *T. thionanthum* Hausskn. in *Mitt. thür. bot. Ver.* V, 71 (1885)
= *T. agrarium* var. *thionanthum* Hausskn. in *Mitt. thür. bot. Ver.* 2ᵐᵉ
sér., V, 78 (1893).

Hab. — Env. de Bastia (Pœverlein!); et localités ci-dessous, mais
probablement plus répandue et confondue avec les var. α et β.

1907. — Cap Corse : Marine d'Albo, talus, 25 avril fl.!; Mᵗ Silla Morta,
garigues, calc., 250 m., 23 avril fl. fr.!; garigues entre Alistro et Bravone,.
10 m., calc.. 30 avril fl.!; clairières des maquis entre Cateraggio et Tallone, 20 m., 1 mai fl.!; prairies à Ghisonaccia, 10 m., 8 mai fl.!

Plante médiocre, d'un vert glaucescent, à tiges ascendantes, grêles.
Pédoncules à peu près de la longueur de la feuille axillante. Capitules
médiocres hauts d'env. 1 cm. Corolle grande, d'un jaune très pâle ou
ochroleuque, parfois légèrement rosée, à étendard plus largement arrondi
et plus ample que dans les variétés précédentes, d'un fauve pâle après
l'anthèse. Cette race d'aspect très caractéristique, n'était connue jusqu'ici que de la Grèce et de l'île de Thasos. Elle paraît être répandue en
Corse et se retrouvera probablement ailleurs dans le bassin méditerranéen. La plante corse cadre exactement avec les nombreux échantillons
grecs des herb. Burnat et Delessert : elle a beaucoup de rapports (port,
grandeur des fleurs, ampleur de l'étendard) avec le *T. patens* var. *ery-
thranthum* Asch. et Graebn. (= *T. Lagrangei* Boiss.) d'Orient, qui ne s'en
distingue guère autrement que par les corolles d'un rouge violacé.

954. **T. patens** Schreb. in Sturm *Deutschl. Fl.* I, XVI (1804); Gr. et
Godr. *Fl. Fr.* I, 423 ; Gib. et Belli *Riv. crit. Trif. ital. Chronosem.* 27 (*Malpighia* III); Rouy *Fl. Fr.* V, 71 ; Coste *Fl. Fr.* I, 340; Asch. et Graebn.
Syn. VI, 2, 483 = *T. aureum* Thuill. *Fl. env. Paris* éd. 2, 385 (1798-99);
non Poll. = *T. parisiense* DC. *Fl. fr.* V, 562 (1815) = *T. procumbens*
Lois. *Fl. gall.* ed. 2, 127 (1828) ; non L. = *T. chrysanthum* Gaud. *Fl.
helv.* IV, 603 (1829). — Exsicc. Reverch. ann. 1885 sub : *T. patens*!

Hab. — Prairies sablonneuses du littoral, points frais et humides
jusque dans l'étage montagnard. Mai-juill. ①. Disséminé. Biguglia
(Mab. ex Mars. *Cat.* 48); env. de Ponte alla Leccia (Petry in litt.); Ota
(Reverch. exsicc. cit.); Ajaccio (Boullu in *Bull. soc. bot. Fr.* XXIV, sess.
extr. XCVIII ; Coste ibid. XLVIII, sess. extr. CVI) ; Sᵗᵉ-Marie-Siché (Ellman et Jahandiez in litt.) ; montagne de Sartène (Mars. *Cat.* 48); Monte
Bianco près Sari (Fouc. et Sim. *Trois sem. herb. Corse* 140) ; Porto-

Vecchio (Revel. in Bor. *Not.* II, 45) ; env. de Bonifacio (Boy. *Fl. Sud Corse* 59) ; et localités ci-dessous.

1906. — Points herbeux humides du vallon de Manganello, 700 m., 18 juill. fl. !

1907. — Prairies sablonneuses à Ghisonaccia, 10 m., 8 mai fl. !

955. **T. Michelianum** Savi *Obs. Trifol.* 93 (1810) et *Fl. pis.* II, 159 ; Gr. et Godr. *Fl. Fr.* I, 420 ; Gib. et Belli *Trif. sez. Amoria* 9 (*Atti accad. sc. Tor.* XXII) ; Rouy *Fl. Fr.* V, 84 ; Coste *Fl. Fr.* I, 345 ; Asch. et Graebn. *Syn.* VI, 2, 488 = *T. Vaillantii* Lois. in Desv. *Journ. Bot.* II, 365 (1809) ; non alior. — Exsicc. Salzmann sub : *T. Michelianum* !

Hab. — Prairies maritimes. Juin–juill. ④. Rare ou peu observé. Corse (Salzmann exsicc. cit. et ap. Duby *Bot. gall.* 134 et Gr. et Godr. *Fl. Fr.* I, 421) ; Biguglia (Boullu in *Ann. soc. bot. Lyon* XXIV, 68) ; entre Ajaccio et Campo di Loro (Boullu in *Bull. soc. bot. Fr.* XXIV, sess. extr. XCII) ; Porto-Vecchio (Revel. in Bor. *Not.* II, 4).

956. **T. nigrescens** Viv. *Fl. it. fragm.* 12, tab. 13 (1808) ; Gr. et Godr. *Fl. Fr.* I, 419 ; Gib. et Belli *Trif. sez. Amoria* 31 (*Atti accad. sc. Tor.* XXII) p. p. ; Rouy *Fl. Fr.* V, 82 ; Coste *Fl. Fr.* I, 344 ; Asch. et Graebn. *Syn.* VI, 2, 489 = *T. hybridum* Savi *Fl. pis.* II, 90 (1798) ; Salis in *Flora* XVII, Beibl. II, 57 ; non L. = *T. pallescens* DC. *Fl. fr.* V, 555 (1815) ; non Schreb. = *T. angulatum* Ten. *Fl. nap.* V, 150 (1835–36) ; non W. K.

Hab. — Garigues, clairières des maquis, bords des chemins des étages inférieur et montagnard. Avril-juin. ④. — En Corse les variétés suivantes :

†† *α*. Var. **genuinum** Rouy *Fl. Fr.* V, 83 (1899) ; Asch. et Graebn. *Syn.* VI, 2, 489.

Hab. — Rare ou passée inaperçue. '

1906. — Bords des chemins à Vizzavona, 905 m., 14 juill. fl. !

Plante robuste. Capitules multiflores, volumineux ; fleurs relativement grandes, longues de 9-11 mm.

†† *β*. Var. **intermedium** Rouy *Fl. Fr.* V, 83 (1899) ; Asch. et Graebn. *Syn.* VI, 2, 489. — Exsicc. Soleirol n. 1295 ! ; Reverch. ann. 1878, sub : *T. nigrescens* !

Hab. — Répandue et abondante dans l'île entière.

1907. — Cap Corse : Marine d'Albo près de Nonza, talus, 25 avril fl. ! —
Garigues entre Alistro et Bravone, 10 m., calc., 30 avril fl. ! ; clairières des.
maquis entre Cateraggio et Tallone, 20 m.. 1 mai fl. ! ; prairies sèches
près de Ghisonaccia, 10 m., 8 mai fl. ! ; garigues de la Pointe de l'Aquella
150 m., 4 mai fl. ! ; prairies entre le col d'Aresia et Porto-Vecchio, 50 m.,
6 mai fl. ! ; garigues à Bonifacio, 100 m., calc., 5 mai fl. !

Plante plus basse. Capitules multiflores, d'un tiers plus petits ; fleurs.
relativement petites, longues de 6–8 mm.

╫ γ. Var. **gracile** Lo Jac. *Tent. mon. Trif. Sic.* 101 (1878) ; Rouy *Fl.*
Fr. V, 93 ; Asch. et Graebn. *Syn.* VI, 2, 490.

Hab. — Signalée en Corse par M. Rouy (l. c.) sans indication de localité. A rechercher.

Plante très grêle, naine, à rameaux et pédoncules presque capillaires.
Capitules petits, pauciflores ; fleurs petites, roses (blanches ou à peine
rosées dans les var. α et β), longues d'env. 5 mm. — Nous avons vu cette
plante, d'abord décrite en Sicile, aussi de la Bulgarie méridionale. — Ces
trois variétés du *T. nigrescens* sont de faible valeur et reliées par de multiples transitions, surtout celles α et β.

╫ 957. **T. isthmocarpum** Brot. *Phyt. Lus.* I, 148, t. 61 (1816) ;
Gib. et Belli *Trif. sez. Amoria* 36 (*Atti accad. sc. Tor.* XXII) ; Rouy. *Fl.*
Fr. V, 83 ; Coste *Fl. Fr.* I, 345 ; Asch. et Graebn. *Syn.* VI, 2, 491. — En
Corse la race suivante :

╫ Var. **Jaminianum** Gib. et Belli op. cit. 37 (1887) ; Asch. et Graebn.
l. c. = *T. strangulatum* Huet pl. sic. ann. 1855 (nomen nudum) = *T. Jami-*
nianum Boiss. *Diagn. pl. or.* 2ᵐᵉ sér., II, 19 (1856) = *T. Rouxii* Gren.
Fl. mass. adv. 27 (1857) = *T. isthmocarpum* subsp. *Jaminianum* Murb.
Contrib. Fl. nord-ouest Afr. I, 67 (1897) = *T. isthmocarpum* forme *T.*
Jaminianum Rouy *Fl. Fr.* V, 491 (1899).

Hab. — Prairies maritimes, talus des marécages littoraux. Mai-juin.
①. Rare. Lavesina (Mab. in *Feuill. jeun. nat.* VII, 111) ; Biguglia (Mab.
l. c.) ; Boullu in *Bull. soc. bot. Fr.* XXIV, sess. extr. LXV).

Diffère de la var. *genuinum* Briq. (Espagne, Portugal et Maroc) par les
feuilles à folioles plus étroites et à stipules généralement plus longues,
les dents calicinales plus étroites un peu plus longues que le tube, plus
étalées, les fleurs plus pâles dépassant moins longuement le calice.

958. **T. cernuum** Brot. *Phyt. Lus.* I, 150, t. 62 (1816) ; Ser. in DC.
Prodr. II, 199 ; Willk. et Lange *Prodr. fl. hisp.* III, 356 ; Gib. et Belli *Riv.*

Trif. it. Galearia, etc. 60, t. III, 4 (*Mem. accad. sc. Tor.* ser. 2, XLI); Rouy
Fl. Fr. V, 86 ; Coste *Fl. Fr.* I, 345 = *T. parviflorum* Perr. *Cat. Fréj.* 84
(1833); non Ehrh. = *T. Perreymondi* Gr. et Godr. *Fl. Fr.* I, 422 (1848);
Cus. et Ansb. *Herb. fl. fr.* t. 1130 ; Lo Jac. in *Nuov. giorn. bot. it.* XV,
240; Asch. et Graebn. *Syn.* VI, 2, 493 = *T. minutum* Coss. *Not. pl. crit.* 5
(février 1849).

Hab. — Points herbeux humides des étages inférieur et montagnard.
Mai-juill. ①. Rare et signalé seulement dans la partie sud de l'île.
Vizzavona (N. Roux in *Bull. soc. bot. Fr.* CXXVIII) ; Quenza (Revel. ex
Mars. *Cat.* 48); montagne de Sartène (Mars. l. c.) ; Porto-Vecchio à l'Ago-
niello (Revel. in Bor. *Not.* II, 4).

Dans leur *Synopsis* (l. c.), MM. Ascherson et Graebner déclarent main-
tenir provisoirement le *T. Perreymondi* comme espèce distincte du
T. cernuum (sans indiquer d'ailleurs de caractères distinctifs entre les
deux « espèces »), parce que leurs aires paraissent « dans quelque mesure »
distinctes et parce que les monographes récents reconnaissent dans le
T. Perreymondi une espèce distincte. Nous ignorons de quels monographes
il peut s'agir ici ; en tous cas, MM. Gibelli et Belli (l. c.), non cités par les
auteurs du *Synopsis*, ont donné le *T. Perreymondi* comme un simple synonyme du *T. cernuum* en expliquant longuement que Grenier et Cosson
n'ont caractérisé le *T. Perreymondi* (*T. minutum*) comme espèce nouvelle
que par rapport au *T. parviflorum* Ehrh. (avec lequel Perreymond l'avait
confondu), et par ignorance du *T. cernuum* Brot. Nous ne pouvons que
confirmer de la façon la plus absolue les conclusions des savants italiens :
il n'y a aucune différence entre les *T. cernuum* et *T. Perreymondi*. —
M. Rouy (l. c.) a suivi MM. Gibelli et Belli, mais en distinguant trois var.
genuinum Rouy (Espagne et Portugal), *intermedium* Rouy (Espagne, Portugal, sud-ouest de la France) et *Perreymondi* Rouy (Provence et Corse),
dont la var. *intermedium* Rouy est devenue le *T. Perreymondi* var. *minutum* Asch. et Graebn. (l. c.). L'examen d'abondants matériaux montre
cependant que ces distinctions ne répondent ni à des races, ni même à
des sous-variétés, mais que les caractères sur lesquels elles sont basées
sont purement individuels, voire même spéciaux à des fragments d'individus. Les pédoncules sont nuls, courts ou atteignent env. 1 cm. dans
nos échantillons portugais, du sud-ouest de la France et de la Provence
(ce que Cosson avait déjà dit en ce qui concerne la France), et cela parfois sur le même individu, en tous cas d'un individu à l'autre dans la
même localité ; la distinction entre les pédoncules capillaires ou grêles
nous échappe complètement entre les échantillons de nos diverses provenances ; le nombre des fleurs dans le capitule n'a aucune constance
dans les trois aires et varie sur un seul et même échantillon ; partout
les deux dents supérieures du calice sont longuement acuminées, un peu
plus longues que le tube, et un peu plus longues que les trois inférieures ;
enfin l'étendard dépasse un peu à la fin de l'anthèse les dents supérieures
du calice, et cela dans toutes les provenances y compris les échantillons

de Daveau de l'Estrémadure (herb. lus. n. 1059 !), cités par M. Rouy pour
la var. *genuinum* (« corolle plus courte que le calice » Rouy l. c.). — Le
T. Perreymondi a été souvent confondu avec les *T. parviflorum* Ehrh.,
angulatum W. K. et *glomeratum* L. Il diffère : 1º du *T. parviflorum* Ehrh.
par les fleurs pédicellées, les pédicelles des fleurs inférieures égalant à
la fin environ le tube du calice (et non pas subsessiles plus courts que
le tube), les 2 dents supérieures du calice un peu plus courtes seulement que les 3 inférieures (et non pas d'un tiers plus courtes), les pièces
des ailes et de la carène non appendiculées à l'extrémité postérieure de
la marge supérieure (appendiculées dans le *T. parviflorum*), l'étendard
émarginé au sommet (obtus ou mucronulé dans le *T. parviflorum*) ;
2º du *T. angulatum* W. K. par les pédoncules nuls et courts (et non pas
allongés, plus longs que la feuille axillante), les pédicelles égalant le
tube du calice (et non 2–3 fois plus longs), les dents calicinales un peu
inégales, lancéolées, un peu recourbées, les supérieures plus longues
que le tube (subégales, subulées, droites et bien plus longues que le
tube dans le *T. angulatum*), la corolle dépassant un peu les dents du
calice à la fin de l'anthèse (corolle deux fois plus longue que le calice
dans le *T. angulatum*), l'étendard émarginé obové (et non pas obtus ou
mucroné et oblong). 3º Le *T. glomeratum* L. (distribué par exemple par
Motelay à plusieurs reprises de la Gironde sous le nom de *T. Perreymondi* !) diffère immédiatement du *T. Perreymondi* par le calice ventru-
campanulé, un peu contracté sous les dents, celles-ci ovées, courtes,
élargies et ± réticulées-veinées à la base, brièvement acuminées au
sommet, environ d'un tiers plus courtes que le tube, l'étendard oblong
non émarginé, etc., etc.

T. hybridum L. *Sp.* ed. 1, 766 (1753) p. p.; Poll. *Hist. pl. Palat.* II, 330
(1777); Gr. et Godr. *Fl. Fr.* 1, 426; Asch. et Graebn. *Syn.* VI, 2, 495; non
Savi = *T. Michelianum* Gaud. *Fl. helv.* IV, 573 (1829); non Salvi = *T. elegans* Rouy *Fl. Fr.* V, 81 (1899) = *T. elegans* et *T. fistulosum* Coste *Fl. Fr.* I,
343 (1901).

Les indications relatives à la Corse faites sous le nom de *T. hybridum*
(par ex. Salis in *Flora* XVII, Beibl. II, 57) se rapportent au *T. hybridum* Savi
(= *T. nigrescens* Viv.), et non pas au *T. hybridum* L. emend. Poll. Le *T.
hybridum* L., sous toutes ses formes, est étranger à la flore insulaire.

959. **T. repens** L. *Sp.* ed. 1, 767 (1753); Gr. et Godr. *Fl. Fr.* I, 419;
Gib. et Belli *Trif. sez. Amoria* 18 (*Atti accad. sc. Tor.* XXII) ; Rouy *Fl.
Fr.* V, 78 ; Coste *Fl. Fr.* 1, 343 ; Asch. et Graebn. *Syn.* VI, 2, 497.

Hab. — Variable. Mai-juill. selon l'altitude. ⚥ . — En Corse les races
suivantes :

α. Var. **typicum** Asch. et Graebn. *Syn.* VI, 2, 498 (1908).

Hab. — Prairies maritimes, bords ombragés des chemins, points
humides des étages inférieur et montagnard. Répandue dans l'île entière.

Plante grande ou moyenne, pluricaule, à tige s'enracinant à la base ; feuilles longuement pétiolées, à stipules grandes, d'abord lancéolées, puis brusquement subulées, à folioles largement obovées, obtuses ou faiblement émarginées, longues de 1-2 cm.; capitules larges de 1-2 cm., à corolles blanches.

╫ β. Var. **minus** Gib. et Belli *Trif. sex. Amoria* 22 (*Atti accad. sc. Tor.* XXII, ann. 1887, excl. pl. Gall. occid.) = *T. Biasoletti* Steud. et Hochst. in *Flora* X, 72 (1827); Freyn in *Verh. zool.-bot. Ges. Wien* XXVII, 312 = *T. prostratum* Bias. in *Flora* XII, 532 (1829) = *T. repens* forme *T. Biasolettianum* Rouy *Fl. Fr.* V, 79 (1899) = *T. repens* var. *Biasoletti* Asch. et Graebn. *Syn.* VI, 2, 500 (1908) = *T. monvernense* Shuttlew. ap. Rouy l. c.

Hab. — Berges des sources de l'étage montagnard. Jusqu'ici seulement dans les localités ci-dessous, mais probablement plus répandue.

1906. — Rochers humides de la fontaine d'Argento au-dessus de Zicavo, 1000 m., 18 juill. fl.!

1910. — Cap Corse : points humides en montant du col Bocca Rezza vers le Monte Capra, 1000-1100 m., 16 juill. fl.!

Cette race, bien étudiée par M. Freyn (l. c.), est sans doute assez facile à distinguer dans ses formes typiques du *T. repens* var. α : plante plus grêle, à tige rampante s'enracinant sur toute sa longueur; stipules membraneuses, lancéolées-acuminées, folioles obcordées, fleurs ± rosées. Mais d'autre part, il existe entre la var. *minus* et le *T. repens* var. *genuinum* des formes incontestablement intermédiaires (par ex. la var. *microphyllum* Lagr.-Foss. *Fl. Tarn-et-Garonne* p. 95 ; Rouy *Fl. Fr.* V, 78). Nous avons récolté au bord du sentier muletier de la vallée du Tavignano, en amont de Corté, 900-1000 m., 26 juill. fl. fr. ! une de ces formes ambiguës. — Steudel et Hochstetter, ainsi que Biasoletto, attribuent au *T. Biasoletti* des pétioles et pédoncules à poils étalés, et MM. Ascherson et Graebner se sont servis de ce caractère pour opposer le *T. Biasoletti* aux autres variétés du *T. repens*. Par contre, M. Freyn s'est borné à dire (l. c.) : « feuilles poilues le long des pétioles, d'ailleurs ainsi que tout le reste de la plante glabre ou presque glabre ». M. Rouy qui a décrit le *T. monvernense* Shuttl. (originaux dans l'herb. Delessert!) l'assimile au *T. Biasoletti*, sans mentionner cet indument. A notre avis, Freyn et M. Rouy ont raison : on ne saurait faire jouer à l'indument le rôle que lui attribuent MM. Ascherson et Graebner. Plusieurs de nos échantillons d'Istrie présentent en effet des poils fins, un peu ondulés, disséminés le long des pétioles et des pédoncules, mais aucun d'eux n'est « abstehend borstig behaart » (Asch. et Graebn. l. c.), plusieurs sont presque glabres, ce qui est le cas pour le *T. monvernense* Shuttl. et pour la plante corse. D'ailleurs nous avons retrouvé un indument analogue dans divers échantillons de la var. *genuinum*.

19

†† γ. Var. **pozzicola** Briq., var. nov.

Hab. — Pozzines de l'étage subalpin. Jusqu'ici seulement la localité ci-dessous.

1906. — Pozzines près des bergeries d'Aluccia, 1500 m., 18 juill. fl. !

Pusillum. Caulis tenuis, prostratus, tota longitudine radicans. Folia longe graciliter petiolata, foliolis parvis glabris pulchro obcordatis, superficie 5-10 × 3-8 mm.; stipulae membranaceae, lanceolato-acuminatae. Pedunculi tenues petiolos vix vel aliq. superantes. Capitula parva, pauciflora, sect. long. 1,2 × 1,5 cm. Pedicelli calice aliq. breviores. Calicis dentes superiores tubum circiter aequantes, inferiores superioribus triente brevioribus, omnibus lanceolato-acuminatis. Corolla alba calice bis longior.

Cette curieuse race se rattache à la précédente, dont elle constitue, pour ainsi dire, une miniature et rappelle par son port les formes naines des *T. Thalii* Vill. et *T. pallescens* Schreb., sans d'ailleurs en présenter les caractères distinctifs. Elle est fort voisine de la var. *Orphanideum* Boiss. (*Fl. or.* II, 145 (1872); Asch. et Graebn. *Syn.* VI, 2, 499 = *T. Orphanideum* Boiss. *Diagn. pl. or.* ser. 2, II, 17 (1856), dont elle diffère par les rameaux longuement radicants, les feuilles longuement pétiolées atteignant environ les capitules, la corolle blanche, etc.

960. **T. glomeratum** L. *Sp.* ed. 1, 770 (1753); Gr. et Godr. *Fl. Fr.* I, 416.; Gib. et Belli *Riv. crit. Trif. ital. Galearia* 53, tab. III, 1 (*Mem. accad. sc. Tor.* ser. 2, XLI); Rouy *Fl. Fr.* V, 88; Coste *Fl. Fr.* I, 346; Asch. et Graebn. *Syn.* VI, 2, 508. — Exsicc. Soleirol n. 1293!; Kralik n. 543 a !

Hab. — Garigues, clairières des maquis, friches des étages inférieur et montagnard, 1-800 m. Répandu. De Bastia (Gillot in *Bull. soc. bot. Fr.* XXIV, sess. extr. XLIII) à Biguglia (Salis in *Flora* XVII, Beibl. II, 57); Calvi (Fouc. et Sim. *Trois sem. herb. Corse* 140); Evisa (Lit. *Voy.* II, 13); Corté (Gillot *Souv.* 2; Fouc. et Sim. l. c.); Venaco (Fouc. et Sim. l. c.); Ghisoni (Rotgès in litt.); île Mezzomare (Thellung in litt.); env. d'Ajaccio (Mars. *Cat.* 47; Boullu in *Bull. soc. bot. Fr.* XXIV, sess. extr. XCVIII; Coste ibid. CIV, CVII et CVIII); Campo di Loro (Thellung in litt.); Bonifacio (Kralik exsicc. cit.); et localités ci-dessous.

1906. — Garigues rocailleuses au col de Vizzavona, 1100 m., 15 juill. fl. fr. !

1907. — Clairières des maquis entre Cateraggio et Tallone, 20 m., 1 mai fl. !

961. **T. suffocatum** L. *Mant.* II, 276 (1771); Gr. et Godr. *Fl. Fr.* I, 416; Gib. et Belli *Riv. crit. Trif. ital. Galearia* 56, tab. III, 2

(*Mem. accad. sc. Tor.* ser. 2, XLI) ; Rouy *Fl. Fr.* V, 89 ; Coste *Fl. Fr.* I, 346 ; Asch. et Graebn. *Syn.* VI, 2, 510. — Soleirol n. 1289 (ex Gr. et Godr. l. c.); Kralik n. 540 !

Hab. — Garigues de l'étage inférieur. Avril-mai. ④. Disséminé. Rogliano (Rev. ex Mars. *Cat.* 47) ; de Bastia (Mars. l. c. ; Gillot in *Bull. soc. bot. Fr.* XXIV, sess. extr. LVII) à Biguglia (Salis in *Flora* XVII, Beibl. II, 57) ; St-Florent (Fouc. et Sim. *Trois sem. herb. Corse* 140); Pietra-Moneta (Fouc. et Sim. l. c.) ; Calvi (Fouc. et Sim. l. c.) ; île Mezzomare (Thellung in litt.) ; Ajaccio (Mars. l. c. ; Coste in *Bull. soc. bot. Fr.* CIV et CVII ; Thellung in litt.); Porto-Vecchio (Rev. in Bor. *Not.* II, 4); Boni-facio (Kralik exsicc. cit.).

962. T. Melilotus-ornithopodioides L. *Sp.* ed. 1, 766 (1753); Asch. et Graebn. *Syn.* VI, 2, 510 = *T. ornithopodioides* Sm. *Fl. brit.* I, 682 (1800); Malladra in *Malpighia* IV, 168-239; Taub. in Engl. et Prantl *Nat. Pflanzenfam.* III, 3, 25 et in *Oesterr. bot. Zeitschr.* XLIII, 368; Gib. et Belli *Riv. crit. Trif. ital. Galearia* 63, tab. III, 5 (*Mem. accad. sc. Tor.* ser. 2, XLI) = *Melilotus ornithopodioides* Desr. in Lamk *Encycl. méth.* IV, 67 (1796) = *Trigonella ornithopodioides* DC. *Fl. fr.* IV, 550 (1805); Gr. et Godr. *Fl. Fr.* I, 398 ; Rouy *Fl. Fr.* V, 49 ; Coste *Fl. Fr.* I, 329.

Hab. — Garigues, friches, cultures de l'étage inférieur. Mai-juin. ④. Jusqu'ici seulement aux env. de Bastia (Salis in *Flora* XVII, Beibl. II, 55 ; Soleirol ex Rouy *Fl. Fr.* V, 50 ; Gillot in *Bull. soc. bot. Fr.* XXIV, sess. extr. XLIII).

963. T. spumosum L. *Sp.* ed. 1, 771 (1753); Gr. et Godr. *Fl. Fr.* I, 415; Gib. et Belli *Riv. crit. Trif. ital. Trigantheum* 9, tab. I, 1 (*Mem. accad. sc. Tor.* ser. 2, XLII); Rouy *Fl. Fr.* V, 94 ; Coste *Fl. Fr.* I, 342 ; Asch. et Graebn. *Syn.* VI, 2, 512. — Exsicc. Kralik n. 542 !; Mab. n. 222 !

Hab. — Friches, cultures, moissons, points secs des prairies mari-times, dans l'étage inférieur. Avril-mai. ④. Disséminé. Pietranera près Bastia (Salis in *Flora* XVII, Beibl. II, 58) ; Biguglia (Boullu in *Bull. soc. bot. Fr.* XXIV, sess. extr. LXIV) ; Algajola (Mab. exsicc. cit.) ; Calvi (Mab. ex Mars. *Cat.* 47 ; Fouc. et Sim. *Trois sem. herb. Corse* 140) ; Ajaccio (ex Gr. et Godr. *Fl. Fr.* I, 415 ; Boullu in *Bull. soc. bot. Fr.* XXIV, sess. extr. XCVIII) ; Bonifacio (Seraf. ex Bert. *Fl. it.* VIII, 183 ; Revel. ex

Mars. l. c.; Kralik exsicc. cit.; Boy. *Fl. Sud Corse* 59); et localité ci-dessous.

1907. — Ile Rousse, moissons, 20 avril fl. !

964. **T. vesiculosum** Savi *Fl. pis.* II, 165 (1798); Gr. et Godr. *Fl. Fr.* I, 415 ; Gib. et Belli *Riv. crit. Trif. ital. Trigantheum* 13 (*Mem. accad. sc. Tor.* ser. 2, XLII); Rouy *Fl. Fr.* V, 95 ; Coste *Fl. Fr.* I, 342 ; Asch. et Graebn. *Syn.* VI, 2, 513. — Exsicc. Soleirol 1308 ! ; Req. sub : *T. vesiculosum* !; Reverch. ann. 1879 et ann. 1885, n. 196 !

Hab. — Prairies maritimes, cultures, points ombragés des étages inférieur et montagnard. Mai-juill. ①. Disséminé. Env. de Bastia (Salis in *Flora* XVII, Beibl. II, 58); Porto (Reverch. exsicc. ann. 1885); Vico (Mars. *Cat.* 47) ; Bocognano (ex Gr. et Godr. *Fl. Fr.* I, 415) ; Sagone (Lit. *Voy.* II, 26); Ajaccio (Robert et de Pouzolz ex Lois. *Fl. gall.* ed. 2, II, 126 ; Salis l. c.; Req. exsicc. cit. et ap. Bert. *Fl. it.* VIII, 181 ; Mars. *Cat.* 47 ; Sargnon in *Ann. soc. bot. Lyon* VI, 85 ; Boullu in *Bull. soc. bot. Fr.* XXIV, sess. extr. XCVIII) ; de Sartène à S. Lucia di Tallano (Seraf. ex Bert. l. c.; Lit. *Voy.* I, 19); Serra di Scopamène (Reverch. exsicc. ann. 1879); Porto-Vecchio (Seraf. ex Bert. l.c.; Kralik exsicc. cit.; Revel. ex Mars. l. c.) ; env. de Bonifacio (Robert et de Pouzolz ex Lois. l. c.; Salis l. c.; Soleirol exsicc. cit.).

Cité encore à Calvi par M. Rouy (l. c.) d'après Campbell (lire Shuttle-worth) ; mais Shuttleworth (*Enum.* 9) cite le *T. vesiculosum* en Corse sans indication de localité (avec un —).

T. uniflorum L. *Sp.* ed. 1, 771 (1753); Gib. et Belli *Riv. crit. Trif. ital. Calycomorphum et Cryptosciadium* 45 (*Mem. accad. sc. Tor.* ser. 2, XLIII); Asch. et Graebn. *Syn.* VI, 2, 515 = *T. Savianum* Guss. *Fl. sic. prodr.* II, 488 (1828); Gr. et Godr. *Fl. Fr.* I, 417 ; Coste *Fl. Fr.* I, 346.

Cette espèce des montagnes de la Sicile — qui manque à l'archipel toscan et à la Sardaigne, et qui se rencontre naturalisée en quelques points de la Provence — a été vaguement signalée en Corse par Viviani (*Fl. cors. diagn.* 14) : indication extrêmement douteuse.

965. **T. strictum** L. *Amoen. acad.* IV, 285 (1755); Bert. *Fl. it.* VIII, 99 ; Asch. et Graebn. *Syn.* VI, 2, 520 = *T. laevigatum* Desf. *Fl. atl.* II, 195 (1800) ; Gr. et Godr. *Fl. Fr.* I, 416 ; Gib. et Belli *Riv. crit. Trif. ital. Galearia* etc. 41, tab. II, 2 (*Mem. accad. sc. Tor.* ser. 2, XLI) ; Rouy *Fl. Fr.* V, 90; Coste *Fl. Fr.* I, 344 = *T. strictum elatius* Salis in *Flora* XVII,

Beibl. II, 57 (1834). — Exsicc. Thomas sub : *T. strictum* ! ; Req. sub : *T. strictum* ! ; Soleirol n. 1291 ! ; Kralik n. 543 !

Hab. — Points herbeux humides des garigues, clairières des maquis des étages inférieur et montagnard. Mai-juin. ④. Disséminé surtout dans la partie sud de l'île. Calvi (Soleirol ap. Mutel *Fl. fr.* I, 256 ; Fouc. et Sim. *Trois sem. herb. Corse* 140) ; Corté (Soleirol exsicc. cit.) ; env. d'Ajaccio (Req. exsicc. cit. ; Mars. *Cat.* 47 ; Boullu in *Bull. soc. bot. Fr.* XXIV, sess. extr. XCII) ; Pozzo di Borgo (Coste ibid. XLVIII, sess. extr. CXII) ; Ghisoni (Rotgès in litt.) ; entre le Fiumorbo et Porto-Vecchio (Salis in *Flora* XVII, Beibl. II, 57), en particulier au Monte Bianco près Sari (Fouc. et Sim. l. c.) ; env. de Sartène (Mars. l. c.) ; env. de Bonifacio (Seraf. ex Viv. *Fl. cors. diagn.* 13 et Bert. *Fl. it.* VIII, 100 ; Kralik exsicc. cit. ; Revel. in Bor. *Not.* I, 6 ; Lutz in *Bull. soc. bot. Fr.* XLVIII, sess. extr. CXXXIX ; Boy. *Fl. Sud Corse* 59).

966. **T. resupinatum** L. *Sp.* ed. 1, 771 (1753) ; Gr. et Godr. *Fl. Fr.* I, 414 ; Gib. et Belli *Riv. crit. Trif. ital. Galearia* 10, tab. I, 1 (*Mem. accad. sc. Tor.* ser. 2, XLI) ; Rouy *Fl. Fr.* V, 92 ; Coste *Fl. Fr.* I, 342 ; Asch. et Graebn. *Syn.* VI, 2, 521.

Hab. — Garigues de l'étage inférieur. Avril-mai. ①-②. — Deux variétés.

α. Var. **typicum** Asch. et Graebn. *Syn.* VI, 2, 522 (1908). — Exsicc. Reverch. ann. 1880, n. 336 !

Hab. — Répandue et abondante dans l'île entière.

Capitules mesurant 1,5-2 cm. de diamètre à la maturité, à fleurs relativement grandes, longues d'env. 4-7 mm. Calice mûr long de 7-8 mm. — Nos échantillons appartiennent à la sous-var. **genuinum** Asch. et Graebn. [l. c. = *T. resupinatum* var. *genuinum* Rouy *Fl. Fr.* V, 92 (1899)] à tige assez grêle, peu fistuleuse, à folioles médiocres, à pédicelles grêles.

††. β. Var. **minus** Boiss. *Fl. or.* II, 137 (1872) ; Gib. et Belli *Riv. crit. Trif. ital. Galearia* 10 (*Mem. accad. sc. Tor.* ser. 2, XLI) = *T. Clusii* Gr. et Godr. *Fl. Fr.* I, 414 (1848) = *T. resupinatum* forme *T. Clusii* Rouy *Fl. Fr.* V, 93 (1899) = *T. resupinatum* var. *Clusii* Asch. et Graebn. *Syn.* VI, 2, 522 (1908).

Hab. — Signalée à Calvi et de Pietra-Moneta à Sᵗ-Florent (Fouc. et Sim. *Trois sem. herb. Corse* 140).

Capitules mesurant env. 8-9 mm. de diamètre à la maturité, à fleurs

relativement petites, longues de moins de 4 mm. Calice mûr long d'env.
4 mm. Race plus grêle et plus petite que la précédente.

967. **T. tomentosum** L. *Sp.* ed. 1, 771 (1753); Gr. et Codr. *Fl.
Fr.* I, 414; Gib. et Belli *Riv. crit. Trif. ital. Galearia* 17, tab. I, 2 (*Mem.
accad. sc. Tor.* ser. 2, XLI); Rouy *Fl. Fr.* V, 94; Coste *Fl. Fr.* I, 342;
Asch. et Graebn. *Syn.* VI, 2, 523. — Exsicc. Salzmann sub : *T. tomen-
tosum* !; Soleirol n. 1272 !; Mab. n. 118 !; Reverch. ann. 1880, n. 337 !;
Burn. ann. 1904, n. 148 !

Hab. — Garigues sableuses ou rocheuses des étages inférieur et mon-
tagnard. Avril-juin. ①-②. Répandu. Vallon du Fango (Gillot in *Bull.
soc. bot. Fr.* XXIV, sess. extr. LV); de Bastia à Biguglia (Salis in *Flora*
XVII, Beibl. II, 58; Mab. exsicc. cit. et ap. Mars. *Cat.* 47); Patrimonio
(Thellung in litt.); Calvi (Soleirol exsicc. cit. et ap. Gr. et Godr. *Fl. Fr.*
I, 414; Fouc. et Sim. *Trois sem. herb. Corse* 140); montagne de Caporalino (Briq. *Spic.* 40 et Burn. exsicc. cit.); Ghisoni, au hameau de
Rosse (Rotgès in litt.); Ajaccio (Req. ex Bert. *Fl. it.* VIII, 188; Mars.
l. c.; Coste in *Bull. soc. bot. Fr.* XLVIII, sess. extr. CIV et CVIII; Thel-
lung in litt.); Pozzo di Borgo (Boullu ibid. XXIV, sess. extr. XCVII;
Coste ibid. XLVIII, sess. extr. CXI); Campo di Loro (Boullu ibid. XXIV,
sess. extr. XCIV); Sartène (Fliche in *Bull. soc. bot. Fr.* XXXVI, 360); La
Trinité (Reverch. (exsicc. cit.); et localités ci-dessous.

1907. — Cap Corse : M¹ Silla Morta, garigues, calc., 23 avril fl. fr. ! —
Ostriconi, bords des routes, 20 avril fl. fr. !; garigues entre Alistro et
Bravone, 15 m., 30 avril fl. fr. !; vallée inf. de la Solenzara, clairières des
maquis, 50 m., 3 mai fl. fr. !; garigues entre le col d'Aresia et Finocchio,
80 m., 5 mai fr. !; garigues à Santa Manza, 10 m., 6 mai fl. fr. !

968. **T. fragiferum** L. *Sp.* ed. 1, 772 (1753); Gr. et Godr. *Fl.
Fr.* I, 413; Gib. et Belli *Riv. crit. Trif. ital. Galearia* 22, tab. I, 3 (*Mem.
accad. sc. Tor.* ser. 2, XLI); Rouy *Fl. Fr.* V, 91; Coste *Fl. Fr.* I, 344;
Asch. et Graebn. *Syn.* VI, 2, 525.

Hab. — Variable. Mai-août. ♃. — En Corse les deux races suivantes:

α. Var. **genuinum** Briq. = *T. fragiferum* L.; Asch. et Graebn. *Syn.*
VI, 524; sensu stricto.

Hab. — Garigues, bords des routes dans l'étage inférieur. Serait très
commun selon Marsilly (*Cat.* 47), ce qui ne ressort ni des herbiers, ni
de la bibliographie, ni de notre expérience personnelle. De Bastia à

Biguglia, pas fréquent (Salis in *Flora* XVII, Beibl. II, 58) ; Ajaccio (Boullu in *Bull. soc. bot. Fr.* XXIV, sess. extr. XCVIII) ; Bonifacio (Seraf. ex Bert. *Fl. it.* VIII, 190 ; Boy. *Fl. Sud Corse* 59) ; et localité ci-dessous.

1906. — Cap Corse : talus rocailleux entre les marines de Luri et de Meria, 6 juill. fl. fr. !

Plante médiocre ou robuste [f. *majus* = *T. fragiferum* var. *majus* Rouy *Fl. Fr.* V, 91 (1899) ; Asch. et Graebn. *Syn.* VI, 2, 525], à rameaux traçants allongés, à capitules longuement pédonculés, atteignant 1,5-2×1,3-1,5 cm. en section longitudinale à la maturité, à calice densément pubescent.

†† β. Var. **pulchellum** Lange *Pug. pl. hisp.* 365 (1865) ; Willk. et Lange *Prodr. fl. hisp.* III, 361 ; Rouy *Fl. Fr.* V, 91 ; Asch. et Graebn. *Syn.* VI, 2, 524 = *T. fragiferum* var. *alicola* Gib. et Belli *Riv. crit. Trif. ital. Lagopus* 25 [*Mem. accad. sc. Tor.* ser. 2, XLI (1890)].

Hab. — Points humides au voisinage de la mer. Jusqu'ici seulement la localité suivante :

1911. — Etang d'Urbino, clairières humides des maquis, 30 juin fl. fr. !

Plante naine, à rameaux traçants courts, épais, serrés, à feuilles bien plus petites que dans la var. α, à pétioles et nervures plus velus, à capitules brièvement pédonculés, n'atteignant que 1-1,3 × 1 cm. à la maturité, à calice densément blanc-tomenteux. — Cette remarquable race a d'abord été signalée par Lange (l. c.) dans les sables du littoral atlantique de l'Espagne, puis indiquée près de Pise par MM. Gibelli et Belli (l. c.). MM. Ascherson et Graebner l'envisagent comme une forme des sables marins et des salines, et estiment, sans toutefois préciser sa distribution géographique, qu'elle mérite des études ultérieures vu le port particulier des formes du bassin méditerranéen. Cependant, Lange (l. c.) avait déjà annoncé que la var. *pulchellum* se trouve près de Biarritz sur les collines argileuses, donc en dehors de la ceinture littorale des halophiles. Il en est de même à l'étang d'Urbino : nous y avons observé la var. *pulchellum* bien caractérisée, non seulement au bord de la lagune, mais en abondance dans les dépressions humides des maquis à env. 20 m. au-dessus du niveau de la lagune. Il ne s'agit donc pas là d'une forme stationnelle halophile du *T. fragiferum*, mais d'une race méridiona'e qui mérite en tous cas d'être distinguée, et dont la distribution exacte en Corse reste à établir.

969. **T. striatum** L. *Sp.* ed. 1, 770 ; Gr. et Godr. *Fl. Fr.* I, 412 ; Gib. et Belli *Riv. crit. Trif. ital. Lagopus* 19, tab. I, 1 (*Mem. accad. sc. Tor.* ser. 2, XXXIX) ; Rouy *Fl. Fr.* V, 100 ; Coste *Fl. Fr.* I, 349 ; Asch. et Graebn. *Syn.* VI, 2, 527.

Hab. — Garigues des étages inférieur et montagnard, passant dans les moissons. Mai-juin. ⊕. — En Corse les variétés suivantes :

α. Var. **genuinum** Lange *Pug. pl. hisp.* 363 (1865) ; Rouy *Fl. Fr.* V, 101 ; ampl. Asch. et Graebn. *Syn.* VI, 2, 528. — Exsicc. Burn. ann. 1904, n. 146 !

Hab. — Probablement répandue, mais peu observée. Au-dessus de Bastia (Salis in *Flora* XVII, Beibl. II, 57) ; Corté (Fouc. et Sim. *Trois sem. herb. Corse* 140) ; Calacuccia (Ellman et Jahandiez in litt.) ; Lozzi (Cousturier !) ; Campo di Loro (Boullu in *Bull. soc. bot. Fr.* XXIV, sess. extr. XCIV) ; Bastelica (Revel. ex Mars. *Cat.* 47).

Rameaux généralement courts. Capitules assez courtement cylindracés ou ovoïdes. Dents calicinales plus courtes que la corolle. — Varie selon les stations à tige érigée ± élancée [f. *strictum* Asch. et Graebn. *Syn.* VI, 2, 528 (1908) = *T. striatum* var. *strictum* Drej. in Lange *Haandb. danske Fl.* 4, 832 (1888)] ou couchée [f. *prostratum* Asch. et Graebn. l. c. = *T. striatum* var. *prostratum* Lange in *Bot. Tidsskr.* III, 124 (1869) ou naine [f. *nanum* Asch. et Graebn. l. c. = *T. prostratum* var. *nanum* Rouy *Fl. Fr.* V, 101 (1899)].

β. Var. **elatum** Lo Jac. *Tent. mon. Trif. Sic.* 124 (1878) et *Fl. sic.* I, 2, 92 = *T. incanum* Presl *Del. prag.* I, 48 (1828) = *T. tenuiflorum* Ten. *Fl. nap.* V, tab. 172 (1835) ; Gr. et Godr. *Fl. Fr.* I, 412 p. p. ; Freyn in *Verh. zool.-bot. Ges. Wien* XXVII, 311 = *T. striatum* var. *elongatum* Rouy *Fl. Fr.* V, 529 (1899) = *T. striatum* var. *incanum* Asch. et Graebn. *Syn.* VI, 2, 528 (1908). — Exsicc. Soleirol n. 1286 ex Gr. et Godr. l. c.

Hab. — Bastelica (Revel. ex Mars. *Cat.* 47) ; Porto-Vecchio (Revel. in Bor. *Not.* II, 4) ; Bonifacio (Soleirol exsicc. cit. ap. Gr. et Godr. *Fl. Fr.* I, 412).

Rameaux le plus souvent allongés. Capitules ± cylindriques dès le début. Dents calicinales atteignant presque la corolle.

970. **T. arvense** L. *Sp.* ed. 1, 769 (1753) ; Gr. et Godr. *Fl. Fr.* I, 410 ; Gib. et Belli *Riv. crit. Trif. ital. Lagopus* 24, tab. I, 2 (*Mem. accad. sc. Tor.* ser. 2, XXXIX) ; Rouy *Fl. Fr.* V, 104 ; Coste *Fl. Fr.* I, 350 ; Asch. et Graebn. *Syn.* VI, 2, 530.

Hab. — Variable. Mai-juill. ④. — En Corse les variétés suivantes :

†† α. Var. **perpusillum** Ser. in DC. *Prodr.* II, 191 (1825) ; Lloyd et Fouc. *Fl. Ouest* éd. 4, 97 = *T. littorale* Jord. ap. Bor. *Fl. Centre* éd. 3, II, 153 (1857) = *T. arvense* var. *littorale* Fouc. et Sim. *Trois sem. herb. Corse* 140 (1898) = *T. arvense* forme *T. agrestinum* var. *littorale* Rouy

Fl. Fr. V, 106 (1899) = *T. arvense* I *typicum* b 1 *perpusillum* Asch. et Graebn. *Syn.* VI, 2, 532 (1908).

Hab. — Sables maritimes. Indiquée seulement à la Chapelle des Grecs près d'Ajaccio (Fouc. et Sim. *Trois sem. herb. Corse* 140).

Plante naine, à tige diffusément et densément rameuse, à entrenœuds raccourcis, pubescents, microphylle et microcéphale. Capitules mesurant 6-10 × 6-8 mm. en section longitudinale. Pédicelles longs de 0,8-1 mm. Calice petit, à tube long de 1-1,2 mm., globuleux à la fin, à dents longues d'env. 2 mm., densément ciliées. Corolle atteignant presque l'extrémité des dents calicinales.

C'est là une race très remarquable que nous ne connaissons personnellement que du littoral atlantique français, mais qui existe aussi sur les côtes de l'Angleterre et que MM. Ascherson et Graebner (l. c.) disent aussi avoir vue des côtes de la Méditerranée, ce qui rend vraisemblable l'indication de MM. Foucaud et Simon. La var. *perpusillum* manque dans l'herbier du *Prodromus*, mais Seringe a basé sa variété sur une phrase et une petite figure de Ray (*Syn. meth. stirp. brit.* 330 et 332, t. XIV, fig. 2), lesquelles malgré l'absence d'analyses et de détails sur la fleur, nous paraissent s'appliquer exactement à notre var. α. Brébisson [*Fl. Norm.* éd. 1, 76 (1836)] a signalé sous le nom de var. *littorale* une forme littorale [*T. arvense* var. *agrestinum* f. *maritima* Corb. *Nouv. fl. Norm.* 158 (1893)] = *T. arvense* forme *T. Brittingeri* β *maritimum* Rouy *Fl. Fr.* V, 105 (1899)] qui, à part le port réduit et diffus, posséderait les caractères floraux de la var. *genuinum*. Nous connaissons en effet de pareilles formes; elles présentent un intérêt surtout écologique et ne doivent pas être confondues avec la var. *perpusillum*, laquelle, par les caractères floraux, a une valeur systématique au moins équivalente à celle des var. *genuinum* Gr. et Godr. (emend.), *gracile* DC. et *longisetum* Boiss.

β. Var. **genuinum** Gr. et Gr. *Fl. Fr.* I, 410 (1848) = *T. arvense* var. *typicum* Beck *Fl. Nieder-Österr.* 848 (1892) emend. Asch. et Graebn. *Syn.* VI, 2, 531 = *T. arvense* formes *T. Brittingeri* et *T. agrestinum* Rouy *Fl. Fr.* V, 105 (1899). — Exsicc. Sieber sub : *T. arvense* ! ; Debeaux ann. 1868 sub : *T. arvense* var. *aethnense* ! ; Reverch. ann. 1878 sub : *T. arvense* (f. *nanum*) !

Hab. — Garigues, clairières des maquis, 1-1300 m. Répandue. Env. de Bastia (Salis in *Flora* XVII, Beibl. II, 56 ; Sieber exsicc. cit. ; Debeaux exsicc. cit.) ; Biguglia (Boullu in *Bull. soc. bot. Fr.* XXIV, sess. extr. LXIV) ; Accendi Pija entre Ponte Nuovo et la Barchetta (Doûmet in *Ann. Hér.* V, 202) ; Corté (Soulié ex Coste in *Bull. soc. bot. Fr.* XLVIII, sess. extr. CXIX) ; Calacuccia (Lit. in *Bull. acad. géogr. bot.* XVIII, 127) ; Lozzi (Cousturier ! f. *nana*) ; entre Porto et Piana (Lutz in *Bull. soc. bot. Fr.* XLVIII, sess. extr. CXXXI) ; Vizzavona (Lit. *Voy.* I, 13) ; Ghisoni, au hameau de Rosse (Rotgès in litt.) ; env. d'Ajaccio (Mars. *Cat.* 46; Coste in *Bull. soc. bot. Fr.* XLVIII, sess. extr. CIV) ; Bastelica (Reverch. exsicc. cit.) ; Bonifacio (Seraf. ex Bert. *Fl. it.* VIII, 177 ; Boy. *Fl. Sud Corse* 59) ; et localités ci-dessous.

1906. — Cap Corse : Tour de Sénèque. maquis, 500 m., 8 juill. fl. ! — Résinerie de la forêt d'Asco, 950 m., 27 juill. fl. fr. ! ; bords des chemins près de la station de Vizzavona, 905 m., 14 juill. fl. fr. !

1907. — Clairières des maquis entre Cateraggio et Tallone, 80 m., 1 mai fl. ! ; garigues à Bonifacio, calc., 100 m., 5 mai fl. !

1908. — Pentes de la montagne de Pedana, friches, 500 m., 30 juin fl. fr. !

1911. — Descente de Sari sur Cala d'Oro, garigues, 200 m., 2 juill. fl. ! ; Fourches de Bavella, versant S., garigue montagnarde, 1200-1300 m., 13 juill. fl. fr. !

Port assez variable, parfois presque naine (échantillons de M. Reverchon), parfois géante (échantillons de Debeaux dépassant 50 cm.), généralement à rameaux allongés, ± velue-pubescente, à feuilles et capitules plus grands que dans la var. α. Capitules mesurant env. 1-2 × 1 cm. de surface en section longitudinale. Pédicelles longs de 1 mm. Calice plus grand, à tube long de 1,2 mm., à dents atteignant env. 3 mm., ciliées-barbues. Corolle atteignant environ la moitié des dents calicinales.

La plupart de nos échantillons peuvent être rapportés au *T. agrestinum* Jord. [in Bor. *Fl. Centre* éd. 3, II, 153 (1857) = *T. arvense* var. *agrestinum* Corb. *Nouv. fl. Norm.* 158 (1893) = *T. arvense* forme *T. agrestinum* Rouy *Fl. Fr.* V, 105 (1899) = *T. arvense* I *typicum* a 1 a 1 *agrestinum* Asch. et Graebn. *Syn.* VI, 2, 531 (1908)], de taille médiocre, à capitules ovés-allongés. D'autres individus à capitules plus allongés pourraient être rapportés au *T. arvense* forme *T. agreste* ζ *alopecuroides* Rouy (op. cit. 106 = *T. arvense* I *typicum* 2 *alopecuroides* Asch. et Graebn. op. cit. 532). Les échantillons très robustes peuvent être attribués au *T. Brittingeri* Weitenweb. in Opiz *Naturalientausch* IX, 142 (1825) = *T. arvense* var. *strictius* Mert. et Koch *Deutschl. Fl.* V, 270 (1839) = *T. arvense* forme *T. Brittingeri* Rouy *Fl. Fr.* V, 105 (1899) = *T. arvense* I b *Brittingeri* Asch. et Graebn. *Syn.* VI, 2, 532 (1908). Dans les stations apriques et élevées, cette variété peut au contraire devenir, ainsi qu'il a été dit plus haut, tout à fait naine (atteignant 5-10 cm. !). Toutes ces formes nous paraissent être individuelles ou stationnelles. Certains échantillons de la forme *Brittingeri*, à dents calicinales plus allongées et à capitules plus gros, établissent un passage à la race suivante.

γ. Var. **longisetum** Boiss. *Fl. or.* II, 120 (1872) ; Asch. et Graebn. *Syn.* VI, 2, 533 (1908) = *T. longisetum* Boiss. et Bal. *Diagn. pl. or.* ser. 2, VI, 47 (1859) = *T. arvense* forme *T. longisetosum* Rouy *Fl. Fr.* V, 104 (1899).

Plante en général robuste, élancée, rameuse, velue-pubescente. Capitules mesurant env. 1,5-3 cm. de surface en section longitudinale. Pédicelles longs de 1-1,5 mm. Calice relativement très grand, à tube long de

1,5 mm., à dents longues de 4-5 mm. très plumeuses. Corolle n'atteignant guère que la ¹/₂ des dents calicinales. — Nous n'avons pas encore vu cette race de Corse sous sa forme typique, mais elle peut y être recherchée, car elle existe dans le sud de la France, sur les côtes de l'Italie et en Sicile.

971. **T. Bocconei** Savi *Obs. Trif.* 37 (« *T. Boccone* » 1810) et *Bot. etr.* IV, 21 ; Gr. et Godr. *Fl. Fr.* I, 411 ; Gib. et Belli *Riv. crit. Trif. ital. Lagopus* 32 (*Mem. accad. sc. Tor.* ser. 2, XXXIX) ; Rouy *Fl. Fr.* V, 102 ; Coste *Fl. Fr.* I, 348 ; Asch. et Graebn. *Syn.* VI, 2, 536. — Exsicc. Soleirol n. 1284 !

Hab. — Garigues et rocailles des étages inférieur et montagnard, parfois aussi dans des stations humides, 1-1000 m. Mai-juill. ①. Disséminé. Cap Corse (Revel. ex Mars. *Cat.* 47) ; de Bastia à Biguglia (Salis in *Flora* XVII, Beibl. II, 57 ; Mab. ex Mars. l. c.) ; Calvi (Soleirol exsicc. cit. ; Fouc. et Sim. *Trois sem. herb. Corse* 140) ; entre Porto et Piana (N. Roux in *Bull. soc. bot. Fr.* XLVIII, sess. extr. CXXXIII) ; env. d'Ajaccio (Req. ex Bert. *Fl. it.* VIII, 128 ; Coste in *Bull. soc. bot. Fr.* XLVIII, sess. extr. CIV) ; Pozzo di Borgo (Coste ibid. CXI) ; env. de Sartène (Mars. l. c.) ; Levie (Kralik ex Rouy *Fl. Fr.* V, 103) ; Bonifacio (Seraf. ex Bert. l. c. ; Revel. ex Mars. l. c.) ; et localités ci-dessous.

1906. — Vallon du Rio de Ficarello, replats des rochers en montant à Bonifatto, 400-500 m., 11 juill. fl. ! ; prairie humide sur le versant W. du col de Verde, 1000 m., 19 juill. fl. fr. !

1907. — Clairières des maquis entre Cateraggio et Tallone, 20 m., 1 mai fl. !

1908. — Pietralba, champs humides, 450 m., 30 juin fl. fr. !

1911. — Punta Quercitella, versant W., rocailles, 1000 m., 10 juill. fl. !

Les variétés *gracile* Rouy et *cylindricum* Rouy (l. c. ; Asch. et Graebn. l. c.), indiquées en Corse par M. Rouy, nous paraissent être de simples formes individuelles.

972. **T. ligusticum** Balb. ap. Lois. *Fl. gall.* ed. 1, II, 731 (1807) ; Gr. et Godr. *Fl. Fr.* I, 409 ; Gib. et Belli *Riv. crit. Trif. ital. Lagopus* 41, tab. I, 7 (*Mem. accad. sc. Tor.* ser. 2, XXXIX) ; Rouy *Fl. Fr.* V, 107 ; Coste *Fl. Fr.* I, 349 ; Asch. et Graebn. *Syn.* VI, 2, 539 = *T. gemellum* Savi in *Att. accad. ital.* I, 202, fig. 2 ex Bert. *Fl. it.* VIII, 152 ; non alior. — Exsicc. Salzmann sub : *T. ligusticum* ! ; Soleirol n. 1302 ! ; Kralik n. 546 ! ; Mab. n. 366 ! ; Debeaux ann. 1867 et 1868 sub : *T. ligusticum* ! ; Reverch. ann. 1879 sub : *T. ligusticum* ! et ann. 1880, n. 338 ! ; Burn. ann. 1904, n. 144 !

Hab. — Garigues, de préférence dans les endroits frais ou un peu humides, prairies maritimes, friches, cultures, 1-800 m. Avril-juin. ①. Répandu. S. Martino-di-Lota (Gillot in *Bull. soc. bot. Fr.* XXIV, sess. extr. LVIII) ; Cardo (Mab. exsicc. cit. ; Debeaux exsicc. cit.) ; de Bastia à Biguglia (Salis in *Flora* XVII, Beibl. II, 56 ; Mab. ex Mars. *Cat.* 46); Serra di Pigno (Billiet in *Bull. soc. bot. Fr.* XXIV, sess. extr. LXVIII) ; défilé de Lancone (Briq. *Spic.* 40 et Burn. exsicc. cit.) ; Calvi (Soleirol exsicc. cit. et ap. Gr. et Godr. *Fl. Fr.* I, 409 ; Fouc. et Sim. *Trois sem. herb. Corse* 140) ; Venaco (Fouc. et Sim. l. c.) ; port de Sagone (Coste in *Bull. soc. bot. Fr.* XLVIII, sess. extr. CXIII) ; Ghisoni, au hameau de Rosse (Rotgès in litt.) ; Ajaccio (Salis l. c. ; Req. ex Bert. *Fl. it.* VIII, 153 ; Mars. l. c. ; Fouc. et Sim. l. c. ; Coste in *Bull. soc. bot. Fr.* XLVIII, sess. extr. CVI) ; Pozzo di Borgo (Coste ibid. CXI) ; Aspretto (Boullu ibid. XXIV, sess. extr. XCIV) ; Monte Bianco de Sari (Fouc. et Sim. l. c.); Serra di Scopamène (Reverch. exsicc. ann. 1879) ; Sartène (Mars. l. c.) ; Propriano (N. Roux in *Bull. soc. bot. Fr.* XLVIII, sess. extr. CXLIV) ; La Trinité (Reverch. exsicc. cit. ann. 1880) ; Bonifacio (Seraf. ex Bert. *Fl. it.* VIII, 153 ; Kralik exsicc. cit.).

†† 973. **T. phleoides** Pourr. ap. Willd. *Sp. pl.* III, 1377 (1803); Willk. et Lange *Prodr. fl. hisp.* III, 370 ; Gib. et Belli *Riv. crit. Trif. ital. Lagopus* 37, tab. I, 6 (*Mem. accad. sc. Tor.* ser. 2, XXXIX); Coste *Fl. Fr.* I, 350 ; Thellung ap. Asch. et Graebn. *Syn.* VI, 2, 539 et *Fl. adv. Montp.* 315 = *T. phleoides* subsp. *Audigieri* Fouc. in *Bull. soc. bot. Fr.* XLVII, 89, tab. III (1890).

Hab. — Garigues de l'étage montagnard. Mai-juin. ①. Très rare. Calacuccia (Audigier ex Fouc. l. c.) ; Bastelica (Revel. ex Fouc. op. cit. 90).

Les caractères indiqués par Foucaud pour sa sous-espèce *Audigieri* (tiges plus grêles, moins raides, la centrale portant, opposé à la feuille supérieure, un rameau étalé à angle droit ; capitules courtement coniques) se retrouvent sur tous les petits échantillons du *T. phleoides*. Ce que Foucaud appelle « rameau opposé à la feuille » n'est en réalité que l'extrémité d'un axe, le véritable rameau axillaire devenant pseudo-terminal. Le pédoncule des capitules pseudo-latéraux est généralement plus étalé dans les petits échantillons au début de l'anthèse et se redresse plus ou moins dans la suite. Nous ne trouvons ni dans la diagnose, ni dans la figure des éléments suffisants à la distinction d'une variété. — La découverte du *T. phleoides* en Corse est fort intéressante, mais ne présente rien d'extraordinaire, puisque cette espèce est assez répandue dans les montagnes de la Sicile et de la Sardaigne.

†† 974. **T. Lagopus** Pourr. ex Willd. *Sp. pl.* III, 1365 (1803) ; Gr. et Godr. *Fl. Fr.* I, 410 ; Gib. et Belli *Riv. crit. Trif. ital. Lagopus* 107, tab. VI, 3 (*Mem. accad. sc. Tor.* ser. 2, XXXIX) ; Rouy *Fl. Fr.* V, 109 ; Coste *Fl. Fr.* I, 350 ; Asch. et Graebn. *Syn.* VI, 2, 543 = *T. sylvaticum* Gérard ex Lois. *Not.* 111 (1810). — Exsicc. Burn. ann. 1904, n. 145 !

Hab. — Garigues, clairières des maquis et des bois des étages inférieur et montagnard. Mai-juin. ④. Rare ou peu observé. Forêt de Vizzavona (Briq. *Spic.* 40 et Burn. exsicc. cit.) ; île Mezzomare (Lutz in *Bull. soc. bot. Fr.* XLVIII, sess. extr. CXXXVII).

975. **T. scabrum** L. *Sp.* 1, 770 (1753) ; Gr. et Godr. *Fl. Fr.* I, 412 ; Gib. et Belli *Riv. crit. Trif. ital. Lagopus* 44, tab. II, 1 et 2 (*Mem. accad. sc. Tor.* ser. 2, XXXIX) ; Rouy *Fl. Fr.* V, 108 ; Coste *Fl. Fr.* I, 348 ; Asch. et Graebn. *Syn.* VI, 2, 541.

Hab. — Garigues, rocailles des étages inférieur et montagnard, d'où il passe parfois dans les moissons. Avril-juill. ④.

α. Var. **genuinum** Briq. = *T. scabrum* L. sensu stricto. — Exsicc. Soleirol n. 1293 ! ; Req. sub : *T. scabrum* ! ; Kralik n. 544 ! ; Reverch. ann. 1878 sub : *T. scabrum* !

Hab. — Répandue. Erbalunga (Gillot in *Bull. soc. bot. Fr.* XXIV, sess. extr. LI) ; vallon du Fango (Gillot ibid. LV) ; Bastia (Salis in *Flora* XVII, Beibl. II, 57 ; Gillot op. cit. XLVII) ; Ile Rousse (Fouc. et Sim. *Trois sem. herb. Corse* 140 ; Thellung in litt.) ; Calvi (Soleirol exsicc. cit. ; Fliche in *Bull. soc. bot. Fr.* XXXVI, 360 ; Fouc. et Sim. l. c.) ; vallée du Fiumalto (Lit. *Voy.* I, 9) ; Corté (Gillot *Souv.* 2 ; Fouc. et Sim. l. c.) ; env. d'Ajaccio (Req. exsicc. cit. et ap. Bert. *Fl. it.* VIII, 126 ; Mars. *Cat.* 47 ; Coste in *Bull. soc. bot. Fr.* XLVIII, sess. extr. CIV et CVIII ; Thellung in litt.) ; Pozzo di Borgo (Boullu ibid. XXIV, sess. extr. XCVII ; Coste ibid. XLVIII, sess. extr. CXI) ; Bastelica (Reverch. exsicc. cit.) ; Bonifacio (Seraf. ex Bert. l. c. ; Kralik exsicc. cit.) ; et localités ci-dessous.

1906.—Cap Corse : Couvent de la Tour de Sénèque, talus arides, 450 m., 8 juill. fr. ! — Cime de la Chapelle de S. Angelo, rocailles, 450 m., calc., 15 juill. fl. fr. !

1907. — Montagne de Pedana, moissons, calc., 500 m., 14 mai fl. ! ; mon-

tagne de Caporalino, garigues, 450-650 m., 11 mai fl. ; garigues entre
Alistro et Bravone, calc., 10 m., 30 avril fl. ! ; clairières des maquis entre
Cateraggio et Tallone, 20 m., 1 mai fl. ! ; vallée inf. de la Solenzara, rocailles des fours à chaux, calc., 150-200 m., 3 mai fl. ! ; Pointe de l'Aquella,
rocailles, 250-370 m., calc., 4 mai fl. ! ; Citadelle de Bonifacio, 50 m., calc.,
5 mai fl. !

1908. — Vallée inf. du Tavignano, lit desséché du torrent, 900 m., 26 juin
fl. fr. !

Tige généralement très rameuse dès la base ; stipules des feuilles supérieures médiocres ; capitules courts ; corolle médiocre.

β. Var. **lucanicum** Gib. et Belli *Riv. crit. Trif. ital. Lagopus* 50 (*Mem.
accad. sc. Tor.* ser. 2, XXXIX, ann. 1888) ; Asch. et Graebn. *Syn.* VI, 2,
541 = *T. lucanicum* Gasp. ap. Guss. *Fl. sic. syn.* II, 328 (1844) = *T. dalmaticum* Gr. et Godr. *Fl. Fr.* I, 411 (1848) ; Bert. *Fl. it.* VIII, 127 ; non
Vis. = *T. scabrum* β *dalmaticum* Arc. *Comp. fl. it.* 169 (1882) = *T. scabrum* var. *majus* Gib. et Belli l. c. 44 (1888) = *T. scabrum* subsp. *lucanicum* Rouy *Fl. Fr.* V, 109 (1899).

Hab. — Corse [Salzmann ex Guss. *Fl. sic. prodr.* II, 495 (1828)] ; Ghisoni, au hameau de Rosse (Rotgès in litt.).

Tige généralement moins rameuse ; stipules des feuilles supérieures
plus amples, plus embrassantes ; capitules plus allongés à la fin, moins
atténués à la base ; corolle plus grande.

Cette variété — qui, au voisinage de la Corse, se retrouve dans le sud
de la France, la Sardaigne, le sud de l'Italie et la Sicile — est à rechercher.

976. **T. incarnatum** L. *Sp.* ed. 1, 769 (1753) ; Gr. et Godr. *Fl. Fr.*
I, 404 ; Rouy *Fl. Fr.* V, 112 ; Coste *Fl. Fr.* I, 350 ; Asch. et Graebn. *Syn.*
VI, 2, 544 = *T. stellatum* subsp. *incarnatum* Gib. et Belli *Riv. crit. Trif.
ital. Lagopus* 54, tab. II, fig. 4 [*Mem. accad. sc. Tor.* ser. 2, XXXIX (1888)].

Hab. — Garigues, clairières des bois et des maquis des étages inférieur et montagnard, souvent cultivé. Avril-mai. ①.

α. Var. **Molinerii** DC. *Fl. fr.* V, 556 (1815) ; Asch. et Graebn. *Syn.* VI,
2, 245 = *T. Molinerii* Balb. *Cat. hort. taur.* ann. 1813, App. 1 = *T. Noëa-
num* Reichb. ap. Mert. et Koch *Deutschl. Fl.* V, 265 (1839) = *T. incarnatum* subvar. *roseum* Rouy *Fl. Fr.* V, 112 (1899). — Exsicc. Reverch.
ann. 1878 sub : *T. Molinerii* ! ; Kralik n. 545 !

Hab. — Répandue. Env. de Bastia (Salis in *Flora* XVII, Beibl. II, 56) ;
St-Florent (Mab. ex Mars. *Cat.* 46 ; Billiet in *Bull. soc. bot. Fr.* XXIV, sess.

extr. LXX) ; Calvi (Fouc. et Sim. *Trois sem. herb. Corse* 139) ; Venaco (Fouc. et Sim.·l.·c.) ; Ghisoni, au hameau de Rosse (Rotgès in litt.) ; Sagone (Ellman et Jahandiez in litt.!) ; îles Sanguinaires (Req. ex Bert. *Fl. it.* VIII, 180) ; Pozzo di Borgo (Boullu in *Bull. soc. bot. Fr.* XXIV, sess. extr. XCVII ; Coste ibid. XLVIII, sess. extr. CXI) ; Bastelica (Reverch. exsicc. cit.) ; Sartène (Fliche in *Bull. soc. bot. Fr.* XXXVI, 360) ; Porto-Vecchio (Revel. in Bor. *Not.* II, 4) ; Santa Manza (Pœverlein !) ; Bonifacio (Seraf. ex Bert. l. c. ; Kralik. exsicc. cit.) ; et localités ci-dessous.

1907. — Montagne de Pedana, clairières des chênaies, calc., 500 m., 14 mai fl. ! ; garigues près d'Ostriconi, 20 avril fl. !

Plante médiocre, plutôt grêle, velue-hérissée ; capitules relativement petits ; dents calicinales 1-2 fois plus longues que le tube. Corolle ± jaunâtre, à étendard allongé. — Les échantillons à corolles teintées de rose, surtout celles des fleurs inférieures, établissant le passage à la variété suivante, constituent le *T. incarnatum* subvar. *stramineum* Gib. et Belli l. c. 58 ; Rouy l. c. 113 = *T. stramineum* Presl *Fl. sic.* I, 20 (1826).

β. Var. **elatius** Gib. et Belli l. c. 54 (1888) ; Asch. et Graebn. *Syn.* VI, 2, 545 = *T. incarnatum* subvar. *incarnatum* Rouy *Fl. Fr.* V, 112 (1899).

Hab. — Plus rare à l'état spontané, mais généralement cultivée. Sartène (Fliche in *Bull. soc. bot. Fr.* XXXVI, 360) ; Bonifacio (Mars. *Cat.* 46).

Plante plus robuste, plus mollement velue ; capitules plus grands, plus allongés ; dents calicinales env. 1 fois plus longues que le tube. Corolle écarlate, à étendard moins allongé.

977. T. stellatum L. *Sp.* ed. 1, 769 (1753) ; Gr. et Godr. *Fl. Fr.* I, 403 ; Gib. et Belli *Riv. crit. Trif. ital. Lagopus* 51, tab. III, 1 ; Rouy *Fl. Fr.* V, 112 ; Coste *Fl. Fr.* I, 349 ; Asch. et Graebn. *Syn.* VI, 2, 546. — Exsicc. Soleirol n. 1279 ! ; Kralik n. 550 ! ; Burn. ann. 1904, n. 143 !

Hab. — Garigues, clairières des bois et des maquis, cultures des étages inférieur et montagnard. Avril-juin. ①. Répandu et abondant dans l'île entière.

1906. — Cime de la Chapelle de S. Angelo, 1180 m., calc., 15 juill. fr. !

1907. — Cap Corse : montagne des Stretti, 100 m., calc., 25 avril fl. ! ; montagne de Pedana, clairières des chênaies, 500 m., calc., 18 mai fl. fr. ! ; garigues entre Novella et le col de S. Colombano, 500-600 m., 19 avril fl. ! ; Ostriconi, garigues, 20 avril fl. ! ; garigues entre le col d'Aresia et Finocchio, 80 m., 5 mai fl. !

Espèce très variable, à fleurs tantôt d'un rose vif (f. *roseum*), tantôt d'un blanc jaunâtre (f. *ochroleucum*), à tiges allongées ou très courtes (f. *nanum*). La combinaison de ces caractères donne des formes qui paraissent très saillantes au premier abord, mais d'une très faible valeur systématique.

978. **T. pratense** L. *Sp.* ed. 1, 768 (1753); Gr. et Godr. *Fl. Fr.* I, 407; Gib. et Belli *Riv. crit. Trif. ital. Lagopus* 59, tab. III, 2; Rouy *Fl. Fr.* V, 119; Coste *Fl. Fr.* I, 348; Asch. et Graebn. *Syn.* VI, 2, 548.

Hab. — Variable. Mai-juill. ♃.

On voit encore souvent attribuer à cette espèce un tube calicinal glabre intérieurement, muni d'un anneau calleux à la gorge (Rouy *Fl. Fr.* V, 110; Coste *Fl. Fr.* I, 348), bien que ces caractères ne correspondent pas à la réalité, comme l'ont montré MM. Gibelli et Belli (op, cit. 52). Une analyse à la loupe montée décèle un calice glabre intérieurement sauf dans la région supérieure, sous l'orée. En ce plan, le tube calicinal est pourvu d'un anneau membraneux (et non pas d'un vrai cal) formé par une plicature de l'épiderme. Cet anneau membraneux est hérissé de poils rayonnant vers l'axe du tube et formant carpostège. — En Corse, les races suivantes :

α. Var. **spontaneum** Willk. *Führer Reich deutsch. Pfl.* ed. 1, 535 (1863); Asch. et Graebn. *Syn.* VI, 2, 548 = *T. pratense* var. *collinum* Gib. et Belli l. c. 64 (1889).

Hab. — Clairières des bois et des maquis, garigues montagnardes, croissant volontiers au voisinage des torrents, 1-1200 m. Répandue, mais peu observée. Env. de Bastia (Salis in *Flora* XVII, Beibl. II, 57; Mab. ex Mars. *Cat.* 46); Calacuccia (Lit. in *Bull. acad. géogr. bot.* XVIII, 127); vallée de la Restonica (Lit. l. c.); Ghisoni (Rotgès in litt.); Bonifacio (Seraf. ex Bert. *Fl. it.* VIII, 63); et localités ci-dessous.

1908. — Col de Tende, versant W.. sous les buissons, 600 m., 1 juill. fl.!; montagne de Pedana, chênaies, calc., 500 m., 30 juin fl.!; vallée inf. du Tavignano, bords des sources, 5-700 m., 26 juin fl.!

1910. — Cap Corse : garigues montagnardes entre le col Bocca Rezza et le Monte Capra, 1000-1100 m., 16 juill. fl.! — Berges des torrents sur le versant S. du col de Verde, 1100 m., 29 juill. fl.!

1911. — Sari-de-Portovecchio, clairières des maquis, 300 m., 2 juill fl.!

Plante médiocre, ± mollement pubescente; tige à poils appliqués-ascendants au moins sur les pédoncules. — Race très variable au point de vue de la couleur des fleurs, de la taille, de la grandeur des folioles, etc. (Rouy op. cit. 119, var. α–ι et Asch. et Graebn. op. cit. 549-552). Toutes ces modifications nous paraissent être d'ordre individuel ou en relation avec le milieu. Le *T. pratense* forme *T. brachyanthum* Rouy (op. cit. 120), indiqué en Corse par M. Rouy, se compose de formes ± monstrueuses (commencement de phyllodie des sépales; voy. Asch. et Graebn. op. cit. 550). Il en est de même pour le *T. pratense* var. *multifidum* Ser. (chorise des sépales), signalé en Corse par Duby (*Bot. gall.* 132).

β. Var. **sativum** Schreb. in Sturm *Deutschl. Fl.* XV, tab. 12 (1804); Gib. et Belli l. c. 62; Asch. et Graebn. *Syn.* VI, 2, 552 = *T. pensylvanicum* Willd. *Enum. hort. berol.* 793 (1809) = *T. sativum* Crome ap. Bœnn. *Prodr. fl. monast.* 222 (1824); Mert. et Koch *Deutschl. Fl.* V, 256 = *T. pratense* forme *T. sativum* Rouy *Fl. Fr.* V, 122 (1899).

Hab. — Cultivée en grand dans les étages inférieur et montagnard, rarement subspontanée.

Plante robuste, glabrescente, à tiges allongées, fortes, à poils appliqués-ascendants, ± abondants, au moins sous les capitules. Capitules grands, d'un rose vif, à calice plus coloré et à corolle plus grande que dans la variété précédente. — Dans cette race, les stipules bractéiformes de la base des capitules sont généralement plus développées que dans la précédente. C'est sur les échantillons extrêmes, comme ampleur de bractées, qu'est basé le *T. bracteatum* Schousb. [in Willd. *Enum. hort. berol.* 792 (1809); Willk. et Lang. *Prodr. fl. hisp.* III, 364 = *T. pratense* forme *T. bracteatum* Rouy *Fl. Fr.* V, 121 (1899) = *T. pratense* b *sativum* 2 *bracteatum* Asch. et Graebn. *Syn.* VI, 2, 554 (1908)] indiqué par M. Rouy (l. c.) à Bonifacio d'après des échantillons de Kralik.

†† γ. Var. **villosum** Wahlb. *Fl. gothob.* II, 73 (1824); Asch. et Graebn. *Syn.* VI, 2, 556 = *T. pratense* var. *maritimum* Zabel in *Arch. Freund. Naturg. Mecklenb.* XIII, 31 (1859) = *T. pratense* var. *australe* Freyn in *Verh. zool.-bot. Ges. Wien* XXVIII, 309 (1878) = *T. pratense* var. *depressum* Jacobs. in *Bot. Tidsskr.* XI, 113 (1879) = *T. pratense* forme *T. Borderi* Rouy *Fl. Fr.* V, 122 (1899).

Hab. — Prairies maritimes, talus des fossés près de la mer. Jusqu'ici seulement la localité suivante:

1906. — Cap Corse: talus des fossés entre les marines de Luri et de Meria, 6 juill. fl.!

Plante médiocre ou basse, à tiges plus grêles, à indument souvent plus étalé; feuilles couvertes d'une pubescence appriméé, les caulinaires à folioles elliptiques; stipules supérieures relativement peu dilatées; capitules arrondis-ovoïdes, mesurant env. 2×2 cm. en section longitudinale; dents calicinales beaucoup plus longues que le tube; corolle d'un rose vif, longuement exserte. — Nos échantillons sont semblables à ceux qui ont été distribués des environs de Biarritz par Bordère, et ne diffèrent guère de ceux du bord de la Baltique.

20

979. **T. pallidum** W. K. *Pl. rar. Hung.* I, 35, tab. 36 ; Rouy *Fl. Fr.*
V, 117 ; Coste *Fl. Fr.* I, 352 ; Asch. et Graebn. *Syn.* VI, 2, 559 = *T. pra-
tense* subsp. *pallidum* Gib. et Belli *Riv. crit. Trif. ital. Lagopus* 67, tab.
III, 4 (*Mem. accad. sc. Tor.* ser. 2, XXXIX, ann. 1888).

Diffère du *T. pratense*, outre le port plus grêle, par son mode de végétation (bisannuel, pas de rosettes stériles), et les dents calicinales 5ner-
viées à la base, 1 ¹/₂ fois aussi longues que le tube (3nerviées à la base,
rarement l'une ou l'autre 5nerviée, aussi longues que le tube, sauf l'inférieure très longue, dans le *T. pratense*). — En Corse seulement la variété
suivante :

Var. **flavescens** Rouy *Fl. Fr.* V, 118 ; Asch. et Graebn. *Syn.* VI, 2, 561
= *T. pallidum* Savi *Obs. Trif.* 32 (1810) = *T. flavescens* Tin. *Pug.* I, 15
(1817) ; Gr. et Godr. *Fl. Fr.* I, 407 = *T. corsicum* Req. ex Gr. et Godr.
l. c. (1848) = *T. pratense* subsp. *pallidum* var. *flavescens* Gib. et Belli
op. cit. 68 (1888).

Hab. — Garigues, clairières des maquis de l'étage inférieur, croissant
aussi dans les endroits humides. Mai–juill. ②. Pas fréquente. Pont du
Golo (Salis in *Flora* XVII, Beibl. II, 57) ; Cervione (Req. ex Gr. et Godr.
Fl. Fr. I, 407) ; Vico (Salis l. c.) ; env. d'Ajaccio (Salis l. c.) ; Porto-
Vecchio (Revel. ex Rouy *Fl. Fr.* V, 118) ; Bonifacio (Req. ex Lois. *Fl.
gall.* II, 122 ; et localité ci-dessous.

1911. — Clairières humides des maquis près de l'étang d'Urbino, 10 m.,
30 juin fl. fr. !

Calice plus velu, à dents un peu plus inégales, à corolle d'un jaune
lavé de rose plus intense.

980. **T. diffusum** Ehrh. *Beitr.* VII, 165 (1792) ; W. K. *Pl. rar. Hung.*
tab. 50 ; Gr. et Godr. *Fl. Fr.* I, 406 ; Rouy *Fl. Fr.* V, 118 ; Coste *Fl. Fr.*
I, 352 ; Asch. et Graebn. *Syn.* VI, 2, 561 = *T. purpurascens* Roth *Catal.*
I, 91 (1797) = *T. ciliosum* Thuill. *Fl. Paris* éd. 2, 380 (1798-99) = *T.
pratense* β *sylvaticum* Salis in *Flora* XVII, Beibl. II, 57 (1834) = *T. pratense* subsp. *diffusum* Gib. et Belli *Riv. crit. Trif. ital. Lagopus* 71, tab.
III, 3 (*Mem. accad. sc. Tor.* ser. 2, XXXIX, ann. 1888).

Hab. — Bords des eaux, clairières fraîches des maquis des étages
inférieur et montagnard. Mai-juin. ①. Rare. Montagnes au-dessus de
Bastia (Salis in *Flora* XVII, Beibl. II, 57) ; Serra di Pigno (Sargnon in
Ann. soc. bot. Lyon VI, 67) ; montagne d'Ajaccio, surtout près de Lisa

(Mars. *Cat.* 46; Boullu in *Bull. soc. bot. Fr.* XXIV, sess. extr. XCVIII);
env. de Porto-Vecchio (Revel. in Bor. *Not.* II, 4).

Diffère des précédents par le mode de végétation (plante annuelle), le
calice à dents subulées, un peu inégales, 3nerviées à la base, deux fois plus
longues que le tube, la corolle d'un rose vif, dépassant peu ou point le calice.

981. **T. lappaceum** L. *Sp.* ed. 1, 768 (1753) ; Gr. et Godr. *Fl. Fr.*
I, 409 ; Gib. et Belli *Riv. crit. Trif. ital. Lagopus* 77, tab. V, 5 (*Mem.
accad. sc. Tor.* ser. 2, XXXIX); Rouy *Fl. Fr.* V, 129 ; Coste *Fl. Fr.* I, 352;
Asch. et Graebn. *Syn.* VI, 2, 562. — Exsicc. Thomas sub : *T. lappaceum*!;
Soleirol n. 1285 ! ; Req. sub : *T. lappaceum* ! ; Mab. n. 11 ! ; Debeaux sub :
T. lappaceum ! ; Reverch. ann. 1880, n. 335 !

Hab. — Prairies maritimes, clairières fraîches des maquis de l'étage
inférieur, passant parfois dans les moissons et cultures. Mai-juin. ④.
Répandu. De Bastia à Biguglia (Salis in *Flora* XVII, Beibl. II, 57) ; Mab.
exsicc. cit.; Debeaux exsicc. cit.; Kesselmeyer in herb. Deless.!; Boullu
in *Bull. soc. bot. Fr.* XXIV, sess. extr. LXIV ; et autres observateurs);
Ponte alla Leccia (Mand. et Fouc. in *Bull. soc. bot. Fr.* XLVII, 90) ; Calvi
(Fouc. et Sim. *Trois sem. herb. Corse* 140) ; Corté (Soleirol exsicc. cit. ;
Sargnon in *Ann. soc. bot. Lyon* VI, 77) ; Sagone (N. Roux in *Bull. soc. bot.
Fr.* XLVIII, sess. extr. CXXXIV) ; Tour Parata (Mars. *Cat.* 46 ; Boullu in
Bull. soc. bot. Fr. XXVI, 82) et de là à Ajaccio (Req. exsicc. cit. et ap.
Bert. *Fl. it.* VIII, 14 ; Coste in *Bull. soc. bot. Fr.* XLVIII, sess. extr. CV
et CVII) ; Aspretto et Campo di Loro (Boullu in *Bull. soc. bot. Fr.* XXIV,
sess. extr. XCIV; Fouc. et Sim. l. c.) ; Bonifacio (Boy. *Fl. Sud Corse* 59);
et localités ci-dessous.

1906. — Cap Corse : talus au col de Cappiaja près Rogliano, 300 m.,
7 juill. fr. ! — Vallon du Rio de Ficarello en montant à Bonifatto, replats
des rochers, 400-500 m., 11 juill. fr. !

982. **T. hirtum** All. *Auct. ad fl. ped.* 20 (1789); Gr. et Godr. *Fl. Fr.*
I, 405 ; Gib. et Belli *Riv. crit. Trif. ital. Lagopus* 79, tab. IV, 3 (*Mem.
accad. sc. Tor.* ser. 2, XXXIX); Rouy *Fl. Fr.* V, 128 ; Coste *Fl. Fr.* I, 351;
Asch. et Graebn. *Syn.* VI, 2, 563 = *T. hispidum* Desf. *Fl. atl.* II, 200,
tab. 209, fig. 1 (1800).

Hab. — Clairières des maquis de l'étage montagnard. Mai-juin. ④.
Rare ; paraît localisé dans le bassin de Vecchio. Venaco (Fouc. et Sim.
Trois sem. herb. Corse 139) ; Vivario (Revel. ex Mars. *Cat.* 46).

983. **T. Cherleri** L. *Amoen. acad.* III, 418 (1753) ; Gr. et Godr. *Fl.*
• *Fr.* I, 402 ; Rouy *Fl. Fr.* V, 128 ; Coste *Fl. Fr.* I, 351 ; Asch. et Graebn.
Syn. VI, 2, 564 = *T. phlebocalyx* Fenzl in Tchih. *Voy. Asie-Min.; Bot.*
I, 29 (1866) = *T. hirtum* subsp. *Cherleri* Gib. et Belli *Riv. crit. Trif. ital.*
Lagopus 82, tab. IV, 4 [*Mem. accad. sc. Tor.* ser. 2, XXXIX (1888)].

Hab. — Garigues, clairières sèches des maquis, rocailles des étages
inférieur et montagnard. Avril-juill. selon l'altitude. ①. — En Corse,
les deux variétés suivantes :

α. Var. **genuinum** Briq. = *T. Cherleri* L., sensu stricto. — Exsicc.
Thomas sub : *T. Cherleri* ! ; Soleirol n. 1294 ! ; Kralik n. 549 ! ; Mab.
n. 367 ! ; Reverch. ann. 1878, n. 140 !

Hab. — Répandue et abondante dans l'île entière.

1907. — Cap Corse : talus près de la Marine d'Albo, 25 avril fl. ! — Garigues entre Alistro et Bravone, 15 m., 30 avril fl. ! ; vallée inf. de la Solenzara, clairières des maquis, 50 m., 3 mai fl. fr. !

Capitules relativement volumineux à la maturité, mesurant environ
1,5-1,8 × 1,5-2 cm. en section longitudinale.

┼┼ β. Var. **perpusillum** Briq., var. nov.

Hab. — Jusqu'ici seulement la localité suivante :

1906. — Cime de la Chapelle de S. Angelo, 1180 m., rocailles calc.,
15 juill. fl. fr. !

Planta tantum 2-5 cm. alta. Caulis crassus undique villoso-tomentellus.
Foliola superficie ad 5 × 5 mm. Capitula matura quam in var. praecedente
bis vel ter minora, sect. long. tantum ad 1 × 1 cm.

Cette variété constitue une curieuse miniature de celle α et mérite des
études ultérieures.

┼┼ 984. **T. medium** Huds. *Fl. angl.* ed. 1, 284 (1762) ; Gr. et Godr.
Fl. Fr. I, 406 ; Rouy *Fl. Fr.* V, 124 ; Coste *Fl. Fr.* I, 348 ; Asch. et Graebn.
Syn. VI, 2, 566 = *T. flexuosum* Jacq. *Fl. austr.* IV, 45 (1776) ; Gib. et
Belli *Riv. crit. Trif. ital. Lagopus* 87, tab. V, 2-4 [*Mem. accad. sc. Tor.*
ser. 2, XXXIX).

Hab. — Clairières des maquis rocheux de l'étage montagnard. Mai-
juin. ♃. Très rare ou passé inaperçu. Jusqu'ici seulement sous le sommet de la montagne de Pozzo di Borgo (Coste in *Bull. soc. bot. Fr.* XLVIII,
sess. extr. CXII).

985. **T. angustifolium** L. *Sp.* ed. 1, 769 (1753) ; Gr. et Godr. *Fl.*

Fr. I, 403 ; Gib. et Belli *Riv. crit. Trif. ital. Lagopus* 99, tab. VI, 1 (*Mem. accad. sc. Tor.* ser. 2, XXXIX) ; Rouy *Fl. Fr.* V, 110 ; Coste *Fl. Fr.* I, 351 ; Asch. et Graebn. *Syn.* VI, 2, 579. — Exsicc. Sieber sub : *T. angustifolium* ! ; Kralik n. 545 a !

Hab. — Garigues, clairières des maquis de l'étage inférieur. Avril-juill. ⊙. Répandu et abondant dans l'île entière.

1911. — Entre l'étang d'Urbino et le marais d'Erbarossa, clairières des maquis, 20 m., 30 juin fl. fr. ! ; garigues en descendant de Sari sur Cala d'Oro, 100 m., 2 juill. fl. fr. !

T. purpureum Lois. *Fl. gall.* ed. 2. II, 125, tab. 14 (1828) ; Gr. et Godr. *Fl. Fr.* I, 404 ; Coste *Fl. Fr.* I, 351 ; Asch. et Graebn. *Syn.* VI, 2, 580 ; non Gilib. [*T. purpureum* Gilib. *Fl. lith.* IV, 86 (1781) = *T. pratense* L. *Sp.* ed. 1, 768 (1753)] = *T. angustifolium* subsp. *purpureum* Gib. et Belli *Riv. crit. Trif. ital. Lagop.* 104, tab. VI, fig. 1 [*Mem. accad. sc. Tor.* ser. 2, XXXIX (1888)] = *T. Loiseleurii* Rouy *Fl. Fr.* V, 111 (1899).

Indiqué aux environs de Bonifacio par M. Boyer (*Fl. Sud Corse* 59), où sa présence est très peu vraisemblable. Le *T. purpureum* croit, il est vrai, en Provence, mais il manque complètement à l'archipel toscan et à la Sardaigne ; sa présence en Toscane est probablement due à une importation (voy. Gib. et Belli op. cit. 106 ; Fior. et Paol. *Fl. anal. It.* II, 53).

986. T. ochroleucum Huds. *Fl. angl.* ed. 1, 283 (1762) ; Gr. et Godr. *Fl. Fr.* I, 407 ; Gib. et Belli *Riv. crit. Trif. ital. Lagopus* 110, tab. VI, 4 (*Mem. accad. sc. Tor.* ser. 2, XXXIX) ; Rouy *Fl. Fr.* V, 123 ; Coste *Fl. Fr.* I, 347 ; Asch. et Graebn. *Syn.* VI, 2, 581.

Hab. — Garigues buissonneuses, clairières rocheuses des maquis, principalement de l'étage montagnard, 500-1200 m. Juin-juill. ♃.

Willkomm et Lange [*Prodr. fl. hisp.* III, 365 (1887)] ont attribué au *T. ochroleucum* un style à région moyenne soudée au tube staminal. M. Rouy [*Fl. Fr.* V, 123 (1899)] a dit du style « *soudé jusqu'au milieu avec le tube des étamines* ». Ces deux affirmations sont erronées. MM. Gibelli et Belli [op. cit. 114 (1888)] ont montré, en pratiquant des coupes transversales en série, que le style est libre sur toute sa longueur. Une analyse de la fleur à la loupe montée fait facilement comprendre l'origine de l'erreur de Willkomm (inexactement reproduite par M. Rouy). Le style chemine à distance appréciable de la lame staminale libre dans toute la région onguiculaire de la corolle. En revanche, dans la région supérieure où le tube staminal se soude à l'étendard, le style s'élargit et circule à l'intérieur du tube staminal qui l'enveloppe étroitement ; il n'en ressort qu'au-delà de la région de la soudure. De sorte que sur des échantillons desséchés le style parait faire corps avec le tube staminal dans la région de la soudure. Mais ce n'est là qu'une illusion facile à dissiper par une dissection à l'aiguille après ramollissement préalable, sans même recourir à des coupes successives. — En Corse, les deux variétés suivantes :

α. Var. **pallidulum** Asch. et Graebn. *Syn*.VI, 2, 582 (1908) = *T. pallidulum* Jord. *Pug*. 56 (1852) = *T. ochroleucum* forme *T. pallidulum* Rouy *Fl. Fr*. V, 124 (1899). — Exsicc. Burn. ann. 1904, n. 142 !

Hab. — Hauteurs au-dessus de Bastia (Salis in *Flora* XVII, Beibl. II, 57 ; Doùmet in *Ann. Hér*. V, 210 ; Mab. ap. Mars. *Cat*. 46) ; descente du col de Teghime sur Oletta (Briq. *Spic*. 40 et Burn. exsicc. cit.) ; vallée de Fiumalto (Gillot in *Bull. soc. bot. Fr*. XXIV, sess. extr. LXXV) ; contrefort du Pinso près Bocognano (Mars. l. c.) ; Ghisoni (Rotgès in litt.) ; forêt de Marmano (Lit. *Voy*. I, 15) ; et localités ci-dessous.

1906. — Cistaies entre Novella et le col de S. Colombano, 500 m., 10 juill. fl. ! ; Cime de la Chapelle de S. Angelo, 1180 m., buxaie, calc., fl. avanc. ! ; rocailles en sous-bois entre la maison forestière de Bonifatto et la bergerie de Spasimata, 1200 m., 12 juill. fl. ! ; rochers entre Zicavo et la bergerie de S. Pietro, 18 juill. fl. !

Tiges élevées, souvent rameuses. Folioles des feuilles inférieures obovées, rétuses ou émarginées, celles des caulinaires elliptiques oblongues. Capitules ovoïdes-subglobuleux, ovoïdes à la fin. Calice à dent inférieure bien plus longue (6-7 mm.) que le tube (4-5 mm.). Corolle d'un blanc jaunâtre.

╫ β. Var. **Burnati** Briq. *Rech. fl. mont. Corse* 85 (1901). — Exsicc. Burn. ann. 1900, n. 33 !

Hab. — Garigues rocheuses des crêtes du Cap Corse. Serra di Pigno (Briq. l. c. et Burn. exsicc. cit.) ; et localité ci-dessous.

1910. — Cap Corse : garigues en montant du col Bocca Rezza au Monte Capra, 1000-1100 m., 16 juill. fl. !

Tiges basses (10-15 cm.), simples ou presque simples. Feuilles toutes petites et obovées, à folioles mesurant 5-8 × 5-6 mm. de surface, ± grisâtres, les basilaires groupées en une touffe compacte. Capitules ± sphériques même à la maturité, mesurant 2,5-3 × 2,5-3 cm. en section longitudinale. Calice à dent inférieure relativement très longue (4-5 mm.), mais en général moins longue que dans la variété précédente, à tube long de 3-4 mm. — La dent inférieure du calice est un peu plus longue (et non pas 3 fois plus longue comme nous l'avons imprimé l. c. !) que le tube, ce dernier reste long-cylindrique, mais il est cependant nettement contracté au sommet à la maturité. Race remarquable par le port, l'hétérophyllie à peine marquée et la forme des capitules ; elle a probablement été confondue avec la précédente par nos prédécesseurs Salis, Doùmet et Mabille.

987. **T. maritimum** Huds. *Fl. angl.* ed. 1, 284 (1762); Gr. et Godr.
Fl. Fr. I, 408 ; Gib. et Belli *Riv. crit. Trif. ital. Lagopus* 142, tab. VIII, 1
(*Mem. accad. sc. Tor.* ser. 2, XXXIX) ; Rouy *Fl. Fr.* V, 116 ; Coste *Fl.
Fr.* I, 353 ; Asch. et Graebn. *Syn.* VI, 2, 587 = *T. rigidum* Savi *Pl. pis.*
II, 159 (1798) = *T. clypeatum* Lap. *Hist. abrég. Pyr.* 436 (1813); Lois.
Fl. gall. ed. 2, II, 125 ; non L. = *T. albidum* Ten. *Ad fl. neap. app.* III,
619 (1820) ; non Retz. nec alior. = *T. glabellum* Presl *Fl. sic.* I, 21 (1826)
= *T. commutatum* Ledeb. *Fl. ross.* I, 543 (1842). — Exsicc. Thomas sub :
T. maritimum ! ; Soleirol n. 1273 ex Gr. et Godr. l. c.; Kralik n. 547 !

Hab. — Prairies maritimes, garigues au voisinage de la mer. Mai-juin.
①, Disséminé. Biguglia (Boullu in *Bull. soc. bot. Fr.* XXIV, sess. extr.
LXIV) ; Ajaccio (Coste ibid. XLVIII, sess. extr. CVI ; Thellung in litt.) ;
Campo di Loro (Mars. *Cat.* 46 ; Boullu op. cit. XCIV) ; pont de Figari
Seraf. ex Bert. *Fl. it.* VIII, 144) ; Bonifacio (Seraf. ex Bert. l. c.; Req.
Lois. ex *Fl. gall.* ed. 2, II, 125 ; Kralik exsicc. cit.; Boy. *Fl. Sud Corse* 59) ;
et localités ci-dessous.

1907. — Garigues à Alistro, 10 m., 30 avril jeunes fl. !

Tige glabrescente inférieurement, pourvue de poils mous et ± étalés
dans la partie supérieure. Folioles munies d'une pubescence apprimée
assez dense, à nervation peu saillante ; stipules à partie libre plus longue
que la partie soudée. Capitules petits (larges d'env. 1 cm. à l'anthèse),
brièvement pédonculés, à rachis peu densément pubescent. Calice à tube
glabrescent inférieurement, velu-pubescent vers les dents et induré-
calleux dans la région supérieure, de sorte que les sillons et nervures
cessent d'être apparents avant d'atteindre les dents ; dents calicinales
lancéolées, très inégales, l'inférieure beaucoup plus longue. Corolle ochroleuque ou blanchâtre, petite, longue de 5-7 mm., à étendard tronqué.

988. **T. squarrosum** L. *Sp.* ed. 1, 768 (1753); DC. *Fl. fr.* IV, 531 ;
Ser. in DC. *Prodr.* II, 197 ; Rouy *Fl. Fr.* V, 114 ; Coste *Fl. Fr.* I, 353 ;
Asch. et Graebn. *Syn.* VI, 2, 594 = *T. dipsaceum* Thuill. *Fl. env. Par.*
éd. 2, 382 (1798-99) ; Gib. et Belli *Riv. crit. Trif. ital. Lagopus* 120, tab.
VI, 5 (*Mem. accad. sc. Tor.* ser. 2, XXXIX) = *T. longestipulatum* Lois. *Fl.
gall.* ed. 2, II, 122 (1828) = *T. panormitanum* Presl *Fl. sic.* I, 21 (1826);
Gr. et Godr. *Fl. Fr.* I, 409 = *T. maritimum* forsan *squarrosum* Salis in
Flora XVII, Beibl. II, 57 (1834). — Exsicc. Soleirol n. 1274 ! ; Kralik
n. 547 a ! et 548 ! ; Mab. n. 22 ! ; Debeaux ann. 1868 sub : *T. panormitanum* !

Hab. — Prairies maritimes. Mai-juin. ①. Disséminé. De Bastia à

Biguglia (Salis in *Flora* XVII, Beibl. II, 57 ; Kralik exsicc. cit. ; Mab.
exsicc. cit. et ap. Mars. *Cat.* 46 ; Debeaux exsicc. cit. ; Sargnon in *Ann.
soc. bot. Lyon* VI, 76 ; Boullu in *Bull. soc. bot. Fr.* XXIV, sess. extr. LXVII ;
Rotgès !) ; Campo di Loro (Boullu in *Bull. soc. bot. Fr.* XXIV, sess. extr.
XCIV) ; Porto-Vecchio (Revel. ex Mars. l. c.) ; golfe de Santa-Giulia (ex
Rouy *Fl. Fr.* V, 115) ; Bonifacio (Seraf. ex Bert. *Fl. it.* VIII, 156 ; Soleirol
exsicc. cit. et ap. Lois. *Fl. gall.* ed. 2, II, 122 ; de Pouzolz ! et ap. Lois.
l. c. ; Kralik exsicc. cit. ; Mars. l. c.).

Tige très glabrescente. Folioles à nervation saillante, glabrescentes ;
stipules à partie libre beaucoup plus longue que la partie soudée. Capitules brièvement pédonculés ou à pédoncules égalant environ les feuilles,
larges d'env. 1,5 cm. pendant l'anthèse, ovoïdes au début, à rachis faiblement velu ou glabrescent. Calice à tube glabrescent à la fin dans la partie
inférieure, abondamment pourvu de poils étalés au voisinage des dents,
à nervures apparentes jusqu'au sommet ; dents calicinales très inégales,
l'antérieure beaucoup plus longue que les autres, linéaire-lancéolée,
longuement subulée. Corolle blanchâtre ou rose, relativement grande,
atteignant 1 cm., à étendard obtus.
Les trois variétés *majus, genuinum* et *minus* distinguées par M. Rouy
(l. c.), et reproduites sous une forme un peu différente par MM. Ascherson
et Graebner (l. c.), représentent de simples formes individuelles ; nos
échantillons de Mabille, Debeaux et de M. Rotgès présentent non seulement la var. *minus*, mais encore la var. *majus*, avec tous les passages
entre les deux états extrêmes.

989. T. leucanthum Marsch.-Bieb. *Fl. taur.-cauc.* II, 214 (1808) ;
Gr. et Godr. *Fl. Fr.* I, 114 ; Coste *Fl. Fr.* I, 353 ; Asch. et Graebn. *Syn.*
VI, 2, 592 = *T. leucotrichum* Petr. *Fl. agri nyss.* 228 (1882) = *T. dipsaceum* subsp. *leucanthum* Gib. et Belli *Riv. crit. Trif. ital. Lagopus* 127,
tab. VII, 1 [*Mem. accad. sc. Tor.* ser. 2, XXXIX (1889)].

Hab. — Clairières des maquis de l'étage montagnard, passant parfois
dans les moissons. Mai-juin. ①. Disséminé. Sommet du Pigno (Mab. ex
Rouy *Fl. Fr.* V, 116) ; env. de Calvi (Fouc. et Sim. *Trois sem. herb. Corse*
140) ; env. de Corté (Sargnon in *Ann. soc. bot. Lyon* VI, 76 ; Burnouf ex
Rouy l. c.) ; Calacuccia (Ellman et Jahandiez in litt.) ; col de St-Georges
(Mars. *Cat.* 46) ; env. de Sartène (Mars. l. c.) ; env. de Bonifacio (de
Pouzolz ex Rouy l. c.).

Tige ± mollement pubescente, à poils étalés. Folioles à nervation non
saillante, densément pubescentes ; stipules à partie libre aussi longue ou
un peu plus longue que la partie soudée. Capitules longuement pédonculés, à pédoncules dépassant en général les feuilles, larges d'env. 1-1,2 cm.

pendant l'anthèse, ovés-arrondis ou subarrondis presque dès le début, à rachis plus nettement velu. Calice à tube très velu, à poils ascendants-étalés, à nervures apparentes jusqu'au sommet ; dents calicinales moins inégales que dans l'espèce précédente, l'antérieure plus longue, assez longuement subulée au sommet. Corolle blanchâtre ou rose, petite, atteignant 5-7 mm., à étendard ± obtus.

990. **T. subterraneum** L. *Sp.* ed. 1, 767 (1753) ; Gr. et Godr. *Fl. Fr.* 1, 413 ; Gib. et Belli *Riv. crit. Trif. ital. Calycomorphum* 13 (*Mem. accad. sc. Tor.* ser. 2, XLIII ; Belli in *Malpighia* VI, 433 ; Rouy *Fl. Fr.* V, 98 ; Coste *Fl. Fr.* I, 346 ; Asch. et Graebn. *Syn.* VI, 2, 596.

Hab. — Garigues, points sableux, rocailles, cultures des étages inférieur et montagnard. Avril-juill. ☉. — En Corse, les variétés suivantes :

α. Var. **genuinum** Rouy *Fl. Fr.* V, 99 (1899) ; Asch. et Graebn. *Syn.* VI, 2, 507. — Exsicc. Reverch. ann. 1878 sub : *T. subterraneum* !

Hab. — Répandue. Ici les localités données par nos prédécesseurs sans indication spéciale de variété. Vallon du Fango (Gillot in *Bull. soc. bot. Fr.* XXIV, sess. extr. LVI) ; de Bastia à Biguglia (Salis in *Flora* XVII, Beibl. II, 57 ; Gillot op. cit. XLIII ; Fouc. et Sim. *Trois sem. herb. Corse* 140 ; Thellung in litt.) ; Patrimonio (Thellung in litt.) ; Ile Rousse (N. Roux in *Bull. soc. bot. Fr.* XLVIII, sess. extr. CXLV) ; Calvi (Fouc. et Sim. l. c.) ; Corté (Fouc. et Sim. l. c. ; Thellung in litt.) ; entre Piana et Porto (Lutz in *Bull. soc. bot. Fr.* XLVIII, sess. extr. CXXXII) ; Vizzavona (Lutz ibid. CXXVII) ; env. d'Ajaccio (Mars. *Cat.* 47 ; Coste in *Bull. soc. bot. Fr.* XLVIII, sess. extr. CIV et CIX) ; Pozzo di Borgo (Coste ibid. CXI) ; Aspreto (Boullu ibid. XXIV, sess. extr. XCIII) ; Bastelica (Reverch. exsicc. cit.) ; Sartène (Mars. l. c.) ; Figari (Seraf. ex Bert. *Fl. it.* VIII, 133) ; Bonifacio (Boy. *Fl. Sud Corse* 59) ; et localité ci-dessous.

1911. — Monte Santo, rocailles, calc., 600 m., 2 juill. fr. !

Plante subacaule ou à tiges médiocres (les rameaux couchés ne dépassant guère 20 cm.). Feuilles à pétioles longs de 3-7 cm., à folioles glabrescentes, petites ou médiocres. Capitules florifères pauciflores, à fleurs blanchâtres, à pédoncules plus courts que la feuille axillaire ou l'atteignant presque.

†† β. Var. **brachycladum** Gib. et Belli l. c. 15 (1892) ; Rouy *Fl. Fr.* V, 99 ; Asch. et Graebn. *Syn.* VI, 2, 597. — Exsicc. Reverch. ann. 1885 sub : *T. subterraneum* !

Hab. — Evisa (Reverch. exsicc. cit.) ; Ajaccio (Kralik ex Rouy *Fl. Fr.*

V, 99) ; Tizzano (Kralik ex Rouy l. c.) ; Bonifacio (Kralik ex Rouy l. c.) ;
et localités ci-dessous.

1907. — Cap Corse : Marine de Giottani près Pino, garigues, 26 avril fl. ! ;
garigues entre Novella et le col de S. Colombano, 500-600 m., 19 avril fl. !

Comme la variété précédente, mais tiges et pétioles très hérissés de
poils mous, folioles densément pubescentes. grisâtres.

╫ γ. Var. **longipes** Gay in *Bull. assoc. fr. avanc. sciences* ann. 1889,
500 ; Gib. et Belli l. c. 15 ; Rouy *Fl. Fr.* V, 99 ; Asch. et Graebn. *Syn.* VI,
2, 597. — Exsicc. Reverch. ann. 1879, sine num., sub : *T. subterraneum*
(parum typicum) ! ; Burn. ann. 1904, n. 147 !

Hab. — Evisa (Reverch. exsicc. cit. ann. 1885) ; montagne de Caporalino (Briq. *Spic.* 40 et Burn. exsicc. cit.) ; Ghisoni (Rotgès in litt.) ;
Serra di Scopamène (Reverch. exsicc. cit. ann. 1899) ; Bonifacio (Kralik
ex Rouy *Fl. Fr.* V, 99) ; et localités ci-dessous.

1907. — Talus à Aleria, calc., 30 m., 1 mai fl. !

Plante lâche, à tiges allongées. Feuilles à pétioles longs de 5-10 cm.,
à folioles ± pubescentes, médiocres. Capitules florifères à fleurs un peu
plus nombreuses, à corolle généralement rosée, à pédoncules plus longs
(1-4 fois) que la feuille axillaire.

╫ δ. Var. **oxaloides** Rouy *Fl. Fr.* V, 99 (1899) ; Asch. et Graebn. *Syn.*
VI, 2, 597 = *T. oxaloides* Bunge ap. Nym. *Consp.* 177 (1878).

Hab. — Biguglia (Cousturier !, mai 1910) ; et localité ci-dessous.

1907. — Vallon du Rio Stretto près de Francardo, garigues, calc., 280 m.,
14 mai fl. !

Plante très lâche, à tiges encore plus allongées, atteignant 40 cm.
Feuilles jeunes ± pubescentes, les basilaires adultes plus glabrescentes
à pétiole dépassant souvent 10 cm., à folioles atteignant jusqu'à 2,5 × 3 cm.
de surface. Capitules florifères pauciflores, à corolle très pâle, à pédoncules ne dépassant guère la feuille axillaire.

Le *T. subterraneum* var. *Marsilllyi* Fouc. et Sim. [*Trois sem. herb. Corse*
176 (1898)] est basé sur une note biologique très courte que Marsilly
(*Cat.* 47) a consacrée à une forme trouvée dans la vallée d'Albitrone près
d'Ajaccio et aux environs de Sartène, et que MM. Foucaud et Simon
signalent (l. c.) sur la route du Cap Corse entre Bastia et Luri. Mais cette
note est insuffisante pour une identification exacte. Marsilly avait très
probablement en vue, lorsqu'il a parlé de capitules restant à la surface
du sol, un stade de développement (probablement surtout de la var. γ),
dans lequel les pédoncules fructifères s'allongent sans que les capitules
aient encore pénétré dans le sol. Ces derniers ne s'enfoncent d'ailleurs
pas toujours sur place, mais sont souvent enlevés par le vent. Voy. sur
les remarquables phénomènes de géocarpie du *T. subterraneum* Gibelli

et Belli *Riv. crit. Trif. ital. Calycomorphum* 13 [*Mem. accad. sc. Tor.* ser. 2, XLIII (1892)] et Belli in *Malpighia* VI, 433 (1892); Rikli *Bot. Reisestud. Korsika* 32. — Malgré l'écart énorme que l'on constate entre les var. α et δ du *T. subterraneum*, nous restons un peu sceptique quant à la valeur systématique des 4 variétés ci-dessus, lesquelles pourraient bien n'être que des états biologiques?

ANTHYLLIS Linn.

991. **A. Vulneraria** L. *Sp.* ed. 1, 719 (1753); Gr. et Godr. *Fl. Fr.* I, 380; Coste *Fl. Fr.* I, 317; Rouy *Fl. Fr.* IV, 83; Sagorski in *Allg. bot. Zeitschr.* XIV, n. 3 et suiv.; W. Becker in *Beih. bot. Centralbl.* XXVII, 2, 259 = *A. vulneraria* et *A. Dillenii* Asch. et Graebn. *Syn.* VI, 2, 620 et 629 (1908).

Hab. — Variable. Avril-juill. ①-♃.

Nous ne pouvons pas suivre MM. G. Beck, et Ascherson et Graebner, dans la séparation des *A. Vulneraria* et *A. Dillenii*. Les auteurs reconnaissent eux-mêmes que la distribution géographique n'autorise pas une semblable séparation et d'autre part les termes intermédiaires qui unissent d'une façon ininterrompue ces deux groupes donnent au procédé adopté par ces auteurs un caractère purement artificiel. M. Sagorski [*Ueber den Formenkreis der Anthyllis Vulneraria* L. (*Allg. bot. Zeitschr.* XIV, ann. 1908 et XV, ann. 1909)] est revenu à la notion d'une seule espèce dans laquelle il distingue 22 « races » avec un nombre considérable de subdivisions. Plus récemment, M. W. Becker [*Bearbeitung der Anthyllis-Sektion Vulneraria* DC. (*Beih. bot. Centralbl.* XXVII, 2, 256-287, ann. 1910) distingue deux espèces, *A. Vulneraria* et *A. alpestris*, avec un grand nombre de subdivisions, procédé qui prête le flanc aux mêmes critiques que nous faisions au système de MM. Ascherson et Graebner. Il est d'ailleurs très regrettable que M. Sagorski et M. Becker aient adopté un mode d'exposé qui ne cadre pas avec les Règles internationales de la nomenclature, et qui rend leur systématique inutilisable sous la forme donnée. L'utile travail d'analyse de M. Sagorski aurait gagné à être présenté sous une forme synoptique avec groupement des variétés en sous-espèces. D'autre part, la tentative de synthèse de M. Becker est obscurcie par une subordination de sous-espèces (subspecies) à des sous-espèces (Unterarten), et parfois influencée par des considérations d'ordre trop purement géographique. Les travaux mentionnés ci-dessus seront malgré cela utiles à l'auteur d'une monographie de ce groupe, laquelle reste encore à faire. En l'absence d'un cadre de sous-espèces correct, comme fond et comme forme, nous nous bornons ici à mentionner les deux races corses de l'*A. Vulneraria*.

†† α. Var. **illyrica** Briq. = *A. Vulneraria* var. *coccinea* Vis. *Fl. dalm.* III, 277 (1852) p. p.; non L. = *A. illyrica* G. Beck in *Ann. k. k. naturhist.*

Hofmus. Wien XI, 63 (1896) = *A. Vulneraria* forme *A. Weldeniana* Rouy
Fl. Fr. IV, 290 (1897); non *A. Weldeniana* Reichb. (1832) = *A. Vulneraria*
var. *rubriflora* Salis in *Flora* XVII, Beibl. II, 54 (1834) = *A. Dillenii*
subsp. *tricolor* var. *baldensis* Asch. et Graebn. *Syn.* VI, 2, 632 (1908) ;.
non *A. baldensis* Kern. = *A. Vulneraria* Rasse *A. Dillenii* Unterrasse
A. praepropera II *illyrica* β *atrorubens* Sagorski in *Allg. bot. Zeitschr.*
XIV, 154 (1908) = *A. Vulneraria* Unterart *A. maura* W. Becker in *Beih.*
bot. Centralbl. XXVII, 2, 270 (1910), quoad pl. cors. ; non *A. maura*
G. Beck (1896). — Exsicc. Sieber sub : *A. Vulneraria* ! ; Debeaux ann.
1868 sub : *A. Vulneraria var. rubriflora* !

Hab. — Garigues montagnardes, descendant au Cap Corse jusqu'au
bord de la mer. Env. de Rogliano (Revel. ex Mars. *Cat.* 43) ; env. de
Castello (Gillot in *Bull. soc. bot. Fr.* XXIV, sess. extr. LII ; Sargnon in
Ann. soc. bot. Lyon VI, 62) ; montagnes au-dessus de Bastia (Salis in
Flora XVII, Beibl. II, 54), descendant jusqu'au-dessous de Sta-Luccia
(Pœverlein !), dans le vallon du Fango (Debeaux exsicc. cit. ; Mars. *Cat.*
43 ; Gillot op. cit. LV) et même jusqu'à Sisco et à la route de Bastia à.
Luri (Petit in *Bot. Tidsskr.* XIV, 245 ; Fouc. et Sim. *Trois sem. herb. Corse*
139) ; col de Teghime (Pœverlein !) ; env. de St-Florent (Mab. ex Mars.
Cat. 43) ; Monte S. Pietro (Lit. *Voy.* I, 8) ; col de S. Quilico (Fouc. et Sim.
l. c.) ; montagne de Cagna du côté de Porto-Vecchio (Sieber exsicc. cit.) ;
et localités ci-dessous.

1907. — Cap Corse : de Pino au Col de Santa Lucia, clairières rocailleuses des maquis, 300 m., 26 avril fl. !

1910. — Cap Corse : garigues du Monte Capra, 1000 m., 16 juill. fl. !

Plante le plus souvent vivace, petite ou médiocre. Tige densément
couverte de poils étalés dans la partie inférieure, appliqués dans la partie
supérieure et sur les pédoncules. Feuilles basilaires ± velues, à folioles
très inégales, la terminale beaucoup plus grande. Calice atteignant env.
1-1,5 cm., couvert de poils soyeux, purpurescent dans la partie supérieure
ou entièrement pourpré. Corolle purpurine, dépassant de 3-4 mm. l'orée
du calice.

M. W. Becker (l. c.) a rattaché la plante du Cap Corse distribuée par
Debeaux à l'*A. maura* G. Beck, mais c'est là une erreur évidente. L'*A.*
maura Beck du nord de l'Afrique est une race à port vigoureux, à tige
élancée, polycéphale, portant plusieurs feuilles très développées, à feuilles
basilaires pourvues d'une très grande foliole terminale. On rencontre en
S cile des formes que l'on peut rapporter au groupe de l'*A. maura*, mais
nous n'en avons pas vu de Sardaigne. M. Becker mentionne, il est vrai,
la Sardaigne dans l'aire de son *A. maura*, mais il omet cette île dans sa
liste de localités.

╫ β. Var. **rubriflora** DC. *Prodr.* II, 170 (1825) emend. Gr. et Godr. *Fl. Fr.* I, 361 (1848), excl. syn. = *A. rubra* Gouan *Herb.* 137 (1796); non L. = *A. Dillenii* Schult. ex DC. l. c. (1825) ; G. Beck in *Ann. k. k. naturh. Hofmus. Wien* XI, 64 ; sed an et *Vulneraria supina flore coccineo* Dillen. *Hort. elth.* II, 431, tab. 320, fig. 413 ? = *A. tricolor* Vukot. in *Rad. jugos. Akad.* XXXIV, 5 (1876), et spec. auth. ! = *A. Vulneraria* var. *rubida* Lam. *Prodr. fl. pl. centr.* 187 (1877) = *A. erythrosepala* Vukot. in *Prinesi* XLIV, 45 (1878) = *A. Vulneraria* forme *A. communis* var. *tricolor* (p. p.) et var. *Dillenii* Rouy *Fl. Fr.* IV, 288 (1897) = *A. Dillenii* subsp. *tricolor* var. *erythrosepala* Asch. et Graebn. *Syn.* VI, 2, 633 (1908) = *A. Vulneraria* Rasse *A. Dillenii* Unterrasse *A. tricolor* Sagorski in *Allg. bot. Zeitschr.* XIV, 132 (1908) = *A. Vulneraria* Unterart *A. Spruneri* W. Becker in *Beih. bot. Centralbl.* XXVII, 269 (1910) p. p. — Exsicc. Kralik n. 534 !

Hab. — Localisée, au moins d'après les documents actuels, dans les garigues calcaires de l'étage inférieur de l'extrême sud. Env. de Santa Manza (R. Maire in Rouy *Rev. bot. syst.* II, 67) ; env. de Bonifacio (Soleirol et Seraf. ex Bert. *Fl. it.* VII, 403; Kralik exsicc. cit. ; Mars. *Cat.* 43 ; Petit in *Bot. Tidsskr.* XIV, 245 ; Lutz in *Bull. soc. bot. Fr.* XLVIII, sess. extr. CXXXIX ; Pœverlein !).

1907. — Santa Manza, garigues, calc., 40 m., 6 mai fl. !

Très voisine de la précédente dont elle possède les caractères floraux, mais s'en distinguant d'une façon constante par la partie inférieure des tiges (et souvent aussi les pétioles, mais à un moindre degré) soyeuse, à poils étroitement appliqués-ascendants.

M. Rouy (*Fl. Fr.* IV, 290) a signalé en Corse l'*A. hispida* Boiss. et Reut. [*Pug.* 35 (1852) ; G. Beck in *Ann. Hofm. Wien* XI, 67 = *A. Vulneraria* var. *hispida* Willk. et Lang. *Prodr. fl. hisp.* III, 333 (1880) = *A. Vulneraria* forme *A. hispida* Rouy l. c. (1897) = *A. Dillenii* subsp. *hispida* Asch. et Graebn. *Syn.* VI, 2, 636 (190·) = *A. Vulneraria* Rasse *A. hispida* Sagorski in *Allg. bot. Zeitschr.* XV, 10 (1909) = *A. Vulneraria* Unterart *A. hispida* W. Becker in *Beih. bot. Centralbl.* XXVII, 2, 278 (1910)], sans cependant indiquer de localité précise, d'après Kralik, Burnouf et Revelière. Nous n'avons vu de Corse aucun échantillon qui puisse être rapporté à l'*A. hispida* ; le n. 534 de Kralik cité par M. Rouy appartient à la var. *rubriflora* ci-dessus mentionnée (in herb. Delessert ! et Burnat !). L'*A. hispida* Boiss. et Reut., localisé en Espagne, est caractérisé par l'indument étalé de toutes les parties, et surtout par le calice densément hérissé-pennicillé.

Les deux races ci-dessus ont été confondues par Marsilly (*Cat.* 43) sous le nom erronné d'*A. Vulneraria δ Allionii* DC. Gillot (in *Bull. soc. bot. Fr.* XXIV, sess. extr. LII, note) a déjà corrigé ce lapsus.

992. A. Hermanniae [1] L. *Sp.* ed. 1, 720 (1753) ; Gr. et Godr. *Fl. Fr.* I, 379 ; Rouy *Fl. Fr.* IV, 280 ; Coste *Fl. Fr.* I, 316 ; Asch. et Graebn. *Syn.* VI, 2, 641. — Exsicc. Thomas sub : *A. Hermanniae* ! ; Salzmann sub : *Spartium creticum* ! ; Soleirol n. 1331 ! ; Req. sub : *A. Hermanniae* ! ; Kralik n. 532 ! ; Mab. n. 93 ! ; Debeaux ann. 1866 et 1869 sub : *A. Hermanniae* ! ; Reverch. ann. 1878, 1879 et 1885, n. 62 ! ; Magnier fl. select. exsicc. n. 1644 ! ; Burn. ann. 1900, n. 45 ! et 97 !, et ann. 1904, n. 124 ! et 126 !

Hab. — Caractéristique des garigues montagnardes, dont il forme un des éléments essentiels jusqu'à env. 1600 m., descendant jusqu'aux rivages de la mer au Cap Corse, et çà et là ailleurs le long des cours d'eau. Mai-juill. ♃. Répandu et abondant du Cap Corse jusqu'à la montagne de Cagna.

1906. — Cap Corse : rochers entre Erbalunga et Sisco, 20–30 m., 4 juill. fl. (f. *genuina*) ! ; maquis entre la Marine de Pietra Corbara et celle de Sisco, 4 juill. fl. (f. *genuina*) ! — Chênaie en montant de Bonifatto à la bergerie de Spasimata, 1200 m., 12 juill. fl. (f. *cretica*) ! ; rochers du vallon de l'Anghione près de Vizzavona, 1100–1200 m., 21 juill. fr. (f. *cretica*) !

1907. — Cap Corse : montagne de S. Angelo de St-Florent, rocailles, calc., 250 m. (f. *cretica*) ! — Embouchure de la Solenzara, clairières des aulnaies, 7 mai fl. (f. *genuina*) !

1908. — Monte Grima Seta, garigues, 1400 m., 1 juill. fl. (f. *cretica*) ! ; vallée supérieure du Tavignano, garigues, 1300 m., 26 juin fl. (f. *cretica*) !

1910. — Vallée sup. d'Asinao, garigues, 24 juill. fl. (f. *cretica*) !

1911. — Montagne de Cagna : Pointe de Compolelli, garigues, 1000–1300 m., 5 juill. fl. (f. *cretica*) !

En général, l'*A. Hermanniae* forme des arbrisseaux hémisphériques, très épineux, pauciflores, mêlés au *Genista Lobelii*. C'est là la forme normale en Corse [f. *cretica* Briq. = *Aspalathus cretica* L. *Sp.* ed. 1, 712 (1753) = *Anthyllis Aspalathi* DC. *Prodr.* II, 169 (1825) = *Spartium creticum* Desf. *Cat.* 213 (1829) = *A. Hermanniae* var. *Aspalathi* Rouy *Fl. Fr.* IV (1897) = *A. Hermanniae* var. *cretica* Briq. *Rech. fl. mont. Corse* 84 (1901) ; Asch. et Graebn. *Syn.* VI, 2, 641]. Dans l'étage inférieur, et surtout à la lisière ou dans les clairières ± rocheuses des maquis ainsi que sur les berges sableuses des rivières, l'arbuste devient plus élevé, à rameaux anciens plus faiblement spinescents, à fleurs souvent plus nombreuses [f. *genuina* Briq. = *A. Hermanniae* var. *genuina* Rouy *Fl. Fr.* IV, 281 (1897)]. Ces variations extrêmes, reliées d'une façon insensible les unes avec les autres,

---

[1] Linné (l. c.) a écrit *hermanniae* avec une minuscule, mais c'est là une erreur typographique, le terme provenant du nom générique *Hermannia*.

sont tout à fait parallèles à celles qui ont été signalées plus haut (p. 240) pour le *Genista Lobelii*; elles sont en rapport direct avec l'altitude et le milieu et n'ont très certainement pas la valeur de races.

A. cytisoides [1] L. *Sp.* ed. 1, 7°0 (1753); Gr. et Godr. *Fl. Fr.* I, 378 ; Rouy *Fl. Fr.* IV, 279 ; Coste *Fl. Fr.* I, 317; Asch. et Graebn. *Syn.* VI, 2, 642.

Espèce vaguement indiquée en Corse par Viviani [(*Fl. cors. diagn.* 13), indication reproduite par Req. (*Cat.* 16) pour les env. de Bonifacio], mais qui n'a jamais été vue dans l'île d'une façon certaine. Il ne serait pas impossible qu'il s'agisse d'une confusion avec une forme élancée littorale subinerme de l'espèce précédente. L'*A. cytisoides* est étranger également à l'archipel toscan et à la Sardaigne.

993. **A. Barba-Jovis** [2] L. *Sp.* ed. 1, 720 (1753); Gr. et Godr. *Fl. Fr.* I, 379 ; Rouy *Fl. Fr.* IV, 281 ; Coste *Fl. Fr.* I, 317; Asch. et Graebn. *Syn.* VI, 2, 643. — Exsicc. Soleirol n. 1333 ! ; Kralik n. 533 ! ; Billot n. 343 ! ; Reverch. ann. 1880, n. 257 !

Hab. — Rochers du littoral. Avril-mai. ♃. Calcicole préférent. Rare. Cap Corse (Soleirol exsicc. cit. et ap. Bert. *Fl. it.* VII, 407) ; Porticciolo (Fouc. et Sim. *Trois sem. herb. Corse* 139); St-Florent [(Soleirol ex) Mutel *Fl. fr.* I, 240] ; Porto (Reverch. exsicc. cit. et ap. Rouy *Fl. Fr.* V, 282) ; îles Sanguinaires (Boullu in *Ann. soc. bot. Lyon* XXIV, 67) ; env. d'Ajaccio (Lard. in *Bull. trim. soc. bot. Lyon* XI, 60) ; Bonifacio, à l'est du sémaphore, principalement à la Piantarella (rochers derrière l'anse de Sprono, vis-à-vis l'île de Piana), abondant (Salis in *Flora* XVII, Beibl. II, 54 ; Req. *Cat.* 16 et ap. Bert. *Fl. it.* VIII, 642; Kralik exsicc. cit. et ap. Billot exsicc. cit. ; Mars. *Cat.* 43 ; Boy. *Fl. Sud Corse* 59).

994. **A. tetraphylla** L. *Sp.* ed. 1, 719 (1753) ; Gr. et Godr. *Fl. Fr.* I, 381 ; Coste *Fl. Fr.* I, 318 ; Asch. et Graebn. *Syn.* VI, 2, 647 = *Vulneraria tetraphylla* Guss. *Fl. sic. prodr.* II, 395 (1828) = *Physanthyllis tetraphylla* Boiss. *Voy. Esp.* 162 (1840) ; Rouy *Fl. Fr.* V, 2. — Exsicc. Soleirol n. 1330 ! ; Kralik n. 535 ! ; Reverch. ann. 1880, n. 308 !

Hab. — Garigues et friches de l'étage inférieur. Avril-mai. ①. Calcicole. Rare, mais abondant où il se trouve. Farinole (Rotgès in litt.) ; env. de St-Florent (Soleirol exsicc. cit. et ap. Bert. *Fl. it.* VII, 400 ; Mab.

---

[1] Linné a écrit (l. c.) *Cytisoides* avec une majuscule, mais cette graphie est erronée, il ne s'agit pas là d'un ancien nom générique, mais d'un simple adjectif dérivé de *Cytisus*.

[2] Linné a écrit (l. c.) *jovis* avec une minuscule ; cette graphie doit être corrigée, puisqu'il s'agit d'un nom propre.

ex Mars. *Cat.* 44 ; Thellung in litt.) ; Santa Manza (R. Maire in Rouy *Rev. bot. syst.* II, 67) ; env. de Bonifacio (Salis in *Flora* XVII, Beibl. II, 54 ; Seraf. ex Bert. l. c. ; Kralik exsicc. cit. ; Mars. l. c. ; Reverch. exsicc. cit. ; et nombreux autres observateurs) ; et localités ci-dessous.

1907. — Cap Corse : Mont Silla Morta, garigues, calc., 100 m., 23 avril fl. ! — Santa Manza, garigues, calc., 20 m., 6 mai fl. !

Salis (l. c.) indique encore l'*A. tetraphylla* à Ostriconi. Nous n'avons vu cette espèce que sur le calcaire. Peut-être y a-t-il eu confusion avec les environs de St-Florent ?

DORYCNOPSIS [1] Boiss.

995. D. Gerardi Boiss. *Voy. Esp.* 163 (1840) ; Gr. et Godr. *Fl. Fr.* I, 425 ; Coste *Fl. Fr.* I, 354 = *Anthyllis Gerardi* L. *Mant.* I, 100 (1767) ; Viv. *Fl. cors. diagn.* 13 ; Asch. et Graebn. *Syn.* VI, 2, 646. — Exsicc. Thomas sub : *A. Gerardi* ! ; Salzmann sub : *A. Gerardi* ! ; Soleirol n. 1382 ! ; Kralik n. 552 ! ; Mab. n. 29 ! ; Debeaux ann. 1866 sub : *D. Gerardi* ! ; Reverch. ann. 1880, n. 269 ! ; Burn. ann. 1900, n. 40 ! et ann. 1904, n. 134 ! et 135 !

Hab. — Garigues, maquis rocheux et clairs dans l'étage inférieur. Mai-juill. ♃. Répandu. Cap Corse (Mab. *Rech.* I, 16) ; Rogliano (Revel. ex Mars. *Cat.* 48) ; Mandriale (ex Gr. et Godr. *Fl. Fr.* I, 426) ; env. de Bastia (Salis in *Flora* XVII, Beibl. II, 54 ; Kralik exsicc. cit. ; Mab. exsicc. cit. et *Rech.* I, 16 ; Debeaux exsicc. cit. ; Burn. exsicc. cit. ann. 1900 ; et nombreux autres observateurs) ; Biguglia (Boullu in *Bull. soc. bot. Fr.* XXIV, sess. extr. LXVI ; Sargnon in *Ann. soc. bot. Lyon* VI, 66) et de là à Lancone (Briq. *Spic.* et Burn. exsicc. cit. n. 135) ; St-Florent (Mab. *Rech.* I, 16) ; Accendi-Pija entre Ponte-Nuovo et la Barchetta (Doùmet in *Ann. Hér.* V, 203) ; Calvi (Soleirol exsicc. cit. et ap. Bert. *Fl. it.* VII, 405) ; Corté (Mab. l. c.) ; Bocognano (Mars. *Cat.* 48) ; Vico (Mars. l. c.) ; Appietto (Mars. l. c. ; Briq. *Spic.* 39 et Burn. exsicc. cit. n. 134) ; Ajaccio (Mars. l. c. ; Boullu in *Bull. soc. bot. Lyon* XXIV, 68 ; Gysperger in Rouy *Rev. bot. syst.* II, 117) ; Aspretto (Boullu in *Bull. soc. bot. Fr.* XXIV, sess. extr. XCIII) ; Sartène (Mars. l. c.) ; env. de Propriano (Lutz in *Bull. soc. bot. Fr.*

---

[1] Boissier [*Voy. Esp.* 163 (1840)] a écrit *Dorycnopsis*, graphie qui ensuite a été changée en *Dorycniopsis* par C. Lemaire [in d'Orbigny *Dict. hist. nat.* V, 118 (1848)]. Les noms de genre pouvant être composés d'une façon absolument arbitraire (*Règl. nom. bot.* art. 24), rien n'empêchait Boissier de retrancher une voyelle dans le composant δορύκνιον combiné avec ὄψις, et le nom doit être conservé tel qu'il a été fait.

XLVIII, sess. extr. CXLII); Ventilègne (Seraf. ex Bert. *Fl. it.* VII, 405);
Porto-Vecchio (Seraf. ex Bert. l. c.; Mab. l. c.); et de là à Bonifacio [Seraf.
ex Bert. l. c.; [(Soleirol ex) Mut. *Fl. fr.* I, 240; Mab. *Rech.* I, 16 et ap.
Mars. l. c.; Reverch. exsicc. cit.; et autres observateurs]; et localités
ci-dessous.

1910. — Ste-Lucie de Porto-Vecchio, garigues, 45 m., 20 juill. fl.!

1911. — Descente de Sari à Cala d'Oro, rochers, 100 m., 2 juill. fl.!;
Sotta, garigues, 80 m., 4 juill. fl.!

HYMENOCARPOS [1] Savi

996. **H. circinnatus** Savi *Fl. pis.* II, 205 (1798); Gr. et Godr. *Fl.
Fr.* I, 382; Rouy *Fl. Fr.* V, 4; Coste *Fl. Fr.* I, 318; Asch. et Graebn.
Syn. VI, 2, 649 = *Medicago circinnata* L. *Sp.* ed. 1, 778 (1753). — Exsicc.
Salzmann sub : *Medicago circinnata*!; Soleirol n. 1252!; Reliq. Maill.
n. 995!; Mab. n. 83!; Debeaux ann. 1865, 1866 et 1867 sub : *Hymeno-
carpus circinnatus*!

Hab. — Garigues de l'étage inférieur. Avril-mai. ①. Paraît être localisé dans la moitié septentrionale de l'île. Env. de Bastia, en particulier
dans le vallon du Fango (Salis in *Flora* XVII, Beibl. II, 54; Salzmann,
Soleirol, Debeaux exsicc. cit.; André in Reliq. Maill. cit.; Mab. exsicc. cit.
et *Rech.* I, 16; Gillot! in *Bull. soc. bot. Fr.* XXIV, sess. extr. LV; Fouc.
et Sim. *Trois sem. herb. Corse* 139; Lit. *Voy.* II, 3; et nombreux autres
observateurs); coteaux du Bevinco (Mab. ex Mars. *Cat.* 44); St-Florent
(Mab. ex Mars. l. c.; Fouc. et Sim. l. c.; Rotgès et Thellung in litt.);
vallée inf. de l'Ostriconi (Fouc. et Sim. l. c.); Corté? (Mab. *Rech.* I, 16);
et localités ci-dessous.

1907. — Cap Corse : Marine d'Albo, prairie maritime, 26 avril fl. fr.!;
Mont Silla Morta, garigues, calc., 23 avril fl. fr.! — Garigues à Ostriconi,
20 avril fl.!; garigues près d'Aleria, calc., 30-40 m., 1 mai fl. fr.!

SECURIGERA [2] DC.

997. **S. Securidaca** Deg. et Dörfl. in *Denkschr. Akad. Wiss. Wien*
LXIV, 718 (1897); Asch. et Graebn. *Syn.* VI, 2, 650 = *Coronilla Secu-*

---

[1] Nomen utique conservandum (*Règl. nom. bot.* éd. 2, art. 20 et p. 89).
[2] Nomen utique conservandum (*Règl. nom. bot.* éd. 2, art. 20 et p. 89).

ridaca L. *Sp.* ed. 1, 753 (1753) = *Securidaca lutea* Mill. *Gard. dict.* ed. 8, n. 1 (1768) ; Burn. *Fl. Alp. mar.* II, 219 = *Securidaca legitima* Gaertn. *De fruct.* II, 337 (1791) = *Securigera Coronilla* DC. *Fl. fr.* IV, 609 (1805) ; Gr. et Godr. *Fl. Fr.* I, 502 ; Coste *Fl. Fr.* I, 411 = *Bonaveria Securidaca* Desv. in *Journ. Bot.* I, 120 (1813) ; Rouy *Fl. Fr.* V, 301 = *Bonaveria Securidaca* Endl. ex Heynh. *Nom. bot.* II, 73 (1840). — Exsicc. Mab. n. 54 ; Debeaux ann. 1868 et 1869 sub : *Securigera Coronilla* !

Hab. — Garigues, lisière des maquis, friches de l'étage inférieur. Juin-juill. ⊙. Assez rare. Env. de Bastia (Salis in *Flora* XVII, Beibl. II, 60 ; Mars. *Cat.* 54 ; Mab. exsicc. cit. et *Rech.* I, 17 et in *Feuill. jeun. nat.* VII, 110 ; Debeaux exsicc. cit. ; Rotgès in litt.) ; St-Florent (Mab. ap. Mars. l. c.) ; Corté (Mab. *Rech.* I, 17) ; Vico (Salis l. c. ; Bernard ex Rouy *Fl. Fr.* V, 302) ; Sagone (Coste in *Bull. soc. bot. Fr.* XLVIII, sess. extr. CXIII ; N. Roux ibid. CXXXIV) ; Propriano (Lutz ibid. CXLIII).

DORYCNIUM Linn. emend.

998. **D. hirsutum** Ser. in DC. *Prodr.* II, 208 (1825) ; Rikli in Engl. *Bot. Jahrb.* XXXI, 329 (1902) ; Asch. et Graebn. *Syn.* VI, 2, 653 = *Lotus hirsutus* L. *Sp.* ed. 1, 775 (1753) ; Gr. et Godr. *Fl. Fr.* I, 429 = *Bonjeania hirsuta* Reichb. *Fl. germ. exc.* 507 (1832) ; Rouy *Fl. Fr.* V, 132 ; Coste *Fl. Fr.* I, 356.

Hab. — Garigues, lisières et clairières des maquis dans l'étage inférieur. Avril-juin. ♃. — En Corse, les trois races suivantes :

†† α. Var. **incanum** Ser. in DC. *Prodr.* II, 208 (1825) ; Rikli l. c. 332 ; Asch. et Graebn. *Syn.* VI, 2, 654 = *Lotus tomentosus* Rohde in Schrad. *Neu. Journ. Bot.* ann. 1809, 42 ; non Lamk = *Lotus hirsutus* var. *incanus* Lois. *Not.* 116 (1810) ; Gr. et Godr. *Fl. Fr.* I, 430 = *Lotus sericeus* DC. *Cat. monsp.* 122 (1813) = *Bonjeania hirsuta* var. *incana* Koch *Syn.* ed. 2, 196 (1843) = *Bonjeania hirsuta* forme *B. incana* Rouy *Fl. Fr.* V, 134 (1899).

Hab. — Corse, sans indication de localité (Pouzolz in herb. Kunth ex Rikli op. cit. 334). A rechercher.

Plante généralement peu élevée (15-30 cm.), blanche-tomenteuse. Fleurs peu nombreuses, petites et brièvement pédonculées.

†† β. Var. **italicum** Asch. et Graebn. *Syn.* VI, 2, 654 (1908) = *Bonjeania italica* Jord. et Fourr. *Brev.* 12 (1866) = *Bonjeania hirsuta* var.

italica Rouy *Fl. Fr.* V, 133 (1899) = *D. hirsutum* var. *tomentosum* Rikli
in Engl. *Bot. Jahrb.* XXXI, 334 (1902). — Exsicc. Kralik n. 554!; Mab.
n.119!; Debeaux ann.1867 sub : *Lotus hirsutus*!; Burn. ann.1904, n.138!

Hab. — Env. de Bastia (Salis in *Flora* XVII, Beibl. II, 58 et sp. auth.
ex Rikli op. cit. 337 ; Debeaux exsicc. cit.) ; S\u1d57-Florent (Mab. exsicc. cit.
et ap. Rikli l. c.); et localités ci-dessous. Probablement beaucoup plus
répandue.

1907. — Cap Corse : montagne des Stretti, rocailles, calc., 100 m.,
25 avril fl. !

Plante généralement robuste (jusqu'à 45 cm.), grisâtre. Fleurs nombreuses, sensiblement plus grandes que dans la variété suivante (13–
20 mm.), généralement d'un rose plus vif.

γ. Var. **genuinum** Briq. = *Lotus hirsutus* var. *genuinus* Gr. et Godr.
Fl. Fr. I, 430 (1848) = *Bonjeania hirta* et *B. prostrata* Jord. et Fourr.
Brev. I, 11 (1866)=*Bonjeania hirsuta* var. *hirta* et var. *prostrata* Rouy *Fl.
Fr.* V, 133 (1899) = *D. hirsutum* var. *hirtum* Rikli in Engl. *Bot. Jahrb.*
XXXVI, 338 (1902) ; Asch. et Graebn. *Syn.* VI, 2, 653. — Exsicc. Sieber
sub : *Dorycnium hirsutum* !

Hab. — Il est probable qu'une partie des indications de nos prédécesseurs — qui n'ont pas distingué les variétés β et γ — se rapporte à
la variété précédente. Erbalunga (Sargnon in *Ann. soc. bot. Lyon* XXIV,
60); Miomo (Gillot in *Bull. soc. bot. Fr.* XXIV, sess. extr. XLV); Lavesina (Lit. *Voy.* I, 4); env. de Bastia (Fouc. et Sim. *Trois sem. herb. Corse*
140 ; Gysperger in Rouy *Rev. bot. syst.* II, 110) ; col de Teghime (Billiet
in *Bull. soc. bot. Fr.* XXIV, sess. extr. LXX) ; env. d'Olmetta (Billiet ibid.
LXXI); S\u1d57-Florent (Thellung in litt.); « Muttisao » [(prob. Moltifao) Soleirol ex Bert. *Fl. it.* VIII, 237] ; Corté (Sieber exsicc. cit.); Ghisoni (Rotgès
in litt.); Cargèse (Lutz in *Bull. soc. bot. Fr.* XXIV, sess. extr. CXXXIV);
Ajaccio (Boullu ibid. XCIX) ; Campo di Loro (Boullu ibid. XCV) ; col de
S\u1d57-Georges (Mars. *Cat.* 48); Olivèse (Mars. l. c.); Bonifacio (Seraf. ex
Bert. l. c.; Mars. l. c.; Soulié ex Coste in *Bull. soc. bot. Fr.* XLVIII, sess.
extr. CXIX; Lutz ibid. CXXXIX; Boy. *Fl. Sud Corse* 59; Thellung in litt.);
et localités ci-dessous.

1906. — Entre Tralonca et Santa Lucia di Mercurio, talus, 700–800 m.,
30 juill. fr. !

1911. — Entre l'étang d'Urbino et le marais d'Erbarossa, garigues, 20 m.,
30 juin fl. !

Plante de dimensions variables, verte ou d'un vert un peu cendré. Fleurs moyennes (10-14 mm.), généralement pâles.

999. **D. rectum** Ser. in DC. *Prodr.* II, 208 (1825) ; Rikli in Engl. *Bot. Jahrb.* XXXI, 342 ; Asch. et Graebn. *Syn.* VI, 2, 655 = *Lotus rectus* L. *Sp.* ed. 1, 775 (1753) ; Gr. et Godr. *Fl. Fr.* I, 429 = *Bonjeania recta* Reichb. *Fl. germ. exc.* 507 (1832) ; Rouy *Fl. Fr.* V, 134 ; Coste *Fl. Fr.* I, 356 = *Gussonea recta* Parl. *Pl. rar.* I, 6 (1838). — Exsicc. Sieber sub : *D. rectum* ! ; Kralik n. 555 ! ; Billot n. 348 !

Hab. — Prairies maritimes, points marécageux ou humides de l'étage inférieur. Mai–juin. ⅃. Répandu, mais cependant non pas « très commun » (Mars. *Cat.* 48). Lavesina (Lit. *Voy.* I, 4) ; env. de Bastia (Salis in *Flora* XVII, Beibl. II, 58 et ap. Rikli op. cit. 347 ; Kralik exsicc. cit. et ap. Billot exsicc. cit. ; Kesselmeyer ! ap. Rikli l. c. ; Mab. in *Feuill. jeun. nat.* VII, 110 ; Fouc. et Sim. *Trois sem. herb. Corse* 140) ; col de Teghime (Thellung in litt.) ; Biguglia (Gysperger in Rouy *Rev. bot. syst.* II, 121) ; Calvi (Soleirol ex Bert. *Fl. it.* VIII, 239) ; Corté (Sieber exsicc. cit. et ap. Rikli l. c.) ; Ghisoni, au hameau de Rosse (Rotgès in litt.) ; Ajaccio (Req. *Cat.* 16 ; Boullu in *Bull. soc. bot. Fr.* XXIV, sess. extr. XCIX ; Sagorski in *Mitt. thür. bot. Ver.* XXVII, 46 ; Thellung in litt.) ; Pozzo di Borgo (Coste ibid. XLVIII, sess. extr. CXI) ; bords du Rizzanèse entre Propriano et Sartène (Lutz ibid. CXLII) ; Santa Manza (Lit. in *Bull. acad. géogr. bot.* XVIII, 127) ; Bonifacio (Seraf. ex Bert. l. c. ; Forestier ex Rikli l. c. ; Lutz in *Bull. soc. bot. Fr.* XXIV, sess. extr. CXXXIX ; Boy. *Fl. Sud Corse* 59) ; et localité ci-dessous.

1910. — Entre Ste-Lucie et Ste-Trinité, prairies marécageuses, 20 juill. fr. !

1000. **D. pentaphyllum** Scop. *Fl. carn.* II, 87 (1772), sensu ampl. ; Rouy *Fl. Fr.* V, 135 (1899) = *Lotus Dorycnium* L. *Sp.* ed. 1, 778 (1753) = *D. dorycnium* Asch. et Graebn. *Syn.* VI, 2, 655 (1908, Gesammtart). — En Corse, seulement la sous-espèce suivante :

Subsp. **suffruticosum** Rouy *Fl. Fr.* V, 138 (1899) = *D. suffruticosum* Vill. *Hist. pl. Dauph.* III, 416 (1789) ; Gr. et Godr. *Fl. Fr.* I, 426 ; Rikli in Engl. *Bot. Jahrb.* XXXI, 372 ; Coste *Fl. Fr.* I, 355 = *D. dorycnium* subsp. *suffruticosum* Asch. et Graebn. *Syn.* VI, 2, 656 (1908). — Exsicc. Kralik n. 533 ! ; Reverch. ann. 1880, n. 299 ! ; Magnier fl. select. n. 515 !

Hab. — Garigues rocheuses de l'étage inférieur. Avril-juin. ♃. Calcicole préférente. Disséminée. Cap Corse (Mab. ex Mars. *Cat.* 48); Rogliano (Revel. in Bor. *Not.* I, 6) ; sur Cardo (Petry in litt.) ; env. de Bastia (Soleirol ex Bert. *Fl. it.* VIII, 244) ; Patrimonio et Farinole (Rotgès in litt.) ; Barbaggio (Chabert ex Rikli op. cit. 378 ; Rotgès in litt.) ; env. de St-Florent (Salis in *Flora* XVII, Beibl. II, 58 ; Mars. l. c.; Sargnon in *Ann. soc. bot. Lyon* VI, 70 ; Rotgès et Thellung in litt.) ; Novella (Fouc. et Sim. *Trois sem. herb. Corse* 140); Aspretto (Boullu in *Bull. soc. bot. Fr.* XXIV, sess. extr. XCIII et XCVIII); Bonifacio (Salis l. c.; Kralik exsicc. cit.; Revel. in Bor. *Not.* I, 6 ; Jord. ! II. cc.; Mars. l. c.; Reverch. exsicc. cit.; Fouc. et Sim. l. c.; Boy. *Fl. Sud Corse* 59 ; et autres observateurs; et localité ci-dessous.

1907. — Cap Corse : Mont Silla Morta, garigues, calc., 100 m., 23 avril !

Les rapports de cette sous-espèce avec celles qui l'avoisinent géographiquement [1° subsp. **germanicum** Briq. = *D. Jordani* subsp.[1] *germanicum* Greml. *Exkursionsfl. Schw.* ed 6, 496 (1889) et *Neue Beitr. Fl. Schw.* V, 72 = *D. suffruticosum* var. *germanicum* Burn. *Fl. Alp. mar.* II, 142 (1896) = *D. pentaphyllum* subsp. *D. suffruticosum* forme *D. germanicum* Rouy *Fl. Fr.* V, 140 (1899) = *D. germanicum* Rikli in *Ber. schw. bot. Ges.* X, 8 (1900) et in Engl. *Bot. Jahrb.* XXXI, 381 = *D. dorycnium* subsp. *germanicum* Asch. et Graebn. *Syn.* VI, 2, 658 (1908). — 2° Subsp. **herbaceum** Rouy *Fl. Fr.* V, 135 (1899) = *D. herbaceum* Vill. *Hist. pl. Dauph.* III, 417 (1789) ; Gr. et Godr. *Fl. Fr.* I, 426 ; Rikli in Engl. *Bot. Jahrb.* XXXVI, 353 ; Coste *Fl. Fr.* I, 354 = *D. intermedium* Ledeb. in *Ind. sem. hort. Dorpat* ann. 1820 ; Boiss. *Fl. or.* II, 162 = *D. herbaceum* subsp. *intermedium* Asch. et Graebn. *Syn.* VI, 2, 661 (1908). — 3° Subsp. **gracile** Rouy *Fl. Fr.* V, 137 (1899) = *D. gracile* Jord. *Obs.* III, 70, tab. 4 (1846) ; Gr. et Godr. *Fl. Fr.* I, 427 = *D. decumbens* Jord. op. cit. 60, tab. 4 (1846) ; Gr. et Godr. l. c. = *D. Jordani* Lor. et Barr. *Fl. Montp.* éd. 1, 175 (1876) ; Burn. *Fl. Alp. mar.* II, 143 ; Rikli in Engl. *Bot. Jahrb.* XXXI, 367 ; Coste *Fl. Fr.* I, 355 = *D. herbaceum* subsp. *gracile* Asch. et Graebn. *Syn.* VI, 2, 663 (1908)] ont été excellemment exposés par M. Rikli (op. cit.). Après examen de très abondants matériaux de comparaison, nous ne pouvons qu'approuver l'avis émis d'abord par M. Burnat (*Fl. Alp. mar.* II, 142), puis adopté par M. Rouy, sur la valeur subspécifique de ces groupes. La sous-esp. *suffruticosum* est essentiellement caractérisée par l'hétérophyllie (feuilles inférieures obovées-lancéolées, les supérieures oblongues-linéaires ou linéaires), les fleurs presque sessiles et l'étendard ± panduriforme.

[1] Gremli (l. c.) a fait une *sous-espèce* (Unterart) et non pas une *variété*, comme l'a dit M. Rikli et l'ont répété MM. Ascherson et Graebner. De même, M. Rouy n'a pas fait une *espèce* *D. germanicum*, comme l'ont dit les auteurs précités, mais un *D. pentaphyllum* subsp. *D. suffruticosum* forme *D. germanicum*. Nous ne relevons ces lapsus, évidemment d'importance secondaire, qu'en partant du principe qu'il faut autant que possible éviter de faire dire à un auteur ce qu'il n'a pas voulu clairement affirmer.

En ce qui concerne la nomenclature, nous devons approuver M. Rouy dont le cadre général est correctement compris. Le *D. pentaphyllum* Scop. est essentiellement basé, en ce qui concerne la Carniole, sur le *D. pentaphyllum* subsp. *herbaceum*, mais comprenait sans doute aussi la sous-esp. *germanicum*. L'original du *D. suffruticosum* Vill. est (d'après M. Rikli op. cit. 377) le *D. pentaphyllum* subsp. *suffruticosum*. Dans l'un comme dans l'autre cas, il faut employer le nom, primitivement donné à une partie seulement du groupe spécifique, dans un sens élargi. L'antériorité oblige à préférer le nom de Scopoli.

Les échantillons corses présentent en général un port élevé, des feuilles inférieures élargies peu nombreuses et des fleurs assez grandes (5-7 mm.). C'est sur ces caractères que l'on a basé la distinction du *D. insulare* Jord. et Fourr. [*Brev.* II, 23 (1868) ; *Ic.* 1, 57, tab. CLX = *D. corsicum* Jord. ap. Bor. *Not. pl. Corse* 6 (1857), absq. diagn. = *D. suffruticosum* var. *insulare* et var. *corsicum* Fouc. et Sim. *Trois sem. herb. Corse* 140 (1898) = *D. pentaphyllum* subsp. *suffruticosum* var. *insulare* Rouy *Fl. Fr.* V, 139 (1899) = *D. suffruticosum* f. *corsicum* Rikli in Engl. *Bot. Jahrb.* XXXI, 178 (1901) = *D. dorycnium* subsp. *suffruticosum* var. *insulare* Asch. et Graebn. *Syn.* VI, 2, 658 (1908)]. Mais si les échantillons des terrains calcaires de Bonifacio et de St-Florent répondent souvent à ce diagnostic, il s'en faut que ce soit toujours le cas. M. Rikli (*Bot. Reisestud. Korsika* 45) rapproche les échantillons du Cap Corse du *D. collinum* Jord. et Fourr. [*Brev.* II, 23 (1868) = *D. pentaphyllum* subsp. *suffruticosum* var. *collinum* Rouy *Fl. Fr.* V, 139 (1899) = *D. suffruticosum* f. *collinum* Rikli op. cit. 378 (1901)] à feuilles supérieures moins étroites, à rameaux grêles, à entrenœuds supérieurs plus allongés, plus glabrescents. M. Rouy attribue d'autres échantillons au *D. humile* Jord. et Fourr. [*Brev.* II, 24 (1868) = *D. pentaphyllum* subsp. *suffruticosum* var. *humile* Rouy l. c.] basé sur les échantillons réduits, à rameaux courts et à feuilles plus petites. On pourrait multiplier encore ces distinctions basées sur des différences de détail insignifiantes, très inégalement marquées sur nos divers échantillons corses et qui reparaissent sur de nombreux échantillons continentaux. Nous ne pouvons voir là des races.

LOTUS Linn. emend.

1001. **L. edulis** L. *Sp.* ed. 1, 774 (1753) ; Gr. et Godr. *Fl. Fr.* 1, 434 ; Brand in Engl. *Bot. Jahrb.* XXV, 204 ; Rouy *Fl. Fr.* V, 141 ; Coste *Fl. Fr.* I, 360 ; Asch. et Graebn. *Syn.* VI, 2, 668. — Exsicc. Sieber sub : *L. edulis*! ; Req. sub : *L. edulis*! ; Kralik n. 556! (sub : *L. creticus*) et n. 559! ; Mab. n. 369 !

Hab. — Garigues de l'étage inférieur sur le littoral. Avril-mai. ④. Répandu. Env. de Bastia (Salis in *Flora* XVII, Beibl. II, 58 ; Sieber exsicc. cit. ; Mab. exsicc. cit. et ap. Mars. *Cat.* 49 ; Gillot in *Bull. soc. bot. Fr.* XXIV, sess. extr. XLIII et LV ; Fouc. et Sim. *Trois sem. herb.*

Corse 141 ; Lit. *Voy.* II, 2 ; et autres observateurs) ; St-Florent (Mab. ex
Mars. l. c. ; Thellung in litt.) ; Ile Rousse (Thellung in litt.) ; Calvi (Soleirol ex Bert. *Fl. it.* VIII, 216 ; Fouc. et Sim. l. c.) ; îles Sanguinaires (Req.
exsicc. cit. et ap. Bert. l. c. et Gr. et Godr. *Fl. Fr.* I, 434 ; Thellung in
litt.) ; Barbicaja (Boullu in *Bull. soc. bot. Fr.* XXIV, sess. extr. LXXXIX) ;
Ajaccio (Mars. l. c. ; Boullu in *Ann. soc. bot. Lyon* XXIV, 68) ; Tizzano
(Kralik exsicc. cit. n. 556) ; Bonifacio (ex Gr. et Godr. l. c. ; Kralik exsicc.
cit. n. 556 et 559 ; Thellung in litt. ; Stefani !) ; et localités ci-dessous.

1907. — Cap Corse : montagne des Stretti, balmes, calc., 100 m., 25 avril
fl. ! ; Mont Silla Morta, rochers, calc., 100 m., 23 avril fl. ! — Ile Rousse,
garigues, 20 avril fl. fr. !

1002. L. ornithopodioides L. *Sp.* ed. 1, 775 (1753) ; Gr. et Godr.
Fl. Fr. I, 434 ; Brand in Engl. *Bot. Jahrb.* XXV, 205 ; Rouy *Fl. Fr.* V,
144 ; Coste *Fl. Fr.* I, 359 ; Asch. et Graebn. *Syn.* VI, 2, 670. — Exsicc.
Kralik n. 558 ! ; Mab. n. 121 !

Hab. — Rocailles et garigues de l'étage inférieur, principalement sur
le littoral. Avril-mai. ①. Répandu. Env. de Bastia (Salis in *Flora* XVII,
Beibl. II, 58 ; Mab. exsicc. cit. et ap. Mars. *Cat.* 49 ; Gillot in *Bull. soc.
bot. Fr.* XXIV, sess. extr. XLIII ; Rotgès in litt.) ; Biguglia (Sargnon in
Ann. soc. bot. Lyon VI, 66) ; Ile Rousse (N. Roux in *Bull. soc. bot. Fr.*
XLVIII, sess. extr. CXLV) ; Calvi (Soleirol ex Bert. *Fl. it.* VIII, 234) ; Ghi-
soni, au lieu dit Sorba (Rotgès in litt.) ; Propriano (N. Roux l. c. CXLIII) ;
Bonifacio (Kralik exsicc. cit. ; Mars. l. c. ; Lit. *Voy.* I, 21 ; Boy. *Fl. Sud
Corse* 59) ; et localités ci-dessous.

1907. — Cap Corse : montagne des Stretti, balmes, calc., 100 m., 25 avril
fl. ! ; Mont Silla Morta, rochers, calc., 100 m., 23 avril fl. ! — Montagne de
Caporalino, garigues, calc., 450–650 m., 11 mai fl. fr. ! ; garigues entre
Alistro et Bravone, 15 m., 30 avril fl. fr. ! ; vallée inf. de la Solenzara, rocailles des fours à chaux, 150–200 m., 3 mai fl. ! ; Pointe de l'Aquella,
rocailles, calc., 250–370 m., 4 mai fl. fr. ! ; garigues du plateau de Canalli,
50 m., calc., 6 mai fl. fr. !

1003. L. creticus L. *Sp.* ed. 1, 775 (1753) ; Brand in Engl. *Bot.
Jahrb.* XXV, 207 (1898) ; Asch. et Graebn. *Syn.* VI, 2, 671.

Hab. — Garigues littorales, rochers et sables maritimes. Avril-mai. ♃.

Les variations douteuses entre les *L. creticus* L. et *L. cytisoides* L. ne
permettent guère de séparer spécifiquement ces deux groupes. D'un
autre côté, le procédé adopté par Boissier, puis par M. Brand, et qui

.consiste à rabaisser le *L. cytisoides* au rang de simple variété, nous paraît exagéré. Il y aura lieu en effet de distinguer ultérieurement plusieurs races à l'intérieur du *L. cytisoides* même, point sur lequel M. Brand est passé trop rapidement dans sa monographie. Dans ces conditions, il convient d'envisager les *L. creticus* et *L. cytisoides* comme des sous-espèces d'un groupe collectif.

I. Subsp. **eu-creticus** Briq. = *L. creticus* L., sensu stricto ; Burn. *Fl. Alp. mar.* II, 149 ; Rouy *Fl. Fr.* V, 142 ; Coste *Fl. Fr.* 1, 360 = *L. creticus* var. *genuinus* Boiss. *Fl. or.* II, 165 (1872). — Exsicc. Billot n. 3564 ! ; Mab. n. 223 !

Hab. — Calcicole préférent. Bastia (Soleirol in herb. Deless.!) ; Biguglia (Gysperger in Rouy *Rev. bot. syst.* II, 110) ; St-Florent (Mab. exsicc. cit. et ap. Mars. *Cat.* 49) ; Bras in *Bull. soc. bot. Fr.* XXIV, sess. extr. LXXII ; Gysperger in Rouy *Rev. bot. syst.* II, 111) ; Ostriconi (Soleirol ex Bert. *Fl. it.* VIII, 219) ; Ile Rousse (N. Roux in *Bull. soc. bot. Fr.* XLVIII, sess. extr. CXLV ; Lit. *Voy.* I, 2 ; Thellung in litt.) ; Calvi (Fouc. et Sim. *Trois sem. herb. Corse* 141) ; Ajaccio (Gussone ex Bert. l. c. ; Boullu in *Bull. soc. bot. Fr.* XXIV, sess. extr. XCIX et in *Ann. soc. bot. Lyon* XXIV, 68 ; Thellung in litt.) ; Bonifacio (Seraf. ex Bert. l. c. ; Soleirol ex Duby *Bot. gall.* 137 ; Req. in Billot l. c. et ap. Duby l. c. ; Mars. l. c. ; Lutz in *Bull. soc. bot. Fr.* XLVIII, sess. extr. CXXXIX ; Boy. *Fl. Sud Corse* 59) ; et localités ci-dessous.

1907. — Garigues entre Alistro et Bravone, calc., 10 m., 30 avril fl. !

1911. — Entre l'étang d'Urbino et le marais d'Erbarossa, sables maritimes, 30 juin fl. fr. !

Plante entièrement soyeuse-blanchâtre. Feuilles subsessiles à stipules plus longues que le pétiole, à folioles étroites. Fleurs longues de 8-9 mm. Calice long de 6-7 mm. à dents inférieures latérales sensiblement plus courtes et moins aiguës que la médiane. Légume généralement cylindrique, souvent moins toruleux à la fin. — La forme désignée sous le nom de β *crassifolius* par M. Rouy (l. c. 143) à feuilles plus petites et plus charnues est basée sur des échantillons extrêmes très halophiles ; c'est une forme purement stationnelle.

II. Subsp. **cytisoides** Asch. et Graebn. *Syn.* VI, 2, 672 (1908), p. p.! = *L. cytisoides* L. *Sp.* ed. 1, 776 (1753) = *L. creticus* var. *cytisoides* Boiss. *Fl. or.* II, 165 (1872) ; Brand in Engl. *Bot. Jahrb.* XXV, 207.

Plante virescente ou verte. Feuilles à stipules égalant environ le pétiole court, à folioles souvent plus larges. Dents du calice variables. Légume généralement ± comprimé et toruleux.

α. Var. **prostratus** Briq. = *L. cytisoides* L. l. c., sensu stricto; Bert. *Fl. it.* VIII, 216; Burn. *Fl. Alp. mar.* II, 150; Murb. *Contrib. fl. nord-ouest Afr.* I, 67, tab. IV, fig. 1 et 2; Coste *Fl. Fr.* I, 360 (excl. caract. dentium calic. lat. acutorum!) = *L. prostratus* Desf. *Fl. atl.* II, 206 (1800), et herb. ex Murb. l. c. = *L. Allionii* Desv. *Journ. Bot.* III, 77 (1814); Gr. et Godr. *Fl. Fr.* I, 433 = *L. cytisoides* et *L. cytisoides* var. *prostratus* Ser. in DC. *Prodr.* II, 211 (1825) = *L. creticus* var. *cinereo-virens* Moris *Fl. sard.* I, 508 (1837) = *L. cytisoides* var. *Allionii* Willk. et Lange *Prodr. fl. hisp.* III, 341 (1877) = *L. cytisoides* forme *L. Allionii* Rouy *Fl. Fr.* V, 143 (1899) = *L. creticus* subsp. *cytisoides* var. *Allionii* Asch. et Graebn. *Syn.* VI, 2, 672 (1908). — Exsicc. Req. sub : *L. cytisoides*!; Kralik n. 557!; Mab. n. 368!; Debeaux ann. 1867 et 1869 sub : *L. Allionii*!

Hab. — Bien plus commune et abondante que la sous-espèce précédente. Miomo (Gillot in *Bull. soc. bot. Fr.* XXIV, sess. extr. XLV); de Bastia à Biguglia (Salis in *Flora* XVII, Beibl. II, 58; Mab. et Debeaux exsicc. cit.; Gillot op. cit. XLIII; Fouc. et Sim. *Trois sem. herb. Corse* 141; Rotgès!; et autres observateurs); Farinole (Rotgès!); St-Florent (Thellung in litt.); Ile Rousse (Fouc. et Sim. l. c.; Lit. in *Bull. acad. géogr. bot.* XVIII, 127); Calvi (Soleirol ex Bert. *Fl. it.* VIII, 218); îles Sanguinaires (Boullu in *Bull. soc. bot. Fr.* XXIV, sess. extr. LXXXVIII; Thellung in litt.); Tour Parata (Boullu ibid. XXVI, 82; Lit. in *Bull. acad. géogr. bot.* XVIII, 127; Thellung in litt.); Chapelle des Grecs (Lit. *Voy.* II, 25; Thellung in litt.); Ajaccio (Req. exsicc. cit. et ap. Bert. l. c.; Coste in *Bull. soc. bot. Fr.* XLVIII, sess. extr. CVI; Thellung in litt.); îles Lavezzi (Kralik exsicc. cit.); Bonifacio (Seraf. ex Bert. l. c.; Stefani!); et localités ci-dessous.

1906. — Cap Corse : talus rocailleux entre les Marines de Luri et de Meria, 6 juill. fl.!

1907. — Cap Corse : Marine d'Albo, talus, 25 avril fl.! (f. *subsericea* ad subsp. *eu-creticum* vergens). — Ile Rousse, rochers maritimes, 21 avril fl.! (f. *normalis* et f. *subsericea* ad subsp. *eu-creticum* vergens).

Fleurs relativement petites, longues de 10-12 mm. Calice long de 6-7 mm., à dents inférieures très inégales, les latérales courtes et dissymétriques, obtuses, la médiane bien plus longue, lancéolée. — Cette variété est reliée par de nombreuses formes ambiguës avec la sous-espèce précédente, comme l'avait déjà bien vu Moris (l. c.).

†† β. Var. **bonifaciensis** Briq., var. nov.

Hab. — Garigues des environs de Bonifacio (Stefani!; Pœverlein!; Thellung!).

1907. — Garigues à Bonifacio, 30 m., 5 mai fl. fr. !

Herba prostrata, ramis elongatis, undique pilis brevissimis adpressis sordide vel cinereo-virens. Folia normalia subspeciei, foliolis obovatis, tenuissime sericeis, pallide cinereo-virentibus. Pedunculi foliis multo longes. Capitula macrantha. Flos habita ratione magnus, circ. 1,5 cm. longus, corolla speciosa. Calix 8–9 mm. longus, dentibus inferioribus valde inaequalibus, lateralibus brevioribus obtusis vel obtusatis breviterque acutatis, infimo lanceolato longiore. Legumina jam juvenilia ± torulosa recta circ. 3,5 cm. long .

Race grandiflore — se retrouvant en Sicile ! et en Grèce ! — intermédiaire par l'indument entre les var. α et β, et qui rappelle le *L. commutatus* Guss., mais facile à distinguer par la carène non longuement rostrée et par la forme des dents latérales du calice.

III. Subsp. **collinus** Briq. = *L. creticus* var. *collinus* Boiss. *Fl. or.* II, 165 (1872) = *L. judaicus* Boiss. l. c. (1872) = *L. cytisoides* var. *Linnaei* Willk. et Lange *Prodr. fl. hisp.* III, 341 (1877) = *L. prostratus* Batt. et Trab. *Fl. Alg.* Dicot. 248 (1888–90); non Desf. = *L. cytisoides* subsp. *collinus* Murb. *Contrib. fl. nord-ouest Afrique* I, 68, tab. IV, fig. 3 et 4 (1897) = *L. commutatus* var. *collinus* Brand in Engl. *Bot. Jahrb.* XXV, 208 (1898) = *L. creticus* subsp. *cytisoides* Rouy *Fl. Fr.* V, 143 (1899); Asch. et Graebn. *Syn.* VI, 2, 673 (1908).

Sous-espèce grandiflore comme la variété précédente, mais en différant principalement par les dents inférieures du calice beaucoup moins inégales, les latérales aiguës (et non pas obtuses ou obliquement subtronquées-acutiuscules). — Cette sous-espèce a été parfaitement élucidée par M. Murbeck, dont l'excellent travail a malheureusement été passé sous silence par ses successeurs. La forme du calice rapproche incontestablement la sous-esp. *collinus* du *L. commutatus* Guss. (= *L. Salzmanni* Boiss. et Reut.), comme l'a indiqué M. Brand, mais ce dernier possède une carène nettement rostrée.

Nous ne connaissons la sous-esp. *collinus* que du sud de l'Espagne, de l'Algérie, de la Syrie et de la Grèce. M. Rouy (*Fl. Fr.* V, 143) l'a indiquée à Tizzano et à Bonifacio d'après le n° 556 de Kralik. Mais ce numéro, du moins tel qu'il est représenté à l'herbier Delessert, appartient au *L. edulis*.

1004. L. corniculatus L. *Sp.* ed. 1, 775 (1753), sensu stricto.

Hab. — Variable. Avril-juill. suivant l'altitude. ♃ .

Ici encore nous estimons qu'un groupement en sous-espèces des nombreuses races du *L. corniculatus* permet d'exprimer les faits morphologiques et géographiques d'une façon plus satisfaisante que ce n'a été le cas jusqu'à présent. Il nous est impossible, en particulier, d'établir une distinction nette entre les *L. uliginosus* et *corniculatus* d'après les caractères invoqués par M. Brand. Les races corses se groupent comme suit :

I. Subsp. **uliginosus** Briq. = *L. uliginosus* Schk. *Handb.* II, 412 (avant 1804, voy. Pritz. *Thes.* ed. 2, 282); Gr. et Godr. *Fl. Fr.* 1, 432;

Brand in Engl. *Bot. Jahrb.* XXV, 209 ; Rouy *Fl. Fr.* V, 145 ; Coste *Fl. Fr.* I, 361 ; Asch. et Graebn. *Syn.* VI, 2, 675.

Plante à rhizome stolonifère, noircissant facilement par la dessication, à tige élancée, ± fistuleuse. Folioles obovées, à nervures latérales très saillantes. Capitules 5-14flores ; dents calicinales subulées égalant le tube, ± étalées avant l'anthèse. Carène arrondie-ascendante, insensiblement acuminée. — En Corse, à notre connaissance, seulement la var. α ci-après.

α. Var. **major** Ser. in DC. *Prodr.* II, 214 ; non Brand (1898) = *L. uliginosus* Schk., sensu stricto = *L. major* Sm. *Engl. Fl.* III, 313 (1825) ; non Scop. = *L. corniculatus* var. *uliginosus* Gaud. *Fl. helv.* IV, 619 (1829) = *L. uliginosus* var. *glabriusculus* Bab. *Man. brit. fl.* ed. 2, 80 (1847) ; Rouy *Fl. Fr.* V, 146 ; Asch. et Graebn. *Syn.* VI, 2, 675. — Exsicc. Reverch. ann. 1878, n. 86 !

Hab. — Prairies maritimes humides, points marécageux des étages inférieur et montagnard. Pas fréquent. Env. de Bastia (Mab. ex Mars. *Cat.* 49) ; Ghisoni, bas-fonds humides de Caniccia (Rotgès in litt.) ; Sagone, vers l'embouchure du Liamone (Coste in *Bull. soc. bot. Fr.* XLVIII, sess. extr. CXIII : N. Roux ibid. CXXXV) ; Barbicaja (Boullu ibid. XXIV, sess. extr. LXXXIX) ; Ajaccio (Mars. l. c.) ; Campo di Loro (Boullu op. cit. XCIV) ; Bastelica (Reverch. exsicc. cit.) ; bords du Rizzanèse entre Propriano et Sartène (Lutz in *Bull. soc. bot. Fr.* XLVIII, sess. extr. CXLII).

Plante glabre ou glabrescente. Capitules généralement 4-10flores à corolles assez grandes d'un jaune plus pâle.

β. Var. **trichophorus** Briq. = *L. villosus* Thuill. *Fl. env. Paris*, éd. 2, 387 (1799) ; non alior. ! = *L. pilosus* Beeke in Turn. et Dillw. *Bot. Guide* II, 528 (1805) = *L. corniculatus* var. *villosus* Ser. in DC. *Prodr.* II, 214 (1825) p. min. p. ; non alior. = *L. uliginosus* var. *villosus* Lamotte *Prodr. fl. pl. centr.* 202 (1877) ; Rouy *Fl. Fr.* V, 146 ; Asch. et Graebn. *Syn.* VI, 2, 675 = *L. uliginosus* var. *pilosus* Brand in Engl. *Bot. Jahrb.* XXV, 209 (1898) = *L. uliginosus* var. *hispidus* Boiss. ex Brand l. c. (nomen).

Plante ± abondamment poilue-hérissée. Capitules généralement 8-14flores, à corolles plus petites, d'un jaune plus foncé. — A rechercher en Corse.

L'opinion émise par Jordan (*Pug.* 61) et par M. Rouy (*Fl. Fr.* V, 146) que le *L. villosus* Thuill. représente la variété poilue du *L. uliginosus* est entièrement confirmée par l'examen du type original de Thuillier conservé à l'herbier Delessert ! La confusion a été commencée par Seringe qui entendait sous le nom de *L. corniculatus* var. *villosus* le groupe nommé plus tard par Koch *L. corniculatus* var. *hirsutus* Koch, en citant à tort comme synonyme le *L. villosus* Thuill. ; elle s'est continuée jusqu'à la monographie de M. Brand. Dans ces conditions les noms *villosus* et *pilosus* doivent être abandonnés pour cette variété, afin d'éviter des confusions inextricables (*Règl. nomencl.*, art. 51, 4°).

II. Subsp. **decumbens** Briq. = *L. tenuifolius* Presl *Del. Prag.* 46 (1822)? = *L. decumbens* Poir. *Encycl. méth.* Suppl. III, 508 (1823) ; Gr. et Godr. *Fl. Fr.* I, 431 ; Coste *Fl. Fr.* I, 361 = *L. Preslii* Ten. *Syll.* App. V, 54 (1842) = *L. uliginosus* var. *decumbens* Brand in Engl. *Bot. Jahrb.* XXV, 21 : (1898) = *L. corniculatus* forme *L. decumbens* Rouy *Fl. Fr.* V, 148 (1899) = *L. uliginosus* var. *decumbens* et *L. corniculatus* var. *Preslii* Asch. et Graebn. *Syn.* VI, 2, 675 et 681 (1908).

Hab. — Marécages de l'étage inférieur dans les parties voisines de l'Italie, en Sardaigne et en Sicile ; à rechercher en Corse.

Plante pourvue d'un rhizome ± stolonifère, noircissant souvent par la dessiccation, à tige plus grêle, peu ou pas fistuleuse, plus couchée. Folioles des feuilles supérieures lancéolées, à nervures latérales non saillantes. Capitules pauciflores (1–6flores); dents calicinales linéaires, égalant ou dépassant un peu le tube, ± conniventes avant l'anthèse. Carène arrondie-ascendante, insensiblement acuminée.

MM. Ascherson et Graebner ont énuméré ce groupe à deux endroits différents, le rattachant d'abord au *L. uliginosus*, puis au *L. corniculatus*. Les auteurs déclarent que la plante de Presl (*L. tenuifolius* Presl, *L. Preslii* Ten.) ne peut être rattachée au *L. uliginosus* (incl. *L. decumbens* Poir.) parce que ce groupe manque aux îles italiennes. Mais c'est là une erreur. Le *L. uliginosus* existe en Corse et en Sardaigne, et le *L. decumbens* Poir. existe en Sicile (Tod. Fl. sic. n. 243 ! et 1132 ! ; Ross herb. sic. n. 329 !) en échantillons identiques au *P. decumbens* Gr. et Godr. du midi de la France (par ex. Soc. dauph. n. 1587 ! ; Magnier fl. select. exsicc. n. 2698 !). — Le premier rapprochement entre la plante de Presl et le *L. decumbens* a été établi dubitativement par Gussone (*Fl. sic. prodr.* II, 539, ann. 1828), lequel donne d'ailleurs du *L. decumbens* une bonne description. Nous croyons, avec MM. Brand et Rouy, ce rapprochement tout à fait justifié. — La sous-esp. *decumbens* occupe une position intermédiaire entre la sous-esp. *uliginosus* et les deux sous-espèces suivantes : le mode de vie, le port, le noircissement fréquent de l'appareil végétatif par la dessiccation, la présence de stolons, la forme de la carène la rapprochent de la sous-esp. *uliginosus* ; la nervation des feuilles, les capitules pauciflores, la disposition des dents calicinales avant l'anthèse l'en écartent.

On peut également, à l'intérieur de cette sous-espèce, distinguer deux variétés :

γ. Var. **glaber** Briq. = *L. decumbens* var. *glaber* Guss. *Fl. sic. prodr.* II, 539 (1828) = *L. corniculatus* forme *L. decumbens* Rouy et subvar. *glaber* Rouy l. c. (1899) = *L. corniculatus* var. *Preslii* b *glaber* Asch. et Graebn. *Syn.* VI, 2, 682 (1908). — Plante glabre ou glabrescente.

δ. Var. **Sibthorpii** Rouy = *L. corniculatus* forme *L. decumbens* var. *Sibthorpii* Rouy *Fl. Fr.* V, 149 (1899) = *L. corniculatus* var. *Preslii* c *Sibthorpii* Asch. et Graebn. *Syn.* VI, 2, 632 (1908). — Plante ± hérissée.

III. Subsp. **eu-corniculatus** Briq. = *L. corniculatus* L., sensu stricto ; Gr. et Godr. *Fl. Fr.* I, 432 ; Rouy *Fl. Fr.* V, 146 (var. α-ζ); Coste *Fl. Fr.* I, 361 ; Asch. et Graebn. *Syn.* VI, 2, 676 p. maj. p.

Plante à racine pivotante émettant souvent des rameaux stoloniformes, noircissant peu ou pas par la dessiccation, à tige grêle, peu ou pas fistuleuse. Folioles obovées ou obovées-rhomboïdales, à nervures latérales peu saillantes. Capitules pauciflores (1–6 fleurs); dents calicinales subulées, égalant environ le tube, ± conniventes avant l'anthèse. Carène brusquement redressée-ascendante à angle droit, subitement acuminée en bec.

ε. Var. **arvensis** Ser. in DC. *Prodr.* II, 214 (1825) ; Gaud. *Fl. helv.* IV, 619; Rouy *Fl. Fr.* V, 116; Asch. et Graebn. *Syn.* VI, 2, 677 = *L. arvensis* Schk. *Handb.* II, t. 211 (1808) = *L. corniculatus* var. *vulgaris* Koch *Syn.* ed. 1, 154 (1837); Willk. et Lange *Prodr. fl. hisp.* III, 343. — Exsicc. Burn. ann. 1904, n. 140 et 141 !

Hab. — Rocailles ombragées, points herbeux le long des torrents, de préférence dans l'étage montagnard, parfois jusqu'au voisinage de la mer, mais rarement. Monte Fosco (Gillot in *Bull. soc. bot. Fr.* XXIV, sess. extr. LX); montagnes au-dessus de Bastia (Salis in *Flora* XVII, Beibl. II, 141) ; col de Teghime (Lit. in *Bull. acad. géogr. bot.* XVIII, 127) ; désert des Agriates au col de Cerchio (Fouc. et Sim. *Trois sem. herb. Corse* 141); vallée du Fiumalto (Lit. *Voy.* I, 6) ; env. de Corté (Kesselmeyer in herb. Deless. !) ; forêt de Valdoniello (Lit. in *Bull. acad. géogr. bot.* XVIII, 127); col de Vergio (Lit. *Voy.* II, 11) ; forêt d'Aitone (Lit. ibid. 14); col de Sevi (Briq. *Spic.* 40 et Burn. exsicc. cit. n. 140); Ghisoni (Rotgès in litt.); Pointe de Grado (Briq. l. c. et Burn. exsicc. cit. n. 141) ; env. d'Ajaccio (Boullu in *Bull. soc. bot. Fr.* XXIV, sess. extr. XCIX) ; et localités ci-dessous.

1906. — Cap Corse : rochers près de Morsiglia, 150–200 m., 7 juill. fr. (f. elata ramosa) ! — Rochers sur le versant W. du Monte d'Oro, 1500–1600 m., 12 août fl. (f. magis reducta) !

1907. — Cap Corse : entre les marines de Farinole et de Negro, talus, 25 avril fl. (f. *parvifolius*) !

1910. — Col de Verde, tourbière, 1340 m., 29 juill. fl. (f. elata, pauciflora) !; vallée d'Asinao, bords rocheux des torrents, 1300 m., 24 juill. fr. (f. elata, pauci-parviflora, parvifolia) !

1911. — Versant W. du Monte Calva, berges d'un torrent, 1000 m., 10 juill. fl. (f. pauci-grandiflora, parvifolia) ! ; Montagne de Cagna : replats gazonnés des rochers au col de Fontanella, 1200 m., 5 juill. fl. fr. (f. reducta, parvifolia, pauciflora).

Plante d'apparence très variable, à feuilles glabres ou presque glabres, souvent petites [f. *parvifolius* Peterm. *Fl. lips.* 540 (1838) ; Rouy *Fl. Fr.* V, 117 ; Asch. et Graebn. *Syn.* VI, 2, 678], à tiges glabres ou faiblement pourvues de poils étalés, à fleurs parfois nombreuses [*L. corniculatus* var. *montana* Salis in *Flora* XVII, Beibl. II, 59 (1834)], plus souvent au nombre de 1-2, le plus souvent grandes de 1-1,2 cm. (subvar. *grandiflorus* Rouy *Fl. Fr.* V, 147), rarement plus petites (f. *parviflora*), à dents calicinales à peu près de la longueur du tube. Les formes plus velues établissant le passage à la var. *ν* ont été distinguées sous le nom de sous-var. *hirsutus* Rouy (*Fl. Fr.* V, 147).

╫ ζ. Var. **crassifolius** Ser. in DC. *Prodr.* II, 214 (1825) ; Rouy *Fl. Fr.* V, 147 ; Asch. et Graebn. *Syn.* VI, 2, 678 = *L. crassifolius* Pers. *Syn.* II, 354 (1807).

Hab. — Rochers et sables maritimes. Promontoire d'Aspretto près Ajaccio (Boullu in *Bull. soc. bot. Fr.* XXIV, sess. extr. XCIII) et Campo di Loro (Thellung!).

Plante rameuse, à rameaux couchés, glabre (du moins nos échantillons), à folioles obovées, épaisses et charnues, semblable d'ailleurs à la variété précédente. Peut-être seulement une sous-variété ou une simple forme due à l'halophilie ?

╫ *ν.* Var. **gracilis** Willk. et Lange *Prodr. fl. hisp.* III, 343 (1877) = *L. Delorti* Timb. ap. Jord. *Pug.* 58 (1852) = *L. corniculatus* var. *Delorti* Rouy *Fl. Fr.* V, 147 (1899) ; Asch. et Graebn. *Syn.* VI, 2, 679.

Hab. — Rochers et garigues de l'étage montagnard. Disséminée, mais probablement pas rare.

1907. — Garigues en montant de Pietralba au Col de Tende, 900 m., 15 mai fl. ! ; montée d'Omessa au Col Bocca al Pruno, garigues, 700-900 m., 13 mai fl. !

1908. — Vallée inf. du Tavignano, rochers des pineraies, 900 m., 26 juin fl. fr. !

Plante à rameaux couchés ou couchés-ascendants, généralement microphylle, au moins les rameaux stériles, ± hérissée-velue. Fleurs comme dans la variété précédente. Nous n'avons pu nous convaincre de la concomitance de la grandeur des graines et des autres caractères.

╫ θ. Var. **alpinus** Ser. in DC. *Prodr.* II, 214 (1825) ; Brand in Engl. *Bot. Jahrb.* XXV, 211 ; Rouy *Fl. Fr.* V, 148 ; Asch. et Graebn. *Syn.* VI, 2, 680 = *L. alpinus* Schl. ex Ser. in DC. l. c. = *L. glareosus* var. *glacialis* Boiss. et Reut. *Pug. pl. nov.* 36 (1852) = *L. corniculatus* var. *brachyodon* Boiss. *Diagn. pl. or.* ser. 2, II, 21 (1856) = *L. corniculatus* var. *alpicola* Beck *Fl. Nied.-Österr.* 855.

Hab. — Eboulis de l'étage alpin au-dessus de 2000 m. Rare. Monte Cinto (Lit. in *Bull. acad. géogr. bot.* XVIII, 128). A rechercher.

Plante naine, ± glabrescente, à axe souterrain épais, à rameaux courts et grêles, à folioles très petites et étroites. Capitules pauciflores, relativement grandiflores (fleurs longues de 10-12 mm.). Calice à dents plus courtes que le tube.

IV. Subsp. tenuis Briq. = *L. tenuis* Kit. ap. Willd. *Enum. hort. berol.* 797 (1809) ; Gr. et Godr. *Fl. Fr.* I, 432 ; Coste *Fl. Fr.* I, 360.

Hab. — Prairies maritimes et submaritimes, points humides de l'étage inférieur.

Plante à racine pivotante émettant souvent des rameaux stoloniformes, ne noircissant pas par la dessiccation, à tiges grêles, diffuses, non fistuleuses. Folioles lancéolées-linéaires ou linéaires, à nervures latérales peu développées et non saillantes. Capitules pauciflores (1-6 fleurs) ; dents calicinales subulées, égalant le tube ou un peu plus courtes que lui, ± conniventes avant l'anthèse. Carène brusquement redressée-ascendante à angle droit, subitement acuminée en bec.

╫ ι. Var. **pedunculatus** Asch. et Graebn. *Syn.* VI, 2, 684 (1908) = *L. pedunculatus* Cav. *Ic.* II, 52, tab. 164 (1792) ? = *L. decumbens* Forst. *List rare pl. Tonbr.* 86 (1801) = *L. pratensis* Rouy et *L. corniculatus* forme *pedunculatus* Rouy *Fl. Fr.* V, 149.

Signalée en Corse par M. Rouy (*Fl. Fr.* V, 149), sans indication de localité. A rechercher.

Plante élancée, glabre ou glabrescente, les feuilles oblongues-lancéolées ou lancéolées, plus larges et plus grandes que dans la variété suivante. Pédoncules jusqu'à 10 fois plus longs que les feuilles axillantes. — Cette variété (ou sous-variété ?) établit le passage entre les sous-esp. *eu-corniculatus* et *tenuis*.

κ. Var. **tenuifolius** L. *Sp.* ed. 1, 776 (1753) ; Brand in Engl. *Bot. Jahrb.* XXV, 213 (1898) ; Asch. et Graebn. *Syn.* VI, 2, 683 = *L. tenuis* Kit. l. c. sensu stricto = *L. tenuifolius* Reichb. *Fl. germ. excurs.* 506 (1832) = *L. corniculatus* var. *maritima* (Salis in *Flora* XVII, Beibl. II, 59 (1834) = *L. corniculatus* forme *L. tenuis* Rouy *Fl. Fr.* V, 150 (1899).

Hab. — Disséminée. Env. de Bastia (Salis in *Flora* XVII, Beibl. II, 59) ; env. de Corté (Raymond in h. Deless. !) ; Ajaccio (Mars. *Cat.* 49) ; env. de Bonifacio (Lit. *Voy.* I, 22 ; Boy. *Fl. Sud Corse* 59) ; et localités ci-dessous.

1906. — Cap Corse : Chapelle Santa Cattarina près de la Marine de Sisco, rives de la mer, 4 juill. fl. fr. !

1910. — Entre Ste-Lucie et Ste-Trinité, prairies marécageuses, 20 juill. fl. !

Plante glabre ou glabrescente, à tiges rameuses et diffuses, à feuilles linéaires-lancéolées ou linéaires, pédoncules moins allongés que dans la variété précédente.

1005. L. angustissimus L. *Sp.* ed. 1, 774 (1753); Gr. ét Godr. *Fl. Fr.* I, 430; Brand in Engl. *Bot. Jahrb.* XXV, 215 (1898); Rouy *Fl. Fr.* V, 151; Coste *Fl. Fr.* I, 359; Asch. et Graebn. *Syn.* VI, 2, 686. — Exsicc. Thomas sub : *L. angustissimus* !; Salzmann sub : *L. diffusus* !; Req. sub : *L. angustissimus* !; Burn. ann. 1900, n. 34 !

Hab. — Clairières ombragées des maquis, bords des torrents dans les étages inférieur et montagnard. Mai-juill. ④. Répandu. Env. de Bastia (Salis in *Flora* XVII, Beibl. II, 59; Kesselmeyer in herb. Deless.!); Serra di Pigno (Burn. exsicc. cit.); Biguglia (Boullu in *Bull. soc. bot. Fr.* XXIV, sess. extr. LXIV); Ostriconi (Soleirol ex Bert. *Fl. it.* VIII, 229); Corté (Raymond in herb. Deless.!); Ghisoni (Rotgès in litt.); Bocognano (Doûmet in *Ann. Hér.* V, 122); Ajaccio (Req. exsicc. cit.; Mars. *Cat.* 49; Boullu in *Bull. soc. bot. Fr.* XXIV, sess. extr. XCIX; Coste ibid. XLVIII, sess. extr. CIV et CVII); Pozzo di Borgo (Coste ibid. CXI); entre Sartène et Santa-Lucia di Tallano (Lit. *Voy.* I, 19); Bonifacio (Kralik ex Rouy *Fl. Fr.* V, 153); et localités ci-dessous.

1908. — Vallée inf. du Tavignano, bord des eaux, 5–700 m., 26 juin fl. fr. !

1910. — Vallon de Cioccia, en montant de Monaccia au col de Croce d'Arbitro, rocailles le long du torrent, 200 m., 21 juill. fr. !

Pédoncule 1–2flore. Corolle ne verdissant pas par la dessiccation. Etendard à peine plus long que la carène. Carène assez large, genouillée vers le milieu. Légume 3–6 fois plus long que le calice.

Les variétés admises par M. Rouy (l. c.), nous paraissent être d'ordre purement stationnel. MM. Ascherson et Graebner (l. c.) leur donnent aussi une valeur très inférieure.

1006. L. hispidus Desf. *Cat. hort. par.* 190 (1829); Gr. et Godr. *Fl. Fr.* I, 431; Brand in Engl. *Bot. Jahrb.* XXV, 216 (1898); Rouy *Fl. Fr.* V, 153; Coste *Fl. Fr.* I, 359; Asch. et Graebn. *Syn.* VI, 2, 687. — Exsicc. Req. sub : *L. angustissimus* var. *legumine brevi* !; Reverch. ann. 1883, n. 173 !

Hab. — Clairières des maquis, garigues de l'étage inférieur. Mai-juin. ④. Moins fréquent que l'espèce précédente. Cap Corse (Revel. ex Mars. *Cat.* 49); env. de Bastia (Salis in *Flora* XVII, Beibl. II, 58; Soleirol ex

Bert. *Fl. it.* VIII, 231) ; Mab. ex Mars. l. c.) ; Pontera près Ponte alla
Leccia (Petry in litt.) ; île Mezzomare (Lutz in *Bull. soc. bot. Fr.* XLVIII,
sess. extr. CXXXVI) ; Ajaccio (Req. exsicc. cit. et ap. Bert. l. c. ; Coste in
Bull. soc. bot. Fr. XLVIII, sess. extr. CVII) ; Pozzo di Borgo (Coste ibid.
CXI) ; Aspretto (Fouc. et Sim. *Trois sem. herb. Corse* 140) ; la Trinité (Re-
verch. exsicc. cit.) ; Bonifacio (Seraf. ex Bert. l. c. ; Revel. ex Mars. l. c.).

Pédoncule 2-4flore. Corolle verdissant ± par la dessication. Etendard
sensiblement plus long que la carène. Carène étroite, genouillée à la
base. Légume plus large, 2-4 fois plus long que le calice. — Mêmes
observations que pour l'espèce précédente au sujet des « variétés » qui
ont été distinguées à l'intérieur de ce type.

1007. **L. parviflorus** Desf. *Fl. atl.* II, 206, t. 211 (1798-1800) ; Gr.
et Godr. *Fl. Fr.* I, 430 ; Rouy *Fl. Fr.* V, 154 ; Coste *Fl. Fr.* I, 358 ; Asch.
et Graebn. *Syn.* VI, 2, 688 = *L. hispidus* DC. *Fl. fr.* IV, 556 (1805) =
Dorycnium parviflorum Ser. in DC. *Prodr.* II, 208 (1825). — Exsicc.
Soleirol n. 1227 ! ; Req. sub : *L. parviflorus* ! ; Kralik n. 559 a !

Hab. — Garigues et points sableux de l'étage inférieur. Avril-mai.
①. Répandu. Rogliano (Revel. ex Mars. *Cat.* 48) ; env. de Bastia (Salis
in *Flora* XVII, Beibl. II, 58) ; Biguglia (Gysperger in Rouy *Rev. bot. syst.*
II, 110) ; vallée du Fiumalto (Gillot in *Bull. soc. bot. Fr.* XXIV, sess. extr.
LXXV) ; Ajaccio [Req. exsicc. cit. et ap. Bert. *Fl. it.* VIII, 232 ; Boullu
in *Bull. soc. bot. Fr.* XXIV, sess. extr. XCIX ; Le Grand in *Bull. soc. bot.
Fr.* XXXVII, 19 (sub : *L. hispidus*) et in *Bull. ass. fr. Bot.* II, 66 ; Coste in
Bull. soc. bot. Fr. XLVIII, sess. extr. CVI ; et autres observateurs) ; Pozzo
di Borgo (Coste ibid. CXI) ; Monte Bianco près de Sari (Fouc. et Sim.
Trois sem. herb. Corse 140) ; Porto-Vecchio (Req. in herb. Deless. ! ; Revel.
ex Mars. *Cat.* 48) ; [base de la Punta della] Vacca Morta (Kralik ex Rouy
Fl. Fr. V, 154) ; Bonifacio (Seraf. ex Bert. l. c. ; Kralik exsicc. cit. ; Revel.
ex Mars. l. c.) ; et localités ci-dessous.

1907. — Vallée inf. de la Solenzara, clairières des maquis, 50 m., 3 mai
fl. ! ; garigues à Santa Manza, 10 m., 6 mai fl. !

Les échantillons des stations très arides sont généralement nains et
pauciflores, parfois même uniflores (var. *uniflorus* Gillot in *Bull. soc. bot.
Fr.* XXV, sess. extr. LXXV, ann. 1877 ; Rouy *Fl. Fr.* V, 154).

1008. **L. coimbrensis** Brot. ap. Willd. *Sp. pl.* III, 1390 (1803) ;
Burn. *Fl. Alp. mar.* II, 147 ; Brand in Engl. *Bot. Jahrb.* XXV, 218 ; Rouy
Fl. Fr. V, 150 ; Asch. et Graebn. *Syn.* VI, 2, 689 = *L. conimbricensis* Brot.

22

Fl. lus. II, 118 (1804) et *Phyt. Lus.* I, 127, tab. 53 ; Gr. et Godr. *Fl. Fr.* I, 43 ; Coste *Fl. Fr.* I, 359 = *L. aristatus* DC. *Cat. monsp.* 122 (1813). — Exsicc. Req. sub : *L. coimbrensis* ! ; Mab. n. 120 ! ; Debeaux ann. 1867 sub : *L. conimbricensis* !

Hab. — Garigues, clairières des maquis, surtout de l'étage inférieur, 1-800 m., passant parfois dans les moissons. Avril-mai. ⨀. Répandu. Cap Corse (Mab. ex Mars. *Cat.* 49) ; vallon du Fango (Gillot in *Bull. soc. bot. Fr.* XXIV, sess. extr. LV) ; Bastia (Mab. et Debeaux exsicc. cit. ; Mars. *Cat.* 49 ; Pietra-Moneta (Fouc. et Sim. *Trois sem. herb. Corse* 140); Calvi (Soleirol ! ap: Bert. *Fl. it.* VIII, 221 ; Fouc. et Sim. l.c.); Ponte di Golo (Salis in *Flora* XVII, Beibl. II, 59) ; Corté (Req. exsicc. cit. et ap. Bert. l. c.); Venaco (Fouc. et Sim. l. c.) ; Vezzani (Rotgès in litt.); Barbicaja (Mars. l.c.; Boullu in *Bull. soc. bot. Fr.* XXIV, sess. extr. LXXXIX et XXVI, 82) ; Chapelle des Grecs (Thellung in litt.) ; Ajaccio (Mars. l. c. ; Coste in *Bull. soc. bot. Fr.* XLVIII, sess. extr. CIX) ; Pozzo di Borgo (Coste ibid. CXI) ; embouchure du Fiumorbo (Salis l. c.) ; Monte Bianco près de Sari (Fouc. et Sim. l. c.) ; Porto-Vecchio à la pointe de la Chiappa (Mab. ex Mars. l. c.) ; et localités ci-dessous.

1907. — Garigues entre Alistro et Bravone, 15 m., 30 avril fl. fr. ! ; garigues à Cateraggio, 15 m., 1 mai fl. ! ; vallée inf. de la Solenzara, clairières des maquis, 50 m., 3 mai fl. ! ; pointe de l'Aquella, clairières des maquis, 2000 m., 4 mai fl. fr. !

Cette espèce a été publiée par Brotero dans le *Species* de Willdenow, auquel l'auteur l'avait communiquée une année seulement avant la publication du *Flora lusitanica*, le volume III, 2 du *Species* ayant paru en 1803, et non pas en 1800 comme l'indique le titre général du tome III. — L'appareil végétatif du *L. coimbrensis* est glaucescent, glabre ou presque glabre. La distinction d'une variété entièrement glabre [*L. glaberrimus* DC. *Cat. monsp.* 122 (1813) = *L. conimbricensis* var. *glaberrimus* Salis in *Flora* XVII, Beibl. II, 59 (1834) ; Moris *Fl. sard.* I, 515 = *L. coimbrensis* var. *glaberrimus* Rouy *Fl. Fr.* V, 151 (1899)], opposée à un type dont les dents calicinales sont ± pilifères [*L. conimbricensis* var. *ciliatus* Salis in *Flora* XVII, Beibl. II, 59 (1834)], se rapporte à des variations d'ordre individuel.

TETRAGONOLOBUS [1] Scop.

1009. **T. siliquosus** Roth *Tent. fl. germ.* I, 323 (1788); Gr. et Godr. *Fl. Fr.* I, 428 ; Rouy *Fl. Fr.* V, 155 = *Lotus siliquosus* L. *Syst.* ed. 10,

---

[1] Nomen utique conservandum (*Règl. nom. bot.*, éd. 2, art. 20 et p. 89).

n. 1 A (1759) et *Sp.* ed. 2, 1089 ; Asch. et Graebn. *Syn.* VI, 2, 691 =
T. Scandalida Scop. *Fl. carn.* ed. 2, II, 87 (1772).

α. Var. **genuinus** Gr. et Godr. *Fl. Fr.* I, 428 (1848) ; Rouy *Fl. Fr.* V, 156 ;
Asch. et Graebn. *Syn.* VI, 2, 6J2.

Tiges et feuilles ± velues ; feuilles minces. — Non signalée en Corse.

β. Var. **maritimus** Ser. in DC. *Prodr.* II, 215 (1825) ; Gr. et Godr. *Fl.*
Fr. I, 428 ; Rouy *Fl. Fr.* V, 156 ; Asch. et Graebn. *Syn.* VI, 2, 692 = *L.*
maritimus L. *Sp.* ed. 1, 773 (1753) = *R. maritimus* Roth *Tent. fl. germ.*
I, 323 (1788).

Hab. — Points sableux des prairies maritimes marécageuses. Avril. ♃ .
Très rare. Jusqu'ici seulement à l'embouchure de l'Aliso (Mars. *Cat.* 49).

Tiges et feuilles glabres ; ces dernières épaisses, un peu charnues. —
Marsilly donne la détermination de variété comme probable. Mais d'après
la station indiquée, il n'y a guère de doute à avoir sur son exactitude.

T. purpureus Mœnch *Meth.* 164 (1794) ; Gr. et Godr. *Fl. Fr.* I, 428 ; Rouy
Fl. Fr. V, 156 ; Coste *Fl. Fr.* I, 357 = *L. Tetragonolobus* L. *Sp.* ed. 1, 773
(1753) ; Asch. et Graebn. *Syn.* VI, 2, 693.

Cette espèce, à fleurs pourpres et à légumes ailés, croît en Sardaigne
et dans l'île d'Elbe. Elle devra être recherchée en Corse.

T. Requienii Fisch. et Mey. *Ind. sem. hort. petrop.* dec. 1835, 23 et dec.
1837, 26 ; Daveau in *Bull. Soc. bot. Fr.* XLIII, 365 (ann. 1896) ; Rouy *Fl. Fr.*
V, 157 = *Lotus Requienii* Mauri in Ten. *Viagg. Abruzz.* 81 (1832) absq. descr. ;
Sanguinetti *Cent. prodr. fl. rom. add.* 106 ; Bert. *Fl. it.* VIII, 214 = *T. gut-*
tatus Pomel *Nouv. mat. fl. atl.* 182 (1874) = *T. conjugatus* Boiss. *Fl. or.* II,
116 (1872) ; Willk. et Lange *Prodr. fl. hisp.* III, 338 = *Lotus conjugatus* Ball
Spic. fl. marocc. 425 (1878) ; Burn. et Barb. *Not. voy. Bal.* 37 ; non L.

Cette espèce, à fleurs roses et à légumes aptères, a été élucidée avec
soin par M. Daveau (l. c.). Elle possède une aire qui embrasse l'Asie mineure, la Grèce, l'Italie, les Baléares, l'Espagne, l'Algérie et le Maroc.
Elle existe, d'après M. Daveau, dans l'herbier de l'Institut botanique de
Montpellier, en deux échantillons cultivés, dont l'un est indiqué par Delile
comme de provenance corse par l'intermédiaire de Requien. M. Daveau
fait remarquer avec raison que l'aire connue du *T. Requienii* rend plausible la présence en Corse de cette espèce ; néanmoins, elle n'a été
observée dans l'île par aucun botaniste d'une façon authentique.

PSORALEA Linn.

1010. **P. bituminosa** L. *Sp.* ed. 1, 763 (1753) ; Gr. et Godr. *Fl.*
Fr. I, 456 ; Rouy *Fl. Fr.* V, 130 ; Coste *Fl. Fr.* I, 377 ; Asch. et Graebn.

Syn. VI, 2, 699. — En Corse, avec certitude seulement la variété suivante :

α. Var. **genuina** Rouy *Fl. Fr.* V, 131 (1899) ; Asch. et Graebn. *Syn.* VI, 2, 699 = *P. palaestina* Salis in *Flora* XVII, Beibl. II, 59 (1834) ; non L. — Exsicc. Sieber sub : *P. bituminosa* ! ; Kralik n. 560 ! (sub : *P. plumosa*) ; Mab. n. 225 ! ; Reverch. ann. 1880, n. 271 ! (sub : *P. plumosa*) et ann. 1885, n. 465 !

Hab. — Garigues de l'étage inférieur. Mai–juin. ♃. Répandue. Cardo (Gillot in *Bull. soc. bot. Fr.* XXIV, sess. extr. LVI) ; Bastia (Salis in *Flora* XVII, Beibl. II, 59 ; Sieber et Kralik exsicc. cit. ; Mab. exsicc. cit. et ap. Mars. *Cat.* 50 ; Gillot op. cit. XLIII ; Sargnon in *Ann. soc. bot. Lyon* VI, 58 ; et nombreux autres observateurs) ; Patrimonio (Fouc. et Sim. *Trois sem. herb. Corse* 141) ; St-Florent (Mab. exsicc. cit. et ap. Shuttl. *Enum.* 10 ; Thellung in litt.) ; Calvi (Soleirol ex Bert. *Fl. it.* VIII, 78 ; Fouc. et Sim. l. c.) ; Ota (Reverch. exsicc. cit. ann. 1885) ; Ajaccio (Mars. *Cat.* 50 ; Boullu in *Bull. soc. bot. Fr.* XXIV, sess. extr. XCIX et in *Ann. soc. bot. Lyon* XXIV, 68 ; Blanc in *Bull. soc. bot. Lyon* sér. 2, VI, 6-8 ; Thellung in litt.) ; Aspretto (Boullu in *Bull. soc. bot. Fr.* XXIV, sess. extr. XCII) ; de Solenzara à Ste-Lucie-de-Portovecchio (Briq. notes mss.) ; Porto-Vecchio (ex Gr. et Godr. *Fl. Fr.* I, 456) ; La Trinité (ex Gr. et Godr. l. c.) ; Bonifacio (Seraf. ex Bert. *Fl. it.* VIII, 78 ; Reverch. exsicc. cit. ann. 1880).

Plante verte ou verdâtre ; tige à poils apprimés assez courts ; feuilles glabrescentes.

β. Var. **plumosa** Reichb. f. *Ic.* XXII, 91, tab. 140 (1870) ; Burn. *Fl. Alp. mar.* II, 169 ; Rouy *Fl. Fr.* V, 131 ; Asch. et Graebn. *Syn.* VI, 2, 700 = *P. plumosa* Reichb. *Fl. germ. exc.* 869 (1832) ; Gr. et Godr. *Fl. Fr.* I, 456 p. p.

Plante plus velue-grisâtre ; tige à poils plus longs et moins apprimés ; feuilles ± mollement pubescentes ; bractées plus longues que dans la variété précédente, plus longuement velues ainsi que les dents du calice ; corolle plus grande.

Cette race, bien caractérisée en Dalmatie et disséminée çà et là ailleurs dans le bassin de la Méditerranée, a été indiquée en Corse à plusieurs reprises [Bastia, Porto-Vecchio et La Trinité (Gr. et Godr. *Fl. Fr.* I, 450 ; Kralik exsicc. cit.) ; St-Florent (Shuttl. *Enum.* 10) ; env. d'Ajaccio (Mars. *Cat.* 50 ; Boullu in *Bull. soc. bot. Fr.* XXIV, sess. extr. XCIII et in *Ann. soc. bot. Lyon* XXIV, 68) ; Bonifacio (Reverch. exsicc.)]. Nous avons attribué toutes ces localités à la variété précédente, car non seulement les échantillons que nous avons pu vérifier appartenaient à la var. α, mais nous n'avons nous-même jamais vu la var. *plumosa* en Corse. Une certaine obscurité a d'ailleurs été jetée sur le *P. plumosa* Reichb. par le fait que Grenier et Godron (l. c.) ont donné pour cette race une synonymie erronée, qui a été reproduite sans observation par tous les auteurs suivants. Grenier et Godron ont en effet placé ici le *P. palaestina* de Moris et de Salis. Or, Moris [*Stirp. Sard. elench.* I, 16 (1827)] n'a pas décrit son *P. palaestina*, mais il a expliqué [*Fl. sard.* I, 519 (1837)], en l'appelant *P. bituminosa* var. *latifolia* Moris, qu'il ne s'agissait là que d'une modification à folioles plus larges et « minus pubescentibus » !, présentant par conséquent exactement le *contraire* du caractère le plus saillant de la var. *plumosa*. Salis de son côté a basé son *P. palaestina* sur le vulgaire *P. bituminosa* des environs de Bastia, et ne dit pas un mot d'une villosité plus grande. Les folioles varient d'ailleurs d'ampleur d'un échantillon à l'autre et ne sauraient jouer le rôle qu'on leur a attribué dans la distinction de variétés et sous-variétés. En résumé, s'il est possible que la var. *plumosa* soit trouvée en Corse ultérieurement, les documents actuels ne permettent pas d'y affirmer sa présence.

WISTARIA [1] Nutt.

W. sinensis DC. *Prodr.* II, 390 (1825) ; C. K. Schneid. *Handb. Laubholzk.* II, 79 ; Asch. et Graebn. *Syn.* VI, 2, 712 = *Glycine sinensis* Sims *Bot. Mag.* tab. 2083 (1819).

La Glycine est fréquemment cultivée dans l'étage inférieur, mais nous ne la connaissons pas réellement subspontanée en Corse.

ROBINIA L.

R. Pseudo-Acacia L. *Sp.* ed. 1, 722 (1753) ; Gr. et Godr. *Fl. Fr.* I, 455 ; Coste *Fl. Fr.* I, 376 ; Asch. et Graebn. *Syn.* VI, 2, 713.

Planté le long des routes et en particulier le long des voies ferrées, fréquemment subspontané au voisinage de ces plantations.

COLUTEA L.

†† 1011. **C. arborescens** L. *Sp.* ed. 1, 723 (1753) ; Gr. et Godr. *Fl. Fr.* I, 454 ; Rouy *Fl. Fr.* V, 202 ; Coste *Fl. Fr.* I, 376 ; Asch. et Graebn. *Syn.* VI, 2, 729.

Hab. — Maquis rocheux de l'étage inférieur. Mai-juin. ♄. Signalé

---

[1] Nomen utique conservandum (*Règl. nomencl. bot.* éd. 2, art. 20 et p 89). — Nuttall [*Gen. amer. pl.* II, 115 (1818)] a écrit *Wisteria*, mais c'est là une simple erreur typographique, car il explique lui-même en note que le genre est dédié à la mémoire de Caspar Wistar.

jusqu'ici seulement aux env. de S. Nicolao et de Regetti (Lutz in *Bull.
soc. bot. Fr.* XLVIII, sess. extr. XLIX).

ASTRAGALUS L. emend.

A. Epiglottis L. *Mant.* II, 274 (1771) ; DC. *Astrag.* 129 ; Gr. et Godr. *Fl.
Fr.* 1, 436 ; Bunge *Astrag.* I, 8 et II, 5 ; Rouy *Fl. Fr.* V, 161 ; Coste *Fl. Fr.*
I, 365 ; Asch. et Graebn. *Syn.* VI, 2, 745 = *A. Hypoglottis* Ten. *Fl. nap.* IV,
370 (1830) ; non L.

Espèce qui, au voisinage de la Corse, croît en Provence et en Sardaigne,
mais manque à l'archipel toscan. Elle a été vaguement indiquée en Corse
par Burmann (*Fl. Cors.* 213), d'après Valle, où, à notre connaissance aucun
botaniste ne l'a jamais observée.

A. echinatus Murr. *Prodr. stirp. Gott.* 222 (1770) ; Lamk *Encycl. méth.* I,
315 et *Illustr.* tab. 622, fig. 5 = *A. pentaglottis* L. *Mant.* II, 271 (1771) ; DC.
Astrag. 92 ; Gr. et Godr. *Fl. Fr.* I, 435 ; Bunge *Astrag.* I, 12 et II, 16 ; Rouy
Fl. Fr. V, 164 ; Coste *Fl. Fr.* I, 364 ; Asch. et Graebn. *Syn.* VI, 2, 748 =
A. cristatus Gouan *Illustr.* 59 (1773) = *A. dasyglottis* Pallas *Astrag.* 105
(1800) p. p. = *A. Hypoglottis* Brot. *Phyt. Lus.* I, tab. 60 (1860) ; non L.

Cette espèce croît en Provence, en Ligurie, dans le sud de l'Italie et
en Sicile, mais manque à l'archipel toscan et à la Sardaigne. Elle aurait
été trouvée par Valle aux environs de St-Florent se on Loiseleur (*Fl. gall.*
ed. 2, II, 156). A notre connaissance, aucun botaniste n'a authentiquement
observé l'*A. echinatus* en Corse.

Relativement à la nomenclature de cette espèce, il convient d'observer
que le nom de Murray est plus ancien d'une année que celui de Linné,
Linné citant lui-même Murray en tête de sa synonymie ! Le nom attribué
à cette espèce doit donc être conservé. Lamarck (*Encycl. méth.* I, 315) a
aussi correctement attribué à Murray la priorité pour cette espèce.

1012. A. hamosus L. *Sp.* ed. 1, 758 (1753) ; DC. *Astrag.* 124 ; Gr.
et Godr. *Fl. Fr.* I, 437 ; Bunge *Astrag.* I, 13 et II, 13 ; Rouy *Fl. Fr.* V, 165 ;
Coste *Fl. Fr.* I, 365 ; Asch. et Graebn. *Syn.* VI, 2, 749. — Exsicc. Soleirol
n. 1177 ! ; Mab. n. 122 !

Hab. — Garigues rocailleuses et rochers de l'étage inférieur, montant
rarement dans l'étage montagnard, 1-850 m. Avril-mai. ④. Calcicole
préférent. Disséminé. Rogliano (Revel. ex Mars. *Cat.* 49) ; env. de Bastia
(Salis in *Flora* XVII, Beibl. II, 59) ; Marine de Farinole (Rotgès in litt.) ;
env. de St-Florent (Mab. exsicc. cit. et ap. Mars. *Cat.* 49) ; env. de Valle-
di-Rostino (Soleirol exsicc. cit. et ap. Bert. *Fl. it.* VIII, 59, « Rustino ») ;
env. d'Orezza (ex Gr. et Godr. *Fl. Fr.* I, 437) ; vallée moyenne de l'Ostri-

coni (Fouc. et Sim. *Trois sem. herb. Corse* 141) ; montagne de Caporalino (Fouc. et Sim. l. c.) ; Corté (Gillot *Souv.* 2) ; Evisa (Lit. *Voy.* II, 13); env. de Bonifacio (Revel. ex Mars. l. c. ; Boy. *Fl. Sud Corse* 59); et localités ci-dessous.

1907. — Rochers de la montagne de Pedana, calc., 500 m., 14 mai fr. ! ; conglomérat calcaire près d'Aleria, 30-40 m., 1 mai fl. ! ; garigues du vallon de Canalli, calc., 6 mai fl. jeunes fr. !

M. Rouy (l. c.) a distingué, d'après la longueur du légume, deux variétés : α *genuinus* Rouy, à fruit long d'env. 3 cm., et β *Buceras* Rouy [= *A. Buceras* Willd. *Enum. hort. berol.* 51 (1809)] à fruit long de 6 cm., arqué en demi-cercle. Bunge avait autrefois basé son *A. Buceras* (*Astrag.* II, 13) exclusivement sur de très grands échantillons algériens. Nos provenances corses ont des fruits longs de 3-4 cm. et la longueur est très variable sur un même pied dans plusieurs de nos provenances continentales. Nous ne pouvons attribuer à ces formes qu'une faible valeur systématique.

† 1013. **A. uncinatus** Bert. *Fl. it.* VIII, 54 (1850) ; Arcang. *Comp. fl. it.* ed. 1, 186 ; Ces. Pass. et Gib. *Comp. fl. ital.* 700 ; Rouy *Fl. Fr.* V, 166 ; non Mœnch [1], nec Pomel [2].

Hab. — Garigues de l'étage inférieur. Avril-mai. ①. Très rare. Jusqu'ici uniquement aux env. d'Algajola (Soleirol ex Bert. l. c.).

Cette espèce remarquable n'a jamais été rencontrée, depuis l'époque de sa découverte, ni dans l'île de Giglio où elle fut recueillie par le professeur Giuli (« habui ex Igilio a Prof. Giulio » Bert. l. c), ni aux environs d'Algajola où la découvrit Soleirol (« ex Corsica a *Algaiola* a Soleirolio » Bert. l. c.). En effet, M. Sommier [*Erborazione all'isola del Giglio* (*Boll. soc. bot. it.* ann. 1894, 128 et 245 ; *Isola del Giglio*, LXXII et 35 (1900)], qui a exploré à fond l'île de Giglio, n'a pas réussi à y retrouver l'espèce de Bertoloni et soupçonne qu'elle pourrait avoir été confondue avec l'*A. hamosus*. Précédemment, dans le compte rendu de la seconde herborisation de M. Sommier à Giglio (op. prim. cit. 249, note), et dans le travail intitulé *Gli Astragali italiani* (p. 5, Firenze 1892), M. Ug. Martelli déclare qu'il a dû laisser sans solution la question de l'*A. uncinatus* Bert. — cette espèce n'ayant été revue par aucun de ses prédécesseurs ni par lui-même, et n'existant à sa connaissance dans aucun herbier — et qu'il n'a pu obtenir de M. Antoine Bertoloni, possesseur actuel des collections laissées par l'éminent auteur du *Flora italica*, communication des deux spécimens de l'herbier Bertoloni. Il en est résulté que l'*A. uncinatus* a

---

[1] *A. uncinatus* Mœnch *Meth.* 166 (1794) = *A. baeticus* L. *Sp.* ed. 1, 758 (1753). Cette synonymie a été donnée par Mœnch lui-même l. c. (!). L'*A. uncinatus* Mœnch est un nom mort-né dont on ne doit pas tenir compte (*Règl. nom. bot.* art. 50).

[2] *A. uncinatus* Pomel *Nouv. mat. fl atl.* 322 (1875). — MM. Battandier et Trabut [*Fl. Alg.* Dicot. 252-263 (1889)] en font un synonyme de l'*A. Gryphus* Coss. et Dur. ap. Bunge *Astrag.* II, 13 (1869), espèce de la section *Oxyglottis*.

été exclu de la flore de Toscane par M. Baroni [*Suppl. gen. prodr. fl. tosc. Caruel*, fasc. 2, 185 (1898)] et de la flore italienne par MM. Fiori et Paoletti [*Fl. anal. Ital.* II, 77 (1900)]. En Corse, à Algajola, l'*A. uncinatus* a fait l'objet de recherches infructueuses de la part de Mme Gysperger [in Rouy *Rev. bot. syst.* II, 112 (1904)], de M. Saint-Yves et de nous-même le 18 juillet 1910. Enfin, M. Saint-Yves a consacré, sans résultat, la journée entière du 2 mai 1911 à la recherche de l'*A. uncinatus* à Algaiola.

Bien que le cas de l'*A. uncinatus* ne soit pas sans précédent, en ce qui concerne la Corse, il est extrêmement curieux (et fâcheux) en ce sens qu'il s'agissait en 1850 d'une espèce nouvelle que Bertoloni est seul à avoir décrite, ses successeurs n'ayant fait que résumer, paraphraser ou traduire la description du maître italien, tandis que d'autres l'ont entièrement ignorée, ainsi en Italie MM. Fiori et Paoletti (l. c.), en France M. l'abbé Coste [*Fl. Fr.* I, 365 (1901)] et même Bunge, le monographe du genre *Astragalus* [*Astrag.* I, 13 (1868) et II, 13 et 14 (1869)] [1].

Nous nous trouvons heureusement dans une situation moins défavorable que nos prédécesseurs, car l'*A. uncinatus* est représenté dans l'herbier Burnat par deux échantillons, l'un en fleurs l'autre en fruits, envoyés en 1867 par K. Keck de Aistersheim (Autriche) et accompagnés d'une étiquette de la main de Keck portant ces seuls mots : « *Astragalus uncinatus* Bert. — Corse — l. Duby ». Duby n'a jamais herborisé en Corse, mais il a eu en main une grande partie des récoltes de Soleirol, de sorte que ces échantillons doivent être considérés comme des originaux de Soleirol. Cependant, il fallait, en outre, tenir compte des types de Bertoloni lui-même. L'herbier de Bertoloni est actuellement en possession de son neveu, M. Antoine Bertoloni à Bologne, lequel a bien voulu permettre à M. Emile Burnat (5 avril 1910) d'examiner à loisir les *Astragalus* de la collection de son oncle, laquelle se trouve en un ordre parfait. M. Burnat a eu l'obligeance de rédiger sur place les notes suivantes que nous reproduisons intégralement ci-après :

« L'*Astragalus uncinatus* Bert. est représenté dans l'herbier de son auteur : 1° par un échantillon en fleur, avec racine, annoté par Bertoloni : ex Igilio misit prof. Giuli, ann. 1842 ; 2° par un échantillon consistant en l'extrémité supérieure d'une plante, annoté : ex Corsica misit Bonjean, ann. 1827. Il n'y a pas dans la collection de Bertoloni de spécimen portant la mention expresse d'Algaiola [2]. Ces échantillons présentent les caractères suivants : [3]

« *Racine* ténue, fusiforme, à peine rameuse inférieurement, flexueuse. *Tige* simple, de 13 à 14 cm. de hauteur, arrondie, striée, à poils étalés. *Feuilles* longuement pétiolées, les inférieures à pétiole long d'env. 1 cm., les supérieures 2 à 3 cm., alternes, à 10–14 folioles dont les inférieures

[1] M. Gandoger [*Nov. consp. fl. Eur.* 124 (1910)] donne pour l'*A. uncinatus* Bert. la distribution suivante : « Cors. Giglio. Hisp. Mancha ». Nous ne pouvons prendre en considération une indication aussi vague relative à la péninsule ibérique, alors qu'il s'agit d'une espèce très critique et peu connue telle que l'*A. uncinatus*, sans détails documentaires à l'appui.

[2] Bonjean, de Chambéry, qui faisait le commerce des plantes d'herbier, a communiqué ou revendu à plusieurs botanistes des échant. corses de Soleirol. C'est ainsi que Bonjean, qui n'a jamais herborisé en Corse, se trouve parfois cité — en particulier dans le *Flora italica* — comme collecteur corse.

[3] « Nous suivons la description de Bertoloni en la complétant. »

ont jusqu'à 5 mm. et les supérieures jusqu'à 10 mm. de longueur ; les inférieures sont obcordées, les autres ± elliptiques, émarginées sans mucron ou à peine mucronulées, généralement atténuées vers leur base ciliée, peu velues sur les deux faces, très brièvement pétiolulées ; il y a tantôt une foliole, tantôt deux à l'extrémité du rachis. *Stipules* libres entre elles, séparées à la base, du côté opposé au pétiole par un arc de la circonférence de la tige, connées avec le pétiole dans la presque totalité de leur base, glabres ou peu velues. *Pédoncules* minces, solitaires, longs de 15 à 20 mm., beaucoup plus courts que les feuilles (de moitié de leur longueur ou moins encore), velus, à poils étalés dépassant en longueur le diamètre du pédoncule, terminés par un capitule de 4 à 5 fleurs très brièvement pédicellées. *Bractées* membraneuses, étroites, lancéolées, ciliées, plus courtes que le calice. *Fleurs* longues de 6 à 7 mm. *Calice* à poils assez courts et apprimés, à divisions lancéolées-linéaires, les deux supérieures les plus courtes et les autres environ de la longueur du tube calicinal. *Corolle* dépassant un peu l'extrémité des dents calicinales.

« Il n'a pas été possible lors de la visite à Bologne de vérifier les caractères donnés par Bertoloni : « *Corolla* alba, vel ex albo pallide coerulescens. *Vexillum* obovatum, emarginatum, alis quidquam longius. Carina alis paulo brevior, obtusissima, mutica ».

« Concernant les *gousses*, l'échantillon de Giglio n'en possède pas ; celui de Bonjean offre deux gousses jeunes, encore entourées de débris de fleurs ; elles sont très velues, terminées par un bec onciné, mais la distinction avec les gousses de l'*A. hamosus* n'est pas possible à l'état jeune, les gousses des deux espèces présentant une disposition pareille ».

Ces détails précieux cadrent bien avec les caractères présentés par les échantillons de l'herb. Burnat, dont un a l'avantage d'offrir des fruits mûrs. On peut en utilisant tous ces documents établir comme suit les différences qui existent entre les *A. uncinatus* et *hamosus* (échantillons corses).

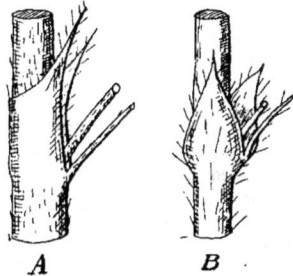

Fig. 9. — Stipules moyennes en vue latérale : *A* chez l'*Astragalus hamosus* L. ; *B* chez l'*A. uncinatus* Bert. — Grossi.

A. hamosus L.	A. uncinatus Bert.
Tige et feuilles couvertes de poils appliqués, acroscopes, raides.	Tige et feuilles peu densément pourvues de poils lâchement ascendants dans la région supérieure, ascendants-étalés ou presque étalés dans la région inférieure, plus mous.

Stipules (fig. 9 *A*) connées dans leur région inférieure, de façon à former une gaine membraneuse oppositifoliée, bilobée, non ou à peine connées à la base avec le pétiole, à lobes ovés-triangulaires, ± longuement acuminés, à marges longuement ciliées, d'ailleurs glabres ou pourvues de quelques poils appliqués caducs.

Inflorescence 3–12flore, longuement pédonculée, à pédoncules les plus longs atteignant jusqu'à 5 cm.

Fleurs rapidement réfléchies au cours de l'anthèse, de sorte que les légumes pendants décrivent un arc à concavité acroscope (fig. 12 *A*).

Calice (fig. 10 *A*) campanulé-tubuleux, pourvu de poils appliqués, raides, noirs au début, blanchissant à la maturité, à tube long d'env. 3 mm., à dents lancéolées-linéaires, subulées, très étroites, longues de 2,8–3 mm.

Corolle d'un blanc jaunâtre, à carène dépassant un peu les dents calicinales, à ailes légèrement plus longues que le carène, à étendard obové–oblong, tronqué–émarginé au sommet, dépassant les ailes de 3 mm. et les dents calicinales de 4 mm.

Légume (fig. 12 *A*) long de 2-4 cm., courbé en hameçon, atténué au sommet en un style crochu caduc, de sorte que le légume se termine en pointe droite à la maturité.

Semences quadratiques-subréniformes, d'un brun isabelle à la maturité, à diamètre maximal atteignant 2 mm.

Indument (à l'exclusion des stipules et bractées) consistant (fig. 13 *A*) en poils (bi-)tricellulaires; pied très court (1-)2cellulaire; cellule apicale en navette, à bras parallèles à l'épiderme, l'acroscope très allongé, le basicope bien plus court.

Stipules (fig. 9 *B*) libres entre elles, de façon à laisser entre elles sur la tige, du côté oppositifolié, un arc de cercle nu, brièvement connées à la base avec le pétiole, ovées-triangulaires, ± acuminées au sommet, à marges ciliées, lâchement et faiblement poilues au début, puis glabrescentes.

Inflorescence 1–3(1-5)flore, brièvement pédonculée, à pédoncules les plus longs n'atteignant guère que 1-2 cm.

Fleurs restant dressées à la maturité, de sorte que les légumes ± dressés décrivent un arc à concavité ± basicope (fig. 12 *B*).

Calice (fig. 10 *B*) campanulé-tubuleux, pourvu de poils appliqués, mous, blancs déjà pendant l'anthèse, à tube long de 3-3,5 mm., à dents lancéolées–linéaires, subulées, très étroites, longues de 3-3,5 mm.

Corolle d'un blanc jaunâtre (ou cœrulescente selon Bertoloni), à carène et ailes égalant les dents calicinales, à étendard obové-oblong, plus court, tronqué-émarginé au sommet, dépassant les ailes et les dents calicinales à peine de 2 mm.

Légume (fig. 12 *B*) long de 3-4 cm., courbé en faux, atténué-incurvé au sommet en un style crochu caduc, de sorte que le légume se termine en bec crochu à la maturité.

Semences quadratiques-subréniformes, d'un brun fauve à la maturité, à diamètre maximal atteignant 1,5 mm.

Indument consistant (fig. 13 *B*) en poils (bi-)tricellulaires; pied très court(1-)2cellulaire; cellule apicale simple, très allongée-atténuée, placée sur le prolongement de la basilaire ou ± genouillée à la base.

Il convient d'ajouter quelques détails complémentaires sur plusieurs de ces caractères.

La différence dans la longueur du pédoncule entre les *A. hamosus* et *uncinatus* est très saillante lorsqu'on compare à l'*A. uncinatus* les formes européennes de l'*A. hamosus*. Mais il ne faut pas oublier que l'on a signalé en Algérie une forme de l'*A. hamosus* à pédoncule très court [*A. ancistron* Pomel *Nouv. mat. fl. atl.* 186 (1874) = *A. hamosus* β *ancistron* Batt. et Trab. *Fl. Alg. Dicot.* 258 (1889)].

Bertoloni a dit (ll. cc.) du calice de l'*A. hamosus* « tubulosus », et de celui de l'*A. uncinatus* « campanulatus ». Ces expressions sont toutes deux insuffisantes. Bunge (*Astrag.* I,

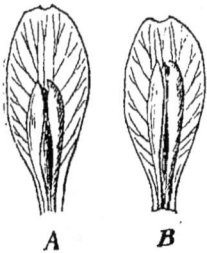

Fig. 10. — Calice en vue latérale pendant l'anthèse : *A* chez l'*Astragalus hamosus* L.; *B* chez l'*A. uncinatus* Bert. — Grossi.

13) a été mieux inspiré lorsqu'il a attribué à toutes les espèces de la section *Buceras*, qui renferme l'*A. hamosus*, un calice campanulé. MM. Ascherson et Graebner (*Syn.* VI, 2, 750) ont aussi été plus corrects en disant du calice de l'*A. hamosus* : « mit kurz cylindrischer Röhre ». En fait, le calice est campanulé-tubuleux (fig. 10) dans les deux espèces, mais si l'on voulait appliquer l'expression de « tubuleux », c'est à l'*A. uncinatus* qu'elle conviendrait le mieux, puisque, dans cette dernière espèce, le tube et les dents du calice sont un peu plus longs que dans l'*A. hamosus*.

Le savant botaniste de Bologne a bien senti qu'il y avait une différence dans la disposition des fruits à la maturité entre les *A. ha-*

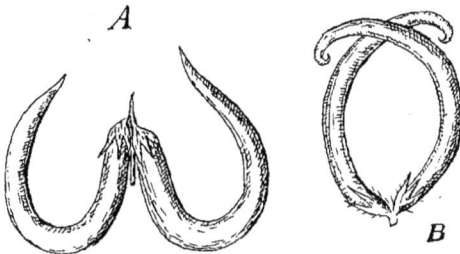

Fig. 11. — Corolle vue de face : *A* chez l'*Astragalus hamosus* L.; *B* chez l'*A. uncinatus Bert.* — Grossi.

mosus et *uncinatus*, puisqu'il a dit (ll. cc.) du premier : « Legumen dependens, et sursum incurvatum », et du second : « Legumen sursum incurvum ». Mais ces expressions n'expriment pas les faits d'une façon suffisamment claire. En réalité, les légumes sont incurvés dans les

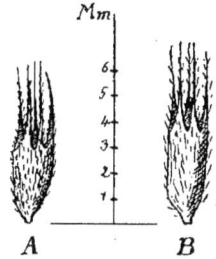

Fig. 12. — Fruits de l'*Astragalus hamosus* L. (*A*) et de l'*A. uncinatus* Bert. (*B*).

deux espèces (fig. 12) — bien plus dans l'*A. hamosus* que dans l'*A. uncinatus* — seulement la position défléchie des pédicelles après l'anthèse fait que les légumes de l'*A. hamosus* tournent leur concavité vers le sommet de l'inflorescence, tandis que dans l'*A. uncinatus* ces mêmes légumes tournent leur concavité vers la base de l'inflorescence ou vers l'axe. En revanche, la différence que présentent les deux espèces dans le mode de terminaison du légume a été bien observée par Bertoloni ; la disposition apicale crochue persiste chez l'*A. uncinatus* dans l'organe mû que l'auteur italien n'avait pas vu. Dans les deux espèces, l'épicarpe d'abord couvert d'un indument apprimé, devient glabrescent et jaunâtre à la maturité. Dans toutes deux aussi, le légume est pourvu d'un étroit sillon dorsal ; ce sillon correspond à l'introflexion du péricarpe déterminant un cloisonnement longitudinal du légume; chaque loge contient une série de semences quadratiques-réniformes serrées, au nombre d'env. 10 à 15. Quant à la différence que présentent les dimensions des semences, elle repose sur des mensurations faites sur un unique échantillon, et n'a qu'une valeur provisoire.

Parmi les caractères les plus saillants de l'*A. uncinatus* par rapport à l'*A. hamosus*, il faut insister sur l'organisation des poils qui, dans ce cas comme dans tant d'autres, fournit des critères de la plus haute importance diagnostique.

Chez l'*A. hamosus*, l'appareil végétatif aérien (sauf les stipules) est entièrement couvert de ces poils que l'on désigne sous le nom de « strigoso-adpressi » dans le langage descriptif, qui à la loupe ont l'apparence d'être simples et appliqués, mais que le microscope montre en réalité appartenir à la catégorie des *poils en navette* (fig. 13 *A*), signalés depuis longtemps chez certains Astragales, et que M. Wieland [*Anatomische Charakteristik der Galegeen* 13 (*Bull. herb. Boiss.* 1, App. III, ann. 1893)] a montré être très répandus dans différents genres de Galégées (*Indigofera*, *Cyamopsis*, *Astragalus*, *Gueldenstaedtia*, *Swainsona*, etc.). Les cellules basales, très petites, au

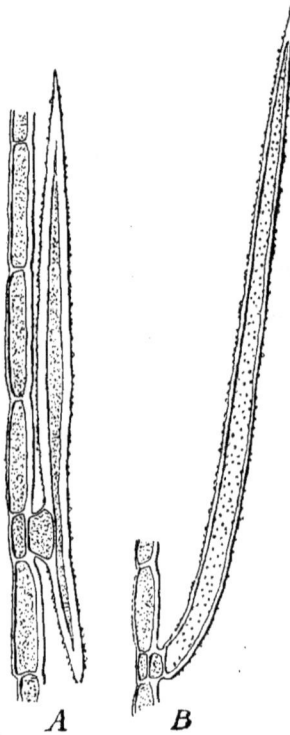

Fig. 13. — *A* poil en navette pris sur la tige de l'*Astragalus hamosus* L.; *B* poil simple pris sur la tige de l'*A. uncinatus* Bert. — Grossissement : 130/1.

nombre de 2 (rarement 1) présentent en vue latérale un contour ± quadrangulaire ; l'inférieure est enfoncée dans l'épiderme, la supérieure dépasse à peine les éléments épidermiques voisins. La cellule apicale, en forme de fuseau aciculaire très étroit et très raide, est appliquée contre l'épiderme à angle droit avec les cellules podiales. Elle comporte deux branches, toutes deux effilées en pointe en vue latérale ; la branche supérieure est dirigée vers le sommet de l'organe (tige, pétiole, foliole, etc.), la branche inférieure, plusieurs fois plus courte que la supérieure et parfois un peu relevée à l'extrémité, est dirigée vers la base de l'organe ; vue de face, elle est moins aiguë au sommet que la supérieure. Les parois de la cellule en navette sont très épaisses, le lumen devenant parfois presque filiforme ; les perles cuticulaires abondantes sont fortement incrustées de carbonate de chaux. Sur le calice, ces poils se moifient. La cellule apicale est plus courte et, tout en gardant son apparence générale fusiforme, raccourcit beaucoup son bras inférieur, lequel, vu de face, a une tendance encore plus marquée que sur l'appareil végétatif à arrondir son extrémité, de sorte que la cellule entière prend l'apparence d'une virgule. — Les organes membraneux ciliés ont des poils construits tout autrement : à 2 (rarement 1) petites cellules podiales succède une cellule apicale, placée sur son prolongement ou genouillée à la base ; cette cellule est simple, très allongée, souvent un peu renflée au-dessus de la base, longuement effilée en pointe au sommet, à parois minces pourvues de nombreuses perles cuticulaires, moins incrustées de carbonate de chaux. — Dans les régions de contact (base des stipules et des bractées), on constate la présence de poils de forme intermédiaire où la genouillure basilaire est accompagnée d'une gibbosité basiscope, premier indice de l'apparition d'une branche inférieure.

L'organisation qui vient d'être décrite pour les poils des organes membraneux chez l'*A. hamosus* est celle qui caractérise les poils sur tout l'appareil végétatif aérien et le calice de l'*A. uncinatus* (fig. 13 *B*). Ce dernier peut donc être défini très brièvement, par rapport à l'*A. hamosus*, *par l'absence de poils en navette*.

Ces détails étaient indispensables pour donner de l'*A. uncinatus* une idée claire par rapport à l'*A. hamosus*, la seule espèce avec laquelle il puisse être comparé *en Corse*. Mais les différences entre les deux types étant très profondes (indument, stipules, légumes) on ne peut discuter ses affinités sans élargir le cercle des comparaisons.

Bertoloni (l. c.) a placé l'*A. uncinatus* dans un § ainsi caractérisé : « Inermes, legumine tereti, vel semitereti, dorso canaliculato », au voisinage des *A. maritimus* Moris, *depressus* L., *Bonanni* Presl, *sesameus* L. et *hamosus* L., soit exactement entre les *A. maritimus* et *depressus* ; il le compare avec l'*A. leptophyllus* Desf.[1] d'Algérie. M. Rouy (l. c.) a placé l'*A. uncinatus* entre les *A. baeticus* et *hamosus*. MM. Ascherson et Graebner (*Syn.* VI, 2, 769) l'ont placé dans la section *Buceras* à côté de l'*A. hamosus*, sans s'apercevoir qu'en ce qui concerne les stipules, les caractères de

---

[1] L'*A. leptophyllus* Desf. passait pour une espèce tunisienne, mais M. Murbeck [*Contrib. fl. nord-ouest Afr.* 71 et 72 (1897)] a montré qu'elle croît aussi en Algérie et qu'on doit en outre lui rattacher l'*A. falciformis* Desf. algérien.

l'*A. uncinatus* sont en contradiction avec la diagnose de la section.
Toutefois, ces auteurs n'ont eu en vue que le nombre très restreint des
espèces de la flore qu'ils étudiaient, ce qui est tout à fait légitime, mais
insuffisant pour élucider les affinités d'un type aussi saillant que l'*A. uncinatus*. Si l'on se reporte aux sections de Boissier (*Fl. or.* II, 205-222)
qui embrassent toutes les espèces d'Orient, et de Bunge (op. cit.), qui
tiennent compte des caractères de l'ensemble des espèces de l'Ancien
Monde, on sera amené à exclure l'*A. uncinatus* de la section *Buceras*, à
laquelle appartient l'*A. hamosus*, à cause de la disposition des stipules.
On l'exclura également de la section *Drepanodes*, à laquelle appartient
l'*A. leptophyllus* Desf., parce que le légume est dépourvu de gynophore et d'ailleurs, les *A. uncinatus* et *leptophyllus* diffèrent par une
série importante de caractères (indument, inflorescence, organisation
du calice, étendard, etc.). La place la plus naturelle de l'*A. uncinatus*
est dans la section *Harpilobus*, dont il présente tous les caractères. Les
espèces de cette section occupent les régions méridionales du domaine
méditerranéen et sont disséminées de Madère (*A. Solandri* Lowe) jusqu'au Belutschistan (*A. quadrisulcatus* Bunge) en touchant la Russie
méridionale (*A. reticulatus* Marsch.-Bieb.). Cependant, aucune des
espèces à nous connues ne peut être étroitement rapprochée de l'*A.
uncinatus*. Peut-être ce dernier a-t-il des rapports ancestraux avec les
formes africaines de cette section (*A. mauritanicus* Coss., *trimestris* L.,
mareoticus L. et *gyzensis* Del.)? On ne peut hasarder sur ce point que de
vagues suppositions.

La conclusion de cette longue étude est que l'*A. uncinatus* représente
un type tyrrhénien ancien, très isolé, et malheureusement en voie de
disparition, s'il n'a pas déjà disparu.

1014. **A. baeticus** L. *Sp.* ed. 1, 758 (1753); DC. *Astrag.* 126; Gr.
et Godr. *Fl. Fr.* I, 348; Bunge *Astrag.* I, 16 et II, 18; Rouy *Fl. Fr.* V,
165; Coste *Fl. Fr.* I, 365; Asch. et Graebn. *Syn.* VI, 2, 751 = *A. uncinatus* Mœnch *Meth.* 166 (1794); non alior. — En Corse, seulement la
race suivante :

Var. **subinflatus** Rouy *Fl. Fr.* V, 165 (1899), emend. — Exsicc. Soleirol
n. 1179!; Kralik n. 561!; Mab. n. 123!; Debeaux ann. 1869 sub : *A.
baeticus*!; Reverch. ann. 1880, n. 290!

Hab. — Garigues et friches de l'étage inférieur. Mai. ⨁. Calcicole et
localisée. Env. de St-Florent (Le Grand ex Rouy *Fl. Fr.* V, 165); env. de
Bonifacio, en particulier à St-Julien (Soleirol exsicc. cit. et ap. Dub. *Bot.
gall.* 143 et Bert. *Fl. it.* VIII, 67; Salis in *Flora* XVII, Beibl. II, 59;
Seraf. ex Bert. l. c.; Kralik exsicc. cit. et ap. Mars. *Cat.* 49); Boy. *Fl.
Sud Corse* 59; et nombreux autres observateurs).

Légume éllipsoïdal, court, long d'env. 18-25 mm. et large de 7-10 mm.

à la maturité. — M. Rouy a distingué (l. c.) d'après la longueur des légumes trois variétés de l'*A. baeticus* : α *genuinus*, β *siliquosus* et γ *subinflatus*, toutes les trois croissant en Corse. Mais nous n'avons vu de Corse que la variété microcarpique de l'*A. baeticus*, à l'exclusion des formes macrocarpiques (légume allongé, atteignant 30-45 mm.) à laquelle nous réservons le nom de var. **genuinus** (= var. *genuina* et var. *siliquosa* Rouy). La var. *subinflatus* croît en Corse, en Sardaigne, en Sicile et en Crète. La var. *genuinus* vient en Espagne, dans le nord de l'Afrique et en Orient; elle croît aussi en Sicile. Il existe d'ailleurs des formes intermédiaires entre les deux races.

1015. **A. glycyphyllos** L. *Sp.* ed. 1, 758 (1753) ; DC. *Astrag.* 127; Gr. et Godr. *Fl. Fr.* I, 438 ; Bunge *Astrag.* I, 25 et II, 30 ; Rouy *Fl. Fr.* V, 171 ; Coste *Fl. Fr.* I, 367; Asch. et Graebn. *Syn.* VI, 2, 760. — Exsicc. Reverch. ann. 1879 sub : *A. glycyphyllos* !

Hab. — Clairières des maquis, châtaigneraies principalement de l'étage montagnard, 1-1000 m. Mai-juill. ♃. Disséminé. De Lavesina à Brando (Gillot in *Bull. soc. bot. Fr.* XXIV, sess. extr. XLVII); montagnes de Bastia (Salis in *Flora* XVII, Beibl. II, 59) ; forêt d'Aitone (Lutz in *Bull. soc. bot. Fr.* XLVIII, sess. extr. CXXXIX ; Lit. *Voy.* II, 14) ; Venaco (Fouc. et Sim. *Trois sem. herb. Corse* 141) ; Ghisoni (Rotgès in litt.) ; Vizzavona (Lutz in *Bull. soc. bot. Fr.* XLVIII, sess. extr. CXXV) ; Bocognano (Mars. *Cat.* 49) ; Vico (Mars. l. c.) ; env. de Zicavo (Lit. *Voy.* I, 15) ; Serra di Scopamène (Reverch. exsicc. cit.) ; env. de Bonifacio (ex Mut. *Fl. fr.* I, 282) ; et localités ci-dessous.

1906. — Cap Corse : rochers ombragés entre Morsiglia et Pino, 50-60 m., 7 juill. fr. ! — Châtaigneraies entre les bains de Guitera et Zicavo, 600 m., 17 juill. fr. !

1016. **A. Tragacantha** L. *Sp.* ed. 1, 762 (1753) p. maj. p.; Lamk *Fl. fr.* éd. 1, II, 642 (« *tragacanthus* », 1778) ; Gr. et Godr. *Fl. Fr.* I, 446 ; Burn. et Barb. *Voy. bot. Baléares* 20 ; Coste *Fl. Fr.* I, 366 = *Tragacantha massiliensis* Duham. *Traité arbr.* II, 344 (1768) excl. fig. = *A. massiliensis* Lamk *Encycl. méth.* I, 317 (1783); DC. *Astrag.* 161 ; Bunge *Astrag.* I, 132 et II, 229 ; Rouy *Fl. Fr.* V, 185 ; Asch. et Graebn. *Syn.* VI, 2, 801 = *A. massiliensis* var. *maritimus* Salis in *Flora* XVII, Beibl. II, 59 (1834). — Exsicc. Reliq. Maill. n. 642 [1].

Hab. — Garigues rocheuses de l'étage inférieur. Avril-juin. ♄. Calcicole. Localisé aux env. de Bonifacio, où il abonde (Salis in *Flora* XVII,

[1] Le n° 562 *a* des *Plantes corses* de Kralik provient du lazaret de Marseille !

Beibl. II, 59 ; Req. in exsicc. cit.; Mars. *Cat.* 49 ; Fouc. et Sim. *Trois sem. herb. Corse* 141 ; Lutz in *Bull. soc. bot. Fr.* XLVIII, sess. extr. CXXXIX ; Lit. *Voy.* I, 21 ; Boy. *Fl. Sud Corse* 59 ; et nombreux autres observ.).

1907. — Citadelle de Bonifacio, garigues, 50 m., 5 mai fl.!

Présente par rapport aux deux sous-espèces de l'*A. sirinicus* les caractères suivants : stipules subtriangulaires, pubescentes extérieurement (lancéolées et ± glabrescentes dans l'*A. sirinicus*). Fleurs en grappes de 3-8. Bractées égalant environ les pédicelles. Calice long de 6-7 mm., à dents très brièvement triangulaires-lancéolées (nullement obtuses!), atteignant env. le 1/4 de la longueur du tube. Corolle blanche, dépassant d'env. 10 cm. la gorge du calice. Légume densément incane-subtomenteux, à indument persistant à la maturité, long de 9-10 mm., large de 4-5 mm., avec 2 graines par loge. — La longueur des pédoncules, d'après laquelle M. Rouy a distingué (l. c.) deux variétés, α *genuinus* Rouy et β *peduncularis* Rouy, varie d'un échantillon à l'autre et aussi sur le même individu.

MM. Ascherson et Graebner ont rejeté pour cette espèce (op. cit. 800 et 801) le nom spécifique linnéen parce que ce dernier embrassait plusieurs espèces différentes. Mais, dès 1778, Lamarck a précisé le sens de ce nom en l'appliquant à la plante de Provence que Tournefort désignait déjà sous le nom de *Tragacantha Massiliensis*.

L'*A. Tragacantha* a été indiqué par M. Lutz (in *Bull. soc. bot. Fr.* XLVIII, sess. extr. XLI) en dehors du secteur calcaire de Bonifacio, au bord du Rizzanèse entre Sartène et Propriano, mais probablement par suite d'une confusion de localité. De même l'indication des environs d Ajaccio donnée par Boullu (in *Bull. soc. bot. Fr.* XXIV, sess. extr. XLII) figure dans une liste dressée d'après de « vieux souvenirs trop vagues », qui renferme plusieurs erreurs. Nous ne connaissons l *A. Tragacantha* que comme calcicole exclusif.

1017. **A. sirinicus** Ten. *Fl. neap. prodr. App.* V, 23 (1826); Gr. et Godr. *Fl. Fr.* 1, 447 ; Bunge *Astrag.* I, 132 et II, 229 ; Rouy *Fl. Fr.* V, 185 ; Coste *Fl. Fr.* I, 366 ; Asch. et Graebn. *Syn.* VI, 2, 802.

Embrasse deux sous-espèces qui ont été souvent confondues, quoique soigneusement étudiées par Bertoloni, et plus récemment pas MM. Burnat et Barbey.

1. Subsp. **eu-sirinicus** Briq. = *A. sirinicus* Ten. l. c. (1826), sensu stricto ; Bert. *Fl. it.* VIII, 71 ; Burn. et Barb. *Voy. bot. Baléares* 20 = *A. Tragacantha* β *sirinicus* (excl. subvar.) Fior. et Paol. *Fl. anal. It.* II, 84 (1900).
Hab. — Apennins de l'Italie centrale et méridionale, Dalmatie, Monténégro.

Fleurs nombreuses (jusqu'à 12 et plus) disposées en grappes. Bractées bien plus longues que les pédicelles. Calice long de 6-8 mm., à dents égalant ou dépassant un peu la 1/2 longueur du tube. Corolle jaunâtre,

lavée de violet, dépassant de 7-8 mm. la gorge du calice. Légume muni
de longs poils blancs entremêlés de poils noirâtres, très abondants et
et persistant en grande partie à la maturité, long de 10-11 mm., large
de 3-4 mm., avec 2 ou 3 graines par loge.

II. Subsp. **g e n a r g e n t e u s** Briq. = *A. genargenteus* Moris *Stirp.
sard. el.* 11 (1827) ; Bert. *Fl. it.* VIII, 72 (1850) ; Burn. et Barb. *Voy.
Baléares* 20 = *A. massiliensis* var. *montanus* Salis in *Flora* XVII, Beibl.
II, 59 (1834) = *A. sirinicus* Moris *Fl. sard.* I, 530 (1837) ; et auct. gall.
quoad pl. corsicam = *A. sirinicus* var. *genargenteus* Arc. *Comp. fl. it.*
187 (1882) = *A. Tragacantha* β *sirinicus* a *genargenteus* Fior. et Paol.
Fl. anal. It. II, 84 (1900). — Exsicc. Soleirol n. 1178 ! ; Kralik n. 562! ;
Reverch. ann. 1878 et 1879, n. 1 ! ; Burn. ann. 1900, n. 148 !, 332!, 382 !
et 409 ! ; ann. 1904, n. 156 !

Hab. — Constitue avec les *Genista Lobelii*, *Anthyllis Hermanniae*,
Berberis vulgaris subsp. *acthnensis*, *Juniperus communis* subsp. *nana*,
etc. un des éléments les plus caractéristiques des garigues dans les
étages montagnard et subalpin, 600-1800 m., montant parfois jusqu'à
2300 m. (Monte Renoso), et descendant aussi le long des torrents jusque dans l'étage inférieur (le long de l'Abbatesco sous Prunelli vers
50 m.). Paraît manquer au Cap Corse, non signalée dans les massifs de
Tende et du San Pietro, répandue depuis le massif du Monte Cinto jusqu'à la montagne de Cagna comme suit : Versant S. du Monte Cinto vers
les bergeries (Briq. *Rech. Corse* 6 et Burn. exsicc. n. 148 ; Lit. *Voy.* II,
7) ; forêt d'Aitone (Lutz in *Bull. soc. bot. Fr.* XLVIII, sess. extr. CXIX) ;
montagnes entre le Golo et le Tavignano (Bernard ex Gr. et Godr. *Fl.
Fr.* I, 447) ; montagnes au-dessus de Corté (Salis in *Flora* XVII, Beibl. II,
59 ; Bernard ex Rouy l. c.) ; Monte Rotondo (Mars. *Cat.* 50) ; vallon de
Verghello (Doûmet in *Ann. Hér.* V, 183) ; Monte d'Oro (Mars. *Cat.* 50 ;
Lutz in *Bull. soc. bot. Fr.* XLVIII, sess. extr. CXXVII) ; forêt de Vizza-
vona et hauteurs voisines (Soleirol exsicc. cit. et ap. Rouy *Fl. Fr.* V, 186 ;
Doûmet in *Ann. Hér.* V, 183 ; Gillot *Souv.* 5 ; Lutz in *Bull. soc. bot. Fr.*
XLVIII, sess. extr. CXXVI ; Lit. *Voy.* I, 11 et 12 ; et nombreux autres
observateurs) ; Pointe de Grado (Lutz op. cit. CXXVIII) ; Pointe de Muro
Burn. exsicc. n. 332) ; de Ghisoni à Vizzavona par la montagne (Briq.
Spic. 41 et Burn. exsicc. n. 156) ; Monte Renoso (Mars. l. c. ; Reverch.
exsicc. ann. 1878 ; Briq. *Rech. Corse* 23 et 27 et Burn. exsicc. n. 382 et
409) ; forêt de Verde (Le Grand ex Rouy l. c.) ; env. de Bocognano (Revel.

in Bor. *Not.* III, 3); le long de l'Abbatesco sous Prunelli (Salis in *Flora*
XVII, Beibl. II, 59); Monte Incudine (Lit. in *Bull. acad. géogr. bot.* XVIII,
128); Coscione (Salis l. c.; Kralik exsicc. cit.; R. Maire in *Rev. bot. syst.*
II, 23 et 24; Gysperger ibid. 119); Serra di Scopamène (Reverch. exsicc.
ann. 1879); env. d'Aullène (Revel. in Bor. *Not.* II, 4); montagnes de
Sartène (ex Gr. et Godr. l. c.); et localités ci-dessous.

1906. — Rocailles au col de Vizzavona, 1100 m., 15 juill. fr.!; col de
Granace, pentes arides du versant N., 600-700 m., 17 juill. jeunes fr.!

1910. — Vallée supérieure d'Asinao, garigues, 1600 m., 24 juill. fl.!

1911. — Punta della Vacca Morta, garigues, 1200 m., 9 juill. fr.!; montagne de Cagna : Pointe de Compolelli, garigue, 1000-1300 m., 5 juill. fr.!

Fleurs peu nombreuses (3-5) disposées en corymbe. Bractées égalant
ou dépassant peu les pédicelles. Calice long de 7-10 mm., à dents lancéolées plus courtes que la ¹/, longueur du tube. Corolle d'un blanc jaunâtre,
lavée de violet, plus grande que dans la sous-espèce précédente, dépassant de 8-10 mm. la gorge du calice. Légume muni de poils blancs entremêlés de poils noirâtres, moins abondants que dans la sous-esp. *cu-sirinicus*
et disparaissant entièrement à la maturité, long de 12-13 mm., large d'env.
3 mm., avec 3-6 graines par loge. — Moris avait attribué à cette sous-
espèce une corolle à carène ou étendard maculés de pourpre, ce que
nous n'avons jamais vu : Bertoloni (*Fl. it.* VIII, 72) avait d'ailleurs déjà
corrigé cette indication en ce qui concerne la plante de Sardaigne.

On a encore mentionné cette sous-espèce aux env. de Bonifacio [Ste-
fani ex N. Roux in *Ann. soc. bot. Lyon* XX, 65 et Rouy *Fl. Fr.* V, 186), mais
cette indication ne peut se rapporter qu'à la montagne de Cagna; il n'y
a aux env. immédiats de Bonifacio que l'espèce précédente.

L'*A. sirinicus* subsp. *genargenteus* est spécial à la Corse et à la Sardaigne.

BISERRULA L.

1018. **B. Pelecinus** L. *Sp.* ed. 1, 762 (1753); DC. *Astrag.* 197; Gr.
et Godr. *Fl. Fr.* I, 453; Rouy *Fl. Fr.* V, 199; Coste *Fl. Fr.* I, 375; Asch.
et Graebn. *Syn.* VI, 2, 830. — Exsicc. Mab. n. 224!; Debeaux ann. 1869
sub : *B. pelecinus*!

Hab. — Garigues, points sableux de l'étage inférieur. Avril-mai. ☉.
Disséminé. Env. de Bastia (Salis in *Flora* XVII, Beibl. II, 60; Mab. in
Feuill. jeun. nat. VII, 110; Debeaux exsicc. cit.); pont du Golo (Salis
l. c.); de Ponte alla Leccia à Moltifao (Rotgès in litt.); Algajola (Mab.
exsicc. cit. et ap. Mars. *Cat.* 50); Calvi (Shuttl. *Enum.* 10; Fouc. et Sim.
Trois sem. herb. Corse 141); env. d'Ajaccio (Mars. l. c.; Boullu in *Bull.*

soc. bot. Fr. XXIV, sess. extr. XCVII ; Coste ibid. XLVIII, sess. extr. CVII et CVIII ; Sartène (Fliche ibid. XXXVI, 360) ; Porto-Vecchio (Revel. ex Mars. l. c.) ; île de Cavallo (Kralik ex Rouy *Fl. Fr.* V, 200) ; Bonifacio (Mab. ex Mars. l. c.) ; et localités ci-dessous.

1907. — Ile ·Rousse, garigues, 20 avril fl. fr.! ; Ghisonaccia, prairie sableuse sèche, 20 m., 8 mai fl. fr.! ; Pointe de l'Aquella, garigues, 150 m., 4 mai, fl., jeunes fr.!

SCORPIURUS [1] L.

1019. **S. muricata** L. *Sp.* ed. 1, 745 (1753) emend. Fior. et Paol. *Fl. anal. It.* II, 89 (1900) ; Thell. *Fl. adv. Montp.* 338 ; Reynier in *Bull. acad. géogr. bot.* XXI, 184-191. — En Corse jusqu'ici les sous-espèces suivantes :

I. Subsp. **subvillosa** Thell. *Fl. adv. Montp.* 339 (1912) = *S. subvillosa* L. *Sp.* ed. 1, 745 (1753) ; Gr. et Godr. *Fl. Fr.* I, 492 ; Rouy *Fl. Fr.* V, 312 ; Coste *Fl. Fr.* I, 403 ; Asch. et Graebn. *Syn.* VI, 2, 836.

Hab. — Garigues, prairies maritimes, cultures, surtout de l'étage inférieur, 1-800 m. ①.

Calice à dents plus longues que le tube ± coloré en brun. Légumes irrégulièrement et étroitement contournés-involutés, contractés entre les semences, à côtes lisses du côté interne, densément hérissés ailleurs d'aiguillons droits, oncinés ou bifides au sommet.

L'existence de formes critiques entre les *S. laevigata* Sibth et Sm., *muricata* L. (sensu stricto), *sulcata* L. et *subvillosa* L. empêche d'envisager ces groupes comme des espèces distinctes. Les intéressantes observations de M. Reynier (op. cit.) semblent même montrer qu'il se produit encore actuellement des mutations intermédiaires entre le *S. villosa* d'une part et les *S. laevigata* et *sulcata* d'autre part, puis entre le *S. sulcata* et les *S. muricata* et *subvillosa*. Nous croyons que la valeur systématique de ces groupes, en tant que sous-espèces, a été correctement estimée par M. Thellung.

α. Var. **genuina** Briq. = *S. subvillosa* var. *genuina* Gr. et Godr. *Fl. Fr.* I, 493 (1848) = *S. villosus* α *genuinus* subvar. *leiocarpus* Rouy *Fl. Fr.* V, 312 (1899) ; Asch. et Graebn. *Syn.* VI, 2, 837 = *S. muricatus* ♂ *subvillosus* Fior. et Paol. *Fl. anal. It.* II, 89 (1900).

---

[1] Linné [*Sp.* ed. 1, 744 et 745 (1753)] a créé sous le nom de *Scorpiurus* un vocable générique féminin. Il n'y a donc aucune raison pour décliner les épithètes spécifiques au masculin. (*Règl. nom. bot.* art. 24 et 50.)

Hab. — Erbalunga (Sargnon in *Ann. soc. bot. Lyon* VI, 60) ; Bastia (Gillot in *Bull. soc. bot. Fr.* XXIV, sess. extr. XLIV) ; col de Teghime (Lit. in *Bull. acad. géogr. bot.* XVIII, 129) ; de Pietra-Moneta à St-Florent (Fouc. et Sim. *Trois sem. herb. Corse* 142) ; vallée moyenne de l'Ostriconi (Fouc. et Sim. l. c.) ; Ghisoni, au hameau de Rosse (Rotgès in litt.) ; du cap de la Parata (Boullu in *Bull. soc. bot. Fr.* XXVl, 82) à Ajaccio (Mars. *Cat.* 53 ; Boullu in *Bull. soc. bot. Fr.* XXIV, sess. extr. XCVII ; Coste ibid. XLVIII, sess. extr. CVI) ; Pozzo di Borgo (Coste ibid. CXI) ; commune sur la côte orientale (Mab. ex Mars. l. c.) ; Bonifacio (Seraf. ex Bert. *Fl. it.* VII, 109 ; Mars. l. c. ; Lutz in *Bull. soc. bot. Fr.* XLVIII, sess. extr. CXLI ; Boy. *Fl. Sud Corse* 59) ; et localités ci-dessous.

1907. — Garigues entre Alistro et Bravone, 15 m., 30 avril fl.! ; Pointe de l'Aquella, rocailles, 250-370 m., calc., 4 mai fr.!

Légume glabre à la maturité, ou faiblement pubescent dans les sillons, à aiguillons longs de 2-3 mm.

β. Var. **eriocarpa** Briq. = *S. acutifolia* Viv. *Fl. lyb. spec.* 43, t. 19, p. 4 (1824) ; Salis in *Flora* XVII, Beibl. II, 60 = *S. subvillosa* var. *eriocarpa* Gr. et Godr. *Fl. Fr.* I, 493 (1848) = *S. subvillosa* var. *breviaculeata* Batt. et Trab. *Fl. Alg.* Dicot. 285 (1889) ; Rouy *Fl. Fr.* V, 313 ; Asch. et Graebn. *Syn.* VI, 2, 837 = *S. subvillosa* var. *acutifolia* Burn. *Fl. Alp. mar.* II, 211 (1893) = *S. muricatus* γ *acutifolius* Fior. et Paol. *Fl. anal. It.* II, 89 (1900) = *S. muricatus* subsp. *subvillosus* var. *breviaculeatus* Thell. *Fl. adv. Montp.* 339 (1912). — Exsicc. Debeaux ann. 1868 sub : *A. subvillosus* var. *acutifolius* (parum typica)!

Hab. — Env. de Bastia (Salis in *Flora* XVII, Beibl. II, 60 et ap. Bert. *Fl. it.* VII, 609 ; Debeaux exsicc. cit.) ; Bonifacio (Viv. l. c. et ap. Duby *Bot. gall.* 145 ; Salis ex Bert. l. c. ; Kralik ex Rouy *Fl. Fr.* V, 313).

Légume densément et brièvement velu dans les sillons, plus rarement glabrescent ou glabre à la fin, à aiguillons n'atteignant pas 2 mm.

†† II. Subsp. **sulcata** Thell. *Fl. adv. Montp.* 339 (1912) = *S. sulcata* L. *Sp.* ed. 1, 745 (1753) ; Gr. et Godr. *Fl. Fr.* I, 509 (1848) ; Coste *Fl. Fr.* I, 403 = *S. muricatus* β *sulcatus* Fior. et Paol. *Fl. anal. It.* II, 89 (1900).

Hab. — Pontera près Ponte alla Leccia (Petry in litt.).

Calice à dents plus courtes que le tube. Légumes régulièrement enroulés dans un même plan, à côtes intérieures lisses, les 4 dorsales hérissées d'aiguillons écartés, droits ou faiblement incurvés au sommet. — Cette sous-espèce, qui croît aussi en Sardaigne, se retrouvera probablement ailleurs.

S. vermiculata L. *Sp.* ed. 1, 744 (1753) ; Gr. et Gr. *Fl. Fr.* I, 493 ; Rouy *Fl. Fr.* V, 313 ; Coste *Fl. Fr.* I, 414 ; Asch. et Graebn. *Syn.* VI, 2, 838.

Cette espèce a été vaguement signalée en Corse par Burmann (*Fl. Cors.* 245), puis par Grenier et Godron (*Fl. Fr.* I, 493). Bien que cette espèce se rencontre en Provence, en Italie, en Sardaigne et à Malte, elle manque à l'archipel toscan, et n'a pas été, à notre connaissance, authentiquement observée en Corse.

ORNITHOPUS L. emend.

1020. **O. perpusillus** L. *Sp.* ed. 1, 743 ; Gr. et Godr. *Fl. Fr.* I, 498 ; Rouy *Fl. Fr.* V, 310 ; Coste *Fl. Fr.* I, 409 ; Asch. et Graebn. *Syn.* VI, 2, 839. — Exsicc. Reverch. ann. 1878, n. 102 ! ; Burn. ann. 1900, n. 23 !

Hab. — Clairières des bois et des maquis, garigues de l'étage montagnard. Juin-juill. ①. Assez rare. Serra di Pigno (Burn. exsicc. cit.) ; Venaco (Fouc. et Sim. *Trois sem. herb. Corse* 142) ; Vizzavona (Revel. ex Mars. *Cat.* 53 ; Lit. *Voy.* I, 13) et de là à Bocognano (Ellman et Jahandiez in litt.) ; Bastelica (Reverch. exsicc. cit.) ; et localité ci-dessous.

1906. — Au-dessous du col de Tripoli, 1200 m., 18 juill. fl. fr. !

Nos échant. corses appartiennent tous à la var. **eu-perpusillus** Asch. et Graebn. (*Syn.* VI, 2, 820) à pédoncules plus courts que la feuille ou la dépassant à peine, à feuille bractéale dépassant un peu les calices, ces derniers à dents bien plus courtes que le tube, à étendard strié de rose et de jaune, le reste de la corolle blanchâtre, à légumes pubescents, noirâtres à la fin. Varie grêle [*O. perpusillus* var. *genuinus* Rouy *Fl. Fr.* V, 310 (1899) ; Asch. et Graebn. *Syn.* VI, 2, 840] ou élancé-caulescent [*O. perpusillus* β L. l. c. (1753) = *O. intermedius* Roth *Tent. fl. germ.* I, 319 (1788) = *O. perpusillus* Salis in *Flora* XVII, Beibl. II, 60 (1834, sine indicatione loci) = *O. perpusillus* var. *elongatus* Lamotte *Prodr. fl. plat. centr.* 227 (1877-81) ; Rouy *Fl. Fr.* V, 310 = *O. perpusillus* A *eu-perpusillus* I b *intermedius* Asch. et Graebn. *Syn.* VI, 2, 840 (1909)], variations qui nous paraissent être en relation étroite avec le milieu

1021. **O. compressus** L. *Sp.* ed. 1, 744 (1753) ; Gr. et Godr. *Fl. Fr.* I, 499 ; Rouy *Fl. Fr.* V, 309 ; Coste *Fl. Fr.* I, 408 ; Asch. et Graebn. *Syn.* VI, 2, 843. — Exsicc. Sieber sub : *O. perpusillus* ! ; Soleirol n. 1073 ! ; Reverch. ann. 1878, n. 101 ! ; Burn. ann. 1904, n. 154 !

Hab. — Sables et prairies maritimes, points sableux et garigues des étages inférieur et montagnard, passant dans les cultures, 1-800 m. Avril-mai. ①. Répandu et abondant dans l'île entière.

1907. — Ile Rousse, garigues, 20 avril fl.!; garigues entre Novella et le col de San Colombano, 600 m., 19 avril fl.!; garigues entre Alistro et Bravone, 15 m., 30 avril fl. fr.!; garigues à Cateraggio, 30 m., 1 mai fl. fr.!; prairie marécageuse entre Ste-Lucie et Ste-Trinité, 50 m., 7 mai fl. jeunes fr.!

1022. **O. pinnatus** Druce in *Journ. of Bot.* XLV, 420 (1907); Asch. et Graebn. *Syn.* VI, 2, 845 = *Scorpiurus pinnata* Mill. *Gard. dict.* ed. 8, n. 5 (1768) = *O. exstipulatus* Thore *Chlor. Land.* 311 (1802-03); Burn. *Fl. Alp. mar.* II, 215; Rouy *Fl. Fr.* V, 308 = *O. ebracteatus* Brot. *Fl. lus.* II, 159 (1804); Gr. et Godr. *Fl. Fr.* I, 498; Coste *Fl. Fr.* I, 408 = *O. durus* DC. *Fl. fr.* IV, 603 (1805) = *O. pygmaeus* Viv. *Fl. it. fragm.* I, 13 (1808) = *Artrolobium ebracteatum* Desv. *Journ. Bot.* I, 121 (1813) = *O. nudiflorus* Lag. *Gen. et sp. nov.* 300 (1816) = *Astrolobium ebracteatum* DC. *Prodr.* II, 311 (1825) = *Arthrolobium ebracteatum* Reichb. *Fl. germ. exc.* 541 (1832) = *Arthrolobium pinnatum* Rendle et Britt. *List brit. seed-pl.* 10 (1907). — Exsicc. Soleirol n. 1074!; Kralik n. 563!; Burn. ann. 1904, n. 155!

Hab. — Prairies maritimes et submaritimes, garigues, clairières des maquis des étages inférieur et montagnard, passant dans les cultures, 1-800 m. Avril-mai. ①. Répandu, mais moins fréquent que l'espèce précédente. Sur Mausoleio (Gillot in *Bull. soc. bot. Fr.* XXIV, sess. extr. LIII; Sargnon in *Ann. soc. bot. Lyon* VI, 62); S. Martino-di-Lota (Gillot op. cit. LVIII); Bastia (Salis in *Flora* XVII, Beibl. II, 60; André!); Biguglia (Boullu in *Bull. soc. bot. Fr.* XXIV, sess. extr. LXVI; Sargnon op. cit. VI, 66); Ghisonaccia (Rotgès in litt.); Belgodère (Fouc. et Sim. *Trois sem. herb. Corse* 142); Calvi (Soleirol exsicc. cit. et ap. Bert. *Fl. it.* VII, 592; Fouc. et Sim. l. c.); vallée du Fiumalto près Piedicroce (Lit. *Voy.* I, 6); Venaco (Fouc. et Sim. l. c.); Sagone (Coste in *Bull. soc. bot. Fr.* XLVIII, sess. extr. CXIII; N. Roux ibid. CXXXIV; Lit. *Voy.* I, 6); île Mezzomare (Lutz in *Bull. soc. bot. Fr.* XLVIII, sess. extr. CXXXVII; Thellung in litt.); env. d'Ajaccio (Boullu in *Ann. soc. bot. Lyon* XXIV, 68; Briq. *Spic.* 41 et Burn. exsicc. cit.; Coste in *Bull. soc. bot. Fr.* XLVIII, sess. extr. CVII; Thellung in litt.); entre Propriano et Sartène (Lutz op. cit. CXLII); Bonifacio (Seraf. ex Bert. *Fl. it.* VII, 592; Kralik exsicc. cit.); et localités ci-dessous.

1907. — Vallée infér. de la Solenzara, clairières des maquis, 50 m., 3 mai fl.! ; pré humide à Solenzara, 5 m., 3 mai fl.! ; prairie à Ste-Lucie, 45 m., 4 mai fl.! ; garigues à Santa Manza, 10 m., 6 mai fl. fr.!

CORONILLA L. emend.

† 1023. **C. scorpioides** Koch *Syn.* ed. 1, 188 (1837) ; Gr. et Godr. *Fl. Fr.* I, 497 ; Rouy *Fl. Fr.* V, 300 ; Coste *Fl. Fr.* I, 405 ; Asch. et Graebn. *Syn.* VI, 2, 847 = *Ornithopus scorpioides* L. *Sp.* ed. 1, 744 (1753) = *Artrolobium scorpioides* Desv. *Journ. Bot.* I, 121 (1813) = *Astrolobium scorpioides* DC. *Prodr.* II, 311 (1825) = *Arthrolobium scorpioides* Reichb. *Fl. germ. exc.* 541 (1832).

Hab. — Garigues rocailleuses, friches et moissons de l'étage inférieur. Mai-juill. ①. Localisé dans le sud de l'île. Env. de Bonifacio (Scraf. ap. Bert. *Fl. it.* VII, 591 ; Fliche in *Bull. soc. bot. Fr.* XXXVI, 360) ; et localité ci-dessous.

1910. — Vallon de Cioccia, en montant de Monaccia au col de Croce d'Arbitro, garigues rocheuses, 300 m., 21 juill. fr.!

Fliche (l. c.) a supposé que cette espèce avait été introduite à Bonifacio depuis la rédaction du *Catalogue* de Marsilly. Mais cette supposition est erronée : le *C. scorpioides* a déjà été récolté aux environs de Bonifacio par Serafini dans le premier quart du XIXme siècle.

C. juncea L. *Sp.* ed. 1, 742 (1753) ; Gr. et Godr. *Fl. Fr.* I, 496 ; Rouy *Fl. Fr.* V, 294 ; Coste *Fl. Fr.* I, 406 ; Asch. et Graebn. *Syn.* VI, 2, 848.

Cette espèce est citée par Salis (in *Flora* XVII, Beibl. II, 63) parmi celles qui lui ont été signalées en Corse, mais qu'il n'a pas vues lui-même. Le *C. juncea* croît en Provence et au Monte Argentaro, mais il manque à l'archipel toscan proprement dit et à la Sardaigne : il n'a pas été jusqu'à présent authentiquement observé en Corse.

1024. **C. valentina** L. *Sp.* ed. 1, 742 (1753) ; Gr. et Godr. *Fl. Fr.* I, 494 ; Rouy *Fl. Fr.* V, 295 ; Coste *Fl. Fr.* I, 407 ; Asch. et Graebn. *Syn.* VI, 2, 849 = *C. stipularis* Lamk *Encycl. méth.* II, 120 (1786) ; DC. *Prodr.* II, 309.

Hab. — Rochers de l'étage inférieur. Avril-mai. ♃. Calcicole. Localisé dans le bassin calcaire de St-Florent. Gorges des Stretti de St-Florent (Salis in *Flora* XVII, Beibl. II, 60 ; Req. *Cat.* 16 ; Mab. ap. Mars. *Cat.* 53) ; et localité ci-dessous.

1907. — Cap Corse : Mont S. Angelo de St-Florent, rochers, calc., 250 m., 24 avril fl. !

1025. **C. Emerus** L. *Sp.* ed. 1, 742 (1753) ; Gr. et Godr. *Fl. Fr.* I, 493 ; Rouy *Fl. Fr.* V, 293 ; Coste *Fl. Fr.* I, 406 ; Asch. et Graebn. *Syn.* VI, 2, 858.

Hab. — Rochers de l'étage montagnard. Mai-juin. ♃. Rare et localisé dans le centre de l'île. Mt Felce près Corté (Mand. et Fouc. in *Bull. soc. bot. Fr.* XLVII, 90) ; Vivario, route de Vezzani (Revel. in Bor. *Not.* III, 3 et ap. Mars. *Cat.* 53).

HIPPOCREPIS L.

1026. **H. multisiliquosa** L. *Sp.* ed. 1, 744 (1753); Rouy *Suites fl. Fr.* II, 19-22 et *Fl. Fr.* V, 305 ; Coste *Fl. Fr.* I, 410.

Hab. — Prairies maritimes, garigues et friches de l'étage inférieur. Avril-mai. ①. Rare ou peu observé, mais abondant dans les localités où il se trouve. — En Corse, les deux variétés suivantes :

α. Var. **typica** Fiori et Paol. *Fl. anal. It.* II, 93 (1900) = *H. multisiliquosa* Moris *Fl. sard.* I, 554, tab. 66 ; Cosson *Notes pl. crit.* 56 ; Bert. *Fl. it.* VII, 602 ; Boiss. *Fl. or.* II, 185 ; Burn. *Fl. Alp. mar.* II, 218 ; Asch. et Graebn. *Syn.* VI, 2, 864. — Exsicc. Kralik n. 566 ! ; Mab. n. 373 ! ; Soc. Rochel. n. 4870 !

Hab. — Sartène (Seraf. ex Bert. *Fl. it.* VII, 603) ; env. de Bonifacio, prairies maritimes, et dans le vallon de St-Julien (Kralik exsicc. cit. et in Coss. *Not.* 56 ; Mab. exsicc. cit. et ap. Mars. *Cat.* 54 ; Stefani in Soc. Rochel. cit.).

Plante élancée, à folioles relativement larges (parfois cependant réduite et à folioles étroites comme dans la variété suivante, ainsi dans nos échantillons de Kralik !). Légumes relativement larges, concaves-incurvés du côté opposé aux sinus, peu hérissés-papilleux dans la région des arcs séminaux.

Marsilly (*Cat.* 54) a émis des doutes sur la présence aux environs de Bonifacio de l'*H. multisiliquosa* (var. α). Cependant dès 1849, Cosson avait correctement reconnu (in Kralik exsicc. cit. et *Not.* l. c.) la présence de l'*H. multisiliquosa* et de l'*H. ciliata* aux environs de Bonifacio.

β. Var. **ciliata** Rouy *Suites fl. Fr.* II, 22 (1888) ; Fiori et Paol. *Fl. anal. It.* II, 93 = *H. ciliata* Willd. in *Mag. Ges. naturf. Freund. Berl.* II,

173 (1808) ; Moris *Fl. sard.* I, 544, tab. 67 ; Gr. et Godr. *Fl. Fr.* I, 501 ; Bert. *Fl. it.* VII, 602 ; Burn. *Fl. Alp. mar.* II, 217 = *H. multisiliquosa* forme *H. ciliata* Rouy *Fl. Fr.* V, 306 ₍1899). — Exsicc. Kralik n. 565 !

Hab. — Env. de Bastia (Shuttl. *Enum.* 10) ; d'Ajaccio à Pozzo di Borgo (Boullu in *Bull. soc. bot. Fr.* XXIV, sess. extr. XCVII ; Coste ibid. XLVIII, sess. extr. XCI) ; env. de Bonifacio, principalement au vallon de Sᵗ-Julien, avec la var. α (Kralik exsicc. cit. ; Boy. *Fl. Sud Corse* 59 ; Stefani !).

Port généralement plus réduit et folioles plus étroites que dans la var. *α*. Légumes concaves-incurvés du côté des sinus, plus fortement hérissés-ciliés dans la région des arcs séminaux.

Il n'est pas indifférent de définir le caractère tiré de la disposition du légume comme nous le faisons ou en disant que les sinus s'ouvrent tantôt du côté convexe tantôt du côté concave du légume courbé. Cette dernière manière de s'exprimer est de nature à induire en erreur. En effet, la position des sinus est constante : elle correspond toujours à la nervure dorsale du légume, soit à l'interrayon vexillaire du diagramme ; seul le sens de la courbure (axoscope ou phylloscope) du légume varie. On comprend dès lors facilement que des formes douteuses puissent se produire, ce caractère étant d'un ordre analogue, quant à sa genèse, à celui des légumes de *Medicago* à spires tournées à gauche ou à droite. L'*H. ciliata* n'a certainement pas une valeur systématique supérieure à celle d'une race.

1027. **H. unisiliquosa** L. *Sp.* ed. 1, 744 (1753) ; Gr. et Godr. *Fl. Fr.* I, 502 ; Rouy *Fl. Fr.* V, 306 ; Coste *Fl. Fr.* I, 410 ; Asch. et Graebn. VI, 2, 866. — Exsicc. Salzmann sub : *H. unisiliquosa* ! ; Soleirol n. 1069 ! ; Kralik n. 564 ! ; Mab. n. 226 !

Hab. — Garigues rocheuses et rocailles de l'étage inférieur. Avril-mai. ④. Calcicole. Très localisé, mais abondant. Rochers des Stretti de Sᵗ-Florent (Soleirol exsicc. cit. et ap. Bert. *Fl. it.* VII, 601 ; Fouc. et Sim. *Trois sem. herb. Corse* 142 ; Thellung in litt.) ; env. de Bonifacio (Seraf. ex Bert. l. c. ; Kralik exsicc. cit. ; Mab. et Mars. l. c. ; Lutz in *Bull. soc. bot. Fr.* XLVIII, sess. extr. CXXXIX ; Boy. *Fl. Sud Corse* 59) ; et localités ci-dessous.

1907. — Cap Corse : montagne des Stretti, rocailles calc., 100 m., 25 avril fl. fr. ! ; mont S. Angelo près Sᵗ-Florent, rocailles calc., 250 m., 24 avril fl. !

Les fruits sont ± pourvus dans la jeunesse de papilles blanchâtres, lesquelles persistent ou disparaissent à la maturité [*H. monocarpa* Marsch.-Bieb. *Fl. taur.-cauc.* III, 480 (1819) = *H. uniflora* subvar. *leiocarpa* Rouy *Fl. Fr.* V, 307 (1899)] : particularités purement individuelles.

HEDYSARUM L. emend.

H. coronarium L. *Sp.* ed. 1, 750 (1753); Bert. *Fl. it.* VIII, 5; Asch. et Graebn. *Syn.* VI, 2, 869.

Cette espèce a été vaguement indiquée en Corse par Burmann (*Fl. Cors.* 229) et sa présence y serait plausible, puisqu'elle existe en Ligurie, en Toscane, dans les îles d'Elbe, Gorgone, Pianosa et Montecristo, ainsi qu'en Sardaigne. Néanmoins, elle n'a pas encore, à notre connaissance, été authentiquement récoltée en Corse.

1028. **H. spinosissimum** L. *Sp.* ed. 1, 750 (1753); Rouy *Fl. Fr.* V, 290; Coste *Fl. Fr.* I, 412; Asch. et Graebn. *Syn.* VI, 2, 869.

Hab. — Garigues de l'étage inférieur. Mai-juin. ①. Calcicole et localisé dans l'extrême sud. — Deux sous-espèces.

I. Subsp. **capitatum** Asch. et Graebn. *Syn.* VI, 2, 870 (1909) = *H. capitatum* Desf. *Fl. atl.* II, 177 (1800); Moris *Fl. sard.* I, 548, tab. 68 A; Boiss. *Fl. or.* II, 513; Willk. et Lange *Prodr. fl. hisp.* III, 262 = *H. corsicum* Balb. *Cat. hort. taur.* ann. 1813, 19 = *H. capitatum* var. *genuinum* Gr. et Godr. *Fl. Fr.* I, 504 (1848) = *H. spinosissimum* forme *H. capitatum* Rouy *Fl. Fr.* V, 291 (1899) = *H. spinosissimum* var. *capitatum* Fior. et Paol. *Fl. anal. It.* II, 95 (1900); G. Beck in Reichb. *Ic.* XXII, 144. — Exsicc. Soleirol n. 1058! et 1073!; Kralik n. 567!; Billot n. 350!; Mab. n. 7!; Reverch. ann. 1880, n. 289!

Hab. — Env. de Bonifacio, en particulier sur les coteaux de St-Julien (Pouzolz ex Lois. *Fl. gall.* ed. 1, II, 161; Salis in *Flora* XVII, Beibl. II, 60; Soleirol exsicc. cit. et ap. Bert. *Fl. it.* VIII, 7; Seraf. ex Bert. l. c.; Kralik exsicc. cit. et ap. Billot exsicc. cit.; Revel.!; Mab. exsicc. cit., *Rech.* I, 17 et ap. Mars. *Cat.* 54; Fouc. et Sim. *Trois sem. herb. Corse* 142; Boy. *Fl. Sud Corse* 59; et autres observateurs.

Fleurs grandes (12-20 mm.), en grappes multiflores. Corolle d'un rose vif, à étendard dépassant la carène. Légume à articles moins tomenteux, et à aiguillons moins raides que dans la sous-esp. II.

II. Subsp. **eu-spinosissimum** Briq. = *H. spinosissimum* DC. *Fl. fr.* V, 583; Boiss. *Fl. or.* II, 513; Willk. et Lange *Prodr. fl. hisp.* III, 261; Rouy l. c., sensu strictiore; Asch. et Graebn. l. c., sensu strictiore.

Fleurs plus petites (7-12 mm.), en grappes pauciflores. Corolle à étendard égalant ou égalant presque la carène. Légume à articles plus tomenteux, à épines plus courtes.

Linné n'a pas parlé, dans sa diagnose de l'*H. spinosissimum*, de la couleur des pétales, mais il cite un synonyme, qui dit « *flore purpureo* » (Boerh. *Ind. alt. pl. hort. Lugd. Bat.* II, 51), et peut s'appliquer soit à la sous-esp. I, soit à la sous-esp. II var. α, tandis que lui-même a dit dans l'*Hortus upsaliensis* (p. 231) · « flores parvi, ... albidi », ce qui s'applique bien à la sous-esp. II var. β. Il est donc très probable que Linné ne distinguait pas les diverses formes du groupe *spinosissimum*. — On peut distinguer deux variétés :

α. Var. **genuinum** Rouy *Fl. Fr.* V, 291 (1899) = *H. spinosissimum* var. *typicum* Fior. et Paol. *Fl. anal. It.* II, 95 (1900).

Inflorescence 4-6flore. Fleurs longues de 10-12 mm. Corolle rose. — Race de l'Espagne et de l'Afrique du nord, établissant le passage à la sous-esp. I.

β. Var. **pallens** Rouy *Fl. Fr.* V, 291 (1899) ; Fiori et Paol. *Fl. anal. It.* II, 95 ; Asch. et Graebn. *Syn.* VI, 2, 870 = *H. pallidum* Biv. *Cent.* II, 107 (1807) ; non Desf. = *H. capitatum* var. *pallens* Moris *Fl. sard.* I, 548, tab. 68, fig. B (1837) ; Gr. et Godr. *Fl. Fr.* I, 505 = *H. Sibthorpii* Nym. *Consp.* 197 (1878) = *H. capitatum* var. *pallidum* Strobl in *Oesterr. bot. Zeitschr.* XXXVII, 247 (1887) = *H. pallens* Halacs. *Consp. fl. græc.* I, 453 (1901) ; G. Beck in Reichb. *Ic.* XXII, tab. 193*, fig. II. — Exsicc. Reverch. ann. 1880, n. 354 !

Hab. — Env. de Bonifacio, en particulier vers l'anse de Sprono (Revel. in Mars. *Cat.* 54 ; Reverch. exsicc. cit. ; Ellman et Jahandiez in litt.).

Inflorescence 3-5flore. Fleurs longues de 7-10 mm. Corolle d'un rose pâle ou d'un blanc rosé. Fruits à aiguillons généralement encore plus courts et plus grêles que dans la var. α. — Cette race était déjà connue de Serafini qui en avait communiqué des échantillons à Viviani (*Fl. Cors. diagn.* 14).

CICER Linn.

C. arietinum L. *Sp.* ed. 1, 638 ; Gr. et Godr. *Fl. Fr.* I, 477 ; Coste *Fl. Fr.* I, 392 ; Asch. et Graebn. *Syn.* VI, 2, 900.

Fréquemment cultivé et parfois subspontané au voisinage des cultures.

VICIA Linn. emend.

V. Ervilia Willd. *Sp. pl.* III, 1103 (1803) ; Rouy *Fl. Fr.* V, 248 ; Coste *Fl. Fr.* I, 391 ; Asch. et Graebn. *Syn.* VI, 2, 904 = *Ervum Ervilia* L. *Sp.* ed. 1,

738 (1753) = *Ervilia sativa* Link *Enum. hort. berol.* II, 240 (1809) ; Gr. et Godr. *Fl. Fr.* 1, 475.

Cutlivé çà et là. Nous ne l'avons pas vu subspontané.

1029. **V. hirsuta** S. F. Gray *Nat. arr. brit. pl.* II, 614 (1821) ; Koch *Syn.* ed. 1, 191 ; Rouy *Fl. Fr.* V, 244 ; Coste *Fl. Fr.* I, 391 ; Asch. et Graebn. *Syn.* VI, 2, 906 = *Ervum hirsutum* L. *Sp.* ed. 1, 738 (1753) = *Cracca minor* Gr. et Godr. *Fl. Fr.* 1, 473 (1848).

Hab. — Champs, garigues, rocailles des étages inférieur et montagnard. Avril-mai. ①.

α. Var. **eriocarpa** Rouy *Fl. Fr.* V, 245 (1899) = *Cracca minor* var. *eriocarpa* (« *eriocarpon* ») Gr. et Godr. *Fl. Fr.* 1, 473 (1848) = *Ervum hirsutum* var. *typicum* Posp. *Fl. œsterr. Küstenl.* II, 410 (1898) = *Vicia hirsuta* α *genuina* Fior. et Paol. *Fl. anal. It.* II, 120 (1900) = *V. hirsuta* var. *typica* G. Beck in Reichb. *Ic.* XXII, 202 (1903). — Exsicc. Kralik sub : *Ervum hirsutum* ! ; Reverch. ann. 1885 sub : *E. hirsutum* ! ; Burn. ann. 1904, n. 180 !, 181 ! et 182 !

Hab. — Répandue et abondante dans l'île entière.

1907. — Cap Corse : rocailles de la montagne des Stretti, calc., 100 m., 25 avril fl. fr. ! — Montée de Pietralba au col de Tende, châtaigneraies, 900 m., 15 mai fl. fr. ! ; balmes de la montagne de Pedana, calc., 500 m., 14 mai fl. fr. ! ; garigues à Ostriconi, 20 m., 20 avril fl. fr. ! ; entre Alistro et Bravone, garigues, 10 m., 30 mai fl. jeunes fr. ! ; garigues à Cateraggio, calc., 20 m., 1 mai fl. fr. ! ; embouchure de la Solenzara, aulnaies, 7 mai fl. fr. ! ; vallée inf. de la Solenzara, rocailles des fours à chaux, calc., 150-200 m., 3 mai fl. fr. ! ; Pointe de l'Aquella, rocailles, calc., 250-370 m., 4 mai fl. fr. !

Légumes velus.

† β. Var. **leiocarpa** Vis. *Fl. dalm.* III, 321 (1852) ; Rouy *Fl. Fr.* V, 245 = *Ervum Terronii* Ten. *Prodr. fl. neap.* App. V, 22 (1824) ; Salis in *Flora* XVII, Beibl. II, 64 ; Mutel *Fl. fr.* I, 294 = *Ervum sardoum* Moris in Spreng. *Syst. veg.* IV, 2, 346 (1827) = *Ervum pubescens* var. *leiocarpum* Ten. *Syll. fl. neap.* 364 (1831) = *Ervum hirsutum* var. *leiocarpon* Moris *Fl. sard.* I, 575 (1837) = *Cracca minor* var. *leiocarpa* (« *leiocarpon* ») Gr. et Godr. *Fl. Fr.* I, 473 (1848) = *V. hirsuta* var. *Terronii* Burn. *Fl. Alp. mar.* II, 188 (1893) ; Fior. et Paol. *Fl. anal. It.* II, 121 ; Asch. et Graebn. *Syn.* VI, 2, 906.

Hab. — Montagnes au-dessus de Bastia et de Mandriale (Salis in *Flora* XVII, Beibl. II, 64).

Légumes glabres.— Les caractères tirés des stipules, dont Moris et Salis ont fait état ne sont ni constants, ni concomitants avec la glabréité des légumes, comme l'a montré M. Burnat (l. c.). Il en est de même pour les autres caractères tirés de l'inflorescence, du fruit et de la couleur des semences qu'a invoqués M. Lindberg fil. [*Iter austro-hung.* 61-64 (*Öfv. finsk. vetensk.-soc. Förhandl.* XLVIII, ann. 1906)], ainsi que l'ont dit MM. Ascherson et Graebner l. c. Notons en passant que la nomenclature adoptée par ces derniers auteurs pour la var. β est contraire aux *Règl. nom. bot.*, art. 49, et que leur citation de Moris (in Sprengel) est défigurée. — L'abréviation « B. 1-2. R. » employée par Salis se rapporte à Bastia, et non pas à Bonifacio, comme l'a cru Mutel (l. c.).

1030. **V. disperma** DC. *Cat. hort. monsp.* 154 (1813); Bert. *Fl. it.* VII, 501; Burn. *Fl. Alp. mar.* II, 187; Coste *Fl. Fr.* I, 390; Asch. et Graebn. *Syn.* VI, 2, 907 = *V. parviflora* Lois. *Fl. gall.* ed. 1, 460 (1807) et ed. 2, II, 149; non Cav. (1801) = *Ervum parviflorum* Bert. *Amoen. it.* 38 (1819); Moris *Fl. sard.* I, 570, tab. 71 = *Cracca disperma* Gr. et Godr. *Fl. Fr.* I, 472 (1848). — Exsicc. Soleirol n. 1087!; Req. sub : *Vicia disperma*!; Mab. n. 372!; Reverch. ann. 1885, n. 494!

Hab. — Prairies maritimes, cultures, garigues, rocailles des étages inférieur et montagnard. Avril-mai. ①. Répandu, mais moins que l'espèce précédente. Rogliano (Revel. ex Mars. *Cat.* 51); Centuri (Ellman et Jahandiez in litt.); S. Martino-di-Lota (Gillot in *Bull. soc. bot. Fr.* XXIV, sess. extr. LIX); Monte Fosco (Gillot ex Rouy *Fl. Fr.* V, 244); env. de Bastia (Salis in *Flora* XVII, Beibl. II, 64; Mab. exsicc. cit. et ap. Gillot op. cit. LVII; Bernard ex Gr. et Godr. *Fl. Fr.* I, 473 et Burn. *Fl. Alp. mar.* II, 188; André ex Rouy l. c.; Pœverlein!); Serra di Pigno (Doùmet in *Ann. Hér.* V, 210); Biguglia (Boullu in *Bull. soc. bot. Fr.* XXIV, sess. extr. LXVI); de Pietra-Moneta à Sᵗ-Florent (Fouc. et Sim. *Trois sem. herb. Corse* 141); Speloncato (Lutz in *Bull. soc. bot. Fr.* XLVIII, 53); Belgodere (Fouc. et Sim. l. c.); Algajola (Sᵗ-Yves!); Calvi (Soleirol exsicc. cit. et ap. Bert. *Fl. it.* VII, 502; Fouc. et Sim. l. c.); Porto (Reverch. exsicc. cit.); Bocognano (Doùmet in *Ann. Hér.* V, 122); forêt de Petaca (Fliche in *Bull. soc. bot. Fr.* XXXVI, 360); Ajaccio (Req. exsicc. cit. et ap. Bert. *Fl. it.* VII, 502; Petit in *Bot. Tidsskr.* XIV, 246; Gillot ex Rouy l. c.; Thellung in litt.); Pozzo di Borgo (Fouc. et Sim. l. c.; Coste in *Bull. soc. bot. Fr.* XLVIII, sess. extr. CXI et CXIII); Campo di Loro (Boullu ibid. XXIV, sess. extr. XCIV); Ghisoni (Rotgès in litt.); Porto-Vecchio (Revel. ex Mars. *Cat.* 51); Santa-Manza (Revel. in Bor. *Not.* I, 6); Bonifacio (Revel. in Bor. l. c.); et localités ci-dessous.

1907. — Cap Corse: Marine d'Albo, prairie maritime, 26 avril fl.! —
Montagne de Pedana, balmes, calc., 500 m., 14 mai fl.!; garigues entre
la station et le village de Pietralba, 400 m., 14 mai fl. fr.!; garigues à
Corté, 400 m., 11 mai fl. fr.!; embouchure de la Solenzara, sables des
aulnaies, 7 mai fl fr.!

Grenier et Godron ont distingué un *Cracca corsica* Gr. et Godr. [*Fl. Fr.*
I, 473 (1848) = *Ervum corsicum* Nym. *Syll.* 310 (1854-55) = *V. corsica* Ces.
Pass. et Gib. *Comp. fl. it.* II, 685 (1867); Fouc. et Sim. *Trois sem. herb.
Cors.* 176 = *V. disperma* var. *corsica* Rouy *Fl. Fr.* V, 244 (1899); Asch. et
Graebn. *Syn.* VI, 2, 908] basé sur une plante plus grêle, à stipules inférieures seules semi-sagittées, les autres linéaires. Sur les échantillons
grêles, à folioles étroites, les stipules deviennent en effet plus étroites,
les supérieures ont un appendice basilaire moins distinct. Mais cette
particularité est souvent aussi marquée sur plusieurs de nos échantillons
continentaux; il existe d'ailleurs tous les passages entre cet extrême et
le type tel que l'entendaient Grenier et Godron. M. Burnat (*Fl. Alp. mar.*
II, 188) est arrivé à la même conclusion que nous. Les variétés *genuina*
Rouy, *ambigua* Rouy et *corsica* Rouy sont de simples formes individuelles
du *V. disperma*. — Foucaud et Simon (l. c.) ont bien reconnu la variabilité très grande de l'appareil végétatif du *V. disperma* en Corse, aussi
croient-ils devoir distinguer le *V. corsica* d'après les fleurs plus petites,
et les graines brunes maculées de noir (et non pas noir‹ s). Après examen
d'un grand nombre d'échantillons de toute provenance nous ne pouvons
arriver à dégager d'après ces caractères une race distincte. Les fleurs
oscillent quelque peu dans les dimensions absolues sur toutes nos provenances (continentales aussi), et les graines varient du brun foncé au
noir sans distinction d'origine.

1031. **V. monanthos** Desf. *Fl. atl.* II, 165 (1798-1800); Rouy *Fl.
Fr.* V, 241; Coste *Fl. Fr.* I, 289; Cavillier in *Ann. Cons. et Jard. bot.
Genève* XI/XII, 16-20; Asch. et Graebn. *Syn.* VI, 2, 911 = *Ervum monan-
thos* L. *Sp.* ed. 1, 738 (1753) = *Ervum stipulaceum* Bast. in Desv. *Journ.
Bot.* III, 18 (1814) = *V. articulata* Willd. *Enum. hort. berol.* 764 (1809);
Lois. *Fl. gall.* ed. 2, II, 149 = *Cracca monanthos* Gr. et Godr. *Fl. Fr.* I,
471 (1848). — Exsicc. Soleirol n. 1085!

Hab. — Moissons de l'étage inférieur. Avril-mai. ④. Rare. Bastia,
coteau de Toga (Mab. ap. Mars. *Cat.* 51 et in *Feuill. jeun. nat.* VII, 111);
Algajola (Soleirol exsicc. cit. et ap. Bert. *Fl. it.* VII, 503); Corté (Burnouf
ex Le Grand in *Bull. soc. bot. Fr.* XXXVII, 19); Vico (Le Grand l. c.); Prunelli-di-Fiumorbo (Salis in *Flora* XVII, Beibl. II, 61); Suarella [Petit in
Bot. Tidsskr. XIV, 246 (localité à nous inconnue)].

Cette espèce appartient évidemment, malgré ses corolles relativement
grandes, au sous-genre *Ervum*. En revanche, le *V. elegantissima* Shuttl.

[ap. Rouy *Excurs. bot. Esp. en 1881-82*, 65 (1883) ; id. in *Le Naturaliste* ann. 1888, 85 ; id. *Fl. Fr.* V, 242 et X, 374 ; Coste *Fl. Fr.* I, 389 ; Asch. et. Graebn. *Syn.* VI, 2, 910], placé à côté du *V. monanthos* par M. Rouy, en est fondamentalement différent (stipules, inflorescence, calice. fruit). Ainsi que l'a montré M. Cavillier d'une façon convaincante (l. c.), le *V. elegantissima* est une simple race du *V. villosa* subsp. *pseudocracca*, dont il ne s'écarte que par des caractères très faibles. MM. Ascherson et Graebner (l. c.) — qui ont suivi M. Rouy, sans avoir pris connaissance du mémoire de M. Cavillier et, semble-t-il, sans avoir vu le *V. elegantissima* — ont réuni les *V. elegantissima* et *monanthos* en une espèce collective· (« Gesammtart ») sous le nom de *V. monantha* Asch. et Graebn., sensu. coll. Cet arrangement entièrement artificiel implique de grosses erreurs morphologiques ; il aurait pu facilement être évité en utilisant la bibliographie.

1032. **V. tetrasperma** Mœnch *Meth.* 148 (1794) ; Koch *Syn.* ed. 1,. 191 ; Asch. et Graebn. *Syn.* VI, 2, 912 = *Ervum tetraspermum* L. *Sp.* ed. 1, 738 (1753) =*Vicia gemella* Crantz ampl. Rouy *Fl. Fr.*V, 245 (1899).

Hab. — Cultures et garigues de l'étage inférieur. Avril-mai. ①. — En Corse, les sous-espèces suivantes.

I. Subsp. **eu-tetrasperma** Briq. = *Ervum tetraspermum* L. l. c.,. sensu stricto ; Gr. et Godr. *Fl. Fr.* I, 474 ; Alef. in *Bonplandia* IX, 125 = *V. gemella* Crantz *Stirp. austr.* V, 389 (1769) ; Rouy l. c., sensu stricto· = *V. tetrasperma* Mœnch l. c., sensu stricto ; Coste *Fl. Fr.* I, 390 = *V. tetrasperma* α *typica* Fior. et Paol. *Fl. anal. It.* II, 120 (1900).

Hab. — Peu fréquent. Bastia (Mab. ex Mars. *Cat.* 52) ; vallée de la Restonica (Fouc. et Sim. *Trois sem. herb. Corse* 141) ; hameau de Rosse· près Ghisoni (Rotgès in litt.) ; Bonifacio (Seraf. ex Bert. *Fl. it.*VII, 535,. mais l'auteur ne distinguait pas les deux sous-espèces suivantes).

Plante glabrescente. Pédoncules capillaires, mutiques ou à peine aristés, égalant la feuille. longue de 4-5 mm. Calice glabre ou. glabrescent, à dents plus courtes que le tube, les supérieures triangulaires-lancéolées, les latérales à base triangulaire brièvement lancéolées, l'antérieure très courte. Corolle dépassant la gorge du calice de 2-4 mm. Graine à hile linéaire-oblong égalant le $^1/_5$ de la circonférence.

† II. Subsp. **gracilis** Briq. = *V. gracilis* Lois. *Fl. gall.* ed. 1, 460· (1807) et ed. 2, II, 148, tab. 12 ; Boiss. *Fl. or.* II, 596 ; Coste *Fl. Fr.* I, 390 ; G. Beck in Reichb. *Ic.* XXII, 203, tab. 264, f. I, 1-6 = *Ervum tenuissimum* [Marsch.-Bieb. *Tabl. Casp.* 185 (1800 ?)] Pers. *Syn.* II, 309 (1807) = *Ervum longifolium* Ten. *Prodr. fl. neap.* 59 (1811) = *Ervum gracile·*

DC. *Cat. hort. monsp.* 109 (1813) et *Fl. fr.* V, 581 ; Gr. et Godr. *Fl. Fr.*
I, 475 = *V. tetrasperma* var. *hexasperma* Coss. et Germ. *Fl. env. Paris*
éd. 1, I, 142 (1845) = *V. tetrasperma* var. *gracilis* Coss. et Germ. *Fl.
env. Paris* éd. 2, 178 (1861) ; Fior. et Paol. *Fl. anal. It.* II, 120 ; Asch.
et Graebn. *Syn.* VI, 2, 913 = *V. Tenoreana* Martr.-Don. *Fl. Tarn* 179
(1864) = *V. gemella* subsp. *gracilis* Rouy *Fl. Fr.* V, 247 (1899).

Hab. — Assez rare. Lavesina (Mab. in *Feuill. jeun. nat.* VII, 111) ;
Bastia (Salis in *Flora* XVII, Beibl. II, 61) ; Ajaccio (Lutz in *Bull. soc. bot.
Fr.* XLVIII, 53).

Plante glabrescente. Pédoncules aristés, généralement plus longs que
la feuille. Fleur relativement grande, longue de 7-8 mm. Calice à dents
plus courtes que le tube, étroitement lancéolées, peu inégales. Corolle
dépassant la gorge du calice d'env. 5-6 mm. Graines (4-6) à hile arrondi-
ové, atteignant à peine le $^1/_{10}$ de la circonférence de la graine.

III. Subsp. **pubescens** Asch. et Graebn. *Syn.* VI, 2, 913 (1909) =
Ervum pubescens DC. *Cat. hort. monsp.* 109 (1813) et *Fl. fr.* V, 582 ;
Gr. et Godr. *Fl. Fr.* I, 474 = *Ervum Bibersteinii* Guss. *Fl. sic. prodr.*
II, 445 (1828) = *V. pubescens* Link *Handb.* II, 190 (1831) ; Boiss. *Fl.
or.* II, 596 ; Coste *Fl. Fr.* I, 390 = *Ervum Salisii* Gay ap. Salis in *Flora*
XVII, Beibl. II, 61 (1834) ; Mutel *Fl. fr.* I, 294 = *V. tetraptera* Moris
Fl. sard. I, 567 (1837) = *V. gemella* subsp. *pubescens* Rouy *Fl. Fr.* V, 246
(1899) = *V. tetrasperma* ♂ *pubescens* Fior. et Paol. *Fl. anal. It.* II, 120
(1900). — Exsicc. Kralik sub : *E. pubescens* ! ; Burn. ann. 1904 n. 179 !

Hab. — Plus fréquente que les précédentes. Luri (Fouc. et Sim. *Trois
sem. herb. Corse* 144) ; S. Martino-di-Lota (Gillot in *Bull. soc. bot. Fr.*
XXIV, sess. extr. XLVIII et LIX) ; env. de Bastia (Salis in *Flora* XVII,
Beibl. II, 62) ; St-Florent (Fouc. et Sim. l. c.) ; Ile Rousse (N. Roux in
Bull. soc. bot. Fr. XLVIII, sess. extr. CXLV) ; montagne de Caporalino
(Briq. *Spic.* 42 et Burn. exsicc. cit.) ; Calcatoggio (Lutz in *Bull. soc. bot.
Fr.* XLVIII, sess. extr. CXXXVI) ; Ajaccio (Boullu ibid. XXIV, sess. extr.
XCIX) ; embouchure du Fiumorbo (Salis l.c.) ; Sartène (Salis l.c.) ; Boni-
facio (Kralik exsicc. cit.) ; et localité ci-dessous.

1907. — Garigues entre Port de Favone et Ste-Lucie, 10 m., 4 mai fl. fr. !

Plante pubescente. Pédoncules mutiques ou à peine aristés, égalant
environ la feuille. Fleur petite, longue de 4-5 mm. Calice ± couvert de
longs poils apprimés, à dents plus longues que le tube, linéaires-subulées,
peu inégales. Corolle dépassant la gorge du calice de 2-4 mm. Graines à
hile arrondi-ové, atteignant env. $^1/_{10}$ de la circonférence.

Les légumes sont généralement brièvement pubescents, rarement glabres (comme d'ailleurs dans les sous-esp. *eu-tetrasperma* et *gracilis*), sans que cette dernière particularité, apparaissant çà et là sur des pieds isolés, paraisse caractériser une variété proprement dite. Le *V. Salisii* Gay est basé sur la forme la plus fréquente à légumes pubescents (« legumi-nibus... pubescentibus » Salis l. c.), et non pas sur la forme à légumes glabres, comme le croient à tort M. Rouy (*Fl. Fr.* V, 246) et MM. Ascher-son et Graebner (*Syn.* VI, 2, 916) ; Salis se borne à dire de cette dernière, en marge de sa description : « Specimen unicum legum. glabris Bastiae legi », trouvaille isolée qui est conforme à notre expérience.

V. silvatica L. *Sp.* ed. 1, 734 (1753); Gr. et Godr. *Fl. Fr.* I, 467 ; Rouy *Fl. Fr.* V, 230 ; Coste *Fl. Fr.* I, 387 ; Asch. et Graebn. *Syn.* VI, 2, 925.

Signalé à Bonifacio (Serafini et Soleirol ex Bert. *Fl. it.* VII, 477). Les indications de Serafini et de Soleirol sont souvent assez largement don-nées pour s'appliquer en réalité à des localités situées fort loin des villes ou des villages cités (exemple fréquent : « Calvi » pour « cimes des environs de Calvi »). Le *V. silvatica* étant une espèce montagnarde, il ne pourrait s'agir, dans le cas particulier, que de la montagne de Cagna où les sapinaies offrent des stations favorables. M. Barbey (*Fl. sard. comp.* 224) doute de la présence en Sardaigne du *V. silvatica* et pense que l'in-dication de Bertoloni relative à la Corse se rapporte peut-être au *V. leu-cantha* Biv. Mais Bertoloni (op. cit. 504) distingue bien cette dernière Vesce, qui n'a d'ailleurs pas été constatée en Corse jusqu'à présent ; il distingue aussi le *V. altissima* Desf. Nous avons cherché en vain le *V. silvatica* à la montagne de Cagna, ce qui ne signifie pas qu'on ne l'y retrouve dans la suite. Nous n'osons cependant pas, jusqu'à plus ample informé, admettre le *V. silvatica* comme membre de la flore corse.

1033. **V. altissima** Desf. *Fl. atl.* II, 163 (1800); Salis in *Flora* XVII, Beibl. II, 60 ; Gr. et Godr. *Fl. Fr.* I, 465 ; Rouy *Fl. Fr.* V, 226 ; Coste *Fl. Fr.* I, 387 ; Asch. et Graebn. *Syn.* VI, 2, 927 = *V. polysperma* Ten. *Fl. nap. prodr.* App. V, 22 (1826). — Exsicc. Soleirol n. 1116 ! ; Kralik n. 568 ! ; Mab. n. 124 ! ; Reverch. ann. 1880, n. 369 !

Hab. — Lisière des maquis, surtout rocheux, de l'étage inférieur. Mai-juill. ⚲. Peu fréquent, mais abondant où il se trouve. Rogliano (Rev. ex Mars. *Cat.* 51); Biguglia au Pineto (Mab. ex Mars. l. c.); Patri-monio (Salis in *Flora* XVII, Beibl. II, 60); St-Florent (Mab. ex Mars. l. c.); Ajaccio (Boullu in *Bull. soc. bot. Fr.* XXIV, sess. extr. XCIX ; localité dou-teuse); Solenzara (Mars. l. c.; Fouc. et Sim. *Trois sem. herb. Corse* 141); Porto-Vecchio (Salis l. c.; Revel. ex Mars. l. c.); La Trinité (Mars. l. c.); Santa Manza (Mab. exsicc. cit.; Ellman et Jahandiez in litt.); Bonifacio (Salis l.c.; Soleirol, Kralik et Reverch. exsicc. cit.); et localités ci-dessous.

1907. — Lisière dès maquis entre Solenzara et Port de Favone, puis entre Port de Favone et Ste-Lucie, 1-10 m., 4 mai fl. !

† 1034. **V. Cracca** L. *Sp.* ed. 1, 735 (1753); Beck *Fl. Nied.-Österr.* 880; Rouy *Fl. Fr.* V, 232; Fior. et Paol. *Fl. anal. It.* II, 116.

Hab. — Lisières et clairières des maquis et des bois, rochers, garigues des étages inférieur et montagnard. Avril-juill. selon l'altitude. ♃. — En Corse, les sous-espèces suivantes :

† I. Subsp. **vulgaris** Gaud. *Fl. helv.* IV, 505 (1829); Schinz et Kell. *Fl. Schw.* ed. 3, I, 329 = *V. imbricata* Gilib. *Fl. lith.* IV, 104 (1781) = *V. Cracca* Roth *Tent. fl. germ.* I, 309 (1788); Coste *Fl. Fr.* I, 388 = *Cracca major* Gr. et Godr. *Fl. Fr.* I, 468 (1848) = *V. Cracca* subsp. *imbricata* Rouy *Fl. Fr.* V, 233 (1899); Asch. et Graebn. *Syn.* VI, 2, 930 = *V. Cracca* α *imbricata* Fior. et Paol. *Fl. anal. It.* II, 116 (1900).

Hab. — Plus rare que les sous-espèces suivantes. Montagnes de Bastia (Salis in *Flora* XVII, Beibl. II, 60); Ghisoni (Rotgès in litt.); env. de Bonifacio (Boy. *Fl. Sud Corse* 59); et localités ci-dessous.

1907. — Montagne de Pedana, clairières des chênaies, 200 m., calc., 14 mai fl.!; lisière des maquis entre Alistro et Bravone, 10 m., calc., 30 avril fl.!

Fleurs médiocres (longues de 10-12 mm.). Calice à dents inférieures linéaires-lancéolées. Etendard à limbe (mesuré à partir du point où la nervure médiane envoie des nervures latérales) aussi long que l'onglet. Légume à carpophore plus court que le tube du calice; graines à hile égalant le plus souvent le tiers de la circonférence.

Nos échant. corses appartiennent à la var. **latifolia** Neilr. [*Fl. Nied.-Österr.* 959 (1859); Beck *Fl. Nied.-Österr.* 880; Rouy *Fl. Fr.* V, 283; Asch. et Graebn. *Syn.* VI, 2, 931] à indument étalé nul ou presque nul, à folioles oblongues et obtuses. Les grappes très florifères sont plus longues que les feuilles.

II. Subsp. **Gerardi** Gaud. *Fl. helv.* IV, 506 (1829) = *V. incana* Gouan *Fl. monsp.* 189 (1765) p. p. = *V. Gerardi* All. *Fl. ped.* I, 325 (1785); Coste *Fl. Fr.* I, 388; non Jacq. = *V. incana* Vill. *Hist. pl. Dauph.* I, 342 (1786) et III, 449; non Lamk, nec Thuill. = *V. Galloprovincialis* Poir. *Encycl. Suppl.* V, 471 (1817) = *V. multiflora* Mut. *Fl. fr.* I, 295 (1834) = *V. Cracca* var. *Gerardi* Koch *Syn.* ed. 1, 194 (1837) = *Cracca Gerardi* Gr. et Godr. *Fl. Fr.* I, 469 (1848) = *V. Cracca* var. *incana* Burn. *Fl. Alp. mar.* II, 182 (1893); Fior. et Paol. *Fl. anal. It.* II, 117 = *V. Cracca* subsp. *incana*

Rouy *Fl. Fr.* V, 234 (1899); Schinz et Kell. *Fl. Schw.* ed. 3, 1, 329 = *V. Cracca* subsp. *galloprovincialis* Asch. et Graebn. *Syn.* VI, 2, 932 (1909).

Hab. — Bastia aux coteaux de Toga (Mab. in *Feuill. jeun. nat.* VII, 111); Monte S. Pietro (Lit. *Voy.* I, 7); vallée du Fiumalto (Gillot in *Bull. soc. bot. Fr.* XXIV, sess. extr. LXXV; Bras ex Rouy *Fl. Fr.* V, 234) et en général dans la Castagniccia (Salis in *Flora* XVII, Beibl. II, 60); Monte Rotondo (Soleirol ex Bert. *Fl. it.* VII, 482); forêt de Vizzavona (Gillot *Souv.* 5); Bocognano (Soleirol ex Bert. l. c. « Bogomano »; Revel. in Bor. *Not.* III, 6; Mars. *Cat.* 51); Vico (Mars. l. c.); col de St-Georges (Mars. l. c.); et sans doute plus répandue.

Fleurs médiocres (longues d'env. 10 mm.). Calice à dents inférieures subulées. Etendard à limbe (mesuré comme ci-dessus) aussi long que l'onglet. Légume à carpophore plus long que le calice; graine à hile égalant env. le $\frac{1}{4}$ de la périphérie. Appareil végétatif pourvu de poils étalés ± abondants.

III. Subsp. **tenuifolia** Gaud. *Fl. helv.* IV, 507 (1829); Rouy *Fl. Fr.* V, 235 (1899); Schinz et Kell. *Fl. Schw.* ed. 3, 1, 329 = *V. tenuifolia* Roth *Tent. fl. germ.* I, 309 (1786); Koch *Syn.* ed. 3, 167; Coste *Fl. Fr.* I, 388 = *Cracca tenuifolia* Gr. et Godr. *Fl. Fr.* I, 469 (1848) = *V. Cracca* var. *tenuifolia* Beck *Fl. Nied.-Österr.* 880 (1892) p. p.; Fior. et Paol. *Fl. anal. It.* II, 117 = *V. tenuifolia* subsp. *eu-tenuifolia* Asch. et Graebn. *Syn.* VI, 2, 935 (1909). — Exsicc. Sieber sub: *V. Cracca*!; Kralik n. 568 a!; Reverch. ann. 1879, sub: *Cracca tenuifolia*!, et ann. 1885, n. 495!; Burn. ann. 1900, n. 28! et 41!

Hab. — Répandue. Env. de Bastia (Sieber et Kralik exsicc. cit.; Mab. in Mars. *Cat.* 51; Gillot in *Bull. soc. bot. Fr.* XXIV, sess. extr. XLII et LVI); Serra di Pigno (Burn. exsicc. cit. n. 28); col de Teghime, versant E. (Burn. exsicc. cit. n. 41); env. d'Orezza (Gillot op. cit. LXXVIII); Monte Grosso (ex Mutel *Fl. fr.* I, 297); Calvi (St-Yves); Cristinacce près Evisa (Reverch. exsicc. cit. 1885); forêt d'Aitone (Lit. *Voy.* II, 14); Aleria (Soleirol ex Mut. l. c.); Serra di Scopamène (Reverch. exsicc. cit. 1878); et localités ci-dessous.

1906. — Cap Corse: replats gazonnés de la Tour de Sénèque au-dessus de Luri, 500 m., 8 juill. fr.! — Rochers du col de S. Colombano, 650 m., calc., 10 juill. fr.!; cime de la Chapelle de S. Angelo, falaise N., calc., 1100 m., 15 juill. fl. fr.!; pentes inf. du Monte d'Oro, versant E., taillis, 1000–1100 m., 15 juill. fr.!

1907. — Cap Corse: montagne des Stretti, garigues, calc., 100 m., 25 avril fl.!

1908. — Vallée inf. du Tavignano, clairières des pineraies, 1200 m., 26 juin fl. !

Fleurs plus grandes (12–14 mm.). Calice à dents inférieures lancéolées. Etendard à limbe (mesuré comme ci-dessus) $^1/_4$ à 1 fois plus long que l'onglet. Légume à carpophore plus court que le calice ; graines à hile égalant env. le $^1/_4$ de la périphérie.

Nos échant. corses ont des grappes assez denses, généralement plus longues que les feuilles ; celles-ci à folioles oblongues-linéaires, obtuses au sommet. Nous ne pouvons voir une variété spéciale dans la plante de M. Reverchon citée ci-dessus (ann. 1885) que M. Rouy assimile au *V. polyphylla* Desf. [*Fl. atl.* II, 162 (1800) = *V. tenuifolia* var. *latifolia* Lange *Pug.* 381 (1865) ; Willk. et Lange *Prodr. fl. hisp.* III, 303 ; Asch. et Graebn. *Syn.* VI, 2, 935] qui doit avoir des folioles plus larges et des fleurs grandes ; les échantillons en question ne peuvent être caractérisés que par des folioles plus larges, et répondent d'ailleurs à la description ci-dessus.

Dès 1829, Gaudin avait bien compris et, à notre avis, correctement jugé la valeur subspécifique des trois groupes étudiés ci-dessus ; les noms qu'il leur a attribués doivent par conséquent être conservés.

1035. **V. villosa** Roth *Tent. fl. germ.* II, 2, 182 (1793) ampl. Rouy *Fl. Fr.* V, 236 ; Fior. et Paol. *Fl. anal. It.* II, 118 ; Cavillier in *Ann. Cons. et Jard. bot. Genève* XI–XII, 21.

Hab. — Très variable. Prairies maritimes, garigues, clairières des maquis dans les étages inférieur et montagnard. Avril-juin. ①-⚥.

Les trois sous-espèces que nous admettons ici ont été d'abord reconnues comme telles par M. Emile Burnat (*Fl. Alp. mar.* II, 185), sans toutefois adopter la nomenclature correspondante. Cet auteur a été suivi sous une forme un peu différente par M. Rouy (l. c.), par MM. Fiori et Paoletti (l. c.), puis par M. Cavillier (l. c.). MM. Ascherson et Graebner (*Syn.* VI, 2, 943 et 946) ont de nouveau distingué spécifiquement ces trois groupes, mais en passant sous silence sans les discuter les formes douteuses évoquées par M. Burnat. L'examen de matériaux abondants nous amène à confirmer entièrement la manière de voir de ce dernier auteur.

I. Subsp. **eu-villosa** Cavillier in *Ann. Conserv. et Jard. bot. Genève* XI–XII, 21 (1907) = *V. villosa* Roth l. c., sensu stricto ; Boiss. *Fl. or.* II, 591 ; Asch. et Graebn. *Syn.* VI, 2, 940 = *V. polyphylla* W. K. *Pl. var. Hung.* III, 282, tab. 254 (1812) ; non Desf. = *Cracca villosa* Gr. et Godr. *Fl. Fr.* I, 470 (1848) = *V. varia* var. *plumosa* Martr. *Pl. crit. Tarn* I, 20 (1862) = *V. plumosa* Martr. *Fl. Tarn* 179 (1864) = *V. varia* var. *villosa* Arc. *Comp. fl. it.* éd. 2, 527 (1894) = *V. villosa* Rouy *Fl. Fr.* V, 236 (1899), sensu stricto = *V. villosa* α *Godroni* Fior. et Paol. *Fl. anal. It.* II, 118 (1900) = *V. varia* Coste *Fl. Fr.* I, 389 p.p. — Exsicc. Thomas sub : *V. villosa* !

Hab. — Assez rare. Rogliano (Revel. ex Mars. *Cat.* 51); entre Piana et Evisa (Lutz in *Bull. soc. bot. Fr.* XLVIII, sess. extr. CXXXII); Bonifacio (Kralik ex Rouy *Fl. Fr.* V, 237).

Tiges et feuilles hérissées-velues. Grappe multiflore, $\pm$ plumeuse avant l'anthèse. Calice à dents longuement ciliées. Corolle violette. Légume long d'env. 2 cm., large de 7-8 mm., à carpophore dépassant $\pm$ le tube calicinal.

M. Rouy a séparé du *V. villosa* Roth (sensu stricto) une « forme » *V. Godroni*. MM. Ascherson et Graebner (*Syn.* VI, 2, 941) ont suivi M. Rouy en distinguant un *V. villosa* A *culta* Asch. et Graebn. et un *V. villosa* B *Godroni* Asch. et Graebn. Mais les caractères de cette var. *Godroni* (grappe égalant la feuille, à fleurs inférieures passées quand les supérieures s'ouvrent; dent inf. du calice plus longue que le tube) se retrouvent souvent sur le *V. villosa*, dit typique, des stations les plus septentrionales. Ces auteurs attribuent aussi au *V. villosa Godroni* une racine bisannuelle ou subvivace, ce qu'avait déjà avancé Godron (*Fl. Fr.* l. c.), et Boissier [sub : *V. Boissieri* Heldr. et Sart. in Boiss. *Diagn. pl. or.* ser. 2, II, 40 (1843)]. Cependant Boissier (*Fl. or.* II, 591) a ultérieurement passé ce caractère sous silence et réduit le *V. Boissieri* au rang de simple synonyme du *V. villosa*. En réalité toutes les formes du *V. villosa* sont annuelles ou bisannuelles; nous n'en avons pas vu de vraiment vivaces. Les variétés *genuina* Rouy, *latifolia* Rouy et *angustifolia* Rouy ne représentent guère pour nous que des variations individuelles.

II. Subsp. **dasycarpa** Cavillier in *Ann. Conserv. et Jard. bot. Genève* XI-XII, 21 (1907) = *V. dasycarpa* Ten. *Relax. viagg. Abruxx.* 81 (1829) et *Fl. nap.* V, 116, tab. 244 (err. CCLIV); Bert. *Fl. it.* VII, 485; Asch. et Graebn. *Syn.* VI, 2, 942 = *V. varia* Host *Fl. austr.* II, 332 (1831); Freyn in *Verh. xool.-bot. Ges. Wien* XXVII, 318; Coste *Fl. Fr.* I, 389 p. p. = *V. villosa* var. *glabrescens* Koch *Syn.* ed. 1, 194 (1837) = *Cracca varia* Gr. et Godr. *Fl. Fr.* I, 469 (1848) = *Cracca dasycarpa* Alef. in *Bonplandia* IX, 121 (1861). — Exsicc. Kralik sub : *Cracca varia*!; Mab. n. 371!; Reverch. ann. 1885, n. 496!; Burn. ann. 1904, n. 173! et 174!

Hab. — Répandue. De Bastia à Biguglia (Salis in *Flora* XVII, Beibl. II, 60; Boullu in *Bull. soc. bot. Fr.* XXIV, sess. extr. CXIV); Serra di Pigno (Billiet in *Bull. soc. bot. Fr.* XXIV, sess. extr. LXVIII); Ile Rousse (Thellung in litt.); cap de Spano, entre Algajola et Calvi (Soleirol ex Bert. *Fl. it.* VII, 485); entre Evisa et Porto [Lit. in *Bull. acad. géogr. bot.* XVIII, 128 (sub : *V. pseudocracca*)]; Cristinacce (Reverch. exsicc. cit.); vallée de Verghello (Doûmet in *Ann. Hér.* V, 183); Appietto (Briq. *Spic.* 41 et Burn. exsicc. cit. n. 174); env. d'Ajaccio (Req. ex Mars. l. c.; Kralik exsicc. cit.; Doûmet op. cit. 119; Mars. *Cat.* 51; Boullu in *Bull. soc. bot.*

Fr. XXIV, sess. extr. XCIX ; Fouc. et Sim. *Trois sem. herb. Corse* 141 ;
et autres observ.) ; Pozzo di Borgo (Coste in *Bull. soc. bot. Fr.* XLVIII,
sess. extr. CXI ; Briq. *Spic.* 41 et Burn. exsicc. cit. n. 173) ; Aleria (Soleirol ex Bert. l. c.) ; Solenzara (Fouc. et Sim. l. c.) ; Porto-Vecchio (Mab.
exsicc. cit. et ap. Shuttl. *Enum.* 10 ; Stefani !) ; Propriano (Thellung in
litt.) ; Bonifacio (Seraf. ex Bert. l. c. ; Mars. l. c. ; Lutz in *Bull. soc. bot.
Fr.* XLVIII, sess. extr. CXLI ; Boy. *Fl. Sud Corse* 59 ; et autres observ.) ;
et localités ci-dessous.

1906. — Rocailles en montant d'Omessa au col Bocca al Pruno, 700 m.,
15 juill. fl. ! ; maquis en montant de Cauro au col San Giorgio, 400 m.,
17 juill. fl. !

1907. — Ile Rousse, garigues, 21 avril fl. ! ; lisière des maquis au Pont
du Travo, 8 m., 3 mai fl. ! ; vallée inf. de la Solenzara, maquis, 50 m.,
3 mai fl. ! ; Pointe de l'Aquella, maquis, calc., 250-370 m., 4 mai fl. ! ; oliveraies à Santa Manza, 10 m., 6 mai fl. fr. !

1908. — Garigues sur le versant W. du col de Tende, 500 m., 1 juill. fl.
fr. ! ; Pietralba, garigues, 450 m., 30 juin fl. !

Tiges et feuilles vertes, glabrescentes, ou pourvues de poils plus apprimés. Grappe multiflore, non ou à peine plumeuse avant l'anthèse. Calice
à dents inférieures glabrescentes, généralement moins longues que dans
la sous-espèce précédente. Corolle d un violet très foncé. Légume long
d'env. 2,5-3 cm., large de 8-10 mm.
M. Heimerl [in *Verh. zool.-bot. Ges. Wien* XXXI, 173 (1881)] a séparé le
V. villosa var. *glabrescens* Koch du *V. varia* Host (= *V. dasycarpa* Ten.)
sous le nom de *V. glabrescens* Heim. Cette séparation a été maintenue
sous une forme différente par M. Celakowsky (in *Sitzungsber. böhm. Ges.
Wiss.* ann. 1890, 464), qui distingue un *V. varia* var. *parviflora* (*V. varia*
Host = *V. dasycarpa* Ten., sensu stricto) et un *V. varia* var. *grandiflora*
(*V. villosa* var. *glabrescens* Koch). M. Rouy (*Fl. Fr.* V, 238) a désigné ces
deux groupes sous le nom de *V. villosa* forme *V. dasycarpa* α *latifolia*
Rouy et β *angustifolia* Rouy. MM. Ascherson et Graebner (*Syn.* VI, 2, 943
et 944) appellent le premier groupe *V. dasycarpa* A *varia* Asch. et Graebn.
et le second *V. dasycarpa* B *glabrescens* G. Beck [in Reichb. *Ic.* XXII, 199
(1903)]. Selon M. Heimerl, le *V. varia* (*dasycarpa*) serait purement méditerranéen, tandis que le *V. glabrescens* serait une plante de l'Europe centrale ; ce dernier se distinguerait par des folioles étroites, à pédoncules
plus courts que les feuilles axillantes (plus longs que la feuille dans le
V. dasycarpa), à fleurs longues de 13-15 mm. (11-12 mm. dans le *V. dasycarpa*) et à dents calicinales inf. de moitié plus courtes que le tube (à
peine plus courtes que le tube dans le *V. dasycarpa*). MM. Ascherson et
Graebner attribuent en outre au *V. dasycarpa* un fruit atteignant 4 cm.,
tandis qu'il n'aurait que 9 mm. dans le *V. glabrescens*. Mais dans nos
échant. corses, nous voyons les caractères invoqués par M. Heimerl
varier énormément et d'une façon indépendante les uns des autres, de

telle sorte que si l'on peut parler de formes *parviflora* et *grandiflora,*
latifolia et *angustifolia*, nous ne sommes pas arrivé à dégager à l'intérieur
de la sous-esp. *dasycarpa* des *races* distinctes. Quant aux caractères du
fruit, il y a évidemment une erreur de la part de MM. Ascherson et Graebner. Nous n'avons jamais vu, d'aucune provenance, des fruits longs de
9 mm. dans ce groupe. Les gousses les plus courtes que nous ayons
mesurées dans les échantillons de l'Europe centrale sont de 1 cm. $^1/_2$;
en Corse, elles oscillent généralement entre 2 et 3,5 cm. On peut, là
aussi, tout au plus distinguer des formes *macrocarpa, mesocarpa* et
microcarpa.

III. Subsp. **pseudocracca** Rouy *Fl. Fr.* V, 239 (1899) emend. Cavillier in *Ann. Conserv. et Jard. bot. Genève* XI-XII, 22 (1907) = *V. pseudo-*
cracca Bert. *Rar. it. pl. dec.* III, 58 (1810) et *Fl. it.* VII, 487; Strobl in
Oesterr. bot. Zeitschr. XXXVIII, 362 (1887); Burn. *Fl. Alp. mar.* II, 185 ;
Coste *Fl. Fr.* I, 389 ; Asch. et Graebn. *Syn.* VI, 2, 945 = *Cracca Berto-*
lonii Gr. et Godr. *Fl. Fr.* I, 470 (1848).

Tiges et feuilles (généralement paucifoliolées) vertes, glabrescentes ou
pourvues de poils apprimés. Grappe pauciflore, non plumeuse avant
l'anthèse. Calice à dents inférieures un peu plus courtes que le tube,
glabrescentes ou ± velues, mais non longuement ciliées. Corolle d'un
violet-bleuâtre, à ailes souvent lavées de jaune, longue de 15-16 mm.
(très rarement 10 mm. ou 17-18 mm.). Légume long de 2,5-3 cm., large
de 6-8 mm. — On peut distinguer ici deux races, reliées par des formes
ambiguës :

α. Var. **Bertolonii** Cavillier in *Ann. Conserv. et Jard. bot. Genève* XI-
XII, 22 (1907) = *V. pseudocracca* Bert., sensu stricto = *V. villosa* subsp.
pseudocracca Rouy l. c., sensu stricto.— Exsicc. Soleirol n. 1121 !; Mab.
n. 39 !; Debeaux ann. 1868 et 1869 sub : *Cracca Bertolonii* !

Hab. — Disséminée. De Bastia à Biguglia (Salis in *Flora* XVII, Beibl.
II, 60 ; Soleirol exsicc. cit. et ap. Bert. *Fl. it.* VII, 487; Mab. *Rech.* I,
16, exsicc. cit. et ap. Mars. *Cat.* 51 ; Boullu in *Bull. soc. bot. Fr.* XXIV,
sess. extr. LXVI; Salle ex Rouy *Fl. Fr.* V, 239; Autheman in h. Deless.!);
Calvi (Soleirol ex Bert. *Fl. it.* VII, 487) ; Calacuccia (Lit. in *Bull. acad.*
géogr. bot. XVIII, 128) ; Lozzi (Lit. l. c.) ; Ajaccio (Salle ex Rouy l. c.) ;
Aleria (Soleirol ex Bert. l. c. ; Mars. l. c. ; Bernard ex Rouy l. c.); Ghiso-
naccia (Rotgès in litt.) ; Porto-Vecchio (Revel. in Bor. *Not.* II, 4 ; Mab.
Rech. I, 16 et ap. Mars. l. c.) ; Bonifacio (Revel. ex Mars. l. c.; Mab. *Rech.*
I, 16) ; et localités ci-dessous.

19 1.—Rocailles du Monte Santo, calc., 600 m., 2 juill. fl. fr. ! ; garigues
du vallon de Caldana, des env. de S. Lucia di Tallano, 300 m., 7 juill. fl. fr. !

Plante relativement moins glabrescente. Calice à sinus interdentaires plus larges, à dents supérieures atteignant seulement le tiers des latérales, un peu recourbées en arrière. Corolle d'un violet bleuâtre, à ailes lavées de jaune, plus rarement entièrement bleuâtre ou jaunâtre.

Assez variable d'apparence. Les échantillons à fleurs ochroleuques ont été distingués sous le nom de *V. consentina* Spreng. [*Pug.* II, 74 (1815) = *V. ochroleuca* β *consentina* Arc. *Comp. fl. it.* ed. 2, 527 (1894) = *V. villosa* subsp. *pseudocracca* subv. *ochroleuca* Rouy *Fl. Fr.* V, 239 (1899) = *V. pseudocracca ochrantha* Beck in Reichb. *Ic.* XXII, 199 (1903) = *V. pseudocracca consentina* Asch. et Graebn. *Syn.* VI, 2, 946 (1909)]. Dans les stations ombragées et un peu humides, les folioles sont plus larges [*V. ambigua* Guss. *Fl. sic. prodr.* II, 435 (1828) = *V. Pseudocracca* β Bert. *Fl. it.* VII, 437 (1847) = *V. villosa* subsp. *Pseudocracca* β *ambigua* Rouy *Fl. Fr.* V, 239 (1899) = *V. pseudocracca* B *ambigua* Asch. et Graebn. *Syn.* VI, 2, 946 (1909)]. En revanche dans les terrains arides et dans les sables du littoral les folioles deviennent plus petites et plus étroites, sans que ces caractères soient en rapport constant, comme on l'a dit, avec des fruits de dimensions plus grandes. C'est alors le *V. bivonea* Ser. (in DC. *Prodr.* II, 357 (1825) ; non Raf. = *Cracca bivonaea* Alef. in *Bonplandia* IX, 121 (1861) = *V. villosa* subsp. *Pseudocracca* β *littoralis* Rouy *Fl. Fr.* V, 239 (1899) = *V. pseudocracca* C *litoralis* Asch. et Graebn. *Syn.* VI, 2, 946 (1909)]. On a généralement rapporté à cette dernière forme, depuis l'époque de Salis, le *V. littoralis* Salzm. [in *Flora* IV, 110 (1821)]. Cependant l'auteur attribue à sa plante des poils étalés (et non apprimés) sur l'appareil végétatif et le calice. Ce caractère, qui fait défaut à la sous-esp. *pseudocracca*, s'appliquerait mieux à la sous-esp. *villosa* ou encore au *V. benghalensis.* Quoi qu'il en soit de l'interprétation du *V. littoralis* Salzm., qui restera douteuse à cause de l'insuffisance de la description originale, les formes qui précèdent n'ont guère pour nous qu'une signification écologique (stationnelle).

╂╂ β. Var. **brevipes** Willk. in Willk. et Lange *Prodr. fl. hisp.* III, 305 (1877) ; Cavillier in *Ann. Conserv. et Jard. bot. Genève* XI-XII, 22 = *V. elegantissima* Shuttl. ap. Rouy *Excurs. bot. Esp.* 1881-82, 65 (1883); id. in *Le Naturaliste* ann. 1888, 85 ; id. *Fl. Fr.* V, 242 et X, 374 ; Willk. *Suppl. prodr. fl. hisp.* 239 ; Coste *Fl. Fr.* I, 389 ; Asch. et Graebn. *Syn.* VI, 2, 910.

Hab. — Jusqu'ici seulement les localités ci-dessous ; à rechercher.

1907. — Cap Corse : rocailles de la montagne des Stretti, calc., 200 m., 25 avril fl. !

1910. — Garigues du vallon de Cioccia, en montant de Monaccia au col de Croce d'Arbitro, 200 m., 21 juill. fl. fr. !

Plante plus glabrescente. Calice à sinus interdentaires moins larges, à dents supérieures n'atteignant guère que le $\frac{1}{4}$ des latérales, très recourbées en arrière. Corolle d'un bleu-violacé pâle. — Nos échantillons appar-

tiennent à une forme grêle, couchée et 1-2flore ; les folioles sont étroitement oblongues ou linéaires. Les caractères du calice nous paraissent
au total bien faiblement marqués dans nos divers échant. espagnols et
provençaux. Les stipules présentent des formes semblables dans les var.
α et β, la corolle varie de 12 à 16 mm. de longueur (rarement 11-12 mm.,
ou 17 mm.) ; il n'y a pas de différences dans les légumes et dans les
graines. Nous ne pouvons d'ailleurs qu'approuver entièrement l'exposé
de.M. Cavillier, lequel a parfaitement élucidé les caractères et les affinités de cette variété méconnue, et cela malgré les observations de
M. Rouy (*Fl. Fr.* X, 374). Voy. ci-dessus p. 366 et 367.

1036. V. benghalensis L. *Sp.* ed. 1, 736 (1753) ; Halacsy *Consp.*
fl. græc. I, 491 = *V. atropurpurea* Desf. *Fl. atl.* II, 164 (1800); Mutel
Fl. fr. I, 297 ; Rouy *Fl. Fr.* V, 240 ; Coste *Fl. Fr.* I, 388 = *V. Broteriana*
Ser. in *DC. Prodr.* II, 357 (1825) = *V. trichocalyx* Moris *Stirp. sard.*
elench. III, 7 (1829) = *Cracca atropurpurea* Gr. et Godr. *Fl. Fr.* I, 471
(1848) = *V. lanata* Vis. *Fl. dalm.* III, 324 (1852) = *V. albicans* Lowe
Man. fl. Madeira 200 (1868) = *V. atripurpurea* Asch. et Graebn. *Syn.*
VI, 2, 946. — Exsicc. Soleirol n. 1120!; Kralik n. 569!; Mab. n. 125!;
Debeaux ann. 1867 et 1869 sub : *Cracca atropurpurea* ! ; Reverch. ann.
1885, n. 498 !

Hab. — Garigues, oliveraies et moissons de l'étage inférieur. Avril-
mai. ①-②. Disséminé. Erbalunga (Sargnon in *Ann. soc. bot. Lyon* VI,
62) ; Bastia, au vallon du Fango (Salis in *Flora* XVII, Beibl. II, 60; Mab.
in *Feuill. jeun. nat.* VII, 111 ; Rotgès in litt.) ; St-Florent (Mab. exsicc.
cit.) et de là le long de la côte vers Rogliano (Gysperger in Rouy *Rev.*
bot. syst. II, 111 ; Ile Rousse (Thellung in litt.) ; Algajola (Rotgès in
litt.); Cap de Spano (Soleirol ex Bert. l. c.); Lumio (Rotgès in litt.) ;
Calvi (Soleirol exsicc. cit. et ap. Bert. l. c.; Fouc. et Sim. *Trois sem. herb.*
Corse 141) ; Ota (Reverch. exsicc. cit.) ; d'Ajaccio (Thellung in litt.) à
Pozzo di Borgo (Boullu in *Bull. soc. bot. Fr.* XXIV, sess. extr. XCVII;
Coste ibid. XLVIII, sess. extr. CIX) ; Bonifacio (Revel. in Bor. *Not.* I, 6);
Kralik exsicc. cit. ; Pœverlein!) ; et localité ci-dessous.

1907. — Garigues à Santa Manza, 10 m., 6 mai fl. fr. !

Linné a donné à cette espèce le nom de *benghalensis* par suite d'une
erreur (« in Benghala » *Sp.* ed. 1, 736), empruntée à Hermann [*Fl. lugd.-*
bat. fl. 623, tab. 625 (1690)]; mais il l'a corrigée plus tard (« in Stoechadibus »
Sp. ed. 2, 1036) en indiquant comme patrie les îles d'Hyères d'après Gérard [*Fl. galloprov.* 498 (1761)]. Linné n'a pas pour cela changé le nom
donné par lui à l'espèce, et les *Règl. intern. nomencl. bot.* (art. 50) obligent.

à le conserver (de même qu'*Athamanta cretensis* qui ne croit pas en Crête, *Salvia hispanica*, originaire du Mexique, etc. etc.).

Le *V. perennis* DC. [*Cat. hort. monsp.* 155 (1813) et *Fl. fr.* V, 241 = *V. atropurpurea* forme *V. perennis* Rouy *Fl. Fr.* V, 241 (1899) = *V. atropurpurea* β *perennis* Fior. et Paol. *Fl. anal. It.* II, 117 (1900) = *V. atripurpurea* B *perennis* Asch. et Graebn. *Syn.* VI, 2, 948 (1909)] est une race (?) ou une forme occidentale du *V. atropurpurea* à légumes moins longuement velus, plus calvescents à la maturité ; on la dit plus robuste et moins velue. De Candolle lui attribue aussi des fleurs plus petites, des dents calicinales plus courtes, et une racine vivace. Ces caractères ne se vérifient pas sur plusieurs de nos échantillons du Languedoc et de la péninsule ibérique attribués au *V. perennis*. — M. Rouy a indiqué ce *V. perennis* en Corse, mais aucun de nos échantillons ne peut lui être rapporté.

╫ 1037. **V. Barbazitae** Ten. et Guss. in Ten. *Ind. sem. hort. neap.* ann. 1839, 12 ; Bert. *Fl. it.* VII, 530 ; Boiss. *Fl. or.* II, 573 ; Rouy in *Bull. soc. bot. Fr.* XXVIII, sess. extr. LX ; id. *Suites fl. Fr.* I, 74 ; id. *Ill. pl. Eur. rar.* 36, tab. CX et *Fl. Fr.* V, 214 ; Asch. et Graebn. *Syn.* VI, 2, 950 et 952 = *V. laeta* Ces. in Friederichst. *Reise Griechenl.* 280 (1838) = *V. stigmatica* Hanry et Tholin in *Feuill. jeun. nat.* XII, 80 (1882) = *V. grandiflora* β *Barbazitae* Fior. et Paol. *Fl. anal. It.* II, 111 (1900).

Hab. — Rochers ombragés, bois de l'étage montagnard, 500-1200 m. Mai-juin. ⚀. Localisé dans le centre de l'île, de la chaîne de Tende au massif du Rotondo. Mont Felce près Corté (Burnouf ex Rouy ll. cc.); et localités ci-dessous.

1907. — Châtaigneraies en montant de Pietralba au col de Tende, 900 m., 15 mai fl. ! ; montagne de Pedana, chênaie, 500 m., calc., 14 mai fl. ! ; montagne de la Chapelle de S. Angelo, versant de Caporalino, chênaie (chênes-verts), calc , 900 m., 13 mai fl. !

Une des plus belles espèces du genre *Vicia*, très voisine du *V. grandiflora* W. K., dont elle diffère : par le calice à dent inférieure égalant presque le tube (bien plus courte que le tube dans le *V. grandiflora*), la corolle plus petite à limbe des ailes d'un violet intense, tranchant vivement sur l'étendard d'un jaune pâle et la carène blanchâtre, les graines plus petites à hile égalant env. le $^1/_6$ de la circonférence et non pas les $^1/_3$. Ces derniers caractères nous ont paru si marqués sur tous les fruits que nous avons pu étudier que nous devons séparer spécifiquement les *V. grandiflora* et *Barbazitae*. Cette dernière espèce est d'ailleurs très facile à distinguer du *V. sativa* par la coloration des pétales, les stipules sagittées dentées-incisées à la base (sauf les plus supérieures), les jeunes légumes finement pubescents-glanduleux, etc.

Le *V. Barbazitae* que l'on a cru longtemps spécial à l'Italie méridionale, à la Sicile et à la Grèce, a été découvert en Corse par Burnouf dans une localité unique et d'abord correctement déterminé par M. Rouy ; à en juger par nos trouvailles de 1907, il est probablement plus répandu. En outre, cette espèce avait été découverte dès le 14 juin 1874 au Mont Sauvette près du Lac (Var) — la localité provençale classique du *V. melanops* Sibth. et Sm. — par Hanry (spec. orig. in h. Burnat), localité extrêmement éloignée du reste de l'aire. La synonymie des *V. Barbazitae* et *V. stigmatica* a été établie par M Burnat dès l'année 1886 (in *Feuill. jeun. nat.* XVI, 74). Ces diverses notes paraissent avoir échappé à l'attention des floristes français plus récents.

Les échant. corses du *V. Barbazitae* appartiennent à la var. **genuina** Briq. (= *V. Barbazitae* Ten. et Guss., sensu stricto), à folioles entières ; la var. **incisa** Boiss. (*Fl. or.* II, 574) est spéciale à la Grèce.

V. sepium L. *Sp.* ed. 1, 737 (1753) ; Gr. et Godr. *Fl. Fr.* I, 463 ; Rouy *Fl. Fr.* V, 225 ; Coste *Fl. Fr.* I, 385 ; Asch. et Graebn. *Syn.* VI, 2, 953.

Cette espèce est mentionnée par Salis (in *Flora* XVII, Beibl. II, 63) parmi celles qui lui ont été indiquées en Corse, mais qu'il n'a pas vues lui-même. Marsilly (*Cat.* 51) en a dit : « Haies et buissons, en avril, mai, C. (C. Mars.) ». Or, à notre connaissance, aucune botaniste n'a jamais authentiquement récolté en Corse le *V. sepium* et nous ne l'y avons jamais vu, ce qui est absolument invraisemblable pour une espèce dite « commune ». Il doit y avoir à l'origine de cette indication une erreur dont nous n'avons pas pu retrouver la source. Nous n'osons pas, jusqu'à plus ample informé, considérer le *V. sepium* comme une espèce corse. Cette espèce manque d'ailleurs dans l'archipel toscan ; elle est très douteuse pour la Sardaigne, où M. Barbey (*Fl. sard. comp.* 30) ne l'indique vaguement (sans localité précise) que d'après un catalogue manuscrit de Revelière.

1038. **V. lathyroides** L. *Sp.* ed. 1, 736 (1753) ; Gr. et Godr. *Fl. Fr.* I, 460 ; Rouy *Fl. Fr.* V, 215 ; Coste *Fl. Fr.* I, 383 ; Asch. et Graebn. *Syn.* VI, 2, 959. — Exsicc. Reverch. ann. 1879, sub : *V. lathyroides* !

Hab. — Garigues, clairières des maquis et des bois, 1-1400 m. Avril-mai. ①. Répandu. S. Martino-di-Lota (Gillot in *Bull. soc. bot. Fr.* XXIV, sess. extr. LVIII) ; Cardo (Debeaux ex Rouy *Fl. Fr.* V, 216) ; env. de Bastia (Salis in *Flora* XVII, Beibl. II, 64 ; Mab. ex Mars. *Cat.* 50 et in *Feuill. jeun. nat.* VII, 110) ; Furiani (Thellung in litt.) ; St-Florent (Thellung in litt. ; Pœverlein !) ; Calvi (Soleirol ex Mut. *Fl. fr.* I, 300) ; Monte S. Pietro (Gillot in *Bull. soc. bot. Fr.* XXIV, sess. extr. LXXIX) ; vallée de Marsolino (Soleirol ex Bert. *Fl. it.* VII, 518) ; vallée de la Restonica (Thellung in litt.) ; Monte d'Oro (Lutz in *Bull. soc. bot. Fr.* XLVIII, sess. extr. CXXVII) ; Pointe de Grado (N. Roux ibid. CXXVIII) ; île Mezzomare (Thellung in litt.) ; Ajaccio (Blanche in herb. Boiss. ! ; Thellung in litt.) ; Pozzo di Borgo (Coste in *Bull. soc. bot. Fr.* XLVIII, sess. extr. CXII) ;

Campo di Loro (Boullu ibid. XXIV, sess. extr. XCIV ; Thellung in litt.) ;
Ghisoni (Rotgès in litt.) ; Serra di Scopamène (Reverch. exsicc. cit.) ;
Porto-Vecchio (Mars. l. c.) ; et localités ci-dessous.

1907. — Cap Corse : Pointe de Golfidoni, rocailles du sommet, 500 m.,
27 avril fl. ! (f. *cinerascens*) ; garigues à Ostriconi, 20 avril fl. fr. ! (f. *cinerascens*) ; châtaigneraies en montant de Pietralba au col de Tende, 900 m.,
15 mai fl. ! (f. *cinerascens*) ; garigues entre Novella et le col de S. Colombano, 500–600 m., 19 avril fl. fr. ! (f. *cinerascens*) ; châtaigneraies en montant de Ghisoni au col de Sorba, 700–1000 m., 10 mai fl. ! ; garigues entre
Alistro et Bravone, 15 m., fl. fr. !

M. Rouy (l. c. 216) a d'abord douté de la présence en Corse du *V. lathyroides*, tout en citant dans la bibliographie de cette espèce deux exsiccata
corses (Soleirol n. 118 et Bourg. n. 155), qui manquent d'ailleurs dans
nos collections, puis est revenu de cette opinion sur le vu d'échantillons
provenant de Kralik et de M. Wilczek (op. cit. VIII, 381). En revanche,
cet auteur signale en Corse un *V. lathyroides* forme *V. olbiensis* Reut. et
Shuttlew. ined. in herb. Rouy. Toutefois ce nom n'était pas inédit en 1899 :
sa publication remonte à 1867 [*V. olbiensis* Reut. in *Bull. soc. bot. Fr.* XIII,
sess. extr. CLI (1867) = *V. lathyroides* forme *V. olbiensis* Rouy *Fl. Fr.* V,
216 (1899) = *V. lathyroides* forme *olbiensis* H. S. Thomps. in *Journ. of Bot.*
XLIV, 410 (1906) = *V. lathyroides* var. *olbiensis* Fior. et Paol. *Fl. anal. It.*
II; 113 (1900) ; Asch. et Graebn. *Syn.* VI, 2, 960]. Reuter avait établi son
espèce sur des échantillons récoltés en avril 1858 aux env. de Hyères
(Var), dont nous avons vu les originaux dans l'herbier Boissier. L'auteur
n'a pas lui-même décrit le *V. olbiensis*, mais Grenier et Timbal-Lagrave
(in *Bull. soc. bot. Fr.* l. c.) l'ont caractérisé, comparé au *V. Sallei* Timb.
(= *V. sativa* var. *Sallei* Burn.), par des fleurs relativement grandes (ce
qui est à peine exact), des gousses étroites et petites, glabrescentes,
réflexes à la maturité et par l'hétérophyllie. Boissier (herb.) avait fait
aussi du *V. olbiensis* une variété du *V. angustifolia*. Et c'était sans doute
dans ce groupe que le plaçait Reuter, et aussi Huet, pour lequel le *V.
olbiensis* représentait le *V. cuneata* Gr. et Godr. non Guss. Cette interprétation n'est cependant pas admissible : les corolles petites, les feuilles
paucifoliolées à stipules entières ou presque entières, et surtout les semences très verruqueuses font certainement du *V. olbiensis* un *V. lathyroides*, ainsi que M. Rouy a eu le premier le mérite de le montrer. Ce
dernier auteur distingue le *V. olbiensis* du *V. lathyroides* par un port plus
élevé, des feuilles plus étroites et plus allongées, à vrilles supérieures
dépassant longuement les dernières folioles et fortement recourbées-
circulaires au sommet, des légumes plus longs, faiblement incurvés. Or
aucun de ces caractères, pris isolément ou en bloc, ne permet de distinguer comme race méridionale le *V. olbiensis*. Les originaux de Reuter
sont nettement hétérophylles, les feuilles inférieures présentent des
folioles largement obovées-obcunéiformes (nullement plus étroites) ; il
en est de même pour les échant. de St-Daumas de Huet. A la maturité,
les rameaux s'allongent et portent des feuilles à folioles beaucoup plus
étroites. Mais c'est là un fait général chez le *V. lathyroides* ; nous le

constatons sur des échant. de l'Europe centrale, et même septentrionale, de beaucoup de provenances. Le développement et le degré de courbure des vrilles est en relation étroite avec le contact que celles-ci ont avec les plantes du voisinage. Les légumes ne sont pas du tout ou à peine incurvés et varient de 2–2,5 × 0,3–0,4 cm. dans toutes nos provenances. Le *V. olbiensis* est une espèce fictive ; elle ne doit son existence qu'au fait d'avoir été placée au début dans un groupe (*V. sativa* subsp. *angustifolia*) auquel il n'appartient pas. — En Corse, le *V. olbiensis* a été signalé d'abord par Mabille à la Toga près Bastia (in *Feuill. jeun. natur.* VII, 110 (1877), puis à Cardo par M. Rouy (l. c.) d'après des échant. de Debeaux. L'ensemble des caractères énumérés par M. Rouy se retrouve à peu près sur les échant. d'Ajaccio de Blanche (ann. 1867) et de Serra di Scopamène de M. Reverchon, mais la plupart de nos récoltes ne se distinguent des échant. classiques (par ex. des env. de Paris et de Genève) que par une pubescence générale plus marquée (f. *cinerascens*). Ainsi que nous l'avons dit plus haut les caractères attribués au *V. olbiensis* se retrouvent sur des échant. bien développés du *V. lathyroides* jusque dans le nord de la France ! en Valais ! en Allemagne et en Autriche ! — Le *V. cuspidata* Boiss. d'Orient — auquel M. Rouy a comparé le *V. olbiensis* — est une espèce certainement différente du *Vicia lathyroides* (sous toutes ses formes) par : le calice deux fois plus grand, accrescent à la maturité, à dents plus largement lancéolées ; la corolle deux fois plus grande ; le fruit mesurant 3 × 0,5 cm. à la maturité, plus longuement cuspidé, à sutures épaissies en cordons très saillants ; les semences de dimensions doubles, réticulées ; enfin, l'indument étalé court et lâche, et la présence de feuilles multifoliolées, à folioles petites et larges dans la région moyenne inférieure de la tige, donnent à la plante un port tout particulier.

1039. **V. sativa** L. *Sp.* ed. 1, 736 (1753) emend. Moris *Fl. sard.* I, 553 ; Burn. *Fl. Alp. mar.* II, 170 ; Asch. et Graebn. *Syn.* VI, 2, 963 = *V. communis* Rouy *Fl. Fr.* V, 208 (1899).

Hab. — Variable. Avril-juin. ①-②. — Espèce très polymorphe embrassant en Corse les subdivisions suivantes :

I. Subsp. **obovata** Gaud. emend. = *V. notata* Gilib. *Fl. lith.* II, 105 (1781) = *V. sativa* subsp. *obovata* et subsp. *glabra* Gaud. *Fl. helv.* IV, 510 et 513 (1829) = *V. sativa* Gr. et Godr. *Fl. Fr.* I, 458 (1848); Coste *Fl. Fr.* I, 384 =*V. sativa* subsp. *notata* et subsp. *cordata* Asch. et Graebn. *Syn.* VI, 2, 963 et 968 (1909).

Feuilles à 5-7 paires de folioles relativement larges, tronquées et souvent échancrées, au moins celles des feuilles inférieures et moyennes. Fleurs généralement bicolores, grandes. Légumes relativement grands et larges, généralement bosselés à la maturité.

†† α. Var. **macrocarpa** Moris *Fl. sard.* I, 553 (1837) ; Gr. et Godr.

Fl. Fr. I, 458 ; Burn. *Fl. Alp. mar.* II, 170 ; Asch. et Graebn. *Syn.* VI, 2, 967 = *V. macrocarpa* Bert. *Fl. it.* VII, 511 (1847) ; Freyn in *Verh. zool.- bot. Ges. Wien* XXVII, 320 = *V. Morisiana* Jord. in Bor. *Fl. Centr.* éd. 3, II, 172 (1857) ; Clav. *Fl. Gironde* 307 = *V. communis* forme *V. sativa* ζ *macrocarpa* Rouy *Fl. Fr.* V, 210 (1899). — Exsicc. Sieber sub : *V. sativa* !

Hab. — Prairies maritimes, garigues, moissons, surtout de l'étage inférieur. Disséminée. Env. de Bastia (Sieber exsicc. cit.; Mab. ex Gillot in *Bull. soc. bot. Fr.* XXIV, sess. extr. LVII ; Pœverlein !); Serra di Pigno (Mand. et Fouc. ibid. XLVII, 90) ; Belgodère (Fouc. et Sim. *Trois sem. herb. Corse* 141) ; Ghisoni (Rotgès in litt.) ; et localités ci-dessous.

1907. — Cap Corse : col de Teghime, versant de Bastia, pentes herbeuses, 400 m., 23 avril fl. ! — Moissons à Pietralba, 4?0 m., 14 mai fl. ! ; montagne de Pedana, moissons, calc., 4?0 m., 14 mai fl. fr. ! ; pré humide à Solenzara, 5 m., 3 mai fl. !

Folioles des feuilles moyennes obovées, obovées-oblongues ou oblongues, en général émarginées ou bilobées au sommet, très développées. Fleurs grandes, atteignant en général 2,5-3 cm. Légumes mûrs longs de 5-6 cm., larges de 9-10 mm., le plus souvent d'un brun noirâtre; graines subglobuleuses-comprimées, relativement volumineuses.

β. Var. **obovata** Ser. emend. = *V. sativa* var. *obovata* et *leucosperma* Ser. in DC. *Prodr.* II, 361 (1825) = *V. sativa* var. *vulgaris* Gr. et Godr. *Fl. Fr.* I, 458 (1848) ; Burn. *Fl. Alp. mar.* II, 171 = *V. communis* forme *V. sativa* (incl. var. *obovata, Remrevillensis, nemoralis, torulosa* et *triflora*) Rouy *Fl. Fr.* V, 210 (1899) = *V. sativa* subsp. *notata* 1 *typica* Asch. et Graebn. *Syn.* VI, 2, 964 (1909). — Exsicc. Reverch. ann. 1885, n. 501 !

Hab. — Prairies maritimes, clairières des maquis et des bois, garigues, friches, cultures. Répandue dans les étages inférieur et montagnard de l'île entière.

1907. — Montagne de Caporalino, rocailles, 450-650 m., 11 mai fr. ! ; garigues du plateau de Canalli, 50 m., calc., 6 mai fr. !

Folioles des feuilles moyennes comme dans la var. précédente mais moins développées. Fleurs plus petites, de 1,5-2 cm. Légumes mûrs longs de 4-5 cm., larges de 6-9 mm., jaunâtres ou d'un brun-jaunâtre; graines subglobuleuses-comprimées, plus petites que dans la précédente.

†† γ. Var. **spodioides** Briq. = *V. dubia* Mut. *Fl. fr.* I, 301 (1834) ; non Schult.

Hab. — Cap de Spano (Soleirol ex Mut. l. c.).

1907. — Aleria, pentes arides sur le conglomérat calcaire, 30-40 m.,
1 mai fl. et jeune fr. !

Herba undique cinerascens. Caulis adscendens, superne dense molliter
pubescens circ. 20-30 altus, basi ramosus. Folia undique molliter cinereo-
pubescentia; foliola in paribus 3-7 disposita, obovato-obcordata, basi
convexe cuneata, apice late emarginata, summa parum angustiora, mediocria; stipulae parvae, profunde incisae, macula saccharifera notatae.
Flores magni, 2-2,5 cm. longi, breviter pedicellati, pedicello dense prorsus-
pubescente. Calicis pilis mollibus patulo-adscendentibus molliter praediti
dentes (5 mm. longi) tubum (7 mm. longum) vix aequantes. Corolla speciosa calicis os circ. 1,5 cm. excedens, vexillo amplo violaceo, alis vexillo
brevioribus atro-violaceis, carina alis breviore apice atro-violacea. Legumen *immaturum* undique molliter prorsus villoso-pubescens, subseri-
cans. Semina haud evoluta non tute describenda.

Race voisine de la var. *macrocarpa* par la grandeur des fleurs, de la
var. *maculata* par le port, la forme et la grandeur des folioles; distincte
de toutes les formes du *V. sativa* de la Corse et des régions voisines par
l'indument cendré mou qui recouvre toute la plante et la villosité exagérée des jeunes légumes. Mutel (l. c.) dit les légumes glabres. Mais ce
caractère est emprunté à la diagnose du *V. dubia* Schult., l'auteur n'ayant
vu lui-même qu'un unique échantillon en fleur. — M. Pœverlein a récolté
entre Bastia et Ste-Lucie (!) une forme intermédiaire aux var. *spodioides*
et *maculata*.

†† δ. Var. **maculata** Burn. *Fl. Alp. mar.* II, 171 (1893); Asch. et Graebn.
Syn. VI, 2, 987 = *V. maculata* Presl *Fl. sic.* I, 23 (1826); Guss. *Fl. sic.*
prodr. II, 427; Rouy *Suites fl. Fr.* I, 75 = *V. angustifolia* var. *maculata*
Strobl in *Oesterr. bot. Zeitschr.* XXXVII, 322 (1887) = *V. communis* forme
V. maculata Rouy *Fl. Fr.* V, 211 (1899) p. p.

Hab. — Jusqu'ici avec certitude seulement la localité ci-dessous.
Probablement plus répandue.

1907. — Cap Corse: montagne des Stretti, garigues, calc., 100 m.,
25 avril fl. !

Folioles des feuilles moyennes largement obovées, émarginées, les-
supérieures élargies-subtronquées au sommet, à stipules très développées, souvent maculées. Fleurs ne dépassant guère 1,5 cm. Légumes-
brunâtres à la fin, longs de 35-40 cm., larges de 4-5 cm. — Plante souvent réduite par rapport aux précédentes, à tiges couchées ou diffuses,
ayant alors le port du *V. pyrenaica* L. — M. Rouy (l. c.) signale aussi cette
plante à Ota d'après Reverchon (ann. 1885, n. 497), mais nos échantillons
de cette provenance se rapportent mieux à la var. *segetalis*.

II. Subsp. **angustifolia** Gaud. (1829) emend. Asch. et Graebn. *Fl.*
norddeutsch. Flachl. 451 (1898-99) = *V. sativa* var. *angustifolia* L. *Fl.*

suec. ed. 2, 255 (1755) = *V. angustifolia* L. *Amoen. acad.* IV, 105 (1759) ;
Reich. *Fl. moeno-francof.* II, 44 ; Roth *Tent. fl. germ.* I, 310 ; Boiss. *Fl.
or.* II, 574 = *V. sativa* β *nigra* L. *Sp.* ed. 2, 1037 (1763) = *V. nigra*
Burm. *Fl. cors.* 253 (1770) ; Steud. *Nom. bot.* ed. 1, 882 (1821) ; G. Beck
in Reichb. *Ic.* XXII, 182 = *V. sativa* subsp. *segetalis, luganensis* et *angusti-
folia* Gaud. *Fl. helv.* IV, 511-513 (1829) = *V. multicaulis* Wallr. in *Linnaea*
XIV, 625 (1840) = *V. polymorpha* Godr. *Fl. Lorr.* éd. 1, I, 179 (1843) =
V. angustifolia et *V. heterophylla* Coste *Fl. Fr.* I, 983 et 984.

Feuilles à 2-7 paires de folioles relat. étroites, surtout les moyennes
et supérieures, ces dernières souvent linéaires. Fleurs souvent uni-
colores, ou moins fortement bicolores, plus petites. Légumes moins
grands ou plus étroits, généralement non ou peu bosselés à la maturité.

ɪ. Var. **cordata** Arc. *Comp. fl. it.* ed. 2, 524 (1894) ; Halacs. *Consp.
fl. græc.* I, 479 = *V. cordata* Wulf. in Sturm *Deutschl. Fl.* fasc. 32, XVII,
tab. 4 (1812) ; Ser. in DC. *Prodr.* II, 362 ; Gr. et Godr. *Fl. Fr.* I, 459 ;
Willk. et Lange *Prodr. fl. hisp.* III, 295 ; Freyn in *Verh. zool.-bot. Ges.
Wien* XXVI, 321 = *V. cordifolia* Spreng. *Syst.* III, 264 (1826) = *V. (ob)-
cordata* Reichb. *Fl. germ. exc.* 530 (1832) = *V. angustifolia* var. *cordata*
Boiss. *Fl. or.* II, 575 (1872) = *V. cordata* var. *biloba* Petit in *Bot. Tidsskr.*
XIV, 246 (1885) = *V. communis* forme *V. cordata* Rouy *Fl. Fr.* V, 210
(1899) = *V. sativa* subsp. *cordata* Asch. et Graebn. *Syn.* VI, 2, 968 (1909),
sensu strictiore.

Hab. — Garigues et friches de l'étage inférieur. Disséminée. Pino
(Petit in *Bot. Tidsskr.* XIV, 246) ; Furiani (Thellung in litt.) ; Sᵗ-Florent
(Thellung in litt.) ; env. d'Ajaccio (Mars. *Cat.* 50 ; Boullu in *Bull. soc.
bot. Fr.* XXIV, sess. extr. XCVII ; Thellung in litt.) ; Tizzano (Kralik ex
Rouy *Fl. Fr.* V, 211) ; et localités ci-dessous.

1907. — Garigues à Ostriconi, 20 avril fl. ! ; Ile Rousse, garigues,
21 avril fl. !

Folioles des feuilles inférieures obcordées, pubescentes, celles des
feuilles supérieures sensiblement plus étroites, toutes tronquées ou ±
nettement échancrées-bilobées au sommet, à mucron inclus dans l'échancrure. Fleurs longues de 1,5 cm. Légume jaunâtre à la maturité, long
d'env. 3-4 cm., large d'env. 5 mm. — Cette variété établit le passage
entre les sous-esp. *obovata* et *angustifolia*, mais il nous semble exagéré
d'en faire une sous-espèce comme l'ont voulu MM. Ascherson et Graebner
(l. c.). Les échant. nains et plus pubescents ont été décrits par Visiani
sous le nom de *V. cordata* var. *canescens* Vis. (*Fl. dalm.* III, 319) et Freyn
(op. cit. 322).

. ζ. Var. **segetalis** Ser. in DC. *Prodr.* II, 364 (1825) ; G. Beck *Fl. Nied.-
Österr.* 876 ; Burn. *Fl. Alp. mar.* II, 171 ; Asch. et Graebn. *Syn.* VI, 2, 973
= *V. segetalis* Thuill. *Fl. Par.* éd. 2, 367 (1799) ; Reut. *Cat. pl. env. Genève*
éd. 2, 53 = *V. angustifolia* var. *segetalis* Lej. *Fl. Spa* II, 105 (1813) ; Koch
Syn. ed. 1, 197 (1837) ; Gr. et Godr. *Fl. Fr.* I, 459 = *V. melanocarpa*
Hussenot *Chard. nanc.* 105 (1835) = *V. Forsteri* Jord. ap. Bor. *Fl. Centre*
éd. 3, II, 172 (1857) ; Reut. *Cat. pl. env. Genève* éd. 2, 53 = *V. commu-
nis* forme *V. angustifolia δ segetalis* Rouy *Fl. Fr.* V, 213 (1899). — Exsicc.
Reverch. ann. 1885, n. 497 (sub : *V. cordata*) !

Hab. — Comme la variété précédente, disséminée. Calvi (Fouc. et
Sim. *Trois sem. herb. Corse* 141) ; env. d'Ajaccio (Mars. *Cat.* 50; Boullu
in *Bull. soc. bot. Fr.* XXIV, sess. extr. XCVII ; Coste ibid. XLVIII, sess.
extr. LIV et CXI) ; Bonifacio (Revel. in Bor. *Not.* I, 6) ; et localités
ci-dessous.

1907. — Garigues entre Alistro et Bravone, 10 m., 30 avril fl. ! ; clairières des maquis entre Cateraggio et Tallone, 80 m., 1 mai fl. ! ; prairie
humide entre S\te-Lucie et S\te-Trinité, 80 m., 4 mai fl. fr. !

Folioles des feuilles moyennes largement linéaires ou oblongues-
linéaires, généralement échancrées ou tronquées au sommet, les supérieures plus étroites. Fleurs atteignant à peine 1,5 cm. Légume noircissant souvent à la maturité, long 3,5-4,5 cm., large de 5-7 mm. ; graines
subglobuleuses.

η. Var. **heterophylla** Fior. et Paol. *Fl. anal. It.* II, 112 (1900) = *V.
heterophylla* Presl *Del. prag.* I, 37 (1822) ; Guss. *Fl. sic. prodr.* II, 427 ;
Coste *Fl. Fr.* I, 383 = *V. maculata* var. *minor* Bert. *Fl. it.* VII, 520 (1847)
= *V. cuneata* Gr. et Godr. *Fl. Fr.* I, 459 (1848) ; Lor. et Barr. *Fl. Montp.*
187 ; non Guss. = ? *V. angustifolia* var. *heterophylla* Crép. *Man. fl. belg.*
éd. 2, 74 (1866) = *V. angustifolia* Gillot in *Bull. soc. bot. Fr.* XXIV, sess.
extr. LV, note (1877) = *V. cordata* var. *littoralis* Petit in *Bot. Tidsskr.*
XIV, 246 (1885) = *V. communis* forme *V. heterophylla* Rouy *Fl. Fr.* V,
211 (1899) = *V. sativa* subsp. *cordata* β *heterophylla* Asch. et Graebn.
Syn. VI, 2, 970 (1909). — Exsicc. Burn. ann. 1904, n. 177 ! et 178 !

Hab. — Comme la variété précédente, disséminée. Cap Corse, en
particulier vers le Monte Fosco (Gillot in *Bull. soc. bot. Fr.* XXIV, sess.
extr. LX) ; Bocognano (Briq. *Spic.* 41 et Burn. exsicc. cit., par erreur
sous le nom de *V. lathyroides*) ; Ajaccio, en particulier dans la montée
du Furcone au Cacallo (Mars. *Cat.* 50) ; Propriano (Petit in *Bot. Tidsskr.*
XIV, 246) ; et localités ci-dessous.

25

1907. — Rocailles du Monte Asto, au-dessus de Pietralba, 1500 m., 13 mai fl.!; garigues entre Novella et le col de San Colombano, 500–600 m., 19 avril fl.!; vallée inf. de la Solenzara, rocailles des fours à chaux, calc., 150–200 m., 3 mai fl.!

Plante généralement basse, à tiges grêles et diffuses, saillante au premier abord par le contraste entre les feuilles inférieures largement obcordées, les moyennes intermédiaires peu nombreuses, et les supérieures linéaires, contraste qui est peut-être seulement exagéré par les dimensions réduites. Fleurs longues d'env. 1,3 cm. Légumes noircissant généralement à la maturité, longs de 2,5–3,5 cm., larges de 4–5 mm.; graines subglobuleuses. — Plante critique; peut-être une simple forme de la variété suivante, mais présentant des affinités avec la var. *maculata*.

On a souvent rapproché ou confondu cette variété avec le *V. lathyroides* (*V. olbiensis*), à cause de la grande ressemblance de port: elle s'en distingue pourtant facilement par les stipules dentées, les vrilles des feuilles supérieures rameuses, les fleurs deux fois plus grandes, les fruits plus grands et les semences non verruqueuses.

†† θ. Var. **Bobartii** Burn. *Fl. Alp. mar.* II, 172 (1893); Asch. et Graebn. *Syn.* VI, 2, 972 = *V. Bobartii* Forst. in *Trans. linn. soc.* XVI, 442 (1830) = *V. angustifolia* var. *Bobartii* Koch *Syn.* ed. 1, 197 (1837); Gr. et Godr. *Fl. Fr.* I, 459 = *V. angustifolia* β Bert. *Fl. it.* VII, 516 (1847) = *V. communis* forme *V. angustifolia* var. *typica*, *uncinata* et *parviflora* Rouy *Fl. Fr.* V, 213 (1899). — Exsicc. Reverch. ann. 1885 sub : *V. angustifolia*!

Hab. — Disséminée. Calvi (Soleirol ex Bert. *Fl. it.* VII, 517); Evisa (Reverch. exsicc. cit.); d'Ajaccio à Pozzo di Borgo (Boullu in *Bull. soc. bot. Fr.* XXIV, sess. extr. XCVIII); et localités ci-dessous.

1907. — Vallée inf. de la Solenzara, maquis, 50 m., 3 mai fl.!; Solenzara, talus rocheux, 5 m., 3 mai fl.!; garigues entre Port de Favone et Ste-Lucie, 10 m., 4 mai fl.!

Feuilles moyennes linéaires, tronquées ou à peine échancrées, les supérieures étroitement linéaires-obtuses et mucronées ou acuminées. Fleurs longues de 1–1,5 cm. Légumes longs d'env. 3–3,5 cm., larges de 4–5 mm., noircissant généralement à la maturité; graines subglobuleuses.

†† III. Subsp. **amphicarpa** Asch. et Graebn. *Syn.* VI, 2, 974 (1909) = *V. amphicarpa* Dorthes in *Journ. phys.* XXXV, 131 (1789); Gr. et Godr. *Fl. Fr.* I, 461; Fabre in *Bull. soc. bot. Fr.* II, 503; Alef. in *Bonplandia* IX, 72; Asch. in *Ber. deutsch. bot. Ges.* II, 235; Coste *Fl. Fr.* I, 383; G. Beck in Reichb. *Ic.* XXII, 184, t. 249, fig. III, 4–6 = *V. sativa* f. *amphicarpa* Coss. et Kral. in *Bull. soc. bot. Fr.* IV, 140 (1857) = *V. angusti-*

folia var. *amphicarpa* Boiss. *Fl. or.* II, 575 (1872) = *V. communis* forme
V. amphicarpa Rouy *Fl. Fr.* V, 214 (1899).

Hab. — Garigues de l'étage inférieur. Rare ou passée inaperçue. Env.
d'Ajaccio (Thellung !) ; Bonifacio (Thellung in litt.). A rechercher.

Plante grêle, s'écartant des sous-espèces précédentes par la présence
de stolons hypogés portant çà et là des fleurs cléistogames. Rameaux
aériens ± pubescents, assez nombreux, à folioles des feuilles inférieures
cordées-obovées, celles des feuilles supérieures plus étroites et plus
allongées, ou linéaires. Fleurs longues d'env. 1,5 cm. Légume brun ou
noirâtre à la maturité, long de 2,5-3,5 cm., large de 0,4-0,6 cm.

1040. **V. peregrina** L. *Sp.* ed. 1, 737 (1753); Gr. et Godr. *Fl. Fr.*
I, 461 ; Rouy *Fl. Fr.* V, 217 ; Coste *Fl. Fr.* I, 382 ; Asch. et Graebn. *Syn.*
VI, 2, 975. — Exsicc. Solcirol n. 1090!

Hab. — Oliveraies, friches, garigues de l'étage inférieur. Rare ou peu
observé. Bastia (Salis in *Flora* XVII, Beibl. II, 61) ; Calvi (Soleirol exsicc.
cit. et ap. Bert. *Fl. it.* VII, 522) ; et localité ci-dessous.

1907. — Garigues du vallon de Canalli, 30 m., calc., 6 mai fl. !

Les variétés *angustifolia* Rouy et *latifolia* Rouy (l. c. 218) ne représentent pour nous que des formes individuelles, et non pas des variétés.

1041. **V. lutea** L. *Sp.* ed. 1, 736 (1753); Gr. et Godr. *Fl. Fr.* I, 462 ;
Rouy *Fl. Fr.* V, 218 ; Coste *Fl. Fr.* I, 382; Asch. et Graebn. *Syn.* VI, 2, 977.

Hab. — Maquis clairs, garigues, rocailles, cultures de l'étage inférieur. Avril-mai. ④. Répandu. — En Corse, les deux variétés suivantes :

α. Var. **typica** Posp. *Fl. oesterr. Küstenl.* II, 416 (1898) ; Asch. et
Graebn. *Syn.* VI, 2, 978. — Exsicc. Reverch. ann. 1879 sub : *V. lutea*!,
et ann. 1885, n. 487!

Hab. — Env. de Bastia (Salis in *Flora* XVII, Beibl. II, 61 ; Pœverlein !) ; Capo Luna Piena près Algajola (St-Yves!) ; Calvi (Soleirol ex
Bert. *Fl. it.* VII, 523) ; Caporalino (Fouc. et Sim. *Trois sem. herb. Corse*
141) ; Venaco (Fouc. et Sim. l.c.); Ota (Reverch. exsicc. cit. ann. 1885) ;
Vico (Fliche in *Bull. soc. bot. Fr.* XXXVI, 360) ; env. d'Ajaccio (Fouc.
et Sim. l. c.; Thellung in litt.) et de là à Pozzo di Borgo (Boullu in *Bull.
soc. bot. Fr.* XXIV, sess. extr. XCVII; Coste ibid. XLVIII, sess. extr. CXI);
Ghisoni (Rotgès in litt.) ; Serra di Scopamène (Reverch. exsicc. cit. ann.
1879) ; Sartène (Fliche l.c.) ; Bonifacio (Lutz in *Bull. soc. bot. Fr.* XLVIII,
sess. extr. CXLI) ; et localités ci-dessous.

1907. — Cap Corse : maquis en montant de Pino au col de Santa Lucia, 200 m., 26 avril fl.! ; balmes de la montagne des Stretti, calc., 100 m., 25 avril fl. fr.! — Ile Rousse, garigues, 20 avril fl. fr.! ; garigues entre Cateraggio et Tallone, 20 m., 1 mai fl.! ; vallée inf. de la Solenzara, maquis, 50 m., 3 mai fl.! ; Pointe d'Aquella, rocailles et garigues, calc., 200-370 m., 4 mai fl.!

Tiges et feuilles glabrescentes, à poils disséminés. Légume modérément velu. — Varie à corolles d'un jaune pâle, ou jaunâtres lavées de rose, parfois même cœrulescentes (échant. d'une coloration donnée tantôt isolément tantôt pêle-mêle.

β. Var. **hirta** Lois. *Fl. gall.* ed. 1, 462 (1807) ; Koch *Syn.* ed. 1, 196 ; Moris *Fl. sard.* I, 558 ; Rouy *Fl. Fr.* V, 219 ; Asch. et Graebn. *Syn.* VI, 2, 978 = *V. hirta* Balb. ex DC. *Syn. fl. gall.* 360 (1806) ; Pers. *Syn.* II, 308 ; DC. *Fl. fr.* V, 581 = *V. lutea* var. *pallidiflora* Ser. in DC. *Prodr.* II, 363 (1825) = *V. pallidiflora* Boullu in *Bull. soc. bot. Fr.* XXIV, sess. extr. XCVII (1877).

Hab. — Paraît moins fréquente que la précédente, contrairement à ce que pensait Marsilly (*Cat.* 50). Bastia (Mab. ex Mars. l. c.) ; Biguglia (Rotgès!) ; St-Florent (Soleirol ex Bert. *Fl. it.* VII, 525) ; Ajaccio (Mars. l. c. ; Boullu in *Bull. soc. bot. Fr.* XXIV, sess. extr. XCVII) ; Bonifacio (Seraf. ex Bert. l. c. ; Revel. in Bor. *Not.* I, 6).

Tiges et feuilles hérissées, à poils étalés, abondants. Légume plus densément velu. — Varie dans la coloration de la corolle comme la variété précédente.

1042. **V. hybrida** L. *Sp.* ed. 1, 737 (1753) ; Gr. et Godr. *Fl. Fr.* I, 462 ; Coste *Fl. Fr.* I, 382 ; Asch. et Graebn. *Syn.* VI, 2, 979 = *V. Linnaei* Rouy *Fl. Fr.* V, 220 (1899). — Exsicc. Sieber sub : *V. hybrida*! ; Burn. ann. 1904, n. 176!

Hab. — Chênaies, garigues, rocailles de l'étage inférieur, passant dans les cultures. Avril-mai. ①. Assez répandu. Abondant aux env. de Bastia (Salis in *Flora* XVII, Beibl. II, 61 ; Sieber exsicc. cit. ; Mab. ap. Mars. *Cat.* 50 et in *Feuill. jeun. nat.* VII, 110 ; Gillot in *Bull. soc. bot. Fr.* XXIV, sess. extr. XLIV) ; Calvi (Fouc. et Sim. *Trois sem. herb. Corse* 141) ; montagne de Caporalino (Fouc. et Sim. l. c. ; Briq. *Spic.* 41 et Burn. exsicc. cit.) ; Corté (Fouc. et Sim. l. c.) ; Venaco (Fouc. et Sim. l. c.) ; Ghisoni (Rotgès in litt.) ; d'Ajaccio à Pozzo di Borgo (Boullu in *Bull. soc. bot. Fr.* XXIV, sess. extr. XCVII ; Coste ibid. XLVIII, sess. extr.

.CIX); Bonifacio (Seraf. ex Bert. *Fl. it.* VII, 527; Thellung in litt.); et localités ci-dessous.

1907. — Cap Corse: balmes de la montagne des Stretti, calc., 100 m., 25 avril fl. ! — Montagne de Pedana, clairières des chênaies, 500 m., 14 mai fl. !; garigues entre Alistro et Bravone, calc., 10 m., 30 avril fl. !

† 1043. **V. pannonica** Crantz *Stirp. austr.* V, 393 (1769); Jacq. *Fl. austr.* I, 23, tab. 34 (1779); Gr. et Godr. *Fl. Fr.* I, 464; Rouy *Fl. Fr.* V, 224; Asch. et Graebn. *Syn.* VI, 2, 981. — En Corse, seulement la variété suivante :

Var. **purpurascens** Ser. in DC. *Prodr.* II, 364 (1825); Rouy *Fl. Fr.* V, 224 = *Vicioides hirsuta* Mœnch *Meth.* 137 (1794) = *V. Nissoliana* Thuill. *Fl. Par.* éd. 2, 367 (1799); non L. = *V. striata* Marsch.-Bieb. *Fl. taur.-cauc.* II, 162 (1808) = *V. purpurascens* DC. *Cat. monsp.* 155 (1813); Coste *Fl. Fr.* I, 385 = *V. pannonica* var. *striata* Griseb. *Sp. fl. rum.* I, 79 (1843); Burn. *Fl. Alp. mar.* II, 178; Asch. et Graebn. *Syn.* VI, 2, 982.

Hab. — Friches, moissons de l'étage inférieur. Mai-juin. ①. Signalée uniquement aux env. de Bastia (Huart ex Gr. et Godr. *Fl. Fr.* I, 464).

Fleurs pourprées ; étendard plus foncé que les ailes et la carène. Légumes plus courts et plus épais ; graines plus grosses que dans le type [var. **typica** G. Beck *Fl. Nieder-Österr.* 874 (1892); Rouy *Fl. Fr.* V, 224; Asch. et Graebn. *Syn.* VI, 2, 981], brunes-marbrées.

La présence du *V. pannonica* var. *purpurascens* dans le midi de la France, en Italie et en Sicile rend l'indication de cette espèce en Corse vraisemblable ; cependant, elle paraît manquer dans l'archipel toscan et en Sardaigne.

1044. **V. bithynica** L. *Syst.* ed. 10, 1166 (1759); Gr. et Godr. *Fl. Fr.* I, 463; Rouy *Fl. Fr.* V, 222; Coste *Fl. Fr.* I, 384; Asch. et Graebn. *Syn.* VI, 2, 983 = *Lathyrus bithynicus* L. *Sp.* ed. 1, 731 (1753); Salis in *Flora* XVII, Beibl. II, 62; Bert. *Fl. it.* VII, 459 = *L. tumidus* Willd. *Sp. pl.* III, 1082 (1803). — Exsicc. Soleirol n. 1113 !; Burn. ann. 1904, n. 175 !

Hab. — Prairies maritimes, fossés, aussi dans les garigues, mais de préférence dans les endroits humides, passant aussi dans les moissons et les cultures, 1-900 m. Avril-juin. ①. Assez répandu. S. Maria-di-Lota vers le Monte Fosco (Gillot in *Bull. soc. bot. Fr.* XXIV, sess. extr. LX); Cardo (Fouc. et Sim. *Trois sem. herb. Corse* 141); Bastia (Salis in *Flora* XVII, Beibl. II, 62; Soleirol ex Mut. *Fl. fr.* I, 303; Mab. ex Mars. *Cat.* 51; Gillot in *Bull. soc. bot. Fr.* XXIV, sess. extr. XLII); Biguglia (Boullu in

Bull. soc. bot. Fr. XXIV, sess. extr. LXIV) ; Patrimonio (Fouc. et Sim. l.c.) ; Novella (Fouc. et Sim. l.c.) ; Belgodère (Fouc. et Sim. l.c.) ; Calvi (Soleirol exsicc. cit. et ap. Bert. *Fl. it.* VII, 460) ; estuaire du Chioni près Cargèse (Briq. *Spic.* 41 et Burn. exsicc. cit.) ; Ajaccio (Mars. *Cat.* 51) ; et de là à Pozzo di Borgo (Boullu in *Bull. soc. bot. Fr.* XXIV, sess. extr. XCVII ; Coste ibid. XLVIII, sess. extr. CXI) ; Campo di Loro (Mars. l. c.) ; Ghisoni (Rotgès in litt.) ; et localités ci-dessous.

1907. — Cap Corse : fossés des garigues entre Luri et la marine de Luri, 30 m., 27 avril fl. ! — Ile Rousse, fossés, 20 avril fl. !

1045. **V. narbonensis** L. *Sp.* ed. 1, 739 (1753) ; Gr. et Godr. *Fl. Fr.* I, 463 ; Rouy *Fl. Fr.* V, 221 ; Coste *Fl. Fr.* I, 385 ; Asch. et Graebn. *Syn.* VI, 2, 984.

Hab. — Prairies maritimes, moissons, cultures, points herbeux ou ombragés des garigues de l'étage inférieur. Avril-mai. ④. Répandu. — En Corse, les trois variétés suivantes :

, α. Var. **integrifolia** Ser. in DC. *Prodr.* II, 365 (1825) = *V. narbonensis* Guss. *Fl. sic. prodr.* II, 420 (1828) ; Boiss. *Fl. or.* II, 577 ; Burn. *Fl. Alp. mar.* II, 175 = *V. narbonensis* var. *genuina* Gr. et Godr. *Fl. Fr.* I, 463 (1848) = *V. narbonensis* α *typica* Fior. et Paol. *Fl. anal. It.* II, 109 (1900). — Exsicc. Reverch. ann. 1880, n. 368 !

Hab. — Sans doute répandue, mais distribution exacte à établir par rapport à la var. γ. De Bastia à Biguglia (Salis in *Flora* XVII, Beibl. II, 61 ; Sargnon in *Ann. soc. bot. Lyon* VI, 66) ; Nebbio (Soleirol ex Bert. *Fl. it.* VI, 510 ; mais Bertoloni ne distinguait pas nos var. α-γ) ; d'Ajaccio à Pozzo di Borgo (Boullu in *Bull. soc. bot. Fr.* XXIV, sess. extr. XCVII ; Coste ibid. XLVIII, sess. extr. CXI) ; Bonifacio (Seraf. ex Bert. l. c. ; Reverch. exsicc. cit.).

Feuilles toutes à folioles entières, amples, nettement dissymétriques, les supérieures à 2-5 paires de folioles ; stipules supérieures entières ou dentées à la base. Pédoncules très courts, simples, uni-biflores.

†† β. Var. **intermedia** Strobl in *Oesterr. bot. Zeitschr.* XXXVII, 287 (1887) = *V. heterophylla* Reichb. *Fl. germ. exc.* 531 (1832) ; Mut. *Fl. fr.* I, 303 ; non Presl = *V. narbonensis* var. *heterophylla* Rouy *Fl. Fr.* V, 221 (1899) ; Asch. et Graebn. *Syn.* VI, 2, 986. — Exsicc. Thomas sub : *V. bithynica* ! ; Kralik sub : *V. narbonensis* !

Hab. — Bonifacio (Kralik exsicc. cit.).

Feuilles inférieures à folioles entières, comme dans la var. α, les
moyennes à folioles entières ou serrulées, les supérieures ± incisées-
dentées, à pe ne dissymétriques comme dans la var. γ, au nombre de
2-4 paires. — Cette race (?) établit le passage à la suivante.

γ. Var. **serratifolia** Ser. in DC. *Prodr.* II, 365 (1825); Moris *Fl. sard.*
I, 552 (1837); Gr. et Godr. *Fl. Fr.* I, 463; Rouy *Fl. Fr.* V, 221 = *V. serratifolia* Jacq. *Fl. austr.* V, App. 30, tab. 8 (1778); Guss. *Fl. sic. prodr.*
II, 419; Boiss. *Fl. or.* II, 578; Burn. *Fl. Alp. mar.* II, 176 = *V. narbonensis* subsp. *serratifolia* Asch. et Graebn. *Syn.* VI, 2, 986 (1909).

Hab. — Paraît plus rare que la var. α. Bastia [Mab. ex Mars. *Cat.* 51
(et ap. Shuttl. *Enum.* 10); Kesselmeyer in herb. Deless.]; Belgodère
(Fouc. et Sim. *Trois sem. herb. Corse* 141); Ghisoni (Rotgès in litt.);
Ajaccio (Mars. l. c.; Boullu in *Ann. soc. bot. Lyon* XXIV, 68); Bonifacio
(Reverch. exsicc. ann. 1885, n. 368, selon Rouy *Fl. Fr.* V, 221; nos
échantillons appartiennent à la var. α).

Feuilles à folioles toutes (sauf les primordiales) plus étroites, très faiblement dissymétriques, ± incisées-dentées, les supérieures au moins
dans les $^2/_3$ supérieurs, au nombre de 5-8 paires. Pédoncules généralement plus allongés, portant 2-5 fleurs.

On a encore signalé en dehors de notre dition une variation à folioles
entières, mais plus étroites et à peine dissymétriques [*V. serratifolia*
subvar. *integrifolia* Coss. et Germ. *Fl. env. Paris* éd. 1, I, 140 (1845);
G. Beck in Reichb. *Ic.* XXII, 176, t. 240, f. II; Asch. et Graebn. *Syn.* VI,
2, 986]. En présence de cette variante, et de celle décrite ci-dessus (var. β),
il nous paraît exagéré de donner au *V. serratifolia* Jacq. une valeur supérieure à celle d'une simple race.

V. Faba L. *Sp.* ed. 1, 737 (1753); Gr. et Godr. *Fl. Fr.* I, 462; Rouy *Fl.
Fr.* V, 222; Coste *Fl. Fr.* I, 384; Asch. et Graebn. *Syn.* VI, 2, 987 = *Faba
vulgaris* Moench *Meth.* 150 (1794) = *Faba sativa* Bernh. *Syst. Verz. Erf.*
250 (1800).

Fréquemment cultivé en grand dans les étages inférieur et montagnard,
et parfois subspontané au voisinage des cultures [par ex. aux env.
d'Ajaccio, route de Scudo et Salario (Thellung in litt.)].

LENS Adans.

1046. **L. culinaris** («culinare») Medik. *Vorles. Churpf. Phys. Ges.*
II, 361 (1787), ampl. Thell. *Fl. adv. Montp.* 346 (1912) = *V. Lens* Coss.
et Germ. ampl. Fior. et Paol. *Fl. anal. It.* II, 121 (1900). — Deux sous-
espèces :

. I. Subsp. **esculenta** Briq. $=$ *L. culinaris* Medik. l. c., sensu stricto ;
G. Beck in Reichb. *Ic.* XXII, 205 $=$ *Ervum Lens* L. *Sp.* ed. 1, 738 (1753) $=$
L. esculenta Moench *Meth* 131 (1794) ; Gr. et Godr. *Fl. Fr.* I, 476 ; Rouy
Fl. Fr. V, 205 $=$ *L. vulgaris* Delarbr. *Fl. Auv.* éd. 2, 472 (1800) $=$ *Lathyrus
Lens* Bernh. *Syst. Verz. Erf.* 248 (1800) $=$ *Vicia Lens* Coss. et Germ. *Fl.
env. Paris* 1, 143 (1845) ; Coste *Fl. Fr.* I, 391 $=$ *L. Lens* Huth in *Helios* XI,
·134 (1893) ; Asch. et Graebn. *Syn.* VI, 2, 996 $=$ *V. Lens* α *typica* Fior. et
Paol. *Fl. anal. It.* II, 122 (1900).

Cultivée dans les étages inférieur et montagnard, et parfois subspontanée
au voisinage des cultures, par ex. à Bastia (Salis in *Flora* XVII, Beibl. II,
61) et à Bonifacio (Revel. ex Mars. *Cat.* 52).

Feuilles toutes terminées en vrille simple ou peu rameuse, les supérieures aussi longues ou plus longues que les pédoncules axillaires, à
folioles nombreuses (5–7 paires) ; stipules irrégulièrement semihastées,
dentées. Fleurs longues de 6–9 mm.

II. Subsp. **nigricans** Thell. *Fl. adv. Montp.* 346 (1912) $=$? *Ervum
soloniense* L. *Amoen. acad.* IV, 327 (1759) $=$ *Ervum nigricans* Marsch.-
Bieb. *Fl. taur.-cauc.* II, 164 (1808) $=$ *L. nigricans* Godr. *Fl. Lorr.* éd. 1,
I, 173 (1843) ; Gr. et Godr. *Fl. Fr.* I, 476 ; Rouy *Fl. Fr.* V, 204 ; Asch.
et Graebn. *Syn.* VI, 2, 998 $=$ *Vicia lentoides* Coss. et Germ. *Fl. env.
Paris* éd. 1, I, 143 (1845) $=$ *Lathyrus nigricans* Peterm. *Deutschl. Fl.*
155 (1846-49) $=$ *Vicia nigricans* Coss. et Germ. *Fl. env. Paris* éd. 2, 178
(1861) ; Coste *Fl. Fr.* I, 391.

Feuilles la plupart à rachis terminé par un mucron $\pm$ allongé ou les
supérieures à vrille simple et relativement courte, les supérieures souvent plus courtes ou aussi longues que les pédoncules axillaires, à
folioles souvent moins nombreuses (3–5, plus rarement 6 et 7 paires) ;
stipules régulièrement semihastées, d'ailleurs variables. Fleurs longues
de 5–8 mm. — Ces caractères sont peu marqués : nous ne pouvons
qu'approuver MM. Fiori et Paoletti, ainsi que M. Thellung d'avoir fait
rentrer le *L. nigricans* dans le groupe spécifique du *L. culinaris*. — En
Corse seulement la race suivante :

†† Var. **Tenorii** Briq. $=$ *Ervum lentoides* Ten. *Prodr. fl. nap.*, Suppl.
II, 68 (1811) $=$ *L. Tenorii* Lamotte *Prodr. fl. pl. centr.* 220 (1877-81)
$=$ *L. nigricans* var. *Tenorei* Burn. *Fl. Alp. mar.* II, 191 (1896) ; Asch.
et Graebn. *Syn.* VI, 2, 999 $=$ *L. nigricans* forme *L. Tenorii* Rouy *Fl.
Fr.* V, 205 (1899) $=$ *Vicia Lens* β *lentoides* Fior. et Paol. *Fl. anal. It.* II,
122 (1900).

. . Hab. — Rocailles de l'étage inférieur. Mai. ④. Calcicole préférent.
Assez rare. Ajaccio (Maire, avril 1841, in herb. Deless. ! et ex Gr. et Godr.

Fl. Fr. 1, 476 ; Boullu in *Bull. soc. bot. Fr.* XXIV, sess. extr. XCIX et in *Ann. soc. bot. Lyon* XXIV, 68) ; et localités ci-dessous.

1907. — Vallée inf. de la Solenzara, rocailles des fours à chaux, calc., 150-200 m., 3 mai fl. fr. ! ; Pointe de l'Aquella, rocailles, calc., 200-370 m., 4 mai fl. fr. !

Diffère de la var. **Biebersteinii** Briq. [= *Ervum nigricans* Marsch.-Bieb. l. c., sensu stricto = *Lens Biebersteinii* Lamotte *Prodr. fl. plat. centr.* I, 220 (1877-81) = *Vicia Marschallii* Arc. *Comp. fl. it.* ed. 1, 206 (1882) = *L. nigricans* var. *Biebersteinii* Burn. *Fl. Alp. mar.* II, 191 (1896) = *V. Lens* γ *Marschallii* Fior. et Paol. *Fl. anal. It.* II, 122 (1900)] par des stipules entières ou subentières, les feuilles supérieures égalant environ les pédoncules axillaires ou un peu plus courtes, à folioles plus nombreuses et plus rapprochées, les fleurs plus petites (env. 5 mm.), le calice à dents seulement 2-3 fois plus longues que le tube, à poils appliqués ou moins étalés.

LATHYRUS L. emend.

1047. **L. annuus** L. *Amoen. acad.* III, 417 (1756) ; Gr. et Godr. *Fl. Fr.* I, 482 ; Rouy *Fl. Fr.* V, 258 ; Coste *Fl. Fr.* I, 397 ; Asch. et Graebn. *Syn.* VI, 2, 1004. — Exsicc. Soleirol n. 1145 !

Hab. — Garigues, oliveraies, friches, moissons de l'étage inférieur. Mai. ①. Disséminé. Bastia (Salis in *Flora* XVII, Beibl. II, 62 ; Mab. ex Mars. *Cat.* 52) ; Biguglia (Boullu in *Bull. soc. bot. Fr.* XXIV, sess. extr. LXIV) ; entre Cervione et Folelli (Gillot ibid. LXXIII) ; St-Florent (Soleirol exsicc. cit. et ap. Bert. *Fl. it.* VII, 457 ; Mab. ex Mars. l. c.) ; île Mezzomare (Boullu in *Bull. soc. bot. Fr.* XXVI, 81) ; Sartène (ex Gr. et Godr. *Fl. Fr.* 1, 482) ; Bonifacio (ex Gr. et Godr. l. c. ; Revel. ap. Mars. l. c.) ; et localités ci-dessous.

1907. — Santa Manza, oliveraies, calc., 20 m., 10 mai fl. !

Les var. *genuinus, angustifolius* et *latifolius* Rouy (*Fl. Fr.* V, 259) ne représentent guère pour nous que des états individuels.

† 1048. **L. sativus** L. *Sp.* ed. 1, 730 (1753) ; Gr. et Godr. *Fl. Fr.* I, 482 ; Coste *Fl. Fr.* I, 397 ; Asch. et Graebn. *Syn.* VI, 2, 1003 = *Cicercula alata* Mœnch *Meth.* 163 (1794) = *Cicercula sativa* Alef. in *Bonplandia* IX, 147 (1861) = *L. Cicera* β *sativus* Fior. et Paol. *Fl. anal. It.* II, 101 (1900).

Hab. — Garigues, oliveraies, friches de l'étage inférieur. Avril-mai. ①. Rare ou peu observé. Env. de Bastia (Salis in *Flora* XVII, Beibl. II,

62) ; Calvi (Soleirol ex Bert. *Fl. it.* VII, 447) ; Ajaccio (Boullu in *Bull. soc. bot. Fr.* XXIV, sess. extr. XCIX).

Cette espèce est si souvent subspontanée que l'on peut hésiter sur son indigénat, même dans les pays méditerranéens. Mais le *L. sativus* venant spontanément en Italie, en Sardaigne, à Elbe, et même dans la petite île de Pianosa, il n'y a pas de motif grave pour l'exclure de la flore corse. — Nous ne pouvons pas réunir les *L. sativus* et *Cicera*, lesquels offrent plusieurs caractères distinctifs importants (vrilles, stipules, gousses, etc.) et ne présentent pas entre eux de formes intermédiaires.

1049. **L. Cicera** L. *Sp.* ed. 1, 730 (1753) ; Gr. et Godr. *Fl. Fr.* I, 481 ; Rouy *Fl. Fr.* V, 257 ; Coste *Fl. Fr.* I, 397 ; Asch. et Graebn. *Syn.* VI, 2, 1006 = *Cicercula anceps* Mœnch *Meth.* 163 (1794) = *L. Cicer* Gaud. *Fl. helv.* IV, 484 (1829) = *Cicercula cicera* Alef. in *Bonplandia* IX, 148 (1861) = *L. Cicera* α *typicus* Fior. et Paol. *Fl. anal. It.* II, 101 (1900). — Exsicc. Sieber sub : *L. Cicera* ! ; Soleirol n. 1147 ! ; Reverch. ann. 1885 sub : *L. Cicera* !

Hab. — Garigues, oliveraies, friches de l'étage inférieur. Avril-juin. ④. Répandu et abondant dans l'île entière.

1906. — Cap Corse : fossés entre les Marines de Luri et de Meria, 6 juill. fl. !

1907. — Cap Corse : col de Teghime, versant de Bastia, garigues, 400 m., 23 avril fl. ! — Ostriconi, garigues, 30 m., 20 avril fl. ! ; montagne de Caporalino, garigues, calc., 450-650 m., 11 mai fl. fr. ! ; garigues entre Alistro et Bravone, 10 m., 30 avril fl. fr. ! ; talus arides à Aleria, 30-40 m., calc., 1 mai fl. ! ; plateau de Canalli, garigues, calc., 50 m., 6 mai fr. ! ; garigues à Santa Manza, 40 m., calc., 6 mai fl. !

Les variétés *genuinus* Rouy [*Fl. Fr.* V, 258 (1899) ; Asch. et Graebn. *Syn.* VI, 2, 1007], *tenuifolius* Fouc. et Sim. [*Trois sem. herb. Corse* 178 (1898) = *L. Cicera* var. *angustifolius* Rouy l. c. (1899) ; Asch. et Graebn. l. c.] et *latifolius* Rouy [l. c. (1899) = *L. erythrinus* Presl *Fl. sic.* I, 13 (1826) = *L. cicera* C *erythrinus* Asch. et Graebn. l. c. (1909)] sont des sous-variétés basées sur l'ampleur variables des folioles, peut-être seulement des modifications stationnelles. Nos échant. corses ont en général des folioles raméales étroitement lancéolées-linéaires ; les basilaires souvent détruites au moment de l'anthèse, ont seules des folioles oblongues relativement larges.

1050. **L. hirsutus** L. *Sp.* ed. 1, 732 (1753) ; Gr. et Godr. *Fl. Fr.* I, 481 ; Rouy *Fl. Fr.* V, 257 ; Coste *Fl. Fr.* I, 397 ; Asch. et Graebn. *Syn.* VI, 2, 1008 = *L. variegatus* Host *Fl. austr.* II, 327 (1831) = *Lastila hirsuta* Alef. in *Bonplandia* IX, 147 (1861).

Hab. — Clairières humides des maquis, prairies maritimes, berges des marécages de l'étage inférieur. Mai-juill. ①. — En Corse, les deux variétés suivantes :

α. Var. **genuinus** Briq. — Exsicc. Burn. ann. 1904, n. 163 !

Hab. — De Bastia à Biguglia (Salis in *Flora* XVII, Beibl. II, 62 ; Mab. ex Mars. *Cat.* 52) ; estuaire du Chioni près Cargèse (Briq. *Spic.* 41 et Burn. exsicc. cit.) ; Ajaccio (Mars. l. c.) ; Porto-Vecchio (Gysperger in Rouy *Rev. bot. syst.* II, 120) ; Bonifacio (Seraf. ex Bert. *Fl. it.* VII, 459).

Herba habita ratione robustior. Caulis latiuscule alatus. Foliola majora, media quam in var. sequente ampliora. Pedunculi folia bis-quater excedentia, validiores, 1-4flori. Flores majusculi, 10-15 mm. longi. Calix circ. 6-8 mm. altus, dentibus apice magis acuminatis. Vexillum calicis os circ. 1 cm. excedens. Legumen maturum 3-4 cm. longum, 5-7spermum.

†† β. Var. **minor** Asch. et Graebn. *Syn.* VI, 2, 1009 (1910).

Hab. — Jusqu'ici seulement la localité ci-dessous, mais peut-être confondue avec la var. α.

1911. — Etang d'Urbino, clairières humides des maquis, 10 m., 30 juin fl. fr. !

Herba habita ratione debilis, gracilis. Caulis etiam in ramis sterilibus angustissime alatus. Foliola minora, angustiora. Pedunculi folia circ. bis excedentia, tenues, uniflori. Flores parvi, 7-9 mm. longi. Calix ad 4 mm. altus, dentibus apice breviter acuminatis. Vexillum calicis os 6-7 mm. excedens. Legumen maturum ad 3 cm. longum, 2-4spermum.

Race remarquable par son port grêle, ses petites fleurs, ses légumes mûrs plus petits, oligospermes. Il y a là certainement plus qu'une simple forme du *L. hirsutus*. Les frères Huet du Pavillon avaient déjà distribué ce *Lathyrus* de Sicile (Pl. sic. n. 75) sous le nom de *L. hirsutus* L. var. fl. roseis, et Nyman (*Consp.* 203), l'avait désignée par les mots « var. rosea, minor ».

L. cirrhosus Ser. in DC. *Prodr.* II, 374 (1825) ; Gr. et Godr. *Fl. Fr.* 1, 484 ; Rouy *Fl. Fr.* V, 263 ; Coste *Fl. Fr.* I, 402.

Espèce localisée en Catalogne, dans les Pyrénées orientales et en Languedoc jusqu'à l'Ardèche, indiquée en Corse par Loiseleur (*Fl. gall.* ed. 2, II, 146) par suite d'une erreur de plume. Le *L. cirrhosus* est complètement étranger à la flore de l'île.

L. odoratus L. *Sp.* ed. 1, 732 (1753) ; Bert. *Fl. it.* VII, 462 ; Asch. et Graebn. *Syn.* VI, 2, 1009.

Cultivé dans les jardins de l'étage inférieur, mais nulle part vraiment subspontané.

1051. **L. latifolius** L. *Sp.* ed. 1, 733 (1753) ; Gr. et Godr. *Fl. Fr.* I,
483 ; Burn. *Fl. Alp. mar.* II, 201 ; Rouy *Fl. Fr.* V, 261 ; Coste *Fl. Fr.* I,
402 ; Asch. et Graebn. *Syn.* VI, 2, 1010 = *L. silvestris* Salis in *Flora* XVII,
Beibl. II, 62 ; non L.

Hab. — Haies, lisières et clairières des maquis et des bois, garigues
des étages inférieur et montagnard. Mai-juill. ♃ . — En Corse, les deux
races suivantes :

α. Var. **genuinus** Gr. et Godr. *Fl. Fr.* I, 484 (1848) ; Rouy *Fl. Fr.* V,.
261 = *L. silvestris* var. *latifolius* Salis in *Flora* XVII, Beibl. II, 62 (1834) ;
Fior. et Paol. *Fl. anal. It.* II, 102 ; non alior. = *L. megalanthus* Steud.
Nom. bot. ed. 2, II, 14 (1841) ; Ginzberger in *Sitzungsber. Akad. Wiss.
Wien* CV, 322 (1896) = *L. latifolius* β *typicus* Posp. *Fl. oesterr. Küstenl.*
II, 437 (1898) = *L. latifolius* A I *megalanthus* Asch. et Graebn. *Syn.* VI,.
2, 1011 (1910).

Hab. — Disséminée dans l'étage inférieur. Erbalunga (Lit. *Voy.* I, 4) ;.
de Bastia à Biguglia (Salis in *Flora* XVII, Beibl. II, 62 ; Mab. ap. Mars.
Cat. 52 ; Gillot in *Bull. soc. bot. Fr.* XXIV, sess. extr. XLII) ; env. d'Évisa
à Piana (Lutz in *Bull. soc. bot. Fr.* XLVIII, sess. extr. CXXXII) ; Ajaccio
(Doûmet in *Ann. Hér.* V, 119) ; Sartène (Fliche in *Bull. soc. bot. Fr.*
XXXVI, 360).

Plante plus robuste que la variété suivante. Folioles ovées, elliptiques
ou lancéolées-oblongues, la plupart obtuses-mucronulées, à nervures
très anastomosées, à stipules très largement lancéolées.

β. Var. **ensifolius** Posp. *Fl. oest. Küstenl.* II, 437 (1898) = *L. heterophyllus* Gouan *Hort. monsp.* 370 (1768); non L. = *L. ensifolius* Bad. ap.
Configl. et Brugn. *Giorn. Fis.*, dec. 2, VII, 369 (1824) et ap. Moretti *Bot.
ital.* ann. 1826, 38 ; Loret et Barr. *Fl. Montp.* 192 = *L. silvestris* var.
ensifolius Ser. in DC. *Prodr.* II, 369 (1825) ; Salis in *Flora* XVII, Beibl.
II, 62 = *L. latifolius* var. *angustifolius* Koch *Syn.* ed. 2, 224 (1843); Gr.
et Godr. *Fl. Fr.* I, 484 = *L. monspeliensis* Del. ex Lor. et Barr. *Fl. Montp.*
II, 147 (1886) = *L. latifolius* var. *monspeliensis* et var. *angustifolius*
Burn. *Fl. Alp. mar.* II, 201 et 202 (1893) = *L. latifolius* var. *neglectus,
linifolius, corsicus* et *ensifolius* Rouy *Fl. Fr.* V, 261 et 262 (1899) = *L.
silvester* γ *membranaceus* Fior. et Paol. *Fl. anal. It.* II, 103 (1900) =
L. latifolius II *ensifolius,* B I *monspeliensis,* B II *corsicus* et B III *angustifolius* Asch. et Graebn. *Syn.* VI, 2, 1012 et 1013 (1910). — Exsicc. Sieber

sub : *L. pratensis* ! ; Kralik sub : *L. ensifolius* ! ; Mab. n. 71 ! ; Debeaux ann. 1869 sub : *L. latifolius* β *angustifolius* ! ; Reverch. ann. 1878 et 1879 sub : *L. latifolius* !, et ann. 1885, n. 444 ! ; Burn. ann. 1900, n. 74 !

Hab. — Plus commune que la race précédente et s'élevant jusqu'à la limite supérieure de l'étage montagnard. Sur Cardo (Debeaux exsicc. cit.) ; Serra di Pigno (Salis in *Flora* XVII, Beibl. II, 62 ; Sieber exsicc. cit. ; Mab. *Rech.* I, 17 et exsicc. cit. ; Sargnon in *Ann. soc. bot. Lyon* VI, 68) ; de Cervione à Folelli (Gillot in *Bull. soc. bot. Fr.* XXIV, sess. extr. LXXIII) ; Pontera près Ponte alla Leccia (Petry in litt.) ; Caporalino (Mand. et Fouc. in *Bull. soc. bot. Fr.* XLVII, 90) ; Corté (Kesselmeyer in herb. Deless. ! ; Mab. *Rech.* I, 17 ; Gillot *Souv.* 3) ; col d'Ominanda vers Castirla et de là à Calacuccia (Burn. exsicc. cit. ; Lit. *Voy.* II, 4) ; Campopiano et Casamacciola dans le Niolo (Audigier ex Fouc. in *Bull. soc. bot. Fr.* XLVII, 90 ; Lit. in *Bull. acad. géogr. bot.* XVIII, 128) ; Porto (Reverch. exsicc. 1885) ; Vico (Mars. *Cat.* 53) ; Bocognano (Mars. l. c.) et de là à Ajaccio (Mars. l. c.) ; Ghisoni (Rotgès in litt.) ; Bastelica (Reverch. exsicc. 1878) ; env. de Zicavo (Gysperger in Rouy *Rev. bot. syst.* II, 114) ; Serra di Scopamène (Reverch. exsicc. ann. 1879) ; bords du Rizzanèse entre Propriano et Sartène (Lutz in *Bull. soc. bot. Fr.* XLVIII, sess. extr. CXLI) ; Bonifacio (Kralik exsicc. cit. ; Boy. *Fl. Sud Corse* 59) ; et localités ci-dessous.

1908. — Montagne de Pedana, garigues, calc., 500 m., 30 juin fl. ! ; vallée inf. du Tavignano, garigues, 500 m., 26 juin fl. !

Folioles étroitement lancéolées ou linéaires-lancéolées, longuement acuminées au sommet, à nervures peu anastomosées, à stipules plus étroites. Plante généralement plus grêle, moins élevée.

L'examen d'abondants matériaux nous a montré à l'évidence que la longueur absolue des légumes et le nombre des graines varient sur un seul et même échantillon. Selon M. Rouy (*Fl. Fr.* V, 262), la var. *corsicus* doit présenter 12-14 graines par légume, tandis que la var. *ensifolius* en aurait 16-18 : notre type de Mabille (n. 71) du Pigno, cité par l'auteur pour la var. *corsicus*, en présente jusqu'à 17 par légume. Tant en Corse que sur le continent le diamètre des semences mûres est de 3-4 × 2-3 mm. Partout les légumes ont des faces planes dans la jeunesse ; elles deviennent plus convexes à mesure que les graines grossissent ; à la maturité les valves en se desséchant tendent à redevenir planes, ce qui entraîne leur décollement, suivi d'un enroulement en tire-bouchon. Le degré de convexité des valves est d'ailleurs sans rapport avec les autres caractères et varie tant en Corse que sur nos originaux du *L. monspeliensis* de Montpellier. Les descriptions des variétés β-ε de M. Rouy se rapportent à des individus : on pourrait facilement en augmenter le nombre.

L'arrangement adopté par MM. Ascherson et Graebner (*Syn.* VI, 2, 1012 et 1013) reste pour nous très obscur. Ces auteurs distinguent un groupe *membranaceus* [G. Beck in Reichb. *Ic.* XXII, 174 (1903) emend. Asch. et Graebn.] avec une aire qui s'étend en Suisse jusqu'au Jura neuchâtelois, où aucun observateur n'a jamais vu de formes de ce groupe! Sans aucun doute, l'indication de la localité du « vallon de la Brévine » provient d'une confusion avec le *L. ensifolius* J. Gay (non Bad.), variété du *L. filiformis* J. Gay, lequel croît en effet à la Brévine. En outre, MM. Ascherson et Graebner distinguent leur groupe *membranaceus* par des légumes atteignant 11 cm. de longueur, tandis que les fruits ne dépasseraient pas 8 cm. dans les groupes *megalanthus* (*genuinus*) et *ensifolius*; et ils lui rattachent comme formes subordonnées le *L. latifolius* var. *monspeliensis* Burn. et le *L. latifolius* var. *corsicus* Rouy. Or, le fruit de la var. *corsicus* Rouy oscille entre 6 et 8 cm. au maximum; celui de la var. *monspeliensis* Burn. oscille entre 6 et 9 cm. Il y a donc contradiction absolue entre les caractères du fruit de ces provenances et la diagnose de MM. Ascherson et Graebner, ce qui achève de rendre l'exposé des subdivisions du *L. latifolius* de ces auteurs inintelligible.

L. silvestris L. *Sp.* ed. 1, 733 (1753); *Gr.* et Godr. *Fl. Fr.* I, 482; Burn. *Fl. Alp. mar.* II, 200 et 201; Rouy *Fl. Fr.* V, 259; Coste *Fl. Fr.* I, 402; Asch. et Graebn. *Syn.* VI, 2, 1014 (« *silvester* ») = *L. silvester* α *typicus* Fior. et Paol. *Fl. anal. It.* II, 102 (1900).

Les indications de cette espèce pour la Corse restent douteuses. Le *L. silvestris* Salis est synonyme de l'espèce précédente. Bertoloni (*Fl. it.* VII, 466) a signalé le *L. silvestris* en Balagne d'après Soleirol, mais dans le *Flora italica* les *L. silvestris* et *latifolius* sont réunis en une seule espèce dont les variétés sont confuses. Boullu (in *Bull. soc. bot. Fr.* XXIV, sess. extr. XCIX) a mentionné le *L. silvestris* aux environs d'Ajaccio dans une liste dressée d'après de « vieux souvenirs trop vagues ». Enfin, le *L. silvestris* de Bonifacio de M. Boyer (*Fl. Sud Corse* 59) est évidemment le *L. latifolius* β *ensifolius* commun dans le sud de la Corse et que l'auteur ne mentionne pas. Il en est probablement de même pour les localités de l'archipel toscan données par M. Sommier (*Fl. arcip. Tosc.* 62) et pour la Sardaigne par divers auteurs.

Le *L. silvestris* diffère du *L. latifolius* par le pétiole plus étroitement ailé que la tige, les fleurs plus petites, les graines faiblement verruculeuses à hile égalant environ la moitié de la circonférence de la semence (hile égalant seulement de $^1/_4$ à $^1/_3$ de la circonférence dans le *L. latifolius*).

L. heterophyllus L. *Sp.* ed. 1, 733 (1753); *Gr.* et Godr. *Fl. Fr.* I, 483; Rouy *Fl. Fr.* V, 262; Coste *Fl. Fr.* I, 402; Asch. et Graebn. *Syn.* VI, 2, 1017 = *L. silvester* δ *heterophyllus* Fior. et Paol. *Fl. anal. It.* II, 103 (1900).

Cette espèce est mentionnée par Salis (in *Flora* XVII, Beibl. II, 63) parmi celles qui lui ont été signalées en Corse, mais qu'il n'a pas vues lui-même. Il y a sans doute une confusion avec le *L. latifolius*, car le

L. heterophyllus est un type étranger non seulement à la Corse, mais encore à tout l'archipel tyrrhénien.

L. grandiflorus Sibth. et Sm. *Fl. græc. prodr.* II, 67 (1813) ; Bert. *Fl. it.* VII, 463 ; Boiss. *Fl. or.* II, 610 ; Asch. et Graebn. *Syn.* VI, 2, 1018.

Cultivé dans les jardins de l'étage inférieur. Nous ne croyons pas l'avoir jamais vu réellement subspontané.

1052. **L. Aphaca** L. *Sp.* ed. 1, 729 (1753) ; Gr. et Godr. *Fl. Fr.* I, 480 ; Rouy *Fl. Fr.* V, 252 ; Coste *Fl. Fr.* I, 396 ; Asch. et Graebn. *Syn.* VI, 2, 1020 = *L. segetum* Lamk *Fl. fr.* II, 571 (1778) = *Aphaca vulgaris* Presl in Weitenw. *Beitr. Naturw.* II, 24 (1837) ; Alef. in *Bonplandia* IX, 139 = *Orobus Aphaca* Dœll *Rhein. Fl.* 788 (1843).

Hab. — Garigues, rocailles, moissons, friches et cultures des étages inférieur et montagnard. Avril-juin. ①. En Corse, les deux races suivantes :

α. Var. **typicus** Asch. et Graebn. *Syn.* VI, 2, 1021 (1910) = *L. Aphaca* Rouy *Fl. Fr.* V, 252, sensu stricto. — Exsicc. Burn. ann. 1904, n. 157 !

Hab. — Répandue et abondante dans l'île entière.

1907. — Cap Corse : montagne des Stretti, garigues, calc., 100 m., 25 avril fl. !

Stipules ovées-hastées. Fleur relat. petite, atteignant à peine 1 cm., à calice haut de 6-7 mm., à corolle d'un jaune vif dépassant peu les dents calicinales.

†† β. Var. **grandiflorus** Heldr. *Cat. herb. Orph.* 51 (1877) = *L. affinis* Guss. *Fl. sic. syn.* II, 853 (1844) = *L. Aphaca* var. *affinis* Arc. *Comp. fl. it.* ed. 1, 195 (1882) ; Ces. Pass. et Gib. *Comp. fl. it.* 693 (1886) ; Hausskn. in *Mitt. thür. bot. Ver.*, neue Folge, V, 87 (1893) ; Asch. et Graebn. *Syn.* VI, 2, 1022 = *L. Aphaca* forme *L. affinis* Rouy *Fl. Fr.* V, 253 (1899).

Hab. — Bonifacio (Kralik ex Rouy *Fl. Fr.* V, 253) ; probablement plus répandue et confondue avec la var. α.

Stipules de forme plus ovée. Fleur relat. grande, longue de 1,5-1,8 cm., plus longuement pédonculée, à calice haut de 7-8 mm., à corolle d'un jaune plus pâle dépassant de 6-8 mm. les dents calicinales.

1053. **L. Nissolia** L. *Sp.* ed. 1, 729 (1753) ; Gr. et Godr. *Fl. Fr.* I, 481 ; Rouy *Fl. Fr.* V, 253 ; Coste *Fl. Fr.* I, 396 ; Asch. et Graebn. *Syn.* VI, 2, 1023 = *Nissolia uniflora* Mœnch *Meth.* 140 (1794) = *Oro-*

bus Nissolia Dœll *Rhein. Fl.* 788 (1843). — Exsicc. Burn. ann. 1904, n. 164 !

Hab. — Prairies maritimes, fossés, cultures de l'étage inférieur. Mai-juin. ④. Rare ou peu observé. Estuaire de la rivière de Chioni près Cargèse (Briq. *Spic.* 41 et Burn. exsicc. cit.) ; Porto-Vecchio (Revel. in Bor. *Not.* II, 4) ; Bonifacio (Revel. ex Mars. *Cat.* 52).

1054. **L. Clymenum** L. *Sp.* ed. 1, 732 (1753), ampl. Arc. *Comp. fl. it.* ed. 1, 195 ; Rouy *Fl. Fr.* V, 254 ; Coste *Fl. Fr.* I, 396 = *L. articulatus* Fior. et Paol. *Fl. anal. It.* II, 100 (1900).

Hab. — Prairies maritimes, garigues, lisières des maquis, cultures des étages inférieur et montagnard, 1-800 m. Avril-mai. ④. — En Corse, les subdivisions suivantes :

I. Subsp. **eu-Clymenum** Briq. = *L. Clymenum* L. sensu stricto ; Gr. et Godr. *Fl. Fr.* I, 479 ; Willk. et Lange *Prodr. fl. hisp.* III, 311 ; Burn. *Fl. Alp. mar.* II, 193 ; Rouy *Fl. Fr.* V, 254 ; Asch. et Graebn. *Syn.* VI, 2, 1025 = *Clymenum uncinatum* Mœnch *Meth.* 150 (1794) = *L. auriculatus* Bert. *Rar. ital. pl.*, dec. II, 38 (1806) et *Fl. it.* VII, 447 = *L. spurius* Willd. *Enum. hort. berol.* 760 (1809) = *L. alatus* Sibth. et Sm. *Prodr. fl. græc.* II, 66 (1813) = *L. articulatus* α *Clymenum* Fior. et Paol. *Fl. anal. It.* II, 100 (1900). — Exsicc. Soleirol n. 1138 ! ; Kralik sub : *L. Clymenum* var. *tenuifolius* ! ; Reverch. ann. 1879 sub : *L. Clymenum* !

Hab. — Répandue et abondante dans l'île entière.

1907. — Cap Corse : Marine d'Albo, prairie marécageuse, 26 avril fl. ! — Ile Rousse, moissons, 20 avril fl. ! ; montagne de Pedana, lisière des maquis, calc., 14 mai fl. fr. ! ; Santa Manza, garigues, 10 m., 6 mai fl. fr. !

Corolle à étendard mucronulé dans l'échancrure. Style à sommet obtus, contracté en une pointe subulée, allongée et recourbée du côté de la rainure. Légume à suture dorsale nettement canaliculée. Graines à hile égalant env. le ¹/₅ de la circonférence. — Varie à folioles ± étroites : subvar. **angustifolius** Briq. = *L. tenuifolius* Lois. *Fl. gall.* ed. 2, II, 144 (1828) ; non Desf. = *L. Clymenum* var. *tenuifolius* Gr. et Godr. *Fl. Fr.* I, 479 (1848) = *L. Clymenum* var. *angustifolius* Rouy *Fl. Fr.* V, 254 (1899)] ou ± larges : subvar. **latifolius** Asch. et Graebn. [*Syn.* VI, 2, 1026 (1910) = *L. purpureus* Desf. in *Ann. mus. Par.* XII, 56, tab. 7 (1808) = *L. Clymenum* var. *latifolius* Gr. et Godr. *Fl. Fr.* I, 479 (1848) ; Rouy *Fl. Fr.* V, 255].

II. Subsp. **articulatus** Briq. = *L. articulatus* L. *Sp.* ed. 1, 731 (1753) ; Gaertn. *De fruct.* II, 331 ; Gr. et Godr. *Fl. Fr.* I, 479 ; Willk. et

Lange *Prodr. fl. hisp.* III, 312 ; Burn. *Fl. Alp. mar.* II, 195 ; Asch. et
Graebn. *Syn.* VI, 2, 1026 = *Clymenum bicolor* Mœnch *Meth.* 150 (1794).

Corolle à étendard généralement non mucroné dans l'échancrure.
Style à sommet obtus, mutique ou prolongé seulement en un petit appendice court. Graines à hile égalant moins de ¹/₆ de la circonférence de la
semence. Plantes généralement plus grêles et à folioles plus étroites, à
dents calicinales plus aiguës et plus allongées que dans la sous-esp.
précédente. — Deux variétés :

†† α. Var. **ligusticus** Burn. in litt. = *L. articulatus* var. *ligusticus*
Burn. *Fl. Alp. mar.* II, 196 (1896) ; Hochreut. in *Ann. Conserv. et Jard.
bot. Genève* VII-VIII, 173 ; Fior. et Paol. *Fl. anal. It.* II, 100 ; Asch. et
Graebn. *Syn.* VI, 2, 1026 = *L. Clymenum* forme *L. ligusticus* Rouy *Fl.
Fr.* V, 256 (1899).

Hab. — Jusqu'ici seulement la localité ci-dessous.

1907. — Cap Corse : garigues entre Luri et la Marine de Luri, 30 m.,
27 avril fl. !

Style à sommet obtus, muni d'un mucron recourbé très court. — C'est
là une des formes intermédiaires entre les sous-esp. I et II. Les échant.
liguriens de M. Burnat n'ont pas de mucron dans l'échancrure de l'étendard, tandis que les nôtres en possèdent un, mais ce caractère paraît
être moins constant que ceux empruntés au style. La var. *ligusticus* primitivement décrite de Ligurie, puis signalée au Maroc, vient aussi en
Algérie (voy. Hochreutiner l. c.), et se retrouvera sans doute encore
ailleurs.

β. Var. **articulatus** Arc. *Comp. fl. it.* ed. 1, 195 (1882) = *L. articulatus* var. α Burn. *Fl. Alp. mar.* II, 195 (1896) = *L. Clymenum* forme
L. articulatus Rouy *Fl. Fr.* V, 255 (1899) = *L. articulatus* α *typicus* Fior.
et Paol. *Fl. anal. It.* II, 100 (1900).

Hab. — Plus rare que la sous-esp. I. Env. de Bastia (André in herb.
Burn.) et de là au col de Teghime (Thellung in litt.; Pœverlein!) ; entre
Sagone et l'embouchure du Liamone (N. Roux in *Bull. soc. bot. Fr.*
XLVIII, sess. extr. CXXXV) ; Chapelle des Grecs (Kralik ex Rouy *Fl. Fr.*
V, 255) ; Ajaccio (Thellung in litt.) et de là à Pozzo di Borgo (Boullu in
Bull. soc. bot. Fr. XXIV, sess. extr. XCVII ; Coste ibid. XLVIII, sess. extr.
CIX) ; et localités ci-dessous.

1907. — Cap Corse : montagne des Stretti, garigues, calc., 100 m., 25 avril
fl. ! — Ile Rousse, garigues, 31 avril fl. ! ; Pointe d'Aquella, rocailles, calc.,
300-370 m., 4 mai fl. fr. ! ; Santa Manza, garigues, 10 m., 6 mai fl. fr. !

Style à sommet obtus et mutique. Etendard pourvu d'un mucron dans

26

l'échancrure. — Bien que les folioles soient notablement plus étroites
que dans la sous-esp. I. elles varient néanmoins d'ampleur, de sorte que
l'on peut ici aussi distinguer deux formes extrêmes, reliées par de nombreux passages : subvar. **tenuifolius** Briq. [= *L. tenuifolius* Desf. *Fl. atl.*
II, 160 (1798-1800) = *Clymenum tenuifolium* Alef. in *Bonpl.* IX, 128 (1861)
= *L. Clymenum* forme *L. articulatus* α *tenuifolius* Rouy *Fl. Fr.* V, 255
(1899) = *L. articulatus* I *tenuifolius* Asch. et Graebn. *Syn.* VI, 2, 1027 (1910)]
à folioles très étroites ; et subvar. **platyphyllus** Briq. [= *L. Clymenum*
forme *L. articulatus* β *latifolius* Rouy *Fl. Fr.* V, 255 (1899) = *L. articulatus* II *latifolius* Asch. et Graebn. *Syn.* VI, 2, 1027 (1910)] à folioles plus
larges.

1055. **L. Ochrus** DC. *Fl. fr.* IV, 578 (1805) ; Gr. et Godr. *Fl. Fr.*
I, 480 ; Rouy *Fl. Fr.* V, 256 ; Coste *Fl. Fr.* I, 396 ; Asch. et Graebn. *Syn.*
VI, 2, 1027 = *Pisum Ochrus* L. *Sp.* ed. 1, 727 (1753) = *L. currentifolius*
Lamk *Fl. fr.* II, 571 (1778) = *Ochrus uniflorus* Mœnch *Meth.* 163 (1794)
= *Clymenum Ochrus* Alef. in *Bonpl.* IX, 127 (1861). — Exsicc. Kralik
n. 571 ! ; Mab. n. 350 !

Hab. — Garigues, oliveraies, friches, cultures de l'étage inférieur.
Avril-mai. ①. Indiqué comme « commun » par Marsilly (*Cat.* 52), sans
doute par suite d'un lapsus ; l'espèce paraît au contraire rare et localisée
en Corse. Env. de Bastia (Salis in *Flora* XVII, Beibl. II, 62 ; Mab. in
Feuill. jeun. nat. VII, 111 et exsicc. cit. ; Rotgès in litt.) ; Bonifacio
(Seraf. ex Bert. *Fl. it.* VII, 443 ; Kralik exsicc. cit. ; Boy. *Fl. Sud Corse*
59 ; Thellung in litt. ; Pœverlein !) ; et localité ci-dessous.

1907. — Oliveraies à Santa Manza, 30 m., 6 mai fl. !

On rencontre parfois des échantillons à feuilles toutes (même les supérieures) dépourvues de folioles (var. *petiolaris* Rouy *Fl. Fr.* V, 256). Cette
particularité, qui peut aussi se présenter sur des rameaux isolés, est
accidentelle et ne caractérise pas une variété particulière ; il en est de
même de la présence sur les feuilles supérieures de plus de 2 folioles
signalée spécialement par Salis (in *Flora* XVII, Beibl. II, 62).

† 1056. **L. pratensis** L. *Sp.* ed. 1, 733 (1753) ; Gr. et Godr. *Fl. Fr.*
I, 488 ; Rouy *Fl. Fr.* V, 264 ; Coste *Fl. Fr.* I, 399 ; Asch. et Graebn. *Syn.*
VI, 2, 1029 = *Orobus pratensis* Dœll *Rhein. Fl.* 787 (1843) ; Alef. in
Bonpl. IX, 144. — Exsicc. Reverch. ann. 1878 sub : *L. pratensis* !

Hab. — Points ombragés des étages inférieur et montagnard. Juin-
juill. ♃. Disséminé. Lavesina (Mab. in *Feuill. jeun. nat.* VII, 111) ; fréquent aux env. de Bastia (Salis in *Flora* XVII, Beibl. II, 62) ; Serra di
Pigno (Doùmet in *Ann. Hér.* V, 210) ; Valle di Rostino (« Rustino », So-

leirol ex Bert. *Fl. it.* VII, 470) ; S. Nicolao (Lutz in *Bull. soc. bot. Fr.* XLVIII, sess. extr. XXXI) ; Vezzani (Rotgès in litt.) ; Ghisoni (Rotgès in litt.) ; Bastelica (Reverch. exsicc. cit.) ; S. Gavino-di-Carbini (Lutz in *Bull. soc. bot. Fr.* XLVIII, 53).

Les échant. distribués par M. Reverchon appartiennent à la var. **glaberrimus** [Schur *Enum. pl. Transs.* 175 (1866) ; Asch. et Graebn. *Syn.* VI, 2, 1030 = *L. pratensis* f. *glabrescens* G. Beck *Fl. Nied.-Österr.* 883 (1892) = *L. pratensis* var. *glaber* Abromeit in Asch. et Graebn. *Fl. nordostd. Flachl.* 454 (1898)], glabre ou presque glabre, à feuilles pourvues de vrilles, à fleurs longues de 1,3-1,5 cm. — La plante de Vezzani a été rapportée par Foucaud (ex Rotgès in litt.) à la var. **pubescens** G. Beck [*Fl. Nied.-Österr.* 882 (1893) p. p. ; Asch. et Graebn. *Syn.* VI, 2, 1030 = *L. sepium* var. *pubescens* Reichb. *Fl. germ. exc.* 535 (1832) = *L. pratensis* subv. *pubescens* Rouy *Fl. Fr.* V, 265 (1899)] différente de la précédente par les rameaux et les feuilles ± velus-hérissés. Nous sommes mal orienté sur la valeur systématique de ces formes.

L. palustris L. *Sp.* ed. 1, 733 (1753) ; Gr. et Godr. *Fl. Fr.* 1, 487 ; Rouy *Fl. Fr.* V, 266 (« *paluster* ») ; Coste *Fl. Fr.* I, 401 ; Asch. et Graebn. *Syn.* VI, 2, 1033 (« *paluster* ») = *Orobus palustris* Reichb. *Fl. germ. exc.* 537 (1832).

Cette espèce, indiquée aux env. de Bonifacio par M. Boyer (*Fl. Sud Corse* 59), est absolument étrangère à la flore de l'île, comme d'ailleurs à l'archipel tyrrhénien tout entier.

1057. **L. angulatus** L. *Sp.* ed. 1, 731 (1753) emend. Gouan *Fl. monsp.* 187 (1765) ; Gr. et Godr. *Fl. Fr.* I, 490 ; Rouy *Fl. Fr.* V, 280 ; Coste *Fl. Fr.* I, 398 ; Asch. et Graebn. *Syn.* VI, 2, 1036 = *L. longepedunculatus* Ledeb. *Hort. Dorp.* ann. 1824, Suppl. 5 (1825) ; DC. *Prodr.* II, 373 = *L. hexaedrus* Chaub. in *Ann. sc. obs.* ann. 1830 ex Bory et Chaub. *Fl. Pélop.* 47 ; Bert. *Fl. it.* VII, 455. — Exsicc. Soleirol n. 1152! ; Req. sub : *L. hexaedrus* ! ; Kralik n. 160 ! ; Burn. ann. 1904, n. 158 !

Hab. — Prairies maritimes, cultures, garigues de l'étage inférieur. Avril-mai. ④. Disséminé. De Bastia à Biguglia (Salis in *Flora* XVII, Beibl. II, 62) ; Calvi (Soleirol exsicc. cit. et ap. Bert. *Fl. it.* VII, 455 ; (Fouc. et Sim. *Trois sem. herb. Corse* 141) ; estuaire du Chioni près Cargèse (Briq. *Spic.* 41 et Burn. exsicc. cit.) ; Ajaccio (Req. exsicc. cit. et ap. Bert. l. c.; Coste in *Bull. soc. bot. Fr.* XLVIII, sess. extr. CIV ; Thellung in litt.) ; et de là à Pozzo di Borgo (Fouc. et Sim. l. c.; Coste op. cit. CXI) et à Campo di Loro (Pœverlein !) ; Aleria (Salis l. c.) ; Bonifacio ex Mut. *Fl. fr.* I, 308 ; Kralik exsicc. cit.) ; et localités ci-dessous.

1907. — Ostriconi, garigues, 30 m., 20 avril fl. fr.! ; garigues entre Alistro et Bravone, 15 m., 30 avril fl. fr. !

Les échant. ci-dessus ont des folioles très étroites, mais c'est très loin d'être toujours le cas en Corse : l'ampleur des folioles est en relation étroite avec le milieu (var. *genuinus* Rouy et var. *angustifolius* Rouy op. cit. 281) et ne caractérise pas de véritables variétés.

1058. L. sphaericus Retz. *Obs. bot.* III, 39 (1783) ; Gr. et Godr. *Fl. Fr.* I, 490 ; Rouy *Fl. Fr.* V, 280 ; Coste *Fl. Fr.* I, 298 ; Asch. et Graebn. *Syn.* VI, 2, 1037 = *L. angulatus* L. *Sp.* ed. 1, 731 (1753) p. p. ; Scop. *Fl. carn.* ed. 2, II, 62 (1772) ; Bert. *Fl. it.* VII, 453 = *L. coccineus* All. *Fl. ped.* I, 330 (1785) = *Orobus sphaericus* Alef. in *Bonpl.* IX, 144 (1861). — Exsicc. Soleirol n. 1151 ! ; Sieber sub : *L. sphaericus* ! ; Reverch. ann. 1878 sub : *L. sphaericus* !

Hab. — Garigues et rocailles des étages inférieur et montagnard. Avril-mai. ①. Disséminé. Mausoleio (Gillot in *Bull. soc. bot. Fr.* XXIV, sess. extr. LII) ; S. Maria-di-Lota (Gillot ibid. LX) ; Bastia (Salis in *Flora* XVII, Beibl. II, 62 ; Sieber exsicc. cit. ; Gysperger in Rouy *Rev. bot. syst.* II, 110) ; Calvi (Soleirol exsicc. cit. et ap. Bert. *Fl. it.* VII, 454) ; Caporalino (Fouc. et Sim. *Trois sem. herb. Corse* 141) ; Corté (Gillot *Souv.* 3) ; Ajaccio (Thellung in litt.) et de là à Pozzo di Borgo (Coste in *Bull. soc. bot. Fr.* XLVIII, sess. extr. CXI) ; Bastelica (Reverch. exsicc. cit.) ; Sartène (Fliche in *Bull. soc. bot. Fr.* XXXVI, 360) ; Bonifacio (Mars. *Cat.* 53 ; Boy. *Fl. Sud Corse* 59) ; et localités ci-dessous.

1907. — Montagne de Pedana, rocailles, calc., 500 m., 14 mai fl. ! ; garigues entre Novella et le col de S. Colombano, 500-600 m., 19 avril fl. ! ; Pointe de l'Aquella, rocailles, calc., 300-370 m., 4 mai fl. fr. !

La largeur des folioles varie aussi dans cette espèce (var. *genuinus* et *stenophyllus* Rouy *Fl. Fr.* V, 280), sans que ces modifications, en rapport avec le milieu, puissent donner lieu à la distinction de variétés.

1059. L. setifolius L. *Sp.* ed. 1, 731 (1753) ; Gr. et Godr. *Fl. Fr.* I, 491 ; Rouy *Fl. Fr.* V, 278 ; Coste *Fl. Fr.* I, 398 ; Asch. et Graebn. *Syn.* VI, 2, 1040 = *Orobus setifolius* Alef. in *Bonpl.* IX, 144 (1861). — Exsicc. Burn. ann. 1904, n. 159 !

Hab. — Garigues et rocailles des étages inférieur et montagnard. Avril-juin. ①. Disséminé. Bastia (Mab. ex Mars. *Cat.* 53) ; Belgodère (Fouc. et Sim. *Trois sem. herb. Corse* 142) ; Monte S. Pietro (Lit. *Voy.* I, 7) ; rochers de Caporalino (Fouc. et Sim. l. c. ; Briq. *Spic.* 44 et Burn.

exsicc. cit.); env. d'Ajaccio (Mars. l. c.; Boullu in *Bull. soc. bot. Fr.* XXIV, sess. extr. XCIX) et de là à Pozzo di Borgo (Coste ibid. XLVIII, sess. extr. CXI); Sartène (ex Gr. et Godr. *Fl. Fr.* I, 491); et localité ci-dessous.

1907. — Montagne de Pedana, rocailles, 500 m., calc., 14 mai fl. fr. !

Varie comme les espèces précédentes, selon l'aridité du milieu à folioles ± étroites (var. *genuinus* Rouy et var. *angustissimus* Rouy *Fl. Fr.* V, 278). Le nombre des graines oscille entre 1 et 4 par légume. En combinant le caractère « jusqu'à 4 graines » avec la taille élevée de certains échantillons, Foucaud et Simon ont cru devoir établir une var. *alatus* Fouc. et Sim. [*Trois sem. herb. Corse* 177 (1898)]. Mais ces caractères ne sont nullement concomitants et il n'y a pas là matière à la constitution d'une race distincte.

†† 1060. **L. saxatilis** Vis. *Fl. dalm.* III, 330 (1852); Boiss. *Fl. or.* II, 614; Asch. et Graebn. *Syn.* VI, 2, 1041 = *Orobus saxatilis* Vent. *Hort. Cels.* 94, tab. 94 (1800); Bert. *Fl. it.* VII, 435 = *L. ciliatus* Guss. *Pl. rar.* 296, t. 49 (1826); Gr. et Godr. *Fl. Fr.* I, 492; Rouy *Fl. Fr.* V, 277; Coste *Fl. Fr.* I, 399 = *Orobus ciliatus* Alef. in *Bonpl.* IX, 140 (1861).

Hab. — Garigues de l'étage inférieur. Avril-mai. ①. Signalé jusqu'ici uniquement sur le versant occidental de l'île Mezzomare (Boullu in *Bull. soc. bot. Fr.* XXVI, 81).

Espèce s'étendant de l'Espagne et des Baléares à l'Asie mineure en touchant, dans notre voisinage, divers points du sud de la France, du midi de l'Italie et de la Sicile, mais manquant dans le reste de l'archipel tyrrhénien.

1061. **L. venetus** Wohlf. in Hall. et Wohlf. *Koch's Syn. der deutsch. und schw. Flora* I, 715 (1891); Rouy *Fl. Fr.* V, 274 (1899); Fior. et Paol. *Fl. anal. It.* II, 108; Asch. et Graebn. *Syn.* VI, 2, 1050 = *Orobus venetus* Mill. *Gardn. dict.* ed. 8, n. 8 (1768); sed non fig. of pl. tab. 193, f. 2 = *Orobus variegatus* Ten. *Fl. nap.* II, 144, t. 68 (1819); Salis in *Flora* XVII, Beibl. II, 62; Bert. *Fl. it.* VII, 427 = *Orobus multiflorus* Sieber in *Flora* IV, 97 (1821) = *Orobus serotinus* Presl *Del. prag.* 41 (1822) = *L. variegatus* Gr. et Godr. *Fl. Fr.* I, 485 (1848); Coste *Fl. Fr.* I, 400 = *L. multiflorus* Peterm. *Deutschl. Fl.* 155 (1849). — Exsicc. Req. sub : *Orobus variegatus* !; Mab. n. 21 !; Debeaux ann. 1868 et 1869 sub : *Orobus variegatus* !; Burn. ann. 1904, n. 161 ! et 162 !

Hab. — Forêts et maquis, points ombragés de l'étage inférieur et surtout de l'étage montagnard. Avril-juill. selon l'altitude. ♃. Marsilly

(*Cat.* 53) ne le signale que d'Ajaccio à Bastia, tandis que Mabille (*Rech.*
I, 17) le donne comme commun dans toute la Corse ; la première indication est insuffisante, la seconde exagérée. Luri (Fouc. et Sim. *Trois
sem. herb. Corse* 142) ; Mausoleio (Gillot in *Bull. soc. bot. Fr.* XXIV, sess.
extr. LII) ; env. de Bastia (Salis in *Flora* XVII, Beibl. II, 62 ; Thomas ex
Duby *Bot. gall.* 158 ; Soleirol ex Bert. *Fl. it.* VII, 425), en particulier
au vallon de Toga (Mab. exsicc. cit. et in *Feuill. jeun. nat.* VII, 112), en
montant à Ste-Lucie (Pœverlein !) et à Cardo (Debeaux exsicc. cit.; Gillot
in *Bull. soc. bot. Fr.* XXIV, sess. extr. LVI ; Fouc. et Sim. l. c.); Serra
di Pigno (Doûmet in *Ann. Hér.* V, 207 et 210) ; col de Teghime (Fouc.
et Sim. l. c.; Gysperger in Rouy *Rev. bot. syst.* II, 112); Barbaggio (Ellman et Jahandiez in litt.); Vescovato (Salis l. c.); vallée du Fiumalto
(Gillot in *Bull. soc. bot. Fr.* XXIV, sess. extr. LXXIV) ; Corté (Req. exsicc.
cit. et ap. Bert. l. c.) ; forêt d'Aïtone (Coste in *Bull. soc. bot. Fr.* XLVIII,
sess. extr. CXXIX ; Lit. *Voy.* II, 14); d'Evisa à Porto (Lutz in *Bull. soc.
bot. Fr.* XLVIII, sess. extr. CXXXI); entre le col de Sevi et Vico (Briq.
Spic. 41 et Burn. exsicc. n. 161); Vico (Coste in *Bull. soc. bot. Fr.* XLVIII,
sess. extr. CXIV); forêt de Vizzavona (Gillot *Souv.* 5); Bocognano (Doûmet in *Ann. Hér.* V, 122; Briq. l. c. et Burn. exsicc. n. 162); env. d'Ajaccio
(Mars. l. c.; Boullu in *Bull. soc. bot. Fr.* XXIV, sess. extr. XCIX); Ghisoni
(Rotgès in litt.); forêt de Marmano Lit. *Voy.* I, 15); vallée de Taravo
(ex Rouy *Fl. Fr.* V, 274) ; Zicavo (Lit. in *Bull. acad. géogr. bot.* XVIII,
128) ; et localités ci-dessous ; paraît manquer dans le sud.

1906. — Pentes du Monte d'Oro près de Vizzavona, taillis, 1100-1200 m.,
15 juill. fl. fr. !

1907. — Vallon du Rio Stretto au-dessus de Francardo, rocailles ombragées, calc., 300-350 m., 14 mai fl. !

Les échant. corses appartiennent à la var. **genuinus** Briq. (= *Orobus
variegatus* Ten., sensu stricto), très glabrescente, à fleur longue de 1.2-
1,5 cm., à calice presque glabre, à corolle d'un rose pourpré, se pana-
chant en vieillissant, à légume long de 4-6 cm. — Le *L. venetus* est voisin du *L. vernus* L., dont il se sépare facilement par l'ampleur des folioles
très brièvement acuminées au sommet, les fleurs notablement plus
petites, les fruits pourvus de petites glandes brunes ou rouges et les
semences foncées. Il manque dans l'archipel toscan, sauf au Monte Argentaro, et en Sardaigne, mais se retrouve en Sicile et dans l'Italie
continentale; il atteint en Corse la limite orientale de son aire.

1062. **L. montanus** Bernh. *Syst. Verz. Erf.* 248 (1800) ; Asch. et
Graebn. *Syn.* VI, 2, 1060 ; non Gr. et Godr. = *Orobus tuberosus* L. *Sp.*

ed. 1, 728 (1753); Bert. *Fl. it.* VII, 426 = *L. macrorrhizus* Wimm. *Fl. Schles.* 166 (1840); Gr. et Godr. *Fl. Fr.* I, 187; Rouy *Fl. Fr.* V, 270; Coste *Fl. Fr.* I, 400.

Hab. — Forêts et maquis des étages montagnard et subalpin. Avril-mai. ♃. Très rare. En Corse, les deux races suivantes :

α. Var. **genuinus** G. Beck in Reichb. *Ic.* XXII, 157 (1902) = *L. macrorrhizus* α *genuinus* Godr. *Fl. Lorr.* éd. 1, I, 184 (1843); Gr. et Godr. *Fl. Fr.* I, 487 = *L. montanus* A *typicus* Asch. et Graebn. *Syn.* VI, 2, 1061 (1910). — Exsicc. Reverch. ann. 1885 sub : *Orobus tuberosus* !

Hab. — Forêt d'Aitone (Mars. *Cat.* 52) ; env. d'Evisa (Reverch. exsicc. cit.).

Folioles (au moins celles des feuilles caulinaires moyennes) ± elliptiques-oblongues ou oblongues, subobtuses ou aiguës au sommet. Stipules égalant ou dépassant le pétiole.

†† β. Var. **tenuifolius** Garcke *Fl. Halle* I, 131 (1848); G. Beck in Reichb. *Ic.* XXII, 157; Asch. et Graebn. *Syn.* VI, 2, 1062 = *Orobus tenuifolius* Roth *Tent. fl. germ.* I, 305 (1788) = *Orobus linifolius* Reichb. ap. Gaertn. Mey. et Scherb. *Fl. Wett.* III, 1, 25 (1801) = *Orobus tuberosus* var. *tenuifolius* Willd. *Sp. pl.* III, 1078 (1803); Ser. in DC. *Prodr.* II, 376 = *L. macrorrhizus* var. *tenuifolius* Gr. et Godr. *Fl. Fr.* I, 487 (1848) = *L. montanus* var. *linifolius* Asch. *Fl. Brand.* I, 169 (1864) = *L. macrorrhizus* forme *L. Rothii* Rouy *Fl. Fr.* V, 271 (1899). — Exsicc. Reverch. ann. 1885, n. 458 !

Hab. — Forêt d'Evisa (Reverch. exsicc. cit.).

Folioles toutes (sauf celles des feuilles basilaires) étroitement linéaires ou linéaires-lancéolées, allongées, ± rétrécies à la base, longuement acuminées. Stipules plus courtes que le pétiole.

PISUM L.

1063. **P. sativum** L. *Sp.* ed. 1, 727 (1753), ampl. Poir. *Encycl. méth.* V, 455 (1804) ; Asch. et Graebn. *Fl. nordostd. Flachl.* 452 et *Syn.* VI, 2, 1063 ; Fior. et Paol. *Fl. anal. It.* II, 98 ; Thell. *Fl. adv. Montp.* 347 = *P. commune* Clav. in *Act. soc. linn. Bord.* XXXVIII, 52 (1884). — En Corse, les subdivisions suivantes :

I. Subsp. **elatius** Asch. et Graebn. *Syn.* VI, 2, 1064 (1910); Thell.

Fl. adv. Montp. 347 = *P. elatius* Marsch.-Bieb.[1] *Fl. taur.-cauc.* II, 154
(1808); Gr. et Godr. *Fl. Fr.* 1, 478; Burn. *Fl. Alp. mar.* II, 191; Rouy
Fl. Fr. V, 281; Coste *Fl. Fr.* 1, 393 = *P. variegatum* Presl *Fl. sic.* 1, 13
(1826) = *P. arvense* var. *variegatum* Guss. *Fl. sic. syn.* II, 279 (1845) =
P. Tuftii Lesson *Fl. Rochef.* 170 (1835) = *P. sativum* γ *elatius* Fior. et
Paol. *Fl. anal. It.* II, 98 (1900); G. Beck in Reichb. *Ic.* XXII, 208. —
Exsicc. Kralik n. 570!

Hab. — Garigues rocheuses de l'étage inférieur. Mai-juin. ④. Pas
fréquente. Cardo (Debeaux ex Rouy *Fl. Fr.* V, 282); Bastia (Salis in *Flora*
XVII, Beibl. II, 62 sub : *P. sativum* ; Mab. ex Mars. *Cat.* 52); Caporalino
(Fouc. et Sim. *Trois sem. herb. Corse* 141); Ajaccio (Kralik ex Rouy l. c.)
et de là à Pozzo di Borgo (Coste in *Bull. soc. bot. Fr.* XLVIII, sess. extr.
CXI); Porto-Vecchio (Mab. ex Mars. l. c.); La Trinité (Bernard ex Gr.
et Godr. *Fl. Fr.* 1, 478; Reverch. ex Rouy (l. c.); Bonifacio aux rochers de
Colognola (Kralik exsicc. cit.; Revel. in Bor. *Not.* 1, 6; Mab. ex Mars. l. c.).

Folioles elliptiques, obtuses. Inflorescence portée sur des pédoncules
allongés. Corolle grande (2-3 cm.), à étendard d'un rose violacé, à ailes
d'un pourpre noirâtre. Légume long de 5-8 cm., large de 1,1-1,4 cm.
Graines ne se touchant pas dans la gousse, souvent marbrées, généralement finement verruculeuses (sous la loupe). — La forme la plus répandue
est celle à graines finement verruculeuses [*P. granulatum* Lloyd *Fl. Loire
inf.* 75 (1844)]. Celle à graines tout à fait lisses [*P. biflorum* Raf. *Caratt.
alc. gen.* 71 (1810); Guss. *Fl. sic. prod.* II, 418; Freyn in *Verh. zool.-bot.
Ges. Wien* XXVII, 323 = *P. elatius* β *liospermum* Rouy *Fl. Fr.* V, 282 (1899)
= *P. elatius* γ *elatius* b *biflorum* Fior. et Paol. *Fl. anal. It.* II, 98 (1900) =
P. sativum subsp. *elatius* B *biflorum* Asch. et Graebn. *Syn.* VI, 2, 1065 (1910)]
est indiquée par M. Rouy (l. c.) à Cardo (Debeaux), à la Trinité et aux
rochers de Colognola (« Colognela », Bernard et Reverchon). Boreau (*Not.*
1, 6) avait attribué à la plante de Colognola des graines « finement ponc-
tuées à la loupe » d'après des échant. de Revelière.

II. Subsp. **arvense** Asch. et Graebn. *Syn.* VI, 2, 1066 (1910); Thell. *Fl.
adv. Montp.* 347 = *P. arvense* L. *Sp.* ed. 1, 727 (1753); Gr. et Godr. *Fl. Fr.*
1, 478; Burn. *Fl. Alp. mar.* II, 192; Rouy *Fl. Fr.* V, 283; Coste *Fl. Fr.* 1,
392 p. p. ; *P. sativum* var. *arvense* Poir.[2] *Encycl. méth.* V, 456 (1804); Fior.
et Paol. *Fl. anal. It.* II, 98 ; G. Beck *Fl. Nied.-Österr.* 887.

Cultivée et parfois subspontanée au voisinage des cultures. — Diffère
de la sous-esp. précédente par les feuilles à folioles généralement plus

[1] Steven, souvent cité comme auteur du *P. elatius*, ne figure dans l'ouvrage de Marschall
Bieberstein que comme autorité pour la patrie de l'espèce.

[2] Poiret (l. c.) qualifie expressément de *variétés*, et non pas de *sous-espèces*, les subdivisions qu'il a établies à l'intérieur du *P. sativum*.

étroites, l'inflorescence portée par des pédoncules beaucoup plus courts, les corolles moins grandes, les graines serrées dans le légume ± anguleuses et lisses.

III. Subsp. **hortense** Asch. et Graebn. *Syn.* VI, 2, 1066 (1910); Thell. *Fl. adv. Montp.* 348 = *P. sativum* L. *Sp.* ed. I, 727 (1753), sensu stricto; Gr. et Godr. *Fl. Fr.* 1, 478; Burn. *Fl. Alp. mar.* II, 172; Rouy *Fl. Fr.* V, 283 = *P. sativum* var. *hortense* Neilr. *Fl. Nied.-Österr.* 964 (1859) = *P. sativum α typicum* Beck *Fl. Nied.-Österr.* 887 (1892); Fior. et Paol. *Fl. anal. It.* II, 98.

Cultivée et parfois subspontanée au voisinage des cultures. — Diffère de la précédente par un port plus robuste, la corolle le plus souvent blanche, les légumes à graines non contiguës, sphériques, d'ailleurs lisses, avec un hile moins long.

PHASEOLUS L.

P. vulgaris L. *Sp.* ed. I, 723 (1753); Gr. et Godr. *Fl. Fr.* I, 457; Asch. et Graebn. *Syn.* VI, 2, 1077.

Cultivé et parfois subspontané au voisinage des habitations.